Verbreitung der Kakteen
in Nord- und Mittelamerika

Die Auflistung der
Verwaltungsbezirk-Einheiten
erhebt keinen Anspruch
auf Vollständigkeit.

U. Rompf 10/82

Hecht · BLV Handbuch der Kakteen

Dr. Hans Hecht

BLV Handbuch der Kakteen

306 Farbfotos, überwiegend von Hermann Eisenbeiss

BLV Verlagsgesellschaft
München Wien Zürich

CIP-Kurztitelaufnahme der Deutschen Bibliothek

Hecht, Hans:
BLV Handbuch der Kakteen / Hans Hecht.
306 Farbfotos, überwiegend von Hermann Eisenbeiss. –
München; Wien; Zürich: BLV Verlagsgesellschaft, 1982.
ISBN 3-405-12202-3

NE: Eisenbeiss, Hermann [Ill.]

Bildnachweis:

Apel 216, 251 M; Bölderl 239 M, 239 r, 240 u;
Bravenboer 194; Busek 235, 295 o; Eisenreich 262 u;
Haugg 220, 224, 260 r, 314, 320, 353 o, 353 u, 361 u;
Kleiner 209 u, 237 u, 294 u; Seibold 203, 212 u, 215 o, 217

Alle anderen Fotos sowie die Umschlagbilder von
Hermann Eisenbeiss.

Zeichnungen: Marianne Petry, Wiesbaden

Verlag und Fotograf danken allen, die für die Aufnahmen
Kakteen aus ihren Sammlungen zur Verfügung gestellt haben,
insbesondere den Herren Becherer, Seeshaupt, und Busek,
Wolfratshausen, aus deren Sammlungen ein Großteil der abgebildeten Kakteen stammt.

Gesamtherstellung: Passavia Passau

Printed in Germany · ISBN 3-405-12202-3

Vorwort

Für jede erfolgreiche Kultur von Pflanzen, auch von Kakteen, ist es erforderlich, deren Lebensansprüche zunächst zu erkunden und dann zu realisieren. Sicherlich wird niemals eine vollständige Kopie heimatlicher Umweltfaktoren zu erreichen sein. Fällt nur eine der Voraussetzungen, wie sie das Gesamtsystem der Lebensbedingungen am natürlichen Standort charakterisieren, weg oder treten Abweichungen auf, ist die Balance des Ganzen bereits gestört. Deshalb kann nur eine möglichst optimale Kultivierung der Pflanzen auf der Grundlage der leider recht begrenzten Erkenntnisse über den heimatlichen Standort, aber unter Anpassung an einen fremden Lebensraum, wie es Mitteleuropa für Kakteen zweifelsohne ist, versucht werden.

Sie ist zu koppeln mit dem Wissen um das, was die Kakteen schlechthin charakterisiert, was sie an Eigenarten einer recht spezifischen und spezialisierten Gruppe von Pflanzen aufweist und wie all dies sich auf ihre Kultur auswirkt. Noch so viele Kenntnisse ersetzen aber nicht, sich mit den Kakteen intensiv zu beschäftigen, sinnvoll, verständnisvoll und sicherlich auch ein wenig liebevoll.

Ziel jedes pflegerischen Bemühens muß sein, Wachstum und Entwicklung der Kakteenpflanzen optimal zu ermöglichen. Das Wachstum, d.h. die Zellvermehrung, ist genauso wie die Entwicklung, d.h. die Zelldifferenzierung, von vielen Faktoren bestimmt, beeinflußt und gesteuert.

Solche Faktoren sind im »Inneren« gegeben durch die erbliche Veranlagung der Kakteenpflanze, die ihr einen gewissen Entwicklungsspielraum läßt. Äußere Faktoren bestimmen, inwieweit diese genetisch gegebenen Möglichkeiten verwirklicht werden können. Hierher gehören Licht, Wasser, Temperatur, Nährstoffe und andere. Einige dieser Faktoren können gar nicht oder nur begrenzt durch den Kakteenpfleger beeinflußt werden (inbesondere klimatische Faktoren); andere sind dagegen durchaus durch den Menschen kontrollierbar (z.B. die Ernährung der Kakteenpflanzen). In den folgenden Kapiteln werden nach der Abhandlung des Baues der Kakteen (Morphologie) die wichtigsten, für die Kultivierung der Kakteen bedeutsamen Umweltfaktoren besprochen. Ein Abschnitt über Teilgebiete der Technik der Kakteenkultivierung schließt sich an. Zum speziellen Teil des Buches, der alle relevanten Kakteengattungen und ihre Arten vorstellt, leiten Angaben über gattungsbezogene Haltungsbedingungen über.

Ein Buch wie das vorliegende kann nur Hilfestellung geben. Aber selbst bei einem so bescheidenen Ziel ist es unvermeidlich, daß der eine oder andere Leser aus seinem Interessenstand heraus andere Schwerpunkte des Dargestellten gesetzt haben möchte. Dem konnte nur mit dem Kompromiß begegnet werden, den Inhalt aufgefächert und »allgemein« verwendbar darzubieten. Überdies bedingt der Fluß der Dinge, daß auch ein Handbuch der Kakteen weder abgeschlossen noch je fertig werden wird. Vieles konnte aus früheren und anderen Arbeiten übernommen werden, insbesondere auch aus solchen des Gartenbaus, und hier vor allem des Zierpflanzenbaus; gerade die Querverbindung zu neueren botanisch-gartenbaulichen Erkenntnissen mußte in der Vergangenheit oft vermißt werden, zum Nachteil der Kakteenkunde.

Viel konnte nur angedeutet oder in seiner Problematik angerissen werden, einiges vielleicht gar nicht erwähnt werden. Manches wird auch Anlaß zur Diskussion und Kritik sein. Das aber kann nur gut sein, schafft es doch allein den Impuls zum Fortschritt. Deshalb wird jede Hilfe, jeder Rat und jede Kritik dankend angenommen, immer mit dem Ziel, das Buch weiter auszubauen.

Dafür die Voraussetzungen geschaffen und die ausgezeichnete Ausstattung des Buches so vorzüglich ermöglicht zu haben, ist Verdienst des Verlages, dem zu danken ich allen Grund habe.

Dr. Hans Hecht

Inhalt

Kakteen – Wunder der Pflanzenwelt

Das Wort »Kaktus« assoziiert den Gedanken an Stacheln. Nicht zu Unrecht, denn der aus dem Griechischen kommende Name besagt tatsächlich, daß ein Kaktus »die stachelige Pflanze« ist. Der Mensch beschäftigt sich schon seit den Tagen der indianisch-aztekischen Hochkulturepochen mit den Kakteen; sie wurden damals ähnlich Göttern verehrt.
Nach Europa kamen die ersten Kakteen zur Zeit der Entdeckung der Neuen Welt. Spät, nämlich im vorigen Jahrhundert, wurden sie Liebhaber- und Forschungsobjekt. Die ersten bedeutsamen Kakteensammlungen entstanden. Zunehmendes Interesse an Kakteen verursachte nach dem 1. Weltkrieg einen ersten, in der Gegenwart einen zweiten Höhepunkt. 1892 wurde auf nationaler Basis die Deutsche Kakteengesellschaft als Liebhabervereinigung, 1950 auf internationaler Ebene die Internationale Organisation für Sukkulentenkunde (IOS) als Gremium zur wissenschaftlichen Bearbeitung der Kakteenkunde gegründet (als »International Commission for Succulent Plant Research« der Botanischen Sektion der »International Union of Biological Sciences (UNESCO) angeschlossen).
Heute haben die Kakteen auch noch wirtschaftliche Bedeutung erlangt. Sei es als Heckenpflanzen, Bauwerkstoffe, Heizmaterial, Lebens- und Futtermittel in ihren Verbreitungsräumen, sei es als Lieferant bestimmter Substanzen. Beispielsweise wird aus *Lophophora williamsii* das Alkaloid Mescalin gewonnen; aber auch andere Arten bringen vor allem für die pharmazeutische Industrie interessante medizinisch oder anderweitig zu verwendende Substanzen.
Was aber fasziniert den Menschen von heute an Kakteen?
Alltagsmühe, Streß und Überzivilisation werden kompensiert durch eine tief befriedigende und niemals langweilige Beschäftigung »mit der Natur«. Die Pflanzen fördern dies durch attraktive, bizarre, »exotische« Körper, vor allem aber durch überaus prachtvolle Blüten. Kakteen sind unempfindlich und sehr zum Sammeln geeignet, ob auf der Fensterbank, dem Balkon oder im Gewächshaus.

Was ist ein Kaktus?

Kakteen sind als Pflanzen an die jeweiligen Standortbedingungen, nämlich denen der Trockengebiete der Neuen Welt, angepaßt. Das bedeutet, daß sie sich unter ständigem oder zeitweisem Wassermangel des Bodens behaupten müssen, wozu sie die in langen Zeiträumen entwickelte Sukkulenz instand setzt. Darunter versteht man eine Wasserspeicherung in günstigen Jahreszeiten und sparsamen Wasserverbrauch während der Trockenzeiten, die oft monatelang und länger anhalten können. Dieser »Kampf um das Wasser« bedingt eine tiefgreifende Umgestaltung des Pflanzenkörpers: er ist zunächst einmal xeromorph, d.h. er besitzt Einrichtungen, um dauernd oder vorübergehend die Wasserabgabe zu hemmen und er hat ein ausgedehntes Wurzelwerk, um Wasser vollständig aus einem möglichst großen Areal aufnehmen zu können. Was gegen Wasserverluste schützt, bewahrt meist gleichzeitig vor zu starker Lichteinwirkung und Erwärmung: die Blätter sind klein, lederig, saftarm, stark versteift, haben verdickte, mehrschichtige Außenhautgewebe, verstärkte und verdickte Kutikulen, Einlagerungen von korkähnlichen Substanzen, Ausbildung von Wachsüberzügen. Besonders wirksamer und häufigster Transpirationsschutz aber erfolgt durch die Verkleinerung der Oberfläche: Blattfall, Verzwergung der Pflanze, verringerte Verzweigung der Sprosse, Blattschwund und Umwandlung in Dornen (»Stacheln«) und schließlich totale Blattreduktion. Blattfunktionen übernehmen dann Stengel, die durch Abflachung blattähnlich werden (Flachsprosse der Opuntien und Blattkakteen).

Zur stark eingeschränkten Wasserabgabe tritt in der kurzen Regenzeit die Speicherung von Wasser in speziellen Geweben. Diese werden dadurch dick und fleischig-saftig und geben den Pflanzen den Namen »Sukkulenten« (lat. succus, der Saft). Kakteen als Stammsukkulenten benutzen überwiegend den Sproß als Wasserreservoir. Das Ergebnis sind die für die Trockengebiete Amerikas typischen kugel- oder säulenförmigen, schwach oder gar nicht verzweigten, blattlosen Kakteen.

Keimlinge der Kakteen haben wie die der gewöhnlichen Samenpflanzen eine Keimwurzel, zwei Keimblätter mit dem dazwischen befindlichen Vegetationspunkt und das zwischen Keimwurzel und -blättern liegende Hypokotyl. Erst später erfolgt

1. die Ausbildung von Wasserspeichern,
2. die Umwandlung von Blättern in Blattdornen,
3. die Reduzierung der Seitenzweige zu Haarpolstern (Areolen) aus verdornten Blättern,
4. die Stauchung der Achse bis zur extremen Kugelform,
5. die Faltung der Oberfläche in Rippen, die der Anordnung der Areolen folgt, sich ziehharmonikaartig dem unterschiedlich gefüllten Wasserspeichergewebe anpaßt und die Pflanzenoberfläche zusätzlich beschattet.

Als letztes haben Kakteen eine Periodizität der Lebensvorgänge. In vegetationsfeindlichen Trockenzeiten mit drohender Vertrocknung verfallen sie als Abwehr in eine Art Ruhezustand. In Vegetationsperioden, die günstiger sind, läuft die Fortpflanzung ab, hat der Entwicklungsrhythmus eine aktive Phase. Damit haben sich die Kakteen optimal an ihren Lebensraum angepaßt.

Die »Kaktus-Historie«

Im großen mittelamerikanischen Reich der Azteken hatten die mexikanischen Kakteen hohe kultische Bedeutung. Sie sind in Götternamen und Ortsbezeichnungen wiederzufinden. Auch das Staatswappen von Mexiko trägt bis heute Adler und Schlange auf einer Opuntie. Mexiko-City hieß früher Tenochtitlan, »Ort des heiligen Kaktus«. Auf *Echinocactus grusonii*-Pflanzen sollen Menschenopfer von den aztekischen Priestern dargebracht worden und dabei Stacheln Opfermesser gewesen sein.

Auch die wirtschaftliche Nutzung der Kakteen geht bis in aztekische Zeiten zurück. Noch heute werden Früchte, Jungtriebe und Kakteenfleisch als Nahrung oder Leckereien verkonsumiert, Kakteen aber auch in anderer Weise genutzt.

Mit dem gekauten Fruchtfleisch von *Lophophora williamsii,* d.h. den darin enthaltenen Alkaloiden (Halluzinogenen) Mescalin u.a. versetzten sich die Indianer inner- und außerhalb von Kulthandlungen in rauschartige Zustände; bis heute haben sie davon nicht abgelassen. In der Gegenwart verwenden Rauschgiftsüchtige Peyote, den Wirkstoff der »Schnapsköpfe«, auch mit Peyotl, Peotl, mescalbuttons bezeichnet.

Mit dem ausgehenden Mittelalter interessierten sich die Menschen in Europa zunehmend für die Pflanzen der neuentdeckten Gebiete. Vermutlich brachte die kolumbianische Zeit die ersten Kakteen nach Europa. Zu Anfang des 16. Jhs. wurden Kakteen und Agaven in Europa gehalten.

1576 wohl erstmals in Kräuterbüchern erwähnt (die »Melonendisteln« des Botanikers Mathias Lobel), beschäftigten die Kakteen in der Folgezeit nur recht sporadisch die Autoren. 1698 unterscheidet

Hermann die Gattung *Cereus, Peireskia* wurde von Plumier 1703 und *Opuntia* von Tournefort 1716 aufgestellt. Man kennt schon seit Beginn des 17. Jhs. die Bezeichnung »Melocactus«.

Die allmählich entstehenden Botanischen Gärten und private Sammlungen konnten die ersten Kakteen vorweisen. Dies war nur möglich geworden, weil die Haltungsbedingungen durch die Entwicklung von Gewächshäusern entscheidend verbessert werden konnten.

Der große Botaniker Linné hat 1737 alle 24 bekannten Arten unter der einen Gattung *Cactus* vereinigt. Um die Mitte des 18. Jhs. kultivierte Philipp Miller in Chelsea Physic Garden eine ganze Anzahl von Kakteen. Die erste größere private Sammlung hatte in England einige Zeit später Hardy Haworth. In Frankreich beschäftigte sich der Systematiker De Candolle, in Deutschland Fürst J. zu Salm-Reifferscheidt-Dyck (1773–1869) mit den Sukkulenten. 1837 gibt der Mediziner L. Pfeiffer in Kassel eine erste Übersicht der damals bekannten Kakteen heraus. 1850 erscheint Salms grundlegendes Werk und System. 1846 verfaßt C. F. Förster ein »Handbuch der Kakteenkunde«. Damals hatte die erste Kakteenbegeisterung, insbesondere in der Biedermeierzeit, bereits wieder nachgelassen; die Kakteen wurden von den bunten Warmhauspflanzen in privaten und öffentlichen Sammlungen verdrängt.

In dieser Zeit beschäftigen sich Ch. Lemaire (Belgien), Dr. Poselger (Berlin), F. A. Haage (Erfurt), Dr. Engelmann (St. Louis, USA), Dr. Weber (Paris) und Pfersdorf (Paris) mit den etwas »verstoßenen« Kakteen. Weitere Namen mit Klang tauchen im 19. Jh. auf: Link und Otto (in Berlin), Schiede, Ehrenberg (in Mexiko) und Sellow und Fürst Neuwied (in Brasilien). Hildmann eröffnet nach dem Krieg 1870/71 in Berlin eine Kakteenhandlung. 1866 wurde bereits das Förstersche Handbuch von Th. Rümpler neu herausgegeben.

Die 1892 gegründete Deutsche Kakteen-Gesellschaft hatte zunächst K. Schumann, dann M. Gürke und F. Vaupel zum Vorstand.

Die Kakteenleidenschaft war inzwischen neu entflammt. Bekannte Namen jener Zeit waren auch Weingart (Georgental) und Quehl (Halle). Berger ordnete 1905 die Gattung *Cereus* in Verwandtschaftsgruppen. Einen Durchbruch in der Systematik der Kakteen brachten die Amerikaner Britton und Rose (1919–1923). 1925 bearbeitete Vaupel (Berlin) die Kakteen in Engler und Prantl's Werk »Die Natürlichen Pflanzenfamilien«.

Inzwischen war nach dem 1. Weltkrieg ein neuer Kakteenboom gekommen. Spezialgärtnereien und Warenhäuser überschwemmten den Markt mit Kakteen. In den Heimatländern begannen großangelegte, verheerende Ausplünderungskampagnen. Bald jedoch »normalisierte« sich die Begeisterung, der 2. Weltkrieg ließ sie völlig verlöschen. In der Nachkriegszeit begann die Sammlungstätigkeit erneut. Zunehmend mehr Wildpflanzen, aber auch gärtnerisch gezogene Pflanzen wurden in der ganzen Welt, besonders aber in Europa, kultiviert. Aus der Zeit vor und nach dem 2. Weltkrieg sind zu nennen: Werdermann, Gielsdorf, Backeberg, Buxbaum, Ritter, Krainz, Haage, F. Schwarz, Herre, Rausch, Cullmann, Rauh u. v. a. m.

Leider verursachte die weltweite Freude an Kakteen, aber z. T. auch wirtschaftliches Profitstreben, daß zu viele Pflanzen aus den Heimatländern exportiert und den Kakteenliebhabern über Spezialfirmen angedient wurden. Es kam erneut zu wahren Plünderungsorgien an den Wildstandorten. Es wundert nicht, daß bereits bestimmte Arten ausgestorben, andere von der Ausrottung bedroht sind. Langsam beginnt jedoch ein Umdenkungsprozeß bei den Kakteenliebhabern, und es besteht die Hoffnung auf Erhaltung der Kakteenflora an den Primärstandorten. Ohne daß die Kakteen rigoros »abgeerntet« und nach Übersee »verschleppt« werden, fliegt heute der Kakteenliebhaber im Düsenjet-Zeitalter in die Neue Welt; dort rückt er den Kakteen wenigstens nur noch optisch auf den Leib – mit der Fotolinse ... Derzeit jedenfalls gibt es mehr Kakteenliebhaber als je zuvor, die sich mit echtem Engagement, hohen Fachkenntnissen, allein oder mit Gleichgesinnten organisiert und von einer Reihe kompetenter Fachwissenschaftler unterstützt, der Pflege der Kakteen verschrieben haben. Der Mitgliederstand der deutschsprachigen Fachgesellschaften ist einmalig hoch und steigt weiter.

Als letztes soll nochmals erwähnt werden, daß 1950 in Zürich für rein wissenschaftliche Bearbeitungen die IOS (Internationale Organisation für Sukkulentenforschung) gegründet worden ist.

Der Bau der Kakteen

Die Morphologie

Kakteen können morphologisch nur dann vollständig und eindeutig charakterisiert werden, wenn hierfür ausreichend Unterlagen verfügbar sind. Dem ist heute noch nicht so. Das was derzeit über den Bau der Kakteen aber gesagt werden kann, dürfte am kompetentesten und klarsten von Rauh dargestellt worden sein, dessen Auffassungen und Ausführungen im wesentlichen für die weiter unten gebrachten morphologischen Kriterien der Kakteen bestimmend waren.
Die Morphologie der Kakteen kann im vorgegebenen Rahmen nicht erschöpfend abgehandelt werden. Weitgehend unberücksichtigt bleiben mußte der anatomische (innere) Bau der Kakteen.

Der »typische« Körper

Kakteen als Dikotyledonen

Kakteen gehören zu den zweikeimblättrigen Pflanzen, deren typischen Habitus bereits der Keimling im Samen zeigt, wenn er deutlich einen Sproß- und einen Wurzelpol hat; nach der Keimung entstehen am ersteren 2 Keimblätter mit dem Sproßscheitel, das ist der Vegetationspunkt mit dem Apikalmeristem, dazwischen. Der Wurzelpol bildet die Keimwurzel aus. Zwischen dieser und den Keimblättern ist das Hypokotyl, ein Stengelteil, der mit der Primärwurzel für die Bildung eines Wurzelstuhls oder Wurzelhalses bzw. einer Rübenwurzel wichtig ist.
Der sich entwickelnde **Sproß** hat unter der Rinde zahlreiche, ringförmig angeordnete Leitbündel. Jedes davon hat außen die Siebstränge, die organische Stoffe, besonders die Assimilate, von oben nach unten transportieren, und innen die Gefäßstränge, die Wasser und Nährsalze von unten nach oben führen. Der Leitbündelring umschließt das Markgewebe im Zentrum des Sprosses.
Bei »typischen« Kakteen ist die Sproßachse durch stark ausgebildete, wasserspeichernde Gewebe schleimig-saftig, sukkulent, geworden. Nur bei baumförmigen Cereen kann die Basis verholzen. Das äußere, abschließende Gewebe des Sprosses, die stark zellulose- und kutinhaltige Epidermis (Oberhaut) bleibt erhalten, grün, assimilatorisch aktiv, sie schützt vor Verdunstungsverlusten; bei Pflanzen luftfeuchter Standorte und bei sämtlichen Wurzeln ist die Epidermis wesentlich dünner und z.T. nicht kutinisiert. In allen anderen Fällen wird die Epidermis von ihrer äußersten Schicht, der zähen, wachsigen Kutikula, unterstützt. Die Kutikula ist bei *Browingia hertlingianus* und *Lemaireocereus beneckei* besonders gut erkennbar. Die Epidermis wird von den Spaltöffnungen durchbrochen, die den Gasaustausch und die Transpiration regulieren. Unter der Epidermis liegt das eigentliche Assimilationsgewebe. Sekundäre Abschlußgewebe in Form von Korkhüllen und -platten können auftreten.
Die **Blattanlagen** sondern sich in das Unterblatt, aus dem sich der Blattgrund, und in das Oberblatt, aus dem sich die Blattspreite entwickelt (Abb. 1). Die Blattspreite wird reduziert, die Blattbasis bleibt erhalten, wächst am Sproß herab und verwächst mit

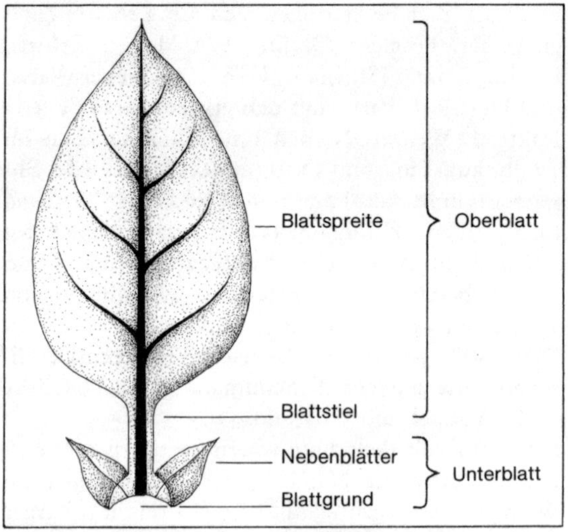

Abb. 1 Das Blatt einer zweikeimblättrigen Pflanze; schematisch (nach KRAINZ).

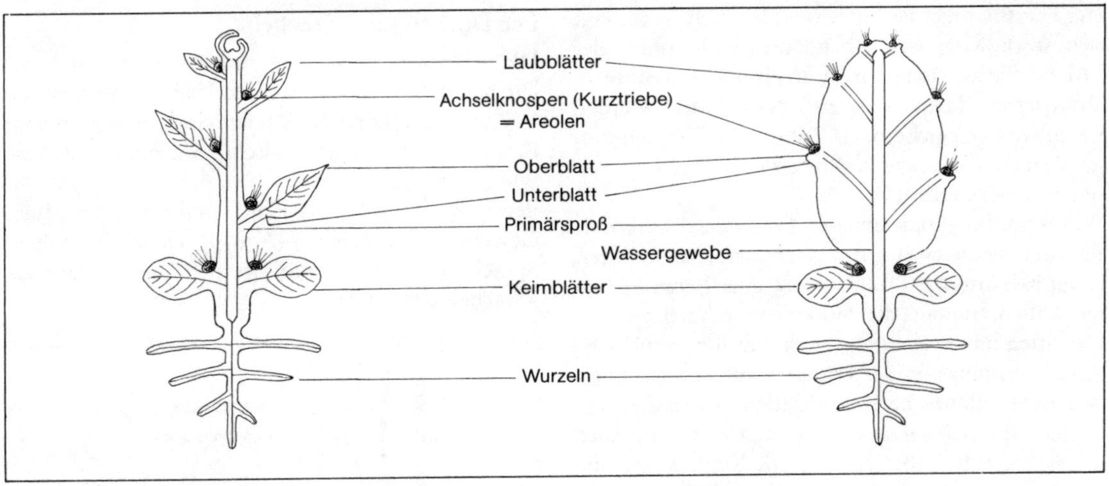

Abb. 2 Schema eines beblätterten Kaktus – Fortgeschrittene Reduzierung der Blätter (nach Troll).

ihm. In den Achseln aller reduzierten Blätter und der Keimblätter entstehen »Achselknospen«, die zu einem, im Längenwachstum wenig gehemmten Langtrieb, zu einem blütentragenden Organ auswachsen oder als Knospe, einem Kurztrieb mit begrenztem Längenwachstum, der Areole, verbleiben (Abb. 2 und 3).

Die **Wurzel** hat ein zentrales, radiales Leitbündel, bei dem die Sieb- und Gefäßstränge abwechseln. Hinter dem Bereich der Wurzelspitze, wo das Streckungswachstum aufhört, sind die Wurzelhaare, die eine starke Oberflächenvergrößerung der Wurzel darstellen und die Stoffe aus Boden oder Substrat aufnehmen. Verzweigungen entstehen aus der äußeren Schicht des Zentralzylinders. Die Seitenwurzeln müssen also die ganze Rinde ihrer Mutterwurzel durchbrechen; sie sind schwächer und dünner als ihre Mutterwurzeln. Die Wurzel hat keine Blattorgane, allenfalls sekundäre Sproßvegetationspunkte, die Wurzelschößlinge hervorbringen können.

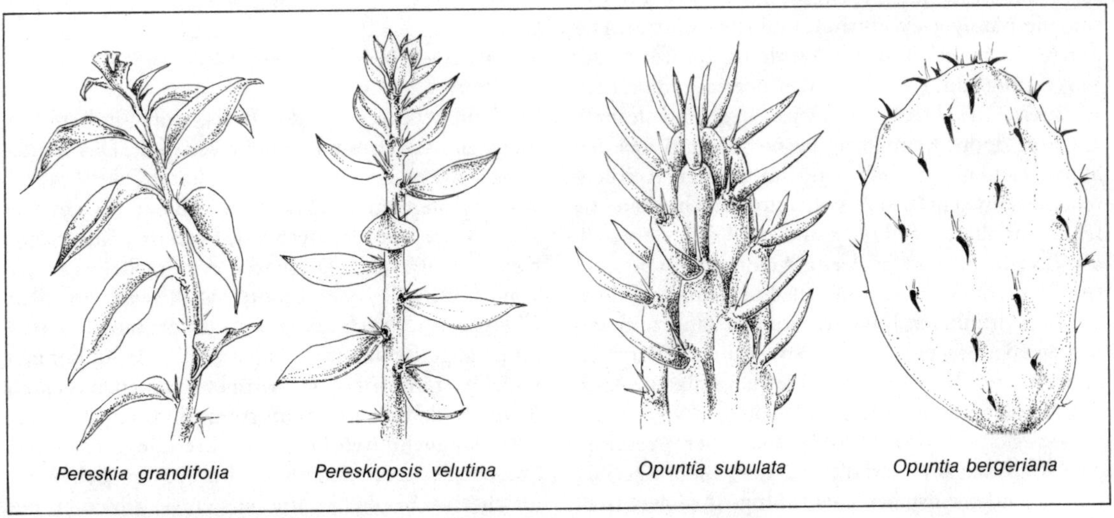

Abb. 3 Reduktionsschritte »beblätterter« Kakteen.

Die Hauptwurzel ist kurz, verjüngt sich, verzweigt sich stark, weit ausreichend und dicht unter der Erdoberfläche. Bei den Wurzelsukkulenten (z.B. *Ariocarpus, Leuchtenbergia, Neolloydia*) werden sie zu wasserspeichernden Rüben und Knollen umgebildet. Starke, tiefe Pfahlwurzeln findet man selten (z.B. bei Cereen).

Während Jungpflanzen von *Pereskia* als dikotyle Pflanzen noch zwei gut ausgebildete Keimblätter, einen beblätterten Primärsproß, aber bereits Areolen haben, nimmt die Sukkulenz schnell zu: die Opuntien haben ebenfalls noch 2 große, wenig fleischige Keimblätter, der Primärsproß ist wie die erwachsene Pflanze bereits sukkulent, die Blätter reduziert, die Achselknospen borstige Areolen. Auch die Hylocereen haben noch große Keimblätter und ein schlankes Hypokotyl. Bei *Rhipsalis* beginnt die Sukkulenz schon beim Sämling. Deutlicher ist sie bereits bei Sämlingen der Cereoiden. Auch das Hypokotyl wird jetzt zunehmend sukkulenter, die Keimblätter reduzieren sich oder verschwinden ganz.

Die Areolen

Diese Stachelpolster sind Axillarsprosse, also Seitenäste, die Kurztriebe bleiben (Kugelkakteen, Cereen) oder Langtriebe werden können, was bedeutet, daß sich die Kakteen verzweigen.

Die Areolen in den Achseln der Tragblätter sind sehr unterschiedlich. Selten radial-symmetrisch, sind sie häufiger exzentrisch und dorsiventral. Der untere (abaxiale) Teil der Areole ist gefördert, der Vegetationspunkt wird auf den oberen (adaxialen) verlagert. Die Areole ist (meist) oval und deshalb auch oft doppelkammartig bestachelt (z.B. bei den Sulcorebutien). Stacheln sind im unteren Areolenteil, sie entwickeln sich von unten nach oben; sie fehlen im oberen Teil oder sind stark reduziert, z.B. als Glochiden. Der Filz, der die Areolen meist bedeckt (Areolenwolle), wird von der Epidermis gebildet. Areolen primitiver Kakteen bringen lang und immer wieder Stacheln hervor, soweit nicht Verzweigungen oder Blüten gebildet werden müssen. Auch alte Areolen können sich bestacheln.

Streckt sich der Vegetationspunkt einer Areole in eine Richtung und zerfällt in 2 oder mehr »serial« aufsteigende, entstehen mehrblütige Areolen (z.B. bei *Rhipsalis*).

Die Dornen (die »Stacheln«)

Die verschieden gefärbten, haarkissenartigen Areolen haben mehr oder weniger lange und kräftige Borsten und Dornen. Beides sind umgewandelte Blätter von Kurztrieben. Echte Stacheln sind Auswüchse der Epidermis, Kakteendornen dagegen eindeutig Blattdornen aus Haut- und tiefer gelegenen Geweben (Emergenzen) (Abb. 4). Dem allgemeinen Sprachgebrauch folgend, werden die Dornen als »Stacheln« bezeichnet.

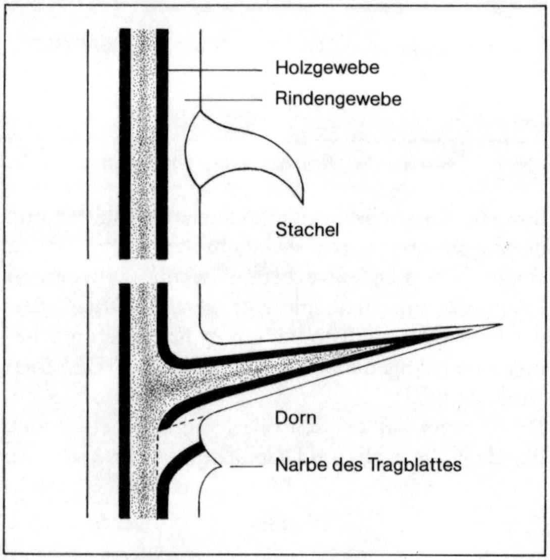

Abb. 4 Stachel – Dorn: schematische Längsschnitte.

Stacheln wachsen an der Basis, dort sind sie am jüngsten, weich und bruchgefährdet. Das Festigungsgewebe an der Spitze verhärtet, der Stachel wird wasserarm und deshalb dünner als ein frischer, starr, spröde, stechend, hornartig und bleibt meist unverzweigt. Die Farbe der Stacheln variiert von weiß, gelb, rot, braun bis schwarz in allen Übergängen. Auch die Form, Anordnung, Stärke und Länge ist unterschiedlich (Abb. 5). Sie können nadelig, sternförmig angeordnet sein, einen dichten Kranz bilden oder kammförmig (pectinat) um eine, dann längliche Areole stehen. Ihre Länge schwankt zwischen »kaum sichtbar« bis 30 cm. Sehen sie gleich aus (Isophyllie) und stehen sie außen an der Areole, heißen sie »Randstacheln«. Häufiger sind

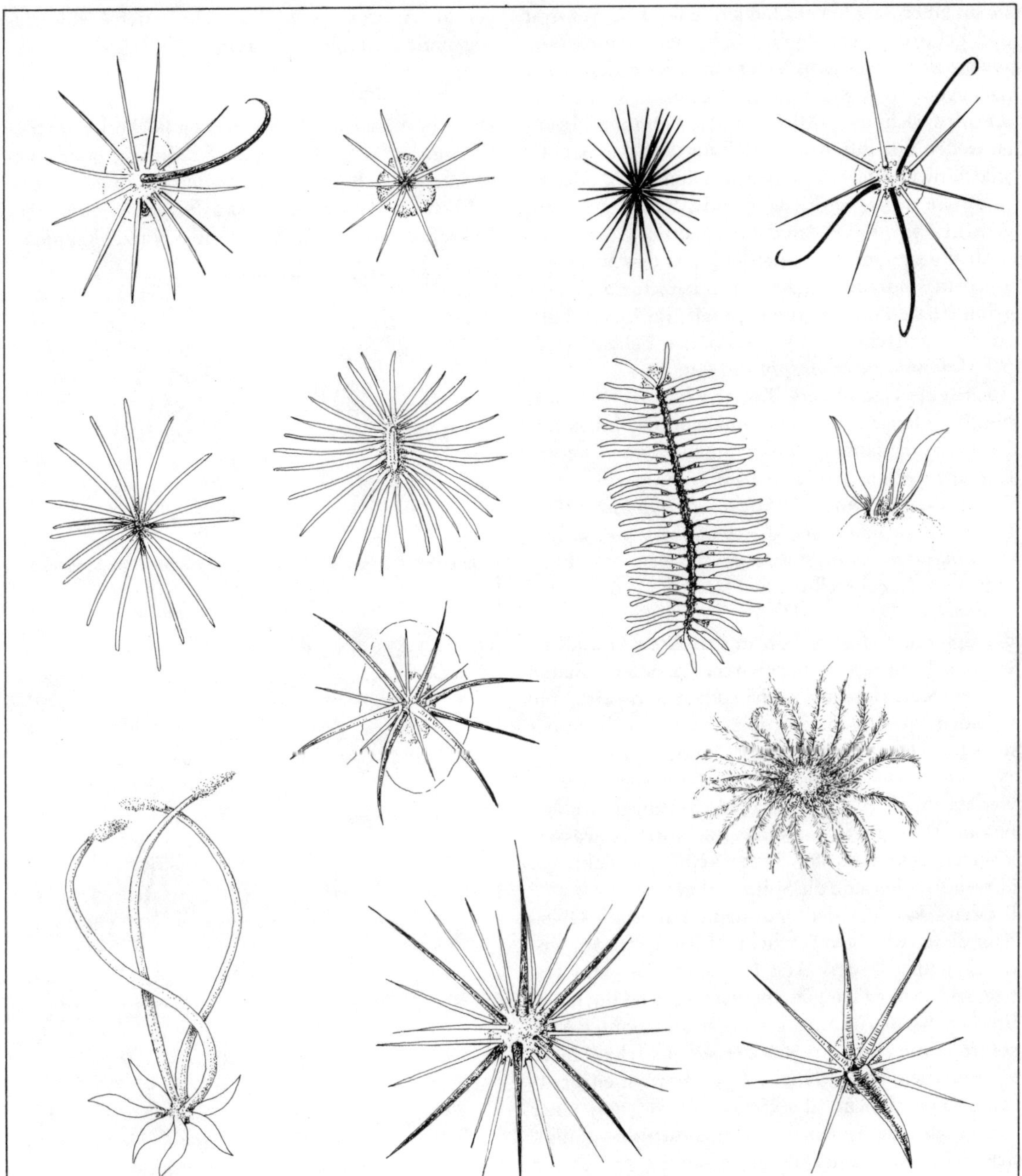

Abb. 5 Areolen-, Stachelformen, Stachelanordnungen; schematisch.

sie an einer Areole verschieden lang, dick, geformt und gefärbt (Anisophyllie) (z.B. bei *Mammillaria microhelia, Ferocactus latispinus*). Von den meist nadeligen, borstigen, haarigen Randstacheln unterscheiden sich die »Mittel- oder Zentralstacheln« entweder nur durch ihre Stellung auf der Areole, jedoch nicht oder nur undeutlich äußerlich, oder sie sind, wie meist, kräftiger, gerade, hakig, gebogen, gedreht, gewunden, manchmal dolchartig, auch nach abwärts gerichtet, quergeringelt usw.

Stacheln sind außerordentlich unterschiedlich ausgebildet; sie können stumpf, matt, im Querschnitt rund, abgeflacht, kantig, sie können behaart (z.B. bei *Mammillaria pennispinosa*) sein.

Auch feine Flaumhaare, Borsten oder auch grobe, bis 20 cm lange Haare sind Stacheln. Die Inkas verwendeten die langen, derben Stacheln von Oreocereen als Nähnadeln. Papierartige Stacheln haben Tephrocacteen und *Pediocactus papyracanthus*. Die Federstacheln von *Mammillaria plumosa* und *Mammillaria pennispinosa* sind weich und biegsam. Lange, mehrzellreihige Haare hat z.B. *Cephalocereus senilis* (echte Haare, also Anhangsgebilde der Epidermis, findet man in den Areolen und besonders lange im Neutrieb von Parodien). Selten bleiben Stacheln kurz, weichspitzig und saftig. Sie scheiden Nektar ab. Solche Nektarstacheln findet man bei *Hamatocactus, Ferocactus, Opuntia, Coryphantha*. Bei *Epithelantha* und *Encephalocereus* werden die zwei obersten Stacheln junger Areolen besonders lang und durch ausgeschiedenes, wasserlösliches Sekret an der Spitze keulig verdickt. An älteren Areolen sind die Spitzen abgestoßen.

Bei den Glochiden der Opuntien schülfert die Oberhaut dieser winzigen Stacheln an der Spitze ab, wodurch lauter Widerhaken entstehen. Die sehr feinen, spröden, brüchigen, dichtstehenden Glochiden brechen bei Berührung leicht ab und bohren sich sofort in die Haut ein, aus der sie nur sehr schwer zu entfernen sind. Manche Cylindropuntien besitzen Hosenstacheln, d.s. Stacheln, die von einer leicht abzuziehenden, pergamentartigen Hülse, Scheide, Hose (Tunica) umgeben sind.

Länge, Stärke, Farbe, Form und auch Zahl der Stacheln variieren innerhalb einer Art, von Pflanze zu Pflanze, aber auch auf derselben Pflanze, z.T. durch Außenbedingungen beeinflußt. Konstant ist dagegen die Anordnung der Stacheln in der Areole, das sogenannte Areolendiagramm.

Die Mamillen

Die Oberfläche der Kakteen trägt höckerige, zitzenförmige (z.B. bei *Coryphantha clavata*) oder langgezogene (z.B. bei *Mammillaria longimamma*; –15 cm bei *Leuchtenbergia principis*) Warzen oder Mamillen (danach benannt die »Warzenkakteen«,

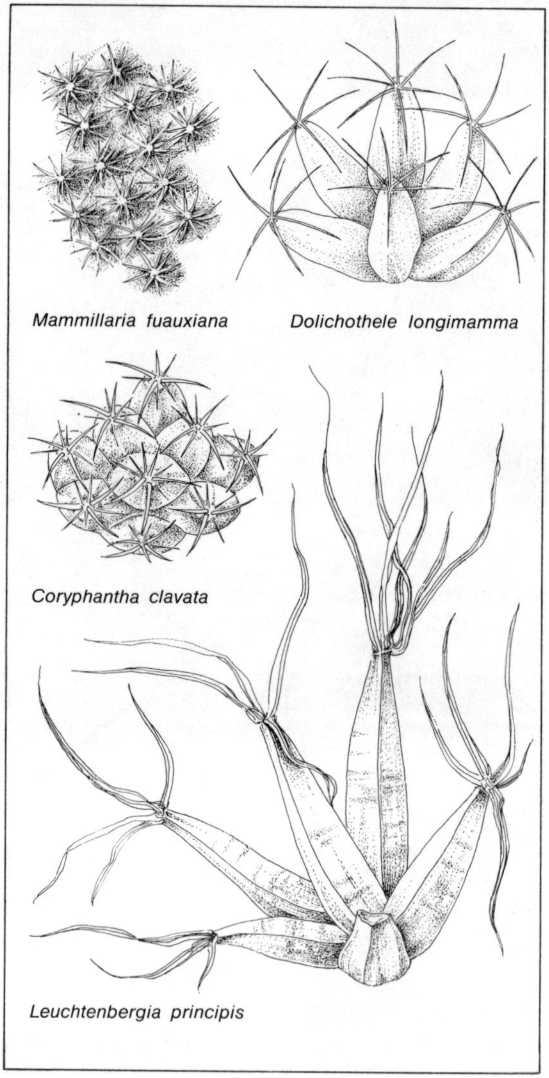

Abb. 6 Mamillenbildungen.

die Mammillarien) (Abb. 6); sie sind der Blattgrund der reduzierten Oberblätter, Podarien genannt, der zur Warze auswächst (Abb. 7). Eine Verschmelzung zu Rippen findet nicht (mehr) statt. Lediglich bei den Echinofossulocacteen verlängern sich die vielen Podarien zu außerordentlich dünnen Längsrippen; der Abstand der wenigen Areolen auf diesen Rippen ist groß. Alle anderen Warzenkakteen behalten auch blühreif die Mamillen.

Der Querschnitt der Mamillen ist rund, kantig (z. B. bei *Leuchtenbergia principis, Neogomesia agavioides*), oben abgeflacht, selten blattartig geformt (z. B. bei *Encephalocarpus strobiliformis*).

Die Vegetationspunkte für die Bildung von Blüten oder einer Verzweigung mittels eines Langtriebes sind bei Mamillen, die unterhalb der Areolen in die Länge wachsen, an der Spitze (z. B. bei *Gymnocalycium*), bei denen, die im Bereich der Areolen wachsen, in der Achsel der Mamille, als weißer Haarschopf (z. B. bei den Mammillarien) zu erkennen. Es gibt somit einen sterilen, bestachelten und einen fertilen, wolligen, Blüten tragenden »gespaltenen« Mamillen-Vegetationspunkt.

Bei *Coryphantha* und *Ariocarpus*-Arten verbindet eine haarige Längsfurche oberseits der Warze (= Podarium) beide Vegetationspunkte. Diese »Coryphantha-Stufe« wird weiterentwickelt, wenn die Serialspaltung, diese Verzweigung des Scheitelpunktes, so früh einsetzt, daß ein zur Areole auswachsender äußerer (abaxialer) und ein blütentragender innerer (adaxialer) Teil, die Axille, von vorneherein getrennt werden (Abb. 10). Die Verbindungsfurche fehlt dann (»Mammillaria-Stufe«). Die Unterscheidungen sind aber nur graduell: bei *Pelecyphora* entstehen Blüten aus dem oberen Rand der Areole, aus einer Furche oder aus der Axille; auch die Drüsenstacheln von *Coryphantha*-Arten sind bei jungen Pflanzen an der Warzenspitze, bei blühfähigen in der Axille zu finden.

Die Oberseite des Podariums kann sich furchenartig durch sekundäres Überwallen einfalten, so daß, wie bei *Gymnocalycium saglionis*, eine Quetschfalte entsteht. Dies hat mit der Furchenbildung durch Serialspaltung nichts zu tun, ist zu dieser jedoch homolog, wenn eine Areole bis an die nächstfolgende verlängert wird, die Areolen zusammenfließen (z. B. bei *Echinocactus ingens, Pachycereus marginatus*).

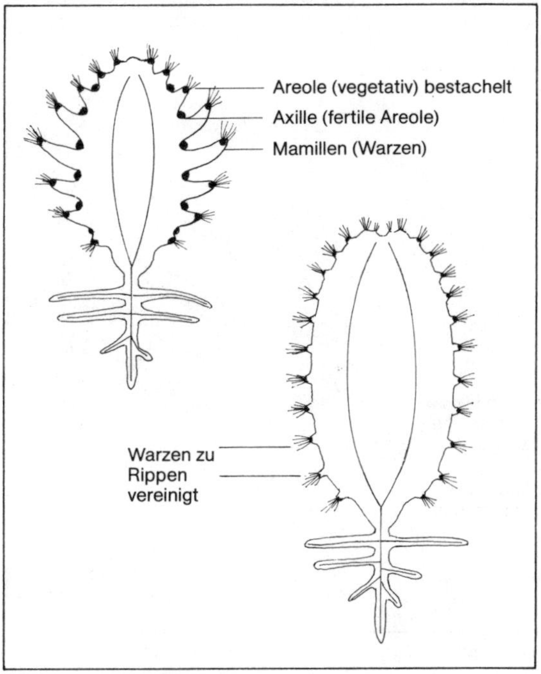

Abb. 7 Warzen- und Rippenbildung (nach RAUH).

Die Rippen (der Rippenkakteen)

Hat die Sproßachse leisten- oder flügelartige Längskanten, entstehen die Rippen oder baum-, strauch- oder kugelförmigen Rippenkakteen (Abb. 9). Untereinander stehende Mamillen werden angleichend emporgehoben. Stehen die Podarien gleichhoch, sind die Rippen gerade. Ist der die Areolen tragende Teil stärker erhöht, sind sie gekerbt. Auch wenn

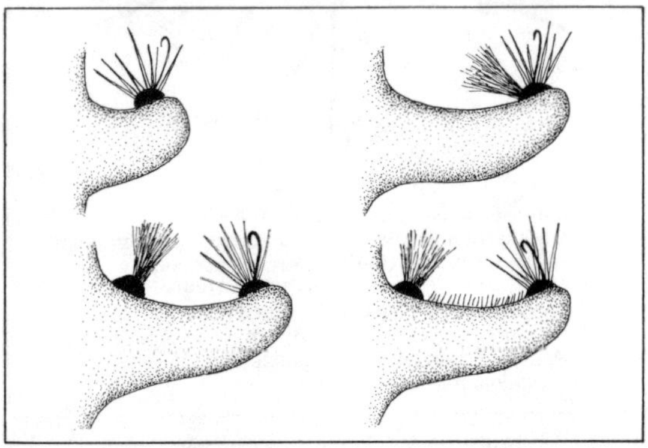

Abb. 8 Areolenspaltung.

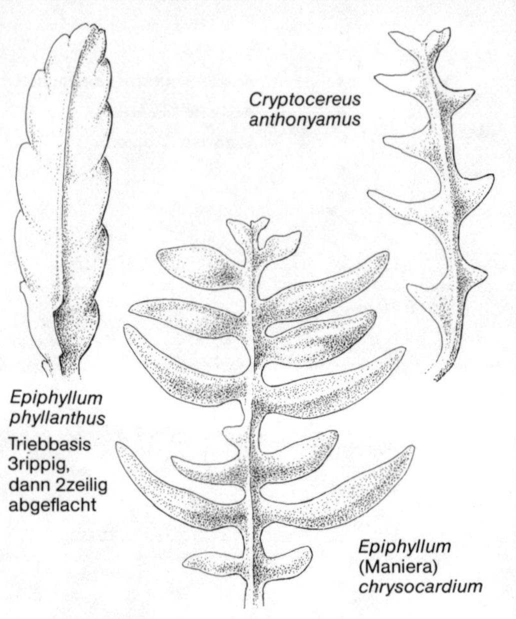

Abb. 9 Blattartige Sprosse.

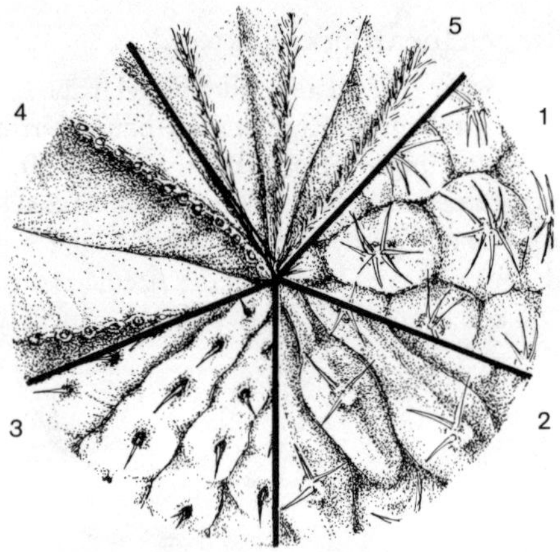

1 Mamillen in Geradzeilen angeordnet, Querkerben trennen *(Gymnocalycium riograndense)*
2, 3 Rippen zwischen den Areolen eingeschnürt *(2 Thelocactus lophothele; 3 Copiapoa cinerea)*
4 Areolen auf gemeinsame Rippe emporgehoben, getrennt *(Astrophytum myriostigma)*
5 zu einer Leiste zusammengeflossen *(Uebelmannia pectinifera)*

Abb. 10 Übergang von der Mamillen- zur Rippenbildung; schematisch.

sich die Podarien später vereinigen, bleibt eine mehr oder weniger deutliche Querfurche erhalten. Häufig ist aber der unter der Areole liegende Teil des Podariums stärker gefördert. Es entstehen Höcker (z.B. bei *Gymnocalycium, Neowerdermannia*), die durch leichte Verschiebung der Divergenz und durch große Rippenzahl dann beilförmig werden können und zwischen sich Schrägfurchen haben. Bei Flachsprossen können die Einkerbungen oft sehr tief (farnwedelartig) gehen und bei *Epiphyllum chrysocardium* bis an die Sproßachse. Die Areolen sind in der Kerbe zwischen den Sproßlappen (Abb. 8).

Die Blattstellung

Die Blattstellung ist bei Keimpflanzen nicht fixiert, die Warzen stehen noch frei. Fließen die Podarien später zusammen, entstehen Rippen. Sowohl die Mamillen als auch die Rippen sind gleichmäßig um den Sproß verteilt, im einfachsten Fall in einem zweizähligen (dimeren) Wirtel oder Quirl. Der nächste Wirtel rückt genau in die Zwischenräume zwischen den Anlagen des vorausgehenden Wirtels ein; diese Blattstellung heißt kreuzgegenständig oder dekussiert (z.B. *Lophocereus quadricostatus*). So entstehen 4 Geradzeilen (Orthostichen), also Längsreihen von Anlagen. Stehen die Blattanlagen jeweils einander genau gegenüber, so entstehen 2 Geradzeilen, und damit die zweizeilige oder distiche Blattstellung. Häufiger sind freilich 4zählige Quirle, die aufeinander alternierend folgend, 8 Rippen ergeben. Bei 5zähligen sind es 10, bei 6zähligen 12, bei 8zähligen 16 usw.

Mit zunehmender Schraubentendenz treten schraubige oder zerstreute Blattstellungen (Spirostichen) auf. Im Diagramm, einem schematischen Grundriß, sind die Knoten der Sproßachse als konzentrische Kreise in einer Ebene dargestellt. Der Vegetationspunkt ist das Zentrum, der jüngste Knoten ist mit dem kleinsten, der älteste mit dem größten Durchmesser gezeichnet. Die sogenannte Grundspirale entsteht, wenn man durch die Mitte der aufeinanderfolgenden Areolen eine Spirallinie zieht. Der Winkel zwischen den Medianen zweier aufeinanderfolgenden Areolen ist konstant; er wird als Divergenz, in Bruchteilen des Sproßumfangs angegeben. Der Zähler des Bruches gibt die Zahl der Um-

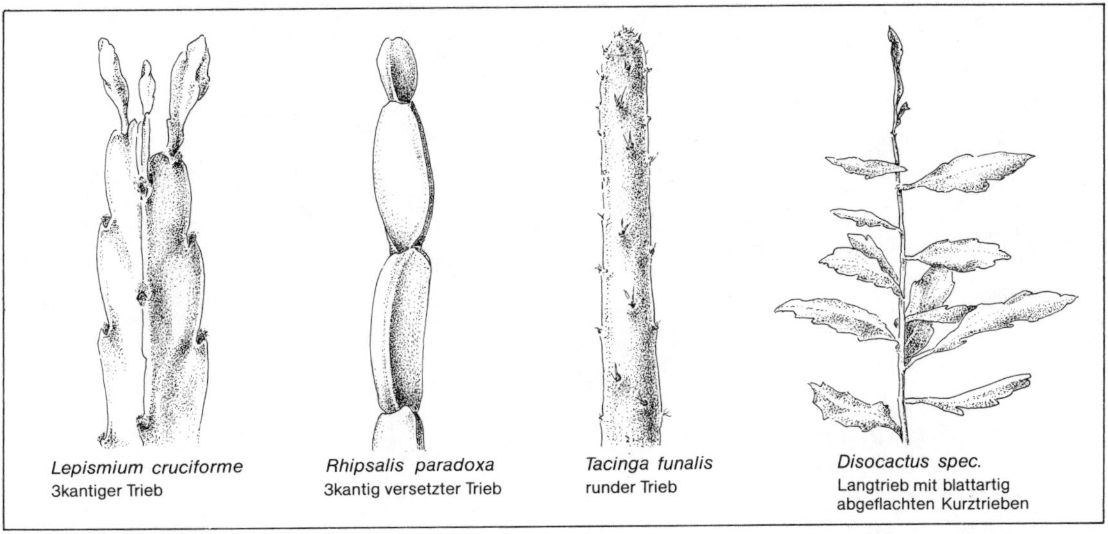

Abb. 11 Die Ausgestaltung von Trieben.

läufe an, die nötig sind, um auf die nächstfolgende Areole der gleichen Orthostiche zu kommen; der Nenner gibt die Anzahl der Orthostichen an. Bei z. B. einem 8rippigen Kaktus liegt eine 3/8 Blattstellung zugrunde, d. h. Areole 9 steht über Areole 1, 15 über 7, 10 über 2, 13 über 5 usw. Bei 5 Rippen spricht man von einer 2/5, bei 3 Rippen (Hylocereen-Arten) von einer 1/3 und bei 2 Rippen von einer 1/2-(oder distichen)Blattstellung, wie sie z. B. die blattartig abgeflachten *Epiphyllum*-Arten zeigen.

Die Rippenzahl, die bis über 40 ansteigt, kann an der gleichen Pflanze unterschiedlich (abhängig vom Alter?) sein. Häufig wird sie durch Einschub weiterer erhöht (z. B. bei stark auch im Durchmesser wachsenden Säulenkakteen). Selten jedoch verringert sich die Rippenzahl, meist liegen dann ungünstige Ernährungsbedingungen und Lichtverhältnisse vor; einzelne Rippen klingen einfach aus (z. B. bei Blattkakteen).

Wenn sich die Rippenzahlen (Geradzeilen) gering verändern, stehen die Podarien nicht mehr übereinander, sondern bilden Schraubenlinien (»Schraubenkaktus«). Spiralige Anordnung (»Berührungszeilen«) findet man bei Arten von *Mammillaria, Rebutia, Obregonia, Strombocactus* u. a. Total gestört und monströs wachsen die »Felsenkakteen«.

Viele *Rhipsalis*-Arten haben keine Mamillen, Hökker oder Rippen, sie sind rund, radiär, haben allerdings ein rippiges Jugendstadium mit Borstenareolen. Runde Triebe hat auch *Tacinga funalis. Rhipsalis mesembryanthemoides* hat blattartige, sukkulente Kurztriebe in den Achseln der rudimentären Blätter von Langtrieben; auch *Disocactus nelsonii* ist in Lang- und blattartige Kurztriebe gegliedert. Flügelartige Rippen und der Übergang zu Flachsprossen kennzeichnet auch Blattkakteen, deren Keimpflanzen noch den ursprünglichen cereen-ähnlichen Wuchs mit Rippung zeigen (Abb. 11).

Die Wuchsformen

Kakteen können wie Holzgewächse aussehen und vielfältig bis zu krautigen Formen mit baum-, strauch-, kugelförmigem und zwergigem Wuchs abgewandelt werden (Abb. 12 und 13). Jede Gliederung beruht auf der Zuordnung von Kurz- und Langtrieben, seltener auf klar unterscheidbaren, jahreszeitlich bedingten Zuwachszonen.

Baumförmige Kakteen

Sie können in einen manchmal meterhohen, dicken, unverzweigten Stamm und eine stark verzweigte

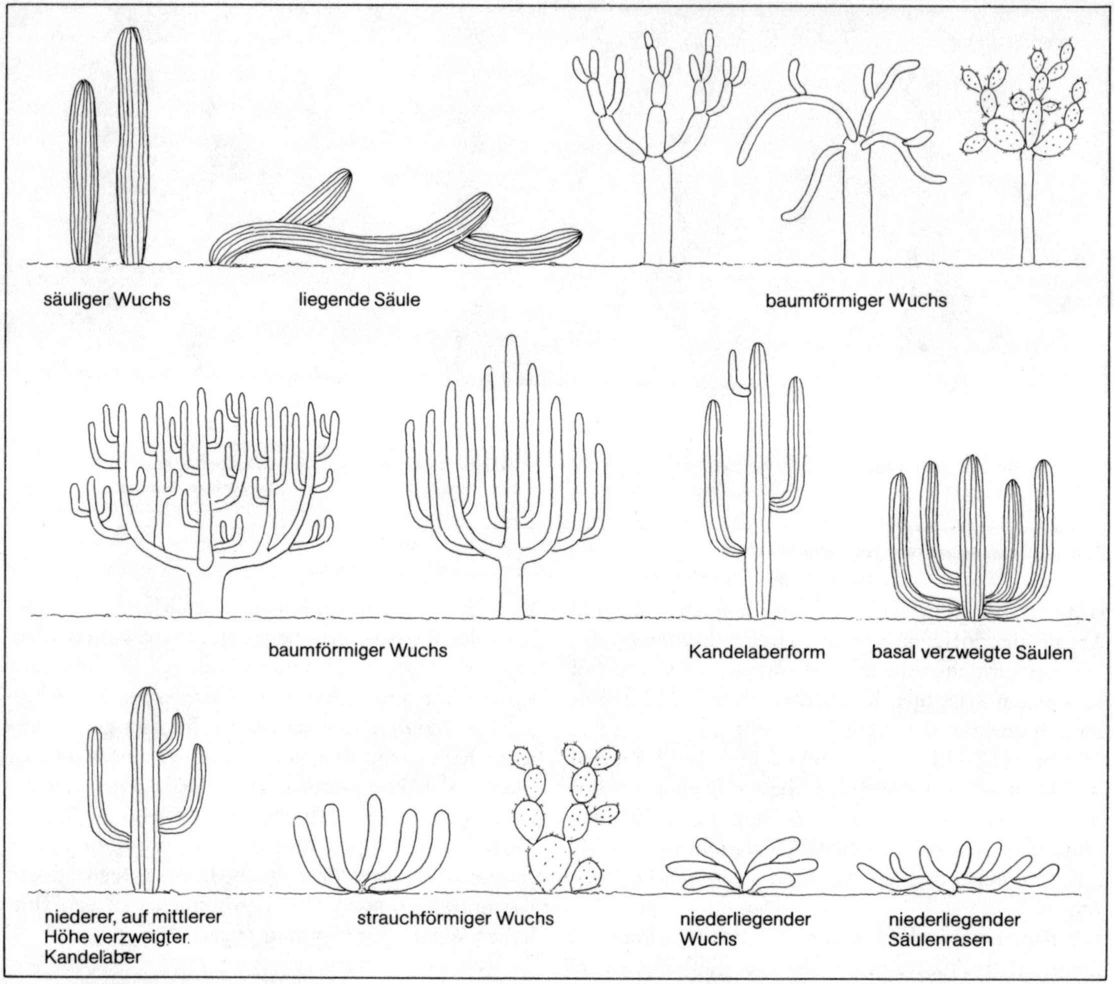

Abb. 12 Wuchsformen; schematisch.

Krone gegliedert werden. Der Stamm entsteht dadurch, daß der Primärsproß zunächst unverzweigt wächst oder entstehende Seitenäste wieder absterben. Die Krone bildet sich, wenn Kurztriebe zu Langtrieben auswachsen. Dabei entspringen Seitenäste höherer Ordnung vornehmlich im Spitzenbereich der Langtriebe niederer Ordnung aus Achselknospen. Die unterseitigen Tochterzweige entwickeln sich allein weiter oder sind im Wachstum gefördert.

Senkrechte, aufrechte Hauptsprosse bilden ihre Seitenäste ringsum gleichmäßig aus. Bilaterale Symmetrie haben die Flachsprosse von *Opuntia-* und *Schlumbergera*-Arten.

Die Pereskioideen verzweigen sich wie andere Bäume auch. Jeweils am Ende der Wachstumsperiode stellt der belaubte Hauptsproß sein Wachstum ein. Aus spitzennahen Areolen entstehen vorzeitig (schein-)wirtelige Langtriebe. Später sterben die schwachen Quirle der ersten Jahre ab (»Stammreinigung«). Der Stamm verdickt sich erheblich. Die Seitenäste verzweigen sich weiter zur Krone. Erst im Alter wächst der Primärsproß nicht mehr, die Krone wird dadurch schirmförmig.

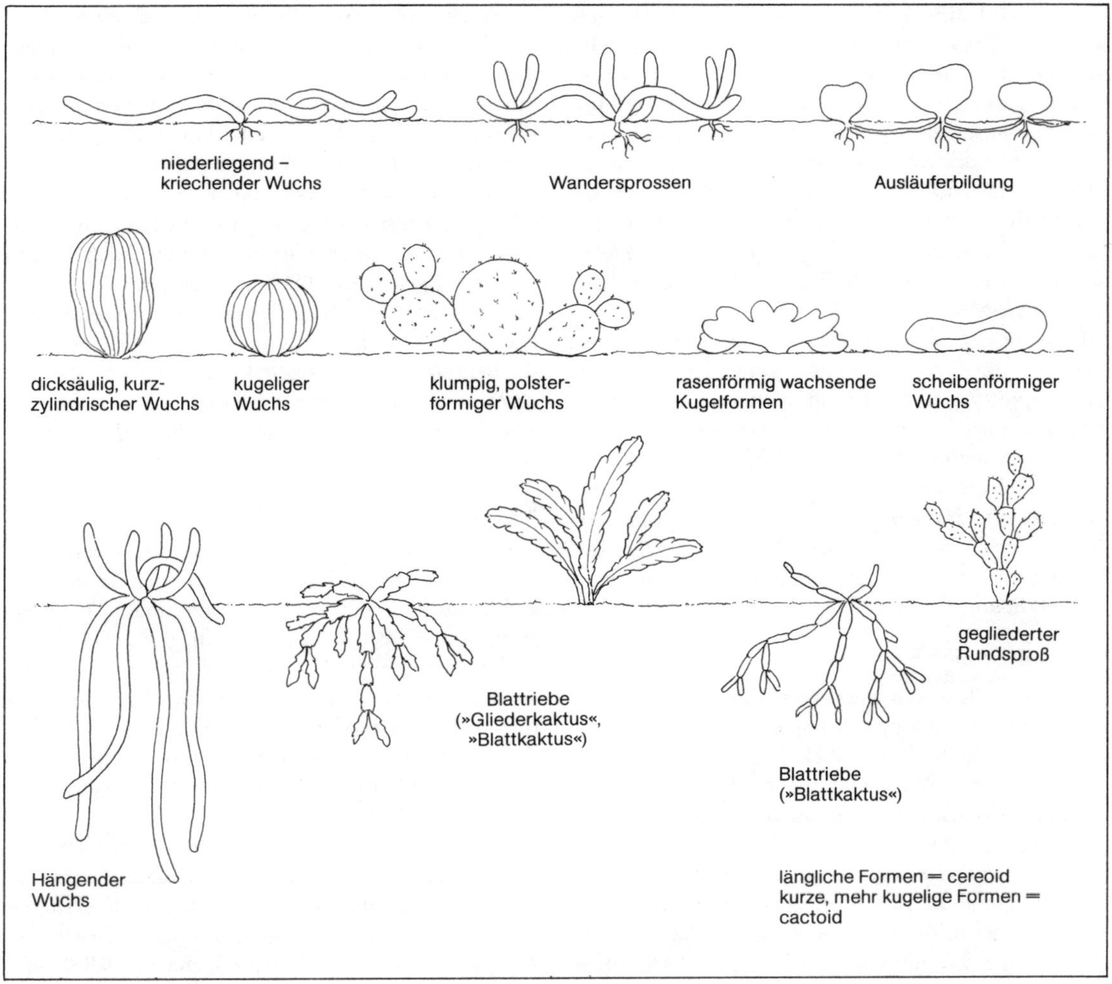

Abb. 13 Wuchsformen; schematisch.

Baumförmig wachsen bei *Opuntia* vor allem *Platyopuntia,* seltener *Cylindropuntia,* ferner *Brasiliopuntia, Consolea, Quiabentia* und *Pereskiopsis.* Am größten wird wohl *Opuntia galapageia* var. *gigantea* (12–15 m!). Die höchsten Baumkakteen sollen über 25 m hoch sein.

Bei den Cactoideen entsteht der Stamm so, daß der Primärsproß zunächst unverzweigt wächst. Erst dann werden Seitenäste und damit eine Krone gebildet (*Browingia*-Arten, *Neocardenasia, Neoraimondia, Pachycereus pringlei*).

Hierbei ist die Höhe, in der sich der Stamm verzweigt, bestimmend für die Gestalt der Pflanzen. Geförderte Verzweigungen an der Spitze der Mutterachsen (akrotone Verzweigung) führen zu typischen Stämmen und Kronen, evtl. zu einem etagenartigen Bau (z. B. bei Cylindropuntien und Leptocereen), solche unten an den Mutterachsen (basitone Verzweigung) zu orgelpfeifenartigem bis rasenförmigem Wuchs (z. B. bei *Lemaireocereus weberi,* dem »Orgelpfeifenkaktus«) und aus mittleren Areolen (mesotone Verzweigung) zu niederen Kronen, aber auch zu Kandelaberformen (z. B. bei *Carnegia gigantea* und *Cereus peruvianus*).

Zunehmend ausgeprägtere Sukkulenz ist dadurch belegt, daß sich der Sproß weniger verzweigt, die Internodien sich verkürzen und daß der Sproß z. T. selbst assimiliert. Der rutenförmige Wuchs und die schwach ausgewiesene Sukkulenz steigert sich über den hochsukkulenten, säuligen Stamm mit starker Verästelung hin zur Kandelaberform mit eingeschränkter Verzweigung und schließlich zur einfachen Säule. Ohne Seitenäste und damit einachsig bleiben *Cephalocereus hoppenstedtii, Neobuxbaumia polylopha* u. a.

Auffallendes Dickenwachstum in periodischen Schüben zeigt z. B. die Gliederung der Opuntien (Platyopuntien), die perlschnurartigen Einengungen säulenförmiger Stämme und Äste bei Jasminocereen und Armatocereen, die Gliederung der Rund- und Flachsprosse von *Rhipsalis*-Arten, *Schlumbergera*- und *Hatiora*-Arten. Manche Säulenformen haben auch eine wechselnde, spitzbogenartige Bereifung oder wechselnde Stachelfarben, wie die pectinaten Echinocereen (»Regenbogenkaktus«).

Strauchförmige Kakteen

Die meisten Kakteen wachsen strauchförmig, wenn am Grund früh bogig aufsteigende Langtriebe entstehen, die so lang und dick wie der Hauptsproß sind (z. B. bei *Haageocereus turbidus, Espostoa melanostele* u. a.). Baumsträucher haben mehrere gleichwertige Stämme oder der Hauptsproß ist sehr kurz (z. B. bei *Eulychnia iquiquensis*). Schößlingssträucher sind die kleinblütigen *Pereskia*-Arten, bei denen an der Basis von Langtrieben Schößlinge auftreten, die rasch und ebenfalls bogig wachsen; oben entstehen neue Verzweigungen, die sich wiederum gleich verhalten. Sehr häufig ist der Wuchs der Kakteen sparrig-strauchig (z. B. bei *Weberbauerocereus seyboldianus*).

Kakteen mit Wandersprossen, kriechenden Sprossen und Ausläufern

Von Wandersprossen spricht man, wenn an Sträuchern basal Schößlinge entstehen, die zum Boden wachsen, mit der Spitze eindringen, dort überdauern und sproßbürtige Wurzeln bilden. In der nächsten Wachstumsperiode wächst der Trieb nach oben, wendet sich wieder zum Boden usw. Solches Verhalten zeigt z. B. *Rathbunia alamosensis, Haageocereus versicolor, Nyctocereus guatemalis* u. a.

Bei Kakteen mit kriechenden Sprossen liegen diese dem Boden auf. Auf der Unterseite entstehen sproßbürtige Wurzeln, z. T. werden die dort befindlichen Rippen reduziert. Die Scheitel können aufgerichtet sein (z. B. bei *Haageocereus decumbens*).

Ausläuferbildende Kakteen sind selten. Unterirdische, verlängerte Ausläufersprosse (Rhizome) haben Areolen, jedoch mit sehr kurzen Stacheln und sproßbürtigen Wurzeln. Erst über der Erde erstarken und ergrünen die jetzt lang bestachelten »Lufttriebe«, um nach der Samenreife abzusterben. Sie werden aus rhizomartigen Trieben ersetzt (z. B. *Erdisia meyenii*). Kürzere Ausläufer haben *Echinocereus stoloniferus, E. tayopensis* und *Notocactus ottonis*.

Kurzsäulige und kugelige Kakteen

Sind unverzweigte, dicke, säulige Kakteen oder auch rutenförmige lang genug, werden sie erst kugelig, und – wenn auch eine maximale Dicke erreicht ist – schließlich kurzsäulig (z. B. viele Fero- und Echinocereen, *Echinocactus ingens* u. a.) Derart gehemmtes Längen- und starkes Dickenwachstum erbringt bleibende Kugelkakteen (z. B. bei *Echinocactus grusonii*) bzw. zwergige Kugelformen (z. B. beim kleinsten Kaktus, der pfennigstückgroßen *Blossfeldia liliputana*).

Die schönste Kugelform hat *Astrophytum asterias*, der Seeigelkaktus, und konvergent dazu *Frailea castanea* und *Gymnocalycium asterium*. Die Kugelform hat die größte Assimilations-, aber die kleinste Transpirations- und Angriffsfläche für Wind und Sonne usw. Nimmt der Durchmesser erheblich stärker zu als die Länge, liegt der Sproß tellerförmig auf dem Boden (z. B. bei *Discocactus, Homalocephala*). Auch kurzsäulige und kugelige Kakteen können sich am Grund verzweigen.

Rasen- und polsterbildende Kakteen

Bei den Mammillarien tritt eine spezielle, aber völlig normale Verzweigung, die Scheitelteilung (Dichotomie) auf, wodurch zwei gleich große und gleichwertige Seitenäste entstehen (z. B. *Mammillaria geminispina, M. perbella, M. rhodantha* v. *sulphurea*). Die dichotome Teilung kann weitergehen, zu Vierköpfigkeit (am bekanntesten ist hierfür

Mammillaria parkinsonii), zu 8, 16, bis einigen hundert Köpfen.
Polsterförmig wachsen *Ferocactus*-Arten, die regelmäßig Sproßkolonien bilden. Randwärtig vergrößert sich der Koloniendurchmesser. Zentrales Oberflächenwachstum wölbt die Polsteroberfläche hoch. Schöne Polster bilden *Mammillaria geminispina, M. parkinsonii, M. plumosa,* besonders extreme aber die Tephrocacteen *(T. floccosus, T. malyanus).*
Jeder Trieb eines Polsters stellt alljährlich sein Wachstum ein und verzweigt sich in gleich lange Seitentriebe. Die Einzeltriebe, die dem Boden aufliegen, bewurzeln sich selbst. Die älteren Triebe im Zentrum sterben später ab, die an der Peripherie wachsen weiter.

Kakteen mit unterirdischen Speicherorganen

Die weit verbreiteten **Rübenwurzeln** sind extrem verdickte Primärwurzeln, die bis 60 cm dick und bis 60 kg schwer werden können. Z. T. mit der Sproßbasis zusammen wird so Wasser gespeichert. Die Rübenwurzeln kontrastieren oft scharf und stark zu den weitaus schmächtigeren, schlanken Sprossen. Bei Peniocereen entspringen oben an der Rübe noch dünne Wurzeln. Bei *Pterocactus*-Arten bilden Primärwurzel und Hypokotyl fleischige Rüben, die scharf vom Wurzelhals abgesetzt sind. Die Rüben kontrahieren sich bei Wasserverlust, füllen sich bei einem Wasserangebot aber rasch wieder auf.
Wenn Rüben gebildet werden, kann das Längenwachstum gebremst, das Dickenwachstum gesteigert sein, was bei kugeligen *Lobivia-, Oroya-* u. a. Arten, aber auch bei (mit blattartigen Areolen rosettenartig wachsenden) *Ariocarpus* und *Leuchtenbergia* der Fall ist. Eine, in das Dickenwachstum des Stammes einbezogene Hauptwurzel (z. B. bei *Carnegia*) ist übrigens keine Rübe, sondern nur ein Wurzelstuhl.
Nicht mehr umgebildete Hauptwurzeln, sondern umfunktionierte Seitenwurzeln sind die **Wurzelknollen.** Sie verankern nicht, dienen nicht der Ernährung, haben nur ein beschränktes Längenwachstum, entlassen jedoch dünne Nähr-(Neben-)wurzeln. *Wilcoxia* hat als Wurzelsukkulente wasserspeichernde Knollen, dagegen nur dünne, verholzte, wasserarme Sprosse.
Die morphologische Bewertung der **Saftwurzeln,** das sind knollige Wurzeln unter Beteiligung eines unterirdischen Anteils des Sprosses (z. B. bei *Opuntia chaffeyi*), ist noch nicht vollständig.

Kletternde Kakteen (Lianen)

wachsen passiv oder aktiv an anderen Pflanzen hoch.
Passiv klettert *Pereskia aculeata* mit 2 abwärts gerichteten Hakenstacheln. Ebenfalls ein Spreizklimmer ist *Selenicereus hamatus,* der sich in Gebüschen verhakt.
Aktiv klettert *Deamia testudo* und *Strophocactus wittii.* Letzterer hat abgeflachte, sehr dünne Sprosse, die sich einem Stamm anlegen und an ihm mit sproßbürtigen Wurzeln klettern. Ersterer, der »Schildkrötenkaktus«, hat aufgewölbte Sproßglieder. Er hält sich ebenfalls mit sproßbürtigen Wurzeln am Stamm fest, reduziert die dem Stützbaum anliegenden Rippen und umklammert zusätzlich den Stamm mit waagrechten Kurztrieben (Klammersprossen). Die Hylocereen haben Wurzeln auf der lichtabgewandten Sproßseite, die ausschließlich dem Anhaften dienen.
Herabhängend wachsende Triebe haben u. a. *Aporocactus* und *Hildewintera aureispina.*

Epiphytische Kakteen

Epiphyten siedeln sich ohne Verbindung mit dem Erdboden von vornherein auf Stämmen, im Geäst von Baumkronen, aber auch auf anorganischem Substrat (z. B. Felsen) an. Sie wollen damit auch an schattigen Standorten dem Licht näher kommen. Um ausreichend Wasser und Nährsalze zu erhalten, leben Epiphyten am besten in Gebieten mit häufigen, fast täglichen Regenfällen und hoher Luftfeuchte, das sind die tropischen Regenwälder des Flachlandes und der Gebirge.
Haftwurzeln halten sie mit besonderen Kittsubstanzen fest und nehmen gleichzeitig das schnell ablaufende Wasser auf. Je trockener die Luft ist, desto mehr erzwingt dies einen xeromorphen Bau der Epiphyten. Dichte, gegen intensive Lichteinwirkung schützende Bestachelungen werden aber nicht ausgebildet. Andererseits läßt die Sukkulenz bei den Bewohnern immerfeuchter Regenwälder stark nach. Die Sprosse können sehr dünn, schwach,

lang, besonders aber blattartig und flach werden; sie hängen meist schlaff herab.

Jugend- und Altersformen

Epiphyllum-Arten haben zunächst eine runde, später eine blattartige Stielbasis. Bei *Rhipsalis*-Arten sind die jugendlichen Areolen langborstig, alte fast kahl (Abb. 14); Rückschläge in die Jugendform, die dann auch blühen kann (Neotonie), sind aber möglich. *Browingia candelaris* bildet anfangs Säulen mit langen Stacheln, später nach Verzweigung sind nur mehr Haarborsten vorhanden. Ähnlich verhalten sich *Azureocereus, Gymnanthocereus, Pachycereus* u. a. Junge *Cephalocereus senilis*-Pflanzen haben weiße, lange Borstenhaare, die später zurückgehen und erst bei der Cephalienbildung erneut beobachtet werden können. Gleiches gilt auch für *Thrixanthocereus blossfeldiorum* und *Espostoa mirabilis*.

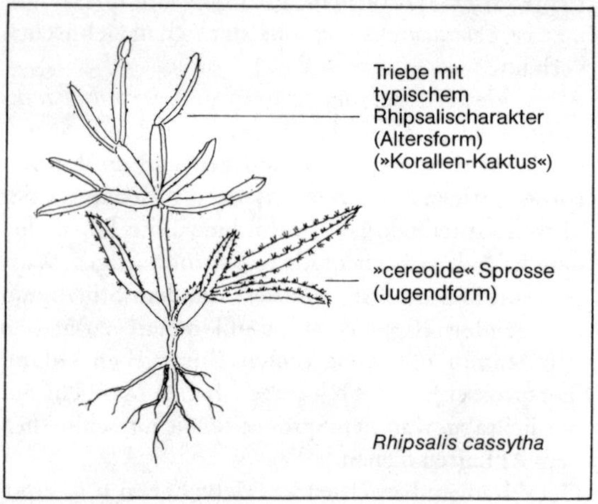

Abb. 14 Jugend- und Altersformen (nach IRMISCH).

Monströse Formen

Pflanzen können ganz oder in Teilen morphologisch mißgebildet sein.

Monströse Formen (»Felsenkakteen«) haben verbogene, unregelmäßige Rippen, z. T. verschmolzene Areolen, scheinbar regellos verwachsene kürzere oder längere Seitenäste (z. B. *Cereus peruvianus, C. jamacaru*). *Lophophora schottii* hat eine monströse var. *obesa* mit erblicher Triebverkürzung und Auflösung der Rippen in zitzenförmige Gebilde; die var. *mickleyanus* ist schlanker, aber ebenfalls unregelmäßig säulig.

Neben diesen »grünen Felsen- oder Korallengruppen« gibt es andere Wuchsunregelmäßigkeiten, die zu massiven und dichten Ansammlungen von Blütenknospen führen, die aber vegetativ weiterwachsen und völlig kahle, areolenlose Sprosse bilden können.

Die **Cristationen** (Verbänderungen, Fasciationen) sind hahnenkammförmige Mißbildungen, die unregelmäßig und unvorhersehbar auftreten (Abb. 15). Der Vegetationspunkt verbreitert sich stark durch fortgesetzte Teilung zu einer geraden Linie von sehr vielen Vegetationspunkten und einem Band embryonalen Gewebes. Die Triebspitze verbändert. Wird die Cristate größer, treten Spannungen und Druckzustände auf, weil ein Ende oder beide Enden des Pflanzenkörpers fixiert sind (an der Erde oder der Pfropfunterlage). Die Cristaten winden sich bizarr und sind dann äußerst attraktiv. Am besten werden verbänderte Kakteen auf 10–20 cm hohe Cereen-Unterlagen gepfropft. Berühren die Christaten von außen die Unterlage, müssen die Enden schräg nach außen geschnitten werden.

Cristaten findet man in verschiedenen Gattungen, bei säuligen und kugeligen Arten. Sie können spontan auch aus dem Scheitel alter Kakteen entstehen, die bislang völlig normal gewachsen sind. Einzelne

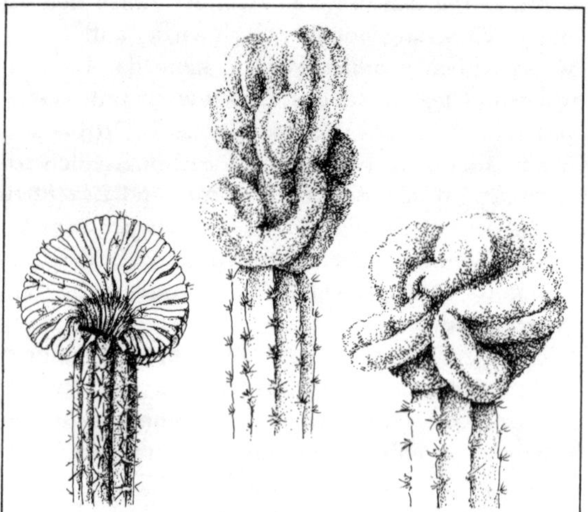

Abb. 15 Cristaten; halbschematisch.

Areolen einer Cristate können wieder normal wachsen, die Cristate löst sich ohne eine erkennbare Ursache auf und bildet ganz oder teilweise unverbänderte Sprosse. Cristate Formen sind z.T. recht wüchsig, das vegetative Wachstum überwiegt stark. Deshalb blühen sie nicht oder nur wenig; Ausnahmen sind möglich. Wenn Blüten kommen, sind sie meist nicht verbändert. Sämlinge von Cristaten wachsen normal, Fasciation ist also nicht vererbbar. Deshalb müssen verbänderte Pflanzen ausschließlich durch Pfropfung auf *Trichocereus spachianus* oder *T. pachanoi* vermehrt werden.
Die Ursache der Cristatbildung ist wahrscheinlich eine Wachstumsüberreaktion, evtl. auch eine Virose (bei *Cylindropuntien?*).
Abweichend von der Normalform sind auch alle **chloroplastenfreien Formen,** die nur mehr von Unterlagen mit Assimilaten versorgt werden, allein nicht mehr lebensfähig sind. Sie werden bei Aussaaten gefunden. Hierher gehören die Farbspiele von *Gymnocalycium mihanovichii* var. *friedrichii,* Mutationen, die besonders aus japanischen Betrieben in riesigen Mengen auf den Weltmarkt gebracht werden. Erwähnt werden muß auch die forma *aurea* von *Chamaecereus silvestrii.* Alle diese Eigenschaften sind vererbbar.
Formen, die teilweise noch Chloroplasten besitzen, also nur chloroplastenarm sind, sind dann weiß oder gelb gefleckt oder panaschiert (gestreift). Sie können sich selbst ernähren und daher wurzelecht gehalten werden.

Die Blüten

Blütenbau

Kakteenblüten sind weiß, gelb, orange, rot, violett, ausnahmsweise sogar kornblumenblau (bei *Wittia amazonica*), bräunlich (bei *Ancistrocactus scheerii*), grün (bei *Notocactus graessneri*) oder mehrfarbig (bei *Lobivia*-Arten), überwiegend leuchtend, aber auch pastellartig gefärbt. Die Oberfläche der Blütenblätter kann matt, fettig, metallisch oder seidig-glänzend sein.
Die Blüten sind meist recht zahlreich und können den ganzen Pflanzenkörper verhüllen. Sie sind oft in mehreren Kränzen angeordnet *(Mammillaria).* Die Blütengröße schwankt von winzigen, millimetergroßen Blüten *(Rhipsalis)* bis zu solchen mit 30–40 cm *(Selenicereus).*
Nur wenige Kakteen haben auf einer Pflanze nur ein Geschlecht. So kann eine *Mammillaria dioica*-Pflanze nur männliche oder nur weibliche Blüten haben. Diese Art ist somit zweihäusig. Die meisten anderen Kakteen sind einhäusig: die Blüten sind komplett und zwittrig auf jeder Pflanze vorhanden.
Die Blüte ist ein Sproßabschnitt mit begrenztem Wachstum (Abb. 16). Außen ist die Blütenhülle mit den Kelch- (Sepalen) und Kronblättern (Petalen). Ihr folgen nach innen die Staubblätter (Andrözeum) und die Fruchtblätter mit den Samenanlagen (Gynäzeum). Die Fruchtblätter sind in der vertieften Blütenachse eingebaut, die sich röhrenförmig zum

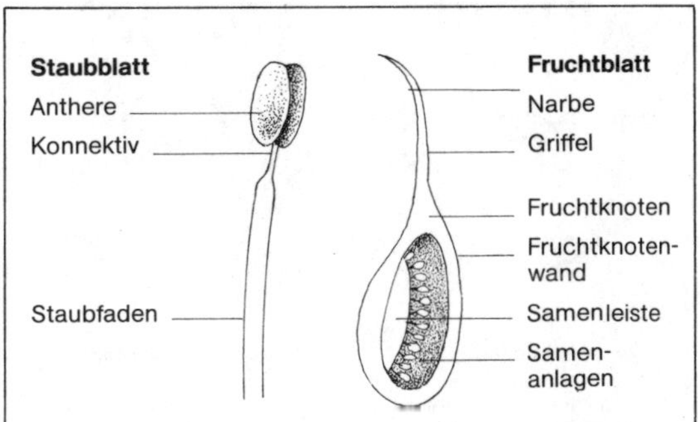

Abb. 16 Bau einer einfachen Sukkulentenblüte; schematisch (abgeändert nach ROWLEY).

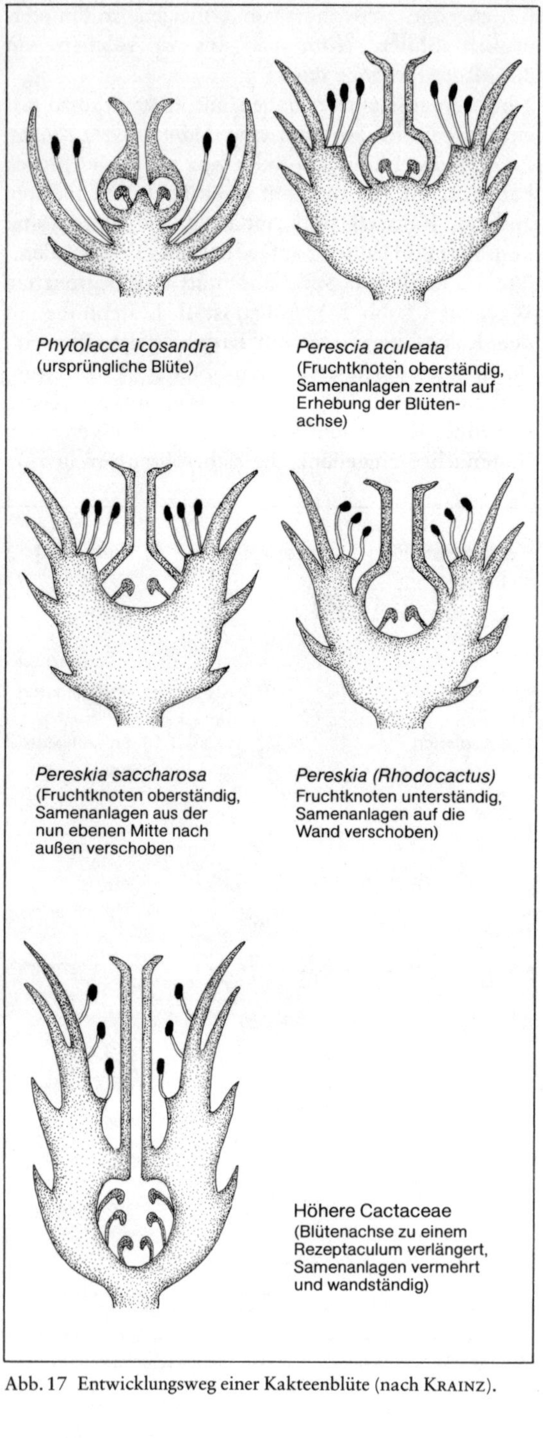

Abb. 17 Entwicklungsweg einer Kakteenblüte (nach KRAINZ).

Receptaculum strecken kann. Dieses wiederum kann mit Schuppenblättern besetzt sein, in deren Achseln Areolen stehen.

Ist bei *Pereskia* die breite Blütenachse nicht oder nur wenig vertieft und der Fruchtknoten mittelständig, wird diese Vertiefung bei *Rhodocactus* ausgeprägter; sie ist schließlich bei allen anderen Kakteen abgeschlossen, d.h. der jetzt unterständige Fruchtknoten ist völlig mit der Achse verwachsen (= Pericarpell) und setzt sich in das Receptaculum, d.h. in die mit Hoch- und Schuppenblättern besetzte freie »Blütenröhre« über dem Fruchtknoten fort (Abb. 17). Das Receptaculum hat, da es sich um eine röhrig verlängerte Sproßachse handelt, bestachelte und behaarte Areolen (die bei *Gymnocalycium* allerdings fehlen). Die Hochblätter der Pericarpellröhre vergrößern sich nach oben und werden schließlich am oberen Rand des Receptaculums die stark gefärbten Blüten- oder Perigonblätter. Diese in Sepalen und Petalen unterzuteilen, ist nur möglich, wenn sie nicht fließend ineinander übergehen.

Im Innern des Receptaculums sind zahlreiche, in Kreisen angeordnete, durch Berührung reizbare (sich dann zum Griffel hin krümmende) Staubblätter (Filamente), die sich invers, von unten nach oben, entwickeln. Sie entspringen der Röhrenwand. Ein Staubblatt hat oben die Anthere. Sie besteht aus 2 über ein Mittelstück verbundenen Theken; jede Theka enthält 2 Pollensäcke und diese wiederum große Mengen feinsten Blütenstaubes (Pollen). Beim Stäuben wird der Pollen frei.

Überragt werden die Staubblätter von dem sehr kräftigen Griffel, der als stielförmige Verlängerung auf dem Fruchtknoten (das sind die verwachsenen Fruchtblätter) sitzt, und den meist großen und lebhaft gefärbten Narben und -strahlen. Deren Oberfläche ist durch feinste Epidermisausstülpungen papillös und scheidet eine schleimig-klebrige Flüssigkeit aus, die die Pollenkörner festhält. Der Stempel umfaßt Fruchtknoten, Griffel und Narbe.

Unterhalb des untersten Staubblattkreises ist die Nektarkammer. Sie ist geschlossen, wenn die untersten Staubblätter bis zum Griffel hin miteinander verwachsen sind und dadurch eine häutige Scheidewand, das Diaphragma, bilden, oder wenn ein Wulst der Staubfädenbasen bzw. wenn das Röhrengewebe ähnlich abschließen. Meistens sind die Nektarkammern offen oder halboffen und von haarigen, wolligen Gebilden, den Staminodien (Staminodialhaaren), rückgebildeten Staubblättern, die keinen fertilen Pollen bilden, besetzt. Der duftende, bei *Thrixanthocereus* übelreichende Nektar wird von speziellen Drüsengeweben abgeschieden.

Der Fruchtknoten, das Ovarium, an der Basis der Blüte ist innen hohl (Samenhöhle). Die Innenwand des Fruchtknotens wird von den längs verwachsenen Fruchtblättern gebildet. Deren Zahl entspricht normalerweise der Zahl der Narbenstrahlen.

Die Samenanlagen sitzen auf den Wänden der Samenhöhle auf der sogenannten Samenleiste (= Placenta) an verzweigten Strängen (Funikuli), die bei der Samenreife häufig zu einem saftigen, fleischigen, schleimigen, süßen Fruchtmus, der Pulpa, werden.

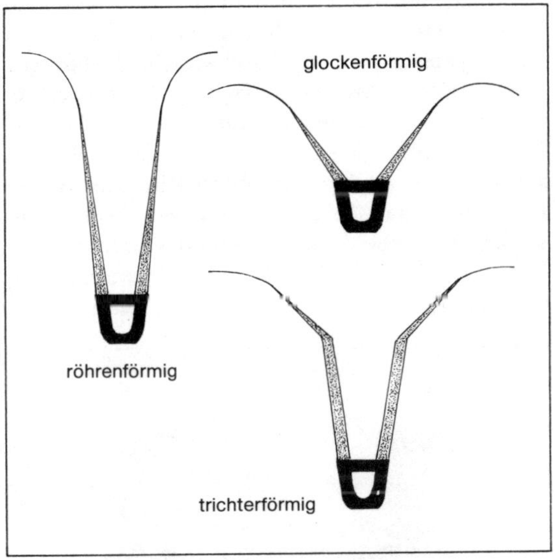

Abb. 18 Rezeptaculum; schematisch (nach KRAINZ).

Kakteenblüten können flach rad- oder teller-, glokken-, trichterförmig und eng- oder langröhrig sein (Abb. 18). Bei *Mammillaria-, Echinocereus-, Notocactus-* u. a. Arten sind die Blüten radiär (strahlig, polysymmetrisch) gebaut. Zygomorphe (dorsiventrale, monosymmetrische, schrägsaumige) Blüten kommen in allen Übergängen von fast radiären *(Heliocereus, Phyllocactus)* Blüten bis zu echter Zygomorphie mit stark gekrümmtem Receptaculum *(Cleistocactus)* bzw. dorsiventralem Perigon *(Borzicactus)* und extremer Zygomorphie mit ungleichen Perigonblättern und abgeschrägtem Blütenschlund *(Schlumbergera truncata)* vor. Stark zygomorph ist auch *Borzicactus samaipatanus*.

Die Blüten sitzen bei *Gymnocalycium, Leuchtenbergia* u. a. an der Mamillenspitze, bei gespaltenen Mamillen-Vegetationspunkten in der Achsel einer Mamille (Axille) (bei *Mammillaria*). Die Blüten finden sich meist einzeln, selten zu zweien, bei den

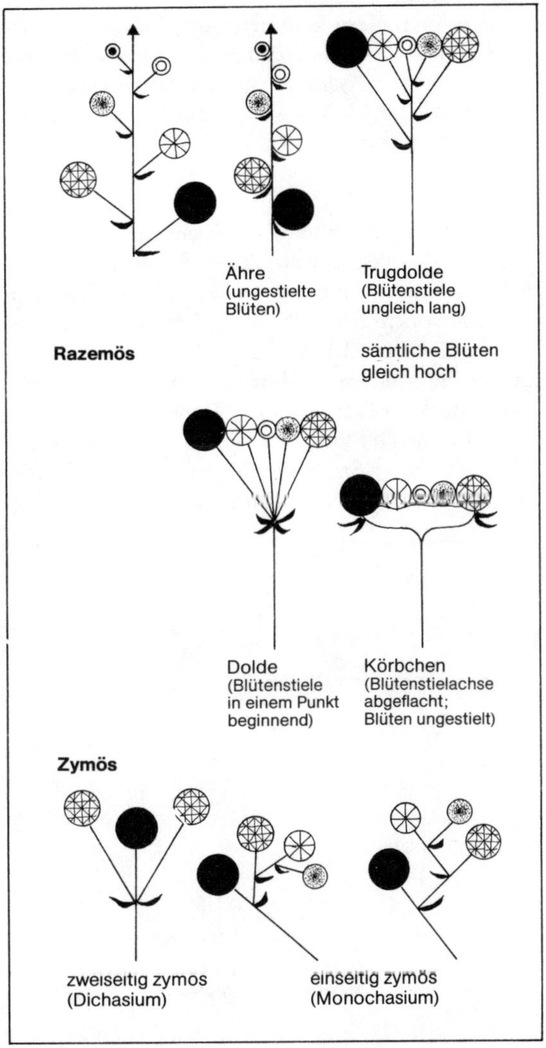

Abb. 19 Blütenstände; schematisch (nach ROWLEY).

primitiven Pereskioideen jedoch in Blütenständen (Abb. 19). Diese Verzweigungen sind rispig, d.h. der blühreife Trieb stellt das Längenwachstum ein und bildet eine Blüte, darunter entwickeln sich weitere Blütentriebe, die sich wie der erste Trieb verhalten *(Pereskia)*. Bei der Proliferation (*Pereskia bahiensis* u.a.) wachsen aus den Areolen der becherförmigen Achse der ersten Endblüte mit einer stielartigen Zone sofort neue Blüten aus. Bei der Wiederholung entstehen dann sogenannte trugdoldige Blütenstände.

Bei den Cactoideen kommen endständige (terminale) Blüten nur bei *Wilcoxia* und *Corryocactus* vor, sonst stehen sie seitlich an der Sproßachse, pro Blühareole eine Blüte (mehrere nur bei *Myrtillocactus* und *Rhipsalis*).

Blühzonen

Wenn sich Blüten älterer Pflanzen nur in begrenzten, von den vegetativen Teilen des Körpers deutlich abgesetzten Bereichen entwickeln, spricht man von Blühzonen (Abb. 20), deren Areolen meist dicht borstig, haarig oder wollig sind. Bei einigen Haageocereen werden blühbereite Areolen gleicher Höhe stark wollig; in dieser Wolle stehen die Blüten. Die Wollbildung wiederholt sich regelmäßig (Zonenbildung). Stärker wollig sind *Neobinghamia*-Arten, bei denen die Zonen zu lockeren, seitlichen »Cephalien« zusammenfließen. Bei *Pilocereus* wird ein 20–30 cm von der Spitze blühfähiger Triebe herabreichender Wollschopf gebildet. Bei *Arrojadoa* werden pinselartige Borstenschöpfe in der Scheitelregion, sogenannte Pseudocephalien, gebildet, wobei die Blühzonen immer wieder vom Sproß durchwachsen werden. *Morawetzia* hat in der Blühreife spitzenwärts keulig verdickte Triebe, borstige, wollige Pseudocephalien, die aber ebenfalls durchwachsen werden. Bei allen Pseudocephalien treten blühfähige Areolen erst nachträglich zusammen und bilden Borsten und Haare aus. Die Lage der Rippen und Areolen bleibt unverändert.

Echte, vom vegetativen Körper abgesetzte Cephalien haben Melocacteen (»Melonendisteln«) und Discocacteen. Der Körper stellt das vegetative Wachstum ein, aus einem verbreiterten Scheitel entsteht das wollfilzige Cephalium mit Areolen in Spirostichen und den Blüten. Das Cephalium ist flach, später bis 1 m lang mit verschiedenfarbigen Zuwachsraten. Areolen treten an der Basis der Cephalien auf und können vegetativ weiterwachsen.

Bei Thrixanthocereen wird ein echtes Cephalium angelegt, das als Blühzone bereits im Scheitel der Pflanzen vorhanden ist und mit dem weiterwachsenden Sproß ebenfalls größer wird. Cephalien können auch in flachen Rinnen in den Pflanzenkörper eingesenkt sein.

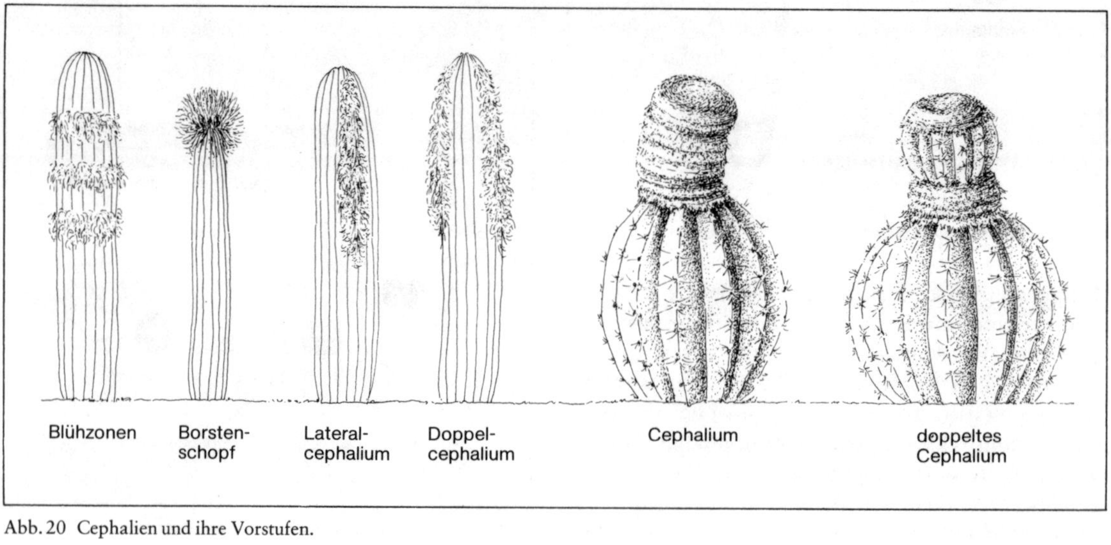

Abb. 20 Cephalien und ihre Vorstufen.

Vorstufen echter Cephalien haben Arten der Gattungen *Lophocereus, Mitrocereus* und *Backebergia*.

Lateralcephalien besitzen *Espostoa, Cephalocereus, Thrixanthocereus* u.a. Auf der am längsten besonnten Seite blühreifer Sprosse entstehen lange, mitwachsende Wollstreifen in Einzahl, selten sind es »Doppelcephalien«. Vorstadien sind die Borstenschöpfe von *Seticereus icosagonus*.

Die blühfähigen Triebe bei *Neocardenasia* und *Neoraimondia* sind fast stachellos, die Jugendformen lang und kräftig bestachelt. Sammelareolen entspringen einer kurzen Achse (bei *Neocardenasia*), bei *Neoraimondia* entstehen wollfilzige Blütenzapfen (bis 3 cm dick, bis 21 cm lang), die den Cephalien der Melocacteen entsprechen.

Blühdauer – Blühzeit

Zwergige Kakteen blühen nach 1–2, große Säulen- und Melocacteen erst nach vielen Jahren. Chilenische Kakteen *(Neochilenia, Neoporteria)* blühen im (Herbst und) Winter, die meisten anderen Kakteen im Frühjahr und Frühsommer (was in der Heimat der Kakteen der winterlichen Trockenzeit entspricht). Den Nacht- und Tagblühern stehen die wenigen Dauerblüher gegenüber. Lichtschwankungen und -intensitäten sowie die Temperaturverhältnisse beeinflussen das Öffnen der Blüten. An trüben Tagen oder bei *Frailea*- und *Rhipsalis*-Arten öffnen sich die Blüten nicht. Letztere sind selbstfertil.

Nachtblüher haben helle und oft duftende oder übelriechende Blüten (z.B. *Selenicereus grandiflorus;* duftlos aber ist *S. pteranthus*). Weitere nachtblühende Kakteen sind *Echinopsis*-Arten, *Trichocereus purpureopilosus, Cereus peruvianus* und *Epiphyllum*-Arten.

Tagblüher blühen 1 Tag, wenn länger, können sie die Blüten nachts schließen oder offen lassen. Die Blüten sind geruchlos und überaus lebhaft durch (rote) Anthocyan- und (gelbe) Flavonoid- und Xanthophyll-Farbstoffe gefärbt. Weiß entsteht durch Totalreflexion luftgefüllter Interzellularen der Blütenblätter.

Bei *Thrixanthocereus*-Arten sind die Narben früher reif als der Pollen. Aber auch Arten mit früher reifem Pollen sind bekannt. Damit wird Fremdbefruchtung erzwungen und gewährleistet.

Bestäubung

Sie beinhaltet die Übertragung der Pollenkörner auf die Narbe.

Die Pollenkörner sind unterschiedlich gebaut und strukturiert, sehr klein, meist kugelig oder ellipsoidisch, außen derb umhüllt (Exine), innen umgibt die zarte Intine den dreikernigen Protoplasten (1 Pollenkornkern, 2 Sexualkerne). Normalerweise erfolgt Fremd- oder Kreuzbestäubung, also Bestäubung zwischen Blüten verschiedener Pflanzen und das ausschließlich durch Tiere: Insekten, Vögel oder Fledermäuse. Kakteen haben also eine tierblütige Bestäubung. Nektar, aber auch der Nahrungsstoff »Pollen« (reich an Eiweiß, Fett, Kohlenhydraten und Vitaminen) und andere chemische Reize locken die Bestäuber an. Gleiches bewirken optische Signale (Farben, Farbkontraste, Hell-Dunkel-Kontraste, Form der Blütenteile u.a.). Tagblütige Kakteen werden von Bienen, Hummeln, Wespen, seltener Schmetterlingen, Zweiflüglern oder Käfern besucht. Blüten von Hochgebirgs- und anderen Kakteen (*Epiphyllum, Selenicereus, Eriocereus, Trichocereus, Haageocereus, Echinopsis, Setiechinopsis* u.a.) werden von Zuckervögeln, aber vor allem von Kolibris angeflogen. Blüten der nachtblütigen Kakteen werden von Nachtschwärmern (Nachtschmetterlingen), selten von Fledermäusen bestäubt.

Durch die Fremdbestäubung wird der Bestäubungserfolg erhöht, keimfähiger Same erzeugt und vitalere Nachkommenschaft gewährleistet. Sie wird erreicht durch Selbststerilität der Pflanzen und unterschiedliche Bestäubungsreife der Staubblätter und Narben einer Blüte. Trotzdem können Kakteen auch ohne erkennbare Nachteile selbstfruchtbar (selbstfertil) sein. *Frailea*- und *Rebutia*-Arten bestäuben sich selbst; die Blüten sind dabei geöffnet. Selbstbestäubung und Samenbildung bei geschlossener Blüte ist Kleistogamie; sie ist bei *Frailea* der Normalfall.

Kakteenblüten können nur wenige Stunden, aber auch bis über 10 Tage befruchtungsfähig bleiben.

Ist ein Pollenkorn auf die Narbe gelangt, wächst es zu einem Pollenschlauch aus und durch den Griffel und das Funikulusgewebe in die einzelne Samenanlage hinein. Je nach Länge des Griffels dauert die Befruchtung mehrere Stunden bis Wochen.

Die Früchte

Die befruchteten Samenanlagen ergeben die Samen, die Fruchtknoten die Früchte (Abb. 21). Die saftigfleischigen Früchte sind beerenartige Scheinfrüchte, deren Blätter in den Achseln Areolen haben (bei Melocacteen aber glatt sind). Unreif sind die Früchte grün, reif in allen Farben von weiß bis schwarz, häufig aber leuchtendrot (bei *Mammillaria, Haageocereus, Harrisia* u. a.) gefärbt. Die Farbe Rot lockt Vögel an. Die Frucht kann manchmal schöner als die Blüte sein.

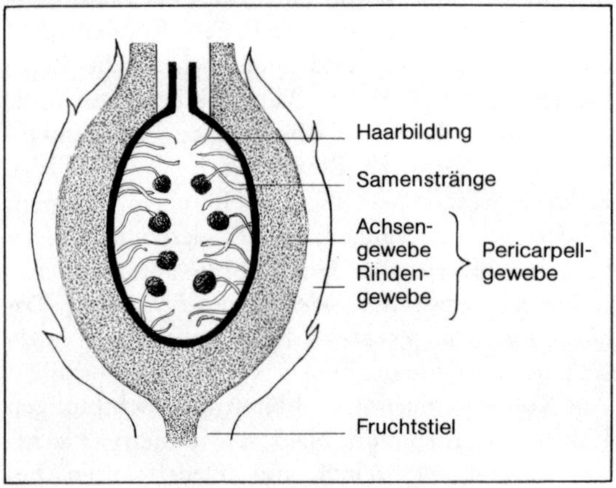

Abb. 21 Schema einer Kakteenfrucht (nach KRAINZ).

Im Innern der Frucht sind die Samen in die Pulpa eingebettet. Eine Frucht kann nur wenige Millimeter *(Epithelantha, Rhipsalis)*, aber auch bis 10 cm groß sein *(Piptanthocereus)*. Die Form ist rund, oval, eiförmig oder länglich.

Bei den Schließfrüchten öffnen sich die reifen Früchte nicht. Die Blütenachse ist dick *(Opuntia, Pereskia)* oder die Pulpa stark ausgebildet (*Melocactus, Mammillaria* u. a.). Öffnungsfrüchte haben eine saftige Pulpa, die das Pericarpell schließlich aufreißt *(Cereus, Trichocereus, Harrisia)* oder ein trockenes Pericarpell und trockene Pulpa (die Samenträger vertrocknen).

Die trockenen Früchte (z. B. bei *Weberbauerocereus*) öffnen sich mit einem Deckel oder an der Basis (*Oroya, Oreocereus, Ferocactus* u. a.). Bei *Thrixanthocereus* und *Matucana* finden sich längsreißende Früchte (Spaltfrüchte).

Früchte reifen in wenigen Wochen bis einem Jahr und mehr. In den ballonförmigen Früchten von *Islaya* sind nur 1–3, bei *Trixanthocereus blossfeldiorum* 1000–2000 Samenkörner je Frucht vorhanden. Viele Samen werden durch Dekomposition der Früchte frei: bei saftigen Früchten durch Zerfließen, bei trockenen durch Verwittern.

Eßbar sind die Früchte von *Opuntia ficus-indica, Carnegia gigantea, Myrtillocactus geometrizans, Echinocereus engelmannii* u. a. Nach Erdbeeren schmecken die süßen Früchte von *Echinocereus enneacanthus.*

Die Früchte können proliferieren, d. h. aus Areolen der Fruchtwand entstehen neue Blütensprosse und Früchte oder vegetative Triebe, die – auf den Boden gefallen – zu neuen Pflanzen auswachsen (bei den primitiven Pereskioideen und Opuntioideen).

Die Samen

Die befruchtete Samenanlage wird von 2 Hüllen (Integumenten), einer äußeren und einer inneren, umgeben; dazwischen ist eine kleine Öffnung, die Mikropyle. Durch sie dringt der Pollenschlauch in die Samenanlage. Dort befindet sich im Nucellus der Embryosack mit dem Eiapparat, bestehend aus der Eizelle und den beiden Gehilfinnen (Synergiden), sowie dem sekundären Embryosackkern. Gegenüber sind 3 Zellen, die Antipoden, die für die Befruchtung unwesentlich sind und ernährungsphysiologische Aufgaben haben. Von den beiden Spermazellen, den »Spermakernen« (aus der generativen Zelle entstanden) des sich in eine Synergide öffnenden Pollenschlauches vereinigt sich ein Kern mit der Eizelle, der andere verschmilzt mit dem sekundären Embryosackkern zum sogenannten Endospermkern, der durch Teilung das Nährgewebe (Endosperm) erzeugt. Aus der befruchteten Eizelle wächst der Embryo heran, der dabei das Endosperm verbraucht. Der Nucellus bildet ein neues, das Perisperm.

Aus der Samenanlage werden die Samen (Abb. 22). Das äußere Integument verhärtet zur Samenschale, der Testa, und schützt den Samen. Wo beim Keimen später Keimwurzeln und Hypokotyl austreten, ist eine vorbereitete Öffnung, die Mikropyle.

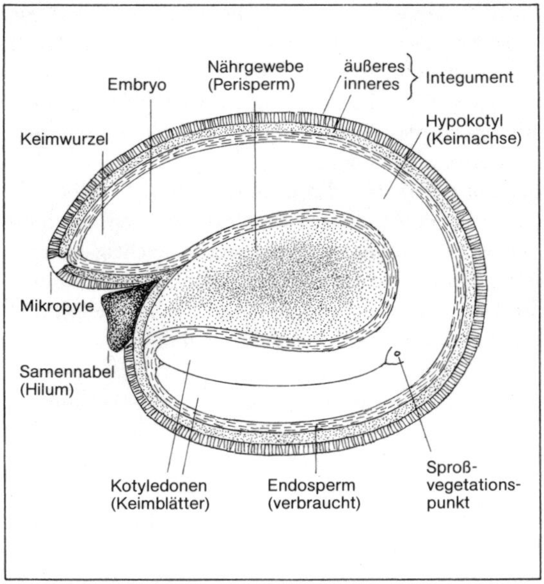

Abb. 22 Bau eines Samenkorns; schematisch (nach KRAINZ).

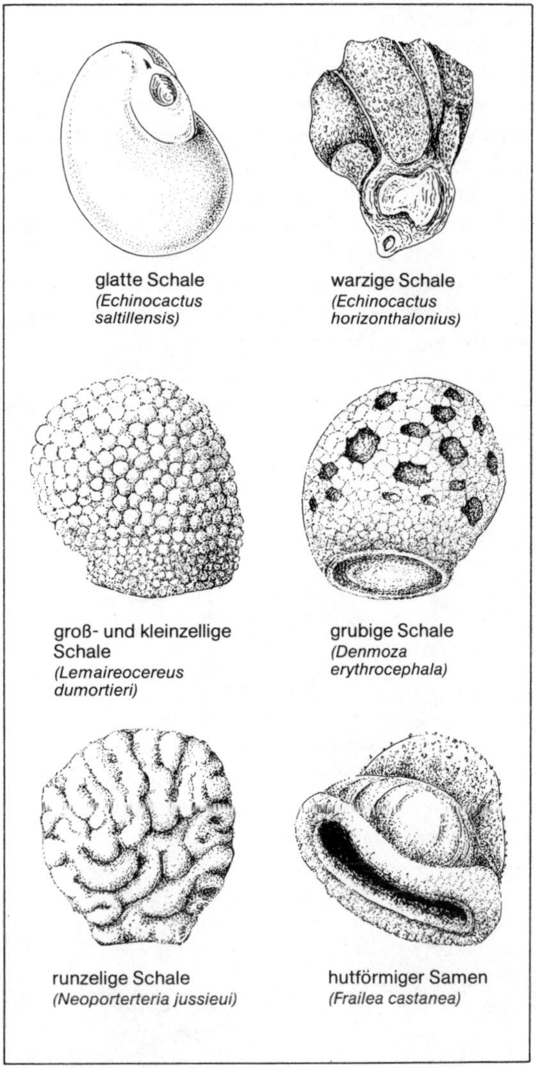

Abb. 23 Samentypen (Auswahl); halbschematisch (nach KRAINZ).

Der Same bricht am Nabel, dem Hilum, vom Samenträger ab. Das Hilum kann groß, sogar größer als der Same sein (z.B. bei den hutförmigen Samen der Astrophyten und den Samen der *Frailea*-Arten). Extrem harte Samen haben die Opuntioideen durch besonders verhärtetes, einhüllendes Funikulusgewebe, den sogenannten Arillusmantel über der eigentlichen Testa. Mit Funikulusgewebe umhüllte Samen kommen auch bei *Lobivia, Chamaecereus* u.a. vor, allerdings entsteht hier kein harter Arillusmantel, sondern eine hautartig vertrocknete, leicht abstreifbare Schicht.

Die äußere Struktur der Testa hat systematische Bedeutung. Sie ist bei primitiven Kakteen glatt-hart (Abb. 23), bei Cactoideen dagegen strukturiert: glatt-hart (z.B. bei *Parodia sanguiniflora,* Astrophyten) warzig (z.B. bei *Aztekium* und Rebutien), grubig-punktiert (z.B. bei Ferocacteen-Arten) oder kleinzellig-glatt-weich (z.B. bei Echinocereen). Haarige Testazellen findet man bei *Blossfeldia liliputana* und *Frailea*-Arten.

Auch die außen befindliche Kutikula ist strukturiert.

Der Samendurchmesser schwankt von 5 mm (bei Opuntien) bis staubfein (bei Parodien). Die Form ist kugelig, oval, nierenförmig usw., die Farbe geht von hellbraun bis schwarz; sie ist glänzend oder matt. Die Keimdauer beträgt 4 Tage, aber auch über 1 Jahr. Die Keimfähigkeit liegt bei ca. 2 Jahren, stark und oft abweichend beeinflußt von der spezifischen Samenruhe nach der Reife. *Tephrocactus*- und *Opuntia*-Samen müssen stratifiziert werden (Einwirkung von Frost). Bereits in der Frucht können Samen keimen (bei Haageocereen u.a.).

Die Wurzeln

Die Kakteen entwickeln in Verlängerung der Keimlingsachse eine Hauptwurzel und davon ausgehend Seitenwurzeln, die an der Basis der Hauptwurzel am längsten und ältesten sind. Die primären Seitenwurzeln (Wurzeln I. Ordnung) verzweigen sich weiter (Adventivwurzeln). Dies erfolgt aus dem Zentralzylinder, dem zentralen Leitbündel der Wurzeln.

Die Erdwurzeln leben im Boden oder im Substrat; sie befestigen die Pflanze, nehmen Wasser und Bodensalze auf und leiten sie dem Sproß zu.

Luftwurzeln können wohl alle Kakteen bilden. Sie entstehen am Sproß, sind also sproßbürtig. Diese Fähigkeit der Kakteen macht man sich bei der Stecklingsvermehrung zunutze. Auch hier kommen, analog zu den Erdwurzeln, die Adventivwurzeln aus dem Gefäßbündelring.

Bei unbewurzelten Importen müssen sie dabei die Gewebe der Rindenschicht durchbrechen, weshalb man entweder die Korkschichten vorsichtig entfernt oder die Importe gleich schneidet und wie einen Steckling behandelt. Dann kann die Wurzelbildung unbehindert an der Schnittfläche ablaufen.

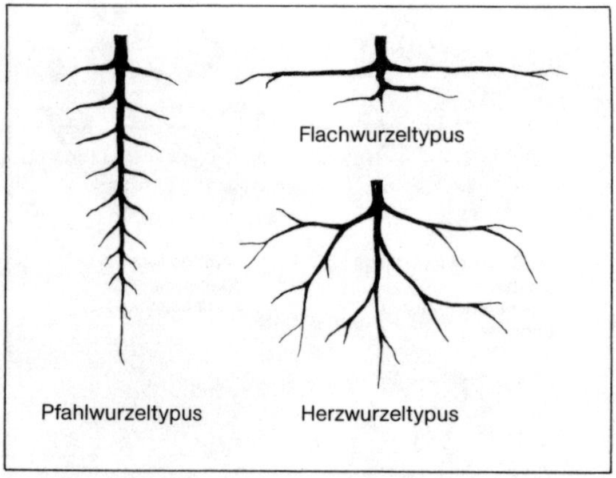

Abb. 24 Wurzeltypen (nach TROLL).

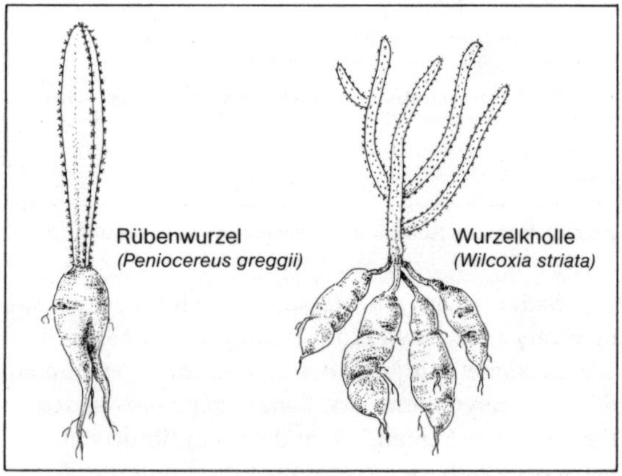

Abb. 26 Unterirdische Speicherorgane (nach RAUH).

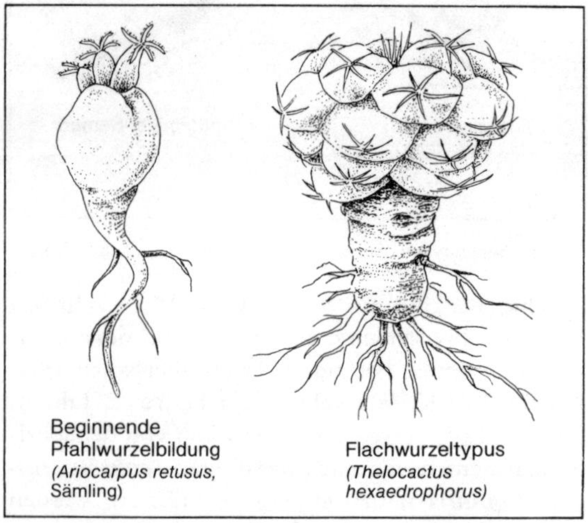

Abb. 25 Beispiele für unterschiedliche Wurzelverzweigungen (links: nach TROLL; rechts: nach KRAINZ).

Sproßbürtige (Neben-)Wurzeln z.B. an der Unterseite von Kriechsprossen können wie Erdwurzeln funktionieren.

Die Wurzelverzweigungen erfolgen überwiegend nach dem Flachwurzeltyp, weniger (nach Krainz) nach dem Pfahl- bzw. Herzwurzeltyp (Abb. 24 und 25).

Als Speicherorgane gibt es Rübenwurzeln, Wurzelknollen und Saftwurzeln (Abb. 26). Wurzeln, die an Seitensprossen entstehen, die noch an der Mutterpflanze sitzen, bleiben in der Entwicklung stehen, wenn keine Bodenberührung zustande kommt.

Eigentliche Luftwurzeln treten bei kletternden und epiphytischen Kakteen regelmäßig zur Ernährung und zum Halt auf. Luftwurzeln bilden auch säulige Arten aus, deren Wurzelwerk geschädigt, un- oder mindertauglich ist.

Morphologische Anpassungen der Kakteen an ihre Standorte

Zusammenfassung

Kakteen können, wenigstens zeitweise, Trockenheit an ihren Standorten, vor allem im Boden, ertragen. Sie zählen deshalb zu den Xerophyten. Als xeromorphe Pflanzen hemmen sie dauernd oder vorübergehend die Wasserabgabe und nehmen mit sehr langen Wurzeln das wenige Wasser aus den wasserarmen Böden auf. Nur deshalb können sie in Wüsten und Steppen, auf trockenen Felsen und als Epiphyten existieren.

Der Anpassung an die Standorte dienen Einrichtungen zum Schutz vor Transpiration, die gleichbedeutend für den Schutz vor starker Lichtbestrahlung und vor zu starker Erwärmung sein können. Im einzelnen sind dies: verdickte Epidermiswände, verdickte und verdichtete Kutikula, Versteifungsschichten, Wachsüberzüge, geschützte Spaltöffnungen u.a. Besonders wirksam ist die Verkleinerung der transpirierenden Oberfläche: Abwerfen, Reduzieren und Umwandlung der Blätter, Verzwergung der gesamten Pflanze, Achsenstauchung bis zur Kugelform, geringere Verzweigungsintensität, Reduktion der Seitenzweige zu Haarpolstern (Areolen), Ausbildung von blattähnlichen, grünen Sproßachsen (Flachsprosse), Verdornung, Oberflächenfaltung durch Rippen, die je nach Wasserfüllung des darunterliegenden Wassergewebes mit ziehharmonikaartiger Beweglichkeit reagieren, die Beschatten ermöglichen und die zu lange Sonnenbestrahlung der gleichen Oberflächenpartie vermeiden) und schließlich die Sukkulenz. Wurzelsukkulenten speichern Wasser in verdickten Wurzeln; häufiger sind Blatt- (viele »andere Sukkulenten«, wie *Sedum, Sempervivum, Agave, Aloe, Mesembryanthemum, Haworthia, Kalanchoe, Gasteria, Cotyledon* usw.) und Stammsukkulenten. Zu letzteren gehören die Kakteen in ihrer Mehrzahl.

Die Verbreitung der Kakteen

Die horizontale Verbreitung

Die Kakteen sind in mehr als 200 Gattungen und 2000 Arten Bewohner des amerikanischen Kontinents von etwa dem 50. Grad nördlicher bis zum 50. Grad südlicher Breite.

Ihr Vegetationsgebiet umfaßt Teile der nördlichen, gemäßigten und kalten Zone mit Canada als Verbreitungsgrenze im Norden und dem Übergang im Süden in tropische, subtropische bzw. äquatoriale und wiederum gemäßigte und kalte Gebiete (Patagonien).

Neben den gemäßigten warmen Regenklimaten mit überwiegender Wintertrockenheit und Sommerfeuchte, sind hier vor allem die nordamerikanischen Wüsten- und Halbwüstengebiete von Bedeutung. Typisch für solche Gebiete ist die geringe Bedekkung des Bodens mit Pflanzen. Dies hängt mit der extremen Erschwerung eines ausgeglichenen Wasserhaushaltes zusammen. Die Niederschläge sind absolut gering, fallen in kurzen Güssen oder fehlen in einzelnen Jahren völlig. Und dies bei gleichzeitig hohen Tagestemperaturen, großen Temperaturgegensätzen mit nächtlicher Luftfeuchtekondensation, Lufttrockenheit, starker Strahlungsintensität, Stürmen und Bodenbewegungen. Die hier lebenden Sukkulenten haben meist ein reichentwickeltes Wurzelsystem und verfügen über hohe Saugkräfte, um einem großen Bodenvolumen die geringen Wassermengen zu entreißen. Die bei der Verwitterung im ariden Klima entstehenden Salze werden in Wüsten nicht ausgewaschen, sondern durch Verdunstung an der Oberfläche angereichert. Dies bedeutet für die Pflanzen die Überwindung der meist auch hohen osmotischen Saugkräfte der Böden. Je nachdem ob es sich um Fels-, Kies- und Sandwüsten, um Hochflächen oder Wüstentäler handelt, sind die Standortverhältnisse der wüstenbewohnenden Pflanzen recht unterschiedlich.

Neben den Lebensräumen der Kakteen in den gemäßigten Klimazonen sind diese Pflanzen vor allem in den tropischen und subtropischen Gebieten zu finden. Diese sind am leichtesten nach der Höhe und Verteilung ihrer Niederschläge zu charakterisieren:

In den äquatorialen Gebieten herrscht heißes, feuchtes Klima mit nur geringen Jahrestemperaturschwankungen (24–28 °C, nie unter 18 °C), aber einem typischen Tageszeitenklima. Der Regen fällt über das ganze Jahr verteilt (Jahresniederschlagssumme 2000–5000 mm) oder in zwei mehr oder weniger ausgeprägten Regenzeiten.

In tropischen und subtropischen Gebieten sind bereits von den innertropischen Gebieten abweichende Klimabedingungen gegeben. So betragen in tropischen Gebieten die Unterschiede zwischen dem kältesten und wärmsten Monat meist mehr als 10 °C. Das Maximum fällt mit dem höchsten Sonnenstand und der Regenzeit zusammen. In subtropischen Gebieten sind die Temperaturschwankungen bereits sehr groß. Doch treten Fröste nur kurz und selten auf. Hier sind die Gebiete, die sich auch durch besondere Trockenheit auszeichnen. Auch die Hitzepole der Erde fallen in diese Klimazone (Death Valley in Californien und Azzizia in Tripolitanien mit Lufttemperaturen von 55 °C!).

In den innertropischen Gebieten wächst im heißen, feuchten Klima der üppig wuchernde tropische Regenwald mit seiner großen Pflanzenmannigfaltigkeit, den riesigen Bäumen, den Schling- und Kletterpflanzen und den Epiphyten.

Werden die Niederschläge geringer (1000 bis 2500 mm) und wechseln die Regenzeiten mit einigermaßen unterscheidbaren Trockenzeiten ab, dann schließt sich der regengrüne Monsunwald (z. B. am Ostfuß der Anden, in den westlichen Bergländern von Guayana, in Venezuela und in Kolumbien an den Rändern des Llanos) an. Sowohl in den tropischen Regen- als auch in den Monsunwäldern findet man Kakteen im schweren Urwaldboden wurzelnd, als rankende und vor allem als epiphytische Pflanzen (z. B. *Rhipsalis, Phyllocactus,* Rankcereen) mit großem Wärme- und Feuchtigkeitsbedürfnis.

Nehmen die Niederschläge weiter ab (500 bis 1300 mm) und werden die Trockenzeiten länger, dann gehen die regengrünen Monsunwälder in lichte Trockenwälder, die Dornbaum- und Sukkulentenwälder über. Als Unterwuchs sind dichte Dornsträuchergebüsche, Erdbromelien und Sukkulenten, besonders aber Kakteen zu finden (z. B. ostbrasilianische Catingas, Nordperu, Gran Chaco, Nordargentinien).

Bei zunehmender Trockenheit schließen sich übergangslos die Dornstrauch-Sukkulentensteppen an, die teils regen-, teils immergrün sind. Der Dornbusch ist oft so reich an Sukkulenten, daß sie vegetationsbestimmend sind (z. B. die sogenannten Monteformationen oder Espinales südlich und östlich von Chaco).

Wenn Trockenwälder als Unterwuchs dagegen Gräser und krautige Pflanzen haben, dann leiten sie über zu den, während der langen Trockenzeit verdorrenden tropischen Grasfluren, den Savannen. Von den Savannentypen Feuchtsavanne, Überschwemmungssavanne, Trockensavanne und Dornsavanne kommt besonders letzterer Bedeutung zu. In diesen Dornstrauchsteppen mit 200–700 mm Niederschlag und einer Trockenzeit von 8–10 Monaten, findet man kniehohe Grashorste und Dornsträucher, deren Holzpflanzen häufig grüne, assimilierende Rinden besitzen. Hier findet man reichlich kleinere Kakteen.

Die vertikale Verbreitung

Nässeunempfindliche, luftfeuchteliebende Kakteen besiedeln tiefliegende küstennahe Nebelwüsten und Küstensteppen. In Mittelchile findet man das trokkenste und niederschlagärmste Gebiet, die Küstenwüste, die über Peru bis nach Südecuador reicht. Sie ist geprägt durch den kalten, die Küste entlang nach Norden ziehenden Humboldtstrom und durch die Anden, welche die Niederschläge abfangen. Diese Felsenwüste mit häufigen Sandaufwehungen und

Dünenbildungen ist recht pflanzenarm. Nur Kakteen und wurzellose Tillandsien (Bromelien) sind zu finden. Die chilenische Atacamawüste ist pflanzenleer. Hier ist die niederschlagärmste Stelle der Erde. Die Küstenwüste, wird von den feuchten, geschlossene Decken bildenden Winternebeln, den Garuas, überzogen.

In größeren Höhen haben sich Kakteenformationen als ganze Waldersatzgesellschaften gebildet. So ergeben in diesen »sukkulenten Wäldern« Zentral- und Nordperus in ca. 2000 m Höhe *Trichocereus cuzcoensis, Browingia hertlingiana, Austrocylindropuntia exalta* und *Opuntia ficus-indica* die Baumschicht. Die Strauchschicht setzt sich aus *Cleistocactus morawetzianus, Cereus* sp. und jüngeren *Austrocylindropuntia*-Exemplaren zusammen. Der Bodenbewuchs besteht aus *Cylindropuntia rosea* und vor allem aus *Opuntia oestifer*. Die größeren Kakteen tragen einen dichten Besatz von Epiphyten. Dazwischen finden sich sukkulente oder halbsukkulente *Peperomia, Oxalis, Fourcroya*. Im genannten Gebiet kann man so deutlich soziologisch unterscheiden zwischen den Kakteensteppen (*Trichocereus-Opuntia*-Verbänden) und den Dornstrauchsteppen (*Acacia-Cercidium*-Gebüschen).

Mit den entsprechenden Übergängen klettern die Kakteen bis weit hinauf in die verschneiten nord-, mittel- und südamerikanischen Gebirge mit Kälte und intensiver UV-Einstrahlung. Typisch hierfür ist die Hochfläche des Altiplano in den Mittelanden, ein periodisch trockenes Gebiet. Zwischen großen Büschelgräsern wachsen in dieser Höhe von ca. 4000 m neben Zwergsträuchern polsterbildende, wollig-eingehüllte Kakteen, besonders Tephrocacteen.

Die hier auftretende Aneinanderreihung der Höhenstufen stimmt in vielem mit dem Wandel der Vegetation mit der Annäherung an die Pole überein. So wurde allgemein für den Pflanzenbewuchs die physiognomische Verwandtschaft zwischen den Lebensformen der baumfreien Formationen der tropischen Hochgebirge und der subantarktischen, kalttemperierten Zone festgestellt. Die hierbei auftretenden Konvergenzerscheinungen lassen sich durch gemeinsame Kriterien der betreffenden Klimate erklären; oft sind aber diese Übereinstimmungen nur für die mittlere Jahrestemperatur gegeben.

Ansonsten zeigt das Klima speziell der tropischen Gebirge keine Jahreszeiten. Während bis ca. 3000 m frostfreie Tage die Regel sind, nehmen über dieser Höhe plötzlich die Frostwechseltage zu, d.h. der Tage, die tagsüber z.B. +40 °C und nachts −3 °C haben. Sie vollziehen also täglich einen Wechsel zwischen Frost und Wärme. Die Anforderungen an die Pflanzen sind deshalb hier besonders hoch. Sie erreichen deshalb ihre obere Verbreitungsgrenze schon bei verhältnismäßig hohen Tages- und Jahresmitteltemperaturen.

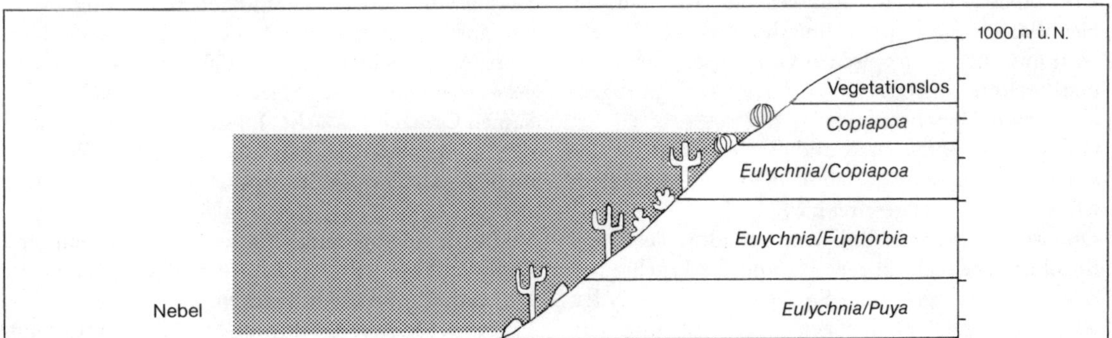

Abb. 27 Vegetation der Nebelzone in Nordchile (abgeändert nach ROWLEY).

Als Beispiele für heimatliche Kakteenstandorte seien genannt: In den Küstenwüsten Chiles und Perus findet man, wie in der Kakteenfelswüste *Neochilenia, Horridocactus, Neoporteria, Copiapoa, Islaya, Melocactus, Eulychnia, Haageocereus, Espostoa, Armatocereus, Neoraimondia* (Abb. 27). In den Hochgebirgen und Hochsavannen wachsen Lobivien, *Mammillaria, Rebutia, Aylostera, Parodia* usw. In den Westanden findet man *Matucana,* auf den Schutterrassen des Rio Mantaro und Rio Santa *Oroya.* Auch Oreocereen sind Hochländer. Ebenso *Helianthocereus, Trichocereus, Cleistocactus, Borzicactus (Bolivicereus).* In den Grassteppen, dem Dornbusch und den lichten Monsunwäldern Paraguays, Südbrasiliens, Uruguays und Nordbrasiliens wachsen *Cereus, Monvillea, Stetsonia, Gymnocalycium, Echinopsis, Notocactus, Eriocactus, Brasilicactus, Frailea* und *Malacocarpus.*

Zusammenfassend ist festzustellen, daß die Kakteen fast ausschließlich in Amerika, besonders in den Wüsten und Halbwüsten Mexikos, im Süden der USA und in den südamerikanischen Staaten Peru, Bolivien, Chile und Argentinien heimisch sind. Ihre ungeheure Anpassungsfähigkeit läßt sie ein riesiges Areal besiedeln. Sie ertragen die unterschiedlichsten klimatischen Gegebenheiten, wie Hitze, Trockenheit, Nässe, Kälte, Schnee, Nebel, Sprühregen, Höhenstrahlung genauso wie die mannigfaltigsten Bodenverhältnisse vom Sand bis zum tropischen Urwaldboden, vom Fels mit seinen besiedelbaren Felsspalten bis zum Laubhumus in den Astgabeln von Urwaldbaumriesen immerfeuchter Tropenwälder. Ja sie benötigen geradezu klimatische Kontraste (Regen- und Trockenzeiten, differenzierte Tages- und Nachttemperaturen).

Das Vorkommen von Kakteen im Mittelmeerraum, in Afrika und in Australien beruht auf »künstlicher« Verbreitung durch Vögel oder den Menschen. Vielerorts, so in Australien, sind vor allem verwilderte Opuntien zu einer Landplage geworden.

Die Nutzung der Kakteen

Den Menschen nutzen Kakteen als Nahrung, als Heilpflanzen und für technische Zwecke. Verglichen mit anderen tropischen Gewächsen, die Weltmarktgeltung haben, erfolgt dies in sehr geringem und regional beschränktem Umfang.

Gekappte *Echinocactus*- und *Ferocactus*-Arten löschen den Durst, was schon manches Menschenleben in der Wüste gerettet hat.

Opuntien werden in Bolivien, Ecuador, Peru und Brasilien regelrecht abgeerntet und die Früchte roh oder zubereitet gegessen. Solche Opuntien werden wie eine Art Obstbaum gezielt als Lieferant von Früchten angebaut.

Auch in Nord- und Mittelamerika gibt es Farmen, die Früchte von Opuntien oder Cereen produzieren. Diese Plantagen liefern birnengroße Opuntienfrüchte marktgerecht (entstachelt und ansprechend verpackt) aufgemacht.

Fleisch von Ferocacteen und anderen Kakteen wird zu Marmelade verarbeitet oder zu Leckereien kandiert. Aus Früchten werden auch der lebkuchenartige »Opuntienkäse«, ferner Getränke und aus den Samen Grützen gemacht. Junge Kakteentriebe, grüne Opuntiensprosse bzw. *Neocardenasia*-Pflanzen werden wie Spargel zubereitet bzw. wie Gemüse verzehrt.

Verholzte baumförmige Kakteen liefern Brenn- und Bauholz. Opuntien- und Cereenhecken dienen der Einfriedung von Grundstücken.

Früher wurde die Cochenille-Schildlaus auf Opuntien regelrecht gezüchtet, weil die weiblichen, ca. 0,5 cm großen Tiere den Farbstoff Karmin in ihrem Körper hatten; der Farbstoff, erst von den Anilinfarben verdrängt, wird heute in der kosmetischen Industrie für besonders hochwertige Produkte verwendet.

Die Wolle cephalienbildender Kakteen landet in Matratzen.
Die Indianer betäuben Fische mit ins Wasser geworfenen zerquetschten und zerstampften Sprossen von *Machaerocereus gummosus* und *M. eruca* (auch einige Agaven eignen sich hierfür). Kakteenhakenstacheln (von vielen Mammillarien) sind Angelhaken zum Fangen von Fischen durch die Eingeborenen.
Rauschgift liefert *Lophophora williamsii*. In der pharmazeutischen Industrie werden aus Selenicereen Herzmittel gewonnen.
Schließlich sind Opuntien auch Viehfutter, nachdem die Stacheln und Glochiden abgebrannt worden sind.

Die Kultivierung der Kakteen

Erden und Substrate für die Kakteenkultivierung

Kakteen sind robust, anpassungsfreudig und anspruchslos, was sie an ihren heimatlichen Standorten hinreichend beweisen. Das Wurzelungssubstrat für ihre Kultur muß allerdings »Minimalanforderungen« genügen. Sie sind unverzichtbar, zumal Kakteen überwiegend in Töpfen gezogen werden. Dies ist nachteilig: das Wurzelwerk ist sehr beengt, es ist ungünstigen Bedingungen ausweglos ausgesetzt, es steht oft unter Wasser-, Luft- und Nährstoffmangel, was wiederum Schädlinge und Krankheiten fördern kann. Jeder Kulturfehler trifft getopfte Kakteen damit umso härter.

Die Anforderungen der Kakteen an das Wurzelungssubstrat

Ein geeignetes Wurzelungssubstrat ist durch physikalische, chemische und begrenzt auch durch biologische Kriterien gekennzeichnet. Eigene Versuche haben bewiesen, daß Kakteen nicht substratspezifisch sind. Damit werden die unterschiedlichsten Praxismischungen überflüssig und ein einheitliches Substrat möglich. Es sollte, verallgemeinert, je zur Hälfte aus fester Substanz und aus Hohlräumen bestehen; letztere sollten wiederum hälftig luft- und wassergefüllt sein.

Ein Substrat ist tauglich, wenn die Wurzel sich verankern kann und die Pflanze damit Halt und Stand findet, wenn es für die Wurzel unverletztlich durchdringbar, porös, lufthaltig, warm ist, wenn die erforderliche Kapazität für Wasser und Nährstoffe vorhanden ist, wenn es weder vernäßt, verschlämmt, versumpft, versauert, alkalisiert, noch veralgt; es muß Wurzelausscheidungen absorbieren, biologisch einwandfrei und frei von Krankheitserregern, Schädlingen und Unkrautsamen sein. Besonders entscheidend ist, daß es physiologisch optimale Nährstofflösungen an- und einlagert, speichert, vor Auswaschung schützt und entsprechend den Anforderungen der Pflanze wieder abgibt und puffernd, ausgleichend und »neutralisierend« wirkt.
Ein einziges Substrat kann alles dies kaum erfüllen. Nur Substratmischungen addieren vorteilhaft die günstigen Kriterien einzelner Substrate, wobei letztlich drei Komponenten eines Substrates zusammenspielen müssen: die feste Phase aus anorganischen und organischen Partikeln (Beispielsfunktion Nährstoffspeicher usw.), die flüssige, die Bodenlösung (Transportmittel für Nährstoffe, ein chemisches Agens usw.), die gasförmige, die Bodenluft (Zufuhr von Sauerstoff, Ableitung von Kohlendioxyd).
Mischungspartner sind in der Kultur, wie auch in der Natur, überwiegend mineralische Anteile, mit einem beinahe immer vorhandenen, wenn auch stark wechselnden Anteil an organischer Substanz.

Die Bestandteile der Kakteenerden und -substrate

Mineralische Bestandteile

Sie entstehen durch Verwitterung gesteinsbildender Mineralien und sind verschieden gekörnt.

Tone und Lehme sind fein, dicht, porenarm, gut wasser- und nährstoffhaltend. Sie reißen beim Austrocknen und zeigen Sprünge. Für die Durchwurzelung sind sie günstig. Die ursprüngliche, unerwünschte Bindigkeit muß durch Ausfrieren und abwechselndes Austrocknen und Befeuchten beseitigt werden.

Sand besteht aus feinen bis groben Quarzkörnern, die oft mit Lehm »verunreinigt« sind (sandige Lehme, lehmige Sande). Die eisenoxydhaltigen gelben und roten Sande sollen besonders brauchbar sein. Sand trocknet schnell aus, wird leicht ausgelaugt, enthält wenig Wasser, aber viel Luft. Selten wird auch Kies, möglichst aus Bruchsteinen, verwendet. Wichtiger sind Ziegelsplitt, Bimskies, Schlacke, Perlit, Vermiculit usw., die noch besprochen werden.

Organische Bestandteile

Werden überwiegend Pflanzenreste durch Mikroorganismen zu »Humus« abgebaut, entstehen organische Erden. Sie haben einen recht unterschiedlichen »Eigen-Nährstoffvorrat«, der langsam fließend ist und später ergänzt oder ersetzt werden kann und somit für den Gesamtsalz- und Einzelnährstoffgehalt eines Substrates bestimmend ist. Bedeutsam ist hierfür die gute Absorptionskraft für Wasser und Nährstoffe, die große Luftwegigkeit und die ausgezeichnete Vergießfestigkeit. Die beim Abbau entstehenden Huminsäuren bilden mit alkalisch reagierenden Substratbestandteilen stabilisierende Aggregate, welche die Struktur verbessern. Selten werden Moor- und Nadelerden, meist Kompost- und Lauberden, am häufigsten wohl aber Torf verwendet. Humus macht Kakteen nicht mastig, wie reine Torfkultur längst bewiesen hat.

Die in der Kakteenpflege verwendeten leichten Substrate sind humusarm, wenn sie bis zu 1% organische Substanz enthalten, sie sind humushaltig bei 1–2%, humos bei 2–4%, humusreich bei 4–8% und typische Humusböden bei mehr als 8% organischer Substanz. Immer können Kakteen bei entsprechender Mineralsalzversorgung und darauf abgestimmter Kulturführung darin gepflegt werden.

Alle Kompost-, Mistbeet-, Rasen- und Lauberden müssen dreijährig gelagert sein. Trotzdem sind Nachrottungen möglich, die im schlimmsten Fall zu Zusammenbrüchen der Erden, Dichtlagerung, Luftmangel, Versauerung usw. führen können. Deshalb sind organische Erden Mischungspartner mit strukturstabilen Zusätzen, nicht alleinige Substrate.

Besonders vorteilhaft ist das Rohhumusprodukt Torf, ein ebenfalls organisches, halbverrottetes, aber schwer zersetzbares Material aus Hochmooren (Weißtorf) mit lange idealen Eigenschaften: Torf ist locker, leicht, durchlässigkeitsregulierend, lufthaltig auch bei voller Wassersättigung, feuchte- und nährstoffbindend, vergießfest, durch seinen Huminstoffgehalt puffernd. Er schlägt erst spät in schädliche saure oder alkalische Bereiche um und reagiert lange nicht auf harte Gießwässer, wenn die Ausgangslage gut (d.h. der pH ca. 3,5) war. Torf vermittelt in Substraten einen günstigen pH-Wert und verbessert die Wurzelentwicklung durch Wirkstoffe. Torf soll kurzfaserig, nicht mehlig sein und darf nie ganz austrocknen. Der Torfanteil bei Erden beträgt heute bis zu 50 Vol.-%. Hat der Erdenanteil die nötigen Nährstoffe, kann auf Kalk- und Nährstoffzusätze zeitweilig verzichtet werden. Sie müssen jedoch gegeben werden, wenn Torf allein verwendet werden soll: pro 1 l Torf gibt man 3 g spurenelementhaltigen Volldünger, 5 g kohlensauren Kalk, 0,015 g Fetrilon, Spuren von Kupfersulfat und Natriummolybdat. Darin kann man praktisch alle Zierpflanzen, auch Kakteen, kultivieren.

Immer häufiger werden neuerdings Rindenkomposte angeboten. Ihre, je nach Ausgangsmaterial und Kompostierungsverfahren gelegentlich nicht optimalen Eigenschaften (wie Salzgehalt, wuchshemmende Substanzen, N-Bindung, Wasserhaltevermögen u.a.) zeigen aber ganz deutlich, daß im Rindenkompost wohl noch lange nicht ein Ersatz für Torf gefunden ist. Als einigermaßen brauchbare Mischung werden 35 Vol.-% Rindenkompost, 35 Vol.-% Torf und 30 Vol.-% Hygromull angegeben.

Ungeklärt ist, inwieweit sich mit halb- oder vollsynthetischen Bodenverbesserungsmitteln die gleichen physikalischen Eigenschaften eines Substrates wie mit Humus erreichen lassen, ohne die doch immer zu befürchtenden negativen Auswirkungen eines zu hohen und vor allem ungeeigneten Humusanteils in Kauf nehmen zu müssen. Unbrauchbar ist Humus mit einem überhöhten, einseitigen Stickstoffgehalt, der zu gefürchteten morphologischen und physiologischen Entartungen der Pflanzen führt, die sich auch in einer erhöhten Krankheitsdisposition und einer gefährlichen mittel- und unmittelbaren Wirkung auf (vor allem pilzliche) Krankheitserreger zeigt.

Genannt werden muß noch Holzkohle in Granulatform. Sie ist für die Gesunderhaltung des Substrates, die Feuchtigkeitsverhältnisse, besonders aber für die Austauschvorgänge im Substrat unerläßlich.

Alle genannten Bestandteile von Kakteenerden können luftig im Freien, aber regensicher gelagert werden.

Die Herstellung von Kakteenerden

Ein Erdrezept soll sich wohl grundsätzlich an den Gegebenheiten am heimatlichen Standort der Kakteen orientieren; sie komplett zu kopieren, sie »nachzumischen«, ist nicht nur unmöglich, sondern auch unnötig.

Grundsätzlich ist eine Substratmischung anzustreben, deren Hauptbestandteile Sand und Humus sind. In welchem Verhältnis diese zu mischen sind, mag die (ungenaue, aber die gröbsten Fehler ausschließende) Faustregel aufzeigen: der Humusanteil darf gegenüber dem Sandanteil nur so hoch sein, daß zusammen mit den übrigen, feuchten (nicht nassen!) Bestandteilen eine Erde entsteht, die sich wohl in der Hand ballen läßt, die aber auch schon durch leichten Fingerdruck sofort auseinanderfällt. Ebenso ist zu starke Klumpenbildung zu vermeiden. Man schafft damit nicht ein besonders »luftiges« Substrat, sondern behindert die Kontaktnahme zwischen Wurzel und Substrat und damit die Nährstoffaufnahme insgesamt und hinsichtlich des Verhältnisses der einzelnen Ionen zueinander. Am wenigsten wichtig ist, daß ein Mischungsanteil einen möglichst hohen Nährstoffgehalt hat: Nährstoffe lassen sich ja leicht nachdüngen. Lediglich für ältere Kakteen, die nur mehr selten umgepflanzt werden, ist ein nährstoffreicheres und schwereres Substrat zu verwenden; auch grobe und brockige Bestandteile können dazugegeben werden.

»Das« Rezept für eine Kakteenerde gibt es nicht. Wichtig ist, daß möglichst viele der zu fordernden Eigenschaften eines Wurzelungsmedium realisiert werden.

Die Mischung einer Kakteenerde (Basisrezept)

Um nicht ein neues Rezept den vielen vorhandenen hinzuzufügen, wird hier lediglich ein »Grundschema« genannt, das praxisbewährt, aber durchaus abwandelbar ist:

10 Liter Komposterde,
10 Liter Sand,
2 Liter mürber Lehm,
4 Liter Torfmull,
1 Liter grobkörniger Ziegelsplitt und
0,5 Liter Holzkohlengranulat.

Die Holzkohle ist in jedem Futtermittelgeschäft als Hühnerfutterkohle erhältlich.

Diese Mischung ist unkompliziert, »narrensicher« und die Mischungspartner vor allem beschaffbar.

Vereinfachte Mischungen

Am schwierigsten ist aus obiger Zusammenstellung der mürbe Lehm zu besorgen. Ohne unakzeptable Nachteile kann er mengenmäßig verringert oder gänzlich weggelassen werden. Dafür wird dann mehr Kompost-, Rasen- oder Lauberde verwendet. Vor allem aber kann bedenkenlos die Menge Torf erhöht werden.

Ist (in Großstädten) auch die Beschaffung der wenigen weiteren Bestandteile noch schwierig, kann die in Beutel zu kaufende Blumenerde mit der gleichen Menge Sand, einigen Handvoll Holzkohlengranulat und einem halben Beutel Torf »verbessert« werden. Auf die sehr schwankende Qualität der Blumenerden muß aber nachdrücklich verwiesen werden.

Noch einfacher geht es mittels der ebenfalls in Plastikbeuteln abgefüllten Einheitserden nach Fruhstorfer (»frux-Einheitserde«). Sie werden aus sterilem Untergrundlehm und Torf (pH-Wert ca. 5,5–6,0) gemischt und müssen für die Kakteenkultur nur mit Sand »verdünnt« werden. Außer Holzkohle braucht sonst nichts weiter zugesetzt werden. Solche Erden sind dann luft- und wasserhaltig und

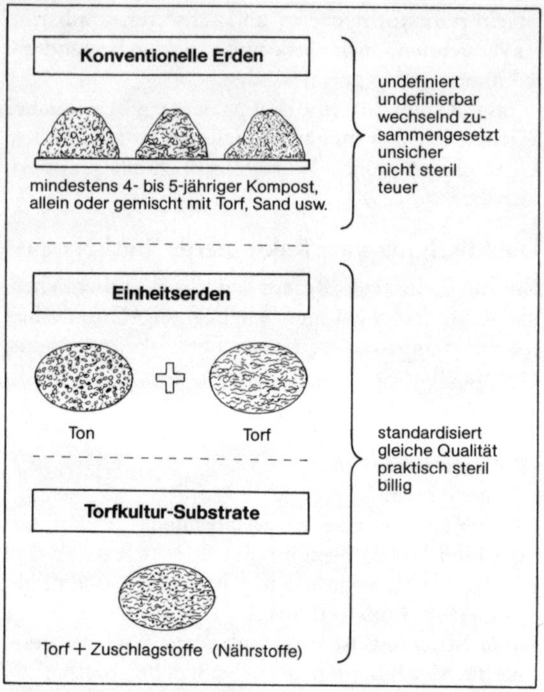

Abb. 28 Vergleich konventioneller Erde mit »Standardsubstraten«.

-haltend, vergießfest und gut gepuffert. Sie sollen nach dem Bepflanzen gut gegossen und ganz durchfeuchtet werden und sollten nie ganz austrocknen. Andere Industrieerden sind ASB 1, Gepack T, Huminal KS gelb, Cultural usw. (Abb. 28).

Am bequemsten ist es, fertige Kakteenerden zu kaufen. Deren Qualität ist jedoch, wie die der Blumenerden, sehr unterschiedlich. Brauchbarer sind meist solche Erden, deren Lieferant auch Kakteenpfleger und nicht nur Kaufmann ist. Vorsicht ist unbedingt anzuraten, wenn es sich um größere Posten handelt (eine Analyse sollte man immer machen lassen). Deshalb lieber selber mischen! Nur dann weiß man was man hat und kann notfalls gezielt verbessern.

Die Aufbereitung der Substratmischungen

Jede Erdemischung enthält viele lebende und tote Bestandteile. Diese können unschädlich, unwesentlich oder als Verunreinigungen zu vernachlässigen sein. Sie können aber auch pflanzliche und tierische Krankheitserreger, Schädlinge oder Unkrautsamen darstellen. Derartige »verseuchte« Erden müssen, ob gebraucht oder ungebraucht, ob selbst hergestellt oder gekauft, aufbereitet werden.

Ausgenommen sind lediglich zuverlässig bereitete Qualitätsfertigerdemischungen, wie z.B. die Einheitserden, die sofort verwendungsfähig sind. Nicht entseucht zu werden brauchen natürlich auch Torf, Ziegelsplitt und Holzkohlengranulat. Alle anderen Substrate müssen durch eines der nachfolgend aufgeführten Verfahren entseucht werden.

Verfahren mit Wärmeeinwirkung

Das sogenannte **Dämpfverfahren** (Abb. 29) entkeimt durch feuchtes Erhitzen mittels Wasserdampf auf ca. 100 °C/60 min. (gerechnet nach Erreichen der Temperatur). Geeignet sind Kartoffeldämpfer, Einweckapparate usw. für den Liebhaber, spezielle Erddämpfapparate für den Erwerbsbetrieb.

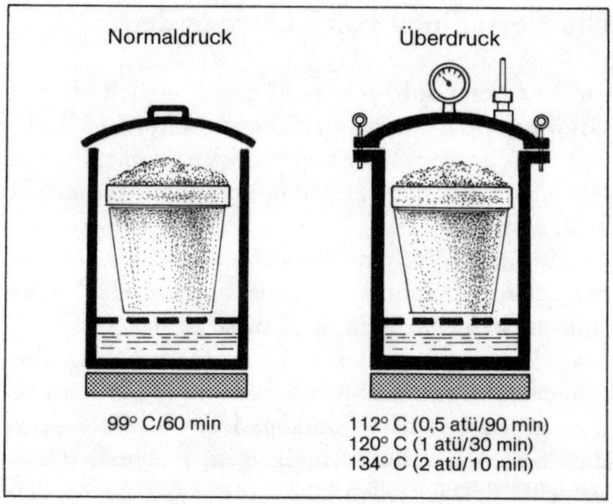

Abb. 29 Thermische Behandlung von Erden: Dämpfverfahren.

Einmalige Dämpfung tötet jedoch nicht alle, sondern lediglich die vegetativen Entwicklungsstadien der Mikroorganismen. Läßt man die gedämpfte Erde 24 Stunden bei Zimmertemperatur stehen, dämpft erneut, läßt wiederum 24 Stunden stehen und dämpft ein letztes Mal, dann sind alle Mikroorganismen, auch in ihren Dauer- und Sporenstadien, abgetötet. Die relative Sterilisation der einmaligen Behandlung wird durch diese fraktionierte Sterilisation zu einer absoluten.

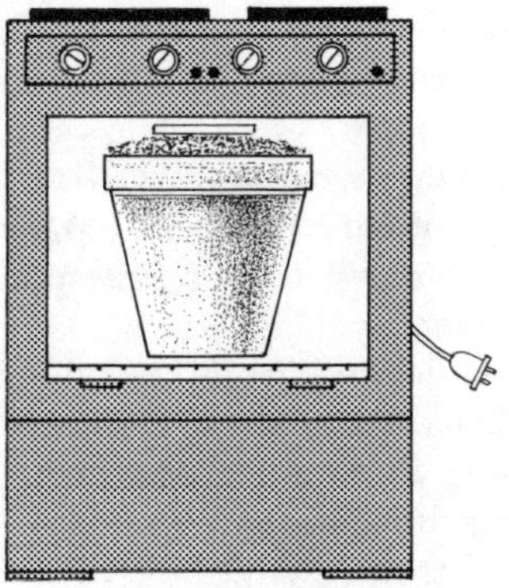

Abb. 30 Thermische Behandlung von Erden: Heißluftverfahren.

Beim **Trockenhitzeverfahren** (Heißluftsterilisation, Abb. 30) erreicht man eine vollständige Sterilisation der lufttrockenen Erden durch trockene Hitze von 160–165 °C/2 Stunden lang (wiederum gerechnet ab Erreichen der Temperatur) bei einmaliger Einwirkung. Liebhaber können hierfür die Bratrohre von Elektro- und notfalls von Gas-Haushaltsherden verwenden. Die Erden werden in Tontöpfe oder andere hitzebeständige Gefäße gebracht. Nach der Sterilisationszeit schaltet man ab und läßt am besten bei geschlossenem Rohr über Nacht abkühlen. Für größere Erdmengen werden Trockensterilisatoren verwendet.

Zu den **thermischen Verfahren** ist generell zu sagen, daß die Wirkung am besten ist bei leichten Erden, wie sie die Mischungen für Kakteen ohnehin sind. Die Erden dürfen nicht naß, kalt oder gar gefroren sein. Auf keinen Fall dürfen behandelter Erde organische Düngemittel, wie Mist, ungedämpfte Kompost- und andere Erden, auch nicht ungedämpfte Kakteenerden, zugesetzt werden. Da auch Aussaaterden so entseucht werden, darf aufbereitete Erde auch nicht mit ungebeiztem Saatgut, verseuchten Gefäßen, verunreinigtem Gießwasser etc. zusammengebracht werden. Behandelte Erden sollen 2 bis 3 Wochen geschützt gelagert werden; notfalls sind sie aber auch schon nach 1 bis 2 Tagen zu verwenden.

Sterile Erden haben ein vorübergehend gestörtes biologisches Gleichgewicht. Ein sekundärer Befall mit pflanzenpathogenen Erregern ist besonders nachteilig, weil sich diese rapide ausbreiten. Es fehlt die konkurrierende Hemmung dieser schrankenlosen Vermehrung eines einzelnen Mikroorganismus (oder einiger weniger Organismen) durch die im ungedämpften Boden immer vorhandenen zahlreichen Mitbewohner. Es fehlen die Antagonisten. Ein Beispiel hierfür ist die Wirkung von Actinomyceten gegen *Xanthomonas*- oder *Erwinia*-Arten.

Einige Untersuchungen ergaben, daß Pflanzen in sterilisierten Erden besser als in nichtsterilisierten wuchsen und daß sich diese Wirkung selbst in »fervorisierten« Nährlösungen (d. s. solche, die 2 × 60 min bei 137 °C und 2,5 atü behandelt worden sind) zeigen soll.

Umgekehrt sind auch Wachstumsschäden an Pflanzen auf gedämpften Böden aufgetreten. Abgesehen von Auswirkungen auf die Nährstoffdarbietung, kann möglicherweise ein kritischer Punkt insofern auftreten, als zunächst die Bodendämpfung das Wachstum fördert, dann aber bei übermäßiger Erhitzung unter Überdruck (30 min bei 1,1 atü) das Gegenteil erreicht wird. Abhängig vom Gehalt an organischer Substanz scheint ein extrahierbarer, von Bodenmikroorganismen später wieder abbaubarer Hemmstoff aufzutreten.

Verfahren mit chemischen Bodenentseuchungsmitteln

Formalin wirkt gegen Bodenpilze und -bakterien, nicht gegen tierische Bodenschädlinge. 25 ml des käuflichen 40%igen Formalins werden mit Wasser auf 1 l verdünnt. Pro 10 l Erde (ein Eimer voll) werden 250–300 ml dieser Lösung verwendet. Dann deckt man 2–3 Tage mit einer Plastikfolie ab und läßt anschließend die Erde 10–14 Tage unbedeckt liegen; sie kann dann unter öfterem Umschaufeln auslüften. Diese Methode ist billig, ungefährlich (wenn man nicht gerade die schleimhautreizenden Gase einatmet!) und hinterläßt im Boden oder in der Erde keinerlei Rückstände oder störende Veränderungen.

Der Wirkstoff Dazomet in dem Mittel **Basamid** ist gegen wandernde, gallenbildende und zystenbildende Wurzelnematoden und Stockälchen, Bodenpilze (Wurzelfäulen, Umfall- und Welkekrankheiten), Bodeninsekten und keimende Unkrautsamen wirk-

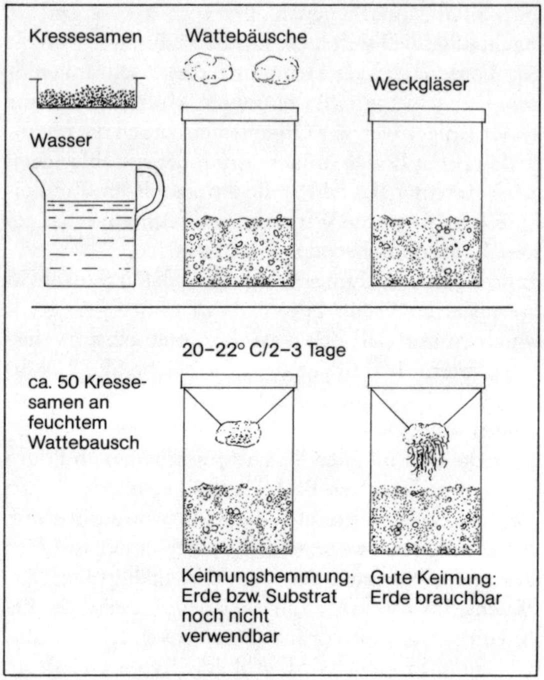

Abb. 31 Der Kressetest (nach SCHNEIDER).

sam. Pro 10 l Erde werden 2–3 g in 80–250 ml Wasser benötigt. Dann wird 7–10 Tage mit einer Plastikfolie abgedeckt und anschließend öfter umgesetzt. Wann die Erde brauchbar ist, wird mit dem Kressetest nach Schneider festgestellt (Abb. 31): man benötigt 2 Einweckgläser (hohe Form), 2 Wattebäusche, die an Fäden oder dünnen Drähten befestigt sind, keimfähige Kressesamen *(Lepidium sativum)* und eine Schale mit Wasser. Die zu untersuchende Erdprobe wird gut durchmischt und eine sogenannte Durchschnittsprobe entnommen. Dazu holt man von möglichst vielen Stellen kleinere Proben und fügt sie zur größeren Durchschnittsprobe zusammen. Ein Weckglas wird mit dieser bis etwa zur Hälfte gefüllt und sofort mit Deckel, Gummiring und Klammern fest verschlossen. Als Kontrolle wird gleichzeitig das zweite Glas mit unbehandelter Erde angesetzt. Für jedes Glas wird ein Wattebausch leicht mit Wasser getränkt und etwa 50 Kressesamen damit aufgetupft. Der Wattebausch wird dann über den Erden hängend in dem Weckglas mit eingeschlossen. Bei 20–22 °C aufgestellt, kann nach 2–3 Tagen die Keimung der Samen verglichen werden. Treten über der behandelten Erde sichtbare Keimhemmungen auf, so ist die Erde noch nicht verwendbar. Sind keine Veränderungen erkennbar, kann sie gebraucht werden.

Besonders vorteilhaft ist beim Basamid, daß es fast keine Reizwirkung hat, angenehm und einfach zu handhaben ist.

Trapex mit dem Wirkstoff Methylisothiocyanat hat eine ähnliche Wirkung wie Basamid. Für 10 l Erde werden 4–5 ml benötigt. Abdeckung, Wartezeiten und Testmethode wie vorstehend.

Das Di-Trapex (Wirkstoffe: Dichlorpropen + Dichlorpropan + Methylisothiocyanat) hat neben dem allgemeinen Entseuchungseffekt eine verstärkte Wirkung gegen Nematoden. Für 10 l Erde sind 2,5–3 ml zu nehmen. Auch hier entsprechen Abdekkung, Wartezeiten und Testmethoden den bereits oben genannten.

Methylbromid wirkt wohl gegen Nematoden, Wurzelmilben und andere tierische Schädlinge, Bodenpilze und keimende Unkräuter, ist aber sehr giftig und gehört nicht in die Hand des Laien. In Amerika ist es jedoch weit verbreitet.

Sowohl das Mittel Temik 10 G (Gypsum) mit dem Wirkstoff Aldicarb als auch die Mittel Shell D-D-Super, Telone (Wirkstoff Dichlorpropen), Shell D-D (Wirkstoff Dichlorpropen + Dichlorpropan), Vydate (Wirkstoff Oxamyl), E 605 forte, Eftol, Parathion forte Agrotec (Wirkstoff Parathion), Nemafos Emulsion (Wirkstoff Thionazin (Zinophos)) und Hostathion (Wirkstoff Triazophos) u. a. sind gegen Bodeninsekten, vor allem gegen Nematoden gerichtet; gering oder gar nicht sind sie gegen Pilze, Bakterien und Unkrautsamen wirksam.

Aus der Wirkstoffgruppe der Benzimidazole bietet sich das sehr wirksame Bodenfungizid AAterra (Wirkstoff Ethridiazol) schwerpunktmäßig gegen Bodenpilze an. Für das Erdmischverfahren werden 0,5 g pro 10 l Erde beigegeben; das Mittel ist vorher mit der 10–20fachen Menge Sand gut zu durchmischen. AAterra ist ungiftig, pflanzenverträglich und mit anderen Fungiziden mischverträglich.

Eine Reihe weiterer Bodenbehandlungs- und Desinfektionsmittel wird überwiegend nach dem Gießverfahren angewandt und ist deshalb hier nicht relevant.

Die »Bodenreaktion«

Definition

Kakteen gedeihen besonders gut in Substraten mit einer günstigen Bodenreaktion. Was ist darunter zu verstehen?

Die Bodenreaktion hängt in der Natur und, im übertragenen Sinn, auch im Kulturgefäß vom Bodenzustand (bedingt durch die Beschaffenheit des Ausgangsgesteins bzw. -materials), den kleinklimatischen Bedingungen und den auf und im Boden lebenden Pflanzen und Tieren ab.

Sie kann sauer, neutral oder alkalisch sein, je nach Zahl sowohl der freien, in der Bodenlösung befindlichen als auch der sorbierten Wasserstoffprotonen (Wasserstoffionen, H^+) bzw. der daraus resultierenden Hydroniumionen (H_3O^+) und den Hydroxylionen (OH^-). Die freien Wasserstoffprotonen stehen in einem veränderlichen Gleichgewicht mit den sorbierten, was die aktuelle und die potentielle Azidität der Böden ergibt. Nur die erstere ist direkt zu ermitteln. Sie wird durch die Werte 1 bis 14 der pH-Skala wiedergegeben. Die damit nicht angesprochene Reserveazidität läßt sich ohnehin nur schwer ermitteln. Gleiches gilt für den Effekt, den das Wurzelsystem der Pflanzen verursacht, insbesondere wenn physiologisch saure oder basische Salze unter Ionenaustauschvorgängen verwertet werden.

Der pH-Wert des Substrates

Das pH (pondus hydrogenii) gibt das Gewicht der sauer reagierenden Wasserstoffprotonen (im Liter Flüssigkeit) an. Steht die Zahl der Wasserstoffprotonen (oder »Wasserstoffionen« mit positiver Ladung) aus dem dissoziierten Wassermolekül H_2O mit der Zahl der die alkalische Reaktion bewirkenden Hydroxylionen OH^- (also mit negativer Ladung) im Gleichgewicht, reagiert das Medium neutral (pH 7,00). Bei überwiegenden H^+ reagiert es sauer (pH-Werte 1 bis 6,99), bei überwiegenden OH^- dagegen alkalisch (pH-Werte 7,01 bis 14).

Für die richtige Relativierung ist dabei zu beachten, daß Konzentrationsänderungen der H^+-Ionen von z.B. pH 7 in Richtung auf pH 1 unstetig erfolgen. Eine Verschiebung von beispielsweise pH 7 nach pH 6 bedeutet eine Zunahme der H^+-Menge von 10^{-7} auf 10^{-6} H^+/1 l Wasser, d.h. von 0,000 000 01 g H^+ auf 0,000 0001 g H^+/1 l Wasser also von 0,000 000 09 g. Erniedrigt sich aber der pH-Wert z.B. von pH 3 auf pH 2, so ist damit die Zufuhr der H^+ von bislang 10^{-3} oder 0,0001 g H^+/1 l auf 10^{-2} oder 0,001 g H^+/1 l nötig, d.h. jetzt kommen 0,0009 g H^+/1 l hinzu. So verlangt eine Änderung im niederen pH-Bereich eine erheblich größere Zu- oder Abnahme der Wasserstoffprotonenmenge als in höheren Bereichen.

Böden mit einem pH-Wert von 3,5–4,0 sind sehr stark sauer, von 4,01–4,5 stark sauer, von 4,51–5,3 sauer, von 5,31–6,3 schwach sauer, von 6,31–7,3 neutral, von 7,31–8,0 schwach alkalisch und von 8,01–8,5 alkalisch. Gegenüber den meist sehr schwach sauren bis neutralen Böden in unserer humiden Klimazone, kann es in ariden Regionen zu pH-Werten über 7,5, ja sogar bis 11,0 kommen.

Versauerung – Alkalisierung des Substrates

Der pH-Wert eines Bodens oder eines Substrates kann sich nun gegen die saure, aber auch gegen die alkalische Seite hin verschieben.

Bei zu niedrigem, zu saurem pH-Wert wird Calcium, Magnesium und mitunter auch Stickstoff und Phosphor, sowie Kalium, schlechter aufgenommen. Mangelerscheinungen, vor allem auch bei Magnesium, und damit schlechte Pflanzenentwicklung sind die Folge. Mangan wird dagegen im Übermaß frei, es entstehen leicht Überdüngungsschäden. Bei extrem niederen pH-Werten werden Eisen und Aluminium aus den Tonanteilen des Bodens frei und legen die Phosphorsäure fest. Ferner bilden sich dann lösliche Humusverbindungen, die ausgeschwemmt werden können. Wird Aluminium im Übermaß frei, kann es giftig wirken. Molybdän wird dagegen festgelegt.

Eine echte Versauerung eines Bodens ist solange nicht möglich, als überschüssiges Calciumkarbonat (kohlensaurer Kalk) vorliegt. 0,3–0,5% Kalk, möglichst gut verteilt, genügen. Im Calciumkarbonat bzw. dem daraus entstehenden Calciumhydrogenkarbonat (doppeltkohlensaurer Kalk) liegt im übrigen eine ausgezeichnete Puffersubstanz vor. Die Pufferung der Erde aber bedeutet wiederum, daß Reaktionsänderungen widerstanden wird und sie in bestimmtem Umfang kompensiert werden können. Solche Puffersubstanzen oder -systeme (z.B. Ton-

und Huminstoffe, Phosphate, Kohlendioxid und Calciumhydrogenkarbonat, ferner alle im Boden vorhandenen Gemische von schwachen Säuren und deren Salze) sind für das Pflanzenwachstum besonders wichtig. Für die praktische Einstellung einer Substanz auf einen bestimmten pH-Wert bedeutet dies, daß größere Säuren- und Basenzugaben nötig sind, als den angezeigten pH-Wert entsprechen würde.

Ist das Calciumkarbonat verbraucht, beginnt in leichten Böden meist die Versauerung. In lehmigen werden zunächst noch die quasi »auf Lager befindlichen und auf Abruf bereitstehenden«, sorbierten Calciumionen verbraucht. Die Versauerung wird durch die Kohlensäure in der Bodenlösung, durch das Regenwasser dorthin gebracht bzw. durch Atmungsvorgänge der Pflanzenwurzeln und Mikroorganismen dort entstanden, zusätzlich gefördert. In gleicher Richtung wirken sich bildende Humussäuren. Auch andere anorganische und organische Säuren können als Reaktionsprodukte der Lebenstätigkeit verschiedener pflanzlicher und tierischer Organismen unter anaeroben oder aeroben Bedingungen eine Rolle spielen.

Kalkzugaben beseitigen jedoch leicht die überschüssigen sauren Anteile des Bodens. Böden mit gleichen pH-Werten erfordern dabei unterschiedliche Kalkmengen. U.a. hängt dies, bedingt durch Quantität und Natur der kolloidalen Bodenkomplexe, mit der pH-Wert-unabhängigen unterschiedlichen Ionenaustauschkapazität des Bodens zusammen.

Eine Alkalisierung ist unter natürlichen Bedingungen in unserem humiden Klima kaum möglich. Dagegen reichern sich in ariden Klimazonen Basen, besonders in Verbindungen des Calciums und Natriums sehr häufig an. Eine neutrale bis stark alkalische Bodenreaktion ist die Folge. Gleiches ist bei uns in der Natur und in der Kultur nur durch Überkalkung, alkalische Abwässer und vor allem durch harte Gießwässer möglich.

Bei der Alkalisierung werden Mangan, Bor, Eisen, Zink und Kupfer festgelegt. Mangel- und Depressionserscheinungen sind dann unvermeidlich. Umgekehrt werden Molybdän, aber auch Magnesium bei höheren pH-Werten zunehmend verfügbar. Deshalb sollen nach neueren Untersuchungen gerade sandige Böden im pH-Wert nicht über 6,0 liegen.

Der »optimale« pH-Wert

Eine gute Pflanzenentwicklung setzt eine richtige Bodenreaktion voraus, die wiederum in engem Zusammenhang mit dem Kalkzustand steht. Dabei beruht der im Extrem auf die Vegetation stark selektiv wirkende Kalkgehalt auf dem Anteil und der Verteilung des Calciumkarbonats, aber nicht auf dem des Calciumsulfats. D.h. daß das Karbonation, nicht aber das Calciumion für diesen Effekt verantwortlich ist. Eben weil die Pflanze in erster Linie nicht auf den Kalkgehalt reagiert, sondern auf die von diesem bedingte Bodenreaktion, werden auch manche Unstimmigkeiten über die Verteilung der Pflanzen bezüglich der Reaktionslage ihrer Böden erklärbar. Leichter verständlich wird nun auch die große ökologische Breite, die für die heimatlichen Standorte der Kakteen typisch ist: von Kalkgestein, mineralreichen Rotlehmen, sauren Quarzsanden, neutralen Erosionsböden bis zu humosen und anderen Böden wird alles besiedelt. Wichtig bleibt der relativ enge, eigentliche Wurzelhorizont (reicherte man ihn früher in der Kultur mit Kalk für eine gute Bestachelung an, bedeutete solche Alkalisierung letztlich den sicheren Tod der Pflanzen).

Häufig gab man bisher einen bestimmten pH-Wert an, der angeblich für eine Pflanzenart optimal sein soll. Sicherlich falsch ist verallgemeinernd zu sagen, daß alle Kakteen eine saure Bodenreaktion verlangten. So ist es heute bereits fortschrittlich, wenn erkannt wird, daß die Pflanzen sich innerhalb eines bestimmten pH-Bereiches optimal entwickeln. Zweifelsohne läßt sich zusätzlich eine enger begrenzte optimale H^+-Konzentration herausarbeiten. Doch ist die Spanne der pH-Werte erstaunlich groß, was klar Experimente und was, wenn auch weniger deutlich die Natur beweisen. Selbst diese Angaben über die natürlichen Standorte der Pflanzen stellen lediglich spezifische Daten über »Toleranzen« gegenüber bestimmten pH-Werten dar, sagen nach Ellenberg jedoch nichts über die »Vorliebe« für bestimmte Reaktionsbereiche aus.

Selbst unter- oder oberhalb der erwähnten Reaktionsbereiche findet noch normale Entwicklung statt. Sie wird jedoch zunehmend stärker beeinträchtigt, je mehr die Werte extrem werden. Solche extremen pH-Werte im Boden können zu äußerlich sichtbaren Pflanzenschäden (Vergilbung, Turges-

zenzabnahme usw.) führen, wobei die H- und OH-Ionen vom Plasma sorbiert und dort Änderungen vor allem im Enzymkomplex bewirken dürften.
Aber selbst bei einer ungünstigen Reaktion kann noch relativ gutes Wachstum beobachtet werden, wenn die anderen Wachstums- und Umweltbedingungen günstig sind.
Die wichtige Folgerung daraus ist, daß einerseits unsere Pflanzen eine unterschiedliche, artspezifische, allerdings nicht unbegrenzte Toleranzspanne gegenüber der Reaktionslage der Substrate (die im übrigen gegen den sauren Bereich hin erheblich ausgeprägter ist) mitbringen. Andererseits ist diese Reaktionsbreite keineswegs ein Konstanzbereich, sondern pendelt sich intensiv mit den übrigen Umweltfaktoren aus.
Die Frage nach den für bestimmte Kakteengattungen gültigen »optimalen« pH-Bereichen läßt sich nach wie vor sehr schwer beantworten: die pH-Wertbestimmungen an den heimatlichen Standorten der Kakteen sind ebenso spärlich wie unzuverlässig. Dies deshalb, weil über Art, Umfang, Zeit der Probenahme, sowie über Methode und Auswertung der pH-Bestimmungen nichts oder Unvollständiges angegeben wird. Aber selbst wenn ein pH-Wert eines Standortes akzeptiert werden sollte, stellt er nicht mehr als ein Glied in einer ganzen Kette von zusammenhängenden Faktoren am Standort dar. Nur unter annähernd übereinstimmenden Umweltbedingungen – und das gilt auch für die Kultur! – wäre ein solcher pH-Wert brauchbar. Da auch zwischen dem für eine Kakteenpflanze experimentell gefundenen pH-Intervall und dem am Standort keineswegs Übereinstimmung bestehen muß, ist anzunehmen, daß das physiologische Optimum vom ökologischen häufiger abweicht als übereinstimmt. Deshalb sind pH-Wertangaben an den Standorten der Kakteen für die Kultivierung unverbindliche Anhalte.
Unsere Kakteen stehen in abweichenden Substraten, in einengender Topfbepflanzung, unter abgeänderten Feuchteverhältnissen, in anderen Wachstumsrhythmen usw. So kann sich die Tolerierung etwa auf die pH-Werte zwischen 3,5 bis 4,0 und 7,0, höchstens 7,5 oder 8,0 beziehen. Der »günstigste« pH-Bereich dürfte zwischen 5,0 und 6,5 schwanken; ausnahmsweise bis zum Neutralpunkt.

Die Ermittlung des pH-Wertes

20 g Erde werden in 50 ml Flüssigkeit aufgeschwemmt und 1 min geschüttelt. Organische Böden, auch Torf, werden 1:10 suspendiert (10 g in 100 ml Flüssigkeit). Als flüssiges Medium wählt man Aqua dest., besser 1 n Kaliumchloridlösung; diese entspricht eher der Bodenlösung, ergibt allerdings um 0,5–1,0 niedrigere Werte als in Wasser gemessene, sie kann speziell bei Torf auch durch eine Bariumchloridlösung ersetzt werden, bei der die gelblich-braune Färbung weniger stört, die aber erneut etwas tiefere pH-Werte ergibt (Penningsfeld-Kurzmann).
Nach 3 Stunden Stehenlassen wird geschüttelt, über Nacht erneut stehengelassen und ein drittes Mal geschüttelt; auch einmaliges, 15minütiges Schütteln reicht. Bei Torf wird nach 2 Stunden gemessen, in der 1. Stunde wird mehrmals geschüttelt.
In der überstehenden Flüssigkeit wird der pH-Wert durch 30 s langes Eintauchen von Indikatorpapieren (grob mit Universal-, genauer mit Spezialindikatoren), Abspülen mit Aqua dest. und nach 30 s durch Farbvergleich ermittelt. Auch flüssige Indikatoren ergeben ziemlich genaue Werte. Den Meßfehler (bis zu 0,5 pH-Werte) der genannten Methoden vermeidet die exakte, zuverlässige elektrische pH-Wertmessung.

Besondere Zuschlagstoffe

Mischungszusätze sollen den Luft- und Wasserhaushalt, die Lockerung und Erwärmbarkeit der Erden fördern. Hierfür werden halb- und vollsynthetische Düngemittel, d. s. meist komplizierte organische Verbindungen, die bei Feuchtigkeit im Boden die Erdbestandteile krümelartig zusammenkitten und zwar ohne die sonst übliche Mithilfe von Bodenorganismen, eingesetzt (z. B. Krilium). Das Düngemittel »Flotal« (Hauptbestandteil Eisenammonalaun) lockert und stabilisiert ebenfalls. Ähnlich wirkt das Agrosil LR, ein neutrales Silikat-Kolloid mit 16% P_2O_5. Zu nennen ist ferner das Alginure-Bodengranulat mit 85% Kohlenhydrate, 15% Mineralstoffe und Spurenelemente. Abgesehen von Ziegelsplitt wirken auch Bimskies, Vermiculit, Per-

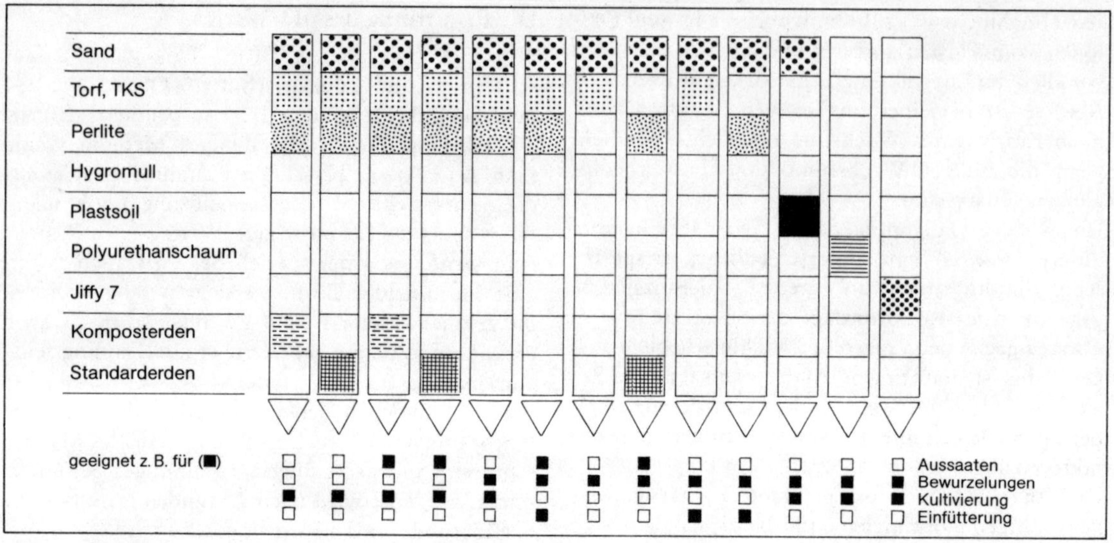

Abb. 32 Mischungsbeispiele aus Einzelsubstraten; bewährte Mischungen.

lit, Hygromull, Styromull usw. (sie werden weiter unten besprochen) sowie neuere Mittel, wie z. B. die blauen Grodan-Steinwolle-Granulatflocken, verbessernd (Abb. 32).

Das Verpflanzen

Heranwachsende Kakteenpflanzen müssen immer wieder umgesetzt werden, wenn der Topf zu klein geworden ist, wenn das Wachstum stockt, das Blühen vermindert oder eingestellt ist, das Chlorophyll anormal gefärbt ist oder die Pflanze kränklich aussieht. Nur so kann zu enger Wurzelraum, Nährstoffmangel, einseitige Stoffanreicherung in der Erde (z. B. durch ungeeignete Gießwässer), Wurzelausscheidungen u. a. vermieden werden. Auch tierische Schädlinge im Wurzelbereich können dadurch dezimiert werden.

Die Verfahren des Verpflanzens

Erstmals müssen Kakteensämlinge »den Platz wechseln«, sie werden **pikiert** und einzeln auf eine neue Standweite gesetzt. Verwendet werden hierbei Pikiergabeln, doppelzinkige Holzgabeln, zum Herausheben. Pikiert wird in Kisten, Kästen, Schalen, in eine gegenüber dem Aussaatsubstrat etwas weniger sandige Erde. Die Würzelchen müssen in vorgebohrte Pflanzlöcher unbeschädigt und senkrecht nach unten gebracht und das Substrat dann vorsichtig angedrückt werden. Die Pflänzchen müssen genauso hoch stehen wie vorher im Aussaatgefäß. Nur bei starkwüchsigen Sämlingen wird im 1. Lebensjahr ein zweites Mal pikiert.

Vitale, robuste Sämlinge, pikierte Jungpflanzen oder bewurzelte Stecklinge werden **eingetopft**, d. h. erstmals und einzeln in meist 5er bis 9er Töpfe eingesetzt. Die Wurzeln sind schonend und ausgebreitet in Erde einzubetten und diese leicht anzudrükken. Ein Gießrand bildet sich von selbst, wenn sich nach dem ersten Angießen die Erde etwas gesetzt hat; notfalls braucht nur etwas Substrat an der Oberfläche entfernt werden.

Später muß wiederholt in größere, dem zu erwartenden Wachstum entsprechende Töpfe **umgetopft** werden (Abb. 33). Bei verfilzten und stark verwachsenen Wurzelballen, fehlenden jungen und wachsenden Wurzeln oder Wurzelschäden müssen Kakteen in Kisten und Schalen relativ selten umgepflanzt, solche in Töpfen häufiger, ca. alle 2 (–3) Jahre umgetopft werden.

Die Kontrolle auf Durchwurzelung und das Austopfen geschieht durch leichtes Auftoßen des umgedrehten Topfes und Festhalten der Pflanzen am

Wurzelhals. Sind die Wurzeln mit der Topfwand verwachsen, lieber den durch Kalkablagerungen, Algenbewuchs und dergleichen ohnehin unbrauchbaren Tontopf zerschlagen, als die Wurzeln mit Gewalt losreißen. Verfilzte Wurzelballen sind zu lösen und zu lockern, kranke, abgestorbene oder verfärbte Wurzeln mit einem scharfen Messer abzutrennen (Schnittwunden vorsichtig mit Holzkohlenpulver einstäuben!). Die verbrauchte, alte Erde ist vorsichtig auszuschütteln.

Der neue Topf ist meist 1 bis 2 Nummern größer zu nehmen. Die Topfnummer ergibt sich aus dem oberen Topfdurchmesser in cm; Töpfe mit geraden Maßen haben einen glatten Boden, solche mit ungeraden einen Bodenring. Neue Tontöpfe (nicht neue Plastiktöpfe) sind vorher gut zu wässern, gebrauchte zu reinigen und zu entkeimen.

Nicht bei kleinen, sondern nur bei größeren Töpfen legt man auf das Abzugsloch einen Tonscherben und darauf kommt die Drainage. Um die Pflanze im Topf wird die Erde locker gefüllt und mäßig angedrückt. Die Pflanze muß auf gleicher Höhe wie im alten Topf stehen. Evtl. müssen die Pflanzen bis zum Einwurzeln gestützt werden. Ein Gießrand ist freizuhalten. Sofort kann nur mit Wasser das Chinosol oder ein anderes mikrobizides Mittel enthält, sonst erst nach ca. 1 Woche nach Abheilung der Wurzelwunden angegossen werden. Starke Sonneneinstrahlung ist anfänglich zu vermeiden. Offenbar tun sich Pflanzen mit der Wurzelaus- und -neubildung nach dem Verpflanzen umso leichter, je mehr Kohlenhydrate sie enthalten und je weniger sie mit Stickstoff (über ein lebensnotwendiges Minimum hinaus) gedüngt worden waren.

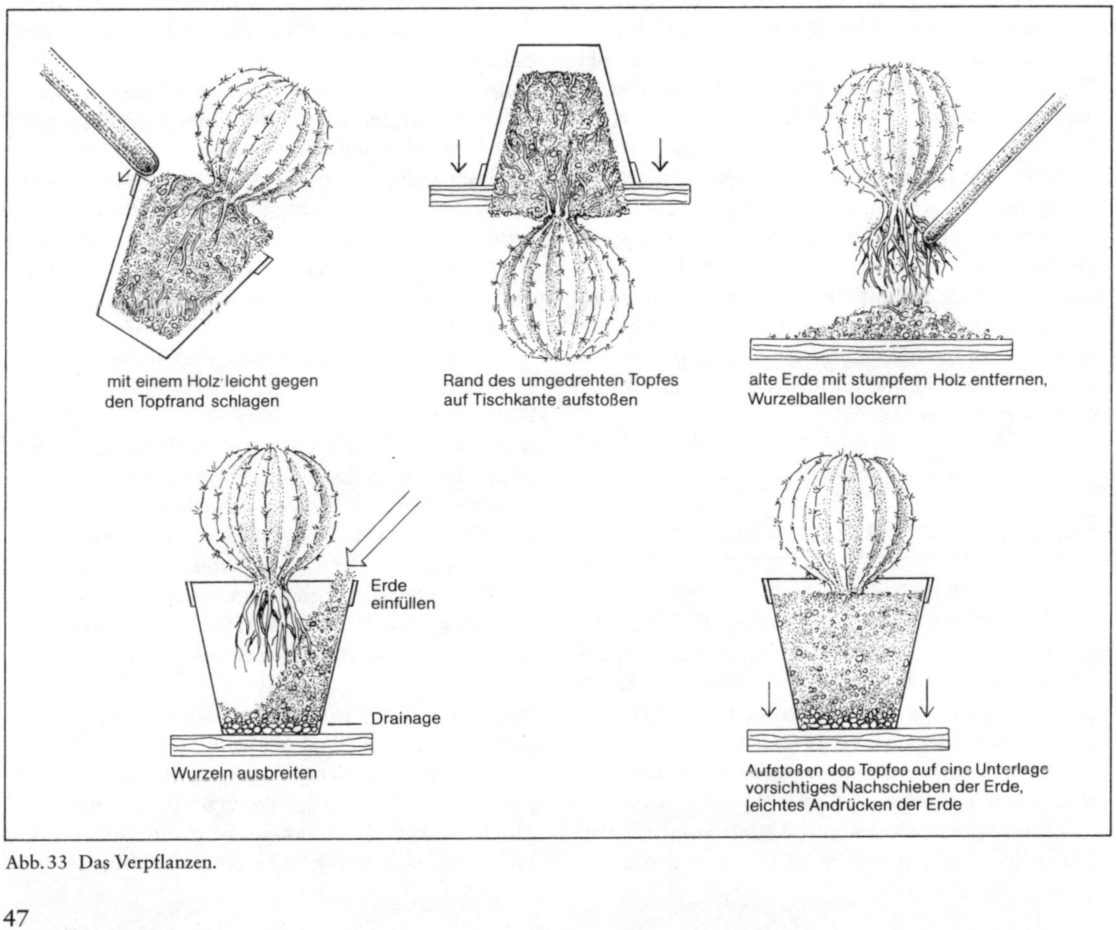

Abb. 33 Das Verpflanzen.

Das Umtopfen sollte möglichst im zeitigen Frühjahr oder im Sommer geschehen. Etwa 2 Monate vor Triebabschluß ist letzter Termin dafür.
In Tischbeete oder andere Gewächshausbeete **ausgepflanzte** Kakteen sind vorher über Töpfe wie üblich anzuziehen. Die Pflanzabstände müssen dann für längere Kultivierungszeiten reichen. Berühren sich die frei ausgepflanzten Kakteen, ist umzupflanzen, eine manchmal recht mühevolle Arbeit. Diese Art der Kakteenhaltung ist platzraubend und fixiert die Pflanzen an ihrem Platz, ermöglicht jedoch besonders attraktive Gruppenpflanzungen.

Epiphytische Kakteen

Epiphyten verwerten als »Aufsitzer« den organischen, humosen, sauer reagierenden Mulm in den Astgabeln. Sie sind sehr kalkfeindlich. In Kultur bevorzugen sie lockere, humose Substrate mit pH-Werten um 5,5. Geeignet sind Torfkultursubstrate oder Mischungen aus grobfaserigem Torf, etwas Komposterde, Quarzsand und Hornspänen und Torfmoos (Sphagnum). Ernährt werden muß vorsichtig mit N-reicheren Düngern. Epiphyten dürfen nie austrocknen, sie haben auch keine ausgeprägte Trockenruhe. Gleichmäßige Bodenfeuchte ist unerläßlich. Die Sommertemperaturen sollen bei ca. 18 °C, die im Winter können jedoch ruhig tiefer liegen. Gern werden epiphytische *Rhipsalis* und Hylocereen auf Epiphytenstämmen, zusammen mit rankenden Kakteen, gehalten.

Die Hydrokultur der Kakteen

Werden Kakteen auf Wasser, in dem Nährsalze gelöst sind, gehalten, so spricht man von hydroponischer Kultur. Wasser wird hierbei zum Substrat. Diese, nie richtig populär gewordene reine Wasserkultur von Kakteen ist seit 1860 bekannt.
Die Hydroponik entfernt sich gerade bei den xerophytischen Kakteen in Anzucht, Ernährung und Kultivierung am weitesten von den »natürlichen« Lebensbedingungen. Nicht zuletzt deswegen hat sie sich im Laufe der Zeit erheblich verändert, was u.v.a.m. das zweifelsohne schwierige Befestigen der Pflanzen, die Temperierung des Wassers, die Belüftung der Nährlösung, die Einstellung und Anpassung des Nährlösungsspiegels, die Dosierungen betraf.
Heute ist das neue Verfahren der Hydroponik, die sogenannte Hydro-Substrat-Kultur (»Kieskulturverfahren«) technisch so ausgereift, daß es großtechnisch, aber auch beim Liebhaber eingesetzt werden kann. Das entscheidend Neue sind die Trägerstoffe, die als Stützmedien fungieren. Damit wird die Verbindung zwischen der reinen Erd- und der reinen Wasserkultur geschlagen und die getopften Pflanzen können nun wieder ähnlich wie bei der gewohnten Erdkultur gehalten werden. Eng ausgelegt wird bei der Hydrokultur auch mit indifferenten, natürlichen oder synthetischen Trägerstoffen die Pflanzenwurzel z.T. ständig in Wasser bzw. Nährlösung gehalten, während bei der üblichen Kultur der Kakteen in erdefreien, rein mineralischen Substraten nur soviel Wasser gegeben wird, als das Substrat aufnehmen kann.
Kakteen eignen sich für die Hydrokultur deshalb durchaus, weil sie nicht substratspezifisch sind. Sie gedeihen deshalb auf vielen altbekannten und neueren, organischen oder anorganischen Substraten und deren Mischungen. Entscheidend sind nur die physikalischen Eigenschaften, die bei Hydrokultur-Substraten nicht selten besser sind als in ominösen Erdespezialmischungen.
Das Substrat ist für die Wasser- und Nährstoffversorgung verantwortlich, hat die Pflanze zu stützen, bildet die unmittelbare Umgebung des Wurzelhalses und der Wurzeln. Fragen der Erdenzusammensetzung und -aufbereitung, des unbekannten Nährstoffangebots, des pH-Wertes usw. entfallen ebenso, wie alle erdegebundenen Schädigungen, Schädlinge und Krankheiten. Nebenbei sind die Hydrokulturgefäße meist auch dekorativer als Ton- oder Plastiktöpfe.
Ob Erde- oder Hydrokultur, immer sind zusätzlich günstige Umweltsbedingungen erforderlich: obwohl so gut wie nichts über die beste Substrattemperatur bekannt ist, werden heute allgemein 18–22 °C für die Nährlösungen empfohlen. Was Licht, Krankheitsbekämpfung usw. anlangt, wird

auf die einschlägigen Abschnitte verwiesen. Hier werden ausschließlich spezifische Kriterien der Hydrokultur besprochen, wie sie a) für das **Anstauverfahren** (d.h. Anstau von Nährlösung von Zeit zu Zeit, nach Versorgung der Kakteen mit Wasser und Nährstoffen wieder Ablassen in Sammelbehälter) und b) für die **Mineralkulturmethode** (d.h. Nährstoffe und Wasser werden wie üblich von oben zugeführt, die Lösung läuft durch und in den Reservebehälter zurück) gelten.

Die Hydrokultursubstrate, außer Torf

Über das Substrat läuft die Wasser- und Nährstoff-, aber auch die lebensnotwendige Gasversorgung für die Wurzelatmung. Die Körnung (nicht unter 2 mm), Porung (feste Phase 10–30%) und Strukturstabilität (unbeeinflußbar von Verwitterung, Zersetzung, Nässung, Austrocknung) der Medien ist entscheidend. Das Substrat soll indifferent sein, selbst wenig Nährstoffe enthalten, abgeben oder festlegen, aber sie gut speichern und nach Bedarf der Pflanzen wieder abgeben und frei von Schädlingen und Krankheitserregern sein.

Altbekannte Trägerstoffe

Bimskies stellt zerkleinerten Bimssteintuff dar, ein sehr gleichmäßig feinporöses, vulkanisches Gestein aus dem Rhein-Eifel-Gebiet. Pro 1 m^3 werden 500 Liter Flüssigkeit aufgesaugt. Bimskies verbessert den Luft- und Wasserhaushalt, insbesondere von feinkörnigen Substraten, durch seine hervorragenden physikalischen Eigenschaften: hohes Porenvolumen von ca. 85% bei einer Körnung von 2–15 mm, maximale Wasserkapazität von 45%, bezogen auf die lufttrockene Substanz (Penningsfeld).
Bimskies sollte 24 Stunden mit 1%iger Superphosphatlösung mit etwas Salpetersäurezusatz überstaut werden. Anschließend ist gründlich zu wässern und vor Gebrauch mit einer Spurenelementlösung zu überbrausen, um einem Eisen-, Bor- und Mangan-Mangel vorzubeugen.
Allein, besser aber mit Perlit, Sand, Ziegelsplitt, verwittertem Lehm oder humosen Erden vermischt, ergibt Bimskies ein hervorragendes und »das« mineralische Substrat.

Schaumlava ist ein eruptives Gestein mit schwammartiger Beschaffenheit und großer Saugfähigkeit. Es ist strukturstabil, enthält jedoch relativ viel Kalk, der durch die übliche Säurebehandlung zu entfernen ist.
Schlacke: Gut ausgeglühte Steinkohlen- oder Koksasche (andere Schlacken sind nicht brauchbar!) werden in den Körnungen 2–4(–15) mm ausgesiebt, mit verdünnter Schwefelsäure (1:10 Vol.-Tl. Wasser) überschüttet und so lange behandelt, bis keine Gasbläschen mehr aufsteigen und das Entweichen von Schwefelwasserstoffgas (Geruch nach faulen Eiern) aufhört. Dann wird gründlichst gewaschen, bis höchstens schwach saure Reaktion gegeben ist. Auch wird empfohlen, die vorbehandelte Schlacke längere Zeit im Freien zu lagern. Auch dann sollte sie immer nur anderen Substraten beigemischt werden, wobei ihr hoher Mikronährstoffgehalt dann besonders günstig wirkt. Die scharfen Kanten der Schlacke können durch Zusatz von bis zu 10% Kies gemildert werden.
Speziell für Kakteen wird seit einigen Jahren das basaltische Lockergestein »Lava-Naturschlacke« verwendet (über Baustoffgroßhandlungen zu beziehen), als alleiniges Substrat, als Stabilisator von Erden und Torfsubstraten. Lava-Naturschlacke ist leicht, hat relativ viel Nährstoffe, besitzt ein gutes Wasserspeicher- (15–20 Vol.-%) und -durchlässigkeitsvermögen, ein großes Luftvolumen, einen neutralen pH-Wert, vernäßt nicht und ist schädlingsfrei. Nachdüngungen (0,2%ig) sind erforderlich; es besteht Auswaschungsgefahr. Körnungsgrößen sollen zwischen 1 und 6 mm liegen; nur dann ist Bodenschluß garantiert. In Aussaatsubstraten ist $^1/_3$ Lava-Naturschlacke (Körnung 2–3 mm) zweckmäßig. Bei erwachsenen Kakteen in Lava-Naturschlacke findet man keine Wurzelläuse, Dickmaulrüßler und andere Wurzelparasiten mehr (eigene Erfahrungen fehlen hierüber).
Ziegelsplitt entsteht durch maschinelles Zerkleinern von mörtelfreien, kalkarmen Ziegelsteinen, durch Aussieben des Bruches in den Körnungen 0–3, 3–7 und 7–15 mm. Trotz seiner günstigen physikalischen (Porenvolumen bei Körnung 2–15 mm ca. 60%, maximale Wasserkapazität ca. 15%) und biologischen Eigenschaften (frei von Schädlingen und Krankheiten) ist Ziegelsplitt wegen seiner rela-

tiven Weichheit, seines Gehaltes von 1–2% kohlensaurem Kalk (muß durch Säurebehandlung entfernt werden!) und seiner Nährstoffbindung (von der besonders Phosphorverbindungen betroffen sind, weshalb mit Superphosphat aufbereitet werden muß) als Hydrokultursubstrat wenig geeignet.
Er ist jedoch in der Erdekultur als Mischungsanteil gut brauchbar, wo er die Porosität, die Lockerung, die Durchlüftung, die Depotfunktionen usw. fördert.
Für die Hydrokultur ist **Ziegelschlag** weitaus besser. Er entsteht durch Zerschlagen von ungebrauchten Hartziegeln und Klinkern und ist bis zur Korngröße von 6 mm als Grus sehr gut verwendbar.
Quarzkies darf als Substrat nicht zu großkörnig und scharfkantig sein. Weniger die physikalischen, als vielmehr die chemischen Eigenschaften (braucht keine Vorbehandlung, ist chemisch neutral und sehr arm an Nährstoffen, die nicht festgelegt werden) machen ihn wertvoll. Der relativ teure Quarzkies ist nicht saugfähig, weshalb häufig angestaut oder gegossen werden muß. Häufig wird er Bimskies, Torf usw. beigemischt. **Flußkies** ist nur brauchbar, wenn er nicht zu viele Calciumverbindungen enthält. Meist muß er mit angesäuertem Superphosphat vorbehandelt werden.
Einfarbig dunkelgrauer oder graugesprenkelter **Basalt** oder **Granitsplitt** ist Urgestein und heute weitgehend von Lecaton verdrängt. Der Splitt fault nicht, ist chemisch indifferent, strukturstabil, relativ billig, schwer, unporös, hat keine Kapillarwirkung (weshalb man »hydrophiles« Hygromull beimischt). Waschen beseitigt Staub und Schmutz; eine weitere Reinigung, Desinfektion oder chemische Aufbereitung ist nicht nötig.
Sand ist als der teure Quarzsand am besten geeignet. Doch wird in der Praxis meist kalkarmer Flußsand (evtl. nach Reinigung) eingesetzt, dessen Körnung zwischen 0,2 und 2 mm betragen soll. Auch Quetschsand ist nach Aufbereitung brauchbar. Sand ist hervorragend wasserdurchlässig, vermeidet Staunässe und lockert. Er wird anderen mineralischen Substraten beigemischt. Unbrauchbar sind kalkhaltige Sande, weshalb unbedingt der pH-Wert jeder Charge zu ermitteln ist. Größere Mengen Sand, vor allem von neuen Lieferanten, verlangen eine Laboruntersuchung.

Neuere Trägerstoffe

Das federleichte (1 kg ergibt 7–8 Liter!) **Vermiculit** ist ein durch Alkaliverluste und Wasseraufnahme aus Glimmer (Biotit, Phlogopit) entstandenes Material, ein Aluminium-Eisen-Silikat. Durch schnelles Erhitzen auf 900–1100 °C bläht es sich auf, da der Wasserdampf, der dabei aus den Feuchtigkeitsfilmen zwischen den Silikatschichten entsteht, den Kristall in viele, dünne Lamellen spaltet und die ursprüngliche Größe um das 10–15fache erhöht. Es ist leicht, chemisch indifferent, steril, locker, für Wurzeln leicht durchdringbar, porös, gut lufthaltig, nimmt schwammartig ein Vielfaches (ca. das 4fache seines Gewichtes) an Wasser auf, absorbiert Nährsalzlösungen und speichert sie, gibt die Ionen langsam wieder ab, bleibt wegen seiner Isolierwirkung im Sommer relativ kühl, im Winter verhältnismäßig warm, ist unkrautsamenfrei, ziemlich strukturstabil und lange und wiederholt verwendbar. Nährstoffe dürfen nur als voll wasserlösliche Dünger zugeführt werden. Überdüngung ist zu vermeiden, ansonsten muß gründlich mit Wasser durchgespült werden. Düngergaben sind möglichst am Morgen, also zu Beginn der aktivsten Stoffwechselphase des Tages, zu verabreichen.
Die Körnungsgrößen des Vermiculits schwankten bei unseren Überprüfungen zwischen 2,5 und 5 mm. Auch kleinere Teilchen konnten ausgesiebt werden. Je kleiner die Pflanzen, desto geringer sollte die Körnung sein. Die Durchlüftung des Mediums und die Intensität des Austrocknens hängt von der Partikelgröße ab. Kleinere Körnungen empfehlen sich auch bei ausgesprochenen Langzeitkulturen.
Die ph-Werte können schwanken. Soweit nicht durch die Nährsalzlösungen einreguliert wird, können höhere pH-Werte durch Superphosphatlösungen (vor dem Bepflanzen) in den optimalen Bereich heruntergedrückt werden. Spätere Nährsalzlösungen müssen dann den gleichen pH-Wert haben. Nach ca. 2 Jahren kann das Vermiculit – soweit wirtschaftlich – gewaschen und erneut mit Superphosphat eingestellt werden.
Bewässert sollte morgens werden, während sehr heißer Sommerzeiten jedoch abends. Weil das Vermiculit ein immenses Aufsaugvermögen und eine hohe Wasserkapazität hat, ist es besser zu wenig als zu viel Wasser zu geben. Im Hochsommer kann des-

halb mit 1–2tägigen, in den Übergangsmonaten mit 3–4tägigen Intervallen und im Winter je nach Umweltbedingungen gegossen werden; eigene Erfahrungen sind unerläßlich. Im Winter bleibt Vermiculit weniger stark und lange feucht, verglichen mit üblichen Kakteenerden.

Das Polystyrol **Styromull** ist ein grobkörniges Granulat und besteht aus 4–12 mm großen Flocken schaumförmiger Konsistenz. 1 m^3 wiegt 15–20 kg. Die verwitterungsfesten, lange unverrottbaren Flocken bestehen aus einer Vielzahl kleiner geschlossener Zellen, die mit Luft gefüllt sind (Luftanteil bis ca. 98%). Styromull ist chemisch neutral, nährstofffrei und voll pflanzenverträglich. Da die Flocken nur geringe Mengen Haftwasser oberflächlich binden, selbst aber nicht durchfeuchten, wirken sie im Boden dränierend, auflockernd, durchlüftend und erwärmend. Weniger rein, als vielmehr in Mischungen ist es hervorragend. Die Zumischung kann 25–30, ja sogar bis zu 50 Vol.-% betragen. Durch die Styromullflocken wird jedes Substrat vergießfest, Vernässung ist ausgeschlossen, die Wurzelbildung und das Pflanzenwachstum insgesamt werden durch höhere Temperaturen im Wurzelbereich, bessere Durchlüftung und Wasserführung stark gefördert. Weil Styromull keine Pflanzennährstoffe mitbringt oder aufnimmt, müssen bei Vorratsdüngung oder späterer laufender Nachversorgung mit Nährstoffen die Düngergaben um so mehr erhöht werden, je höher der Flockenanteil ist. Auch muß öfter gegossen werden. Mit Torf oder dergleichen 1 : 1 gemischt, ergibt es ein ideales Einfütterungsmedium (auch ein Sandzuschlag ist vorteilhaft), aber auch ein ideales Vermehrungssubstrat für den gesamten Gartenbau. Es verhindert Pilzbefall und Schneckenfraß und veralgt wenig. Durch Dämpfen und verschiedene Bodendesinfektionsmittel (z.B. Methylbromid) wird seine Struktur zerstört; andere Mittel (z.B. Allylalkohol) tun dies nicht. Noch ein letzter Hinweis: Kunststofftöpfe, die mit den leichten, styromullhaltigen Substraten gefüllt sind, haben eine schlechte Standfestigkeit, was für flache Gefäße oder schwerere Tontöpfe natürlich nicht gegeben ist.

Noch größere Bedeutung als Styromull hat inzwischen ein weiteres Material erlangt: das flockige, offenporige **Hygromull** ist als organisch-synthetisches Polystyrol ein aufgeschäumtes Produkt aus einem Harnstoff-Formaldehyd-Kondensat und einem Schaummittel. Sein Kohlenstoff: Stickstoff-Verhältnis beträgt 1 : 1. Über 90% des Materials bestehen aus Luft. Der substrateigene Wassergehalt beträgt 60–70%; beim Lagern tritt ein Trockenschwund von 7% ein. Die Wasserkapazität liegt bei über 50 Vol.-%. Hygromull wird selten allein verwendet, häufig jedoch als organischer Zuschlagstoff zu Erden und Substraten gegeben. Der Mischungsanteil soll 25–35, jedoch nicht über 50 Vol.-% betragen. Hygromull wird im Boden langsam abgebaut, wobei innerhalb von zwei Jahren weniger als 5% pflanzenverfügbarer Stickstoff (langsam fließende N-Quelle!) freiwerden. Vorteilhaft ist, daß Hygromull leicht benetzbar ist, Wasser und Nährsalze sehr gut speichert und bedarfsgerecht pflanzenverfügbar hält, das Substrat lockert, durchlüftet, günstige Wärmeverhältnisse im Wurzelbereich schafft, lange strukturstabil bleibt, qualitativ einheitlich und gleichbleibend ist, als »weißer Torf« der Versalzung von Substraten entgegenwirkt, absolut vergießfest, sauber, geruchlos, sehr leicht, hygienisch einwandfrei und sehr gut pflanzenverträglich ist (wenn das Formaldehyd abgelüftet ist, was sehr rasch geschieht).

Hygropor 73 ist ein Gemisch aus ca. 70% wasserspeicherndem Hygromull und ca. 30% wasserabweisendem Styromull, wodurch die positiven Eigenschaften beider Ausgangsmaterialien vorteilhaft vereinigt werden. Es kann als alleinige, fertige Substratmischung verwendet werden.

Die Kunstharzschaumstoffe auf Harnstoff-Formaldehydbasis, **Plastsoil** genannt, begründen das Kulturverfahren »Plastoponik« (in Analogie zur »Geponik«, der normalen Erdkultur und zur Hydroponik), bei der an Ort und Stelle geschäumt werden kann. So können Trockengebiete zur »Aufforstung« aufbereitet und aride Böden wiedergewonnen werden. Die Eigenschaften des pflanzenphysiologisch einwandfreien, hydrophilen, Nährstoffe und Spurenelemente (je nach Einsatz variierbar!) enthaltenden, porösen Materials sind überzeugend: es ist steril, leicht (1 m^3 wiegt 5–8 kg), locker, lufthaltig, temperaturausgleichend, es nimmt schwammartig, aber formstabil bleibend, Wasser auf, speichert und gibt es je nach Bedarf ab. Man kann in

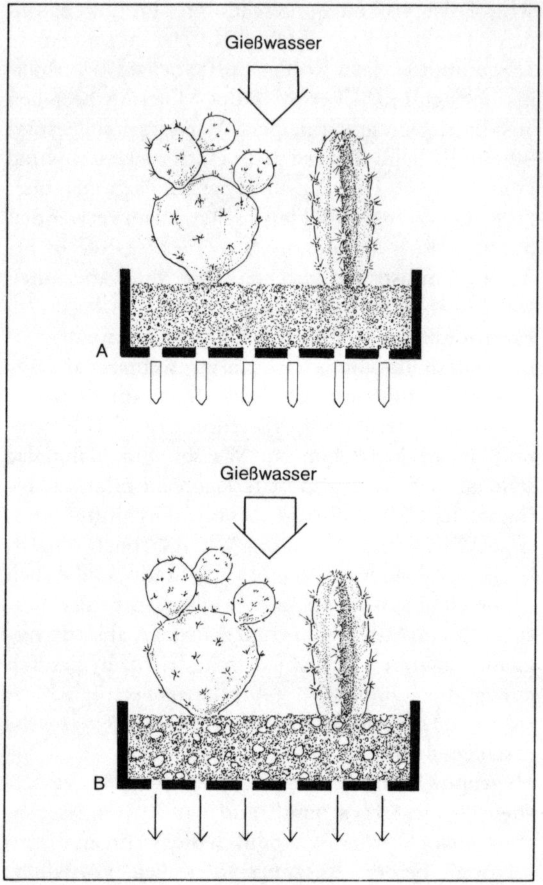

Abb. 34 Wasserhaltigkeit eines Substrates ohne (A) und mit (B) Schaumstoffanteil.

Schaumstücken, eingetaucht in Nährlösungen, in zerkrümelten Schaummassen mit und ohne Sandanteil oder in Wechselschichten mit anderen Substraten kultivieren (Abb. 34).

Perlit ist ein künstlich bei über 1000 °C expandiertes (auf das 15–20fache des ursprünglichen Volumens), steriles, körniges Quarzgestein vulkanischen Ursprungs. Es wiegt nur 70–90 kg/m³ und ist damit 15–20mal leichter als Sand. Da jedes Korn im Innern Tausende von geschlossenen Zellen enthält, die keinerlei Feuchtigkeit aufnehmen, die Oberfläche aber durch offene Randzellen ungewöhnlich groß ist und die 3–4fache Menge des Eigengewichts an Wasser speichern kann, wirkt es feuchtigkeitsregulierend. Das gebundene Wasser ist für die Pflanze leicht erreichbar. Die Zellstruktur bleibt stabil. Perlit als Substrat und alle mit ihm gemischten Substrate sind locker und gut durchlüftet. Es ist chemisch indifferent, neutral, verändert nicht nennenswert den pH-Wert in den Mischungspartnern, verrottet und zersetzt sich nicht, ist praktisch unbegrenzt haltbar und wirkt temperaturausgleichend. Vor dem Bepflanzen ist Perlit gut mit Nährlösung zu durchnässen und etwas anzudrücken. Am besten wird es jedoch mit anderen Substraten, z.B. Sand vermischt. Der Wasserverbrauch bei Kultur in Perlit ist höher als der einer vergleichbaren Erdekultivierung.

Steinwolle und **faserstrukturierte Materialien:** Kulturen auf Steinwolle haben in den letzten Jahren rapide zugenommen. Das künstliche Substrat Grodan, 1969 in Dänemark entwickelt, besteht aus Basalt, Kalkgestein und Koks im Gewichtsverhältnis 4:1:1; es wird im Schmelzverfahren bei 1500–1600 °C als Fiber gewonnen. Ein Netzmittel macht es wasseraufnehmend. Das platten-, tafel-, flockenförmige oder granulierte, sterile, saubere, leichte, strukturstabile Material enthält an pflanzenaufnehmbaren Salzen nur Fe und Mn; sein pH-Wert ist anfänglich etwas alkalisch (der Nährlösung deshalb einen etwas tieferen pH-Wert geben!), bald aber neutral. 1000 ml wiegen 60–75 g, die Porosität macht 96% des Gesamtvolumens aus. Die Fähigkeit zur Wasseraufnahme ist groß, zur Wasserhaltung sehr gering. Die Pflanze nimmt leicht Wasser und Nährsalze aus Grodan auf. Das Granulat »Grodan blau« ist wasserabstoßend (der Netzmittelzusatz unterblieb), enthält fast nur Luft und ist wie Styropor als Beimischung (bis zu 20–25%) und zur Erhöhung der Luftkapazität von Substraten einzusetzen. »Grodan grün« nimmt Wasser auf. Die Nährlösungen müssen die pflanzenbezogenen Nährstoffe und den richtigen pH-Wert haben, weil Grodan weder Nährstoffe noch ein Puffervermögen hat.

Ein faserstrukturiertes Material auf der Basis von PVC ist **Biolaston,** das in Form kiefernnadelartiger Stäbchen rechteckigen Querschnittes (0,2 × 0,7 × 40 mm) maschinell aus, in der Masse schwarz gefärbter Folie, geschnitten wird. Das sehr sparrige, doch leicht zu handhabende, verformbare Material wiegt pro 1 Liter ca. 50–150 g. Infolge des sehr günstigen spezifischen Gewichtes der Einzelborste (1,38) kann bei Anstau der Nährlösung das Pflanzbett nicht auflockern oder aufreißen wie es bei porösen, schwimmfähigen Einzelpartikel (z.B. bei Bimskies) oft geschieht. Trotzdem ist bis zu 90%(!) für die Wurzeln verfügbarer Hohlraum vorhanden. In Töpfen werden formbeständige, elastische Pflanzballen gebildet. Das Material ist chemisch und physiologisch indifferent, saugt weder Wasser noch Nährstoffe auf.

Der **Blähton** (oder **Lecaton**) besteht aus kalkfreiem, reinem Ton. Dieses Material in Kugelform wird bei 1000–1200°C im Drehrohrofen gebrannt, wobei Preßluft eingedrückt wird; der Ton bläht sich dadurch auf. Dieses in der Schweiz entwickelte Material ist im Innern stark porös und hat auf der Oberfläche feine (Mikro-)Poren. Das einzelne, erdbraune Leca-Korn hat eine Wabenstruktur, aber eine geschlossene Oberfläche. Blähton ist chemisch indifferent, wird weder von der Nährlösung noch von den Wurzelausscheidungen angegriffen oder verändert, ist säuren- und laugenfest, strukturstabil, hat eine ideale Luft- und Wasserführung, ist aber wegen seiner festen Kornaußenhaut nicht eigentlich wasserleitend (die Schütthöhe sollte mindestens 20 cm betragen, der Nährlösungspegel ein Drittel dieser Höhe nicht übersteigen!), fault nicht, gegenüber den kompakten, dabei »kalten« Substraten (wie Gesteinssplitt, Kies) ist es wegen seines Luftgehaltes »warm« und relativ leicht (spezifisches Gewicht 0,7–1,1). Lecaton ist ein meist unsortiertes Füll- und Isoliermaterial (der Bauindustrie) und sollte je nach Bedarf in einzelne Körnungsfraktionen getrennt werden. Außer gründlichem Waschen ist keine weitere Vorbehandlung nötig. Lecaton ist das am meisten verwendete Trägermaterial in der allgemeinen Hydrokultur.

Bei **Ionenaustauschersubstraten** liegen die Pflanzennährstoffe nicht in Salzform vor, sondern sind an indifferente, wasserunlösliche Ionenaustauscherharze gebunden: Salze zerfallen bekanntlich bei Lösung in Wasser in elektropositive und -negative Anteile, die beim Durchgang des elektrischen Stromes durch diese Salzlösung nach den Polen wandern und daher Ionen (d.h. »Wanderer«) genannt werden. Zum negativen Pol, der Kathode, wandern, entsprechend der Anziehung ungleich geladener Teilchen, die positiv geladenen Kationen Na^+, K^+, Mg^{++}, Ca^{++}, Fe^{++}, Zn^{++}, Mn^{++}, ferner H^+ und NH_4^+; zum positiven Pol, der Anode, wandern die negativ geladenen Anionen, sie werden von den Säureresten gebildet: Cl^-, NO_3^-, SO_4^{--}, CO_3^{--}, PO_4^{--}, BO_3^{--} und OH^-.

Die Ionenaustauscher haben nun ein positiv oder negativ im Überschuß geladenes Gerüst, das ausgeglichen wird durch Ionen entgegengesetzten Vorzeichens. Diese sogenannten Gegenionen bewegen sich innerhalb des Gerüstes und können durch Ionen gleichen Vorzeichens ausgetauscht werden. Vorstellbar ist dies als Schwamm, in dessen Poren die Gegenionen herumschwimmen und der in eine Lösung gelegt wird, in welche die Gegenionen hineingehen. Zum Ausgleich wird die Überschußladung des Schwammgerüstes durch Ionen aus der Lösung ausgeglichen, die nun ihrerseits in den Schwamm hineinwandern.

Belädt man nun die Austauscher, z.B. durch Aufschlämmen in 2%iger Salpetersäure, Phosphorsäure, Ammoniaklösung oder Kalilauge, wäscht mit A. dest. bis etwa pH 6 (bei Anionenaustauscher) bzw. pH 7,5 (bei Kationenaustauscher) aus und trocknet, so hat 1 g Austauscher 150–320 mg P_2O_5, d.h. ca. 60–140 mg Phosphor (Anionenaustauscher), 60 mg Stickstoff (Anionenaustauscher) bzw. 20–30 mg Stickstoff (Kationenaustauscher) und ca. 90–120 mg K_2O, d.h. ca. 70–100 mg Kalium (Kationenaustauscher) sorbiert. Damit sind die für die Pflanze notwendigen Hauptnährstoffe für den Ionenaustausch im Wurzelbereich bereitgestellt.

Chemisch gesehen sind die Ionenaustauscher u.a. Polyalkyleniminharze, aromatische Aminharze (Anionenaustauscher) oder die viel billigeren Kohlenaustauscher aus sulfonierten hochmolekularen Humuskohlen.

Welche Vorteile bieten solche Austauscher?

1. Jeder Nährstoff kann unabhängig von anderen beliebig gesteigert oder verringert werden.
2. Nährstoffkombinationen können so völlig »balastfrei« angeboten werden.
3. Das Nährmedium ist gut abgepuffert und schwankt weitaus weniger stark in der Konzentration und im pH-Wert bei wechselnden Nährstoffgaben.

4. Die Konzentration bei hohen Nährsalzgaben wird nicht zu einer schädlichen.
5. Das Substrat reichert sich nicht mit wachstumsbehindernden Begleitionen an, die von der Pflanze nicht aufgenommen worden sind.

Aufschwimmen oder Absetzen von Austauschern sind in Mischungen mit Sand o.ä. nicht gegeben. Körnung und Verteilung der Ionenaustauschernährstoffe beeinflussen den »Kontaktaustausch« bei der Aufnahme durch die Wurzel. Es scheint, daß geringere Körnung bzw. feinere Verteilung der Partikel besser ist. Austauscher allein oder gemischt mit Sand erfordern die Zufuhr eines Salzes (z.B. Calcium- oder Kaliumnitrat), damit der Austausch der gebundenen Ionen initiiert wird; Pflanzen können auf dem Weg der Kontaktaufnahme, zumindest anfänglich, nicht immer die in dieser Form angebotenen Nährstoffe verwerten.

Ionenaustauscher sollen für die »echte« Hydrokultur mit ständigem Wasservorrat, nicht für Verfahren mit kurzzeitigem Anstau verwendet werden.

Das Wasser

Leitungs-, Brunnen-, abwasserfreies Bach- und Flußwasser ist geeignet, wenn 5°DH nicht überschritten werden. Sonst muß enthärtet oder besser entmineralisiert (Vollentsalzung) werden. Schmutzfreies, mechanisch filtriertes Regenwasser ist nur außerhalb von Industriegebieten brauchbar. Alle Oberflächenwasser sind zu entkeimen (abkochen). Am besten ist Aqua dest. Kein Wasser darf mehr als 200 mg Mineralsalze/l enthalten.

Die Nährlösungen

Die optimale Zusammensetzung von Nährlösungen für Kakteen ist nicht bekannt. Exakte Untersuchungen fehlen. Als Notbehelf dienen Erfahrungswerte aus dem Gartenbau.

Abnehmend intensiv werden die 6 wichtigsten Makronährstoffe aufgenommen: Stickstoff, Kalium, Phosphor, Calcium, Magnesium und Schwefel. Als Salze bewährten sich für Stickstoff und Kalium das Kaliumnitrat, für Phosphor und Calcium das Monocalciumphosphat, für Magnesium und Schwefel das Magnesiumsulfat. Es kommen auch noch Monoammoniumphosphat, Calciumnitrat, Ammoniumsulfat, Kaliumchlorid, Monokaliumphosphat und Calciumsulfat als reine Salze oder Kalksalpeter, Kalisalpeter, schwefelsaures Ammoniak, schwefelsaure Kalimagnesia, Superphosphat als Handelsdünger für die Hydrokultur in Frage. Abgesehen von Eisen werden von 27 Mikronährstoffen in der Praxis nur Bor (als Borax oder Borsäure), Kupfer (als Kupfersulfat), Mangan (als Mangansulfat) und Zink (als Zinksulfat) gegeben.

Makro- und Mikronährsalzlösungen (Rezepturen)

Es gibt eine Vielzahl von Nährlösungen, u.a. recht interessante, die in Institutionen verschiedener amerikanischer Bundesländer oder die in Hydrokulturanlagen der Wüste Negev verwendet werden. Hier können nur die nachfolgenden bewährten Nährlösungen als Beispiele angeführt werden. Die angegebenen Gewichtsmengen der Salze, bezogen immer auf 100 l Wasser, sind genau einzuhalten. Zuerst werden die physiologisch sauren Salze gelöst (z.B. Magnesiumsulfat, Monocalciumphosphat, Kaliumnitrat, Calciumsulfat ...). Für schwerlösliche Salze (besonders für die Mikronährstoffe) wärmt man das Wasser vor. Leitungswasser muß, um Ausfällungen zu vermeiden, vorher angesäuert werden.

Nährlösung nach Penningsfeld

86,80 g Calciumnitrat, 42,6 g Kaliumnitrat, 37,8 g Magnesiumsulfat, 28,4 g Monokaliumphosphat, 2,0 g Eisensulfat, 1,0 g Ammoniumsulfat, 1,0 g Borax, 0,5 g Mangansulfat, 0,004 g Zinksulfat, 0,004 g Kupfersulfat (Konzentration ca. 0,2%ig; $N:P_2O_5:K_2O = 1:0,76:1,52$).

Nährlösung nach Hoagland

54,0 g Kaliumnitrat, 9,0 g Calciumnitrat, 14,0 g Monocalciumphosphat, 13,0 g Magnesiumsulfat, 1,4 g Eisensulfat, 0,2 g Mangansulfat, 0,17 g Borax, 0,08 g Zinksulfat, 0,06 g Kupfersulfat. Konzentration ca. 0,1%; $N:P_2O_5:K_2O = 1:0,83:2,84$.

Nährlösung aus Handelsdüngern nach Penningsfeld

1. Sommerlösung: 60 g Kalksalpeter, 30 g Kalisalpeter, 6 g schwefelsaures Ammoniak, 68 g Superphosphat, 34 g schwefelsaures Kalimagnesia, 2 g

Eisenchlorid, 1 g Borax, 0,5 g Mangansulfat, 0,004 g Zinksulfat, 0,004 g Kupfersulfat.

2. Winterlösung: 47,6 g Kalksalpeter, 33,2 g Kalisalpeter, 54,8 g Superphosphat, 62,8 g schwefelsaures Kalimagnesia, 1,6 g Eisenchlorid, 1,0 g Borax, 0,5 g Mangansulfat, 0,004 g Zinksulfat, 0,004 g Kupfersulfat. Der pH-Wert ist mit Schwefelsäure auf 5,3–5,7 einzustellen. Die Salze müssen in der Reihenfolge Kalisalpeter, Kalimagnesia, Superphosphat, Kalksalpeter gelöst werden.

Bei käuflichen Spezialdüngern für Hydrokultur werden die Salzmengen abgewogen (eine Briefwaage ist für kleinere Mengen geeignet) oder mit Dosierlöffeln (ersatzweise: 1 schwach gehäufter Teelöffel = 3 g Salz) abgemessen. Auch Tablettierungen sind bekannt, ebenso flüssige Dünger. Die Gebrauchsanweisungen sind zu beachten.

Für Kakteenjungpflanzen ist die Konzentration 0,1%ig, später 0,2- bis maximal 0,4%ig. Die Konzentration wird durch elektrische Leitfähigkeitsmessung oder Wägung der Verdampfungsrückstände ermittelt. Eine dauernde Kontrolle besonders auf einseitige Verarmung an einzelnen Nährstoffen wird überflüssig, wenn monatlich die Nährlösung erneuert wird. Der Eisengehalt sollte, der pH-Wert muß wöchentlich geprüft werden. Die pH-Wert-Einstellung auf ca. 5,7 erfolgt mit Ionenaustauscher oder mit Schwefelsäure bei zu stark gestiegenen, durch Kalilauge bei zu tiefen (zu sauren) Werten.

Eisenversorgung

Besonders schwierig in der Hydrokultur ist es, durch eine ausreichende Versorgung mit Eisen einen möglichst optimalen Chlorophyllgehalt in der Pflanze zu gewährleisten und Chlorosen zu vermeiden.

Die Versorgung kann gestört sein, wenn im sauren Bereich Eisen unzureichend vorhanden und die Eisenaufnahme durch überschüssige Schwermetalle (wie Mangan, Kupfer, Zink, Nickel, Kobalt) beeinträchtigt ist. Sie kann weit häufiger im alkalischen Bereich durch hohe Konzentrationen besonders an Calcium- und Bicarbonat-Ionen gestört werden. Auch hier kann ein überhöhtes Phosphatangebot den Eisenmangel verschärfen. Auch hohe Temperaturen und starke Belichtung wirken so.

Die gegen Eisenmangel eingesetzten Eisensalze organischer Säuren (Eisencitrat, -tartrat, -oxalat) befriedigen jedoch nicht immer. Neuerdings werden Eisenchelate gegeben. Das sind synthetische Eisenkomplexverbindungen vom Typ der Polyamincarbonsäuren. Am häufigsten wird wohl das Eisen-Dinatriumsalz der Äthylendiaminotetraessigsäure im neutralen oder schwach alkalischen Bereich oder die Fe-Äthylendiamino-di-o-hydroxyphenylenessigsäure verwendet. In der Praxis wird das »Fetrilon« in einer Konzentration von 0,02–0,05% im Sommer und von 0,01–0,02% im Winter eingesetzt (alle 4–6 Wochen 10 l einer 0,5%igen Lösung pro m^2 Hydrokulturfläche; nach Penningsfeld).

Sonstige Zusätze

Für den Zusatz von Vitaminen, Wuchsstoffen und dergleichen sind heute die experimentellen Belege noch nicht ausreichend. Es scheint jedoch nicht ausgeschlossen, mit Vitaminen der B- und C-Gruppe, sowie mit Pflanzenextrakten, Hefeauszügen, Humusstoffen und anderen Mitteln die Hydrokultur zu verbessern. Ein Schritt in diese Richtung wurde getan, als der Flüssigdünger Wuxal Super mit Wachstumshormonen und dem Vitamin B_1 versetzt und so angeboten wurde. Arbeitssparend und sehr wirkam ist es in jedem Fall, systemische Pflanzenschutzmittel zuzusetzen. Algenbildung verhindert der Nährlösung beigegebenes Dimanin oder ein anderes algizides Mittel.

Die Mikrobiologie bei der Hydrokultur

Pflanzen aus Hydrokulturen können problemlos in dieser Kulturtechnik weitergepflegt werden.

Bei Pflanzen (besonders älteren) aus Erdekulturen ist das schwieriger. Für eine reine Wasserkultur sind Erdebestandteile, besonders organische, restlos mit abgestandenem, lauwarmem Wasser aus dem Wurzelwerk auszuwaschen. Die Wurzeln dürfen dabei nicht beschädigt werden.

In Kulturen mit Trägerstoffen, insbesondere mineralischen oder Torf, sollen frisch eingepflanzte Kakteen erst nach ca. 1 Woche angefeuchtet werden. Temperaturerhöhungen (20–25 °C) sind während dieser Zeit günstig.

Von Erdekultur in ein erdeloses Trägermedium geht es gefahrloser: nach Entfernung der Erde sollen die Wurzeln in eine Chinosol-Fungizid- (z.B. Comfuval, Orthocid)-Lösung getaucht werden. Auch hier müssen die Wurzeln sorgfältig vor Schaden bewahrt werden. Behandelte Pflanzen müssen sofort eingetopft werden, damit die Wurzeln nicht vertrocknen.

Die Techniken der Hydrokultur

Bei der **Wasser-** oder **Tankkultur** tauchen die auf Drahtnetzen befestigten Pflanzen mit ihren Wurzeln in einen mit Nährlösung gefüllten Behälter. Solche aufwendigen, risikoreichen Kulturen dienen nur wissenschaftlichen Belangen.

Bei der **Sandkultur** werden die Pflanzen auf eine 15–20 cm hohe Sandschicht gesetzt. Die Nährsalze werden aufgestreut und eingewässert oder als Nährlösung gegeben. Düngung und Gießen erfolgen wie bei der Erdkultur. Die Nährlösungskonzentrationen müssen niedrig gehalten werden, da Sand keine Pufferwirkung hat. Das Substrat ist schlecht durchlüftet, trocknet schnell aus und führt dann leicht zu Salzschäden, ist jedoch überall erhältlich und billig. Die reine Sandkultur hat sich ebenfalls nur für wissenschaftliche Zwecke stärker durchgesetzt.

Wie bei der Sandkultur können die Pflanzen auch auf den geeigneteren Substraten Bimskies, Ziegelsplitt usw. gehalten werden. Diese Substrate eignen sich auch für das nachfolgend geschilderte Verfahren. Im Winter ist Flüssigkeitsentzug bzw. Anfeuchten lediglich alle 3–4 Wochen angezeigt.

Bei der **Anstau-** oder **Kieskultur** wird, wie der Name sagt, ein Kiessubstrat angestaut und kurzfristig mit Nährsalzen in bestimmten Abständen versorgt: im Sommer täglich 1–2mal, im Winter wöchentlich 1–2mal. Sind Substrat und apparative Einrichtungen mehrmals verwendet worden, muß mit Formaldehyd, Wasserstoffperoxyd, Kaliumpermanganat, Basamid und dergleichen desinfiziert werden. Die arbeitssparende Kieskultur versorgt die Pflanzenwurzeln gut mit Luft, Wasser und Nährstoffen und ist deshalb empfehlenswert. Nachteilig sind die hohen Anlagekosten und die Anforderungen an den Pfleger und dessen Fachkenntnisse.

Nach dem gleichen Prinzip arbeiten die Hydrokulturvarianten mit anderen, althergebrachten und neueren Trägerstoffen, allein oder in Zwei- bis Mehrfachmischungen. Sie sind als optimal zu werten.

Die Torfkultur

Die Kultur von Kakteen auf Torf ist aus der Hydrokultur hervorgegangen und wird heute immer bedeutender. Sie steht eigentlich zwischen der Hydrokultur und der Erdkultur. Ihre Vorteile sind groß; sie sind in einem einheitlichen Substrat, einer vereinfachten Kultivierung, in der Billigkeit des Mediums und vor allem in der hervorragenden Entwicklung der Pflanzen zu sehen. Die Torfkultur ist von Penningsfeld begründet worden. Wir selbst haben uns experimentell besonders bemüht, sie in die Kakteenkultivierung einzuführen.

Die Eigenschaften des Torfs

Für die Kultur von Kakteen kommen nur Hochmoortorfe, die sogenannten Weiß- oder Moostorfe, in Frage. Sie müssen im Handel mit einer Marke versehen sein, auf der neben der Bezeichnung »Düngetorf« der Gehalt an organischer Substanz und der Hersteller angegeben ist. Die einzelnen Torfherkünfte sind wohl unterschiedlich, aber alle brauchbar.

Torfe bestehen fast ausschließlich aus Rückständen von Torfmoosen (Sphagnum), solche aus Süddeutschland enthalten zusätzlich wechselnde Anteile von Wollgräsern, Seggen, Schilf und Baumresten. Die hellbraune Färbung des wenig zersetzten Weißtorfes beruht auf einem fortschreitenden Prozeß der Humusbildung, der allerdings sehr langsam abläuft, weil Torf recht widerstandsfähig gegen Abbauvorgänge ist.

Nach Reeker hat Torf folgende Wertebereiche: Porenvolumen 90–95 Vol.-%, Wasserkapazität 45–55 Vol.-%, Luftkapazität 35–45 Vol.-%, Trokkensubstanz im aufgelockerten Zustand 55–75 g/l pH-Wert (in KCl) 2,5–3,5–4,5, Aschegehalt in der Trockensubstanz 1–2 Gew.-%, organische Substanz in der Trockensubstanz 95–99 Gew.-%, Stickstoffgehalt 0,8–1,2 Gew.-%, Phosphorgehalt

0,025–0,10 Gew.-%, Kaligehalt 0,03–0,05 Gew.-%, Kalkgehalt 0,25–0,35 Gew.-%, Magnesiumgehalt 0,1–0,3 Gew.-%, Humussäuregehalt in der Trockensubstanz 15–45 Gew.-%, Umtauschkapazität 100–150 mval/100 g Trockensubstanz. Die Nährstoffe können von der Pflanze nicht aufgenommen werden.

Torf kann das ca. 10fache des Eigengewichts an Wasser aufnehmen. Selbst bei voller Sättigung liegt der Luftanteil immer noch bei 35–40 Vol.-%. Das günstige Luft-Wasser-Verhältnis kann durch grobe Struktur nicht wesentlich verbessert werden. Der geringe Einfluß der Körnung wird bei weiten durch den Kalk- und Nährstoffeinfluß und den Wasserfaktor überdeckt. Grobe Körnung ist nachteilig, weil der Wurzel-Substrat-Kontakt schlechter ist und das Austrocknen rascher erfolgt.

Das hohe Sorptionsvermögen des Torfs, seine Speicherfähigkeit, bezieht sich neben Wasser auch auf die Nährstoffe und Gase. Diese werden später bedarfsorientiert an die Pflanzen abgegeben (Umtauschkapazität). Auch die gute Pufferwirkung gegen Reaktionsverschiebungen beruht auf dem hohen Sorptionsvermögen der Humussäuren.

Die Huminstoffe des Torfes wirken in optimalen Konzentrationen (höhere schaden!) und bei entsprechenden Licht-, Temperatur-, Feuchte- und Nährstoffverhältnissen im Hydrokultursubstrat besonders günstig auf die Pflanzen. Trotzdem gelten sie hier nicht als Nährstoffe, sondern als Wirkstoffe. Sie und die im Torf zusätzlich enthaltenen, entwicklungsfördernden Begleitstoffe, wie Antibiotika, Wuchsstoffe (z. B. β-Indolylessigsäure) und Hormone (z. B. Folikelhormon, das Equilin) begünstigen und verstärken die Nährstoffaufnahme dadurch, daß organische Komplexverbindungen mit den mineralischen Nährstoffen (insbesondere den Spurenelementen) gebildet werden. Letztere werden stabilisiert, fallen schwerer aus und können so längere Zeit aufgenommen werden. Torfzusatz vermeidet weitgehend z. B. Eisen- und Manganmangelchlorosen, auch wenn der pH-Wert vorübergehend sich erhöht. Gerade gegen solche Verschiebungen des pH-Wertes wirkt die Pufferkraft der Humusstoffe.

Mit Humusstoffen überzogene Wurzeln nehmen anorganische Nährsalze weitaus besser auf. Die Wurzelbildung wird weiter angeregt und die Blühwilligkeit und die Wuchsleistung durch Torf erhöht. Die bekannte pH-Wert-senkende Wirkung des Torfes bewirkt, daß die Nährsalze, insbesondere wiederum die Mikronährstoffe, länger gelöst bleiben.

Als weitere Vorteile des Torfes sind seine relativ niederen Kosten, sein geringes Volumen und Gewicht, seine günstige Transportweise und seine leichte Lagerung, sowie die wesentliche Arbeitseinsparung (kein Mischen, keine Erdlager und deren Pflege) bei der Herstellung sofort verwendbarer Substrate zu nennen. Besonders positiv ist, daß die Grund-, Vorrats- oder Nachdüngung nach einem Schema der Kakteenpflanze angepaßt werden kann. Seine innere und äußere Zusammensetzung ist gleichbleibend. Bodenuntersuchungen sind überflüssig, die sehr niederen Nährstoffwerte im Torf bekannt und zu vernachlässigen. Überdüngungen werden größtenteils gebunden. Dämpfen und andere Maßnahmen zur vorbeugenden Krankheitsbekämpfung sind überflüssig. Wohl ist Torf nicht steril, sondern nur arm an Mikroorganismen, die nicht pathogen sind. Nach einer Mitteilung aus allerneuester Zeit sollen 3/4 aller Torfherkünfte pflanzenpathogene Nematoden enthalten; sollte sich dies bestätigen, müßte auch Torf durch Wärmebehand-

Abb. 35 Bestandteile von Torfkultursubstraten.

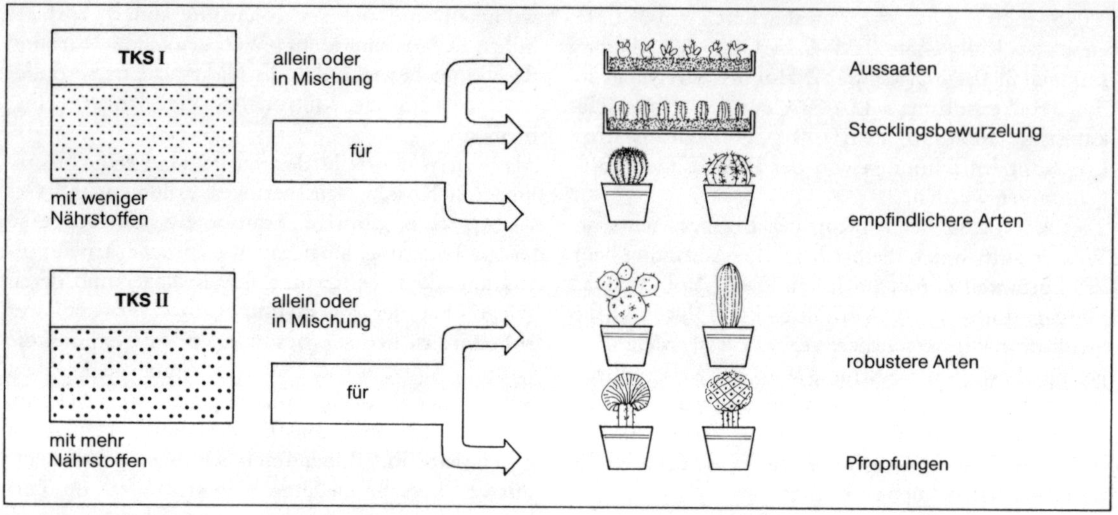

Abb. 36 Die Verwendung von Torfkultursubstraten.

lung oder Begasung entseucht und sorgfältig gelagert werden, um ein nachträgliches Einwandern von Nematoden aus dem Boden zu verhindern.
Der Krankheitsbefall in Torf gepflegter Pflanzen ist eingeschränkt. Torf ist frei von Unkrautsamen.
Weißtorf wird in Ballen und Säcken gepreßt geliefert. In den Torfmischdüngern sind dem Torf mineralische Nährstoffe zugemischt. Kein Dünger, sondern ein Substrat sind die Torfkultursubstrate aus Weißtorf, dem staubfeine Mineraldünger zugesetzt wurden (Abb. 35): TKS 1 dient bei einem geringeren Nährstoffgehalt für Aussaaten und Stecklingsbewurzelung (Abb. 36 und 37), das TKS 2 gehört zum Topfen und Verpflanzen, ebenso das Super-Manural. Insgesamt betrachtet ist es verständlich, daß Torf mit seinen überaus günstigen Eigenschaften immer stärker dem Kultursubstrat zugesetzt wird und schließlich in reinem Torf gearbeitet wird.

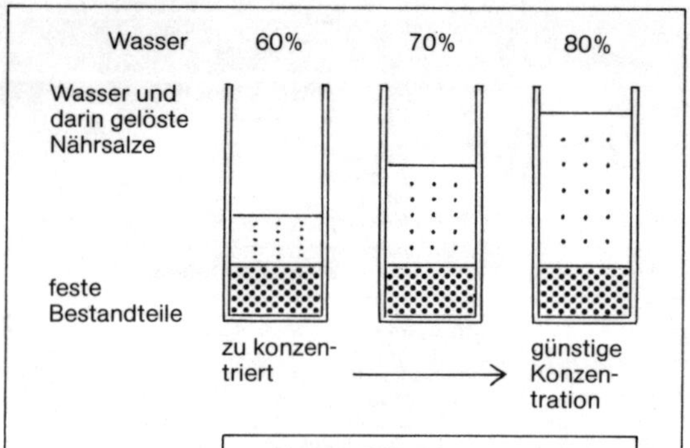

Abb. 37 Torfkultursubstrate und Wassergehalt.

Die Kultur in Torf

Außerhalb der winterlichen Ruhezeit der Kakteen müssen Torfsubstrate feuchter als andere gehalten werden, besonders bei relativ hoher Grunddüngung. Obwohl Vergießen praktisch kaum möglich ist, soll nur bis zur Sättigung des Torfes gegossen werden. Stärkerer Durchfluß bringt erhebliche Verluste, besonders an Stickstoff und Kalium, aber auch an Phosphor und Magnesium. Eine Nachdüngung wäre dann unerläßlich.
Anstaudüngung ist bei getopften Kakteen genauso möglich wie die Wasserversorgung getopfter, aber in Torf eingesenkter, Kakteen von unten durch Rieselschläuche im Einfütterungsmedium. Die Gießarbeit wird hier wesentlich vereinfacht. Auch das Düngen kann so elegant vorgenommen werden (»Einfütterungsdüngung«).
Wie bei allen »praktisch sterilen« Substraten ist Pflanzenschutz besonders wichtig. Neben Krankheitserregern und Schädlingen fehlen auch deren Gegenspieler. Treten nun erstere auf, stellt sich ih-

nen nichts entgegen, was bremsend wirken könnte. Deshalb müssen alle auftretenden Krankheiten rigoros bekämpft werden.

Interessant scheint die Kultur in den Lignostrat-Substraten zu werden, das sind Medien, die (als Type U) aus 45% Rindenhumus (zerkleinerte, bei hoher Temperatur humifizierte Baumrinde), 25% Weißtorf, 15% Ton und 15% Polyamidfasern bestehen und alle Nährstoffe, Spurenelemente und Wirkstoffe enthalten.

Die Hydrokultur im Erwerbsbetrieb

Grundsätzlich kommen im Erwerbsbetrieb nur arbeitssparende, gut mechanisierbare (und automatisierbare) Anzuchtverfahren in Betracht, durch die viele Wachstumsfaktoren relativ leicht beeinflußt und geführt werden können. Die Hydrokultur ermöglicht eine optimale Versorgung größerer Kakteenbestände mit Nährstoffen und Wasser. Ihr praktischer Einsatz ist, wenigstens in Deutschland begrenzt. Anlage- und Unterhaltskosten übersteigen die durch Vereinfachung des Verfahrens und höhere Erträge erzielbaren Gewinne. Dies ist wohl der Grund dafür, daß sich die Hydrokultur im Erwerbsgartenbau nicht im erwarteten Umfang durchgesetzt hat. Die Fläche der gewerblichen Kulturen dürfte derzeit etwas über 1 ha liegen.

Weitaus stärker haben sich von der Hydrokultur abgeleitete Verfahren eingebürgert. Dies gilt für die Torfkultur und die Topfpflanzendüngung durch Anstau.

Flutungskultur

Die »Kieskultur« ist nach dem Anstauverfahren eines der gebräuchlichsten Verfahren. Erste Ansätze zur Automatisierung sind gegeben (Heiz-, Kühl-, Durchlüftungs- und Beleuchtungseinrichtungen, Ventilation usw.).

In ein ca. 15 cm hohes Kiesbeet wird Nährlösung eingepumpt und nach 30 min wieder in die Tanks abgelassen. Das Beet ist schwach V-förmig gestaltet mit einem Gefälle von 1% in Längsrichtung. Es wird mit einer Folie abgedichtet, soweit es nicht flache Metallwannen oder abgedichtete Betonbehälter sind. Der rasche, gleichmäßige Zu- und Ablauf der Nährlösung erfolgt durch einen in Längsrichtung der Wanne verlegten Strang von Kabelabdeckhauben. Als poröse Kultursubstrate sind Bimskies, Schaumlava und Ziegelschlag am besten; brauchbar ist auch feinerer Quarz- oder Flußkies, wenig geeignet dagegen Koksschlacke oder Flußsand. Die Körnungsgröße soll nicht unter 2 und nicht über 8–10 mm liegen. Als Drainageschicht wird besonders grobes Material eingebracht. Erdehaltige Zuschläge dürfen nicht erfolgen, dagegen zeigt besonders gute Wirkung ein Torfzusatz bis zu $^{1}/_{3}$ des Volumens.

Die Nährsalzlösungen werden aus technischen Salzen oder aus Handelsdüngern hergestellt. Ein Zusatz von Eisenammoncitrat oder Fetrilon ist angezeigt. Alle 4–5 Tage ist der pH-Wert zu kontrollieren und mit Schwefelsäure auf einen Bereich zwischen 5,0–6,5 einzustellen. Mit einem Leitfähigkeitsmeßgerät kontrolliert, muß die Konzentration auf 0,1–0,3% gehalten werden. Auch Pflanzenschutzmittel können zugesetzt werden. Am Ende eines Kultivierungsabschnittes sind die festen Substrate durch Dämpfung u. dgl. zu entkeimen. Ansonsten gelten die bereits genannten Bedingungen der Hydrokultur auch für gewerbliche Anlagen.

Torfkultur im großtechnischen Maßstab

Während die Kies- oder Sandkultur nur zögernd Eingang findet, gewinnt die Torfkultur rasch zunehmend an Bedeutung.

Sie ist in Anlage und Wartung am billigsten, auch für kleinere Anlagen voll geeignet, arbeitssparend, vielseitig, betriebssicher und äußerst erfolgreich. Beetabdichtung ist unnötig. Auch Nährlösungstanks, Pumpen und Rohrleitungen entfallen. Sie kann als Topfkultur, aber auch als Beetkultur aufgezogen werden.

Auf eine Dränschicht von Kies oder Ziegelschlag kommt eine Torfschicht (10–20 cm). Bewässert wird mit der Gießbrause von oben, alle 14 Tage wird nachgedüngt. Besonders günstig sind Torfgemische mit Bimskies, Ziegelschlag, Sand, Kies, Perlit, Hygromull usw. (nicht mit Erden). Torf erhält eine Grunddüngung von 0,5 g Volldünger/l (Nitrophoska blau, Mairol, Fertisal usw.), wozu er vorher angefeuchtet werden muß; dann wird der Dünger untergemischt. Ohne Grunddüngung muß rechtzeitig flüssig nachgedüngt werden (Konzentration 0,2%). Der pH-Wert kann durch Kalkzusatz, kalkhaltige Dünger, in bestimmtem Umfang auch durch hartes Gießwasser erhöht, durch schwefelsaures Ammoniak, Superphosphat und Patentkali erniedrigt werden. Spurenelemente sind zuzusetzen.

Störungen bei der Hydrokultur

Außer bei der Torfkultur wurden bei der langjährigen Hydrokultur von Kakteen mehrmals sogenannte Ermüdungserscheinungen, d.h. Entwicklungsstillstand und schwere Wachstumsstörungen, beobachtet. Erd- und Torfextrakte waren jedoch imstande, diese Hemmungen mehr oder weniger aufzuheben. Der Entgiftungseffekt der Humussäuren erfolgt scheinbar nicht nur chemisch bzw. physikalisch-chemisch, sondern reduziert auch die biologische Wirksamkeit der schädlichen Substanzen. Außerdem scheint eine erhöhte »biologische Resistenz« direkt bei der Pflanze hervorgerufen zu werden.
Die bei mehrjähriger Verwendung ein und desselben Substrates auftretenden erheblichen Störungen, die u.a. durch im Substrat verbleibende Wurzelrückstände und deren Abbau sowie durch mikrobielle Vorgänge verursacht werden, konnten auch vermieden werden, wenn die unbepflanzten, aber dann wiederverwendbaren Substrate mit starken Oxydationsmitteln, wie z.B. Chlorkalk, Wasserstoffperoxyd, behandelt wurden. Dies gelang auch im großtechnischen Maßstab.
Immer wieder wird gefragt, inwieweit eine Selbstvergiftung von Pflanzen durch Wurzelausscheidungen möglich ist. Solche Wurzelausscheidungen sind Aminosäuren, organische Säuren, Zucker, aromatische Verbindungen usw., die in ihrer qualitativen und quantitativen Kombination stark von den Umweltbedingungen im Wurzelbereich, aber auch von Pflanzenart, Pflanzenalter, Licht, Temperatur, Ernährung usw. abhängen. An verschiedenen pflanzlichen Objekten geprüft, konnten solche Ausscheidungen fast nie als Ursache für »Selbstvergiftungen« gefunden werden. Vielmehr mußte die Einwirkung von Mikroorganismen, die Verschlechterung des Luft- und Wasserhaushaltes sowie der einseitige Nährstoffentzug oder die Nährstoffanhäufung verantwortlich gemacht werden.
Hinsichtlich der Auswirkung von Mikroorganismen auf die Haltung von Kakteen ist nicht uninteressant, daß selbst Wüstenpflanzen am natürlichen Standort mit Mikroorganismen, nämlich mit Bakterien, im Wurzelbereich vergesellschaftet sind. Offensichtlich fördert einerseits die höhere Pflanze durch Schaffung einer Zone höherer Feuchtigkeit in Wurzelnähe oder durch Ausscheidung von Stoffwechselprodukten das Überleben der Kleinlebewesen, andererseits schützen die Mikroorganismen durch einen peritrophen Mantel freier Symbionten die Wurzeln gegen die benachbarte, fast trockene Erde.
Immer dann, wenn die Pflanzenentwicklung gestört ist, sind Substrat- und/oder Lösungsproben (z.B. mittels Keimversuchen) unbedingt zu überprüfen.

Bewertung der Hydrokultur für die Haltung von Kakteen

Kakteen können in reiner Wasserkultur, weitaus besser jedoch in Hydrokultur mit verschiedenen Trägerstoffen gehalten werden. Insbesondere neuere Trägerstoffe vermitteln ausgezeichnete physikalische Verhältnisse im Wurzelbereich der Pflanzen. Während geeignetes Wasser bereitzustellen manchenorts schwierig oder nur mit einem gewissen technischen Aufwand möglich ist, sind entsprechende Nährlösungen relativ leicht herzustellen. Dabei können keine kakteenspezifischen Werte ausgewiesen werden; vielmehr müssen Erfahrungen aus dem Erwerbsgartenbau entsprechend interpretiert und transferiert werden. Nicht problemfrei gestaltet sich der Übergang von Erd- in Hydrokultur, wie denn die mikrobiologischen Geschehnisse bei dieser Kulturweise aufmerksam zu beobachten sind. Weniger die diversen technischen Varianten bei einer Hydrokultur in kleinerem Umfang bzw. in großtechnischem Maßstab, als vielmehr die Torfkultur für sämtliche Ansprüche ist mit das Verfahren der Wahl; sie bringt wohl die größten Vorteile, physikalisch, chemisch und biologisch, bei geringster Störanfälligkeit. Sie hat sich in der Praxis außerordentlich gut bewährt.

Die Ernährung und Düngung der Kakteen

Neben der Aufnahme, Leitung, Verarbeitung und Abgabe von Wasser stellt die Ernährung den wichtigsten Grundvorgang im Leben der Pflanzen dar. Auch Kakteen müssen mit einer ganzen Reihe von Nährstoffen ausreichend und ausbalanciert versorgt werden, um ihren Körper aufbauen und erhalten zu können.

Allgemeine Pflanzenernährung

Die Nährsalze

Makronährstoffe (Grund- oder Kernelemente): Für Wachstum und Entwicklung der Kakteen sind folgende Nährstoffe von keinem anderen chemischen Element zu ersetzen: Kohlenstoff (C), Wasserstoff (H_2), Sauerstoff (O_2), Stickstoff (N_2), Phosphor (P), Schwefel (S), Kalium (K), Calcium (Ca), Magnesium (Mg), Eisen (Fe), Mangan (Mn), Kupfer (Cu), Zink (Zn), Molybdän (Mo), Bor (B), Natrium (Na), Chlor (Cl) und Silicium (Si).

Davon sind Grund- oder Kernelemente bzw. Haupt- oder Makronährstoffe C, O_2, H_2, P, S, Ca, K, Fe und Mg. Aus ihnen bauen sich die meisten organischen Pflanzenbestandteile (Kohlenhydrate, Eiweiße, Fette, organische Säuren, Hormone, Vitamine usw.) auf.

Mikronährstoffe (Spurenelemente): Die Kakteen benötigen noch weitere Elemente, wie Aluminium (Al), Jod (J), Brom (Br), Titan (Ti), Zinn (St), Lithium (Li), Nickel (Ni), Kobalt (Co) usw. Diese werden zusammen mit den oben aufgezählten, aber nicht bei den Hauptnährstoffen wiedergenannten Nährstoffen Mn, Cu, Zn, Mo, B, Na, Cl und Si als Spurenelemente bezeichnet.

Ihre Benennung »Mikronährstoffe« ist wenig zutreffend, weil sie gegenüber den »Makronährstoffen« durchaus in Mengen gleicher Größenordnung häufig verwertet werden.

Besser unterscheidet man in Nichtmetalle (N, S, P, B, Si), Erdalkalien und Alkalien (K, Na, Mg, Ca) und Schwermetalle (Fe, Mn, Cu, Zn, Mo).

Aufnahme und Transport der Nährsalze (Ionenbegriff): Die genannten Stoffe werden nicht in elementarer Form, sondern als oder über chemische Verbindungen in die Kakteenpflanze aufgenommen. Lediglich O_2 kommt in elementarer Form, aber auch mit C als Kohlendioxyd CO_2 bei der Assimilation in die Pflanze; dies geschieht zusammen mit den sonstigen Bestandteilen der Luft in gasförmigem Zustand. Alle anderen Nährstoffe gelangen in Verbindung mit Wasser an die Stellen ihres Verbrauchs. Die wässerigen Nährstofflösungen werden über die Pflanzenwurzel, weit weniger über oberirdische Teile der Pflanze aufgenommen (Abb. 38).

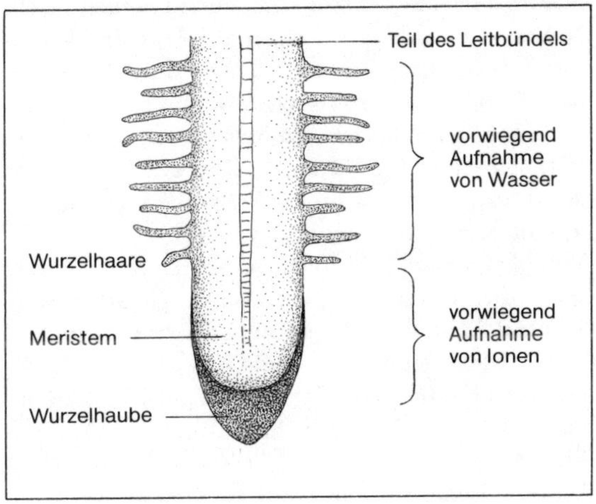

Abb. 38 Aufnahmebereiche der Wurzel.

Bei der Lösung im Bodenwasser oder in der Nährlösung zerfallen die Salze, wie schon bei den Ionenaustauschersubstraten ausgeführt, in die sogenannten Ionen. Unbedingt nötig für die Pflanze sind die Kationen K^+, Ca^{++}, Mg^{++}, Fe^{++}. N_2, S und P werden als Anionen, nämlich als Nitration NO_3^-, Sulfation SO_4^{--} und Phosphation PO_4^{---} aufgenommen. Lediglich N_2 kann sowohl als Anion NO_3^- als auch als Ammoniumion NH_4^+ (Kation) verwertet werden. Die Nichtmetalle, außer N_2, werden somit als Oxokomplexe (d.h. in oxydierter Form, also in Verbindung mit O_2) aufgenommen und als anorganisches Ion oder organisches Molekül (z.B. Aminosäure, Amid, Phosphorlipoid, Ester usw.) transportiert.

Die Alkali-Erdalkali-Nährstoffe kommen als Kation in die Pflanze und werden so transportiert. Während die Schwermetalle (mit Ausnahme des als Oxyd in die Pflanze gelangenden Mo) ebenfalls als Kation oder als Metallchelat (das sind Metallkomplexverbindungen vom Typ der Polyamincarbonsäuren) aufgenommen und als beide transportiert werden.

C, O_2 und H_2 sind normalerweise von Natur aus und meist ausreichend vorhanden. Si und Al sind wesentliche Bodenbestandteile, Na und Cl Verunreinigungen von Kaliumverbindungen. Alle übrigen Nährstoffe müssen durch den Kakteenpfleger gegeben werden.

Nährlösungen: Die Pflanze nimmt mineralische Nährstoffe aus Nährlösungen auf. Das sind wässerige Salzlösungen, die, ausreichend durchlüftet, gutes Wurzel- und Sproßwachstum und normale Entwicklung der Pflanzen ermöglichen. Ihre Konzentration beträgt 0,15–0,25%. Dies gilt für die Hydrokultur, aber auch für die Düngung von Pflanzen in allen Substraten oder Erden.

Von den vielen Nährlösungsrezepten soll als Beispiel die **Knopsche Nährlösung** genannt sein: 1000 ml Aqua dest., 1,0 g Calciumnitrat $Ca(NO_3)_2$, 0,25 g Magnesiumsulfat $MgSO_4 + 7\,H_2O$, 0,25 g primäres Kaliumphosphat KH_2PO_4, 0,25 g Kaliumnitrat KNO_3, eine Spur Eisensulfat $FeSO_4$; pH-Wert 5,7.

Diese Lösung ist mit Spurenelementen versorgt, wenn man einen Tropfen der sogenannten A-Z-Lösung (a) nach Hoagland zufügt, die in 1 l Aqua dest. 0,055 g Aluminiumsulfat $Al_2(SO_4)_3$, 0,028 g Kaliumjodid KJ, 0,028 g Kaliumbromid KBr, 0,055 g Titandioxyd TiO_2, 0,028 g Zinnchlorür $SnCl_2 + 2\,H_2O$, 0,028 g Lithiumchlorid LiCl, 0,389 g Manganchlorid $MnCl_2 + 4\,H_2O$, 0,614 g Borsäure $(B(OH)_3$, 0,055 g Zinksulfat $ZnSO_4$, 0,055 g Kupfersulfat $CuSO_4 + 5\,H_2O$, 0,059 g Nickelsulfat $NiSO_4 + 7\,H_2O$, und 0,055 g Kobaltnitrat $Co(NO_3)_2 + 6\,H_2O$ enthält.

Die Bedeutung der Nährstoffe

Gelöste Salzmischungen wirken nur dann günstig, wenn sie in erprobten, gegenseitig ausgeglichenen, nicht willkürlich kombinierten Mengenverhältnissen vorliegen. Die Lösung eines einzelnen Salzes kann für die Pflanze durchaus ungünstig, ja schädlich sein; in gemeinsamer Lösung dagegen nicht mehr. Dieser Ionenantagonismus (»Ionenkonkurrenz«) beinhaltet also die Aufhebung oder Milderung des einseitigen Effektes eines Ions durch ein anderes, wie zwischen Ca und H_2, Ca und K, Ca und Mg sowie Mg und K, überwiegend also zwischen den basischen Elementen der Pflanzenernährung.

Ein ausbalanciertes Nährstoffverhältnis vermeidet ein schädliches Überangebot einzelner oder mehrerer Nährstoffe und Mangelerscheinungen, die zu ernsten Ernährungsstörungen, d.h. Mangelkrankheiten führen.

Die Pflanze häuft in ihrem Innern die aufgenommenen Nährstoffe höher konzentriert an als dies der Konzentration in einer Nährlösung entspricht. Nicht erst beim Deponieren, sondern bereits beim Aufnehmen werden mengenmäßig und zeitabhängig bestimmte Salze und Ionen bevorzugt. Die Pflanze hat ein Speicher- und ein Wahlvermögen. Letzteres kann zu erheblichen Reaktionsverschiebungen in einer Nährlösung (z.B. bei der Hydrokultur) führen.

Die Pflanze nimmt ca. 5–10% ihrer Trockensubstanz an Mineralstoffen auf. Die Anteile der einzelnen Stoffe schwanken erheblich je nach Art und Alter der Pflanzen, Düngung, Klima und Standort. In der höheren Pflanze bewegen sich die Gehalte von N und K in der Größenordnung von 20–60 mg/g Trockensubstanz. Ca, P und S liegen in Konzentrationen von ca. 3–15 mg, Mg von 2–6 mg vor. Die Spurenelemente liegen unter 1 mg. Bei Fe, Mn und Zn hat man Gehalte von 20–200 ppm (= parts per million, d.h. auf 1 000 000 Gewichtsanteile der gesamten Substanz entfallen so viele Gewichtsanteile wie der ppm-Wert angibt; Beispiel: einer Trockensubstanzmasse von 1 000 000 µg oder γ (Mikrogramm oder Gamma), also von 1 g, entsprächen 20 µg oder γ Zn oder, anders ausgedrückt, die Zn-Konzentration ist 20 ppm, bezogen auf das Trokkengewicht). Bor liegt in einer Größenordnung von 20 ppm (stark schwankend!), Cu von 5 ppm, Mo von 1 ppm vor (nach Mengel). Jungpflanzen haben meist einen höheren K- und N-Gehalt, verglichen mit erwachsenen Pflanzen.

Die einzelnen Ionen haben folgende Bedeutung für die Kakteenpflanze:

Kationen

Kalium (K) fördert kolloidal die Quellung und beeinflußt den zellulären Wasserhaushalt. Wassermangel kann besser überwunden werden. Die Pflanze wird gefestigt, auch gegenüber tiefen Temperaturen, Krankheiten und Schädlingen (Abb. 39). Es ist besonders wichtig für die Jugendentwicklung der Kakteen und alle Aufbauvorgänge. Es trägt zur rechtzeitigen Reife und zu guter Qualität von Pflanzen und -teilen (u. a. der Früchte und Samen) bei. K-Mangel verursacht schlechtes Wachstum, dunkle, bläulich getönte Verfärbungen, Organdeformierungen und schließlich partielle oder totale Absterbevorgänge. Überschüsse sind wuchshemmend und bewirken als Sekundäreffekt erhebliche Mg- und B-Mangelerscheinungen.

Calcium (Ca) wirkt als Gegenspieler des Kalium entquellend und greift regulierend in den Wasserhaushalt ein, so daß die Aufnahme gehemmt, die Abgabe gesteigert ist. Gleiche Wirkung ist gegenüber den Mineralstoffen gegeben, weshalb ein hoher Ca-Gehalt auch reichliche Nährsalzgaben erforderlich macht. Ca ist auch Zellwandbaustein und baut die Festigungselemente der Pflanze mit auf. Es bindet Fe. Ob es organische Säuren neutralisiert, muß noch offen bleiben.

Magnesium (Mg) ist in reinen Lösungen stark giftig, nicht aber wenn es zu Ca im richtigen Verhältnis steht. Es ist komplex im Blattgrünmolekül eingebaut, beteiligt sich an weiteren Aufbauprozessen und ist Fermentaktivator. Bei Mg-Mangel (besonders gefördert bei einem übermäßigen Wasserangebot, bei viel K und wenig P) werden die Pflanzen fleckig aufgehellt (Chlorosen) und krankheitsanfällig.

Eisen (Fe) ist Bestandteil von Fermenten. Es übernimmt Funktionen im Zitronensäurezyklus, im Enzym Akonitase, in den Enzymen der Chlorophyllsynthese und des Energiekreislaufes. Bei Mangel, der besonders leicht bei Ca-Überschuß auftritt, wird eine Chlorose, eine mangelhafte Ausbildung des Blattgrüns, bewirkt.

Mangan (Mn) spielt ebenfalls bei der Wirkung von Fermenten eine Rolle. Fehlt es, kann eine, meist gelblichgrüne Chlorose, verstärkt durch pH-Werte über 6,5, auftreten. Das Wachstum ist dann gehemmt.

Schadorganismus	Förderung	Hemmung
Pilzliche Krankheitserreger		
Fäulnisverursachende Pilze	+N, (+SO_4), +Cl	+K, +P
Botrytis	−Ca, −B, +P	+Ca, (+N)
Rhizoctonia		+Ca
Fusarium	−Ca	
Viren		
	+N, +P, +Cl	+SO_4
Tierische Schädlinge		
Läuse	+N, −N, −K, +Cl	+P, K_2SO_4
Milben	−Ca, −K, +N	−B
Thripse	−N	
Zünsler		−N
Schildläuse		+K

+ = Überschuß − = Mangel

Abb. 39 Nährstoffe und Krankheiten bzw. Schädlinge.

Anionen
Nitration: Es ist Ausgang für den gesamten Stickstoff- und Eiweißhaushalt, allerdings unter Beteiligung des *Ammoniumions.* Stickstoff fördert das Wachstum, er wird geradezu als »der Motor des Wachstums« betrachtet. Ein Überschuß verursacht mastiges Wachstum, Krankheits- und Schädlingsanfälligkeit (Abb. 39), schlechte Überwinterung, mangelnde Blühwilligkeit und schwache Bestachelung. Starke N-Überdüngung bewirkt Wachstumsstillstand, im Extrem Verbrennungen und Absterben der Pflanzen. Bei N-Mangel ist das Triebwachstum schlecht, die Blütenbildung vermindert, die Pflanzenfarbe fahl, blaßgrün, mit mehr oder weniger stark ausgeprägten Vergilbungserscheinungen.
Sulfation: Dieses Anion ist für schwefelhaltige Eiweißverbindungen und Vitamine wichtig. Als ein unentbehrlicher Nährstoff wird es dennoch nicht gezielt verabreicht, da es in den vielen Sulfatverbindungen, aber auch z. B. in Rauchgasen (oft im Übermaß) vorhanden ist.
Phosphation: Es dient dem Aufbau der Zellbestandteile, z. B. der Zellkerne, des Zellplasmas, der Fermente. Es hat Funktionen bei der Atmung. Es fördert den Blüten-, Frucht- und Samenansatz, beschleunigt die Reife, gewährleistet gesundes Wachstum (Abb. 39), gute Wurzelausbildung intakter Pflanzen und zügige Bewurzelung von Stecklingen. P-bedürftig sind alle Keimlings- und Jungpflanzen. Mangelpflanzen sind violett oder rotbraun verfärbt und zeigen eine schlechte Wurzel- und Gesamtentwicklung. Ein Überschuß hemmt die Aufnahme von Zn und Cu.

Spurenelemente
Obwohl unentbehrlich, kann der Bedarf doch meist schon mit überraschend geringen Mengen gedeckt werden. Fehlt B, Cu, Zn, Mo usw., treten Mangelzustände auf, die sich auch auf die von solchen Pflanzen ausgebildeten Samen und deren Eigenschaften auswirken. Sämlinge und frisch umgetopfte Pflanzen sind nur vorübergehend versorgt. Die Spurenelemente sind vor allem bei der enzymatischen Katalyse beteiligt.

Kohlenstoff
Der hohe C-Gehalt des Pflanzenkörpers stammt in den sogenannten Kohlenhydraten, den Zuckern, der Stärke, der Zellulose usw. aus dem CO_2-Anteil der Luft. Mit Hilfe des Chlorophylls, des Lichtes, des Wassers wird durch Bindung von CO_2 bei der Assimilation (Photosynthese) in oberirdischen, grünen Pflanzenteilen Zucker erzeugt, wobei O_2 frei wird. Zucker ist die Ausgangssubstanz für weitere Synthesen. Bei der Atmung wird dann die chemisch gebundene Sonnenlichtenergie wieder freigelegt und die ursprünglichen Grundbausteine CO_2 und Wasser entstehen wieder.

Die Ernährung der Kakteen

Die Ernährungsbedingungen am natürlichen Standort

Die Mineralstoffversorgung der Kakteen an ihrem heimatlichen Standort hängt eng mit dem Klima zusammen. Sie wird verständlich beim Vergleich der klimatisch bedingten Verhältnisse feuchter und trockener Zonen.
Die hohen Niederschläge übersteigen in der Klimazone, zu der Mitteleuropa zählt, deutlich die Verdunstung. In unseren humiden Böden besteht in einem absteigenden Wasserstrom die Gefahr, daß Nährstoffe ausgewaschen werden und für die Pflanze verloren gehen. Die Böden brauchen deshalb eine gute Krümelstruktur, d. h. in vielen Hohlräumen im Boden sind Wasser, Nährsalze und Luft vorhanden. Zusätzlich müssen Wasser und Mineralstoffe durch tonige und lehmige Bodenbestandteile festgehalten werden. N (Nitrate) und Ca werden leicht, K weniger und P am geringsten ausgewaschen. Nährstoffe müssen laufend zugeführt werden, um der fortwährenden natürlichen Verarmung der oberen Bodenschichten entgegenzuwirken.
Völlig andere, geradezu umgekehrte Vorgänge spielen sich in ariden bzw. semiariden Böden, in denen die Kakteen in ihrer Heimat wurzeln, ab. Hier zieht die starke, den Niederschlägen überlegene Verdunstung aus dem Grundwasserreservoir einen Flüssigkeitsstrom nach oben. Mit ihm werden anorganische Salze transportiert. Verdunstet die aufsteigende Feuchte an der Bodenoberfläche, fallen diese Salze aus und reichern sich an. Diese Salzkonzentrierung wird verstärkt durch die Zerfallsprodukte der erheblichen, oberflächlichen Gesteinsverwitterung.

Die Kakteen sehen sich im allgemeinen einem relativ hohen Mineralsalzangebot gegenüber. Auswaschungen finden nicht statt. Damit zeigen Kakteen nach Entnahme der für sie notwendigen, nicht wesentlich mengenmäßig übersteigerten Mineralstoffe gegenüber den verbleibenden, relativ hohen Restsalzkonzentrationen eine ausgeprägte Unempfindlichkeit. Sie ist zwischen den Kakteengattungen nur graduell unterschiedlich. Komplikationen im Ionenaufnahmemechanismus der Kakteenwurzel sind unter solchen Umständen nicht auszuschließen.

Die Ernährung in der Kultur (Düngung)

Sicherlich sind Kakteen wahre Lebenskünstler und im Überdauern ungünstiger Lebensabschnitte große Meister. Obwohl sie vorübergehend mangelhafte Pflege, also z.B. schlechte Versorgung mit Nährstoffen, leichter als andere Zimmerpflanzen überdauern, sind doch auch ihrer Enthaltsamkeit Grenzen gesetzt.

Die mineralische Ernährung als Kulturfaktor: In jeder Form der Hydrokultur müssen die Mineralstoffe für die Kakteen vorhanden und immer voll wasserlöslich sein, damit sie sofort aufgenommen werden können.

In Erden und Substraten finden Kakteen nicht nur die unterschiedlichsten Wurzelungsmedien, sondern auch oft sehr abweichende Nährstoffverhältnisse vor. Ob und wie sich diese dann einspielen, hängt von den Umweltbedingungen und der Art der kultivierten Kakteen ab.

Auf die Dauer ist eine Düngung der Pflanzen genau so unerläßlich, wie andere Kulturbedingungen realisiert werden müssen, denkt man an die Wasserversorgung, das Lichtangebot, die Temperaturführung usw. Alles ist dabei so eng verzahnt, daß der Effekt eines einzelnen Umweltfaktors auf die Kakteenpflanze unabhängig von den anderen sehr schwierig zu erkennen ist.

Die Nährstoffe in Substraten: Ein Teil der Nährstoffe ist in Wasser gelöst und vor Auswaschung nicht geschützt; die freien Ionen sind leicht aufnehmbar von der Kakteenpflanze, was auch für einen anderen Teil der Nährstoffe gilt, der oberflächlich gebunden und Bodenteilchen angelagert ist. Nährstoffe können aber auch so fest an Substrate und in Substraten gebunden sein, daß sie nicht direkt verwertbar sind (Nährstoffreserven). Zwischen allen drei Zustandsstufen bestehen dynamische Gleichgewichte, vom Ton- und Humusgehalt, der Wasserversorgung und auch von der Tätigkeit der Bodenmikroorganismen bestimmt.

In **humosen** Substraten sind die Nährstoffe nur leicht gebunden oder gelöst vorhanden. Damit sind sie ohne jegliche Schwierigkeit durch die Wurzeln der Kakteen aufnehmbar: sie sind jederzeit pflanzenverfügbar.

Wasser und Salze können wegen der meist großen Porenquerschnitte an die Stellen des Verbrauchs zuwandern bzw. die Wurzeln wegen geringen Bodenwiderstands schnell in nährstoffreichere Zonen weiterwachsen. In humusreichen, meist torfhaltigen Substraten besteht aber Auswaschungsgefahr und bei Trockenheit unerwünschte, ja schädliche Salzanreicherung an der Substratoberfläche. Vernünftige Wasserzufuhr bzw. schwächere Düngung helfen dagegen.

In **lehmigen** oder **tonigen** Substraten sind die Nährstoffe geringer beweglich und meist fest gebunden. Die Auswaschungsgefahr ist gering. Die Substrate sind gegen Überdüngung stärker gepuffert.

In **sandigen** Substraten ist die Auswaschungsgefahr besonders groß. Anlagerung von Salzen ist ausgeschlossen.

Kakteen werden in Substratmischungen kultiviert, wodurch sich die Vor- und Nachteile der einzelnen Substrate ausgleichen. Trotz geeignetem Substrat und anfänglichem Nährstoffangebot hat die Pflanze letztere bald verbraucht. Wann sie zusätzlich versorgt werden muß, hängt von der Größe und dem ursprünglichen Nährsalzgehalt des meist sehr beengten Wurzelungsraumes und von dem schnell unzureichenden oder gänzlich versiegenden »natürlichen« Nachschub von Salzen aus den Substratreserven ab. Aber auch wenn ein unausgewogenes Nährsalzangebot vorliegt, muß gezielt nachgeholfen werden. Der Kakteenpfleger muß die Pflanzen mit Mineralsalzen versorgen, d.h. er muß düngen. Es nach landläufiger Meinung nicht zu tun, ist falsch: auch und gerade Kakteen müssen gedüngt werden. Falsch ist auch zu meinen, jede Düngung mache Kakteen mastig. Eine richtige Düngung schließt das aus. Was aber ist richtig?

Die Düngung der Kakteen

Allgemeine Anforderungen

Nährstoffverhältnis: Nicht nur die Konzentration der Nährsalze, sondern auch deren Zusammensetzung bestimmt über Wachstum und Entwicklung der Kakteen. Exakte Daten über das qualitativ optimale Nährstoffangebot für Kakteen fehlen; empirische Aussagen sind unbrauchbar. Hält man sich an das, was für die mineralische Ernährung der Pflanzen allgemein gilt, so brauchen auch Kakteen vor der Blühreife mehr N als nachher, d.h., daß für junge Pflanzen ein N:P:K-Verhältnis = 1:0,85:1, für Pflanzen zur Reifezeit = 1:1:0,5 am günstigsten ist. Reduziert man bei Kakteen den N-Gehalt noch weiter, wird man mit einem Verhältnis von 1:2:2 keine großen Fehler machen. Größenordnungsmäßig stimmt dies mit den Arbeiten an gartenbaulich wichtigen Sukkulenten überein: Euphorbien sind wenig N-bedürftig, am besten ist ein N:P:K = 1:1,5:2.

Die Stickstoffkomponente: Brauchen Kakteen wirklich deutlich weniger N (als P und K), den »kritischsten« Nährstoff? Obwohl dies eine weitverbreitete Ansicht ist, sind doch erhebliche Zweifel angebracht.

Das Beispiel des Sonora-Wüstengebietes im SW der USA und im NW von Mexiko zeigt, daß der Gesamt-N im Boden 0,03–0,08% (in Kulturböden 0,05–0,5%) beträgt, wovon 90% sofort pflanzenverwertbare Nitrate sind. Wenn auch aride Böden schlecht N nachliefern, so nimmt der verfügbare N weder durch die kurze Vegetationsperiode noch durch Auswaschung und Denitrifikation nennenswert ab. Vielmehr binden viele der Leguminosen, die 50% der Wüstenflora ausmachen (sie sind Ephemere, d. s. Pflanzen, die Trockenzeiten nur als Samen überleben), mit ihren Wurzelknöllchenbakterien beachtliche Mengen Luft-N. Stirbt diese enorme Pflanzenmasse ab, häuft sie sich unter geringer Humusbildung in und um Gebüsche an. Gerade unter diesen wachsen viele Kakteen, z.B. *Mammillaria bocensis, M. dawsonii, M. fasciculata, Peniocereus johnstonii, P. greggii.* Sie leiden sicherlich kaum N-Mangel. Schon gar nicht die Standorte von *Mammillaria multidigitata, M. neopalmeri* und *Echinocereus websterianus,* die sogar mit Guano, den Exkrementen von Meeresvögeln, (4,0–8,5% N; gegenüber Stallmist mit nur ca. 2% N) angereichert oder bedeckt sind.

Der Nitratgehalt der Böden, die lockere Vegetation, die weitreichende Bewurzelung der Kakteen zeigen, daß N-Mangel nicht am natürlichen Standort, vielmehr im engen Kulturgefäß herrscht. Eine ausreichende N-Zufuhr führt zu keinem unnatürlichen Wachstum. Solches entsteht vielmehr durch ein Überangebot an Wasser, durch tiefe mittlere Tagestemperaturen und durch Lichtmangel. Es kann nicht Ziel einer optimalen Pflanzenhaltung sein, durch Aushungern infolge N-Mangels Kümmerwuchs der Pflanzen zu verursachen oder gar dem sogenannten »natürlichen« Habitus auf diesem Weg nahe zu kommen!

Organische Dünger

Dünger tierischen Ursprungs: Stallmist und seine Aufbereitungsformen (z.B. Cofuna, Regenor usw.) sowie Geflügeldünger (z.B. Cux-Humuskorn N:P:K = 4:3,7:2,4) sind speziell für Kakteen mit einem höheren N-Bedarf (Blattkakteen, epiphytische Kakteen) geeignet. Empfehlenswerter für diese und andere Kakteen sind die immer noch N-reichen Dünger Blutmehl (entfettet; ca. 14% N) und Hornmehl (mit dem N-haltigen Eiweißstoff Keratin; 10–14% N, 4–5% P_2O_5) bzw. -grieß und -späne.

Wichtiger sind N-ärmere organische Dünger wie Knochenmehl (ca. 30% P_2O_5) und Guano (Peru-Guano; 4–6% N, 4–12% P_2O_5, 2% K_2O, 3% MgO, 5–8% Kalk, Spurenelemente, 65% organische Substanz). Beide Dünger müssen mit K nachversorgt werden; sie sind als Depotdünger geeignet. Günstig sind auch Mischdünger aus Rinder- und Geflügeldung mit Horn- und anderen Anteilen (z.B. Cuxin 6% N, 4% P_2O_5, 2,5% K_2O, 7,2% Kalk, 1,2% MgO, Spurenelemente, 75% organische Substanz) oder organische Dünger mit Zusätzen (z.B. Oscorna-Animalin, Oscorna-Universal mit 6% N, 6 oder 9% P_2O_5, 1% K_2O, Spurenelementen, 60% organischer Substanz), überwiegend mineralischen (z.B. Hornoska-Spezial mit Start- und Depotwirkung: 8% N, 7% P_2O_5, 10% K_2O, 40–50% organische Substanz; Hornamon-Spezial: wie Hornoska-Spezial, + 1,5% MgO; Manna-Spezial: 7% N, 7% P_2O_5, 9% K_2O, 1% MgO, Spurenelemente).

Dünger pflanzlichen und sonstigen Ursprungs: Kompost- und andere humus-mineralische Erden als Substrate oder Mischungspartner sind auch heute noch entscheidend wichtig. Sie sind gewissermaßen auch (schwache) organische Dünger, je nach Ausgangsmaterialien allerdings wechselnd zusammengesetzt. Richtwerte sind für Erdkomposte 0,3% N, 0,15% P_2O_5, 0,15% K_2O, 2–3% CaO; für Torfschnellkomposte 0,4% N, 0,5% P_2O_5, 0,38% K_2O und 0,5% CaO.

Dazu kommt noch eine spezifische Wirkung organischer Substanzen, auch »Humus-«, »Sonder-« oder »Restwirkung« genannt. Sie umfaßt die Nährstoffspeicherung, -transformation, -nachlieferung (besonders von N!) und verbesserte physikalische Bodeneigenschaften und ist besonders vorteilhaft in sandigen Substraten erkennbar.

Humusdünger mit und ohne Mineralsalzzusätzen sind z.B. Huminal, Manural, Vitahum, aber auch die diversen Einheitserden (der Typen P, T, L, N, FD) mit und ohne Kunststoff- und Depotdüngeranteil.

Anorganische Dünger

Unentbehrlich für die Kakteenhaltung sind diese Dünger (chemische Dünger, Mineraldünger), als Einzel- oder Mehrfach-(Voll-)Dünger.

Einzeldünger (einseitige Dünger) enthalten nur einen der vier Mengennährstoffe N, P, K und Ca (nur über Ballaststoffe gelegentlich einen zusätzlichen).

N-Dünger sind z.B. schwefelsaures Ammoniak (ca. 21% N), Harnstoff (ca. 46% N), Kalkstickstoff (ca. 20% N), Kalkammonsalpeter (ca. 20% N und 35% Kalk), Ammonsulfatsalpeter (ca. 26% N). P-Dünger sind z.B. Superphosphat (ca. 17% P_2O_5, ca. 50% $CaSO_4$ = Gips), Thomasmehl (ca. 15% P_2O_5, ca. 45% CaO). K-Dünger sind z.B. schwefelsaures Kali (ca. 50% K_2O), schwefelsaures Kalimagnesia (ca. 28% K_2O, 9% MgO). Ca-Dünger (Kalkdünger) ist z.B. der kohlensaure Kalk (ca. 45–50% CaO).

Diese Dünger versorgen gezielt mit bestimmten Nährstoffen. Reine, alkalisch reagierende Kalkdünger werden bei der Kultur der Kakteen nur zur Korrektur zu saurer Substrat-pH-Werte gebraucht. Von den anderen genannten Düngern sollen nur kalkfreie verwendet werden, damit sich der pH-Wert nicht erhöht. Die Wahl des Düngers entscheidet somit über die wichtige Bodenreaktion. Die chemische Reaktion eines Düngers stimmt nicht unbedingt mit der, welche er im Boden verursacht, überein. Die meisten Dünger liegen zwar als Neutralsalze vor (schwefelsaures Ammoniak, Kalisalze u.a.), reagieren im Boden und gegenüber der Pflanze nicht immer neutral, sondern auch sauer oder alkalisch. Superphosphat ist chemisch gesehen eindeutig sauer, nicht aber im Boden.

Wie ist die physiologische Reaktionslage der Dünger in Nährlösungen?

Die Nährstoffionen werden unterschiedlich von der Pflanze aufgenommen. Ein »Modell« soll dies aufzeigen: Wasser, in dem schwefelsaures Ammoniak gelöst wurde, enthält NH_4- und SO_4-Ionen aus dem Salz und H- und OH-Ionen aus dem Lösungsmittel. Die Pflanze entnimmt, weil sie mehr davon braucht, bevorzugt das NH_4^+, zusammen mit dem OH^-, während der größere Teil des SO_4^{--}, zusammen mit dem H^+ des Wassers in Lösung bleibt. Dadurch wird die Lösung »sauer«.

Salze, die das tun, nennt man physiologisch sauer (d.s. Ammonsulfat, schwefelsaures Kalimagnesia, Kaliumsulfat, Mono- und Diammoniumphosphat, Mono- und Dikaliumphosphat, Kaliammonsalpeter, Kalium- und Magnesiumchlorid. Calciumsulfat, Ammoniumnitrat). Physiologisch alkalisch reagieren die salpetersauren Salze des Na, K und Ca sowie das Monophosphat des Ca. Die Aufzählungen beginnen mit dem stärksten Grad der Reaktionsverschiebung.

Die physiologische Reaktionslage im Boden kann durchaus von der in Nährlösungen unterschieden sein. Die Wechselwirkungen zwischen Dünger und Boden sind weitaus komplizierter und komplexer, weshalb eine große Zahl von Reaktionsprodukten gebildet werden. So entstehen z.B. zwischen Phosphatlösungen und Böden verschiedener pH-Werte (4,9–8,5) bis zu 30 kristalline Phosphatverbindungen und eine Reihe von kolloidalen Niederschlägen. Na-, K- und Ca-Nitrat sowie Kalkammonsalpeter verhalten sich alkalisch, ammoniumhaltige Dünger, einschließlich Ammonsalpeter und Kaliammonsalpeter, sauer (abnehmend: Ammoniumsuperphosphat, Monoammonphosphat, Ammonsulfat, Diammonphosphat, Ammonchlorid und Ammonnitrat). Die Kalisalze bewirken trotz ihrer physiologisch sauren Reaktion keine Versauerung des Bodens. Das saure Superphosphat wird im Boden über das Monocalciumphosphat und die freie Phosphorsäure rasch zu Neutralsalzen umgesetzt. Thomasmehl verringert hingegen eine saure Bodenreaktion. Ballaststoffe sind ebenfalls nicht ohne Bedeutung. Das sind alle in einem Düngemittel enthaltenen Stoffe oder Stoffgruppen, die von den Pflanzen wenig oder nicht aufgenommen und im Substrat gespeichert werden (Natriumsalze, Gips, Gesteinmehle). Für die Kakteenkultivierung sind möglichst ballastfreie Mineralsalzaufbereitungen zu verwenden.

Zu den quantitativen Beziehungen ist zu sagen, daß derjenige Nährstoff die Wirkung bestimmt, der im Minimum vorhanden ist. Dieses »Gesetz des Minimums« ist nicht streng gültig. Eine Steigerung des im Minimum vorhandenen Faktors ruft lediglich den wirkungsvollsten Anstieg in Wachstum und Entwicklung hervor. Jedoch ist eine einseitige Erhöhung eines Nährstoffes sinnlos. Nährsalzgaben haben harmonisch und ausreichend zu erfolgen. Was eine »ausreichende« Nährsalzversorgung ist, kann nicht gesagt werden; entsprechende Unterlagen fehlen. Lediglich für die Torfkultur liegen einige Angaben vor: bei 1, 2 und 3 g Poly-Fertisal/l Torf trat bei *Hamatocactus setispinus, Opuntia microdasys* v. *albispina* und *Oreocereus trollii* kein unterschiedliches Wachstum auf; erst bei der höchsten Düngungsstufe (5 g/l) deutete sich etwas besseres Wachstum an.

Mehrfach- oder Volldünger: Für den Kakteenpfleger sind vor allem diese Dünger interessant. Sie enthalten die 3 Hauptnährstoffe N, P und K relativ ballastarm und die wichtigsten Spurenelemente.

N-arme Volldünger zur Flüssigdüngung sind neben Floraktiv, Hortal, Mannalin B, Etisso-Kakteendüngersalz, das Poly-Fertisal (8% N, 14% P_2O_5, 18% K_2O, 0,5% MgO, 0,35% Mn, 0,12% Cu, 0,09% B, 0,02% Zn) und Hakaphos spezial (8% N, 12% P_2O_5, 16% K_2O, 2% Mg, 0,1% Fe, 0,05% B, 0,1% Mn, 0,04% Cu und 0,005% Mo).

N-frei sind Blütal (40% P_2O_5, 10% K_2O, Mg, Cu, B, Zn) und das Kaliphosphat Staufen (34% K_2O, 52% P_2O_5).

Höhere N-Werte haben (und sind damit besonders für erwachsene Erdkakteen geeignet) Mairol (14% N, 12% P_2O_5, 14% K_2O, 0,3% Mn, 0,02% Cu, 0,06% B, 0,01% Zn) und außer Hakaphos blau, Terraktiv S, Nitrophoska blau Extra oder Spezial, Am-Sup-Ka-Volldünger, Hoechst Blaukorn noch das Poly-Crescal (14% N, 10% P_2O_5, 14% K_2O, Spurenelemente).

Besonders gute Ergebnisse brachten die Flüssigdünger Wuxal 8 + 8 + 6 Super (8% N, 8% P_2O_5, 6% K_2O, Fe, Mg, Mn, B, Cu, Zn, Ni, Co, Mo, Na sowie Chelate, Pufferungssubstanzen, Wachstums- und Bewurzelungshormone, oberflächenaktive Stoffe) und Gabi plus 12 + 8 + 11, besonders wenn zwischendurch zusätzlich P- und K-betonte Düngersalze (z. B. Blütal) gegeben wurden.

Die speziellen Dünger des Gartenbaus sind für die Kakteenkultivierung den landwirtschaftlichen klar überlegen. Deshalb müssen nicht ausschließlich spezielle Kakteendünger verwendet werden; viele »universelle« Dünger sind ihnen nicht nur überlegen, sondern auch billiger. Absolut ungeeignet sind alle chlorhaltigen Einzel- und Volldünger.

Wer selbst mischen will, erhält einen N-armen Volldünger aus 1 Tl. schwefelsaurem Ammoniak, 2 Tl. Superphosphat, 2 Tl. schwefelsaurem Kalimagnesia und einen N-reichen Volldünger aus 2 Tl. schwefelsaurem Ammoniak, 1 Tl. Superphosphat und 1,5 Tl. schwefelsaurem Kaliummagnesium. Jeweils 2 g sind dann auf 1 l Wasser zu geben.

Der primäre Nährstoffgehalt von Kakteensubstraten

In Kakteenerden sind »von Haus aus« nur die organischen Bestandteile »nahrhaft« für die Pflanzen. Bei der langjährigen Verrottung organischer, vor allem pflanzlicher Ausgangsmaterialien entstehen ausgewogen mikrobiell aufgeschlossene, sofort pflanzenverfügbare und nichtaufgeschlossene, deponierte, schwerlösliche Nährstoffe, immer jedoch in schwankender Menge und oft einseitig.

In der Topfkultur erschöpft sich bei langjähriger Kultur, wie sie Kakteen ja verlangen, jedes Nährstoffreservoir, besonders leicht bei Torf oder den vielen neueren Substraten, die höchstens noch einen sehr geringen Erdanteil haben. Ihnen mangeln die schwerlöslichen Nährstoffe der Erden. Während al-

so vom Boden oder vom Substrat her das Nährstoffangebot laufend abnimmt, nimmt dabei der Nährstoffbedarf der Pflanzen mit fortschreitender vegetativer Entwicklung noch zu.
Um den primären Nährstoffgehalt eines Mediums wenigstens zu erhalten, muß gedüngt werden, flüssig oder mit Düngern, die, wie die Nährstoffträger der »alten« Erden, zwar langsam und anhaltend Nährstoffe abgeben, die aber wie die Mineraldünger, garantierte, eng umrissene Nährstoffgehalte haben.

Die Depotdüngung von Substraten

Die Eignung der Makronährstoffe N, P und K zur Bevorratung:
Düngergaben steigern zunächst bei vorherigem Mangel die Entwicklung (Förderungsbereich), ihr Nutzen erreicht ein Optimum (Optimalbereich), was darüber hinaus gegeben wird, schädigt (Schädigungsbereich). Diese Bereiche sind für N, P und K recht unterschiedlich (Abb. 40).
Phosphor hat einen großen Förderungs- und Optimalbereich. Deshalb kann mit wasserlöslichen, aber pflanzenverwertbaren Verbindungen bevorratet werden. Viel P wird aber schnell so stark festgelegt, daß »überdüngt« werden muß, damit trotz der Bindung kleinere, ausreichende Mengen freigelegt werden. Langsam fließende P-Quellen lassen sich leicht schaffen. Eine Auswaschung durch Gießen erfolgt nicht. Extrem hohe P-Werte legen unter Umständen Spurenelemente fest (besonders Fe, Mn und Zn), was zu gelbgrünen Chlorosen führt, verstärkt durch hellen, warmen Stand der Pflanzen.
Kalium hat ebenfalls einen weiten Optimalbereich, verglichen mit N. Weil überschüssiges K nicht wie P in der Bodenlösung unlöslich niedergeschlagen wird, muß K zur Bevorratung an tonige Bodenteilchen gebunden werden (dies geschieht z. B. in der Fruhstorferschen Einheitserde).
Stickstoff ergänzt auch bei Kakteen entscheidend die Wirkung von P und K. N hat nur einen relativ engen Optimalbereich, dem schnell der Schädigungsbereich folgt. So muß ein ausreichend hoher N-Spiegel eingehalten werden, um die Pflanzen gesichert zu versorgen; es darf aber auch nicht zu stark gedüngt werden, um Störungen zu vermeiden. Auch ist die Auswaschungsgefahr groß.
Geeignete Düngeraufbereitungen für eine Vorratsdüngung:
Die »natürliche« Bevorratung macht bei P keine, bei K nur geringe, bei N dagegen große Schwierigkeiten.
Langsam fließende N-Quellen können synthetische N-Dünger sein. In Crotodur bzw. Floranid fließt N anhaltend und stetig in günstiger Konzentration; er ist auswaschungsgeschützt. Der N wirkt mild und ist auch in größeren Mengen gut pflanzenverträglich. Chemisch sind diese Dünger Kondensationsprodukte aus Crotonaldehyd mit Harnstoff (Crotonyliden- bzw. Isobutylidendiharnstoff) mit einem Gesamt-N-Gehalt von ca. 28%, davon ca. 2,8% NO_3-N. Harnstoff-Acetaldehyd-Kondensate scheinen weniger geeignet.
Die Freisetzung von N hängt u. a. von der Temperatur, der Substratfeuchte, der Art des Substrates ab. So wird Floranid z. B. bei 10 °C innerhalb 4, bei

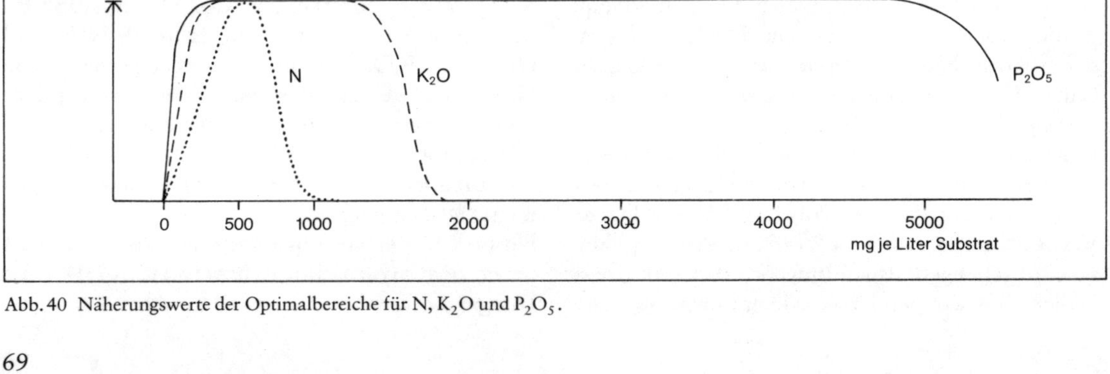

Abb. 40 Näherungswerte der Optimalbereiche für N, K_2O und P_2O_5.

20 °C innerhalb 2 Wochen vollständig pflanzenaufnehmbar umgewandelt. Nur schnell wachsende Pflanzen können die freigewordene N-Menge sofort verwerten. Anderenfalls können hohe Nährsalzkonzentrationen auftreten, die Schaden verursachen können. Besonders gefährdet sind Sämlinge und Stecklinge, die zunächst keine nennenswerten Nährstoffmengen verbrauchen.

Die genannten Dünger wirken wenige Wochen bis ein Monat. Durch Tablettisierung oder Brikettisierung will man die N-Mineralisierung so abbremsen, daß sie über mehrere (!) Jahre hinweg wirksam bleiben soll. Auch wird an einem für möglichst viele Pflanzenarten und -größen geeigneten Einheitssubstrat gearbeitet, das (mindestens) monatelang nicht nachgedüngt werden muß. Eine Einheitserde mit Crotonylidendiharnstoff-Zusatz wird angeboten.

Langsam fließende N-Quellen können auch organischer Herkunft sein. Früher häufiger, heute seltener, waren dies Hornspäne, -grieß oder -mehl, sowie Knochenmehl. Da auch P vorhanden war, mußte nur mit K (Patentkali, das ist schwefelsaures Kalimagnesia) ergänzt werden.

Die Mineralisierung erfolgt in »belebten« Substraten, wie sie für humuswurzelnde Kakteen verwendet werden. Auf 1 l Substrat gibt man ca. 2 g Hornspäne, 3 g Knochenmehl und 2 g Patentkali (ca. 0,25 g N, 0,5 g der anderen Nährstoffe/l Substrat). Die gedüngten Substrate sollten erst nach 14 Tagen verwendet werden.

Die N-Wirkung kann auch durch eine Hemmung der Nitrifikation durch Zumischen eines als »N-Serve« bezeichneten chemischen Mittels in kleinen Gaben verlangsamt werden. Die praktische Bedeutung ist bis heute gering geblieben.

Langsam fließende Volldünger wurden entwickelt, als die Vorteile entsprechender N-Quellen erkannt worden waren. Damit können auch solche Substrate mit einem Nährstoffdepot versehen werden, die keinerlei, für eine Anlagerung geeignete Bodenanteile enthalten.

»**Plastic coatings**« sind gekörnte Volldünger, deren Granulate mit bodenwasserdurchlässigen Kunststoff- oder Harzhüllen (Polyäthylen, Acrylharze, Vinylacetate, paraffinische Verbindungen, asphaltische Mischungen usw.) umgeben werden. Diese Hüllen sind semipermeable Membranen, die Wasser durchlassen, das bei genügendem osmotischem Druck die Umhüllungen sprengt, oder undurchlässige Membranen mit feinen Löchern, welche ein langsames Herausdiffundieren der Nährstoffe erlauben oder – weniger vielversprechend – völlig undurchlässige Membranen, die ein langsames Freisetzen der Nährstoffe nur nach ihrem biologischen oder chemischen Abbau erlauben.

Die Permeabilität (Durchlässigkeit) der Umhüllungen ist temperaturabhängig. Sie wird verdoppelt durch eine Temperaturzunahme um 10 °C. Die Abgabe von Nährstoffen ist dagegen nur bedingt vom pH-Wert und der Bodenfeuchte, nicht von der Bodenart, dem Substrat und der biologischen Aktivität abhängig. Durch die Polymerzusammensetzung, Dicke und Art der Umhüllung können diese Dünger auf Pflanze und Umgebung eingestellt werden. Eine Düngung reicht meist für eine, selten für mehrere Vegetationsperioden aus. Bei relativ hoher Wasserzufuhr können besonders bei N und K Auswaschungsverluste auftreten.

Während Osmocote 15–12–15 (= 15% N, 12% P_2O_5, 15% K_2O) für 3–4 Monate versorgt, werden die Nährstoffe bei Osmocote 16–10–13 nur langsam frei (z.B. in 4 Wochen 19% N, nach 10 Wochen 31–39%, nach 23 Wochen 71–92%) so daß die Bevorratung über 8–9 Monate geht und damit für die Kakteenkultivierung interessant wird. Weitere Langzeitdünger sind Triabon, Plantosan 4d, Nitrophoska permanent.

Austauschdünger sind neuere Düngerformulierungen, die ihren Nährstoffgehalt adsorptiv an Gemische von wasserlöslichen, synthetischen Kationen- und Anionenaustauschern gebunden haben. Die Austauscher sind Polystyrol-, Polyolefin-, Polyoxyalkylenverbindungen u.a. Sie werden mit N, P_2O_5, K_2O, CaO, S, Mg, Fe, Zn, Cu, Mn, Mo und Bo beladen. N wird meist je zur Hälfte als NH_4^+ und NO_3^- und P_2O_5 als Orthophosphat gegeben. Die Nährstoffe werden ohne mikrobielle Hilfe pflanzenverfügbar gemacht. Nach Mischen mit Erden oder Substraten sind Überdüngung, Salzschäden, »Verbrennen« von Pflanzen und Auswaschungen nicht mehr möglich.

Beispiel für einen Kunstharzionenaustauscher ist neben dem Hydrokultur-Dünger Levatit HD 5 der Dünger Levaterr 80. Er reicht für etwa 4 Monate.

Eine interessante Darreichungsform ist die Scheibe, die zwischen Topfboden und Untersetzer eingelegt wird. Ebenfalls als Düngerscheibe wird der Langzeitdünger Terrafen angeboten, der für die abgegebenen Nährsalzionen Salze des Gießwassers bindet. Ausgewechselt wird im Frühjahr. Für kleinere Töpfe werden die Scheiben einfach zerschnitten. In der Ruhezeit entfernt man die Scheiben. Wurzeldurchwachsene Scheiben werden durch Zerbrechen entfernt.

Chelatisierte Nährstoffverbindungen geben ihre Nährstoffe kontrolliert ab. Die Chelate versorgen vor allem mit Spurenelementen (Fe, weniger Zn, Mn usw.) aber auch mit dem einen oder anderen Hauptnährstoff, halten die Nährstoffe länger pflanzenverfügbar gelöst, regulieren die gegenseitigen Mengenverhältnisse ein und werden zusammen mit den Metallen von der Pflanzenwurzel aufgenommen.

Sonstige Aufbereitungen sind z. B. chemisch veränderte Dünger, die ebenfalls kontrolliert Nährstoffe abgeben, wie z. B. Oxamid und Metallammoniumphosphate. Weitere Verbesserungen sollen langsam wirkende, mikroelementehaltige Dünger durch thermische Aufbereitung bringen. Bei Flüssigdüngern werden Additive, das sind Zusatzstoffe (Spurenelemente) in Chelatform, aber auch Schädlingsbekampfungsmittel und spezielle Herbizide (Unkrautbekämpfungsmittel beigegeben. Auch werden granulierte Düngemittel mit zerkleinertem Mikronährstoffmaterial mittels flüssiger Mineralölbindemittel umhüllt u. a. m. Ziel solcher Bemühungen ist, Arbeit und Kosten zu sparen, aber auch gegenseitige Begünstigungen durch Dünger und Additive für die Pflanze zu erreichen (höherer Chlorophyllgehalt, intensivierter Kohlenhydratstoffwechsel, verstärktes Wachstum, geförderte Entwicklung). Aber auch gegenteilige Wirkungen sind möglich.

Der Wert einer Vorratsdüngung für die Kakteenkultivierung ist unbestritten, wenn auch nicht immer erreichbar. Will man mit den »alten« Nährstoffträgern, den lehm- und tonhaltigen Erden und den üblichen Düngern arbeiten, sollen ca. 3–4 g chloridfreier Volldünger/l Erde verwendet werden. Nur bei sehr gering versorgten Substraten kann man bis 4(–6) g gehen. 2–3 g Floranid können den meisten Kakteen bedenkenlos gegeben werden. Bei Torf und stark torfhaltigen Medien gibt man spurenelementhaltige Volldünger. Die Mengenangaben sind nur grob; sie hängen von der Anfangsversorgung der Substrate, der geplanten Kulturdauer, von der Pflanze selbst u. a. ab.

Heute wird überwiegend nach, nicht vor dem Eintopfen der Kakteen gedüngt, weil vorratsgedüngte oder -düngbare Substrate, Depotdünger oder die Kenntnisse fehlen, weil längere Zeit nicht umgetopft wurde, weil an einem bestimmten Entwicklungszustand, an das Pflanzenalter, an spezielle Ernährungsansprüche angepaßt werden muß. Manchmal werden einzelne Nährstoffe vorratsgedüngt (P und K), andere laufend gegeben (N).

Die Methodik der Düngung

Der Zeitpunkt der Düngung

Aussaaten und Stecklingsvermehrungen erfolgen in einem relativ nährstoffarmen Substrat; später gibt man schwache Nährsalzlösungen. Eine alte Erfahrung sagt, daß Stockungen und Schäden, welche Kakteenpflanzen im Jugendstadium erleiden, sich so nachhaltig auswirken, daß sie später meist nicht mehr, auch nicht durch besonders gute Kultur, repariert werden können. Deshalb ist die Jungpflanzendungung besonders sorgfältig und gewissenhaft durchzuführen.

In der Hauptwachstumszeit erwachsener Kakteen ist der Nahrungsbedarf vergleichsweise hoch. Vom späten Frühjahr bis zum Frühherbst müssen laufend Nährstoffe verfügbar sein. Dann werden auch für die Ruheperioden ausreichende Mengen Reservestoffe gespeichert. Die Düngung muß allerdings rechtzeitig (im August, bei N evtl. noch früher) beendet werden, um den Entwicklungsabschluß, die Reife und den Übergang in die Ruheperiode nicht zu gefährden. Im Winter unterbleibt eine Düngung, ausgenommen die der winterwachsenden Kakteen.

Gedüngt wird, abhängig vom Entwicklungszustand der Pflanzen, der Jahreszeit u. a. ca. alle 3–4 Wochen, wohl meist gekoppelt mit dem Gießen.

Die Nährsalzkonzentration

Die Kakteenpflanze reagiert auf ansteigende Düngergaben zunächst überhaupt nicht. Erst bei ziem-

lich hohen Salzmengen wird in einem relativ engen Förderbereich das Wachstum von Wurzeln und Sproßen gefördert. Je stärker und öfter man düngt, je näher man der oberen Grenze des Optimalbereichs kommt, desto eher besteht die Gefahr einer Luxus-Ernährung, einer Überdüngung, einer Bodenversalzung.
Hohe Nährstoffgehalte sind nicht identisch mit hohen Salzkonzentrationen; erstere werden für die »toleranten« Kakteen bei 0,2–0,4% (des Substratvolumens), ja sogar bei 0,6–0,8%, letztere bereits bei 0,1% (oder darunter) kritisch. Entscheidend ist nicht nur die Salzmenge, sondern die für eine Lösung verfügbare Wassermenge (Bodenlösung). Normalerweise soll die Konzentration 0,2% nicht übersteigen: lieber schwächer (= 0,05%ig) und öfter, als selten stark düngen!
Die Salzanreicherung (bis zu Ausblühungen und Krustenbildung) im Oberflächenbereich arider Böden, den natürlichen Standorten der meisten Kakteen, findet in der Kultur eine »künstliche« Parallele. Die Nährstoffversorgung, ja -überversorgung durch zu vieles, zu häufiges Düngen mit ballast- und begleitstoff-»verunreinigten« Nährsalzen sowie durch salzhaltige Gießwässer und durch die Löslichkeit der Salze wird durch Auswaschung kaum im Freiland und schon gar nicht unter Glas beseitigt. Hohe Gesamtsalzgehalte oder einseitig vorliegende Salzkomponenten (Ionendisharmonien) erhöhen den osmotischen Druck des Bodenwassers, was die Wasser- und Nährstoffaufnahme be-, oder sogar verhindert und zu Wuchshemmung, Deformationen führt. Kontrollen auf Übersalzung sind möglich mit dem Abdampfverfahren, der Leitfähigkeitsmessung, einem Keimversuch-Schnellverfahren und mit salzempfindlichen Indikatorenpflanzen.
Gegen **Übersalzung** hilft: nicht zu oft und zu intensiv düngen; nichtwasserlösliche, langsam fließende, pflanzenverwertbare Dünger verwenden; die Pufferkapazität der Substrate erhöhen (z.B. durch einen höheren Tonanteil); den Humusanteil steigern (5% Humus mehr erhöhen die Salzverträglichkeit um 0,1%); reichliche und gleichmäßige Wasserversorgung; keine chloridhaltigen Gießwässer verwenden und Umtopfen in frisches Substrat. Das Auswaschen, die gründliche Durchspülung, die in Gewächshausböden 150–300, ja sogar 400–600 (!) Liter Wasser pro m^2 erfordert, ist in der Kakteenkultivierung kaum durchführbar.
Für die **minimale Nährsalzversorgung** gilt, daß nach Unterschreiten einer bestimmten unteren Konzentrationsgrenze bezüglich aller Nährstoffe bei den Pflanzen Mangelsymptome und Entwicklungsstop auftreten. Dies geschieht leicht bei N, weniger leicht bei P und K. Pro 100 ml Erde ist diese Grenze bei ca. 2 mg N, 18 mg P_2O_5 und 6 mg K_2O erreicht. Ob und wann diese Grenzwerte, die größenordnungsmäßig auch für Kakteen gültig sind, aber ebenso die »entgegengesetzten« bei Übersalzung vorliegen, kann eigentlich nur die laufende Substratanalyse feststellen. Nur dann kann die Düngung richtig und exakt durchgeführt werden. Schnellmethoden hierfür sind wohl nicht für den einzelnen, wohl aber für örtliche Zusammenschlüsse von Kakteenpflegern einsetzbar.

Düngung und Feuchtigkeit

Das Wasser ist für das Verhalten der Nährsalze im Substrat, für ihre Aufnahme, ihren Transport und ihre Verwertung in der Pflanze entscheidend. Die Feuchte im Substrat ist nötig für die Lösung der Salze und ihre angemessene Konzentration. Deshalb darf das Substrat in der Hauptwachstumszeit nie völlig austrocknen. Schwerlösliche Nährstoffe werden in großen Wassermengen leichter gelöst. Die Pflanze selbst enthält unterschiedliche Mineralsalzmengen: steigende Wasserversorgung erniedrigt den N-, steigert dagegen den K- und besonders den P-Gehalt.
Mit dem von den Wurzeln bis in die oberirdischen Teile der Kakteenpflanze dochtartig erfolgenden Wassertransport in den Gefäßen, wandern auch die Nährsalze nach oben. Mengenmäßig sind diese wenig abhängig von der in einer bestimmten Zeit beförderten Wassermenge, sondern von der Zahl der Ionen, die von den Wurzelzellen in die Gefäße abgeschieden werden. Das wechselnde Verhältnis Wasser: Ionen ändert auch die Zusammensetzung der Nähr- und Bodenlösungen erheblich. Zusätzlich bewirkt eine stärkere Transpiration bei hoher Nährsalzkonzentration, daß auch mehr Nährstoffe nach oben kommen. Über die Transpiration beeinflußt die Temperatur der Luft, besonders aber die des Wurzelungsmediums die Nährstoffbewegungen in

der Pflanze: bei niederen Temperaturen (z.B. bei 3–10 °C) wird nur ein Bruchteil von Ca und P in die oberirdischen Pflanzenteile transportiert.
Die Transportrichtung ist nicht grundlegend festgelegt. Im allgemeinen streben alle Ionen in die stoffwechselaktivsten, jüngsten Organe.

Düngung und pH-Wert: Weil hohe Gesamtsalzgehalte und hohe Mengen von Einzelsalzen ungünstig sind, muß das auch für die Ca- und Mg-Verbindungen harter Gießwässer gelten. Sie verursachen hohe pH-Werte, die durch geeignete Düngergaben (z.B. von Poly-Fertisal, Superphosphat) wohl erniedrigt werden können, die Ca- und Mg-Verbindungen selbst werden aber nicht entfernt. Der pH-Wert beeinflußt die Düngerwirkung: P ist am besten im neutralen und schwach alkalischen Bereich, N und K zwischen pH 5,5–7,5 maximal verfügbar. Auch für Spurenelemente (besonders für Fe) gelten bestimmte pH-Bereiche (optimal für Mo ca. 7,0, für Al ca. 5,5, für Mn, B, Cu und Co ca. 5,0).
Düngerlösungen können auf pH-Wert mit Farbindikatoren nur kontrolliert werden, wenn die Lösungen mindestens 1:4 mit Aqua dest. verdünnt werden.

Düngung und Witterung: Die Substratoberfläche steht in vielfältiger Beziehung zum Mikroklima (der bodennahen Luftschichten). So verursacht die Sonneneinstrahlung eine Temperaturerhöhung, beschleunigt die Wasserverdunstung und nimmt damit einen Einfluß auf die Düngung (Austrocknung, Konzentrationsschäden). Deshalb sollte nur bei trübem Wetter gedüngt werden.

Die technische Durchführung der Düngung

Dünger müssen gleichmäßig verteilt werden. Außer festen, pulverisierten, kristallinen oder granulierten Depotdüngern werden überwiegend Düngerlösungen verwendet.

Herstellung der Düngerlösungen: Düngerlösungen aus **festen** Düngern werden hergestellt, indem man die Salze abwiegt (notfalls mit einem Meßlöffel und dergleichen abmißt) und unter Rühren in Wasser löst.
Um Düngerangaben in reinen Elementen bzw. Oxyden in die eigentlichen Nährsalzmengen umzurechnen, kann man die Atom- und Molekulargewichte oder einfache Multiplikationsfaktoren benützen (Beispiel: zu 1 l Substrat sollen 0,5 g N als schwefelsaures Ammoniak (Faktor 5) gegeben werden: $5 \times 0{,}5 = 2{,}5$ g schwefelsaures Ammoniak/1 l Substrat oder 2,5 kg/m^3 müssen gegeben werden). Die Faktoren sind für Kalkammonsalpeter 5, schwefelsaures Kalimagnesia 4, schwefelsaures Kalium 2, Superphosphat 5,5, Thomasmehl 6.
Unkompliziert werden **flüssige** Volldünger gebrauchsfertig verdünnt (mit Meßzylindern, -kolben, Dosierschraubkappen). Hier, wie auch bei festen Düngern, sollten zuerst Stammlösungen hergestellt werden. Flüssig wird in den Topfrand, meist beim Gießen, gedüngt. Im Erwerbsbetrieb werden Düngermischer zwischen Wasserquelle und Ausbringungsort geschaltet. Auf wasserdichten Tischen können getopfte Pflanzen 3–6 cm hoch mit einer 0,1–0,2%igen Düngerlösung, abwechselnd mit Wasser, **angestaut** werden. Die oberste Substratschicht muß feucht und dunkel sein, bevor die Lösung abgelassen wird. Es tritt keine Verschlämmung auf, ein guter Luft- und Wasseraustausch findet statt, oberirdische Pflanzenteile bleiben trocken. Auch »**Blattdüngung**« beim »über Kopf«-Gießen und -Düngen bewährt sich ausgezeichnet. Spezialdünger, wie Wuxal, vermeiden Salzflecken (ansonsten nachgießen mit reinem Wasser!). Pflanzenschutzmittel können mit ausgebracht werden. Getopfte Kakteen sind elegant über das **Einfütterungssubstrat** (Torf-Sand 1:1, Torf-Perlit 1:1 usw.) zu düngen: man gibt 1–2 g löslichen Dünger auf 1 l Substrat. Trotzdem ist auch das Topfsubstrat nachzudüngen, selbst wenn Tontopfwandungen durchlässig sind und bei Plastiktöpfen die Wurzeln durch die Abzugslöcher in die Einfütterung wachsen. Selten werden feste, granulierte Dünger auf die Substratoberfläche gestreut, leicht eingearbeitet und eingegossen. Düngekegel, -stäbchen und -keile sind ungünstig. Von oben in die Topferde gedrückt, ergeben sie örtlich überhöhte und schädliche Konzentrationen, die meist nur in vertikaler Verteilung auftreten. Kränkelnde oder kranke Pflanzen werden erst nach der Gesundung wieder gedüngt.

Die Kontrolle der Nährstoffe

Um das Nährstoffangebot für die Kakteen optimal zu gestalten, sind 2–3mal jährlich Boden- und Substratuntersuchungen, aber auch Gießwasserprüfungen unerläßlich. Die Verbesserung der Analytik bringt heute schnell und relativ billig Ergebnisse, die nicht nur Nährstoffgehalte registrieren, sondern auch über deren Pflanzenverfügbarkeit Aussagen zulassen. In Versuchen mit Pflanzen müssen diese »chemischen« Resultate dann besser zum tatsächlichen Geschehen in den wachsenden und sich entwickelnden Kakteen in Beziehung gebracht werden. Man versucht dies modellmäßig mit schnellwachsenden höheren Pflanzen (Salat, Spinat, Kresse usw.) oder Algenkulturen, einem vereinfachten Aspergillus niger-Verfahren oder einer Fermentmethode zu tun.

Landwirtschaftliche oder gartenbauliche Versuchsanstalten, Landwirtschaftsämter, Landwirtschaftskammern und andere Institute führen solche Untersuchungen durch oder beraten kostenlos.

Die Versorgung mit gasförmigen Nährstoffen, insbesondere mit Kohlendioxid

Wenn der Begriff »Ernährung« alle lebensnotwendigen Stoffe umfassen soll, dann müssen neben den Nährsalzen auch noch die gasförmigen Nährstoffe genannt werden, welche die Kakteenpflanze unabdingbar benötigt.

Die Versorgung **unterirdischer Pflanzenteile:** Da Wurzeln den Sauerstoff der Luft brauchen und CO_2 abgeben, ist die Luftwegigkeit des Substrates überaus wichtig. Auch bestimmt die Gasversorgung der Wurzeln die Nährstoffverwertung. N, P und K werden schnell und ausreichend nur bei genügender O_2-Zufuhr aufgenommen. Schlechte Belüftung hat erhebliche Stoffwechselveränderungen in der Wurzel zur Folge, das Wurzelwerk paßt sich durch starke Seitenwurzelbildung nur vorübergehend an. Wechsel zwischen Belüftung und O_2-Mangel belastet die Pflanzen zusätzlich.

Die Versorgung **oberirdischer Pflanzenteile:** Das Kohlendioxid, CO_2, hat seine wichtigste Aufgabe bei der Assimilation zu erfüllen. Dieser Prozeß hängt vom Entwicklungszustand der Pflanze, der Wasserversorgung, dem Öffnungszustand der Spaltöffnungen, vor allem aber vom Licht ab. Erhöhte Lichtintensitäten steigern die Assimilation bis zu einem oberen Wert. Begrenzend aber dürfte der CO_2-Gehalt und die Verfügbarkeit von CO_2 im Innern der Kakteenpflanze sein. CO_2 ist in der Luft zu 0,03 Vol.-% enthalten, und zwar in annähernd allen Klimagebieten. Bodennahe Schichten sind meist reicher. CO_2 entsteht bei der, durch die Wurzeltätigkeit der höheren Pflanze, die Bodenmikroorganismen und die tierischen Bodenlebewesen bewirkten Bodenatmung der humiden, nicht aber der ariden Gebiete. Bei der Atmung, dem Gegenstück zur Assimilation, wird unter Verbrauch von Luft-O_2 CO_2 frei. Zusammen mit dem CO_2 der Luft geht es wieder in den Assimilationszyklus.

Ausreichende, zugfreie Luftzufuhr für die Kakteen ist deshalb unbedingt nötig, auch in kühleren Jahreszeiten. Die Luft muß allerdings temperiert bzw. es darf nicht nahe bei den Pflanzen gelüftet werden.

Die assimilationsbegrenzende CO_2-Menge und die Assimilationssteigerung bei erhöhtem CO_2-Gehalt lassen an eine **CO_2-Düngung** denken. Sie ist bei Kakteen, nicht im sonstigen Gartenbau, Neuland, weshalb Erfahrungen an anderen Pflanzen verwertet werden müssen. CO_2-Düngung oder Kohlensäurebegasung wirkt dann weniger deutlich, wenn die Pflanzen ohnehin sehr förderliche Wachstumsbedingungen haben, deutlich jedoch bei reduziertem Luftwechsel, was besonders am Ende oder am Anfang der Vegetationsperiode der Fall ist.

CO_2-Quellen künstlicher Art entstehen, wenn Leuchtpetroleum oder Propangas verbrannt werden. 1 l Propangas ergibt ca. 1500 l CO_2, die Sicherheitsbestimmung, die Installationen und Apparate sind jedoch recht aufwendig. Am einfachsten und teuersten ist Flaschengas: 1 kg ergibt 500 l CO_2-Gas, das mit perforierten Schläuchen direkt zwischen die Pflanzen geleitet werden kann. Die Konzentration soll bei 0,1 Vol.-% liegen; sie wird erreicht, wenn in einem gut geschlossenen, dichten 100 m^2-Gewächshaus 150–200 g Propan/Std. verbrannt werden. Bei reinem CO_2 werden 500 g benötigt. CO_2 soll in den Übergangsmonaten, besonders an nebligen, trüben, aber auch an sonnigen Tagen eingesetzt werden. In das Frühjahr hinein, muß nur mehr alle 2–3 Tage gedüngt werden. Kühle Nächte (mit geringen Atmungsverlusten) und Tagestemperaturen von 15–20 °C (gute Assimilation!) sind günstig. Begast wird von Sonnenaufgang bis 2 Stunden vor Sonnenuntergang. Die Gasverteilung wird durch Ventilatoren gefördert.

Auf dem Gebiet der CO_2-Begasung sind noch eine Reihe von Fragen, auch wirtschaftlicher Art, experimentell zu klären.

Wasser für die Kakteenpflanze

Pflanzliches Leben ist ohne Wasser nicht möglich. Wasser formt die Einzelpflanze, aber auch ganze Pflanzengesellschaften. Es ist Nährstoff, Lösungsmittel, Transportmittel, Medium, in dem sich sämtliche biochemischen Prozesse in der Pflanze abspielen und letztlich sogar Substrat.

Alle voll »funktionsfähigen« Pflanzen, auch die Kakteen, enthalten stets einen hohen Prozentsatz an Wasser, so z.B. die Riesenkakteen Carnegia gigantea und Pychycereus pringlei, die 12–20 m hoch werden können, 91% (!) ihres Frischgewichts. D.h., sie speichern mehr als 3000 Liter Wasser. Deshalb können Kakteen, insbesondere auch Opuntien, jahrelang ohne Wasseraufnahme aushalten, auch wenn sie dabei 60–70% ihres Vorrates aufbrauchen.

Geht der Wassergehalt zurück, fällt die Pflanze in einen latenten Zustand, am deutlichsten aufgezeigt in den Kakteensamen, die nur ca. 13–14% Feuchte enthalten und die sich in einem Ruhezustand befinden. Wird letzterer beendet, werden bei der Keimung wiederum und als »Start« relativ große Wassermengen aufgenommen, um die Lebensregungen im Samenkorn anzukurbeln.

Die Bedeutung des Wassers ist somit für alle Pflanzen überragend. In Trockengebieten beeinflußt eine zuweilen schwierige Wasserversorgung am stärksten Entwicklung und Gestalt der Pflanzen. Die Mechanik des Streckungswachstums der Pflanzen macht es verständlich, daß nachlassende Turgeszenz die Entwicklung nicht fördert. Deshalb haben Pflanzen an trockenen Standorten oft Zwerg- und Kümmerwuchs, geringe Verzweigung, stark reduzierte Sproßachsen und Blattspreiten, verdickte, mit Kalk oder Wachs überzogene Kutikula, mehrschichtige Epidermen, verkleinerte Epidermiszellen, verengte, versenkte oder mit Haarfilz überdeckte, zahlenmäßig jedoch vermehrte Spaltöffnungen, starke Ausbildung von Gefäßen und Festigungselementen u.a.m. So passen sich Xerophyten typisch an physiologisch trockene Standorte an.

Pflanzen können (nach Walter) eine oder mehrere jährliche Trockenzeiten nur überdauern, wenn

1. in der Regenzeit Wasservorräte angelegt und diese sparsam in der Trockenzeit verbraucht werden. Die Transpiration ist gering, das Wachstum langsam: **Sukkulenten**; oder
2. in der kurzen, für die Pflanze günstigen Jahreszeit intensiv transpiriert wird und viele Aufbaustoffe produziert werden. Die Trockenzeiten überdauern nur die Samen: **Annuelle** oder **Ephemere.** Oder die oberirdischen Organe werden eingezogen, die Pflanze verbleibt in der Trockenzeit im Boden: **Geophyten.**

   Sowohl die Ephemeren als auch die Geophyten weichen der Trockenheit aus; oder
3. in der Trockenzeit, während der das Bodenwasser begrenzt ist, die Pflanzen diese ohne vorherige Wasserspeicherung und ohne veränderte Sproßsysteme überstehen: **Xerophyten.**

Die Sukkulenten, zu denen die Kakteen gehören, werden durch zwei kurze Regenzeiten und lange, dazwischen liegende Trockenzeiten besonders begünstigt. Es können Wasserreserven angelegt werden, die später sparsam in der Trockenzeit verbraucht werden. Klimatologisch sind solche Gegebenheiten in den Grenzgebieten zwischen Sommer- und Winterregengebieten zu finden, wo weder ausgiebige Sommer- noch Winterregen fallen, jedoch 2 kurze Regenzeiten auftreten (z.B. in Arizona und Mexiko).

Selbst dann können sich Kakteen nur an derartig unwirtlichen, trockenen Standorten behaupten wenn sie wenigstens im Lauf längerer Zeiträume ein Gleichgewicht zwischen Wasserabgabe und -aufnahme herstellen können. Wird dies nicht erreicht, nicht einmal auf einem niederen Niveau, ist der betreffende Standort nicht dauernd zu besiedeln. Steigender Wassermangel, der aber nicht irreparabel schädigt oder die Pflanze zum Absterben bringt, bestimmt, wie lange die Pflanze unter solchen Bedingungen aushalten kann. Entscheidend ist dabei, wie groß der Wasservorrat war und wie intensiv der Wasserverlust pro Zeiteinheit ist.

Extrem angepaßt sind die Sukkulenten, die in Trokkenperioden kein Wasser aufnehmen können, keinen Kontakt mehr mit dem Boden haben und lange in einem Zustand der Wasserunterbilanz verbleiben müssen. Aus ihren reichlichen Vorräten verbrauchen sie, durch morphologische und physiologische Vorkehrung ermöglicht, so haushälterisch Wasser, daß sie auch jahrelange »Durststrecken« überleben.

Kakteen und Wasser

Ausreichendes Feuchtigkeitsangebot

Kakteen leben an trockenen Standorten, ohne dafür eine Vorliebe zu haben. Sie vertragen Boden- und Lufttrockenheit relativ gut, weil sie angepaßt sind und wenig Wasser benötigen. Ohne Wasser können auch sie nicht leben.

Die Entwicklung ist nicht direkt vom Feuchtigkeitsvorrat, insbesondere des Bodens, abhängig. Vielmehr ist ein Gleichgewichtszustand zwischen Transpiration und Absorption des Wassers entscheidend. Damit ist die Wasserführung und Art des Bodens bzw. Substrates, die Art der kultivierten oder wild wachsenden Pflanzen, deren Wurzelsystem, die von Temperatur, Strahlung und Luftbewegung abhängigen Verdunstungsbedingungen und andere klimatische Faktoren maßgebend.

Die Verdunstung ist so wichtig, daß sie die Erde in die Großräume »trockene« und »feuchte« Klimabereiche einzuteilen gestattet (Abb. 41). Obwohl in den ariden Gebieten die Niederschlagsmenge geringer als die Verdunstung sind, ist letztere tatsächlich und vergleichsweise geringer als in humiden Zonen. Das bewirkt die fast immer trockene Bodenoberfläche und der schwache Pflanzenwuchs.

Unverzichtbar ist Wasser in Zeiten erhöhter pflanzlicher Vitalität. Verschiedene Entwicklungsstadien der Kakteen brauchen unterschiedliche Feuchtigkeitsmengen. Kakteensämlinge wollen viel Feuchtigkeit, sind gleichzeitig auch feuchtigkeitsresistent. Dagegen braucht die erwachsene Pflanze viel weniger Feuchte, gegen die sie weit geringer widerstandsfähig ist. Dazu kommt eine stark verringerte Transpiration und -kühlung, weshalb recht hohe Sproßtemperaturen erreicht werden. Die Kakteengattungen haben unterschiedliche Trockenheitsresistenzen; noch ungeklärt ist, ob dies mehr auf der Fähigkeit zur Reduktion des Wasserverlustes oder auf der zum Überdauern des Wassermangels (»Trockentoleranz«) beruht. Was einzelne Organe betrifft, so sind Kakteenblüten weder xeromorph noch sukkulent.

Fehlende oder zu geringe Feuchte (Ruheperioden)

Ruheperioden sind fast immer durch Trockenheit bedingt. Gesteuert werden sie vom Wassermangel, aber auch durch Wuchs- und Hemmstoffe, die Regulatoren des Wachstums (z.B. Indolylessigsäure, das ungesättigte Lakton »Inhibitor α«). In der gärtnerischen Praxis können Ruhepausen verlängert (z.B. durch Maleinsäurehydrazid) oder abgebro-

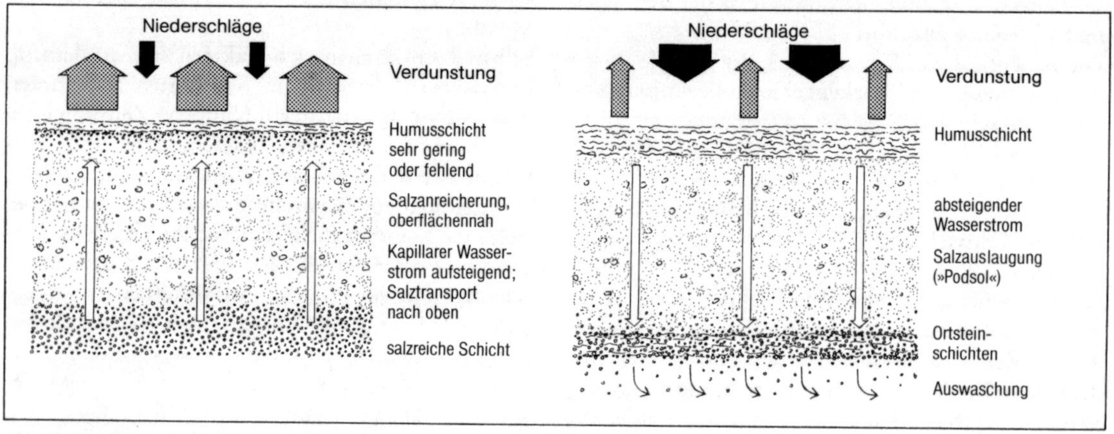

Abb. 41 Das Wasser in ariden (Trocken-) und in humiden (feuchten)Böden.

chen (z.B. durch Gibberelline) werden, d.h. die Schutzfunktion eines Ruhezustandes gegen ungünstige Umweltbedingungen ist relativ und ausschaltbar.
Möglicherweise induzieren unterschiedlich starke Wasserdefizite zusätzliche Hitzeresistenzen; fallen doch oftmals Zeiten stärkeren Wassermangels mit erhöhter Temperaturbelastung zusammen. Unverwertbares Wasser als Schnee oder Eis und gleichzeitig tiefe Temperaturen bringen die pflanzliche Entwicklung zum Stillstand. Interessanterweise sind die Ruheperioden am stärksten bei Samen ausgeprägt; trotzdem bereiten sie sich auf die weitere Entwicklung vor.
Wenn sich Kakteen in regem Wachstum befinden, mangelt es nicht so an Wasser, wie bei »trockenholden« Pflanzen denkbar oder nach den Jahresniederschlägen vermutbar. Die Menge Wasser je Quadratmeter Bodenoberfläche ist auf die transpirierende Pflanzenoberfläche zu beziehen. Weil die Vegetation in Trockengebieten dünn ist, ist die Wasserversorgung in ariden und humiden Gebieten gar nicht so verschieden. In Trockengebieten müssen die Wurzeln allerdings weiter ausstreichen, sie sind stärker ausgebildet, verglichen mit den reduzierten oberirdischen Teilen, sie sind oberflächennah, weil die Niederschläge nur die oberen Bodenschichten durchfeuchten. Bei extrem geringen Niederschlägen (Jahresregenmenge unter 100 mm) und Oberflächenverkrustung fließen die Niederschläge in die tieferen, sandgefüllten Erosionsrinnen ab. Nur dort sind Pflanzen. Fallen z.B. nur 25 mm Jahresniederschläge, wovon 80% in tiefere Geländeteile abfließen, wobei diese nur 4% der Gesamtfläche ausmachen, so wird eine Wassermenge dort verfügbar sein, die einem Jahresniederschlag von 500 mm entspricht (nach Walter).

Die Bereitstellung von Wasser

Die Darbietung als Bodenwasser

Aufnahmemechanismen: Die Wasseraufnahme erfolgt über das Wurzelwerk. Wichtig ist dabei, wie weit die Wurzeln ausgreifen (nicht so sehr wie viel Wurzeln vorhanden sind), wie schnell sie vorrücken und wie ihre Oberflächen funktionieren. Je feuchter desto weniger, je trockener desto flacher ist das Wurzelwerk der Kakteen. In der Kakteenwüste Arizonas (mit frostfreiem Klima, mit nur 250 mm Jahresniederschlägen, mit einer Winter- und einer Sommerregenzeit) befinden sich die weitreichenden Wurzelsysteme der Kakteen in den obersten 2 cm des Bodens. Nach den Niederschlägen bilden sich jeweils neue, feine, wasseraufnehmende Saugwurzeln, die in der Trockenzeit wieder verdorren; die Pflanzen leben dann von ihren Wasservorräten.

Das Bodenwasser, eine Salzlösung unterschiedlicher Konzentration, wird von den Bodenpartikeln festgehalten. Zwischen diesen sind luftgefüllte Räume, bedeutsam für die Atmung der Wurzeln. Gegen den Widerstand der Bodenteilchen müssen die Wurzelhaare diesen das Wasser entreißen. Aus unmittelbar wurzelnahen Bodenpartien wird zusätzlich Wasser kapillar ausgenützt. Verständlicherweise müssen die Wurzelsaugkräfte der Pflanzen hoch sein, höher als die von Pflanzen humider Gebiete. Entscheidend für die Wasseraufnahme sind aber auch chemische und physikalische, besonders aber strukturelle Eigenschaften der Böden.

Verwertbare »Aggregatzustände« des Wassers: Brauchbar für die Kakteenpflanzen ist Wasser in flüssigem Aggregatzustand, aber auch Nebel, Kondenswasser, Tau, Sprühregen und Luftfeuchte. Nicht aufnehmbar ist Wasser in Form von Schnee und Eis.
Eine Freiluftkultur der Kakteen in unserem Klimaraum ist schwierig, weil die Niederschläge unregelmäßig, ungünstig verteilt, leicht zu viel und nicht konform mit geeigneten Temperaturen fallen. Deshalb muß wegen der Feuchte, aber auch der Kälte vor der Witterung geschützt, nicht diese ausgenützt werden. Dies wiederum erfordert eine vom Menschen gesteuerte, an der Witterung orientierte, »künstliche« Wasserversorgung der Pflanzen, die auch »unter Glas« möglichst naturähnlich erfolgen soll: durch Gießen, Vernebeln und Versprühen.

Wasser, seine Herkunft und Qualität: Wassergaben können nur dann optimal nützen, wenn sie in Zusammenhang mit einer harmonischen Düngung, mit dem Entwicklungs- und Gesundheitszustand, dem Alter und der Kultivierung der Kakteen, aber vor allem auch der Witterung und besonders mit der Qualität des Wassers selbst gesehen werden. Wasserreservoire sind das Grund- und das Oberflächenwasser, nur ausnahmsweise Wasser aus bestimmten Tiefenschichten von Süßwasserseen oder aufgefangenes Niederschlagswasser.

Das Grundwasser aus den Wasserleitungen ist weder chemisch noch biologisch »rein«. Besonders gefährlich sind die Salze, gleich, ob hohe Gesamtsalzgehalte oder einseitige Einzelsalzmengen vorliegen bzw. langjährig salzhaltige Gießwässer dem Substrat zugeführt werden. Ein Gießwasser darf nicht mehr als 0,1, höchstens 0,5 g Salz/l enthalten. Bei 0,5 g/l Wasser und einem maximalen Gießwasserverbrauch von 1500 l werden pro m^2 in 1 Jahr 0,75 kg (!) solcher Beistoffe ausgebracht!

Entscheidend ist die sogenannte **Härte** des Wassers. Wässer mit einer Härte von 0–4° DH (Begriffserklärung siehe unten) werden als sehr weich, von 4–8° DH als weich, von 8–12° DH als mittelhart, von 12–30° DH als hart und über 30° DH als sehr hart bezeichnet. Bis zu 10° DH kann ein Wasser unaufbereitet verwendet werden. 75% aller Wässer aber haben bis zu 18° DH und mehr, besonders natürlich solche aus kalkreichen Gebieten und Bodenschichten. Weiche Wässer entstammen Gebieten mit Sandstein, Sanden, Granit, Porphyr, Gneis usw.

Die Härte eines Wassers ist die summarische Gesamthärte aus der, auf dem Ca- und/oder Mg-Bikarbonat-Gehalt beruhenden **temporären Härte** (Karbonat- oder vorübergehende Härte) und der **permanenten Härte** (Mineralsäure-, Sulfat- oder bleibende Härte), die auf den übrigen Ca- oder Mg-Verbindungen, den Sulfaten, Nitraten, Chloriden usw. basiert. 1 »Deutscher Härtegrad (1° DH) entspricht 10 mg CaO/l Wasser; der meist geringere Mg-Gehalt wird auf CaO umgerechnet: 1° DH = 7,14 mg MgO.

Ca und Mg sind solange Pflanzennährstoffe, bis sie eine obere Konzentrationsgrenze überschreiten und dann schaden. Wässer mit über 5, in jedem Fall mit über 10° DH müssen aufbereitet werden. 5° DH müssen erhalten bleiben, damit der Kalkbedarf der Pflanzen aus dem Rest-Calcium gedeckt werden kann. Nur extrem kalkfeindliche Pflanzen verlangen ein Wasser mit 1–2° DH. Zu harte Gießwässer verursachen ein Überangebot und eine Disharmonie an Nährstoffen im Substrat, dadurch physiologisch bedingte Krankheiten, gefolgt von infektiösen; relativ harmlos sind noch Kalkflecken und -krusten auf den Pflanzen und »Kalkausblühungen«, Algen- und Moosbildung (im Zusammenspiel von Alkalisierung und hoher Feuchtigkeit des Substrates).

Wie kann die Härte eines Wassers ermittelt werden? Auskunft gibt jedes zuständige Wasserwerk. Ein Untersuchungsamt kann mit einer exakten Analyse beauftragt werden. Man kann sich auch selber helfen, allerdings weniger genau.

Eine käufliche Seifenlösung (mit Gebrauchsanweisung) wird solange unter Schütteln tropfenweise zugegeben, bis ein nicht mehr knisternder Schaum auf dem Wasser zurückbleibt. Die verbrauchte Menge Seifenlösung ergibt den Härtegrad. Vorzüglich geeignet ist das Tabletten-Reagens »Durognost«, das »aquatest«-Gerät u. a. m.

Besonders einfach ist eine kleine, »kontrollierte Probeenthärtung«: in einen Eimer mit 10 l Leitungswasser gibt man 10 ml einer 5%igen Oxalsäurelösung, rührt ca. 2 min um und entnimmt mit einem Wasserglas eine Probe, die mit einem Tropfen Mischindikator (0,1%ige Lösung Methylrot und 0,05%ige Lösung Methylenblau in 96%igem Alkohol) versetzt wird. Färbt sich die Probe grün, wiederholt man die Prozedur so lange, bis eine Violettfärbung, die freie, nicht mehr von Kalk neutralisierte Säure-Ionen anzeigt, erreicht ist. Von der dann verbrauchten Menge Oxalsäure zieht man 10 ml ab (damit die nötige Resthärte verbleibt) und hat die ml-Menge Oxalsäure, mit der man 10 l Wasser enthärten kann. 22,5 mg Oxalsäure enthärten 1 l Wasser um 1° DH.

Unerwünschter Kalkgehalt wird beim **Enthärten** des Wassers reduziert. Dies kann mit anorganischen und organischen Säuren erfolgen.

Schwefelsäure wandelt die Härtebildner in Sulfate (z. B. Calciumsulfat = Gips) um, die leichter als die Karbonate, aber schwerer als die Bikarbonate löslich sind. Sie werden nicht ausgefällt, sondern kommen mit dem »angesäuerten« Gießwasser als schwach dissoziierter Gips ins Bodenwasser bis zur Löslichkeitsgrenze, jenseits der sie ausfallen (was leichtlösliche Salze, wie Nitrate, Chloride nicht tun). 0,01 ml konzentrierte Schwefelsäure wird je Härtegrad und Liter Wasser gegeben. Vorsicht beim Umgang mit konzentrierter Säure! Immer Säure ins Wasser, nie umgekehrt, gießen! Überschüssige Säure im Wasser ist übrigens für die Pflanzen schädlich.

Salz- und Salpetersäure verdrängen die Kohlensäure aus ihren Salzen, fällen jedoch kein Ca, wandeln lediglich die temporäre in die permanente Härte und die schwerlöslichen Karbonate in die höchst unerwünschten leichtlöslichen Chloride und Nitrate. Diese reichern sich schnell im Substrat an, ausgewaschen werden sie nicht. Deshalb sind solche Säurebehandlungen des Wassers abzulehnen.

Phosphorsäure bewirkt komplizierte Vorgänge, es entstehen aber auch hier mehr oder weniger lösliche Phosphate, die nicht aus dem Wasser geholt werden können.

Von den organischen Säuren ist Oxalsäure am besten geeignet und auch der Schwefelsäure überlegen: 2 g Gips, aber nur 0,006 g Calciumoxalat lösen sich in 1 l Wasser! Die Trübung durch das praktisch unlösliche Oxalat setzt sich über Nacht ab, das Überstehende, dekantiert, ist das enthärtete Gießwasser. Oxalsäure verwendet auch die Pflanze als Neutralisierungsmittel im Stoffwechsel, als schwache Säure verändert sie auch überdosiert den pH-Wert kaum, sie ist (außer in Hydrokultur?) nicht pflanzenschädlich, allerdings nicht pflanzenverwertbar und wird im Boden biologisch abgebaut. Pro 1° DH und 1 l Wasser gibt man 0,0225 g technisch reine Oxalsäure.

Zitronensäure und andere organische Säuren erniedrigen in erster Linie den pH-Wert, was sicher mit sauren Nährsalzen besser zu machen ist.

Am besten, aber auch am teuersten enthärten bzw. entmineralisieren Ionenaustauschergeräte mit Kationen- und Anionenaustauscher-Gemischen.

Ein unkomplizierter, billiger, sehr empfehlenswerter »Ionenaustauscher« ist Torf, der alkalisierende Ionen bindet und saure Wasserstoffionen abgibt. 50 g Torf pro 10 l Wasser enthärten über Nacht um 15–20° DH. Der Torf wird hierzu in Gaze eingebeutelt oder lose dazugegeben mit anschließendem Abseihen.

Die **pH-Wert-Einstellung** des Gießwassers sollte auf den, von Kakteen gewünschten schwach sauren bis neutralen Bereich mittels tropfenweiser Zugabe von Schwefelsäure und Kontrolle über Farbindikatoren erfolgen. Auch Torf ist für die pH-Wert-Korrektur sehr brauchbar. Mit »sauren« Gießwässern können auch alkalisierte Substrate bereits getopfter Kakteen wieder im pH-Wert gesenkt werden.

Die **biologische Aufarbeitung** des Gießwassers ist unnötig, wenn Leitungswasser aus öffentlichen Versorgungsnetzen verwendet wird. Schmutzwasserbeimischungen sind durch Abkochen oder Sterilisieren zu entkeimen.

Das **Regenwasser,** früher rein und weich, ist dies heute in Großstadt- und Industrienähe nicht mehr. Auch die Nähe des Meeres ist in diesem Zusammenhang ungünstig. Regenwässer sind mit Na, K, Cl, S, N u.a. verunreinigt. Als Normalwerte für Mitteleuropa gelten:

1. im Regenwasser 0,1 mg S, 0,5 mg Cl, 0,3 mg NO_3, 0,2 mg NH_4, 0,2 mg Na, 0,2 mg K, 0,2 mg Mg, 1,0 mg/l Ca;
2. in der Luft 10 γ S, 4,5 γ Cl, 4,0 γ NH_3, 2,0 γ Na, 1,0 γ K, 0,5 γ Mg, 2,0 γ/m^3 Ca.

Sauberes Regenwasser ist nach wie vor ideales Gießwasser, weil weich, fast mineralfrei, O_2-angereichert und neutral. Meist muß es gefiltert und durch Abkochen oder Zusatz keimtötender Chemikalien biologisch gereinigt werden. Brauchbar ist auch sauberes, reines Oberflächenwasser aus Teichen, Flüssen usw., sowie temperiertes Schnee- und Eisschmelzwasser; ungeeignet ist Moor- und Meerwasser (Abb. 42).

Die Abgabe des Wassers: Wasser wird nicht nur aufgenommen, sondern auch abgegeben. Dies geschieht im Wege der Verdunstung. Sie hängt ihrerseits von der absoluten Luftfeuchte, der Einstrahlung und damit der Temperatur sowie der Luftbewegung (Wind) ab. Verdunstungsmessungen in den Kakteenwüsten Arizonas geben die Vorgänge bei den Pflanzen, insbesondere sukkulenten, nicht klar wieder. Fest steht, daß neben physikalischen Werten die Transpiration vom spezifischen Bau der transpirierenden Organe und von der Wasserversorgung insgesamt abhängt. Letztere ist in Trockengebieten mit der größten atmosphärischen Verdunstungskraft am ungünstigsten, damit die Verdunstung der Pflanzen geringer als in feuchten Klimabereichen mit geringer Verdunstung, aber günstigerer Wasserversorgung. Typischer sind die unterschied-

Gehalt des Wassers an:	Maximal- (= m) bzw. Optimal- (= o) Werte	Bemerkungen
Stickstoff (N) Kalium (K_2O) Magnesium (MgO)	o: 4 – 8 mg (ca.) o: 2 – 4 mg (ca.) o: 2 – 4 mg (ca.)	nicht schädigend; aber ab etwa 20 mg/l sollten die Nährstoffgehalte bei der mineralischen Düngung berücksichtigt werden
Phosphor (P_2O_5)	o: ca. 0,5 – 1,5 mg	praktisch im Leitungswasser nicht vorhanden (Indikator für Zutritt von Abwässern!)
Abdampfrückstand	m: 1000 – 1200 mg	wenn sich der Abdampfrückstand aus mehr als 40% leicht wasserlöslichen Salzen zusammensetzt, dann nur 800 – 1000 mg
Chlor (Chloride, Cl)	m: 150 – 180 mg	
Natrium (Na_2O)	m: 150 – 180 mg o: 1 – 3 mg	
Sulfate (SO_4)	m: 350 mg o: ca. 1 – 5 mg	Schädigungen nur dann zu erwarten, wenn sehr niedrige Calciumoxid-Gehalte vorliegen
Gesamthärte	o: ca. 20 – 60 mg Calciumoxid	möglichst nicht mehr als 27 – 35° DH
Eisen (Fe)	m: 1 mg	nicht pflanzenschädigend, führt aber zu Verschmutzungen der Glasflächen bei oberflächlicher Verregnung
Phenole und geschmacksbeeinflussende Stoffe	m: keine	
Bakteriologische Verunreinigungen	nur im Rahmen der gesetzlichen Trinkwasserbestimmungen	

Abb. 42 Daten zur Qualitätsbeurteilung von Wasser.

lichen Verdunstungskräfte von Pflanzen sonniger oder schattiger Standorte des gleichen Gebietes.
Das Wassergewebe speichert nur Wasser (wie z.B. bei den Mittagsblumengewächsen) oder assimiliert zusätzlich (wie z.B. bei den sukkulenten Crassulaceen). Für Kakteen gilt beides. Wasserverluste bedingen Gewebekontraktionen, später Fältelung der Wände, die Kakteen schrumpfen.

Die Darbietung als Luftfeuchtigkeit

An den heimatlichen Standorten der Kakteen sind die Tagestemperaturen bei starker Sonneneinstrahlung und die Lufttrockenheit hoch. Der krasse Temperaturfall in der Nacht bewirkt sehr selten Taubildung in den kritischen Dürrezeiten. Selbst in semiariden Steppen bilden sich Tau oder Nebel nur kurz vor oder nach Regentagen. Feuchte Luft und starke nächtliche Abkühlung gibt es nur in den meeresnahen Nebelwüsten Chiles und Perus.
Weniger die Gesamtmenge als vielmehr die Höhe des einzelnen Tau- bzw. Nebelniederschlags ist wichtig: er liegt in 1 Nacht meist unter 0,2 mm, er hat noch nie 1 mm erreicht. Die Nebelfeuchte geht höchstens 2,3 cm in einen Sandboden, 1,1 cm in einen Lehmboden hinein. Kommt die Sonne durch, ist der Boden sofort wieder trocken. Pflanzen gedeihen hier nicht.
Auch die Kollektorwirkung der Kakteenstacheln für die Kondensierung der Luftfeuchtigkeit, einschließlich einer erhöhten Benetzung der Pflanzen,

bringen kaum etwas. Entscheidend ist nach wie vor die Wasserversorgung über die Wurzeln. Hohe Luftfeuchte hemmt lediglich die Verdunstung. Nennenswerte Feuchte bringen stark nässende Nebel an aufsteigenden Bergen und feine Sprühregen oder Nebelregen.

Damit bestimmt die Luftfeuchte über den Transpirationsstrom lediglich, wie intensiv Wasser und Nährsalze nachgeschoben werden. Überwiegt der Wasserverlust den -zustrom, ist auch bei Kakteen Welken, schließlich der Dürretod, unvermeidlich.

Für die Kultur gilt, daß bei jeder Temperatur die Luft mit einer bestimmten Menge Wasserdampf gesättigt ist = absolute Luftfeuchte. Der Prozentsatz der Sättigungsmenge bei einer bestimmten Temperatur, die relative Luftfeuchte, wird mit Hygrometern gemessen.

Kakteen benötigen nur eine geringe Luftfeuchte, sie behindert die Nahrungsaufnahme nicht und verhindert die Korksucht. Die Luftfeuchte in Kästen und Gewächshäusern wird vom Wassergehalt der Substratoberflächen bestimmt. Beete sind dabei ausgeglichener als Tische mit getopften Pflanzen. Ein Luftwechsel verhindert einen Feuchtestau. »Trokkene« Luft entsteht durch höhere Lufttemperaturen, »feuchte« durch relativ niedere Lufttemperatur; das Lüften spielt dabei mit.

Strahlungs- oder Bodenheizung fördert letztere, Luftheizung (bei kühlen Böden) erstere, wobei gleichzeitig Schwitzwassertropfen beseitigt und Pilzkrankheiten in der Ausbreitung gehemmt werden. Die Pflanzen selbst verdunsten ebenfalls Wasser auf Kosten der Bodenfeuchte, abhängig von dem physiologisch gesteuerten Spaltöffnungsmechanismen und den Umweltbedingungen im Kultivierungsraum. Besonders im Herbst und Winter ist die Luftfeuchte hoch, die Temperatur niedrig, der Lichtmangel nimmt dabei zu.

Entwicklungsfördernd für Kakteen wirkt künstlich erhöhte Luftfeuchte durch Vernebeln oder Zerstäuben von kalkfreiem Wasser insbesondere nach beendeter Winterruhe zur Wachstumsanregung im Frühjahr. Besprühte Pflanzen sollten abends trokken sein. Kakteen tropisch feuchter Gebiete wünschen eine Luftfeuchte von ca. 50–60% bei ca. 20°C; dies erreicht man mit wassergefüllten Verdunstungsgefäßen (meist kombiniert mit Heizungsrohren oder dergleichen) oder Versprühen oder Feinstzerstäuben von Wasser in Defensoren (vollautomatisch über Hygrostate zu steuern).

Die Technik der Wasserversorgung der Kakteen

Die Verfahren der Wasserzufuhr

Das Wasser wird zu den Pflanzen, nur ausnahmsweise (in Spezialgewächshäusern) werden die Pflanzen zum Wasser gebracht (Abb. 43).

Das **Gießen** (Abb. 44) erfolgt in den Topfrand mit Gießkannen, in der Hauptwachstumszeit auch mit aufgesteckter Brause »flächig«. Ein Schlauch erleichtert das zeitraubende, mühsame Gießen erheblich. Immer muß das Wasser abgestanden und möglichst weich sein. Man verwendet Wasserbehälter und kleine Pumpen; nie zapft man Wasserleitungen direkt an. Schlauchgießer und Berieselungsschläuche sind ebenfalls geeignet. Sprühen ist nur günstig im Frühjahr, auf die Dauer verweichlicht es die Pflanzen. In Erwerbsbetrieben sind Beregnungsanlagen installiert, die mit Fingerspitzengefühl, dann aber arbeitssparend und wirtschaftlich eingesetzt werden. Immer sollen die Pflanzen vor Sonneneinstrahlung und Dunkelheit abgetrocknet sein.

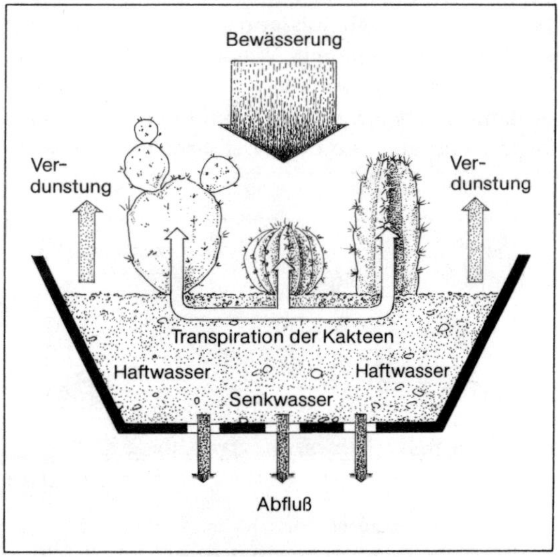

Abb. 43 Der »Kreislauf« des Wassers.

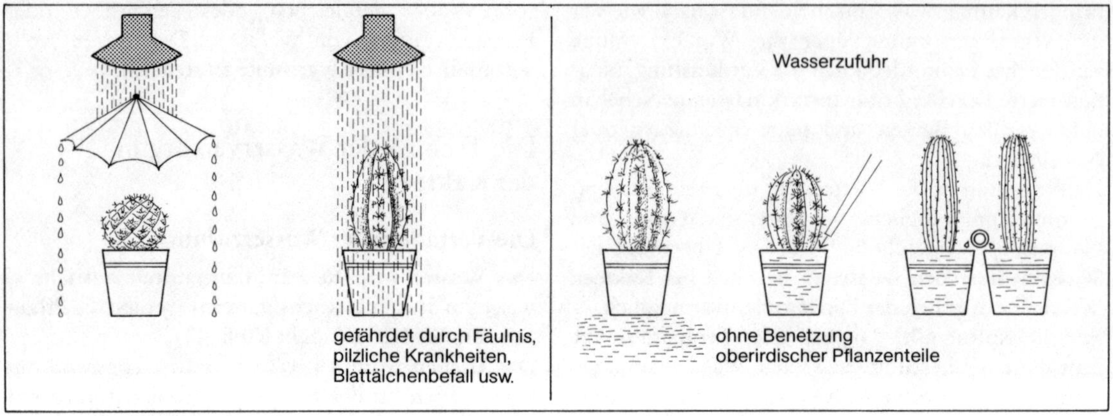

Abb. 44 Bewässerung in der Kultur.

Die **Anstaubewässerung** (Abb. 45) versorgt schubweise, temporär, durch Fluten mit Wasser und leitet dieses anschließend wieder ab. Die Beete sind wasserdicht (mittels Folien), Unterlage sind Riesel, Maschendraht usw., aber auch die diversen neuen Bewässerungsmatten und -vliese. Der Arbeitsaufwand für die Bewässerung getopfter Kakteen sinkt bei dieser Methode um ca. 70%. Komplizierter und seltener ist es, den Wasserspiegel konstant zu halten und durch einen selbsttätigen Wasserzulauf zu regulieren; einfacher ist es, getopfte Kakteen in einem feucht zu haltenden, torfhaltigen Einfütterungssubstrat einzusenken. Bei der **Tröpfchenbewässerung** (Abb. 46) versorgt ein Schlauchsystem mit Wasser und Nährsalzen, kontinuierlich, besser jedoch von Zeit zu Zeit. Die Schläuche enden meist in Tropfdüsen. So können eingesenkte getopfte oder frei ausgepflanzte Kakteen versorgt werden, wenn ein gut durchlässiges Substrat mit Torfanteil verwendet wird. Auch hier sind Wasserbehälter und Pumpe unerläßlich. Vorteilhaft ist, daß die Pflanzenkörper trocken bleiben, Schädlingsbefall und Krankheiten vermindert auftreten, die Luftfeuchte stabil bleibt, die Anlagen sicher, vollautomatisch und sparsam arbeitet. Nachteilig sind der Preis, die empfindlichen Düsen (nur für Wässer unter 20° DH), die schwierige Anwendung, die Feuchtekontrolle, der mühsame Ab- und Aufbau bei Pflanzenwechsel, Alterungserscheinungen usw. Das Verfahren hat mit Tropfwasser, das als steter Fall (bei undichten Bedachungen) oder als

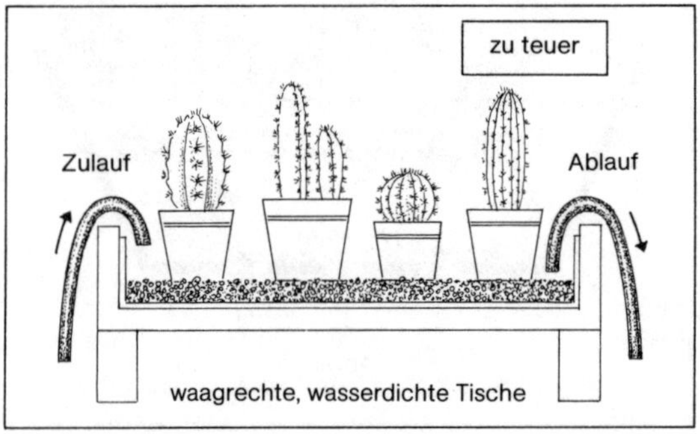

Abb. 45 Methoden der Wasserversorgung: Anstaubewässerung.

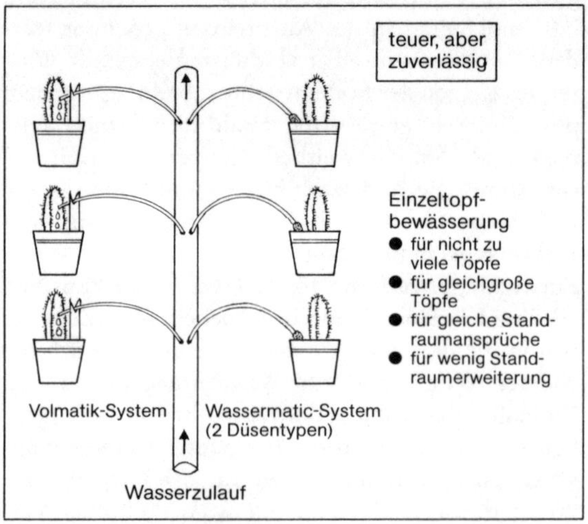

Abb. 46 Methoden der Wasserversorgung: Tröpfchenbewässerung.

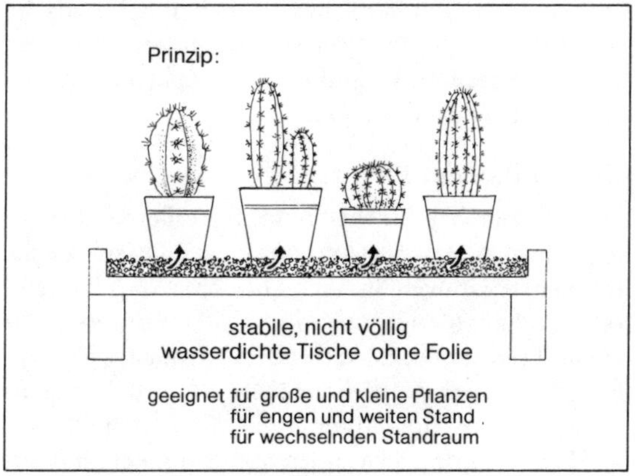

Methoden der Wasserversorgung:
Abb. 47 Kapillarbewässerung für getopfte Kakteen.

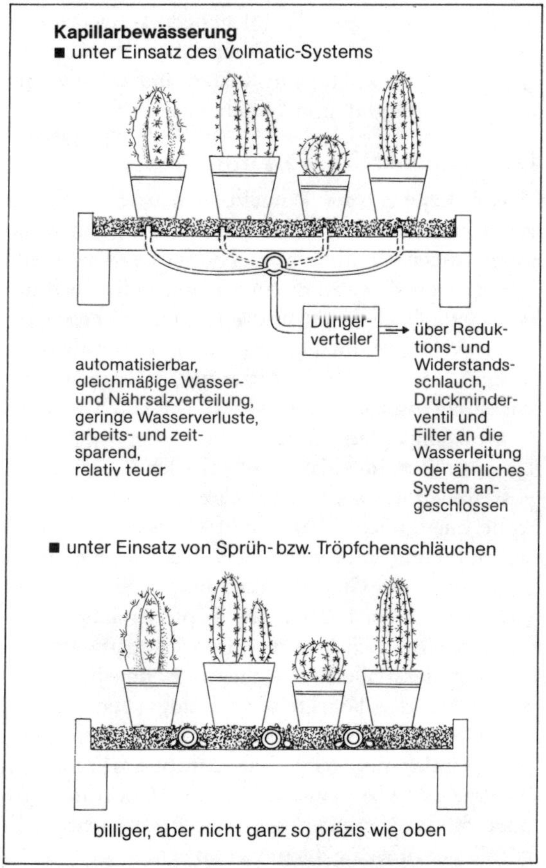

Abb. 48 Kapillarbewässerung über Sand.

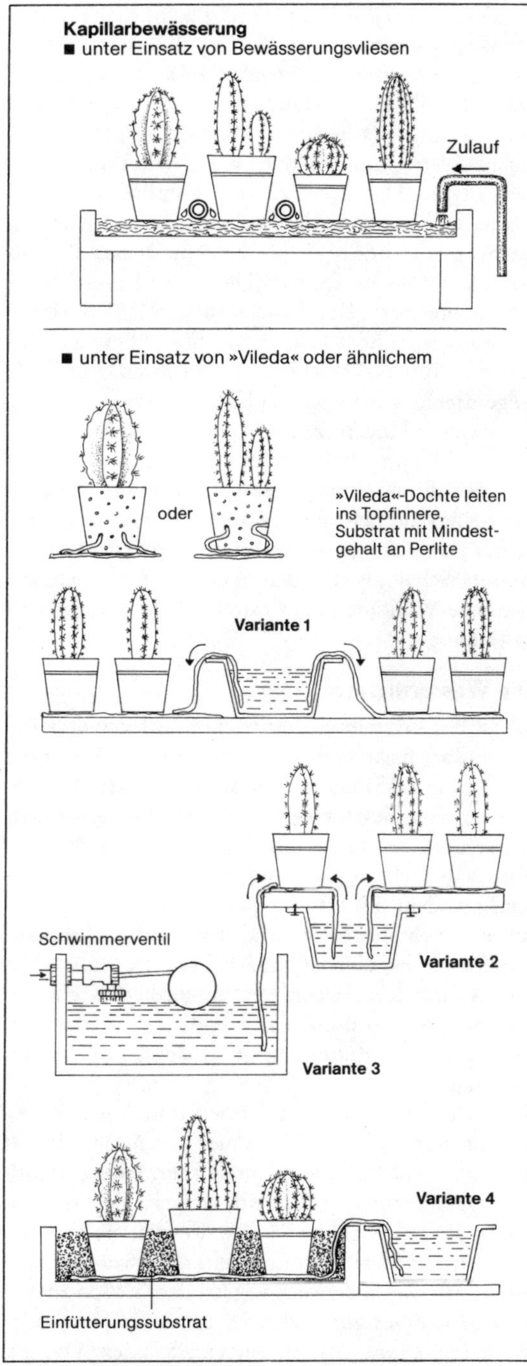

Abb. 49 Kapillarbewässerung über synthetisches Material.

Kondenswasser für Kakteen sehr gefährlich werden kann, nichts zu tun.
Geringere Verbreitung hat die Kapillarbewässerung und (Abb. 47, 48 und 49) eine spezielle Untergrundbewässerung für getopfte Pflanzen ohne wasserdichte Beete, Pumpen und Wasserbehälter gefunden: in die Abzugslöcher von Tontöpfen werden kleine, lose gepackte Glaswollestöpsel gesteckt und die bis 15 cm hohen Töpfe auf eine feuchte, 3 cm hohe Sandschicht gestellt (Plastiktöpfe werden direkt aufgesetzt). Der Sand wird nach Bedarf befeuchtet (auch über Schwimmventile). Bewässerungen mit Spritzschläuchen, Düsenrohren, Sprühnebelgeräten u. a. erfolgen bei Kakteen selten.
Im Sommer längere Zeit »verwaiste« Kakteen (außer solchen in Hydrokultur) werden mit Wasser versorgt durch einen »Ersatzpfleger«, durch kommerzielle »Blumensitter«, durch Gruppierung einer begrenzten Zahl getopfter Kakteen um eine wassergefüllte Schale, verbunden über dochtartig wasserziehende Wollfäden oder durch »Pflanzentränken« des Handels.

Die Wassermenge

Sie ist ein sammlungsspezifischer, auf genauer Beobachtung basierender Erfahrungswert. Er hängt ab von der Haltungsart, der Saugfähigkeit des Substrates, dem Gefäßmaterial, der Stärke der Durchwurzelung, der Höhe des Gießrandes, der Jahreszeit, dem Lichtangebot, der Temperatur, der Luftfeuchte, dem Einfütterungssubstrat, dem spezifischen Feuchtebedürfnis und dem Entwicklungszustand der jeweiligen Pflanzen usw. Deshalb kann nur Anhalt sein, wenn gesagt wird, daß ein bepflanzter 8er Tontopf ca. 20–40 ml Wasser pro Gießvorgang aufnimmt (nur in der Hauptvegetationszeit).
Wachstumsperioden mit Blühen und Vermehrung im mitteleuropäischen Sommer wechseln ab mit Trocken- und Ruhezeiten im Winter. Die vorsichtigen Wassergaben im Frühjahr steigern sich zu optimalen im Sommer; im Herbst werden sie geringer und seltener und im Winter mehr oder weniger ganz eingestellt. Besonders wichtig ist, das Gießen ab August/September zur rechtzeitigen Ausreife vor der Winterruhe langsam ausklingen zu lassen. Das gilt auch für den Neutrieb der »Phyllokakteen«. Keine ausgeprägten Trockenzeiten brauchen epiphytische Rhipsaliden und Rankcereen. Besonders vorsichtig sollten wurzelkranke und extrem trockenheitsholde Kakteen bewässert werden.

Der Einfluß der Pflanzgefäße

Freistehende bepflanzte Tontöpfe verlieren über die Oberflächen von Substrat und Gefäßwand an die trockenere Umwelt Wasser. Dies kann durch Innen- oder Außenanstrich mit einem pflanzenunschädlichen Teerlack u. a. verhindert werden (Versieglung). Häufiger werden einzelne oder zu Topfplatten vereinigte, runde oder vier-(selten mehr-)kantige Plastiktöpfe verwendet. Im Sommer müssen Pflanzen in freistehenden Tontöpfen mindestens alle 3–4, in eingefütterten alle 5–6, in präparierten Ton- und in Plastiktöpfen alle 8–10 Tage gegossen werden (soweit spezielle Pflegebedingungen nichts anderes verlangen). Die Feuchtigkeit ist ausgeglichener für die Kakteen in Kästen und Schalen, am idealsten in Grund- und Tischbeeten.

Der Zeitpunkt des Wässerns

Wasser kann für die Wurzeln nicht echt auf Vorrat genommen werden; es kann immer nur für einen kurzfristigen Verbrauch angeboten werden. Wenn schon in größerer Sammlung kaum individuell unterschiedlich gegossen werden kann, so hängt die Häufigkeit (wie oben gezeigt auch die Gießwassermenge) insgesamt von Witterung, Jahreszeit, Entwicklungszustand der Pflanzen, ihrer Wachstumsgeschwindigkeit u. v. a. m. ab.
Da eigentlich nur genügend »trockene« Töpfe gegossen werden sollten, ist eine Feuchtigkeitskontrolle unerläßlich. Ebenso einfach, wie unzuverlässig und damit unbrauchbar, ist das Klopfen an die Topfwand und Gießen »auf Klang«. Besser ist auf das Gewicht der bepflanzten Töpfe zu achten. Ansonsten hilft auch hier nur die vielstrapazierte Erfahrung, denn alle chemischen oder physikalischen Methoden der Feuchtebestimmung (Tensiometer, CM-Geräte, gravimetrische Verfahren, Wasserzangen, refraktometrische Trockensubstanzkontrollen im Preßsaft usw.) sind nur für den Erwerbsbetrieb oder für wissenschaftliche Zwecke brauchbar. Es gilt: lieber zu wenig als zu viel gießen!
Im Sommer hat dies abends, in den Übergangsmo-

naten und soweit nötig im Winter morgens zu geschehen. Das Wasser sollte die Temperatur des Pflanzenstandortes, jedoch nicht über 25(−30) °C haben. Abgestandenes Wasser muß bald verbraucht werden. O_2-armes Wasser sollte durch Belüftung verbessert werden.

Während der Sommerruhe von Rebutien und vielen Mammillarien ist weniger, im Frühherbst gegenüber anderen Kakteen etwas mehr zu gießen. Vorsicht gilt auch für die im Winter blühenden oder wachsenden Arten (z.B. *Mammillaria plumosa, Mammillaria gracilis*). Cereen und Cleistocacteen sollten nie völlig ballentrocken werden.

Fehler bei der Wasserversorgung der Kakteen

Falsches Gießen, ungeeignete Substrate, Wurzelverfilzungen können u.a. zu **Wassermangel** führen. Die Pflanzen sind dann in ihrer Entwicklung gehemmt. Verminderte Wassergaben können dem Habitus der Pflanzen manchmal förderlich sein. Dies darf aber nicht dazu führen, daß die Wurzelballen im Sommer völlig austrocknen (ausgenommen bei Pflanzen mit Sommerruhe), zumal torfhaltige Medien dann schlecht Wasser wieder aufnehmen. Ist es trotzdem einmal dazu gekommen, werden solche Töpfe kurzfristig bis über den Rand in Wasser getaucht, bis keine Luftblasen mehr aufsteigen. Pfropfunterlagen verholzen bei Wassermangel vorzeitig.

Zu viel Wasser ist nachteiliger als zu wenig. Morphologische Entartungen, aber auch eine abgeschwächte Konstitution der Pflanzen sind die Folge. Ein Wasserüberangebot entsteht durch zu starkes Gießen, ungeeignete Substrate u.a. Verschärfend wirken Wässer minderer Qualität, zu hohe pH-Werte (»Versauerung«), angereicherte Ca- und Mg-Verbindungen, erschöpfte Pufferkapazitäten, negativ verändertes Porenvolumen, unzureichende Durchlüftung. Gefördert sind Algen- und Moosbesiedlung, aber auch Krankheiten, vor allem aus dem Komplex »Wurzelfäulen«. Beseitigt man die Ursachen, ist ein Wasserüberangebot vermieden. Besonders hilfreich ist, die Töpfe auf eine Sand- oder Kiesschicht zu stellen.

Ungünstig temperiertes Wasser, d.h. zu kaltes Gießwasser führt zu »erkälteten« Pflanzen. Bei überhitzten Pflanzen treten besonders schwere Schocks auf, auch schon wenn Leitungswasser mit ca. 10 °C verwendet wird. Während Erwerbsbetriebe Gießwasser durch Heizrohre in Becken u.dgl. temperieren, darf der Kakteenliebhaber nur abgestandenes, temperaturangeglichenes, mindestens 16 °C »warmes« Wasser verwenden. Das Gießwasser darf nur einige Tage stehen, damit es noch »frisch« und ohne zuviel Mikroorganismen ist. Es darf auch nicht wärmer als 30 °C sein. Temperiertes Wasser verlangen vor allem Jung- und umgetopfte Pflanzen.

Tiefe Temperaturen im physiologisch verträglichen Bereich können von Kakteen umso besser ertragen werden, je trockener kultiviert wurde. So wird auch verständlich warum Kakteen im Trockenklima tiefere Temperaturen aushalten als im relativ feuchten, mitteleuropäischen Klima.

Die Disposition der Pflanzen gegenüber pilzlichen und bakteriellen **Krankheiten** und tierischen **Schädlingen,** aber auch diese selbst, sowie Maßnahmen des Pflanzenschutzes und der Bodenentseuchung werden vom Faktor »Wasser«, aber auch vom Luftgehalt des Bodens, von Säure- bzw. Alkalitätsschäden u.a. beeinflußt. Das Wasserangebot wirkt sich auch auf die Makro- und Mikronährstoffsituation im Boden aus; Mangel- und Übersalzungsschäden sind möglich. Temperatur und Wasser bestimmen über das Auftreten von Kälte- oder Unterkühlungsschäden.

Versuche zur Regulierung der Wasserverhältnisse in der Pflanze

Die Verdunstung von Substratoberflächen sollte durch »Versiegelung« eingeschränkt, die Wasserversorgung der Pflanzen damit verbessert und das Wasser damit intensiver über die Pflanze genützt werden, insbesondere bei leichten, sandhaltigen Böden und Substraten, wie sie für die Kakteen verwendet werden. Eingesetzt werden schwarze Folien zur Oberflächenbedeckung oder Mulchschichten aus schwarzen »Petrolharzen«. Andere Mittel stabilisieren die Bodenaggregate, wodurch die Wasserbewegung im Boden gesteigert, die Wasserversorgung der Pflanzen verbessert und Wasser rationeller ausgenützt wird. Bei sandhaltigen Substraten trocknet die Oberfläche beschleunigt ab, der so gegebene Diffusionswiderstand steht gegen eine Verdunstung aus darunterliegenden Schichten. Wasser muß natürlich immer von unten zugeführt werden. Ob die Gaswegigkeit und andere Kriterien sich verändern, ist noch zu klären.

Die Widerstandskraft der Pflanzen gegenüber Trokkenheit kann durch eine entsprechende mineralische Ernährung, mehr durch Wachstumshemmer, »Frischhalte-Hormone« (Kinine) u. a. gesteigert werden. Entsprechende Versuche laufen.

Antitranspirantien, insbesondere das wasserlösliche Natrium-Alginat aus braunem Seetang, auf die Pflanzen aufgespritzt, schützen durch eine filmartige Gelschicht vor zu starker Verdunstung, ohne die Funktion der Spaltöffnungen zu stören. Granuliert als Substratbeischlag wird die Struktur und »katalytisch« der Pflanzenwuchs gefördert. Andere derartige Mittel, so wässerige Kohlenwasserstoff-Emulsionen, haben sich bereits in der Landwirtschaft bewährt; sie konnten sogar mit Pflanzenschutzmitteln kombiniert werden.

Abzulehnen sind Mittel wie z. B. das 8-Hydroxychinolinsulfat, die chemisch den sofortigen Schluß der Spaltöffnungen verursachen und somit die Photosynthese unterdrücken.

Ideal, unkompliziert und praktisch erprobt ist das Einfüttern getopfter Kakteen, worauf schon mehrmals hingewiesen wurde.

Die »Trockenresistenz« der Kakteengattungen

Sämlinge lieben keine Trockenheit. Erwachsene Kakteen haben eine geringe Dürreempfindlichkeit, vor allem wenn sie eine Dürreperiode bereits überstanden haben, abgehärtet sind. Einen erneuten Wassermangel überstehen sie noch leichter, wenn sie starre, nicht elastische Zellwände haben; bedeutsam ist auch deren Permeabilität, aber auch die Viskosität und der osmotische Wert des Zellsaftes. Anatomische Veränderungen, Wachstumsbeschränkungen der Gesamtpflanze oder einzelner Organe, verursacht indirekt durch beeinträchtigte Zellteilung und verminderte Proteinsynthese, aber auch anormale Photosynthese und Atmung erfolgen als Auswirkung eines Wassermangels gattungs- und artspezifisch. Im Experiment haben die Unterlagen *Cereus jamacaru* und *Trichocereus bridgesii* eine geringe, *Trichocereus spachianus* eine mittlere und alle Eriocereen eine hohe Dürreresistenz gezeigt. Weitere Ergebnisse fehlen.

Die Luftfeuchte bei der Kakteenkultivierung

Bei der Kultur der Kakteen reicht die natürliche Feuchte im Frühbeet, Gewächshaus und im Freien, bedingt auch die am Fensterbrett aus. Gießen und Sprühen fördern, allerdings geringer als man meint. Abendliches Sprühen im Sommer ahmt die nächtliche Taubildung nach. Die Luftfeuchte wird durch Hygrometer, Feuchteindikatorpapiere, durch die Kobaltthiocyanatpapiermethode usw. gemessen.

Die Dränage

Nicht an Bodenteilchen haftendes Gießwasser läuft überschüssig als Sickerwasser ab. Eine Dränage muß dies fördern, ohne sich selbst mit Wasser zu beladen. Die Struktur des Dränagematerials darf durch eingeschwemmte Erdeteilchen nicht verändert werden, sie würde sonst nur ein z. B. kiesverdünntes Substrat darstellen. Deshalb muß die oberste Dränageschicht feinporig genug sein (Sand). Damit ergibt sich (ähnlich wie beim Straßenbau) eine Schichtung von oben nach unten: Natursand, Quetschsand, feiner Schottergries, feinerer Schotter, grober Kies.

Die früher verwendeten feingesiebten Substrate sind heute durch grobkörnigere, weniger wasserhaltende ersetzt. Die Dränage hat dadurch an Bedeutung verloren. Sie ist überflüssig, wenn die Töpfe eingefüttert werden.

Temperatur und Kakteenpflanze

Der Umweltfaktor »Temperatur« in der Natur

Die Temperatur als physikalisches Phänomen

Die Temperatur ist als Wärmegrad eines festen, flüssigen oder gasförmigen Körpers eine meßbare physikalische Erscheinung. Sie wird als Luft-, seltener, aber dann genauer, als Bodentemperatur mit strahlungsgeschützten Thermometern festgestellt. Grundsätzlich hat das Medium Luft unter sonst gleichen Bedingungen im Schatten und in der Sonne übereinstimmende Temperaturen, weil Luft die

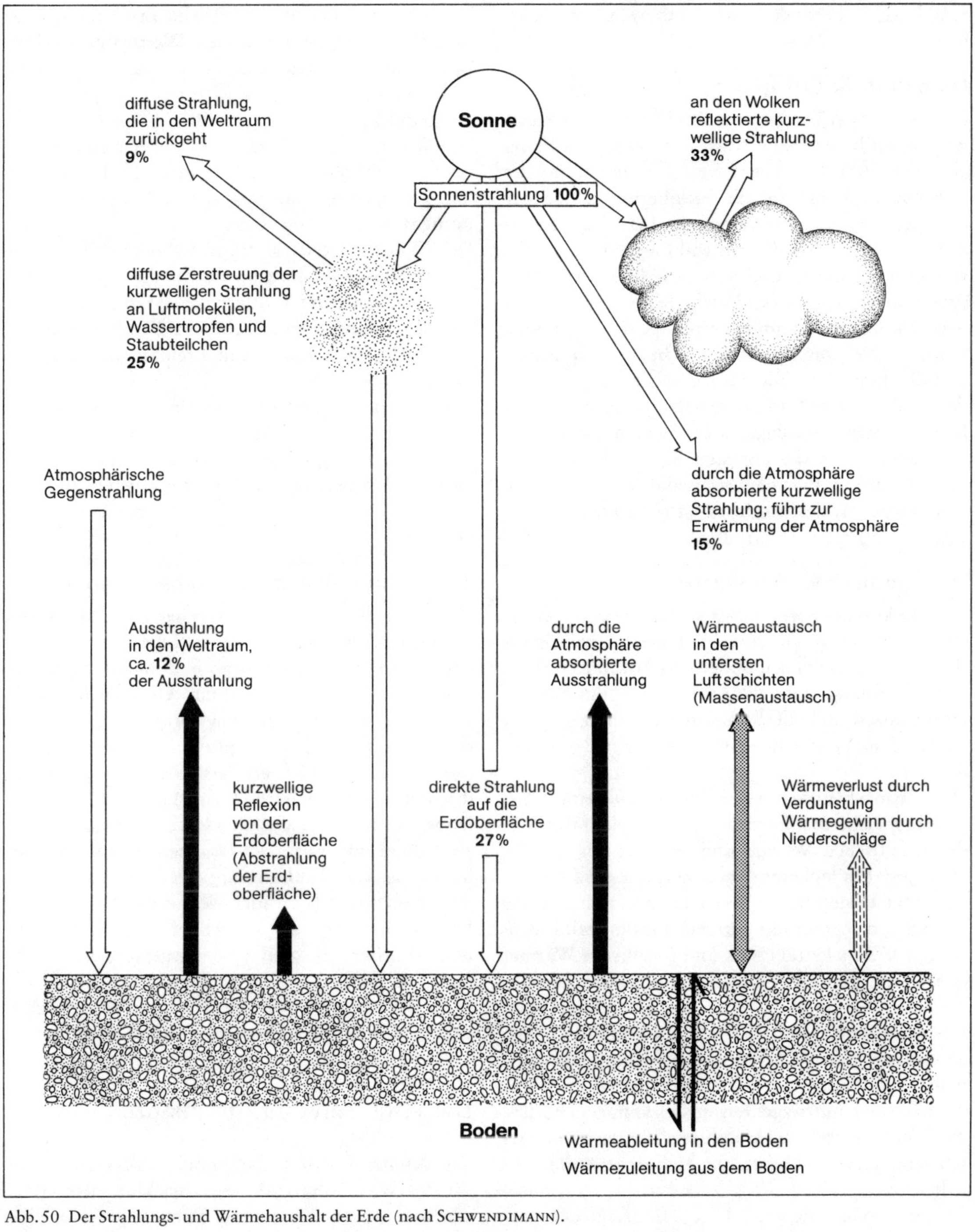

Abb. 50 Der Strahlungs- und Wärmehaushalt der Erde (nach SCHWENDIMANN).

Strahlung, insbesondere die sichtbare, nicht absorbiert.

Die natürliche Erwärmung

Die natürlichen Temperaturverhältnisse eines unbewachsenen Bodens sind stark von der Einstrahlung abhängig (Abb. 50). Diese setzt sich global aus der direkten Strahlung auf die Erdoberfläche und der Himmelsstrahlung zusammen. Auf die Flächeneinheit bezogen, hängt die Einstrahlung vom Einfallswinkel der Strahlen und von der Höhe über Meer bzw. von der Dichte der Lufthülle ab. Der Einfallswinkel selbst ist bestimmt durch die geographische Lage, die Neigung der Bodenfläche, die Exposition und die Jahreszeit. Die auf die Oberfläche des Bodens auftreffende Strahlung wird, je nach Art und Beschaffenheit desselben, zu 25–88% reflektiert, der Rest wird durch die obersten Bodenschichten absorbiert und in Wärme umgewandelt. Je heller die Oberfläche ist, desto stärker ist die Reflexion und desto geringer die Erwärmung (»weiße« Kakteen!).

Die natürliche Wärmeabgabe

Die Erwärmung der unbewachsenen Bodenoberfläche führt sofort zu einer Wärmeabgabe: durch Wärmeableitung in den Boden abwärts, durch Wärmeausstrahlung gegen die Atmosphäre, durch Wärmeaustausch mit der unmittelbar angrenzenden Luft und als Verdunstungswärme, sofern der Boden feucht ist.

Die **Wärmeableitung** in den Boden und seine Temperaturspeicherung ist von der Wärmeleitfähigkeit, der spezifischen Wärme und der Art des Bodens abhängig. Ein lockerer, trockener, mit großer Luftkapazität ausgestatteter Boden hat gegenüber einem bindigen, feuchten, mit geringer Luftkapazität eine geringe Wärmeleitfähigkeit und spezifische Wärme, er erwärmt sich und die bodennahen Luftschichten bei Einstrahlung stark, er hat nur eine kleine Wärmespeicherung, kühlt sich bei Ausstrahlung stark ab und weist große Temperaturschwankungen auf, wobei sich die beiden letzteren Kriterien auch auf die nächsten Luftschichten auswirken. Solche Böden sind typischere Standorte für Kakteen als schwere, feuchte Böden, die sich gegenteilig verhalten.

Ist eine, wenn auch spärliche Pflanzendecke vorhanden, erreichen die natürliche Erwärmung und die Wärmeabgabe die hohen Werte unbedeckter Böden nicht. Je dichter die Pflanzendecke ist, desto mehr werden die Gegensätze an der Bodenoberfläche gemildert.

Die **Wärmeausstrahlung** gegen die Atmosphäre ist relativ unbedeutend. Sie erfolgt als langwellige Wärmestrahlung, die von der Luft unter Erwärmung stark absorbiert wird.

Der **Wärmeaustausch** mit den bodennahen Luftschichten ist sehr intensiv und bedeutsam. Warmluft steigt auf und Kaltluft bewegt sich dafür abwärts, wodurch eine beachtliche Temperaturunruhe in den, dem Boden unmittelbar angrenzenden Luftschichten entsteht.

Die **Verdunstungswärme** läßt feuchten Boden bei gleicher Einstrahlung kühler bleiben als trockenen. Die Verdunstung wird durch zunehmende Lufttrokkenheit, Luftbewegung, große Verdunstungsflächen und den Wassernachschub zur Bodenoberfläche verstärkt.

Temperaturfall und Wasserkondensation

Die Ausstrahlung ist in ariden Gegenden, besonders in Wüsten mit ihrer trockenen Luft und dem wolkenlosen Himmel extrem groß. Dadurch fallen die nächtlichen Temperaturen an Oberflächen auch außerordentlich tief ab. Bei der Abkühlung kann dann die Wasserkondensation in Form von Tau (aber auch von Reif) erfolgen, wenn geeignete Bedingungen (siehe Kapitel Wasser) gegeben sind.

Dabei beeinflussen absinkende Temperaturen ihrerseits die Temperatur der Pflanzen. Von dieser abhängig ist der Taubeschlag, über dessen ökologische Bedeutung noch nicht letzte Klarheit besteht. Die Temperatur einer Kakteenpflanze sinkt besonders spürbar ab, weil eine ausgesprochen rauhe Pflanzenoberfläche (Bestachelung!) vorliegt; bekanntlich neigen Körper mit solchen Oberflächen weitaus stärker zum Temperaturabfall als glatte.

Die Temperatur und die Pflanze

Die Temperatur ist als biologisch wirksamer Faktor für das Wachstum und die Entwicklung der Pflanzen von größter Bedeutung. Deshalb wäre es physiologisch richtiger und aufschlußreicher die Temperatur nicht in der Luft oder im Boden, sondern als Wärmezustand in der Pflanze selbst, als ihre »Körpertemperatur« zu messen.

Die Wärmeverhältnisse in oberirdischen Pflanzenteilen

Die Pflanze erzeugt in ihrem Innern selbst Wärme. Die Atmung ist hierfür relativ unbedeutend (nur bei Verletzungen oder Erkrankungen erhöht sich lokal die Temperatur).

Oberirdische Pflanzenteile erwärmen sich durch die Einstrahlung. Diese wird teils reflektiert, teils durchgelassen, teils jedoch absorbiert und bedingt dann die Erwärmung. Sie ist damit von der Strahlungsbilanz, dem Wärmeaustausch mit der umgebenden Luft, den Änderungen des Aggregatzustandes des Wassers in und auf Pflanzenteilen und der Assimilation abhängig. Bei intensiver Einstrahlung, stark behinderter Transpiration und geringem Wärmeaustausch mit der umgebenden Luft kann es zu überhöhten Temperaturen gegenüber der Temperatur der umgebenden Luft kommen, die oberirdischen Pflanzenteile können oft viel »heißer« werden. Dies gilt besonders für die Sukkulenten, typischen »**Übertemperaturpflanzen**«, weil ihre geringe Körperoberfläche (Stacheln außeracht gelassen) nur einen schwachen Wärmeaustausch mit der Luft hat und auch wenig transpiriert. Dafür ist ihre Hitzeresistenz hoch (besonders bei einem noch nicht schädigenden Wasserdefizit) und sie können noch bei Körpertemperaturen assimilieren, bei denen bei anderen Pflanzen bereits die Photosynthese gehemmt ist. Damit ist also die Voraussetzung für die Verbreitung der Sukkulenten an ihren heimatlichen Standorten gegeben, wo z.B. bei Opuntien bis zu 55 °C gemessen wurden. In der Kultur treten bei derartigen Temperaturen und gleichzeitig unzureichendem Wärmeaustausch bereits Hitzeschäden auf.

Bei stärkerem Wind und trockener Luft tritt eine von Pflanzenart und Witterungsbedingungen abhängige **Abkühlung** auf, bedingt durch die Verdunstung von Wasser über die Pflanzenoberfläche. Besonders nachts kann die Pflanzentemperatur tiefer liegen als die der Luft. Pflanzen können so gefrieren, selbst wenn die Luft noch über 0 °C warm ist.

Die Wärmeverhältnisse in unterirdischen Pflanzenteilen

Weil die Pflanzen durch die Atmung nur wenig Wärme selbst erzeugen, müssen auch die Wurzeln immer etwa dieselbe Temperatur wie die umgebenden Bodenschichten haben.

In der Kultur haben getopfte oder in Schalen wachsende Pflanzen in den geringen Substratmengen starke Temperaturschwankungen auszuhalten. Am Tage erwärmen sie sich stark (bei Sonneneinstrahlung bis zu 50 °C!), in klaren Nächten kühlen sie sich erheblich ab. Beschattung mildert die großen Schwankungen. Auch geht es Pflanzen in tiefen Beeten (in Gewächshäusern) besser, obwohl erst in Bodentiefen von 1 m und mehr die täglichen Temperaturschwankungen nicht mehr auftreten.

Die für das Wachstum optimalen Temperaturen sind für oberirdische Pflanzenteile und für die Wurzeln unterschiedlich. Steigt gegenüber der sich bei Sonnenschein rasch erhöhenden Lufttemperatur die Bodentemperatur, vielleicht von der kühlen Nacht her, nicht in gleicher Weise, kann durch die kühlen Boden- und damit Wurzeltemperaturen die Wasser- (und Nährstoff-)aufnahme behindert und verlangsamt sein. Gießen mit warmem Wasser hilft.

Aber was ist »warm«, beim Gießwasser, wie noch viel wichtiger bei den Wurzeltemperaturen? Auch zu hohe Temperaturen schaden. Von anderen Zierpflanzen weiß man, daß bereits Abweichungen von 1–2 °C von der Optimaltemperatur die Wirksamkeit der Wurzeln und die Nährstoffaufnahme und damit das Wachstum beeinflussen. Besonders empfindlich gegenüber Temperaturschwankungen sind die Wurzelhaare, weniger stärkere Nebenwurzeln. Von Kakteen weiß man kaum etwas; so wird z.B. für Zygocactus eine optimale Wurzeltemperatur von 18 °C angegeben.

Sicherlich liegt man richtig, wenn man für Kakteenpflanzen in unserem Klimabereich eine optimale Wurzeltemperatur von 15–30 °C, einen ungünstigen, tiefen Bereich unter 15 °C und einen ungünstig hohen ab ca. 35 °C aufwärts annimmt.

Temperaturbereiche

Für die Festlegung pflanzenphysiologisch relevanter **Temperaturbereiche** gilt, daß ganz allgemein ansteigende Temperaturen das Wachstum beschleunigen, bis Energie und Baustoffe dies begrenzen. Je produktiver die Photosynthese ist, desto besser ist das Wachstum bei umso höheren Temperaturen. Die Photosynthese ist aber nur bei hohem Lichtangebot, langer Belichtungsdauer und günstiger Temperatur intensiv. Licht und Temperatur sind also eng verknüpft.

Innerhalb eines Temperaturminimums erfolgt kein Wachstum. Trotzdem kann die Pflanze auch noch tiefere Temperaturen überleben. Das Temperaturoptimum erlaubt höchste Wachstumsintensität. Ein Überschreiten des Temperaturmaximums stoppt es.

Temperaturabhängige Stoffwechselvorgänge

sind kaum geklärt, schon gar nicht bei Kakteen.

So kennt man den Reizmechanismus des sogenannten Thermoperiodismus. Ein optimales Wachstum ist demzufolge erst dann gewährleistet, wenn unterschiedliche Temperaturen während eines Tages miteinander abwechseln.

Die temperaturabhängige Stoffwechselleistung zeigt sich bei der Ernährung. Ausgenommen bei N, scheint die Verfügbarkeit von Nährstoffen wenig, die Aufnahme dagegen stark beeinflußt zu werden. Bei zu niederen Temperaturen sind die Wurzeln inaktiv. Auch die Atmung wird durch steigende Temperaturen gefördert, nimmt aber oberhalb eines Optimums rasch ab. Auch die Photosynthese ist, wie schon gesagt, temperaturabhängig.

Die Stoffbildung in der Pflanze hat verschiedene Optima, abhängig von Umwelt und Entwicklungszustand der Pflanzen. Bei geringen Lichtintensitäten liegt die maximale Stoffproduktion bei einer niederen Temperatur und umgekehrt. Dies dient der Anpassung der Kakteen an unseren Klimaraum.

Die Temperaturoptima für Wachstum und Stoffproduktion müssen nicht zusammenfallen. Das Wachstum wird bei mäßigen täglichen Temperaturschwankungen am größten sein. Die Stoffproduktion wird hingegen bis zu einer bestimmten Grenze mit zunehmenden Unterschieden zwischen Tages- und Nachttemperaturen steigen; dabei sind Stoffverluste durch eine gebremste nächtliche Atmung in kühlen Nächten kleiner. Da das Wachstum nachts intensiver sein kann als am Tag, sind tiefe Nachttemperaturen während der Wachstumsperioden ungünstig.

Die Entwicklungsphasen der Kakteen sind in ihrer Aufeinanderfolge ebenfalls temperaturabhängig. So bedürfen Kakteensamen neben dem Lichtreiz einer passenden Keimtemperatur, um die Keimruhe zu brechen und den Keimungsvorgang einzuleiten. Die Keimtemperatur braucht mit den Temperaturoptima späterer Entwicklungsphasen nicht konform zu gehen. Auch die Blütenbildung der Kakteen ist temperaturbezogen. Hohe Temperaturen bewirken zusammen mit Trockenheit eine sommerliche Ruheperiode bei manchen Kakteenarten, tiefe Temperaturen und andere Umweltfaktoren eine winterliche Ruhezeit.

Der Einfluß des Windes

Der Wärmehaushalt unter dem Einfluß des **Windes:** Pflanzen in einem ruhenden Luftkörper haben vielfach tagsüber höhere, nachts oft tiefere Temperaturen als in offenen Lagen. Jede Turbulenzerscheinung macht sich in Temperaturschwankungen des Pflanzenkörpers bemerkbar. Deshalb sind Kakteen windgeschützt, aber nicht in einem stagnierenden Luftraum aufzustellen.

Spezifische Beziehungen zwischen Temperatur und Kakteenpflanze

Temperaturminimum, -optimum, -maximum

Das Temperaturminimum dürfte bei Kakteen im vegetativen Stadium relativ hoch liegen (zwischen ca. 3–12 °C). Das Temperaturoptimum schwankt meist zwischen 15–30 °C, mit Schwerpunkt zwischen 20–25 °C. Das Optimum verschiebt sich tages- und jahreszeitlich. Das Temperaturmaximum dürfte etwa bei 45–55 °C, jedoch kaum höher, liegen und vom Hitzetod der Pflanzen begrenzt sein.

Dabei weisen Kakteen eine relativ hohe Hitzewiderstandsfähigkeit auf, was sich auch in stoffwechselbezogenen, biochemischen Anpassungen, wie z. B. einem erhöhten Adeningehalt, zeigt.

Jungpflanzen bzw. wachsende Pflanzen bedürfen mehr Wärme als erwachsene bzw. ruhende. Aber auch einzelne Stoffwechselprozeße in der Kakteenpflanze haben verschiedene Temperaturbereiche, wie die unterschiedlichen für Assimilation und Atmung zeigen.

Auch zwischen der Hitze- und der Kälteresistenz der Kakteenpflanze bestehen Gegenläufigkeiten, zeitlich und in der Intensität. Erstere ist im Sommer höher als im Winter, steigende Temperaturen erhöhen sie. Betroffen ist die Stabilisierung von Zellbestandteilen und die Verminderung der Photosyntheseleistung. Die Kälteresistenz ist ausgeprägter im Winter. Die Haltung der Kakteen in einem »künstlichen« Klima (in Gewächshäusern, Kästen u. a.) ändert daran nichts. Diese nivellierende Kultivierungsweise beeinflußt nur die Intensität, mit der die Resistenzen auftreten.

Auswirkungen tiefer Temperaturen

Kakteen mit geringer »Resistenz« gegen tiefe Temperaturen: Kakteen verhalten sich sehr unterschiedlich gegenüber tiefen Temperaturen. Solche, die sich schon bei Temperaturen über 0 °C »erkälten«, geschädigt oder gar abgetötet werden, sind entweder »verwöhnte« oder vor allem solche Kakteen, die aus dem äquatorial-tropischen Lebensraum mit seinen gleichmäßig hohen Temperaturen das ganze Jahr über, stammen (z. B. epiphytische Kakteen).

Kakteen mit normaler »Resistenz« gegenüber tiefen Temperaturen: Die meisten Kakteen werden erst bei Temperaturen unter 0 °C durch Eisbildung geschädigt. Besonders empfindlich sind junge Pflanzenteile mit geringen osmotischen Werten. Der Tod tritt vermutlich durch plötzlichen Wasserentzug beim Gefrieren oder durch plötzliche Wasserzufuhr beim Auftauen ein.

An den natürlichen Standorten kann man frostempfindliche Kakteen an vorübergehend frostgefährdeten Stellen finden. Die hier auftretenden (meist Nacht-)Fröste dringen entweder kaum in den Boden ein, werden durch höher gewachsene Vegetation (Gras-, Strauch- und Buschformationen) gemildert oder die Pflanzen befinden sich in Trockenruhe und treiben erst hernach aus.

Die »Frosthärte«, auch ein- und derselben Pflanze schwankt im Jahr. Maßgebend sind die Außentemperaturen. Ein paar kühlere oder wärmere Tage bewirken eine Abhärtung oder Verwöhnung. Die »Frosthärte« kann jederzeit durch entsprechende Temperaturbehandlungen verändert werden.

Das bedeutet für die Kakteenkultivierung, daß durch die kühlen Herbsttage und -nächte ein typischer Abhärtungsvorgang unter Zellsaftkonzentrierung (Zuckeranhäufung) abläuft, der schließlich in die winterliche Ruheperiode mündet. Die Kakteen sind deshalb durch tiefe Frühjahrstemperaturen viel stärker gefährdet als durch tiefe Temperaturen im Herbst, weil eben zu diesem Zeitpunkt die Bereitschaft zur Verwöhnung größer ist. Ungeschütztes (d. h. ohne Zusatzheizung) Ausräumen der Kakteen darf erst nach den Eisheiligen erfolgen. Man versteht darunter den Kälteeinbruch zwischen dem 11.–13. Mai, der im südlichen Deutschland mitunter noch auf den 14. und 15. Mai ausgedehnt wird (und allerdings nicht immer pünktlich ist).

Die **Ruhezeit** für nicht winterharte, trockengestellte Kakteen erfordert monatelang nur Temperaturen von 3–15 °C, wobei die Photosynthese bereits bei 8–10 °C stark reduziert oder ganz eingestellt ist. Kurzfristig können sich die Temperaturen auch noch stärker dem Nullpunkt nähern. Sind die Kakteen durch niedere Temperaturen erst in ihren Lebensvorgängen weitgehend gebremst, ist die Lichtarmut des Winters weniger nachteilig. Vertieft wird der Ruhezustand durch Trockenheit und geringe Luftfeuchte. Während des »Winterschlafes« hat jegliche Düngung zu unterbleiben.

Höhere Überwinterungstemperaturen (ca. 12 bis 15 °C) benötigen Cereen, Pilosocereen, Haageocereen und manche Opuntien.

Um die Mindesttemperaturen zu halten, ist im Winter Wärmezufuhr über thermostatgesteuerte Heizungen nötig. Sie darf die angegebenen Temperaturen jedoch nicht erhöhen, da sich dies sehr ungünstig auswirkt: bei Lichtmangel und Trockenheit würde sich eine negative Stoffwechselbilanz ergeben, mehr Stoffe würden verbraucht als neu gebildet. Die Kakteen würden völlig ausgehungert im Frühjahr aus dem Winterlager kommen. Wie sollten sie da üppig blühen können?

Die **Blühinduktion** erfolgt bei niederen Temperaturen. Mit Ausnahme besonders wärmebedürftiger tropischer Tieflands- und Küstenkakteen soll die Tagestemperatur einige Winterwochen lang nicht höher als 5–15 °C sein.

Die Ansprüche einzelner Arten an Ausprägung, Zeitpunkt und Dauer der blühfördernden Kälteperiode sind sehr unterschiedlich und noch kaum geklärt. Die meist einheitlichen Überwinterungsbedingungen mögen oft dafür verantwortlich sein, wenn keine Blüten kommen.

Kakteen mit erhöhter »Resistenz« gegen tiefe Temperaturen: Winterharte, wurzelecht gehaltene Kakteen können die winterliche Ruhezeit nur überdauern, wenn bestimmte Forderungen, z. B. an den Boden erfüllt werden.

Solche Kakteen können nur an geschützten Stellen (Südhängen u. dgl.) in einem warmen Boden mit guter Drainage gehalten werden. Er sollte jedoch nicht zu trocken oder locker sein, weil in diesem Fall die Temperaturen schneller und tiefer fallen als in feuchten, fest gehaltenen Böden, die auch einen besseren Wärmenachschub aus dem Untergrund haben und bei denen der durch Ausstrahlung oder advektive Kaltluftzufuhr bedingte Temperaturrückgang langsamer und schwächer ist. Jähe Temperaturstürze sind immer am gefährlichsten.

Die Behandlung der **winterharten** Kakteen muß in jedem Fall hart sein. Im Sommer dürfen sie durch übermäßige Feuchte nicht zu üppig werden, Wasser muß rechtzeitig im Frühherbst stark verringert werden, um den Neutrieb zu beenden, die Abreife zu beschleunigen und die Einleitung der Ruheperiode durch Trockenheit zu fördern. Auch die Düngung, besonders mit N, darf zu keinem mastigen Wachstum führen.

Welche Kakteen als winterhart bezeichnet werden können, ist umstritten. Nach Frank sind es: die Gattung *Maihuenia, Opuntia arborescens* (= *imbricata*), *O. davisii, O. fragilis, O. phaeacantha, O. clavata, O. schweriniana, O. polyacantha, O. erinacea, O. rutila, O. trichophora; Echinocereus baileyi, E. caespitosus, E. coccineus, E. chloranthus, E. fitchii, E. melanacanthus, E. purpureus, E. reichenbachii, E. roemeri, E. viridiflorus; Coryphantha echinus, C. macromeris; Escobaria aggregata, E. neomexicana, E. vivipara; Neobesseya missouriensis, N. similis; Pediocactus simpsonii; Ariocarpus fissuratus; Ancistrocactus scheerii.*

Die Auswirkungen normaler Temperaturen (Verwöhnung)

Die Kakteen sehen sich nicht nur tiefen Temperaturen, sondern auch normalen und hohen Temperaturen gegenüber.

Der Abhärtung durch tiefe Temperaturen entspricht ein umgekehrter Prozeß bei normalen Temperaturen. Warme Frühjahrstage leiten einen typischen, alljährlich sich wiederholenden Verwöhnungsvorgang ein. Abhärtung und Verwöhnung hängen mit einer gewissen Periodizität der Kakteen zusammen, obwohl beide auch künstlich hervorgerufen werden können. Nach der Verwöhnung wirken sich tiefere Temperaturen (Spätfröste!) besonders verhängnisvoll aus: alle nun wassergesättigten Sprosse sind weitaus empfindlicher als die angewelkten im Winter. Besonders gefährdet und auch nicht abzuhärten sind alle Neutriebe.

Die Auswirkungen hoher Temperaturen

Hohe Temperaturen können die Pflanzen töten, weil lebenswichtige Eiweißsubstanzen koagulieren. Überhöhte Gewebetemperaturen und unterdrückte Transpiration können auch die Atmung so intensivieren, daß die Pflanzen an Stoffverarmung eingehen. Schließlich kann anhaltende Trockenheit (weniger dagegen übermäßige Transpiration) den Wasserverlust so groß werden lassen, daß der für normale Funktion z. B. der Enzyme nötige Quellungsgrad in der Pflanze unterschritten wird. Meist kommen mehrere Schädigungsgründe zusammen.

Auch gegen hohe Temperaturen kann sich die Kakteenpflanze abhärten (dies ist dann die Entsprechung zur Schutzreaktion der Pflanzen gegenüber niederen Temperaturen, zu einem Vorgang, der, wie eben gezeigt wurde, alljährlich im Herbst abläuft auf die Überwinterung). Diese »Hitzeresistenz-Adaption« kann die Pflanze bei Temperaturen von 28 °C und mehr trainieren.

Im Sommer wird nicht mehr die Temperaturerhöhung, sondern die -erniedrigung wichtig. Nur gezielt wird die Wärme gesteigert, z. B. um bei Aussaaten die Atmung des Keimlings zu beschleunigen, was ein schnelleres Auflaufen bewirkt. Bereits bei Stecklingen ist vorsichtig zu verfahren.

Wenn also Freilandkultur nicht in Frage kommt, muß unter Glas schon wegen des Glashauseffektes (siehe S. 94) die Temperatur ab dem späten Frühjahr erniedrigt werden. Man kann lüften oder gekühlte Luft zuführen, zusätzlich mit Ventilation und/oder Schattierung arbeiten. Letztere sollte am besten als Außenschattierung einige Zentimeter über der Glashaut liegen.

Die Auswirkungen von Temperaturschwankungen

Sukkulenten, und damit auch Kakteen, gedeihen auch bei erheblichen Temperaturschwankungen zwischen Tag und Nacht gut. Eine relativ starke nächtliche Abkühlung nach heißen Tagen wirkt sogar wachstumsfördernd. Die nächtliche Bodentemperatur sollte ca. 6–8 °C, die nächtliche Lufttemperatur auch noch stärker unter der des Tages liegen. Die Temperatur sollte jedoch im Sommer 15 °C, im Winter 3 °C nicht längere Zeit unterschreiten (ausgenommen bei Freilandkakteen).
Der Gießvorgang beeinflußt die Temperatur der Substrate. Je kälter und mehr Wasser gegeben wird, desto größer und länger ist die Abkühlung. Das Gießwasser sollte der Temperatur des Pflanzenstandortes angepaßt sein.

Die Technik der Temperaturregelung

Die Kultur der Kakteen verlangt optimale Temperaturen für Wachstum und Entwicklung. Alle extremen Bereiche mit entsprechenden Sicherheitsabständen müssen vermieden werden. Ausgenommen im Freiland, ist die Temperatur deshalb zu regeln: bei Überhöhungen ist Wärme abzuziehen, bei tiefen Temperaturen Wärme zuzuführen.

Absenken der Temperaturen

Natürlicher Temperaturabfall: Im Winter oder bei entsprechend tiefen Außentemperaturen stellen sich auch in Innenräumen niedere Temperaturen ein. Die Wirkung und die Beeinflußung dieser »natürlichen« Abkühlung ist von den Kulturbedingungen abhängig. Ist der Aufstellungsort z. B. ein Gewächshaus, so geht dort Wärme verloren: der Untergrund leitet ab, z. T. reflektiert er aber auch. Gleiches tut das Glas, leitet aber einen wesentlichen Teil der Wärme an die kältere Außenluft ab, wie es ebenso Mauerwerk, Konstruktionsteile u. a. tun. Neben der Wärmeableitung ist die Luftströmung ein erheblicher Verlustfaktor. Jeder auch geschlossene Raum ist mehr oder weniger undicht und erlaubt damit einen Luftaustausch. Je nach Bauart wird in einem Gewächshaus z. B. die Luft zwischen 2–4mal pro Stunde gewechselt. Sowohl Wärmeleitung wie auch Wärmeströmung werden durch Wind, nasses Wetter, sogenannte Strahlungsnächte usw. verstärkt.

Künstlicher Temperaturabfall: Im Sommer kühlt man am wirksamsten mit Wasser und Ausnutzung der Verdunstungskälte: man berieselt das Gewächshaus oder die Kastenanlage, man kann auch Wasser vernebeln (was bei Kakteen nur kurzzeitig empfohlen werden kann). Besonders effektiv ist ein Matten-Ventilatorsystem. Dabei wird an einer Seite des Gewächshauses eine Matte aus Metallspänen, Holzkohle, Koks, Kork, Steinzeug, Kunststoff, Schaumglas, vor allem aber aus Holzwolle und Blähton, ähnlich wie Seitenlüftungen in die Stehwand eingebaut, die ständig mit Wasser berieselt wird. Auf der gegenüberliegenden Seite zieht ein Ventilator Luft aus dem Gewächshaus. Der Unterdruck läßt Luft durch die Matte(n) eintreten, die abgekühlt, aber auch feuchter, die Innentemperatur des Hauses senkt.
Die wichtigste Methode der Temperatursenkung in den Sommermonaten ist nach wie vor die Lüftung. Sie erfolgt über möglichst große Lüftungsflächen oder über thermostatgesteuerte Ventilatorlüftungen. Auch Giebellüftungen sind technisch einfach. Alle Lüftungen werden zunehmend automatisiert und von motorisch betriebenen Winden, Gestängen oder sonstigen Kraftanlagen temperaturabhängig betätigt.

Erhöhen der Temperatur

Die **natürliche Erhöhung** der Temperatur in Gewächshäusern, Kastenanlagen, aber auch an Fensterbrettern und im Blumenfenster erfolgt durch die Sonneneinstrahlung, insbesondere deren langwelligen Anteil.
Beispielhaft sollen die Wärmeverhältnisse im Gewächshaus (nach Seemann) dargestellt werden: Nach Durchtritt der Strahlung durch das Glas wird die Bodenoberfläche des Gewächshauses erwärmt, wobei ein Teil der Wärme an die unmittelbar angrenzenden bodennahen Luftschichten, ein anderer Teil in tiefere Bodenschichten abgeführt, dort gespeichert wird. Letztere kommt zum größten Teil bei nachlassender Sonnenstrahlung oder nachts der Erwärmung des Hauses zugute. Dazu kommt, daß die Sonnenstrahlung in den Wellenbereichen von 320–2800 nm (siehe S. 99) durch das Glas durch-

geht, in das Gewächshaus gelangt, daß aber die vom Erdboden zurückgegebene Strahlung (jetzt veränderter Wellenlänge) vom Glas absorbiert und damit zurückgehalten wird und so zur Erwärmung des Raumes beiträgt (»Glashauseffekt«!).
Sicherlich findet auch im Gewächshaus ein Luftaustausch und damit ein Wärmeverlust statt. Doch reicht er nicht aus, um zu verhindern, daß Warmluft unter einer Glasabdeckung festgehalten und gestaut wird. Trotz Luftwechsels erfolgt so eine natürliche Erwärmung.
Die **künstliche Erhöhung** der Temperatur erfolgt in Form einer Wärmezufuhr.
Bei der **Strahlungsheizung** wird, ohne die Luft als Übertragungsmedium zu gebrauchen, die Wärme direkt dem Boden und den Pflanzen mitgeteilt. Die praktische Bedeutung dieser Heizungsart ist gering. Sie wird lediglich zu »punktförmiger« Erwärmung oder als Übergangsheizung mittels Infrarotstrahler verwendet. Strahlungsheizungen sind letztlich auch alle Beleuchtungskörper, ausgenommen die Leuchtstoffröhren, die »kaltes« Licht aussenden.
Bei der **Bodenheizung** werden Heizkörper (meist Heizkabel oder Heizmatten) im Boden verlegt. Sie finden nur in speziellen Fällen praktische Anwendung, z.B. zur Beheizung von Anzuchteinrichtungen.
Am häufigsten erfolgt die Beheizung durch eine **Warmwasserheizung.** Dabei dient Wasser (oder Wasserdampf bei einer Dampfheizung) als Wärmeträger. Die Wärme wird durch Strahlung und Leitung abgegeben. Der Effekt einer solchen Heizung hängt von der Schnelligkeit des Wasserdurchgangs, der Art der Wasserbewegung und dem verteilenden Rohrsystem ab.
Bei der **Warmluftheizung** erfolgt der Wärmeaustausch über die Luft als Wärmeträger, wobei die Luft leicht zu trocken wird. Einsprühen von Wasser in den Warmluftstrom hilft. Die Temperatur des Bodens liegt dabei unter der der Luft. Diese Heizungsart ist relativ billig und nicht sehr aufwendig. Sie ist jedoch nicht ohne Nachteile.
Um **Wärmeverluste** zu vermeiden und um gleichzeitig teuere **Energie zu sparen** bietet sich eine Reihe von Maßnahmen an:

1. Am preiswertesten und sehr weit verbreitet ist eine Folienunterspannung der Glasflächen mit 0,05 mm starker PE-Folie im Abstand von 3 bis 4 cm vom Glas. Problemlos um und unter 5 °C, tritt in Kulturräumen mit Temperaturen zwischen 5 °C und 10 °C (und mehr) Kondenswasser auf, das den Lichteinfall schmälert und durch Tropfenfall unangenehm werden kann. Spezialsprühungen helfen chemisch, Ventilatoren physikalisch. Letztere sind unbedingt vorzuziehen, so man wählen kann (Abb. 51).
2. Die neuentwickelte EVA-Folie spart 20% mehr Wärme ein als die gewöhnliche PE-Folie gleicher Stärke; sie ist rentabel bei Kulturräumen mit 10 °C und höher.

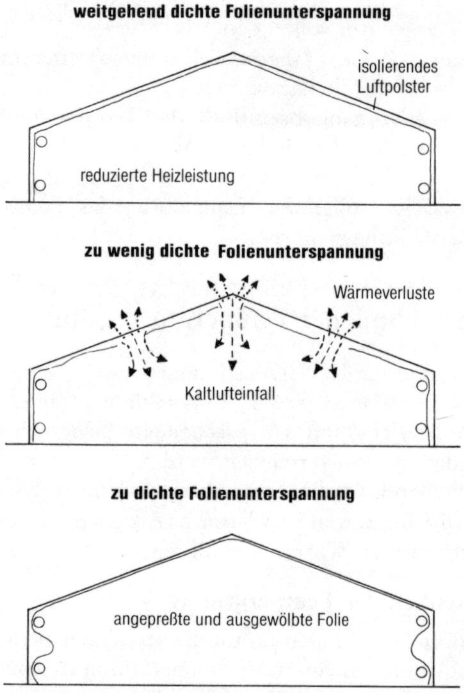

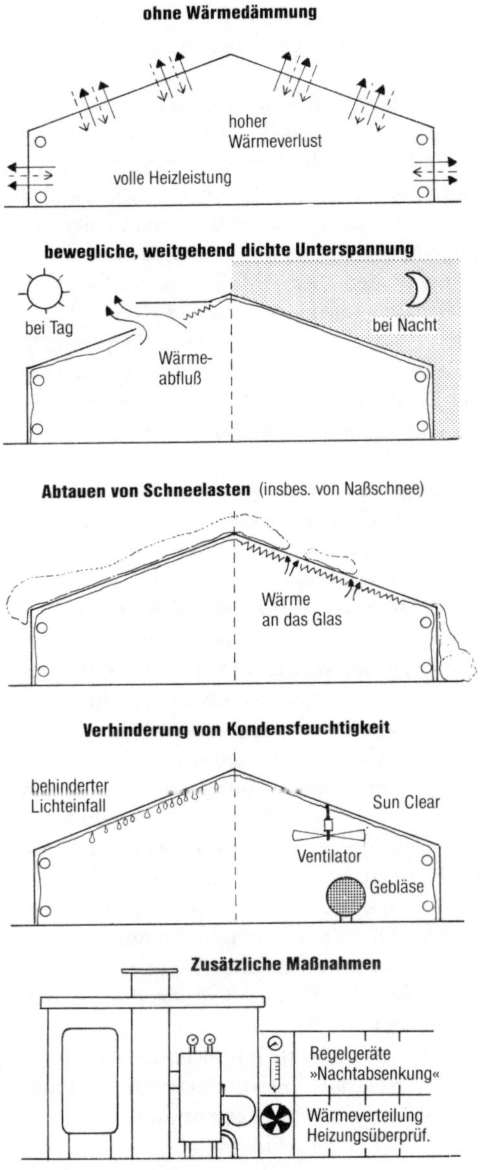

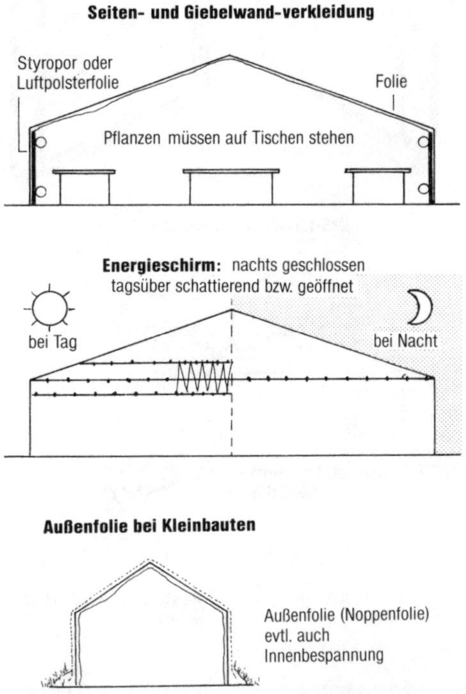

Abb. 51 Der Wärmehaushalt des Gewächshauses.

3. Außenisolierungen mit Folien sind besser als Innenverkleidungen, aber erheblich aufwendiger (abstandhaltende Rahmenkonstruktionen) und anfälliger. Nur UV-stabilisierte Dreijahresfolien, 0,2 mm stark, sind geeignet.
4. Steh- und Giebelflächen werden mit Zwei- oder Dreischichten-Luftpolsterfolien (Noppenfolien) innen (immer häufiger aber auch außen) und mittels Befestigungs- und Abstandselementen (ca. 3 Stck./m^2) isoliert. Die Einsparung beträgt über 20%. Werden die Folien geklebt, sind die Vorschriften, vor allem hinsichtlich der Aushärtungszeit des Klebers, zu beachten.

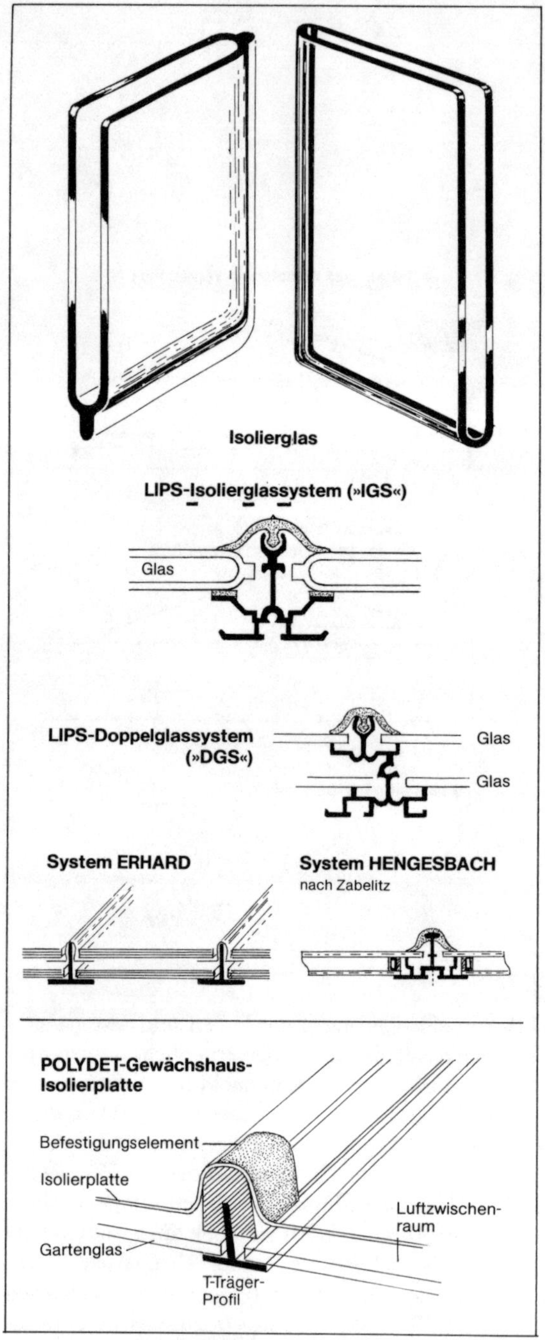

Abb. 52 Wärmeschutzmaßnahmen mit Isolier- und Doppelglas bei Neubauten und Umrüstungen bestehender Häuser.

5. Hervorragende Isoliereigenschaften haben Stegdoppel- und -dreifachplatten aus Plexiglas oder (neuerdings) Polycarbonat in Stärken von 3,5–16 mm (meist 5,5–6,5 mm). Das biegsame Material läßt sich auch über Rundbögen (von Folienhäusern) biegen, dehnt sich allerdings stark aus, weshalb Spezial-Verlegeprofile verwendet werden müssen. Auch Eindeckungen auf Gewächshaus-T-Sprossen sind möglich.
6. Doppelbedachungen mit Isolierglas (z. B. Sedo) verringern den Lichteinfall (um ca. 14%) und erhöhen die Luftfeuchte (um 3–10%). Wegen letzterer ist die »abtrocknende« Heizung zu mindestens einem Drittel nach oben zu verlegen. Doppelglas oder Verbundglas erfordern ausreichend stark Unterkonstruktionen, sind teuer und bei Neuverglasungen, kaum bei Umrüstungen einzusetzen (Abb. 52).
7. Energie- und Thermalschirme (bewegliche Gewebebahnen, die im Innern der Gewächshäuser über dem Heizsystem installiert sind und nachts zur Wärmeeinsparung geschlossen werden) bringen beachtliche Effekte. Es wird viel weniger Energie im Winter verbraucht, im Sommer kann damit schattiert werden. Die Bahnen sind wasserdampfdurchlässig, weshalb das Gewächshausklima im Gegensatz zur Doppelbedachung unverändert bleibt. Die Gewebe sind aus Polyester-Spinnvlies oder Acrylmaterial, meist weiß. Wichtiger als die Gewebeart ist aber das Installationssystem, das vor allem gut schließen muß. Die Energieeinsparung beträgt 30–35%. Die Schattierung im Sommer ist meist etwas zu dicht und es kann Wärmestau entstehen. Deshalb baut man überhängende Gewebeschürzen ein.

   Die günstigste Konstellation ist derzeit: Isolierung der Steh- und Giebelwände mit Isolierglas, einer zweiten Scheibe oder mit Folien und dazu bewegliche Energieschirme.
8. Besonders wichtig ist: Beseitigung von Undichtheiten (Glasbruch, schlecht schließende Lüftungen und Türen), Isolieren von Wärmebrücken (Sprossen mit Egoferm-Band, Kittstreifen, Gummiabdeckungen versehen) und das Anbringen von einzelnen, maßgeschneiderten Magnet-Haftfolien oder Haftplatten.

9. Terrain gewinnt die Infrarotheizung. In den Niederlanden werden gasbetriebene halbierte Strahlungsrohre mit Abisolierung nach oben, verwendet. Die Rohrtemperatur beträgt 350–370 °C, die Wärmeabgabe erfolgt zu 80% als Strahlung und zu 20% als Konvektion. Die Gasbrenner haben 7–11 m Abstand. Die Pflanzen werden direkt ohne Umweg über die Luft erwärmt. Die Temperaturverteilung ist gleichmäßig. Die Einsparung an Energie soll 30% ausmachen.
10. Wärmepumpen werden heute noch relativ wenig in der Pflanzenkultur eingesetzt. – Obwohl Grundwasser als konstante Wärmequelle (ganzjährig ca. +8 °C) am besten und auch verfügbar wäre, ist seine Nutzung selten, weil sie besondere, nur in wenigen Fällen erteilte Genehmigungen erfordert. Die Planung von Förder- und Schluckbrunnen ist recht problematisch, die Strömungsrichtung des Grundwassers und viele andere Gesichtspunkte müssen beachtet werden. – Die Nutzung der Umgebungsluft, deren Temperaturen stark schwanken und die bei hohem Heizbedarf leider dann draußen auch recht niedrig ist, erfordert große Luftmengen, damit hohe Ventilatorleistungen und umfangreiche Lärmdämmaßnahmen. – Für Elektrowärmepumpen wurden nur für ein Pilotprojekt Sondertarife eingeräumt; ansonsten ist keine Wirtschaftlichkeit bei normalen Stromtarifen für die Pflanzenkultur gegeben. – Höhere Energieausbeuten bringen nur Antriebe mit Verbrennungsmotoren (Gas, Diesel). Erste Pilotprojekte laufen (Stand September 1981). – Bei einer solchen, recht ernüchternden Situation gilt es nach wie vor die Wärmeverluste zu reduzieren, ehe neue Energien ins Auge gefaßt werden. Holz und Stroh als Alternativ-Brennstoffe, sowie die anfänglich euphorisch begrüßte Anwärmenutzung sind von untergeordneter Bedeutung (hohe Investitionen, Grundstücksbeschaffung, nur lokale Bedeutung usw.). Im Kommen zu sein scheint dagegen die halb- und vollautomatische Verfeuerung von Kohle und Koks, allerdings nur in größeren Betrieben.

Die Nutzung der **Sonnenenergie** in der **Solartechnik** erfordert Entwicklungsarbeit. Sie hat zum Ziel:

1. Separate Sonnenkollektoren innerhalb und außerhalb des Gewächshauses;
2. Flüssigkeitsdurchströmte Gewächshausdächer und
3. Gewächshäuser als Sonnenkollektoren.

Heute arbeiten nur wenige Anlagen mit einem Solarsystem (z. B. mit Viessmann »Acredal w«-Flachkollektoren), dem immer ein Wärmeaustauscher anzuschließen ist. Wärmeträger ist Wasser oder besser ein Wasser-Glycol-Gemisch. Gespeichert wird Warmwasser. Der Nutzungsgrad der Solaranlagen steigt von Januar (z. B. mit 8%) bis Mai (mit z. B. 14%) an. Gekoppelt werden solche Anlagen mit Wärmepumpen oder Ölheizungen.

Kollektoren inner- oder außerhalb des Gewächshauses erfordern viel Fläche (meist identisch mit der Gewächshausfläche). Selbstbaukollektoren sind möglich. Die Ausrichtung der Kollektoren erfolgt gegen Süden, der Ausstellwinkel beträgt 45°. Der Wirkungsgrad dürfte bei ca. 50% liegen. Es wird Wärme relativ hohen Temperaturniveaus geliefert. Die Investitionen sind derzeit wohl nicht rentabel.

Beim T. E. S.-System hat das Gewächshaus eine doppelte, dichte Dachhaut mit 30 cm auseinanderliegendem Glas, dazwischen befindet sich Wasserstaub. Dieser Staub erwärmt sich tagsüber, das erwärmte Wasser wird in einem Reservoir gesammelt und damit dann nachts geheizt. Im Sommer kann die Einrichtung zur Kühlung verwendet werden. Die Zwangslüftung erfolgt mit Ventilatoren. Auch hier steckt die Entwicklung noch in den Kinderschuhen.

Ganze Gewächshäuser als Kollektoren bringen nur Niedertemperaturwärme, die über Wärmepumpen laufen muß. Da Kollektoren entfallen, sind die Investitionskosten allerdings relativ gering.

In allen Fällen sind Wärmespeicher, z. B. alte, ausgediente, gut isolierte Öltanks, nötig.

20–30% des Energiebedarfs im Unterglas-Gartenbau hofft man durch Solarenergie decken zu können. Heute sind Solarsysteme noch nicht wirtschaftlich. Das kann sich aber zukünftig sehr schnell ändern. Derzeit jedenfalls sind sie um das 1,8–2,5fache teurer als normale Beheizungssysteme.

Eine **Temperaturregelung** ist bei künstlich erwärmten Kulturräumen schon aus ökonomischen Gründen absolut unerläßlich.

Besonders günstig ist die Nachtabsenkung der Temperatur. Notwendig wäre für eine optimale Durchführung Näheres über die optimalen Tages- und Nachttemperaturen der Kakteen, in Abhängigkeit von Belichtung, Wasserversorgung, Alter der Pflanzen usw. zu wissen. Hier stehen die experimentellen Ermittlungen erst am Anfang.

Die Wirtschaftlichkeit jeder Heizung steht und fällt mit einer automatischen Regelung. Die Temperatursteuerung erfolgt meist über Raumthermostate. An der Heizung selbst darf nicht gespart werden, sie muß betriebssicher sein, eine milde Wärme erzeugen, sie darf die Arbeiten im Gewächshaus nicht erschweren, den Lichteinfall nicht über Gebühr behindern, sie soll einfach zu bedienen sein, sich elastisch den Witterungsverhältnissen anpassen (wenig träge sein) und darf keine Gase in Kultur- und Arbeitsräume abgeben. Sie muß durch Fachleute erstellt werden.

Luftumwälzer unterstützen die Temperaturregelung, helfen Pilzkrankheiten vermeiden und fördern das Pflanzenwachstum.

Jedes Gewächshaus sollte eine batteriebetriebene Frostwarnanlage (Fernthermometer) haben, die den Ausfall des Stromes, der Heizung, d.h. einen Temperaturabfall meldet. Eine Notheizung für die Kulturräume ist vorzusehen (z.B. mit Propangasheizkörpern oder transportablen Propangasheizungen mit 16000–55000 cal/h, 1 J = 0,239 cal). Notstromaggregate sind für größere Sammlungen unverzichtbar.

Eine »Temperaturregelung« im weitesten Sinn ist auch dann gegeben, wenn z.B. Frühbeetkästen oder Freilandkakteen durch Abdecken mit Reisig, Rohr-, Strohmatten, Moltoprenmatten oder Folien gegen vorübergehende Kälteeinwirkungen geschützt werden.

Methodik der Temperaturmessung

Die Temperatur wird meist als Lufttemperatur gemessen. Dies geschieht in unmittelbarer Pflanzennähe, möglichst einmal in der Mitte des Kulturraumes und einmal in einer Randpartie. Einfache Thermometer geben die Temperatur im Moment der Ablesung wieder. Maximum-Minimum-Thermometer geben Temperaturschwankungen an und zeigen an, ob evtl. Schäden durch zu niedrige oder zu hohe Temperaturen aufgetreten sein können. Ideal sind Temperaturregistrierungen mit Thermographen. Jedes Gerät muß strahlungsgeschützt sein. Notfalls genügt eine Metallfolie als Ummantelung oder ein weiß gestrichenes Brettchen als Schutz, wobei aber immer die Luft ungehindert am Meßinstrument vorbeistreichen können muß.

Licht und Kakteenpflanze

Licht ist für grüne Pflanzen unentbehrlich. Es ermöglicht über die Photosynthese erst Wachstum und Entwicklung. Aber auch das Wachstum selbst und die vegetativen und generativen Entwicklungsphasen werden direkt in quantitativer und qualitativer Weise beeinflußt. Licht wirkt sich auf das Wuchsbild der Pflanzen aus und verursacht Bewegungsreaktionen.

Licht ist, im Gegensatz zu Wärme und Wasser, überall auf der Erde vorhanden und deshalb für die großräumige Gliederung der Vegetation der Erde nicht entscheidend. Für das Mikroklima der Pflanzen hingegen ist das Licht von großer Bedeutung. Aber auch hier steht es wiederum in engem Wechselspiel mit Temperatur und Wasser.

Licht als physikalische Erscheinung

Gesamtwellenskala

Aus der Wellenlängenskala der elektromagnetischen Strahlung sind in unserem Zusammenhang der Ultraviolett-Anteil (UV), das sichtbare Licht und der Anteil des nahen und fernen Infrarot (IR) wichtig. Diese Komponenten entstammen dem Sonnenlicht und sind auf der Erdoberfläche nachzuweisen. Das Sonnenlicht umfaßt einen Spektralbereich von ca. 250 bis über 3000 nm mit einem Maximum bei etwa 550 nm, einem vorherigen steilen Anstieg und anschließendem langsamen Abfall (nm = Nanometer; 1 nm = 1 mμ = 10 Å = 0,000001 mm).

Die drei wichtigsten Spektralbereiche

Das **UV-Licht**, das von ca. 250–400 nm reicht, ist besonders wirksam in größeren Höhen über Normal Null (also in Gebirgen). Technisch wird es eingesetzt, um Keime in Lebensmittelbetrieben, Krankenhäusern und dergleichen abzutöten. Es wird aber auch z.B. zur Desinfektion von Samen vor der Aussaat verwendet.

Das **sichtbare Licht** mit den Spektralbereichen von Violett über Blau und Grün nach Gelb und Rot (von ca. 400–750 nm) ist am wichtigsten. Die Farbverteilung über die Wellenlängenskala des sichtbaren Lichtes ergibt in etwa folgende Reihe: 360 nm – violett – 424 nm – blau – 492 nm – grün – 535 nm – gelb – 586 nm – orange – 647 nm – rot – 760 nm.

Das **Infrarot (IR)-Licht** (über 750 nm) umfaßt die langwellige Strahlung, vor allem die Wärmestrahlung. Es ist bis etwa 1000 nm für uns interessant. Technisch wird es in den sogenannten Infrarot-Hell- und -Dunkelstrahlern, also Geräten mit Wärmestrahlenemissionen, angewandt.

Die Veränderungen des Lichts

Die spektrale Zusammensetzung des Tageslichtes ist jahres-, besonders aber tageszeitenabhängig. Das direkte Sonnenlicht, das als Parallelstrahlung die Erdoberfläche trifft, hat sein Energiemaximum bei hohem Sonnenstand (mittags) im Gelb, bei tiefem (abends) im Rot. Wird es jedoch abgeschirmt, so daß nur das diffuse Licht (Himmelsstrahlung) mit seinem höheren Anteil an kurzwelligem Licht (also an Grün und Blau) gegeben ist, so ergibt sich ein Blauschatten. Ist das Licht bereits durch Blätter gegangen, so entsteht ein Rot-Grün-Schatten.

Von größter Bedeutung ist die ständige und starke Änderung der Tageslichtmenge und -qualität im monatlichen und jahreszeitlichen Ablauf. So schwankt die Tageslänge in Deutschland zwischen 8 und 17 Lichtstunden. Im Herbst und Winter ist der Anteil der diffusen Strahlung, im Sommer der der direkten Strahlung höher. Je höher die Sonne steht, desto mehr überwiegt die direkte Strahlung.

Der Zustand der Atmosphäre ist für die maximale Lichtstrahlung der Sonne entscheidender als der durch die Breitenlage bestimmte Sonnenstand. Tropische Breiten müssen deshalb nicht grundsätzlich das höchste Lichtangebot haben. Obwohl diese hohe Lichtwerte aufweisen, dürften sie, wie Messungen ergeben haben, nicht unbedingt höher, eher niedriger sein als in Mitteleuropa. Lediglich der UV-Anteil soll danach in den Tropen größer sein. Die Lichtwirkung ist in den Tropen nur in Zusammenhang mit der Temperatur und der Feuchte (auch der Atmosphäre) zu sehen.

Das Lichtangebot wird kleinräumig stark durch örtlich veränderte, bodennahe Luftschichten (Dunstglocken über Großstädten oder Industriezentren, »Nebeloasen« usw.) beeinflußt.

Licht und Pflanze

Licht als Umweltfaktor der Pflanzen

Für Kakteen ist vor allem das sichtbare Licht und jeweils relativ kleine Anteile des UV- und des IR-Bereichs lebensnotwendig, d.h. die Bereiche von ca. 300–800 nm.

Das **UV-Licht** wirkt sich besonders im Bereich unter ca. 360 nm, mit Schwerpunkten bei 280 und 260 nm, mehr oder weniger nachteilig auf die Pflanzen aus, weil es Zellen schädigt, Wuchsstoffe zerstört und die Permeabilität erhöht. Die schädliche Wirkung kann durch gleichzeitiges Bestrahlen mit weißem Licht aufgehoben werden (Vorgang der Photoreaktivierung).

Der hohe UV-Anteil, insbesondere in größeren Gebirgshöhen bewirkt zusammen mit anderen Umweltfaktoren (Niederschlagen, Temperaturschwankungen, Winden, der dünnen Luft) die charakteristische Ausgestaltung der dort lebenden Pflanzen. Das UV-Licht und die große Strahlungsintensität hemmen dort das Streckungswachstum, es treten Zwergwuchs, Achsenverkürzungen, stärkere Wurzelausbildung, dichte Behaarung, dicke Kutikula usw. auf; auffallend ist, daß meist in den Pflanzen Pigmente angereichert sind, wodurch die Sonnenenergie intensiver absorbiert wird und die Photosynthese anwächst.

Das **sichtbare Licht** besteht aus pflanzenphysiologisch unterschiedlich wirksamen Wellenlängen, deren komplexes Zusammenspiel keineswegs völlig geklärt ist. So scheint z.B. der schmale Wellenbereich von 500–550 nm, das Grünlicht also, relativ unwirksam zu sein, weshalb dieses »Sicherheitslicht«, analog zum Rotlicht bei der Photographie, als Beleuchtung von »dunkel« zu haltenden Pflanzen verwendet wird.

Das **IR-Licht** wird bis ca. 1000 nm vom Zellwasser absorbiert und in Wärme umgesetzt und so für die Pflanze wirksam. Besonders das kurzwellige IR scheint u. a. die Photosynthese regulierend zu beeinflußen.

Die Lichtwirkung auf die Pflanze

Licht kann nur dann wirksam sein, wenn Substanzen vorhanden sind, welche das Licht absorbieren. Solche Receptoren sind bestimmte Pigmente oder Pigmentsysteme mit typischen Absorptionsbanden, die begrenzte Spektralbereiche des Lichts verwerten. Dies gilt für die Photosynthese, in der Licht seine wichtigste Aufgabe findet, ferner für entwicklungsphysiologische Abläufe, für die Bewegungsvorgänge, für die Wuchsstoffinaktivierungen u. a. Rein chemisch, also ohne Pigmente, wirkt Licht, wenn es Wuchsstoffe und Enzyme im UV inaktiviert, wenn die Plasmabeschaffenheit beeinflußt wird und bei anderen Vorgängen.

Hinsichtlich der Pflanzenarten sind keine Unterschiede in der Absorption festzustellen. Werden im Mittel um die Mittagszeit von der Sonnenenergie im Bereich der physiologisch aktiven Strahlung 80–85% ausgenutzt, so absorbieren Pflanzen mäßig feuchter Standorte und Wasserpflanzen ein Minimum, Sukkulenten, Xeromorphe und Pflanzen mit anthocyanhaltigen Blättern ein Maximum. – Kakteen sind typische Sonnenpflanzen und an ihren offenen, unbeschatteten Standorten dem vollen Tageslicht ausgesetzt, haben also einen hohen Lichtgenuß. Dieses Lichtangebot bestimmt alle morphologischen und physiologischen Vorgänge. Nur ausnahmsweise und sehr begrenzt können Kakteen mit weniger Licht auskommen, dann müssen jedoch die sonstigen Umweltbedingungen günstiger sein. Voll zu ersetzen ist Licht durch keinen anderen Faktor. Hoher Lichtgenuß ist oft mit Xeromorphie verbunden, so auch bei den meisten Kakteen.

Geringere Lichtansprüche haben epiphytische Kakteen, die sogar im Rot-Grün-Schatten leben können, was z. B. für ihren Sommerstand unter Bäumen wichtig ist. Sie gehören auch zu einer ökologisch anderen Pflanzengruppe als die terrestrischen Kakteen.

Photosynthese: Mit Hilfe des Chlorophyll a und b werden bei der Photosynthese bzw. der Kohlendioxid-Assimilation aus dem CO_2 der Luft und Wasser unter Umwandlung von Lichtenergie in chemische, energiereiche, organische Stoffe (Zucker, Stärke, Zellulose, Fette, Eiweiße usw.) aufgebaut. Sauerstoff wird hierbei frei.

Am wirksamsten ist der rote Spektralanteil zwischen 640–670 nm und der blaue zwischen 420–490 nm. Steigende Lichtintensität, d.h. eine steigende Menge von absorbierten Lichtquanten, erhöht den photosynthetischen Effekt bis zu einem Grenzwert, über den hinaus verstärktes Licht wirkungslos wird. Offenbar hemmen hier andere Faktoren (Mangel an CO_2 u. a.). Trotzdem liegt dieser, die optimale Photosynthese begrenzende Wert bei Starklichtpflanzen, zu denen die Kakteen gehören, hoch (über 10000 Lux im natürlichen, über 5000 Lux im künstlichen Licht). Optimale assimilatorische Leistung wird erst bei relativ hohen Lichtintensitäten erreicht. Dabei geht die Pflanze recht großzügig mit dem von den Zellen absorbierten Licht um. Wenn in Modellmessungen z. B. 70% der einfallenden Strahlenenergie absorbiert werden, werden 69% davon in Wärme umgewandelt. Davon wiederum werden 49% bei der Verdunstung, 16% bei der Wärmestrahlung abgegeben. Nur 1% wird über die Photosynthese gespeichert und bleibt der Pflanze erhalten.

Ausgenützt kann zur Assimilation sowohl die diffuse als auch die direkte Strahlung werden. Bei bedecktem Himmel und diffusem Licht verläuft die Photosynthese während des ganzen Tages sehr gleichmäßig. Bei klarem Himmel und direkter Strahlung der Sonne tritt mittags ein Minimum in der Aufnahmefähigkeit der Strahlung ein und damit gleichzeitig eine Depression der Photosynthese. Interessant ist, daß bei Sonnenbestrahlung durch eine zusätzliche UV-Bestrahlung eine künstliche Photoadaptation hervorgerufen wird, die zu einer Pigmentanreicherung und so zu einer verstärkten Photosynthese führt.

Da die Assimilation an die Struktur und Tätigkeit der lebenden (Zell-)Substanz gebunden ist, ist sie **temperaturabhängig.** Die Assimilationsintensität steigt mit zunehmender Temperatur an, erreicht einen Höhepunkt, fällt bei weiterer Temperatursteigerung jedoch dann wieder ab. Wie jeder physiologische Vorgang durchläuft der Effekt der Temperatur auf die Assimilation die drei Kardinalpunkte Minimum, Optimum und Maximum. Die untere Temperaturgrenze, bei der die Assimilation einsetzt, dürfte bei +5 °C, höchstens bei +10 °C liegen. Das Temperaturoptimum der CO_2-Assimilation kann sich bei den Kakteen als tropischen und subtropischen Pflanzen auf 30 °C, evtl. noch mehr erhöhen. Das Maximum, nach dessen Überschreiten keine Photosynthese mehr stattfindet, dürfte zwischen 40–50 °C liegen. In sehr heißen, trockenen Gebieten kann die Assimilation zeitweilig ganz eingestellt werden. Erhöhte Lichtintensität erfordert höhere Temperaturen und umgekehrt. Demgegenüber verlangt der Lichtmangel gerade in den Wintermonaten, daß die Temperatur gesenkt wird.

Die natürlich vorkommende CO_2-Konzentration **begrenzt** oftmals die Leistungsfähigkeit des photosynthetischen Vorgangs. Speziell bei Kakteen mit ihrer kleinen Oberfläche, der verdickten, oft wachsigen Epidermis und den wenigen, geschützt liegenden Spaltöffnungen ist die CO_2-Aufnahme aus der Luft beschränkt und behindert. Bei fast völligem Spaltenschluß in Trockenzeiten veratmen die Kakteen nachts nicht bis zum flüchtigen, einen großen Raum einnehmenden Kohlendioxyd, sondern nur bis zur löslichen Apfelsäure. Erst bei Tageslicht zerfällt diese zu CO_2, das aber nun sofort wieder bei der einsetzenden Assimilation verbraucht wird. Dieser höchst sparsame »interne« Kreislauf erfordert, daß bei Tagesanbruch die Assimilation rasch und intensiv einsetzt. Dies gelingt am besten bei sehr sonnigen, aber kühlen Morgenstunden.

Künstliche CO_2-Zufuhr fördert die Assimilation (siehe S. 74).

Die bei der Photosynthese entstehenden primären Produkte, vor allem die Glukose, werden für den Aufbau der stofflichen Strukturen (Baustoffwechsel) und für die hierfür notwendige Energie (Energiestoffwechsel) verbraucht (Abb. 54). Letzterer Stoffwechsel ist Voraussetzung für ersteren, weil er das für die Synthese von Polysacchariden, Fetten und Eiweißen nötige ATP, die organischen Säuren für den Aufbau von Aminosäuren und das Acetyl-Coenzym A für den Aufbau von Fetten und Lipoiden liefert.

Jedem Aufbau steht ein **Abbau** gegenüber. Die chemisch gebundene Energie dient allen Lebensvorgän-

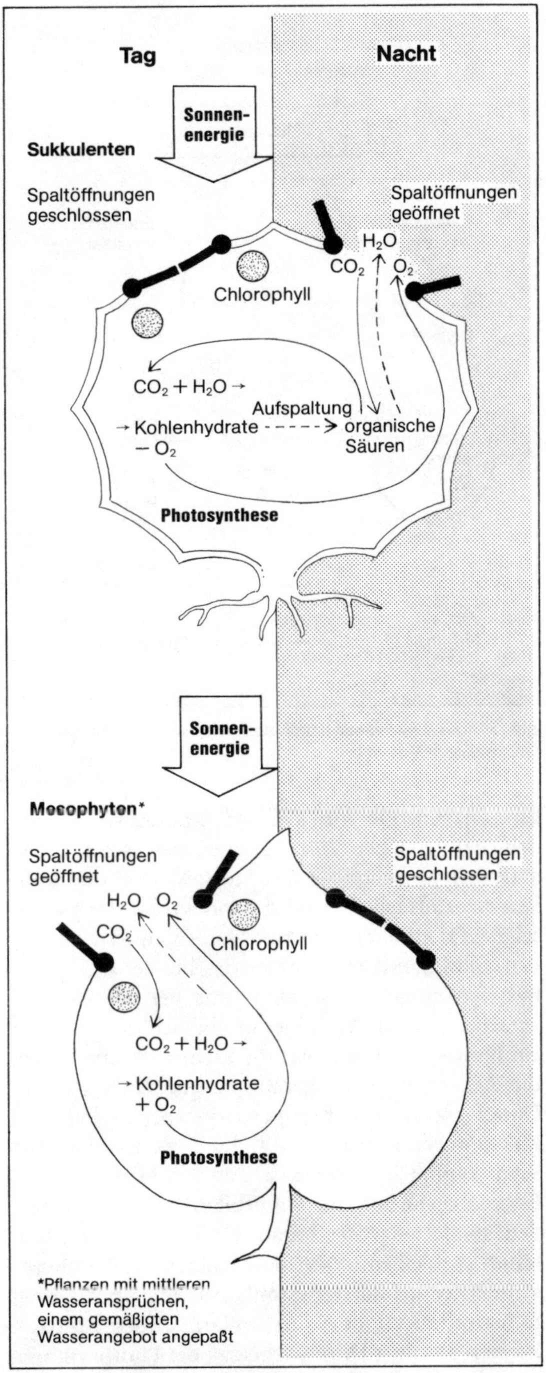

Abb. 53 Photosynthese (abgeändert nach Rowley).

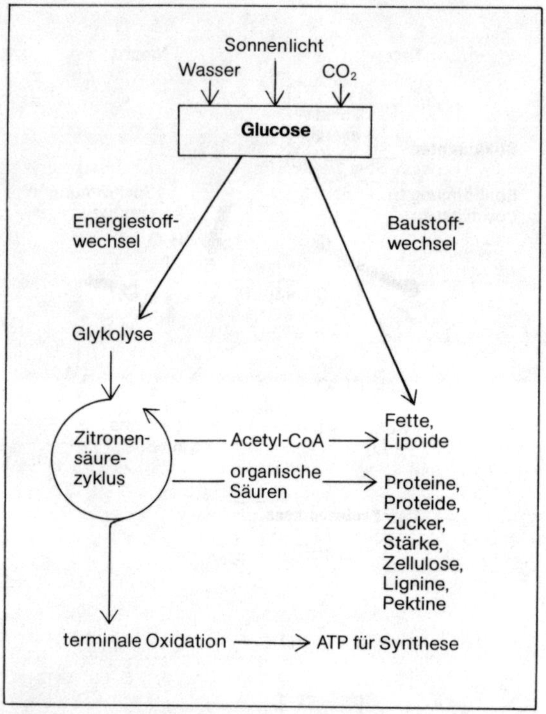

Abb. 54 Die Verwendung der photosynthetisch entstandenen Glucose (nach MENGELE).

gen. Die Energie wird bei der **Atmung** wieder aus den energiereichen Verbindungen freigesetzt. Dabei entstehen als energieärmere Stoffe Wasser und Kohlensäure, aus letzterer wird dann wieder das gasförmige CO_2 erhalten. Um eine Unterbilanz zu vermeiden, muß mindestens immer das bei der CO_2-Assimilation aufgebaut werden, was bei der Atmung verarbeitet wird. Auch hier ergibt sich für das Licht ein Fixwert. Er beinhaltet die Lichtwerte, bei denen die Atmungsverluste gerade ausgeglichen werden. Dieser sogenannte Kompensationspunkt liegt bei Kakteen bei mehreren 100 Lux, während er bei Schattenpflanzen nur bei ca. 100 Lux liegt.

Es muß nicht nur eine Unterbilanz vermieden werden, sondern darüber hinaus ein **Assimilationsüberschuß** verbleiben. Nach der »Gleichung«: »photosynthetisch gebildete Assimilate abzüglich veratmete Assimilate ergibt die Assimilate für den Aufbau« können aus dem Differenzbetrag der Photosynthese erst die Bauelemente für Aufbau und damit das Wachstum der Pflanze gewonnen werden. Dabei entstehen als Stoffe, die lediglich dem Aufbau des Pflanzenkörpers dienen und nicht mehr energetisch verwertet werden können, Zellulose, Hemizellulose, Lignin, Pektine; als Reservestoffe Zucker, Stärke, Fette und Eiweiße.

In der praktischen Kakteenpflege wirkt also eine eingeschränkte Atmung oder besser eine erhöhte Assimilation stark fördernd auf die Entwicklung der Pflanzen. Sowohl die Assimilation als auch die Dissimilation (Atmung) sind von Außenfaktoren beeinflußbar. Ungenügende Versorgung mit K und verschiedenen Mikronährstoffen steigert die Atmung übernormal. Ausreichende Wasser- und Nährstoffversorgung begünstigt dagegen die Photosynthese. Die Bedeutung von Licht und CO_2-Angebot wurde bereits erwähnt.

Formative Lichtwirkungen: Das Licht beeinflußt die Gestaltbildung der Pflanze (Photomorphogenese). Photochemische Reaktionen haben dabei steuernde Funktion.

Weißes Licht hemmt die Zellstreckung des Sprosses und fördert die Differenzierung und die Blattausbildung (z. B. bei *Pereskia* und *Pereskiopsis*). Ist dieses Wachstum »normal« bei ausreichend starkem Weißlicht, dann wirkt ein hoher UV-Anteil (Maximum 290–330 nm) stark stauchend, er fördert die Anthocyanbildung, die Behaarung und die Bestachelung. UV kommt in zunehmender Höhe über Normal Null, in den Tropen stärker als in unseren Breiten zur Wirkung.

Fehlt blaues und violettes Licht (unter 500 nm), so werden die Pflanzen lang, dünn und weich, sie vergeilen (Etiolementserscheinungen). Grünes, besonders aber gelbes und rotes Licht wirkt somit streckend. Bei niederen Lichtintensitäten hemmt stärker rotes, bei höheren stärker blaues Licht (Maximum ca. 460 nm). Manchmal fördert dem sichtbaren Bereich zugefügtes kurzwelliges IR ebenfalls das Streckungswachstum.

Alle diese Wirkungen sind an die sogenannten gelben Pigmente mit einer Absorption von 400 bis 500 nm (Karotine) und 200–500 nm (Riboflavin) gebunden. Weiter sind für formative Lichtwirkungen die Lichtintensität, der Farbstoffgehalt der Pflanzen, beigemischte andere Spektralbereiche (an-

tagonistische Wirkungen) bedeutsam. Auch alle Biowuchsstoffe werden im Blau-Violett und Rot-Infrarot gefördert.
Für die praktische Kakteenhaltung gilt, daß alle Gläser für Gewächshäuser UV-schluckend sind. Deshalb wachsen Kakteen unter Glas oft mehr in die Länge als die aus einem sommerlichen Freilandquartier. Im Winter würde die Heizung den Lichtmangel in seiner »Verlängerungswirkung« unterstützen, weshalb die Ruheperiode strikt einzuhalten ist; vergeilte Pflanzen wären sonst die Folge.
An dieser Stelle muß noch auf den Zusammenhang zwischen der Keimung der lichtbedürftigen Kakteensamen und dem Lichtangebot eingegangen werden. Die Keimung der Samen wird durch weißes Dauerlicht oder einen zeitlich begrenzten Lichtstoß stimuliert. Wirksam ist hierbei nur die Strahlung zwischen 550–700 nm (am wirksamsten die um 660 nm), also der Spektralbereich Hellrot. Über 700 nm wird keine Keimung induziert. Wenn man anschließend an die Hellrot-Bestrahlung mit Strahlen des Spektralbereiches 700–800 nm (am wirksamsten ist ca. 730 nm), also mit »Dunkelrot« bestrahlt, wird die Keiminduktion mit Hellrot annuliert; sie ist also reversibel. Die »Strahlungsfarbe«, die zuletzt verabreicht wurde, bestimmt ob Keimung eintritt oder nicht. Das dem »reversiblen Hellrot-Dunkelrot-Photoreaktionssystem« zugrundeliegende Pigmentsystem heißt »Phytochrom« und ist bei potentiell grünen Pflanzen ähnlich weit verbreitet wie das Chlorophyll. Die Phytochrome können durch Gibberelline ersetzbar sein. In späteren Keimungsstadien wird das Hellrot-Dunkelrot-System durch eine Blau-Dunkelrot-Phase, die von der ständigen Reizung eines Lichtrezeptors abhängig ist, abgelöst, in der die Samen nicht mehr hellrot empfindlich sind. Auch photoperiodische Effekte (siehe nächste Spalte), sowie die Anthocyanausbildung usw. sind über das Phytochrom zu erzielen.
Interessant ist auch die Bedeutung des Lichtes für die Luftwurzelbildung von Cereen. Durch einseitig einfallendes Licht wurde im Versuch ein senkrecht stehender Sproß von Cereus nycticalus so polarisiert, daß Luftwurzeln sich lediglich auf der Schattenseite bildeten. Besonders wirksam ist hierbei der blaue und grüne Spektralbereich, weit unwirksamer der rote und orange.

Entwicklungsphysiologische Lichtwirkungen: In den fließenden Entwicklungsphasen Jugend, Reife, Alter (und Tod) der Kakteenpflanze ist das zeitliche Auftreten der Fortpflanzungsorgane, der Blüten, von Umwelteinflüssen, besonders von der Temperatur und dem Wechsel von Licht und Dunkelheit abhängig. Dieser Vorgang heißt **Photoperiodismus.**
Das blütenlose Jugendstadium, das gleichzeitig die vegetative Phase darstellt, ist vergleichsweise bei Kakteen ohnehin kurz. Wie aber von der vegetativen zur reproduktiven Phase übergegangen wird, geschieht recht unterschiedlich. »Normalen« dikotylen Holzgewächsen entsprechend, verhalten sich noch die Pereskien. Über alle Reduktionsstufen hinweg findet man aber schließlich Kakteen, die nur mehr Zwergwuchs aufweisen und die Blühfähigkeit bereits in Sämlingsgröße erreichen (z.B. bei *Parodia, Blossfeldia*) oder solche, bei denen das Wachstum überhaupt auf die reproduktive Phase übergeht, wie es im Bereich eines Cephalium (z.B. bei den Melocacteen) der Fall ist.
In der blühreifen Pflanze läuft das vegetative Wachstum weiter, so daß die Blühperiode nicht größen- sondern altersmäßig bestimmt ist. Schnell großgetriebene Pflanzen blühen nicht eher als hart kultivierte kleine. Abgetrennte Kopfstecklinge blühreifer Pflanzen bleiben blühbereit. Individuelle Schwankungen in der Blühfähigkeit beruhen auf unterschiedlichen Gehalten art- und gattungsspezifischer Blühhormone. Um so wichtiger werden die Umweltbedingungen.
Für das Blühen ist der Licht-Dunkel-Rhythmus und die gebotene Lichtmenge (Lichtintensität pro Zeiteinheit) entscheidend. Wohl unterschiedlich, meist aber groß, kann sie nur im Sommer geboten werden. Die Blütenanlagen werden aber sehr früh (bei vielen Fühjahrsblühern vor oder während der Winterruhe) und nicht erkennbar angelegt, weshalb weder der Zeitpunkt noch die dann geltenden Außenbedingungen hierfür bekannnt sind.
Voraussetzung für das Blühen ist immer, daß Assimilatüberschüsse bereitstehen, daß ausgeglichen und besonders mit K und P, aber auch (zwecks direkter oder indirekter Beteiligung bei der Chlorophyllbildung) mit Fe, Mg und N gedüngt wird. Mangelzustände oder Überernährung verursachen Blühfaulheit.

Die Länge der täglichen Licht- und Dunkelperiode bestimmt, ob und wann es zur Blütenbildung kommt. Bei den **Langtagspflanzen** fördert jede, eine bestimmte untere Grenze überschreitende Verlängerung des Tages bis zu Dauerlicht die Blütenbildung.
Die **Kurztagspflanzen,** zu denen viele unserer Kakteen als tropische Gewächse gehören, müssen dazu eine untere »kritische« Grenze der täglichen Dunkelperiode überschreiten.
Bei allen photoperiodischen Reaktionen ist nicht primär die Lichtintensität über Schwachlicht- und Starklichtreaktionssysteme, sondern die tägliche Helligkeitsperiode entscheidend. Für Kurztagspflanzen ist die kritische Tageslänge meist 12–16, jedoch nicht unter 12 Stunden. Für Kakteen soll sie ca. 12 Stunden betragen.
Neben der Dauer der Lichtzufuhr und der Lichtintensität ist die Lichtqualität wichtig. Sie wird über bestimmte Pigmente und Pigmentsysteme (z.B. das Hellrot-Dunkelrot-System) erfaßt und schließt den Effekt der blauen, roten und infraroten Strahlung ein.
Bei einer kritischen Tageslänge für Kakteen von 12 Stunden genügen die gering schwankenden Tageslängen von ca. $11^1/_2$–$12^1/_2$ Stunden der tropischen und äquatorialen Gebiete noch, um überwiegend vegetatives oder generatives Wachstum zu »befehlen«. Allerdings können andere Umwelteinflüsse, z.B. die Temperatur oder die Wasserversorgung den photoperiodischen Rhythmus der Kakteen überdecken.
In der Kultur müssen Kurztagsbedingungen sicherlich einige Wochen gegeben werden. Kakteen erkennen durch ihre photoperiodische Reaktionsfähigkeit auch die Jahreszeiten (»physiologische Uhr«). Für frühjahrs- oder frühsommerblühende Kakteen sind Kurztage während des Herbstes und Winters leicht zu realisieren. Schwieriger ist es für die Kakteen, welche als Kurztagspflanzen während der langen Sommertage blühen wollen. Natürliche Kurztage sind erst ab Ende September/Anfang Oktober gegeben, wenn jedoch das Licht-, Wärme- und Feuchteangebot vermindert ist (die Winterruhe steht kurz bevor!). So spät im Jahr können dann nur noch Kakteen blühen, die im Kurztag nur mehr geringe Lichtintensitäten brauchen (Weihnachtskaktus, *Rhipsalis*-Arten). Kakteen aber, die im Winterhalbjahr Kurztag und intensive Sonnenbestrahlung fordern, können bei uns nicht blühen. Ob im Sommer künstlich gegebener Kurztag blühfördernd wirkt, müssen Versuche erweisen.
Auffällig sind die Wechselbeziehungen zwischen Licht und Temperatur bei photoperiodischen Reaktionen. Beispiel hierfür ist die gesteuerte Kultur bei *Schlumbergera truncata* im Erwerbsgartenbau. Diese Art blüht bei niederer Temperatur weitgehend unabhängig von der Tageslänge. Die kritische Tageslänge wird aber verkürzt, wenn die Temperatur steigt, d.h., daß der Kurztag im Herbst bei höherer Temperatur später erreicht wird.
Die Beziehungen zwischen Licht und Temperatur gehen über den Photoperiodismus hinaus. Die Temperatur spielt in die Blühvorgänge, die Photosynthese und andere lichtabhängige Prozeße hinein. Altbekannt ist, daß, je höher die Temperatur, desto höher auch die Lichtzufuhr sein muß und umgekehrt.
Licht hat noch die weniger spezifische Wirkung der Erwärmung der Gewebe. Neben dem Einfluß auf die Transpiration fördert dies das Abtrocknen der Pflanzen (nach Gießen, Nebeln usw.), was wiederum Einfluß auf den Krankheitsbefall hat.
Reizphysiologische Lichtwirkungen: Die hier zu besprechenden Bewegungsreaktionen der Kakteen basieren darauf, daß die Reizwirkung des Lichtes über die sogenannten gelben Pigmente (Karotine, Riboflavin) für die Pflanze erkennbar wird.
Unter **Phototropismus** versteht man eine Bewegungsreaktion der Pflanze, die durch Licht besonders des violetten und blauen Spektralbereiches ausgelöst wird und darauf abzielt, die Pflanze in eine optimale Lage zum Licht zu bringen. Kurze, einmalige, auch schwache Reize genügen für solche Reaktionen. Die lichtabgewandte Seite des Sprosses wächst unter Wuchsstoffeinfluß schneller als die lichtzugewandte, was sich in einer Krümmung bemerkbar macht. Wendet sich der Sproß zur Lichtquelle hin, so nennt man dies **positiv phototropisch. Negativ phototropisch** reagieren z.B. die Luftwurzeln cereoider Kakteen, die sich vom Licht abwenden. Die farblosen Bodenwurzeln der Kakteen sind phototrop unempfindlich, reagieren jedoch stark auf die Schwerkraft.
Allseitig oder lange einseitig einfallendes Licht stumpft die physiologische Empfindlichkeit der

Pflanzen ab. Auch hohe und tiefe Temperaturen führen zu Starrezuständen. Besonders stark reagieren junge, wachstumsintensive Organteile.
Kakteen auf dem Fensterbrett leiden unter den Auswirkungen des Phototropismus. Nur öfteres Drehen der getopften Pflanzen hilft gegen den einseitigen Wuchs zum Licht, zum Fensterglas hin.
Im Gegensatz zum Tropismus handelt es sich bei der **Photonastie** um Bewegungsvorgänge, bei denen die Richtung des auslösenden Lichtreizes keine Rolle spielt; vielmehr können auch Intensitätsschwankungen von Bedeutung sein. Diese Bewegungen dienen nicht der räumlichen Orientierung der Pflanzen, sondern betreffen die Öffnungs- und Schließbewegungen der Blüten bei Sukkulenten, die primär durch den Belichtungsbeginn ausgelöst werden.
Kalanchoe blossfeldiana öffnet ihre Blüten bei Beginn des Tageslichtes und schließt sie nach einer bestimmten Zeit wieder innerhalb eines, von inneren Faktoren bestimmten Tagesrhythmus, der allerdings durch Temperaturänderungen und dergleichen abgewandelt werden kann.
Auch die Blütenöffnung von z.B. *Selenicereus grandiflorus* (»Königin der Nacht«) wird durch den Belichtungsbeginn gesteuert, allerdings setzen etwa 12 Stunden später erst die Öffnungsbewegungen stärker ein: die Blüten sind dann in der Nacht geöffnet.
Besonders genau wurde *Selenicereus pteranthus* (»Prinzessin der Nacht«) untersucht: sie öffnet unter natürlichen Lichtbedingungen in unserem Klimabereich die Blüten abends (von 17–20 oder 21 Uhr). Auch wenn die Blüten länger in Dauerlicht oder Dauerdunkelheit gehalten wurden, veränderte sich die »typische« Öffnungszeit nicht. Wurde jedoch der Licht-Dunkel-Wechsel umgekehrt (also Beleuchtung während der Nacht, Dunkelheit tagsüber), so entsprach nach einem Minimum von 3 Zyklen die Öffnungszeit dem neuen Rhythmus. Wurden einzelne Knospen behandelt, so verhielten sich diese völlig unabhängig, selbst wenn zwei unmittelbar nebeneinander inserierte Knospen den normalen bzw. den inversen Licht-Dunkel-Rhythmus erhielten. Der Induktionsort der zeitlichen Regulierung der Blütenöffnung liegt also in der Blüte selbst. Das Schließen erfolgt stets 10–14 Stunden nach dem Aufblühen; es ist somit endogen festgelegt.

Kakteen und natürliches Licht

Das Lichtangebot im Freien

Im Winter herrscht bei uns ein Lichtminimum, manchmal und zeitweilig sogar ein -defizit. Dabei ist Licht für eine sichere Überwinterung ebenso wichtig wie für eine forcierte Jungpflanzenanzucht (Aussaat), eine beschleunigte, rechtzeitige Stecklingsvermehrung, eine allgemeine Wachstumsförderung zum Winterausgang hin, eine Verhinderung des Etiolements und letztlich auch eine photoperiodische Beeinflußung.
Im Sommer wollen die Sonnenpflanzen Kakteen möglichst lange im Freien oder, wenn unter Glas, dann möglichst dicht darunter kultiviert werden. In letztem Fall benötigen sie trotz eines hohen Lichtbedarfs und Schutzeinrichtungen (Bestachelung, Wollkleid usw.) einen Schutz vor Prallsonne. Besonders gefährdet sind die Pflanzen, wenn sie aus dem lichtarmen Winterquartier kommen oder in Mitteleuropa aus Samen gezogen wurden (keine Importen!) und sich deshalb wie andere Gewächshaus- oder Zimmerpflanzen unserer Breiten, nicht jedoch wie harte, lichthungrige und -gewöhnte Kakteen verhalten, auch wenn man nach ihrem äußeren Bau Gegenteiliges meinen würde.
Kakteen sind deshalb langsam an volles Licht zu gewohnen. Kleinere Sammlungen werden im Sommer nach Abhärtung (anfänglich einige Tage bei trübem Wetter halten!) tunlichst im Freien gepflegt. Bei Kästen können die Fenster abgenommen werden. Freilandpflege und Kultur ohne Fenster ist nur kurzzeitig möglich. Meist müssen Kakteen unter oder hinter Glas stehen. Wie gestalten sich aber die Lichtverhältnisse unter Glas?

Das Lichtangebot unter Glas (und anderen Materialien)

Beeinflussung des Lichtes: Die normale Verglasung unserer Gewächshäuser und Kästen läßt nur einen Teil der auftreffenden Lichtstrahlung hindurch, ein Teil wird absorbiert (vom Glas geschluckt), ein anderer reflektiert (zurückgeworfen). Durch das Glas gehen Strahlen des Bereiches von ca. 320–2800 nm. Der UV-Anteil wird fast vollständig zurückgehalten. In jedem Fall ist bei Kultur unter Glas mit Lichtverlusten zu rechnen.

Durch die **Bauweise** wird das Lichtangebot erheblich beeinflußt. Die Haus- oder Kastenrichtung ist nur für die direkte Strahlung wichtig. Ost-West-Häuser und -Kästen sind für die Strahlung, Nord-Süd-Bauten für den Tagesgang der Assimilation günstiger.

Wichtig ist auch der Dachneigungswinkel. Nach Seemann ist in einem um 30° nach Süden geneigten Pultdach der Strahlungsgenuß in den Sommermonaten um mehr als 10% höher als im Winter.

Das Licht verringern alle undurchsichtigen, schattenwerfenden (durch hellen Farbanstrich abschwächen!) Konstruktionsteile. Sie möglichst sparsam zu verwenden, ist in Metallbauweise eher möglich als in Holzbauweise. Vorteilhaft sind auch die großen Glasscheiben in Normmaßen und lichtstreuendes Glas, das den Schattenwurf mildert und die überbaute Fläche gleichmäßiger ausleuchtet. Das gilt nur für das innen genörpelte Gartenklarglas, nicht für das durchsichtige Gartenblankglas. Frühbeetkästen sollten auch durchstrahlbare Drahtglasseitenwände haben. Glasfaserverstärkte Polyesterplatten lassen weniger Licht durch als Glas. Je nach dem Anteil an Glasfasern liegt die Lichtminderung zwischen 10–20%.

Verschmutzte Glasflächen lassen je nach Art und Größe der Schmutzteilchen und der herrschenden Wetterlage weniger Licht, vor allem sichtbares, durch. Der IR-Anteil ist weniger betroffen. Regenfälle reinigen teilweise. In industriefernen Gebieten gehen 4, im Ruhrgebiet bis zu 56% des Lichtes verloren. Besonders schlimm sind Rauch- und Rußteilchen sowie Kalk- und Zementablagerungen.

Schattierungsanstriche müssen im Herbst restlos entfernt werden. Der z.T. stark haftende Belag muß aufgeweicht, abgebürstet und mit Klarwasser abgespritzt werden. Schwache Flußsäurelösungen erleichtern die Arbeit, sie greifen jedoch Metalle an; besser sind käufliche Glasreinigungsmittel. Die meisten Mittel sind pflanzenschädlich. Wo sie bei undichter Verglasung durchtropfen oder bei Innenreinigung abtropfen können, müssen die Pflanzen vorher entfernt oder durch Folien geschützt werden. Die Reinigung innen und außen gelingt auch mit Lösungen des Reinigungsmittels Imi (120 g/10 l Wasser) und anschließendem Nachspülen. Glasreinigungsmittel und ihre Nachspülwässer dürfen selbstverständlich nicht in Regenwasser-Sammelbehälter eingeleitet werden. Selten stehen die ganz vorzüglichen Hochdruckreinigungsgeräte zur Verfügung, die ohne Reinigungsmittelzusätze Farbanstriche und Schmutz von den Glasflächen entfernen.

Lichtverluste treten im Sommer durch **Schattieren,** im Winter durch Folienunterspannungen oder eine zusätzliche Außenabdeckung gegen Kälte ein. Während im Winter selbst ohne zusätzliche Abdeckung nur 8–10% des Freilandlichtes während der Vegetationszeit verfügbar ist, wird die Strahlung durch eine Schattierung um 30–50% vermindert. Messungen zeigten, daß im schattierten Gewächshaus im Juli der gesamte Strahlungsgenuß etwa so groß ist wie im Februar im Freiland, ja selbst im August nur etwa 30% größer als im Dezember im Freiland ist. Weil der photosynthetisch verwertbare Lichtanteil ebenfalls vermindert wird, haben die Pflanzen im Hochsommer für die Assimilation im Gewächshaus weniger Licht zur Verfügung als etwa im Freiland in ausgesprochenen lichtarmen Wintermonaten!

Am idealsten sind **bewegliche Schattierungseinrichtungen,** die sich der Witterung anpassen und über einen Photowiderstand mit Verstärkerrelais und Getriebemotor im Auf-Zu-Betrieb regelbar sind. Sie sind teuer. Alles, was nicht vollautomatisch geht, ist sehr arbeitsaufwendig. Dies gilt z.B. für alle handbetriebenen Einrichtungen. Sehr brauchbar, aber kostspielig sind (Außen-)Lättchenrollos, billiger Schattierungen mit Gewebe aus Jute, Cocos-Gewebe, Sarangewebe und Folien. Am besten dürfte eine außen angebrachte, steuerbare Drehlamellenjalousie aus Kunststoff oder Aluminium sein. Gut scheint auch die »troplex«-Schattierung aus verschiedenfarbigen PVC-Röhrchen in wetterfester Verknüpfung und in den Mattenmaßen 1,60–2,00 m Breite, 5 m Länge zu sein. Auch die beiden letztgenannten Schattierungen nehmen 35–40% des Lichtes weg.

Weit häufiger als bewegliche sind **Dauerschattierungen.** Auch sie sollten außen angebracht sein. Innenschattierung läßt die Temperatur stärker ansteigen, da die Strahlungsenergie erst im Haus absorbiert wird. Vorteilhaft ist, daß die Schattiermaterialien innen länger halten.

Im allgemeinen gelingt es auch für die lichtbedürftigen Kakteen mit Innenschattierung eine Überhitzung zu vermeiden, wenn ausreichende Lüftungen

vorhanden sind. Fehlen sie, treten trotz der Schattierung und der unerwünschten, aber unvermeidbaren Lichtschwächung doch Temperaturen bis zu 40 °C auf.
Zwischen schwachem Licht und hoher Temperatur kann ein optimales, harmonisches Verhältnis bestehen. Beschränkt helfen hier Dauerschattierungsmittel, die wenigstens bei regnerischem, und damit lichtschwachem Wetter, ihre Durchlässigkeit für Licht und Wärmestrahlung erhöhen. Altbekannt hierfür ist in Wasser angerührtes Weizenmehl; aber auch einige Industrieprodukte reagieren ähnlich (Ultrale, Colovit).
Eindeckungen mit wärmeabsorbierenden Spezialgläsern müssen trotzdem mit Wasser berieselt werden, um die Wärme abzuführen. Dies wäre im Winter unmöglich, von sonstigen technischen Voraussetzungen und dem Preis gar nicht zu reden.
Berieseln der Glasflächen ist sicherlich eine weitere Schattiermöglichkeit, die vor allem die Temperatur vermindert. Verstärkter Schattiereffekt würde spezielle Mischapparaturen erfordern, um dem Berieselungswasser einstrahlungsmindernde Farbstoffe zuzusetzen.
Inwieweit Folien als Wärmefilter im Sommer besser brauchbar sind, ist noch nicht geklärt.
Das billigste Hilfsmittel ist nach wie vor Schattenleinen aus präpariertem Papiergewebe. Es hält außen leider nur kurz, innen jedoch erheblich länger. Schattengewebe aus synthetischen Produkten sind reißfester, gegen Dünge- und Pflanzenschutzmittel unempfindlich, nicht verrottend und gewichtsmäßig leichter.
Welches Material auch immer, der Lichtabfall bleibt bestehen, wie auch nachstehende Beispielswerte zeigen: normale Lichtstärke 57 000 Lux, unter einem Frühbeetfenster 47 000 Lux, unter Schattenleinen 17 000 Lux, unter einem engmaschigen Kunstfasergewebe 16 000 Lux, unter einem weitermaschigen 21 000 Lux.
Das stark lichtstreuende Gartenklarglas hat sich gegenüber dem durchsichtigen Gartenblankglas heute weitgehend durchgesetzt; es erübrigt aber eine Schattierung keineswegs, schon gar nicht, wenn die Kakteen in Glasnähe kultiviert werden. Selbst mehr als 30–40 cm von der Glashaut entfernt sind Verbrennungen, sogar bei Importen, vorgekommen.

Ist im Sommer der Lichtverlust durch eine Schattierung wohl oder übel akzeptiert worden, ist im Herbst aber jede Schattierung wieder zu entfernen. Kakteen beispielsweise weitab vom Fenster in der Tiefe eines Zimmers dauernd halten zu wollen, fällt wohl niemandem ein. Sie würden dort vergeilen. Gleiches gilt für alle **ungünstigen Standorte** von Kakteen, die den Mindestanforderungen für eine erfolgreiche Kultur nicht entsprechen.
Trotzdem also das natürliche Licht unersetzlich ist, muß doch von Fall zu Fall Kunstlicht zusätzlich eingesetzt werden.

Kakteen und künstliches Licht

Kakteen ausschließlich bei Kunstlicht zu halten, kann nur für Versuche, nicht aber praktisch in Frage kommen. Kunstlicht ist Zusatzfaktor für das natürliche Licht, aber auch z. B. für die Temperatur.
Die Pflanzenbeleuchtung kann gezielt helfen, um das Lichtoptimum in lichtschwachen Monaten (z. B. für Aussaaten) zu erreichen. Generell wären aber Kakteen aller Altersstufen für zusätzliches Kunstlicht im Winter dankbar, insbesondere wenn sie nicht ganz günstige Standorte haben.
Ein Urteil über den Wert einer künstlichen Belichtung muß berucksichtigen, daß sie stark von der bestrahlten Pflanzenart und ihren Entwicklungsstadien abhängt. Die Ergebnisse variieren auch immer wieder, weil das Tageslicht nach Quantität und Qualität (Sommereinstrahlung, diffuses Himmelslicht, Bewölkung) schwankt. Intensität, Dauer und Zeitpunkt der Kunstlichtgabe beeinflußen das Resultat ebenso wie Temperaturen und Wassergaben und können ebenso unterschiedlich sein, wie die Zielsetzung der Zusatzbelichtung selbst.

Künstliche Lichtquellen

Anforderungen: Alle künstlichen Lichtquellen unterscheiden sich entweder in der Intensität oder in der spektralen Zusammensetzung vom Tageslicht. Sämtliche Wellenlängenbereiche des Sonnenlichtes sind wohl gar nicht nötig. Für die Erhöhung der Photosynthese z. B. sind die Lichtfarben Blau und Rot wesentlich (mindestens 350–400 W/m^2; dieser Wert gibt den Stromverbrauch der Lampen je m^2

Bodenfläche an; exakter sind Angaben in »erg« oder J bzw. cal/cm^2/s), für den photoperiodischen Effekt die Farben Blau, Rot und Infrarot (ca. 100 W/m^2). Sollte ausschließlich bei Kunstlicht kultiviert werden, was für Kakteen normalerweise nicht in Betracht kommt, muß das Lichtspektrum von UV bis IR gehen (bis zu 1000 W/m^2 und mehr).

Die Erzeugung von Kunstlicht: Kunstlicht ist heute nur interessant mit Lichtquellen, die relativ wenig Strom verbrauchen. Solche Lampen, die für Beleuchtung und nicht für pflanzenphysiologische Aufgaben entwickelt wurden, sind die Wärmestrahler, also Glühlampen und Infrarot-Hell- und -Dunkelstrahler und die Gasentladungslampen, nämlich Quecksilberdampfhochdrucklampen mit und ohne Leuchtstoff, Natriumdampf-, Neon-, Xenon-Leuchtstofflampen (Quecksilberdampfniederdrucklampen) und Mischlichtlampen (eine Kombination von Glühlampe und Quecksilberdampfhochdrucklampe).

Bei der **Glühlampe** strahlt ein glühender Wolframdraht in einer evakuierten oder edelgasgefüllten Birne relativ wenig sichtbares Licht (mit geringem Blauanteil), dagegen weitaus mehr IR aus, wodurch die Umgebung und das Pflanzengewebe stark erwärmt werden. Glühlampen sind für die Pflanzenbeleuchtung nur bedingt, gut z.B. für photoperiodische Zwecke brauchbar. Der Abstand vom Scheitel der Pflanzen muß mindestens 30–35 cm betragen. Wegen der höheren Lichtausbeute sind wenige starke Lampen (nicht unter 100 W) günstiger als viele schwache. Die Lebensdauer der Glühlampe beträgt nur 1000 Stunden.

Am gebräuchlichsten für die Pflanzenbelichtung sind **Gasentladungslampen.** Zuerst entstehen durch Gasentladung in einem geschlossenen, transparenten Kolben zwischen 2 Elektroden UV-Strahlen, die dann durch Leuchtstoffe in sichtbares Licht umgewandelt werden. Unterschiedliche Leuchtstoffe variieren die Farbe des ausgesandten Lichtes.

Diese Lampen haben einen höheren blauen (günstig für Photosynthese und formative Reaktionen) und einen geringeren hell- und dunkelroten Anteil. Sie sind der Glühlampe überlegen.

Der Druck im Glaskolben bestimmt, ob eine Lampe als Nieder- oder als Hochdrucklampe zu bezeichnen ist.

Niederdruckleuchtstofflampen in Röhrenform sind die wichtigsten Lampen für die Pflanzenbeleuchtung. Sie leben von allen Entladungslampen am längsten (ca. 7500 Stunden), strahlen sehr gleichmäßig, aber lichtschwach aus. Die besonders günstige Lichtausbeute und die lange Lebensdauer macht sie trotz beträchtlicher Installationskosten auf die Dauer zur wirtschaftlichsten Lichtquelle. Verwendet werden ausschließlich genormte 40- und 65 Watt-Typen der Lichtfarbe Warmton de Lux oder Weiß de Lux mit jeweils einer inneren Reflexschicht, um eine Lichtbündelung nach unten auf die Pflanzen zu erreichen. Bei Massierung der Lampen zu einem sehr günstigen, fast homogenen Lichtfeld können diese dicht aneinandergerückt werden, vor allem wenn sie untertags entfernt werden. Um das natürliche Licht während des Tages durchtreten zu lassen, ist ein Abstand von ca. 15 cm zwischen an Ort und Stelle verbleibenden Lampen einzuhalten. Trotz des »kalten« Lichts (aus Mangel an kurzwelligem IR) erwärmt sich bei vielen Lampen die Luft durch langwelliges IR doch etwas. Die Lampen bleiben auch im Dauerbetrieb höchstens lauwarm. Den Pflanzen sollen die Röhren nur 10–15 cm angenähert werden, aber auch nicht weiter entfernt sein. Der Ausstrahlungswinkel für die einzelne Armatur soll mit höchstens 90° angenommen werden.

Vor Tagesanbruch und nach Tagesende, wenn also kein Tageslicht mehr vorhanden ist, kann die Wirkung von Leuchtstofflampen ohne Innenreflektoren durch Außenreflektoren (weißes oder mit Aluminiumfarbe gestrichenes Material) verbessert werden. Diese »Schattenwerfer« sind bei Tag zu entfernen.

Die Fluoralampen haben ein rot-violettes Licht und begünstigen die Assimilation der Pflanzen. Sie sind zusammen mit anderen Leuchtstoffröhren (weißes Licht) zu verwenden. Auch Mischlicht (Leuchtstoffröhren- und Glühlampenlicht) bringt manchmal Vorteile gegenüber dem alleinigen Leuchtstoffröhrenlicht.

Hochdruckleuchtstofflampen können in der Pflanzenbeleuchtung als Hochdruckquecksilberlampen unter Beachtung technischer und wirtschaftlicher Belange sehr gut eingesetzt werden. Sie haben eine hohe Lichtintensität, sind raumsparend, wenig schattenwerfend und eignen sich besonders gut, um

die Photosynthese in den lichtarmen Wintermonaten zu steigern. Sie müssen von den Scheiteln der Pflanzen mindestens 30–35 cm entfernt sein; für den günstigsten Ausstrahlungswinkel und zur Überschneidung der beleuchteten Flächen sind aber Abstände von 1–3 m einzuhalten.
Häufig werden Hochdruck-Natriumdampflampen (z.B. SON-T 400 Watt) oder Hochdruck-Metallhalogendampflampen (z.B. HPI-I 400 Watt) mit eingebauten Vorschaltgeräten empfohlen.
Die Colorkonstant-Glühlampe 150 W/220 V hat eine Spezialbeschichtung ohne Wärmestrahlung für Pflanzen und dient auch der Farbintensivierung.

Rentabilität von Kunstlichtquellen: Glühlampen sind in der Installation am billigsten, im Stromverbrauch am teuersten. Leuchtstoffröhren verursachen weit weniger Stromkosten, ihre Ersteinrichtung ist aber teuer. Sie sind »physiologisch« mindestens zum Teil, energetisch aber in jedem Fall den Glühlampen, aber auch den Quecksilberdampfhochdruck-, Neonlampen usw. überlegen.
Nachdrücklich wird darauf verwiesen, daß Beleuchtungs- und andere elektrische Einrichtungen, besonders in Feuchträumen, wie sie Gewächshäuser u. dgl. sind, vom Elektrofachmann installiert werden müssen.

Der Einsatz des Kunstlichtes in der Kakteenkultivierung

Zusätzlich zum Tageslicht kommt technisches Licht nur in den Monaten Oktober bis einschließlich Februar in Betracht; Tageslänge, Sonnenscheindauer und Helligkeit (Himmelsstrahlung) weisen dann ein Minimum auf. Glühlampen sind weniger geeignet als Leuchtstoffröhren, weil sie durch den höheren IR-Anteil das Längenwachstum stimulieren und so zu einem atypischen Habitus der Pflanzen führen können.

Zusatzlicht bei der Kultur erwachsener Pflanzen: Zusatzbelichtung erlaubt einen Entwicklungsvorsprung im Frühjahr, wobei die Pflanzen gut entwikkelt, kräftig und gesund bleiben. Dies und andere Zielsetzungen erfordern mindestens 200 W/m^2, was immerhin doppelt so viel ist, wie man normalerweise für die meisten Topf- und Zimmerpflanzen z.B. in Blumenfenstern, braucht.

Zusatzlicht für Aussaaten und Jungpflanzen: Jungpflanzen und Aussaaten von Sukkulenten sind für Zusatzlicht immer und besonders dankbar. Bei geeigneter Methodik sind dann mehrere »Aussaatgenerationen« in einem Jahr möglich, was die Anzucht wertvoller Sorten beschleunigt. Dabei kann das Zusatzlicht bei Keimung und daran anschließend dauernd, gemeinsam mit und über das Tageslicht hinaus, gegeben werden: die Sämlinge zeigen in der ersten Zeit noch nicht die Tag-Nacht-Rhythmik der älteren Pflanzen.
Für die Sämlingsanzucht baut man am besten sogenannte Lichtkästen, deren verglaste oder folienbespannte Außenwände in ihren Maßen von der Lichtquelle bestimmt sind. Für 40 W-Leuchtstofflampen wird ein solcher Kasten ca. 125 cm lang sein, die Lampen sollen ca. 13 cm voneinander und von den Sämlingen entfernt sein. Sämlinge und die pikierten Jungpflanzen können dann lange an Ort und Stelle bleiben. Die so im Wachstum geförderten Pflänzchen sind zusätzlich gegen pilzliche und bakterielle Angriffe widerstandsfähiger. Hieran dürfte die mikrobizide Wirkung des UV-Anteils des Lampenlichtes und die durch die Beleuchtung gegenüber der Umgebung erhöhte Pflanzentemperatur, welche keine besiedlungsfördernde Feuchthaltung der Pflanzenoberfläche zuläßt, beteiligt sein.

Die Regulierung des Kunstlichtes: Eine »normale« Pflanzenbeleuchtung hat im Winter an trüben Tagen ca. 2–3 Stunden vor Tagesanbruch zu beginnen und 2–3 Stunden nach Eintritt der Dunkelheit zu enden. Dann addiert sich natürliches und künstliches Licht zu einer Tagesverlängerung auf ca. 14 Stunden. In der Nacht wird nicht beleuchtet, ebenso nicht an sonnigen Wintertagen.
Die Schaltung erfolgt von Hand oder mittels Zeitschaltuhren, aber auch über automatisch arbeitende Dämmerungsschalter. Letztere schalten über Photoelemente ein, wenn eine bestimmte Lichtstärke unterschritten wird.

Licht- und Temperatursteuerung gartenbaulich wichtiger Kakteen

Zum Thema »Licht und Kakteen« muß leider festgestellt werden, daß wir über pauschale Erkenntnisse hinaus über die Funktion des Lichtes im Leben bestimmter Kakteenarten, ja allgemein bei Kakteen nichts Präzises wissen. Eingehendere Untersuchungen liegen meines Wissens nur für einige gartenbaulich interessante Kakteen vor. Sie zeigen allerdings deutlich, wie der Lebensablauf einer Pflanze gezielt beeinflußt werden kann, wenn erst einmal genauere Daten vorliegen. Sie zu beschaffen muß Aufgabe für die Zukunft sein.

Schlumbergera truncata: Die aus Stecklingen möglichst großer, ausgereifter Glieder am besten im Januar bis März (Kulturdauer 8–9 Monate, Verkauf zu Weihnachten) angezogenen Pflanzen topft man zu zweit oder zu dritt nach 6 Wochen in den 8er Topf und Mitte Mai in den 10er Topf. Vor der Blüte müssen die Endglieder gut ausgereift sein. Die Pflanzen werden bei 17–20 °C im Langtag bis Ende September kultiviert. Hält man unter 15 °C im Langtag, so kommt es zu einer ungleichen Ausbildung der Endglieder und zu einer unerwünschten Blüte im Langtag. Ab Mitte September kann man die Blüte durch Kurztagsbehandlung (Verdunklung auf 8–11 Stunden) erzwingen. Die Blüten werden dann gewöhnlich nach 4–5 Wochen sichtbar. Dann braucht nicht länger verdunkelt zu werden. Da 15 °C die Blüte fördern, verdunkelt man am besten im heizbaren Kasten. Die Blüte erscheint nach 10–12 Wochen. Am besten reagiert ohne Verdunklung die Sorte »Weihnachtsfreude«, am unsichersten *Schlumbergera truncata* und dazwischen steht »Andenken an R. Zenneck.

Rhipsalidopsis gaertneri und × *Rhipsaphyllopsis graeseri:* Um zu Ostern zu blühen, müssen diese Kakteen im Kurztag bei 22–25 °C kultiviert werden; sie reagieren nicht so stark auf die Tageslänge.

Für die Blütenbildung von Pflanzen, die vor der Behandlung bei 20–25 °C unter Langtag standen und unter diesen Bedingungen vegetativ blieben, sind Temperaturen unter 15 °C während etwa 70 Tagen nötig. Optimal sind 10 °C. Unter diesen Bedingungen findet die Blütenbildung zwar im Kurztag (9 Stunden) wie im Langtag (15–17 Stunden) statt, sie wird aber gefördert, wenn vor oder während der Behandlung mit niederen Temperaturen zunächst Kurztag und anschließend, auch bei den nachfolgenden höheren Temperaturen, Langtag herrscht. Kurztage allein sind nicht in der Lage, Blütenbildung auszulösen.

Die Fortpflanzung der Kakteen

Bei der Fortpflanzung der Pflanzen, also auch der Kakteen, überleben spezielle Keime und dauern somit fort, lösen sich von der Mutterpflanze und entwickeln sich zu neuen Individuen. Diese Keime entstehen in besonderen, vergänglichen Fortpflanzungsorganen.

Bei der geschlechtlichen Fortpflanzung (sexuelle Reproduktion) vereinigen sich je 1 männliche und 1 weibliche Keimzelle bei der Befruchtung zur Zygote. Deren Weiterentwicklung führt über den Samen und über dessen Keimung zu neuen, jungen Pflanzen.

Sehr selten sind in einem Geschlechtsorgan nur Keime eines Geschlechts vorhanden, d. h. daß etwa die eine Hälfte der Pflanzen nur männliche, die andere Hälfte nur weibliche Organe ausbildet (getrenntgeschlechtliche Arten); überwiegend haben alle Pflanzen beide Geschlechtszellen (gemischtgeschlechtliche Arten). Keimt eine Geschlechtszelle ohne Befruchtung, wird dies jungfräuliche Zeugung (Parthenogenesis) genannt.

Bei der ungeschlechtlichen Fortpflanzung (vegetative Reproduktion) werden vielzellige Körperteile abgetrennt, aus denen wieder komplette Pflanzen entstehen. Geschlechtlich differenzierte Zellverbände sind nicht beteiligt.

Die geschlechtliche Fortpflanzung

Alle Eigenschaften einer Pflanze, die äußerlichen (wie Blütenfarbe, Stachelkleid usw.) und die inneren (wie Wachstumsveranlagung, Blühwilligkeit, Krankheitsanfälligkeit usw.) sind in der Erbmasse festgelegt. Träger der Erbmasse sind die Chromosomen (und ihre Gene) des Zellkerns, deren Zahl für die jeweilige Pflanze typisch ist. In den Geschlechtszellen der Blütenpflanzen, den Ei- und Spermazellen, ist nur der halbe Chromosomensatz vorhanden (Cactaceen n = 11). Vereinigen sich bei der Befruchtung beide Geschlechtszellen, komplettiert sich der ursprüngliche Chromosomensatz. Die geschlechtlich erzeugten Nachkommen haben in den Zellkernen Erbanlagen beider Eltern; sie können sich, falls diese nicht reinerbig waren, von beiden Eltern deutlich unterscheiden. Die Erbanlagen sind fixiert, aber durch Umweltfaktoren modifizierbar. Aber auch sprunghafte und vererbbare Veränderungen der Erbmasse (Mutationen) sind möglich.

Die Blüte

Obschon die Blüten ebenso schön wie mannigfaltig sind, ist es doch ihre primäre Aufgabe, die Fortpflanzung zu gewährleisten; sie enthalten neben der Blütenhülle die Geschlechtsorgane (Abb. 55).

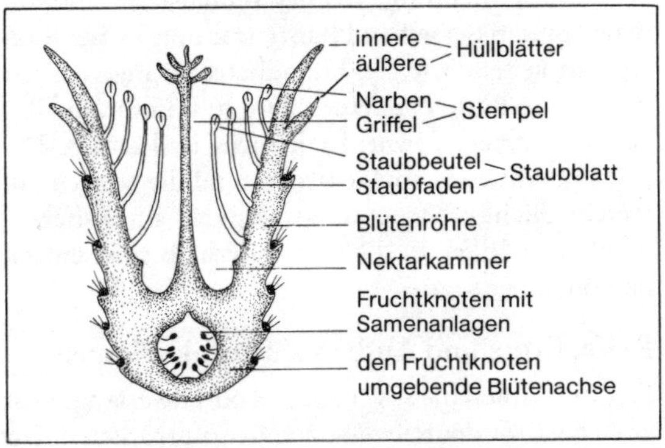

Abb. 55 Schema einer Kakteenblüte (nach CULLMANN).

Die männlichen Organe, die Staubblätter oder -gefäße, bestehen aus den Staubfaden, welche die eigentlichen, aus Staubbeuteln bestehenden Staubgefäße tragen. Aus den Staubbeuteln werden die Pollenkörner entlassen, welche die männlichen Keimzellen enthalten und in großer Zahl produziert werden; sie bilden ein feines gelbliches Pulver oder einen mehligen Staub.

Die weiblichen Organe, die Fruchtblätter, setzen sich aus dem Fruchtknoten, welcher die Samenanlagen, später die Samen beinhaltet und der, der Aufnahme und Keimung der Pollenkörner dienenden Narbe zusammen. Narbe und Fruchtknoten verbindet häufig ein Griffel, ein stielförmiges, steriles Gebilde. Fruchtknoten, Griffel und Narbe werden als Stempel bezeichnet.

Die Bestäubung

Prinzip: Der Pollen muß durch den Wind, vor allem aber durch Insekten, Fledermäuse und andere Tiere auf die Narbe übertragen werden. Dort treibt das Pollenkorn, chemotaktisch gereizt, einen Schlauch durch das Griffelgewebe in den Fruchtknoten. Die im Pollenschlauch mitgeführten Spermakerne vereinigen sich mit der in der Samenanlage befindlichen Eizelle und einer benachbarten zweiten Zelle. Aus der nun wieder diploiden Eizelle entsteht der Embryo oder Keimling, der mit dem Nähr- und Speichergewebe und den Samenschalen den Samen ergibt. Die Schale umschließt einen begrenzten Nährstoffvorrat für die Anfangsentwicklung des Keimlings. Der zunächst grüne, saftreiche, weiche Samen verhärtet mit zunehmender Ausreifung. Bei verringertem Wasserbedarf verfestigen sich Schale und Sameninhalt, der Samen wird kleiner und reif, er verfällt in einen latenten Ruhezustand.

Die künstliche Bestäubung: Auf die Bedeutung von Licht und Temperatur auf die Blüteninduktion in der Kultur der Kakteen wurde bereits verwiesen. Die Blütenausbildung setzt ausreichende Wasserversorgung der Pflanze über die Wurzeln voraus. Die Blüten selbst dürfen nicht benetzt werden, feuchter Pollen ist ungünstig; ebenso ist die Abgabe des Pollen und die Empfangsbereitschaft der Narbe sonst beeinträchtigt. Bestäubt werden sollte bei höchster Lichtintensität, also von 10–15 Uhr.

Sowohl in der Heimat der Kakteen als auch in Sammlungen erfolgt die Bestäubung zufällig und unkontrolliert. Bei der künstlichen Bestäubung kann und muß darauf geachtet werden, daß die Elternpflanzen »echt«, typisch sind und ein Maximum an guten Eigenschaften erblich verankert haben. Vermehrt werden sollen reinerbige, nicht durch Einkreuzung atypisch gewordene, aber auch gärtnerisch gut durchgezüchtete Pflanzen.

Unbestäubte Blüten müssen bis zur künstlichen Bestäubung vor fremden, unerwünschten Pollen durch Umhüllungen geschützt bzw. ganze Pflanzen isoliert werden. Einzelblüten werden in Pergamintüten oder Gaze mit Watteabdichtung eingebeutelt, getopfte Kakteen in Holzrahmenkäfige, bespannt mit Musselin, Kupfer-, Messinggaze u. dgl. gestellt. Im Freien und bei unvorsichtigem Gießen ist mit Steinen zu beschweren, mit Windhaken zu sichern und oben mit Plexiglas, Polyesterplatten, Folien usw. wasserdicht zu machen. Isolierhauben oder -häuschen sind für große Pflanzenzahlen geeignet.

Bei selbstfertilen (selbstfruchtbaren, d.h. mit dem

eigenen Pollen bestäubbaren) Pflanzen sind die Staubblätter der Blüte(n) des mütterlichen Elters mittels Spitzpinzette zu entfernen. Vor jeder derartigen Kastration und bei jeder Pflanze sind Instrumente und Hände in Alkohol zu »sterilisieren«. Kastrierte Blüten sind wie die Blüten des väterlichen Elters einzubeuteln.

Bestäubt wird, indem man die pollenliefernde Blüte abnimmt, die Blütenblätter entfernt und mit den Staubblättern direkt den Pollen auf die Narbe bringt oder indem man einzelne Staubblätter entnimmt und einfach mit dem Finger Pollen überträgt. Bei vielen Blüten gleicher Sorte oder Art benutzt man am häufigsten einen Kamelhaarpinsel. Mehrere Pinsel überbrücken die lange Trockenzeit nach der Alkoholsterilisation. Sehr empfehlenswert sind V-förmig gerissene (nicht geschnittene!!) Fließpapierstückchen, die nach einmaligem Gebrauch weggeworfen werden. Für die nächste Bestäubung nimmt man ein neues Stückchen; jegliche Sterilisation entfällt.

Eine Bestäubung ist um so besser, je weniger die Narbe berührt wird!

Die Bestäubung sollte vorgenommen werden, wenn die mütterliche Blüte empfangsbereit ist, was oft die gespreizten Narbenstrahlen anzeigen, und gleichzeitig die männliche Blüte stäubt, die Staubbeutel also geplatz sind. Bei wenig Pollen auf der Narbe wird nach 1–2 Tagen nochmals bestäubt. Bleiben Narben ungeöffnet, kann man den Griffel auf halber Höhe abschneiden und reichlich reifen Pollen auf die Schnittwunde bringen, von wo aus Pollenschläuche zur Eizelle getrieben werden.

Pollen kann in völlig trockener Luft (in verschlossenen Röhrchen über einer, mit Watte oder Filtrierpapier abgedeckten Calciumchloridschicht) aufbewahrt werden, um Blüten zu bestäuben, die zu verschiedenen Zeiten blühen. Die Lebensdauer von Pollen ist noch ungeklärt.

Gegen unerwünschte Nachbestäubungen müssen die bestäubten Blüten sofort wieder, wenn auch für kurze Zeit, eingebeutelt oder gekäfigt werden.

In einem Protokollbuch sind Angaben über die Eltern, das Bestäubungsdatum, den Erfolg, die Zahl der Samen usw. einzutragen. Die Pflanzen selbst müssen ausreichend und die wichtigsten Angaben enthaltend, etikettiert werden.

Wahllos zu kreuzen, ist unsinnig und unbedingt zu unterlassen. Gärtnerische Züchtungsarbeiten sind klar von botanischen (»reinen«) Sammlungen zu trennen.

Bei Kakteen sind selbstfertile Arten bekannt. Hierfür am typischsten sind Pflanzen, deren Blüten sich (aus Lichtmangel und anderen Gründen) überhaupt nicht öffnen und sich selbst bestäuben (Kleistogamie). Sie sind in trockenen, wüstenähnlichen Gebieten relativ häufig. Beispiele sind *Frailea*-Arten und *Setiechinopsis mirabilis,* der bei uns nächtlich blüht. Nachbarbefruchtung, wo der Blütenstaub von anderen Blüten derselben Pflanze stammt, ist bei Kakteen so selten, wie die Fremdbefruchtung, wo der Pollen von Blüten anderer Pflanzen kommt, die Regel ist. Letztere vermeidet Inzucht und andere Depressionen, wozu auch entscheidend die zeitlich unterschiedliche Befruchtungsfähigkeit und -bereitschaft von Pollen und Narbe innerhalb einer einzelnen Blüte beiträgt.

Reife, Ernte und Aufbewahrung der Samen

Hat der Samen die sogenannte Todreife erlangt, löst er sich ganz oder teilweise von der oft (rötlichviolett und anders) durch Betanin-Farbstoffe gefärbten Frucht. Er wird trocken, widersteht in einem latenten Ruhezustand ungünstigen Umweltbedingungen, wie Kälte, Hitze, Trockenheit.

Reife, reine, voll entwickelte, einwandfreie Samen, nicht aber notreife Samen und sogenannte Hungerkörner, werden einzeln, durch Fruchtgewebe verbunden, sauber oder mit Geweberesten verklebt, gewonnen. Letztere sind in schwacher Chinosollösung wegzuwaschen, anschließend werden die Samen vorsichtig, bei normaler Zimmertemperatur und ohne Zugluft getrocknet.

Samen mit 4–6, höchstens 8% Wasser werden kühl und trocken gelagert. Kleinere Mengen werden über einem Trockenmittel, z.B. Blaugel (wassergesättigt rosarot gefärbt, erhitzt auf 120°C wieder entwässert und dann blau) gut verschlossen und vor Luft-O_2 geschützt aufbewahrt. Zum Lagern sind auch wasserdampf- und oxydationsgeschützte Metall-, Glas-, präparierte Spezialpapier- und Kunststoffpackungen geeignet. Lichtdichte ist nicht erforderlich. Jede Samenportion ist zu kennzeichnen, ein Bestandsbuch zu führen.

Die Keimreife der Kakteensamen

Ausgereifte Samenkörner sind weniger keimfähig, wenn sie altern (z.B. Rebutien). Aber auch frisch geernteter Samen hat oft Keimverzug oder sogar -hemmung. Es scheint als ob die nächste Trockenperiode abgewartet werden müsse und eine Keimung erst nach 1 Jahr und länger dann besser möglich wäre (z.B. bei *Echinopsis, Gymnocalycium*). Immer aber verlieren Samen von Kakteen (wie von anderen tropischen Gewächsen auch) relativ schnell die Keimfähigkeit. Baldige Aussaat ist angezeigt.

Nur wenige der seriösen Anbieter von Kakteensamen garantieren für Keimfähigkeit und andere äußere Qualitätseigenschaften, wie Reinheit, Gesundheitszustand usw. Sonst schiebt bei schlechten Samen der Händler die Schuld dem Käufer zu.

Deshalb wird dringend empfohlen bei größeren Samenmengen von einer amtlichen Stelle (Landesanstalten, Untersuchungsämtern) eine Keimprobe machen zu lassen oder dies selbst zu tun: in bedeckte Glasschalen (Petrischalen), mit Glasplatten abgedeckte Porzellanteller u. dgl. werden mehrere Filterpapierrundscheiben eingelegt, mit der jeweils gleichen Wassermenge (zum Vergleich der Keimschnelligkeit!) angefeuchtet, mit 50, besser 100 Samenkörnern belegt und bei Luft- und Lichtzutritt bei 20–25°C bebrütet. Täglich werden die gekeimten Samen (Keimwurzel muß sichtbar sein) gezählt, woraus die Keimprozente und die Keimungsenergie (d.i. die Geschwindigkeit des Keimverlaufs) ermittelt werden.

Die Keimung

Die Keimung beendet den Ruhezustand des Samenkorns. Erst bricht die Keimwurzel hervor, streckt sich und nimmt Wasser auf, dann kommen zwei grüne, assimilierende Keimblätter, zwischen denen sich der Vegetationspunkt befindet, aus dem sich später der oberirdische Kakteenkörper entwickelt (Abb. 56).

Die Keimkraft ist bei Saatgut von Wildpflanzen meist größer als bei solchem von Kulturpflanzen. Immer aber ist der gesamte Keimvorgang umweltabhängig.

Keimungsfaktoren: Einer der wichtigsten Keimungsfaktoren ist das **Wasser.** Es durchdringt die Samenschale des ruhenden Samens normalerweise leicht, nicht jedoch bei hartschaligen Samen. Hier hilft Anfeilen, Anritzen, Anschneiden, Anstechen, Anschleifen oder Einwirken von Schwefelsäure, Verdauungsfermenten oder verschieden temperiertem Wasser. Durch Wasseraufnahme quillt der Sameninhalt auf und der Keimling bricht hervor.

Die günstigste **Keimtemperatur** ist unterschiedlich und im Detail (hinsichtlich Boden- und Lufttemperatur) nicht gesichert bekannt. Sicherlich gilt aber die Faustregel, daß meist das Temperaturoptimum für die Aussaat etwa im gleichen Bereich liegt, in dem die Pflanzen auch am besten wachsen. Deshalb dürften die besten Ergebnisse wohl bei 18–22°C bzw. 25°C (höchstens 30°C, wie z.B. bei *Carnegia gigantea*) Bodentemperatur und ca. 18°C Lufttemperatur erwartet werden. Darunter oder darüber ist geringerer Keimungserfolg und langsamere Kei-

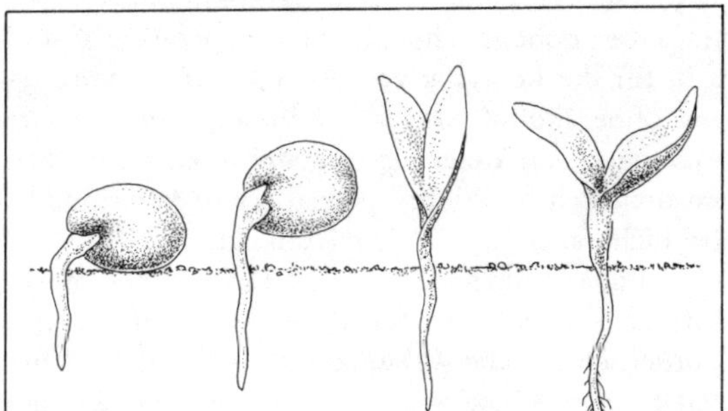

Abb. 56 Die Keimung (nach TROLL und IRMISCH).

mungsgeschwindigkeit zu erwarten. Besonders tiefere Temperaturen zwischen 0–10 °C sind ungeeignet, weil die Keimwurzelzellen kollabieren und Fäulnis folgt. Höhere Temperaturen werden erforderlich, weil auch die Luftfeuchte erhöht werden muß. Daß als weiterer Vorteil der »Vermehrungspilz«, die Ursache einer der gefürchtetsten Aussaatkrankheiten bei ca. 30 °C nicht mehr auftreten würde, stimmt leider nicht; Versuche bewiesen, daß 30–32 °C nur hemmen, aber nicht eliminieren. Weil dabei gleichzeitig die Keimung beeinträchtigt ist, verbieten sich solche Temperaturen von selbst, zumal der »Vermehrungspilz« durch andere Mittel besser zu bekämpfen ist.

Alter, Lagerbedingungen und Lagerungszeit der Samen bestimmen die nötige Temperatur mit. Samen von Freiland- und Wildpflanzen haben ein breiteres Temperaturoptimum als solche von Kulturpflanzen. Die vielempfohlenen Wechseltemperaturen (tagsüber hohe, nachts Zimmertemperaturen) sind z.B. für die Keimung von *Astrophytum myriostigma* ohne Einfluß, für die Keimung von *Rebutia marsoneri* von äußerst geringem Effekt, wenn auch im umgekehrten Sinn: optimal erwiesen sich 15 °C bei Licht, aber 15–20 °C im Dunkeln.

Gequollene Kakteensamen sind **Lichtkeimer.** Wirksam ist Sonnenlicht oder komplettes weißes Licht. Förderlich sind die Wellenbereiche von 580–700 nm (Gelb-Orange-Rot) mit dem Maximum bei 655 nm (Hellrot), hemmend die um 480 nm (Blaugrün) und um 700–750 nm (Rot-IR) mit dem Maximum bei 735 nm (kurzwelliges IR = Dunkelrot). Hell- und Dunkelrotlicht wirken also gegenläufig. Tägliche Belichtungsdauer und Lichtintensität sind unerforscht.

Ansonsten ist Licht durch keinen anderen Umweltfaktor zu ersetzen. Bei bestimmten Kakteenarten scheinen zusätzlich Stratifikations- und Thermoperiodismus-Vorgänge nicht ausgeschlossen. Im Dunkeln keimt, allerdings geringer, z.B. *Astrophytum myriostigma,* ferner manche Samen, deren Schalen verletzt wurden bzw. die cellulolytische, hemicellulolytische oder pektolytische Enzyme injiziert bekamen. Ob bestimmte Wuchsstoffe (z.B. Kinetine), Salzverbindungen (z.B. Ca-, Mg-, Mn-, K-Verbindungen) oder physikalische Verfahren (z.B. Ultraschall) abgesehen von einer Keimungsstimulation auch Licht ersetzen können, sollte geklärt werden. Besonders interessant dürften Gibberelline sein, deren allgemein keimungsfördernde Wirkung auch bei Kakteen bereits feststeht.

Bei der Keimung werden speziell keine **Nährstoffe** benötigt, wenn die Samen ausgereift und gesund und von gut und harmonisch ernährten Pflanzen stammen. Nährstoffe in niedrigster Konzentration im Saatbeet sind allerdings wegen der keimstimulierenden Wirkung bestimmter Salze (z.B. Kaliumnitrat) und der Ernährung der jungen Pflänzchen durchaus vorteilhaft. Die Keimung verlangt immer Luftzutritt, insbesondere O_2-Zutritt, bis das Chlorophyll Ernährungsfunktionen für den Keimling übernehmen und das bislang toxische CO_2 (Frischluftzufuhr erforderlich!) verwerten kann.

Eine Stimulierung darf sich nur auf die Keimung vollwertiger Samen beziehen. Aus hochgepäppelten, schlechten Samenkörnern wachsen selten vitale Pflanzen.

Die Technik der Aussaat: Aussaaten verlangen ein optimales »Mikroklima«. Dann aber ist die Keimung nicht nur begünstigt, sondern gleichzeitig gefährdet, weil Krankheiten unter solchen idealen Bedingungen hinsichtlich Feuchte, Wärme, Licht- und Luftzutritt ja auch gefördert werden.

Die für Aussaaten aufzuwendende Mühe und Sorgfalt werden den Liebhaber veranlassen, nur neue, rare und wertvolle Arten auszusäen. Die »Wald- und Wiesenarten« werden von Gartenbaubetrieben ohnehin in großen Sätzen produziert.

Was ist bei der Aussaat wichtig? Da ist zunächst das **Saatgut** und seine **Vorbehandlung.** Schwarzbeinigkeit, Wurzelbrand, Umfallen und Absterben können Aussaaten verheerend dezimieren; verursacht werden sie u.a. durch die »Vermehrungspilze«. Die wichtigsten aus dieser Erregergruppe sind *Pythium debaryanum,* Varietäten von *Rhizoctonia solani* und *Theilaviopsis basicola.* Vom verseuchten Substrat über die unterirdischen Pflanzenteile greift *Phytophthora cactorum,* der Erreger einer Naßfäule, an. Junge Sämlinge sind vom Samen her durch den Erreger der Helminthosporium-Naßfäule, *Helminthosporium cactiovrum,* oder von den Erregern der Fusariumfäule und -welke, den Formen von *Fusarium oxysporum, F. dimerum* v. *violaceum, F. sianthi* u.a. bedroht. Deshalb muß das Saatgut im

Rahmen der »Aussaathygiene« von den anhaftenden, übertrag- und verschleppbaren pilzlichen (und bakteriellen) Krankheitserregern entseucht, gebeizt, darf aber durch die Mittel nicht geschädigt werden.

Im **Naßbeizverfahren** werden Samen in kleinen Mull-, Gaze- oder Filtrierpapierbeuteln in die Beizflüssigkeit gehängt oder darin untergetaucht bewegt, mit Wasser dann kurz abgespült und bei Zimmertemperatur auf Papier ausgebreitet, vor Luftzug geschützt, getrocknet.

Folgende Mittel sind geeignet:

1. Chinosol, 0,1%ig (1 Tablette/l Wasser), Beizdauer 30 min;
2. Formalin, 01–0,2%ig (2,5 bzw. 5,0 ml des käuflichen 40%igen Formalins/l Wasser), Beizdauer 15–30 min; heute selten angewandt;
3. Captan, z. B. Captan 50 Agrotec, Captan 50 Rustica, Orthocid 83, Orthocid 50, jeweils 1,5%ig, Wacker Captan 83 1%ig, 20–30 min tauchen;
4. Zineb, z. B. Phytox 80, 0,2%ig, 20–30 min tauchen;
5. Captan + Zineb, z. B. Supertol 0,2%ig, 20–30 min Beizdauer;
6. Methfuroxam + Imazalil + Thiabendazol, z. B. Arbosan-Universalfeuchtbeize;
7. Guazatin + Fenfuram + Imazalil, z. B. Panoctin Universal Feucht.

Für die **Trockenbeizverfahren** werden das Thiocarbamat Zineb (sehr gut pflanzenverträglich, ungiftig) und die Captanverbindungen (ausgezeichnet gegen Pilze und Bakterien wirksam, pflanzenverträglich, ungiftig) eingesetzt. Auch die Wirkstoffe Metiram (z. B. Polyram Combi) und Thiram (z. B. Aatiram) sind geeignet. Gleiches gilt für
Thiabendazol + Imazalil, z. B. Arbosan-Universal-Trockenbeize; Triadimenol + Imazalil + Fuberidazol, z. B. Baytan Universal; Triadimenol + Imazalil + Rabezazol, z. B. Baytan UT; Thiabendazol + Fenfuram + Imazalil + Quintozen, z. B. Drawigan plus.

Auf 1 g Samen kommen nur 0,002–0,003 g Beizmittel. Das schwierige Abwiegen wird durch die »Überschußbeizung« ersetzt: bei allen einigermaßen oberflächenglatten Kakteensamen wird in einem Schraubdeckelglas oder dergleichen der Same und eine ausreichende Menge des Beizmittels gefüllt, kräftig geschüttelt bis die Samen fein bepudert sind, abgesiebt (oder die Samen »ablaufen« gelassen auf einer schiefen Ebene (Papierblatt)) und so vom Mittel getrennt. Bei Samen mit rauhen Oberflächen muß abgewogen werden, was leichter ist, wenn man zuvor mit der 4fachen Menge Talkum oder Schlämmkreide mischt. Dann muß die 5fache Menge Mittel, bezogen auf die Samen, verwendet werden. Die Heißwasserbeize wird heute praktisch kaum mehr angewandt.

Die **Aussaatzeiten** liegen im Frühjahr, mit Beheizung ab Dezember/Januar, ohne eine solche ab April, noch besser ab Mai. Bei kompletter Technik kann ganzjährig ausgesät werden. Herbstaussaaten von Rebutien, Parodien sind heute häufig.

Als **Aussaatgefäße** dienen Töpfe, Saatkisten, -schalen etc. nach Entseuchung. Holzgefäße werden mit 5%iger Kupfersulfatlösung, besser mit den sogenannten U- und UA-Salzen (Wolmanit U, Basilit UA usw.) 14 Tage vor Verwendung und Tontöpfe mit kochendem Wasser oder (für den Liebhaber empfehlenswerter) mit trockener Hitze (siehe Abschnitt Erden und Substrate Seite 40 ff.) behandelt. Universeller und damit häufiger angewandt werden: 2–5%iges Formalin (500–1250 ml des käuflichen 40%igen Formalins/10 l Wasser; mindestens 5 Tage Wartezeit), Albisal flüssig (Wirkstoff: 8-Oxychinolinsulfat; 0,2%ig; Gefäße sofort verwendbar), Delegol (Wirkstoff: Benzylphenolen; 2%ig, Gefäße nach Abspülen sofort verwendbar) und Dimanin A (Ammoniumverbindung; 0,3–0,5%ig; Gefäße sofort wiederverwendbar). Die Gefäße werden abgewaschen, abgebürstet oder 30 min in den Mitteln getaucht. Alle Präparate sind auch für die Behandlung von Böden, Wänden, Tischen, Stellagen, ausgeräumten Gewächshäusern, Frühbeetkästen usw. geeignet.

Geeignetes **Aussaatsubstrat** ist normale, hitzesterilisierte Kakteenerde, die eine etwa fingerdicke, 1,5 cm unter dem Gefäßrand endende Deckschicht aus gesiebter (Maschenweite ca. 1 mm) Kakteenerde + gesiebter Zusatzmischung (aus Sand, Bims-, Perlit-, Vermiculit- und Holzkohlengries) 1:1 Vol.-T1. erhält. Das Substrat wird leicht angedrückt. Als oberste Schicht 2 mm Ziegelsplitt (Körnungsgröße 1 mm), also ein mineralisches, pilzwidriges, nicht verkrustendes Substrat aufzutragen, ist heute nicht mehr üblich.

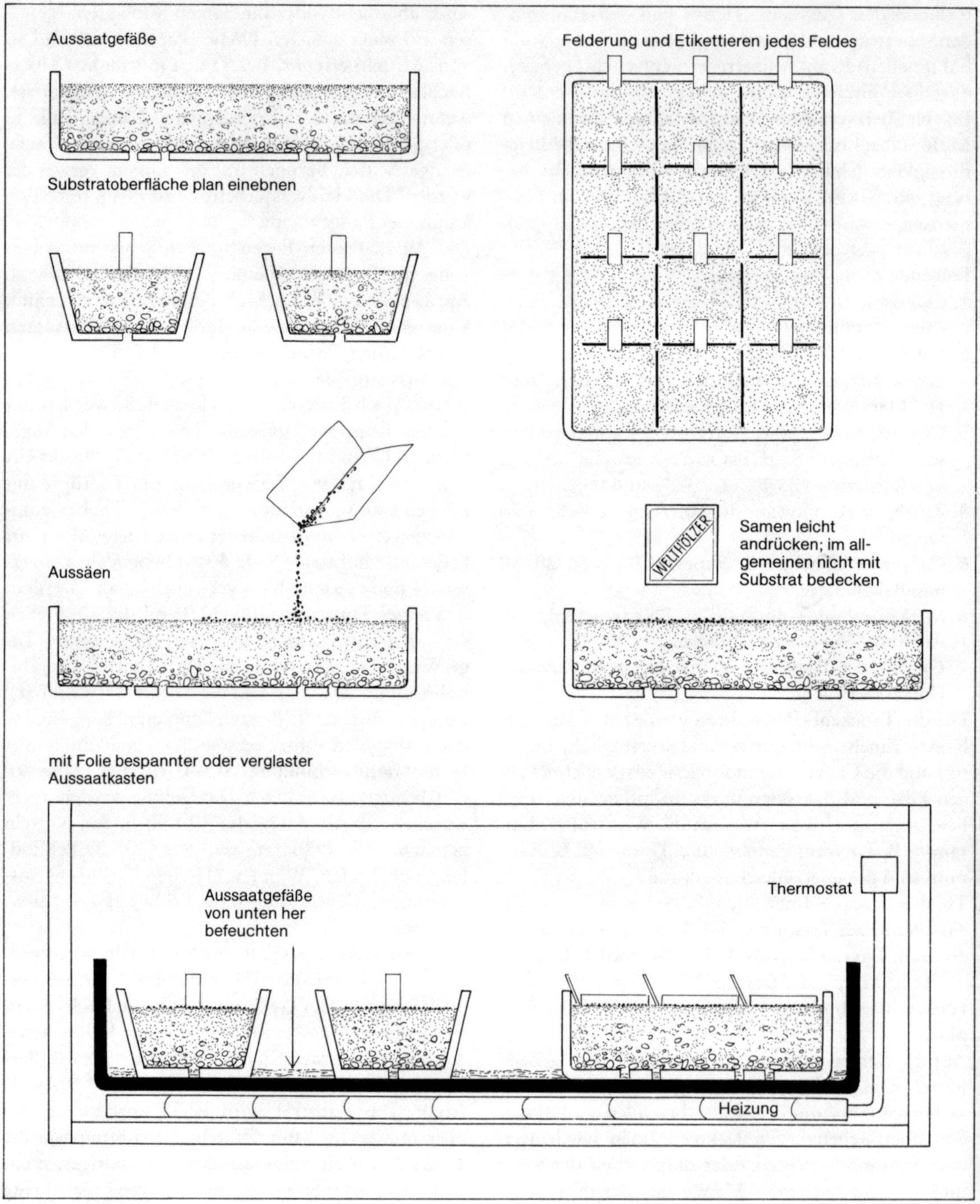

Abb. 57 Das Aussäen.

Sterilisierte Erde hat keinen wachstumshemmenden Effekt, auch nicht wenn keine Wartezeit eingehalten wird. Die Sterilisationswirkung bezieht sich in erster Linie auf phytopathogene Keime, die abgetötet werden müssen. Die Aussaat selbst verläuft nicht echt »steril«. Keimende Samen geben K-, P-, N-Verbindungen, organische Substanzen (z. B. Aminosäuren, Vitamine, besonders Vitamin B_1) ins Keimbeet ab, die von Mikroorganismen verwertet werden; deren Stoffwechselprodukte können jedoch zu Keimungsverzögerungen, Störungen im Wasserhaushalt und zu Wurzelschäden führen.

Die Substrate können auch chemisch durch Bodenbehandlungsmittel wie AAterra, Bayer 5072 (Dexon), Fonganil oder durch Bodenfungizide wie Orthocid 50, Orthocid 83, Benomyl (nicht gleichzeitig mit Bayer 5072!) u. a. entkeimt werden (siehe auch »Nematizide«, S. 153).

Zur **Vorbereitung der Pflanzgefäße** (Abb. 57) wird die Substratoberfläche plan eingeebnet (keine Hohlräume lassen, in die Samen fallen können!) und mit sterilisierten, in schwacher Chinosollösung ausgekochten Glasstreifen, Etikettenabschnitten etc. unterteilt. Die Feldflächen richten sich nach der Größe der Samenportionen. Jedes Gefäß wird numeriert, die Felder in einem Lageplan im Aussaatprotokoll verzeichnet. Die Einzelfelder werden etikettiert.

Beim **Aussäen** werden die Samen mit einem gefalteten Papierstück auf die einzelnen Felder gebracht; Nadeln, Pinzetten, bei feinen Samen auch ein Adhäsionsstift, nicht aber Pinsel (»verspritzen« und verschleppen Samen auf falsche Felder!) helfen. Die Samen werden leicht angedrückt, besonders großkörnige (Astrophyten, Opuntien, Armatocereen), damit der erforderliche Bodenschluß gegeben ist. Keinesfalls dürfen die Samen mit Substrat abgedeckt oder in zu verschließende Saatrillen oder -grübchen versenkt werden (Lichtkeimer!)

Hartschalige Opuntiensamen können durch 36stündiges Vorquellen in 5%iger Pepsinlösung zur Keimung stimuliert werden.

Samen winterharter Tephrocacteen und Maihuenias werden in den Saatgefäßen mehrere Wochen im Winter ins Freie gestellt, damit sie durchfrieren (stratifizieren). Dann werden sie wie üblich weiter behandelt.

Die **Weiterbehandlung der Aussaaten** verlangt, daß die Gefäße abgedeckt werden. Die durch einseitig untergeschobene Hölzchen schräg liegenden Glasplatten lassen das Kondenswasser ablaufen. Vollständig durchfeuchtet wird das Gefäß von unten dadurch, daß es in ein größeres, wassergefülltes Gefäß mit einem Wasserstand wenige mm unter der Substratoberfläche gestellt wird. Tieferer Stand erschwert die Durchfeuchtung, höherer schwemmt die Samen auf. Gießen oder Sprühen ist unter keinen Umständen möglich. Das weiche, abgekochte Wasser steigt kapillar und kommunizierend hoch und färbt schließlich die Substratoberfläche (feucht-)dunkel. Nachher wird das Gefäß aus dem Wasserbad genommen, auslaufen gelassen, weiter feuchtgehalten und bei Licht, aber vor Prallsonne geschützt bei 20–25 °C »bebrütet«. Bei Aussaattöpfen ist Einfüttern, allerdings nur 3–5 cm hoch, günstig. Die erwünschte gespannte, feuchte Luft bringen Keimschrank, Keim- oder Aussaatkasten, die unbedingt und mit geringstem Aufwand selbst gebastelt werden können: doppelwandige (Folien, Glas) Kästen in Rahmenkonstruktion mit einer Fronttür, möglichst mit thermostatgesteuerter elektrischer Heizung mit Nachtabsenkung, Luftumwälzung, Feuchteregulierung, Zusatzbeleuchtung usw., nicht zu klein und zu niedrig. Im Gewächshaus werden Aussaatabteile errichtet. Auch Anzuchthauben aus Plexiglas sind sehr brauchbar.

Auftretende **Krankheiten** werden mit Chinosol (1 Tablette/0,5–1 l Wasser), 0,25–0,5%igen Captan- und Zinebmitteln, ferner mit AAterra (Wirkstoff: Etridiazol; 0,05%ig; 2 l/m^2), Albisal flüssig (0,1%ig), Aliette (Wirkstoff: Aluminiumfosetyl; 0,25%ig), Bayer 5072 (Dexon) (Wirkstoff: Fenaminosulf; 0,03%ig; 2 l/m^2), Fonganil (Wirkstoff: Furalaxyl; 0,05%ig), Previcur (Wirkstoff: Propamocarb-HCl; 0,15%ig) bekämpft. Die Mittel sind fein auf die Substratoberfläche zu sprühen, ohne die Samen zu verblasen oder wegzuspülen. Sonnenlicht, Frischluft und zeitweilig geringere Luftfeuchte helfen zusätzlich. Leere Samenschalen, besonders großkörnige, sind zu entfernen.

Die Keimung läuft zeitlich so ab, daß, variiert durch die speziellen Aussaatbedingungen, in ca. 6–8 Tagen die meisten Samen, nach 3, wohl nach höchstens 5 Wochen die letzten aufgelaufen sind. Wer auf Nachzügler Wert legt, kann die Gefäße während der gesamten laufenden Vegetationsperiode weiter betreuen.

Behandlung und Weiterkultur der Kakteensämlinge: Die aufgelaufenen Sämlinge stehen meist so dicht beisammen, daß weniger vitale Pflänzchen dabei unterdrückt oder aus dem Substrat herausgeschoben werden; als eine Art natürlicher Auslese ist das nur gut. Nach ca. 4 Wochen werden die Gefäße aus den Kästen entnommen, eingefüttert, nach Bedarf mit Wasser und monatlich 1–2 × mit einer 0,05–0,1%igen Nährsalzlösung versorgt. Heller Stand ohne Prallsonne ist unerläßlich. Die Sämlinge verbleiben den ersten Winter über in den Gefäßen. Veralgungsgefahr kann durch 0,15–0,3 (–0,5) %ige Dimanin-A- oder 0,4%ige Maneb-Lösungen gebannt werden.

Aus dem Aussaatgefäß werden die Sämlingspflanzen pikiert, d.h. in Kisten in einem Abstand von ca. 2 cm (oder mehr, je nach Wüchsigkeit) vorsichtig, um überstarke Wurzelschäden zu vermeiden, umgesetzt. Letzter Termin ist Juli. Langsam wachsende Kakteen werden 1×, rasch wachsende 2× jährlich verpflanzt.

Herangewachsene, gegen Lufttrockenheit abgehärtete Sämlinge können wurzelecht weitergepflegt und dazu in 3–5 cm Abstand erneut in Schalen verpflanzt werden. Pflanzhöhen müssen gleichbleiben und die Wurzeln sind zu schonen (Angießen 24 Stunden vor jedem Verpflanzen hält den Wurzelballen zusammen). Der Stand muß hell sein, besonders im Winter. Sind die Jungpflanzen groß genug, werden sie einzeln in Töpfe verpflanzt und als erwachsene Pflanzen weiter kultiviert.

Soll Wachstum und Entwicklung beschleunigt werden oder sind die Arten wurzelempfindlich, werden die Sämlinge gepfropft.

Die ungeschlechtliche Fortpflanzung

Die vegetative Vermehrung erfolgt durch Vermehrungsorgane, die sich getrennt von der Mutterpflanze selbständig weiterentwickeln oder durch Pflanzenteile, die Fehlendes, meist die Wurzeln, ergänzen oder als intakte Pflanzen wachsen. Sie ist einfach, sicher, aber nicht sehr ergiebig; sie wird eingesetzt, wenn keine, schlecht keimende oder lange überlagerte Samen vorhanden sind, wenn die Sämlingsanzucht sehr langwierig oder schwierig ist und vor allem, wenn die Erbmasse eines Individuums unverändert erhalten bleiben soll. Bastarde können nur so vermehrt werden, aber auch rare und seltene Arten und vor allem robuste Unterlagen.

Vegetativ vermehrte Pflanzen scheinen gegenüber Sämlingen eine geringere Wuchskraft zu haben, aber früher zu blühen und zu fruchten.

Über viele Generationen vegetativ vermehrte Pflanzen zeigen eine abgeschwächte Vitalität, eine »Alterung« (Beispiele: Kartoffeln, Weinreben, Rosen, Pappeln). Bei Bäumen hielt man den Vegetationspunkt und sein embryonales Gewebe für potentiell unsterblich; der »natürliche« Tod trat durch die zu lang werdenden Stofftransportwege und Saftstaus ein. Umgekehrt sollte ein Baum durch Stecklinge unbegrenzt fortzupflanzen sein. Unabhängig von der jeweiligen Fortpflanzungsart durchläuft auch die Pflanze (ähnlich wie das Tier) eine juvenile (Jugendphase), eine adulte (Erwachsenenphase) Phase und die Senilität (Alterung, Vergreisung) bis zum Ende durch den Tod. Obwohl bei den meisten Kakteen keine typischen Jugend- und Altersformen vorkommen wie z.B. beim Efeu (gelappte, ungelappte, rautenförmige Blätter) haben auch sie **umweltunabhängige Phasen,** die sich morphologisch oder physiologisch durchaus manifestieren (z.B. Cephalienbildung, Verkorkungen, Feuchtigkeitsanpassung der Jugendphase, des Sämlings, abnehmende Bewurzelungsfähigkeit in der Altersphase). Die Pflanze schreitet in den neu zuwachsenden Sproßteilen, nicht ganzheitlich, in der Phasenentwicklung fort. So befindet sich die Basis des erwachsenen Sämlings in der Jugend-, weiter von der Basis entfernte Teile aber schon in der adulten Phase. Die Pflanzenentwicklung erfolgt in den einzelnen Phasen in zeitlicher (bezogen auf den Entwicklungszustand, nicht auf das Alter) und räumlicher Aufeinanderfolge, wohl hormonell gesteuert von den Vegetationspunkten und deren Alterung.

Schneidet man eine Sämlingspflanze immer wieder auf den basalen, in der juvenilen Phase befindlichen Sproßteil zurück und entfernt damit alle in der Phasenentwicklung fortgeschrittenen »gealterten« Vegetationspunkte, so bleibt die Pflanze gezwungenermaßen dauernd in der Jugendphase. Diese bleibt auch erhalten, wenn man für Stecklingsvermehrung immer nur basale Teile verwendet. Wählt man dagegen immer die wurzelfernsten, in der Entwicklung am weitesten fortgeschrittenen Sproßteile aus, so beschleunigt man damit die Phasenentwicklung und die »Alterung« eines Klons (das ist die Nachkommenschaft eines vegetativ vermehrten pflanzlichen Individuums). Die richtige Auswahl des Vermehrungsgutes nach diesen Gesichtspunkten ist oft ausschlaggebender als die Verwendung bzw. das Fehlen von Wuchsstoffen.

Auch die genetische Konstitution der Pflanze, von der man Stecklinge nimmt, ist von großer Bedeutung. Gerade die Bewurzelungswilligkeit, aber auch später die Wuchskraft werden davon stark mitbestimmt. Auslese ist deshalb unerläßlich.

Vermehrung durch Kindel

Kindel entstehen oft früh als Neutriebe am Sproßgrund (oder höher). Genügend groß, werden sie abgetrennt von der Mutterpflanze (Schnittstellen mit Holzkohlenpulver bestäuben!), die Wurzeln, soweit vorhanden, schonend gelockert und ausgegraben und das Kindel eingepflanzt. Kindel werden nur von wachstumsfreudigen, aber blühfaulen Pflanzen produziert, ist die landläufige Meinung. Dem kann man durch ausgleichende Düngung begegnen. Seitensproß- und Kindelbildung werden aber auch »gewaltsam« durch Abschneiden des Haupttriebscheitels gefördert. Dies macht man bei ungern sprossenden Arten, um sie doch noch zur Seitensproßbildung zu »überreden«. Die Seitensprosse sind nach entsprechender Entwicklung abzutrennen und wie Stecklinge weiterzubehandeln.

Die Vermehrungsmöglichkeit durch Ableger und Ausläufer ist relativ selten gegeben. Auf sie wird nur der Vollständigkeit wegen hingewiesen.

Vermehrung durch Teilung

Mehrsprossige, rasenartig wachsende Pflanzen können sehr einfach in bewurzelte, ungleich große Einzelsprosse geteilt werden. Die ausgetopften, von Erde befreiten Pflanzen werden mit einem scharfen (!) Messer in die Seitensprosse geteilt (die Schnittstellen mit Holzkohlenpulver bestreut) und eingepflanzt.

Vermehrung durch Stecklinge

Stecklinge sind abgetrennte Sproßteile. Sie regenerieren unter dem Einfluß von Wund- und Nekrohormonen das fehlende Organ, die Wurzel, unterstützt von pflegerischen Maßnahmen. Die Stecklingsvermehrung ist die am häufigsten praktizierte Art der vegetativen Vermehrung.

Stecklingsarten: Stecklinge sind oberirdische Sproßteile. Kopfstecklinge sind obere Triebteile mit unbeschädigten Vegetationspunkten; Sproß- oder Mitteltriebstecklinge sind dagegen ohne Triebspitzen. Jeder Steckling hat eine oben-unten-Orientierung (Polarisation), oben entstehen Sproßteile, unten Wurzeln. Die untere Stecklingsschnittfläche wird an den Kanten abgeschrägt, dadurch das »Unten« markiert und den Wurzeln damit gleichzeitig der Gewebedurchbruch erleichtert.

Ausgangsmaterial: Mutterpflanzen müssen gesund, vital und genetisch hochwertig sein. Da Stecklinge junger Pflanzen leichter vernarben und wachsen, müssen die Mutterpflanzen notfalls auf junges Gewebe zurückgeschnitten, »verjüngt« werden. Ferner ist hoher Chlorophyllgehalt, viel Licht, gute, harmonische Ernährung, gute Wasser- und Luftversorgung für sie wichtig. Alles was das vegetative Wachstum fördert und das Blühen verzögert, erleichtert die vegetative Vermehrung. Zuviel N, Feuchte und Wärme sind ungünstig.

Verholzte Stecklinge bewurzeln durch den verringerten Wassergehalt schlecht und extrem langsam. Ebenfalls wird der Wassergehalt (aber auch der Nähr- und Reservestoffvorrat) vermindert, während die Schnittfläche des Stecklings abtrocknet und eine gegen Mikroben widerstandsfähige, für Wasser undurchlässige Haut gebildet wird: auch hier haben jugendliche Stecklinge mehr Reserven zu bieten. Ungünstig sind auch Sproßteile, die blühen wollen und deshalb weniger wurzelbildende Substanzen enthalten; das sind bei verzweigten Pflanzen die Triebe der oberen Region. Unterschiede treten auch zwischen Haupt- und Seitenverzweigungen auf. Beblätterte Stecklinge von *Pereskia* und *Pereskiopsis* bewurzeln leichter als unbeblätterte. Ruhende und kranke Kakteen eignen sich nur ausnahmsweise zur Stecklingsgewinnung.

Schnittzeiten sind solche, zu denen das Wuchsstoffniveau in der Pflanze hoch und damit die Wurzelbildung gefördert ist. Dies gilt für »junges« Gewebe, also saftige Triebe im Frühsommer. Deshalb sind Sommer- und Herbststecklinge viel besser als Frühjahrsstecklinge (Lichtmangel des Winters!). Vormittags gewinnt die Pflanze überschüssige Assimilate; Stecklinge sollten am frühen Nachmittag geschnitten werden.

Die Stecklingsbewurzelung und der Einfluß der Umwelt: Die optimale **Temperatur** für die Bewurzelung und das erste Heranwachsen der Stecklinge ist unterschiedlich, aber höher als die für intakte Pflanzen und höher bei der Wurzelbildung als beim Wurzelwachstum. Meist wird bei 18–23 °C, bei sich schlecht bewurzelnden Stecklingen auch bei 25 °C gearbeitet. Die Wärme ist von unten zuzuführen, was allerdings erhöhte Krankheitsgefahr bedeutet. Wechseltemperaturen scheinen keinen Vorteil zu bringen.

Die **Feuchtigkeit** des Substrates und der Luft soll für Pflanzen mit geringer Transpiration bei der Bewurzelung nur mäßig sein, obwohl Wurzeln auch bei hoher Feuchte, ja sogar auf Wasser gebildet werden. Unverzichtbar ist Luftzutritt.

Der Steckling darf beim Abtrocknen der Schnittfläche nicht zuviel Wasser vor dem Stecken verlieren; oft hängt dies von der Stecklingsgröße ab. Kakteen bilden an der Luft sogenannte Luftwurzeln, insbesondere bei langen Abtrocknungszeiten.

Stecklinge bewurzeln nur bei **Lichtzutritt** von ausreichender Dauer und Intensität: sie assimilieren wie intakte Pflanzen, allerdings schwächer. Prallsonne ist zu vermeiden. Bei Kunstlicht ist wohl der Rotanteil des Spektrums am günstigsten, jedoch »komplettes« Licht erforderlich, da fehlende Bereiche den Bewurzelungserfolg verschlechtern.

Stimulantien der Bewurzelung: Nährsalze, vor allem N-Verbindungen, fördern das Bewurzeln, wenn die Stecklinge vor dem Stecken in deren Lösungen gestellt werden.

Wuchsstoffe haben heute die Nährsalze verdrängt. Jeder Steckling enthält Wuchsstoffe, abhängig von der Mutterpflanze, dem Schnittzeitpunkt, der Temperatur usw. Sie können durch sogenannte Bewurzelungshormone möglicherweise künstlich verstärkt werden; die Kenntnisse hierüber sind noch unzureichend.

Wuchsstoffe werden in extrem schwachen, wässerigen oder aber auch alkoholischen Lösungen (ca. 0,0001–0,0005%ig) angewandt.

Besonders leicht und schnell, jedoch nicht in den gewünschten oder unterschiedlichen Konzentrationen sind Wuchsstoffe in Pulverform einzusetzen. Vorteilhaft sind Kombinationen aus zwei Wirkstoffen; ist die Wirkung synergistisch, werden die 2 Mittel gleichzeitig, ist sie antagonistisch, nacheinander gegeben. Fungizide (jedoch nicht Captan) und Holzkohlenpulver können zugesetzt werden. Die Stecklinge werden mit den frischen, feuchten Schnittflächen in die Pulvermischungen getippt und dann zum Abtrocknen der Schnittfläche aufbewahrt. Die Zahl der bewurzelten Stecklinge, die Zahl der Wurzeln je Steckling und die Schnelligkeit der Bewurzelung steigt.

Wuchsstoffe sind bei schwer oder langsam sich bewurzelnden Stecklingen, zur Bewurzelungsbeschleunigung, zur Unterstützung schlechter, kümmerlicher oder falsch vorbehandelter Stecklinge einzusetzen. Bei Stecklingen mit günstigem physiologischen Zustand, Alter und geeigneten Umweltbedingungen kann die Wirkung besonders hoch sein. Brauchbare Wuchsstoffe sind: β-Indolylessigsäure (Rhizopon A 05, A 07 und A 10, alle gebrauchsfertig), β-Indolylbuttersäure (Seradix B 3, Chryzophus, Rhizopon AA1 und AA2, alle gebrauchsfertig), α-Naphthylessigsäure (Wurzelfix, Rhizopon B 01, B 02, alle gebrauchsfertig), deren K- und Na-Salze, Trichlorphenoxypropionsäure, 2,4-Dichlorphenoxyessigsäure, α-Naphthoxy-Verbindungen u. a.

Stecklinge dürfen nicht bis zum Verdorren Wasser verlieren. Änderungen der Lufttemperatur, der Feuchtigkeit, der Luftbewegung, des Lichts, des osmotischen Wertes der Nährlösungen usw. würden zwar die Transpiration vermindern, hätten aber andere Nachteile.

Emulgierte oder wassergelöste **Antitranspirantien** werden deshalb auf die Pflanzenoberfläche gesprüht, wo sie einen feinen Film erzeugen, der wie eine künstliche Kutikula die Transpiration und den Wasserverbrauch bremst, die Dürrefestigkeit steigert, die Gase aber durchläßt und die Funktion der

Spaltöffnungen nicht beeinflußt. Vor, möglicherweise auch nach dem Schneiden der Stecklinge können Agricol (WS Alginate), Alginure flüssig oder Vita-Plastik eingesetzt werden. Nebenbei kann auch eine Wurzelaustrocknung durch das erste Mittel und durch Alginure Wurzel-Dip verhindert werden.
Solche Überzüge schützen in gewissem Umfang (prophylaktisch) als mechanische Barriere den Wirt, also den Steckling und die Mutterpflanze, gegen pilzliche, bakterielle Erreger und tierische Schädlinge (Rote Spinne).

Die Bewurzelungssubstrate: Geeignete Substrate sind Einheitserden allein oder mit Sand, Ziegelsplitt, Bimskies u.a. vermischt, Sand(Körnung über 0,5 mm)-Torf-Mischungen 1:1 oder 2:1, mit Ziegelsplitt, Bimskies- und ähnlichen Zusätzen, ferner Sand-Mischungen mit Vermiculit, Hygromull und am besten wohl mit Perlit 1:2. Erdemischungen sind nicht zu empfehlen.

Die Technik der Stecklingsvermehrung (Abb. 58): Stecklinge werden mit scharfen Messern, Skalpellen, Rasierklingen und -messern geschnitten, die Unterseiten abgekantet, feucht mit der Schnittstelle in Holzkohlenpulver (mit zugesetzten Wuchsstoffen und Fungiziden) ca. 1 cm getaucht und senkrecht auf trockenen Sand, Bimskies etc. 8–10 Tage (und länger) zum Abtrocknen gestellt. Liegende Stecklinge bewurzeln sich später nur einseitig, was vielleicht aus arbeitswirtschaftlichen Gründen in Kauf genommen werden muß, wenn große Mengen Stecklinge anfallen, die nicht mehr senkrecht aufgestellt werden können. Bei längerer Abtrocknung und genügendem Wasservorrat (Stecklingsgröße nicht unter 1 cm Länge) kann der Steckling Luftwurzeln treiben, die an der lichtabgewandten Seite in beliebiger Höhe durch den Stecklingskörper geschoben werden.
Nach dem Abtrocknen erfolgt die Bewurzelung trocken, in gespannter Luft, auf feuchtem Substrat oder auf Wasser bzw. Nährlösungen. Praktische Bedeutung hat nur die Wurzelbildung auf gleichmäßig feuchtem, nicht nassem Substrat. Die Stecklinge werden auf die Oberfläche aufgesetzt oder höchstens 1–5 mm eingesenkt; tiefer nur bei Blattkakteen, sowie *Pereskia* und *Pereskiopsis,* denen die unteren Blätter entfernt werden müssen. Der Abstand soll ungehinderten Luftzutritt ermöglichen. Nötig ist weiterhin Unterwärme, immer Halbschatten, temperiertes, weiches und abgekochtes Wasser, nach der Bewurzelung schwache, dann übliche Nährsalzmengen, mehr Licht und Luft.
Bevor die Wurzeln benachbarter Stecklinge sich verfilzen, muß vorsichtig verpflanzt werden. Danach sind die vegetativ vermehrten Kakteen wie andere auch weiterzupflegen.

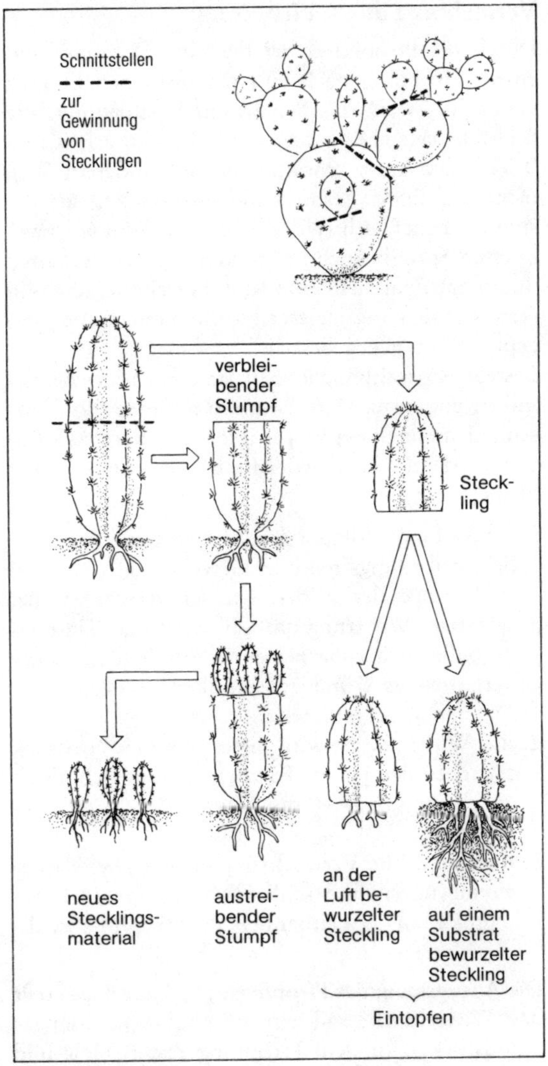

Abb. 58 Die Stecklingsvermehrung.

Vermehrung durch Pfropfung

Durch die Pfropfung, bei der eine Unterlage mit einem Pfröpfling nach einem künstlichen Eingriff verwächst, wird das Wachstum beschleunigt, die Blühfähigkeit eher erreicht, die Fruchtbarkeit und Widerstandskraft erhöht, eine auf anderem Weg nicht erzielbare Vermehrung ermöglicht, der Bestand seltener, schwieriger oder im Wurzel- bzw. unteren Sproßbereich erkrankter Pflanzen erhalten und manchmal auch eine Kulturvereinfachung und -vereinheitlichung angestrebt, die dann, wenn alles gepfropft ist, ja gegeben ist.

Besteht Auswahlmöglichkeit sind nur typische, gesunde, gut entwickelte Pflanzen auf eine dazu passende Unterlage tief zu pfropfen und hart zu kultivieren, damit der artspezifische Habitus erhalten bleibt.

Die Pfropfung erfolgt in drei Abschnitten:

1. Sehr zellteilungsfreudiges Gewebe der Leitbündel und -ringe der beiden Partner verwächst. Bei günstiger Witterung und gut wüchsiger Unterlage bildet sich zunächst ein verbindendes, locker verhaftendes Wundgewebe, über das der Pfröpfling bereits versorgt wird;
2. das Wundgewebe wird fester, der Gewebedruck zwischen den beiden Partnern erhöht sich durch Wachstumsabläufe, die Verwachsung wird intensiver;
3. die eigentliche Verwachsung erfolgt über Parenchymbrücken und schließlich erfolgt die Kommunikation der Leitbahnen, die Pfropfung ist abgeschlossen.

Die Auswirkung des Pfropfens: Die **Unterlage** stellt das Wurzelwerk und ein unterschiedlich langes Sproßstück, gibt dem Pfröpfling festen Halt und versorgt ihn mit Wasser und Nährstoffen. Die Wurzeln bilden sich abhängig von den Assimilaten aus, die größtenteils der Pfröpfling liefert; sind sie reichlich vorhanden, ist auch das Wurzelwerk gut ausgebildet. Sind zuviel Assimilate vorhanden, die Unterlage aber nicht wüchsig genug, kommt es zu Stoffstauungen. Zunächst wird dadurch der Pfröpfling zum Blühen umgestimmt, bei dauernder Überforderung aber erschöpft sich die Unterlage vorzeitig, vergreist und geht ein. Gleiches geschieht, wenn die Unterlage von einem zu üppig wachsenden Pfröpfling ausgesaugt wird. Der Pfröpfling beeinflußt auch, inwieweit die Unterlage tiefe Temperaturen aushalten kann.

Triebstärke, Triebanfang und -abschluß, Lebenslauf, Blühzeitpunkt und -verlauf, Wuchsintensität, Fruchtausbildung und Widerstandskraft gegen bestimmte Krankheiten werden beim **Pfröpfling** durch die Unterlage bestimmt.

Schwachwüchsige Unterlagen bremsen die vegetative, begünstigen aber den Übergang zur generativen Phase. Zu stark treibende Unterlagen verändern das Aussehen insbesondere von schwachwüchsigen, kleinbleibenden Pfröpflingen. Opuntien fördern solche Entartung besonders, weshalb sie nur kurzfristig als Unterlagen taugen und die Reiser dann umgepropft werden müssen.

Besonders nachteilig aber sind disharmonische Pfröpfling-Unterlagen-Kombinationen, die bis zur Unverträglichkeit gehen können.

Der Pfröpfling wird durch die Unterlage nicht soweit verändert, daß man von »vegetativen Hybriden« oder gar von einer echten genetischen Verankerung sprechen kann. Es handelt sich um Beeinflussungen modifikativer Art, sie liegen außerhalb des Erbgutes.

Die **wechselseitigen Auswirkungen** sind in Ausmaß und zeitlichem Auftreten von der Partnerkombination und dem Standort abhängig und deshalb sehr unterschiedlich.

Verglichen mit wurzelechten Pflanzen vergreisen Pfropfungen physiologisch sehr oft vorzeitig, zumal meist auch physiologisch ältere Unterlagen verwendet werden. Deshalb muß nah der länger »jugendlich« bleibenden Wurzel, also möglichst tief gepfropft werden.

Daß dabei assimilierende Teile der Unterlage verloren gehen, wird dadurch ausgewogen, daß bei einem groß und voluminös gewordenen Pfröpfling die Unterlage fast nur mehr Wurzelfunktion übernimmt. Weil der Pfröpfling dann dicht über der Substratoberfläche steht, kann er selbst und zusätzlich Wurzeln nach unten treiben.

Am gravierendsten ist, daß die Unterlagen für die einzelnen Gattungen unterschiedlich geeignet sind. Das hängt von anatomischen, vor allem aber von den biochemisch-physiologischen Divergenzen ab, welche zwischen den Gattungen und anderen systematischen Einheiten bestehen. Sie bleiben auch bei Pfropfungen erhalten. Die Pfropfsymbiose ist am besten innerhalb der gleichen Spezies, schlechter bei verschiedenen Gattungen; sie kann völlig oder partiell geglückt, aber auch gänzlich mißglückt sein. Besonders schwierig ist das Pfropfen von Bastarden. Die rein wissenschaftlich erstellten systematischen und verwandtschaftlichen Beziehungen scheinen nicht immer Erfolg oder Mißerfolg einer Veredlung zu bestimmen; sie sind lediglich richtungweisend.

Besonders wählerisch scheinen *Harrisia*-Arten (*Eriocereus*) als Unterlagen zu sein (wobei *H. jusbertii* noch am günstigsten ist). Das Symptom der Unverträglichkeit ist die sogenannte **schwarze Schicht** aus braunschwarz verfärbten Gewebezellen zwischen den Partnern. Diese Grenzschicht entsteht immer bei der Pfropfung aus nekrotischen Zellen, die während der Kallusbildung von Unterlage und Pfröpfling gegeneinander gedrängt werden. Je lükkenloser diese Zone dann zurückgebildet, resorbiert wird, desto intensiver ist die Verwachsung, der Pfröpfling löst sich später nicht ab, die Partner sind verträglich. Die braunschwarze Isolierschicht entsteht durch Enzyme des Oxydations-Reduktionsstoffwechsels und (wohl) phenolischen Substanzen, besonders der Chlorogensäure und ähnlicher Verbindungen. Die Pigmentierung ist also keine Folge der Schnittverletzung, sie entsteht erst nachher während der Wundheilung bzw. der Differenzierungsvorgänge im Kallus und während des sekundären Dickenwachstums. Die pigmentierten Zellen »verkitten« sich nicht oder nur wenig, die Lignifizierung, die Verwachsung über die verholzenden Zellen und die Leitbündelzone erfolgt nicht bzw. unzureichend. Manchmal tritt zentral eine Verwachsung der Leitbündel ein, während randwärtige Zonen sich verfärben.

Die schwarze Schicht tritt nicht immer und nicht gattungs- oder artbezogen, sondern auch entwicklungsabhängig auf. Weniger Fehlverwachsungen gibt es im späten Frühjahr, mehr im Herbst; weniger bei Schnittebenen in jugendlichem, mehr in altem Gewebe. Zu den Komplikationen an der Veredlungsstelle können Stoffwechselsubstanzen und ihre Zusammensetzung, Transporthemmungen oder unverträgliche Veränderungen von Stoffen des einen durch den anderen Partner beitragen.

Physiologische Unverträglichkeit zeigen weiter an: Nichtannehmen, plötzliches oder langsames Kümmern oder Absterben des Pfröpflings, Verbildungen der Veredlungsstelle, geringe Wurzelentwicklung der Unterlage und Empfindlichkeit gegenüber bislang vertragenen tiefen Temperaturen.

Bei physiologischer Unverträglichkeit erfolgt manchmal eine Verwachsung; jedoch werden Störungen, oft unter Phloemdegeneration, meist schnell erkennbar. Von Unterlage und Pfröpfling verträgliche Zwischenveredelungen beheben den Schaden nicht.

Bei mechanischer Unverträglichkeit verwachsen die Partner von Anfang an schlecht oder ein Partner geht allmählich ein; die Unverträglichkeit wird nur langsam sichtbar, eine Zwischenveredlung hilft jedoch.

Die Unterlagen: Echte Dauerunterlagen sind gutwüchsige Säulenkakteen, möglichst mit flachen Rippen und geringer Bestachelung. Verwendet werden *Harrisia (Eriocereus) jusbertii* (der die Blühreife fördern soll), ferner *H. bonplandii, H. tortuosa, H. pomanensis, H. martini.* Sehr verbreitet sind *Cereus peruvianus, C. jamacaru,* noch häufiger sind jedoch die Trichocereen, besonders *T. spachianus,* aber auch *T. macrogonus, T. pachanoi, T. bridgesii, T. fulvilans, T. lamprochlorus* und *T. schickendantzii.* Für Echinocereen wird auch *Echinocereus salmdykkianus,* für *Schlumbergera* u.a. *Pereskia* verwendet. Opuntien, wie *Opuntia ficus-indica, O. tomentosa, O. robusta, O. streptacantha* usw. sind so starkwüchsig, daß die Pfröpflinge entarten. Sie sind nur vorübergehend geeignet (»Unterlagen auf Zeit«), die Pfröpflinge müssen auf langsam wachsende Trichocereen (z.B. *T. schickendantzii*) umgepfropft werden. Die langsamwüchsige, robuste *Opuntia bergeriana* ist eine gute Dauerunterlage z.B. für Cereen.

Echinopsis-Arten bilden zu stark Kindel und der Versorgungshauptstrom geht zu ihnen, statt zum Pfröpfling. Echinopsen sollen nur 1–2 Jahre zu verwenden sein, bevor sie kümmern.

Eine Unterlage muß voll im Trieb, wüchsig, vital, turgeszent und frei von Schädlingen und Krankheitserregern sein. Weder im vegetationspunktnahen Bereich, wo die Schnittfläche einsinkt und der

Pfröpfling abgestoßen wird, noch im verholzten Bereich wird geschnitten, sondern im oder dicht über dem Sproßabschnitt, welcher der Übergang von der vor- zur diesjährigen Wachstumszone ist; er sollte ca. 3 cm über der Substratoberfläche liegen. Ausgesprochene Hochpfropfungen bei älteren, auch vieltriebigen Unterlagen ergeben besonders schnelles Wachstum bei bereits mindestens 2–4 cm ∅ aufweisenden Pfröpflingen, die später abgenommen, auf einen kurzen Unterlagenstumpf gesetzt oder selbst bewurzelt werden. Optimale Pfropfeffekte gelingen nur auf übergeordneten, triebigen, in bester Entwicklung befindlichen Hauptsproßen. Überwiegend werden aber eintriebige Unterlagen verwendet.

Je größer der Pfröpfling ist, desto leichter ist zu pfropfen; es geht aber auch mit kleinen Pflanzenteilen, einzelnen Warzen, ja sogar mit kleineren Sämlingen (worüber weiter unten berichtet wird).

Resistent gegen die Trockenheit bei der Überwinterung waren *Trichocereus spachianus,* besonders aber *Harrisia bonplandii, H. tortuosa;* besonders empfindlich erwies sich *Cereus peruvianus.*

Von vorneherein auf Zeit gemachte Pfropfungen sind alle Hochpfropfungen, alle Sämlings- und Jungpflanzenpfropfungen auf dünntriebigen Unterlagen und Pfropfungen auf nur ein Leitbündel einer stärkeren Unterlage.

Der Pfröpfling: Wünschenswert wäre es, wenn der Pfröpfling die meisten Kriterien, die man von einer Unterlage fordert, auch erfüllen würde. Doch kann (oder muß bei Notpfropfungen) auf die eine oder andere Eigenschaft verzichtet werden, allerdings ist dann die Verwachsungswahrscheinlichkeit geringer. Mangelhafte Turgeszenz ist besonders nachteilig.

Oft sind die Pfröpflinge in der Altersphase, die Unterlagen dagegen mehr oder weniger juvenil; nach der Verwachsung geht die Entwicklung der Pfropfung dort weiter, wo der Pfröpfling war, als er von der Mutterpflanze abgetrennt worden ist. Das trägt mit zur physiologischen Vergreisung des gesamten Pfropfsystems gegenüber »wurzelecht« bei.

Pfropfstellen sind häufig Schwachstellen, die siebartig den Saftstrom hemmen und über Staus oftmals eine mangelhafte Affinität zwischen den Propfpartnern begründen.

Abb. 59 Beispiele für Pfropfungsarten.

Die Technik des Pfropfens: Alle Pfropfungen sind »Hausveredlungen«, nur in amerikanischen Kakteengärtnereien wird auch auf Pflanzen gepfropft, die im Freien im Boden wurzeln.

Von den vielen Pfropfverfahren haben nur das Kopulieren und das Spaltpfropfen, kaum seitliches Anplatten, Keil-Spalt-Pfropfen, Ablaktieren, Geißfußpfropfungen u.a. Bedeutung (Abb. 59). Notpfropfungen sind immer möglich, alle anderen Pfropfungen erfolgen im Frühsommer und Sommer.

Die **Pseudopfropfungen** umfassen Not- und Scheinpfropfungen.

Notpfropfungen versuchen das Kopfstück wertvoller Pflanzen bei plötzlicher, von unten nach oben fortschreitender Krankheit zu retten, soweit es nicht wurzelecht weiterkultiviert werden kann und noch gesund ist. Außerhalb der Vegetationszeit wird der Pfröpfling auf die Schnittfläche auch einer in Ruhe oder nur in schwachem Trieb befindlichen Unterlage gestellt. Dabei »verwachsen« nur Gewebepartien, nicht aber die Leitbahnen, d.h. eine »parenchymatische« Pfropfung versorgt den Pfröpfling vorübergehend mit Wasser, so daß Vertrocknen vermieden ist und allmählich eine Schutzhaut an der Schnittfläche gebildet werden kann. Dann wird der Pfröpfling ohnehin meist abgestoßen und kann in der günstigen Jahreszeit normal gepfropft werden.

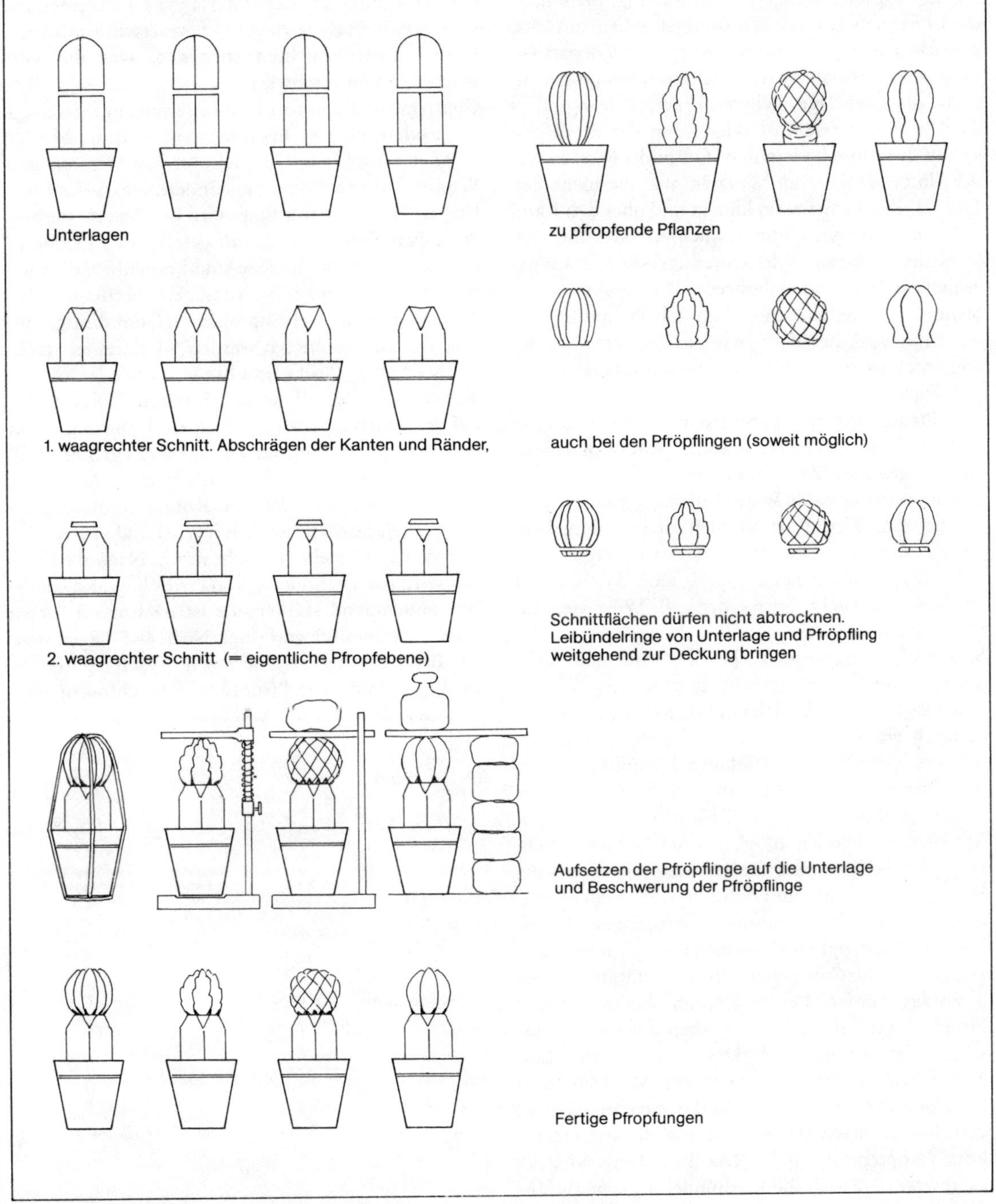

Abb. 60 Arbeitsschritte bei Pfropfungen.

Scheinpfropfungen treten unbeabsichtigt beim üblichen Pfropfen auf, die Pfropfungen sehen zunächst geglückt aus. Dabei sind nur Körpergewebepartien, nicht aber Leitbahnen verwachsen. Dies geschieht, wenn die Unterlage nicht prall gefüllt war und in der Mitte eingefallen ist oder wenn der Pfröpfling sich in der Mitte kontrahiert. Oft bildet er auch, auf der Unterlage sitzend, Wurzeln aus, die mehr den Luft- als den Erdwurzeln ähneln und über den Rand der Unterlage nach unten wachsen oder die sich direkt in das Gewebe der Unterlage wie in ein Wurzelungssubstrat hineinbohren. Die gegenseitigen Stemmkräfte reißen schließlich den Pfröpfling von der Unterlage, der dann wie auf Stelzen über der abgetrockneten Schnittfläche der Unterlage auf seinen Wurzeln steht.

Der Pfropfvorgang: Kopulieren ist die häufigste und wichtigste Pfropfmethode. Am einfachsten werden gleichstarke Partner mit einem relativ langen, ursprünglich schrägen Schnitt geschnitten. Unterlage und Pfröpfling werden aneinandergelegt, mit einem langen Stachel oder einer rostfreien Nadel fixiert und nochmals durch eine Bastbindung zusammengedrückt. So werden z.B. Wilcoxien auf Opuntien gepfropft.

Sehr viel öfter werden die Schnittflächen nicht schräg, sondern waagrecht gesetzt (als »Querschnitte«). Der Verwachsungsdruck wird einfach dadurch erzielt, daß der Kopf des Pfröpflings beschwert wird. Bei dünntriebigen Pfröpflingen werden kurze Sproßstücke längs halbiert und die Schnittflächen aufgebracht (Abb. 60).

Mit einem ziehenden, möglichst tief und wurzelnah liegenden Schnitt wird die Unterlage gekappt, die Ränder abgeschrägt und besonders hinderliche Stacheln entfernt. Nur besonders harthäutige Pfröpflinge (z.B. Astrophyten) können nach dem geraden, zügigen Pfropfschnitt ebenfalls an den Rändern abgeschrägt werden. Bei inzwischen abgetrocknetem Pfropfschnitt und bei milchsaftenthaltenden oder schleimabsondernden Kakteen ist nach dem 1. Pfropfschnitt (an dem verstärkt Milchsaft und Schleim austreten) ein 2. dicht darunter zu machen, der eine unverschmierte Schnittfläche, die eigentliche Pfropfebene, ergibt. Der Pfröpfling wird so aufgesetzt, daß sich die Leitbündel decken, zumindest überschneiden (Abb. 61). Hin- und Herdrehen des Pfröpflings auf der Unterlage ist zu vermeiden, weil nur Verschmierungen, zerquetschte und verletzte Gewebeschichten entstehen, was die Verwachsung sehr erschwert.

Gepfropft wird mit sauberen, jeweils gut gereinigten und trockenen Instrumenten. Keimfreiheit ist nicht nötig, ja jede Desinfektion von Geräten und Wunden ist unter allen Umständen zu unterlassen.

Der aufgesetzte Pfröpfling wird beschwert. Verhinderte Erfinder haben die ausgefallensten Pfropfapparate entwickelt, manche sind brauchbar, die meisten Spielzeug oder Nervensäge, überflüssig alle. Ähnlich sind die viel empfohlenen Gummiringe einzuschätzen. Am besten werden Glasstreifen wechselnder Länge, Größe und Breite verwendet, die auf der einen Seite auf aufschichtbaren Holzklötzen, auf der anderen Seite ohne Watteabfütterung direkt auf dem Scheitel des Pfröpflings aufliegen und mit Steinen, Schrauben, Eisenstücken usw. so dosiert beschwert werden, daß die Kontaktaufnahme an der Veredlungsstelle gefördert wird und aufrechterhalten bleibt. Mehr ist nicht nötig. Nach 48 Stunden wird die Vereinigung von Pfröpfling und Unterlage zunehmend stärker; sie ist nach ca. 5 Tagen bereits mechanisch verfestigt. Nach 6–8 Tagen wird die Beschwerung abgenommen. Nach spätestens 14 Tagen muß jede Pfropfung abgeschlossen sein.

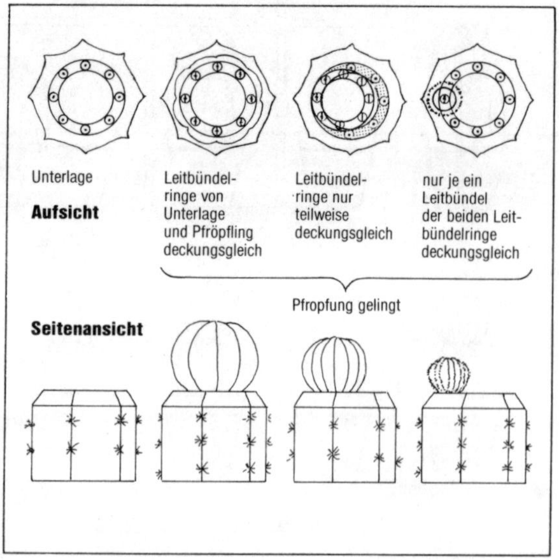

Abb. 61 Pfropfungsschema.

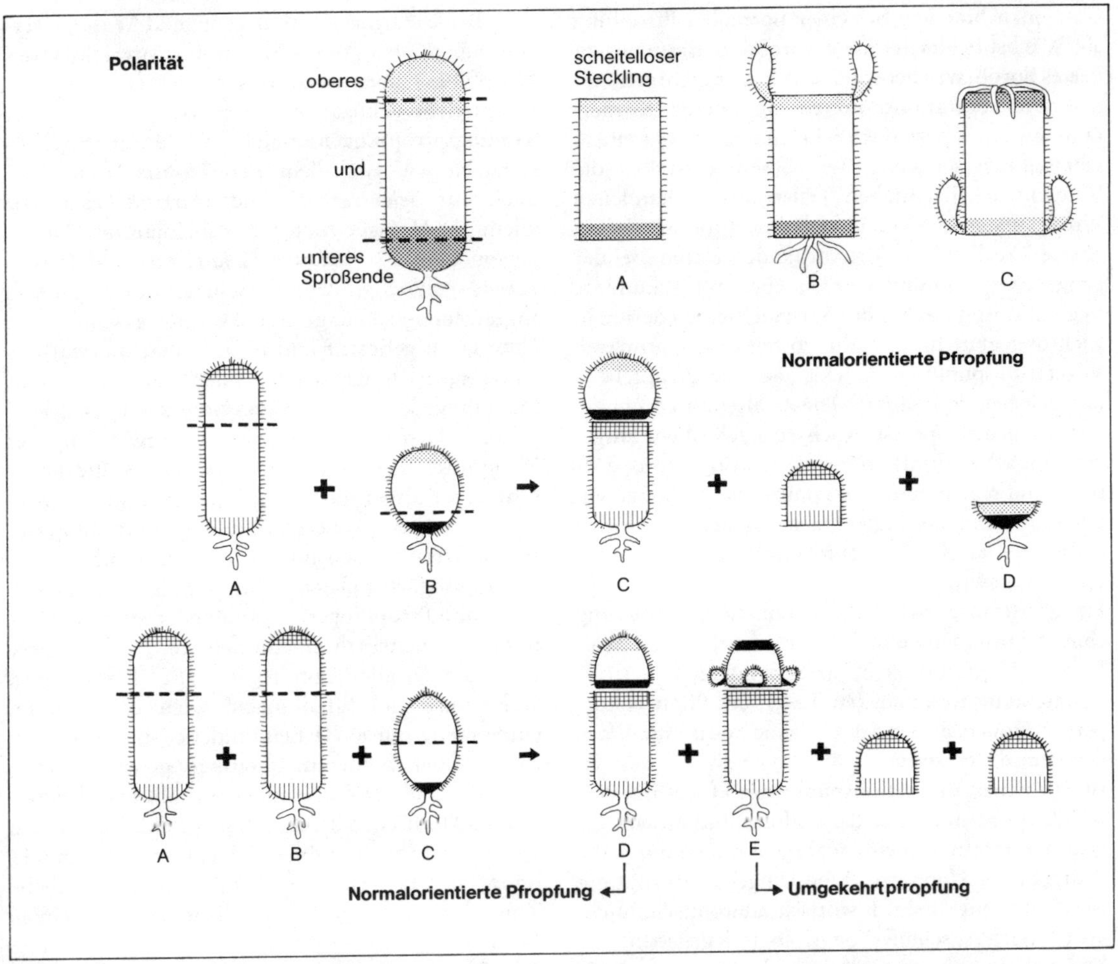

Abb. 62 Die Umgekehrtpfropfung.

Trockene Luft fördert die Abtrocknungsvorgänge an den Rändern der Pfropfpartner, die Koagulationsprozesse an den Wunden und verhindert Fäulnis.

Die **Spaltpfropfung** ist sehr alt und wird heute noch bei den Kakteen eingesetzt. Der waagrecht gekappte Stumpf der Unterlage wird gespalten oder keilförmig eingeschnitten. Der Pfröpfling, meist von Blatt-, Weihnachts-, Oster-, ferner dünntriebigen oder verbänderten Kakteen, wird so zugespitzt, daß er genau in den Spalt der Unterlage paßt, lagemäßig fixiert und alles mit feuchtem Bast umwickelt.

Bei sehr wertvollen Pflanzen oder Unikaten wird die sogenannte **Umgekehrtpfropfung** benützt. Wird sonst nur das Kopfstück als Pfröpfling, so wird hier auch das darauffolgende Stück des verbleibenden Körperstumpfes verwendet. Man schneidet dicht über den Wurzeln ab, bestäubt nur diese Schnittfläche mit Holzkohlenpulver und setzt die »obere« Schnittfläche, die beim Abtrennen des Kopfstückes entstanden ist, auf die Unterlage. Nach der Verwachsung sproßt die neue Pflanzeneinheit stark, weiteres Pfropfmaterial wird gewonnen.

Wie aber steht es mit der Polarität bei Umgekehrtpfropfungen (Abb. 62)?

Die Verbindung zwischen Unterlage und Pfröpfling

läuft auch hier wie bei einer normalen Pfropfung ab. Wächst bei letzterer ein normal im Raum orientiertes Sproßzwischenstück aus 1 oder mehreren aktivierten Vegetationspunkten am oberen Körperrand weiter, so ist das nicht anders als bei einem scheitellosen Steckling. Bei diesem entstehen die Wurzeln aus basisnahen Teilen aus vorhandenen Wurzelanlagen, nicht jedoch Sproßfortsetzungen, obwohl auch solche dort vorhanden wären. Bei der Umgekehrtpfropfung werden ebenfalls sekundäre Vegetationspunkte an der Sproßachse, wiederum in Richtung zum nicht mehr vorhandenen primären Vegetationspunkt, d.h. jetzt also zur Pfropfebene hin gelegen, mobilisiert. Diese, also unten entstehenden neuen Sprosse wachsen nach oben, entgegen der Schwerkraft weiter (sind also negativ geotrop) und regenerieren die Pflanze. Wurzeln, die selten und dann als Luftwurzeln entstehen, würden dann oben an der Pfropfung erscheinen, aber nach unten wachsen.

Für Stofftransporte ist die räumliche Orientierung eines Pflanzenteils ohnehin unwesentlich; die Stoffe, z.B. Nährstoffionen, streben immer den stoffwechselaktivsten, jüngsten Teilen des Pflanzenkörpers zu. Ionen sind meist auf keine bestimmte Wanderrichtung festgelegt.

Ist ein neuer Vegetationspunkt am Pfröpfling entstanden, übernimmt er die Polfunktion »oben« gegenüber der für »unten«, wahrgenommen durch die Wurzeln der Unterlage. Eine Umgekehrtpfropfung ist damit nur mehr historisch-anatomisch, nicht aber (»nach Abschluß«) physiologisch gegeben.

Zwischenveredlungen erfolgen dann, wenn es für einen Pfröpfling keine verträglichen oder ausschließlich stärker verholzte Unterlagen gibt. Arbeitsaufwendig, kompliziert und mit einem höheren Unsicherheitsfaktor belastet, wird zwischen Unterlage und Pfröpfling ein Stück einer meist weichfleischigen, jede Pfropfung gut annehmenden, gegen Verholzung relativ unempfindlichen Kakteenpflanze, meist von *Trichocereus schickendantzii*, eingeschoben.

Auf eine **unbewurzelte Unterlage** wird notfalls gepfropft, wenn Unterlagen knapp sind und bewurzelte fehlen. Um die Polarität zu gewährleisten, wird wieder die untere Schnittfläche der Unterlage holzkohlengepulvert. Der Propfvorgang ist wie üblich. Beide Partner müssen genügend Wasserreserven haben, also groß sein, um das Anwachsen des Pfröpflings, aber auch das Bewurzeln des »gepfropften Stecklings« durchzuhalten.

Sämlingspfropfungen erfolgen auf dünntriebige Unterlagen, wie vor allem *Pereskiopsis*-Arten, aber auch auf *Selenicereus* und *Harrisia*-Arten, vor allem auf *H. jusbertii*, ferner auf einjährige Sämlinge von *Cereus peruvianus*, *C. jamacaru* und *Trichocereus spachianus*. Beim Kopulieren werden die voll turgeszenten Sämlinge auf die quer geschnittenen Unterlagen gebracht und nach 1 Jahr auf stärkere Unterlagen umgepfropft oder eigenbewurzelt. Pfröpflinge können auf *Pereskiopsis* 3, höchstens 5 Jahre belassen werden (je nach Entwicklung der Pfropfung). Der Verwachsungsdruck sollte lieber schwächer als zu stark sein. Auch Umgekehrtpfropfungen etwas größerer Sämlinge sind möglich. Blattkakteen werden auf *Pereskia* gepfropft.

Um zu möglichst gleichen Durchmessern bei Unterlagen und Pfröpflingen zu kommen, müssen die Unterlagen scheitelnah geschnitten werden, was diese Pfropfart bei allen Unterlagen, außer *Pereskiopsis*, verlustreich und diffizil macht. Gleiches gilt, wenn ein Sämling nur auf 1 Leitbündel eines Leitbündelringes einer breiteren Unterlage gesetzt werden muß. Deshalb ist die Sämlingspfropfung auf *Pereskiopsis*-Pflanzen mit ihren engen Leitbündelringen weitaus günstiger. Obwohl nicht sehr ästethisch, bringt sie doch vorübergehend unwahrscheinliche Zuwachsraten, allerdings höchstens für einige Jahre.

Auf *Pereskiopsis spathulata* (und allen anderen Arten) gelingen sehr gut Pfropfungen bei den Gattungen *Acanthocalycium, Arequipa, Ariocarpus, Copiapoa, Coryphantha, Echinocereus, Echinofossulocactus, Echinomastus, Eriosyce, Escobaria, Espostoa, Eulychnia, Horridocactus, Islaya, Lobivia, Matucana, Mediolobivia, Mila, Neochilenia, Neolloydia, Neoporteria, Neowerdermannia, Notocactus (Brasilicactus), Oroya, Parodia, Pelecyphora, Rebutia, Weingartia* und vielen anderen. Etwas bescheidener waren die Anwachsquoten bei *Astrophytum* und *Gymnocalycium*. Wenig befriedigten nur manche Fraileen, Melocacteen und Mammillarien.

Pereskiopsis-Pfropfungen werden bei 8–10 °C,

nicht höher, überwintert. Heller Stand ohne Prallsonne, mit relativ hoher, gleichmäßiger Feuchte und normaler, harmonischer Ernährung ist nötig. Die Unterlagen müssen gut im Trieb sein, dürfen an der Schnittstelle nicht verholzt sein und sollen die Blätter behalten.

Pereskiopsis schrumpft regelmäßig an den Schnittflächenrändern nach innen, was nachteilig ist. 24 Stunden vor der Pfropfung in der vorgesehenen Höhe geschnitten, füllt sich die Unterlage wieder prall. Ein 2., dicht darunter erfolgender, eigentlicher Pfropfschnitt schrumpft dann nicht mehr (»Vorausschneiden« der Unterlagen), die Anwachschance für den Sämling ist erheblich erhöht.

Für Sämlinge geringen Durchmessers werden gut in Trieb befindliche Unterlagen bei vorsichtig und geringfügig (!!) verringertem Licht gehalten, also leicht vergeilt. Der Sproß wächst mit einem geringeren Ø und relativ weichfleischig weiter und dadurch wird er für die Pfropfung geeigneter. Eigene Erfahrungen sind hierfür unerläßlich.

Oft vertrocknen die z.T. sehr kleinen Pfröpflinge bei hochsommerlichen Temperaturen oder geringer Luftfeuchte schneller und bevor sie von der Unterlage versorgt werden können. Trockenere Luft ist aber kurzfristig für das Verwachsen erwünscht (Pfropfungen bei hoher Luftfeuchte gelingen nicht). Deshalb gibt man sofort nach der Pfropfung kurzzeitig diese trockene Luft, wie sie im Gewächshaus und Frühbeet zu dieser Jahreszeit (Sommer!) ohnehin gegeben ist, um dann die Luft durch Verdunstung feuchter zu machen, damit der Pfröpfling nicht zuviel Wasser verbraucht, welkt oder gar vertrocknet.

Die Beschwerung des aufgesetzten Pfröpflings, eines kleinen Sämlings, soll lieber zu gering als zu stark sein, im Extremfall soll sie lieber ganz unterbleiben. Beschwerungen werden nach 24 Stunden abgenommen, zumindest durch leichtere ersetzt. Nach 48 Stunden ist bereits eine begrenzte Verwachsungsfestigkeit gegeben.

Sämlinge sofort auf Dauerunterlagen, wie *Harrisia,* Selenicereen, zu pfropfen, ist nicht zu raten, allein schon, weil die Pfröpflinge noch sehr klein sind. Immer wieder werden *Echinopsis*-Arten für die Sämlingspfropfung empfohlen. Sie bringen aber nicht annähernd gleiche Vorteile wie die *Pereskiopsis,* die Ausfallquote ist unvergleichlich höher, die Schubkraft viel geringer, die Anzucht über 2 Jahre langwieriger. Pereskiopsisunterlagen bleiben für Sämlinge, auch was Annehmen des Pfröpflings, Triebkraft, Leichtigkeit, Schnelligkeit und Billigkeit der vegetativen Vermehrung usw. anlangt, einwandfrei überlegen. Die Dauerunterlagen schließen sich folgerichtig an die Pereskiopsisunterlagen an, können sie aber nicht ersetzen.

Die Weiterbehandlung von Pfropfungen: Nach abgeschlossener Pfropfung wird die Weiterkultur der neuen Pflanzeneinheit von der Unterlage bestimmt, soweit es Feuchte-, Substrat-, Düngungs- und sonstige Ansprüche betrifft. Andererseits müssen die Lichtempfindlichkeit, die Kälteresistenz, die Hitzeverträglichkeit seitens des Pfröpflings beachtet werden. Die Unterlage behält aber bei der weiteren Kulturführung die übergeordnete Priorität.

Importpflanzen

Der Raubbau an den Heimatstandorten hat zu einer Gefährdung, ja totalen Dezimierung von Kakteen geführt. Die natürliche Regeneration hat mit der rigorosen Entnahme nicht Schritt gehalten.

Nach dem Washingtoner Artenschutzabkommen von 1975 wird der Export von Kakteen (alle Arten und Gattungen!) überwacht und die Einfuhr genehmigungspflichtig.

Nicht mehr wildgesammelte, sondern gärtnerisch angezogene Pflanzen aus den dem Vertrag angeschlossenen Ländern werden heute als »Importe« betrachtet. Solche Pflanzen haben lange Transportwege und -zeiten hinter sich. Eingetrocknete oder verletzte Wurzeln oder andere Pflanzenteile müssen zunächst saniert werden. Anschließend werden die Pflanzen auf gut dräniertes (mit grobem Kies, Ziegelsplitt etc.) Perlit, Vermiculit und Sandzusatz o.dgl. aufgesetzt und das Substrat ganz vorsichtig befeuchtet. Dann bilden sich neue Wurzeln. Importierte Pflanzen müssen langsam an volles Licht gewöhnt werden, was durch leichtes Schattieren eingeleitet wird.

Alle Behandlungen dürfen nicht im Herbst, sondern erst im darauffolgenden Frühjahr begonnen werden. Wasserzufuhr sollte durch Nebeln, dann Sprü-

hen und erst, wenn die Pflanze wieder voll turgeszent ist, durch vorsichtiges Gießen erfolgen.
Unbewurzelte Importen oder solche, denen die Wurzeln entfernt werden mußten, werden wie Stecklinge behandelt.

Krankheiten und Schädigungen der Kakteen

Eine Kakteenpflanze ist gesund, wenn sich die Funktionen ihres Körpers harmonisch auf alle Einwirkungen der Umwelt einstellen können. Wird dieses innere Ausbalancieren gestört, das Regulierungsvermögen überfordert, erkrankt die Pflanze. Die Entwicklung, der Gesamtstoffwechsel sind nicht mehr normal, Aussehen, Wuchsfreudigkeit, Blühwilligkeit usw. leiden, der Kaktus wird ganz oder teilweise entwertet, schlimmstenfalls geht er ein.
Krankheiten und Schädigungen lassen sich manchmal nur schwer auseinander halten. Eine Krankheit setzt voraus, daß eine Kakteenpflanze überhaupt und dann aktiv auf Außeneinwirkungen reagiert. Dagegen wird niemand beim Maikäferfraß an einem Blatt von einer Krankheit sprechen. Dies stellt eine Beschädigung eines Organs dar. Eine Krankheit unterscheidet sich von einer Schädigung in bestimmten Fällen auch dadurch, daß nach ihrer Ursache meist erst geforscht werden muß, während Schädigungen mehr grobe, in ihrer Ursache leicht erkennbare Verletzungen darstellen.

Die Anfälligkeit der Kakteen

Kakteen sind bei entsprechender Kultur vergleichsweise wenig von Krankheiten und Schädlingen betroffen. Wie anfällig sie sind, ist vom Entwicklungszustand, der erblichen Konstitution der Pflanze und von den Umweltbedingungen abhängig. Virologische, pflanzliche Krankheitserreger, besonders aber tierische Schädlinge werden um so leichter, schneller und heftiger »wirksam«, je mehr ihnen eine fehlerhafte Kultur dies erleichtert. Kulturfehler können ihrerseits und ohne „Hilfe“ parasitärer Erreger, Krankheiten und Schädigungen verursachen.

Virusbedingte Krankheiten

Virosen allgemein

Die ansteckenden und übertragbaren Viruskrankheiten werden durch submikroskopische, nur im Elektronenmikroskop bei 10000facher und noch stärkerer Vergrößerung erkennbare Wundparasiten, die sogenannten Viren (latein. »virus« = Schleim, Gift, Geifer) verursacht. Diese meist stäbchen- oder kugelförmig gebauten Viren sind kompliziert zusammengesetzt: sie bestehen aus einer Nukleinsäurekomponente (verantwortlich für ihr Erb- und Mutationsverhalten), die von einer Proteinhülle umgeben ist. Sie können kristallisiert erhalten werden, sind aber, wie andere Eiweiße auch, hitzeempfindlich. Die Viren schalten sich in den Stoffwechsel der Wirtszelle ein. Sie prägen ihn matrizenartig auf ihre, der Kakteenpflanze jedoch fremden Stoffwechselerfordernisse um. Sie schaffen so die Grundlage für ihre eigene Vermehrung innerhalb der lebenden Zellen.
Die häufigsten Symptome, vom Alter der Wirtspflanze und den Umweltbedingungen beeinflußt, sind Stauchungen, Kümmerwuchs, Verzwergung, Besenwuchs der Pflanzen insgesamt, Veränderungen des Blattes (Mosaik, Vergilbungen, Kräuselungen, Verkrüppelungen), Streifung der Blütenblätter u.a.m.

Die Viruskrankheiten der Kakteen

Erreger: Langgestreckte Viren (Kakteen-X-Virus, Sammons Opuntia-Virus, Cactus-Virus 2) und Viren nicht definierter Art (Ursache der Hexenbesenkrankheit [Myxoplasmodien]).

Schadbild: An *Schlumbergera-*, *Epiphyllum-* und *Rhipsalidopsis-*Arten treten auf den Gliedern von außen nach innen blaßgelbgrüne, später gelbliche bis weißliche, durchscheinende, unscharfe und unregelmäßige Flecken mit geringer Gewebeeinsenkung auf. Diese weißlichgrünen Stellen können sich stark ausweiten, besonders bei den jüngsten Gliedern. Später trocknen sie ein und verbräunen. Starker Befall verursacht Gliederkrümmung. Die Pflanzen wirken zerzaust. Das Wachsen und Blühen wird eingeschränkt oder ganz eingestellt. Die Pflanzen kümmern, die Knospen fallen ab. Die Virosen sind saftübertragbar, weshalb auch Stecklinge und

Pfropfungen gefährdet sind. *Pereskia aculeata* kann als Unterlage eine Viruskrankheit übertragen, ohne selbst Krankheitsmerkmale zu zeigen. Latent (d.h. ohne sichtbare Symptome) befallen sein können aber auch viele andere Kakteen, vor allem Cereen, die, als Unterlagen verwendet, auch ihre Pfröpflinge infizieren. Opuntien werden von Viren befallen, die eine Überproduktion von Seitensprossen (Triebsucht) verursachen, wobei die Vielfalt von Verzweigungen zu hexenbesenartigen Erscheinungen führt. Inwieweit die Krankheit eine Myxoplasmose ist, muß offen bleiben. Samen- und Bodenübertragung ist bisher nicht bekannt.

Bekämpfung Eine direkte Bekämpfung der Kakteenviren ist derzeit noch nicht möglich. Vorbeugend wird die Ansteckung verhindert, indem die Übertragungswege blockiert werden. Viren werden durch saugende Insekten, die sogenannten Vektoren, durch Kontakt zwischen kranken und gesunden Pflanzen und bei der ungeschlechtlichen Vermehrung verbreitet. Die Vektoren sind mit Insektiziden (systemischen Mitteln), Akariziden u.a. zu bekämpfen.

Kakteen dürfen nie mit Gurken, Tomaten und anderen Gemüsepflanzen zusammen kultiviert werden.

Eindeutig kranke Pflanzen dürfen nicht vermehrt werden. Dabei ist der Gesundheitszustand einer Kakteenpflanze für den Pfleger nur sehr schwer zu kontrollieren. Es sollen deshalb vorsichtshalber bei der ungeschlechtlichen Vermehrung immer erst die eindeutig gesunden, dann die zweifelhaften Pflanzen geschnitten werden. Besser wird für jeden Stecklings- oder Pfropfschnitt, auch bei offenbar gesunden Pflanzen, eine neue Rasierklinge genommen. Ansonsten ist eine Desinfektion der Schneidegeräte durch 5%iges Formalin, 70%igen Methylalkohol (Spiritus) (auch Äthylalkohol ist geeignet) und 10–15%ige Trinatriumphosphatlösung oder Abflambieren möglich. Auch Anzuchterden, Kulturgefäße und -räume sind zu desinfizieren. Die Hände können (nach Uschdraweit) mit einer Seife aus 5 Tl. Trinatriumphosphat, 20 Tl. Toilettenseife und 100 Tl. Wasser (zu einer halbfesten Masse verkocht), durch die oben genannte Phosphatlösung oder durch verdünntes Lysoform (Sagrotan) frei von Viren gemacht werden. Nur trockene Pflanzen dürfen bearbeitet werden, nasse stecken sich leichter an. Als krank erkannte Pflanzen sind sofort und restlos zu vernichten. Antivirale, virusabtötende Substanzen sind wohl vorhanden. Schwierig sind jedoch die Agentien so in der Pflanze zu verteilen, daß die Viren in allen Pflanzenteilen erfaßt werden, weil im Gegensatz zu Mensch und Tier die Pflanze kein geschlossenes Gefäßsystem hat und damit einen »offenen Körper« aufweist. Alle Virusbausteine sind außerdem zugleich Zellbestandteile der Kakteenpflanze.

Mykoplasmosen

Die Hexenbesenkrankheit bei Austroculindropuntien wird durch Mykoplasmen hervorgerufen. Diese außerordentlich kleinen Organismen mit eigenem Stoffwechsel und einer flexiblen, wenn auch meist kugeligen, ovalen oder länglichen Gestalt werden auch von Tieren (z.B. Zikaden) übertragen.

Mykoplasmen gehören nicht zu den Viren; sie werden an dieser Stelle aufgeführt, weil sie sinnvoll auch in keinem anderen Zusammenhang erwähnt werden können.

Die pflanzlichen Krankheitserreger

Pflanzliche Krankheitserreger sind Bakterien und Pilze. Während Mensch und Tier besonders unter Bakterien, weniger unter pathogenen Pilzen leiden, ist es bei Pflanzen gerade umgekehrt: hier sind die Pilzkrankheiten bedeutend wichtiger und verbreiteter als die »Bakteriosen« (Abb. 63 und 64).

Bakteriell bedingte Krankheiten

Bakteriosen allgemein: Die pflanzenschädlichen Bakterien sind einfach organisierte, einzellige, meist stäbchenförmige Mikroorganismen von ca. $^1/_{1000}$ mm Länge. Sie vermehren sich durch Querspaltung. Oft sind sie durch Geißelapparate beweglich. Sie können in synthetischen Medien künstlich gezüchtet werden und ernähren sich teilweise nur von toter, organischer Substanz. Deshalb können sie auch abgestorbene Pflanzenteile oder bereits aus anderer Ursache geschädigtes oder faulendes Pflanzengewebe befallen (Saprophyten; nützlich z.B. bei der Kompostbereitung). Die eigentlichen pflanzen-

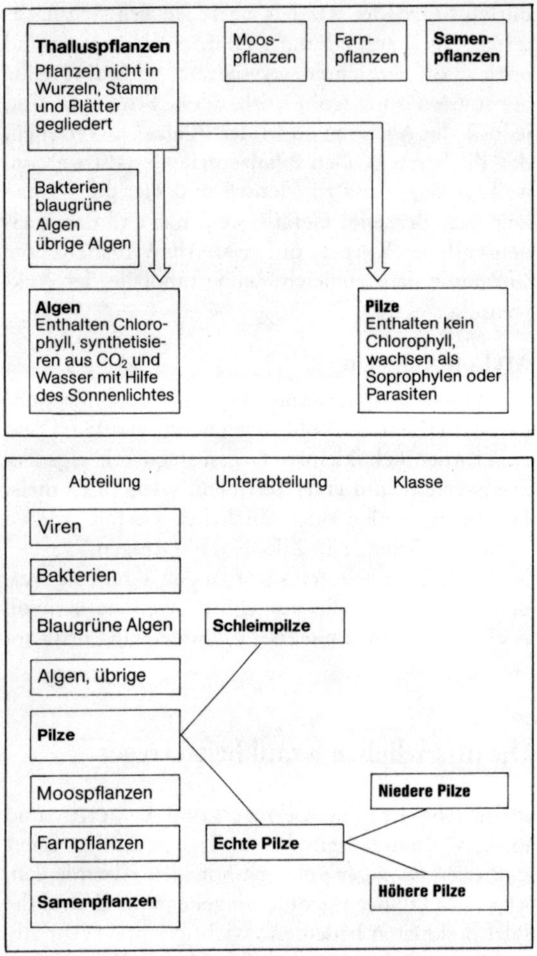

Abb. 63 Zur Systematik der Pilze.

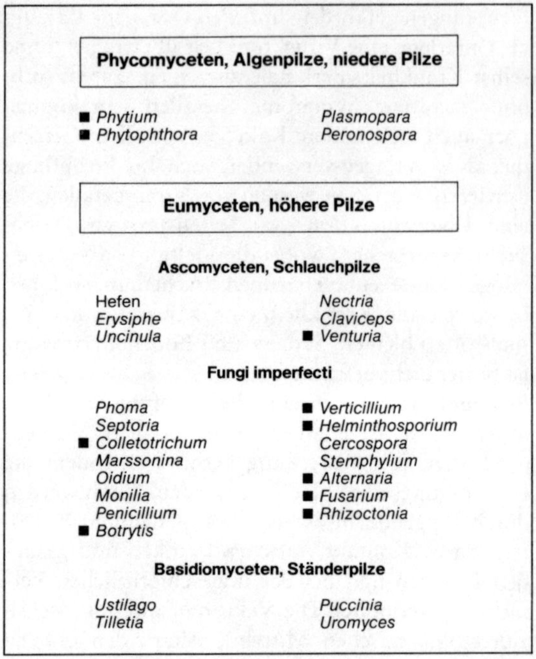

Abb. 64 Die systematische Zuordnung der Pilze; phytopathologisch wichtigere mit ■ gekennzeichnet.

schädlichen Bakterien leben aber parasitisch, d.h. sie greifen lebendes Pflanzengewebe an, töten es ab und verwerten es. Die Infektion erfolgt über Wunden, Spaltöffnungen, ja sogar über die unversehrte Oberhaut. Bakterien können durch kranke Pflanzen und -teile, verseuchte Erden, verschmutztes Gießwasser und dergleichen verschleppt werden. Die Bekämpfung der Bakteriosen ist sehr schwierig, weshalb meist nur vorgebeugt werden kann.

Bakteriosen der Kakteen: Bakterienkrebsgeschwülste, verursacht durch *Agrobacterium tumefaciens* und Bakteriennaßfäulen, verursacht durch *Erwinia cacticida* und *Pseudomonas cactivorum,* kommen an Wildpflanzen *(Carnegia gigantes)* in Amerika bzw. an verwilderten Opuntien in Italien vor. Bei der Kultivierung von Kakteen spielen sie zunächst keine erkennbare, primäre (!) Rolle. Direkte Abwehrmaßnahmen sind nicht bekannt. Eine Chance liegt in den Antibiotica (Streptomycin, Phytobacteriomycin usw.), die aber in der Bundesrepublik nicht angewandt werden dürfen. So helfen nur die allgemeinen Maßnahmen der Pflanzenhygiene und eine optimale Kulturgestaltung.

Pilzlich bedingte Krankheiten

Die Pilze sind weitaus formenreicher als die Bakterien. Sie sind wie Tiere Energieverbraucher, nicht wie die grüne Pflanze Energielieferant. Die »niederen« Pilze sind ein kernhaltiges Schleimklümpchen im Innern der Wirtszelle. Die echten Pilze bestehen aus einem feinen, meist gegliederten, stark verzweigten Fadenwerk, dem Mycel (Abb. 65 und 66). Mit diesem leben sie außen auf den Pflanzenteilen (Ektoparasiten) oder wachsen zwischen den, manchmal auch in die Wirtszellen hinein (Entopa-

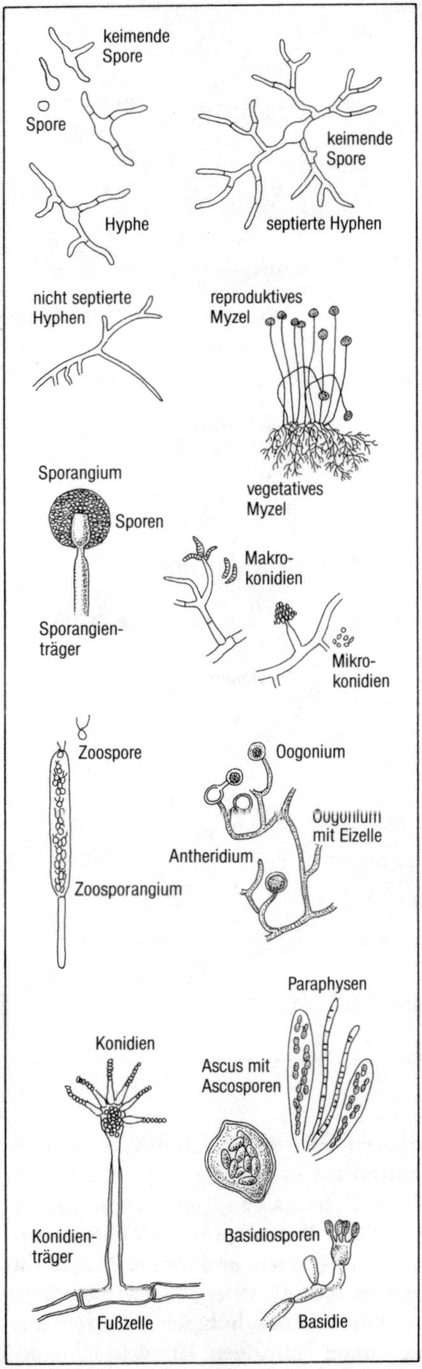

Abb. 65 Pilze und ihre Entwicklungsstadien.

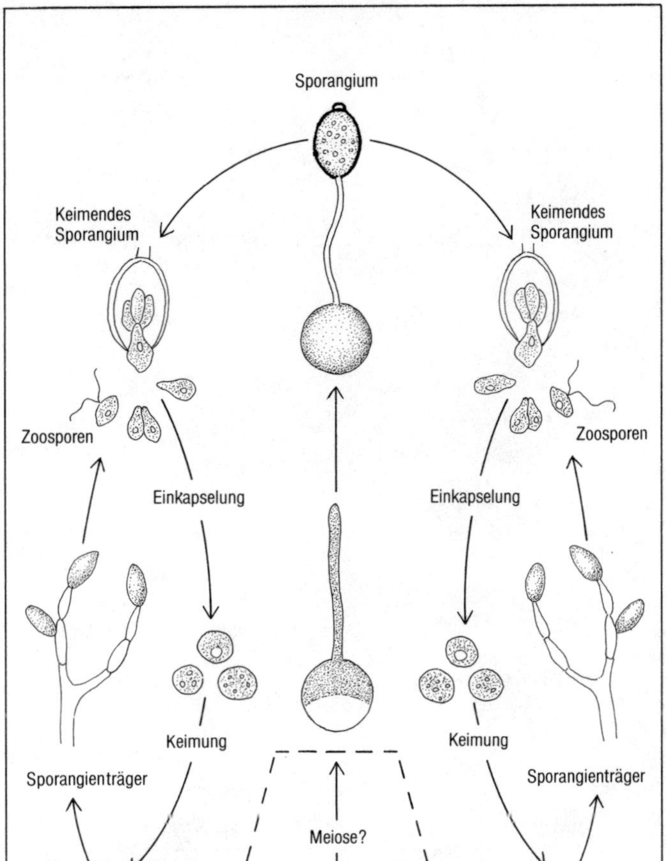

Abb. 66 Lebenszyklus von *Phytophthora infestans* (nach ALEXPOULOS).

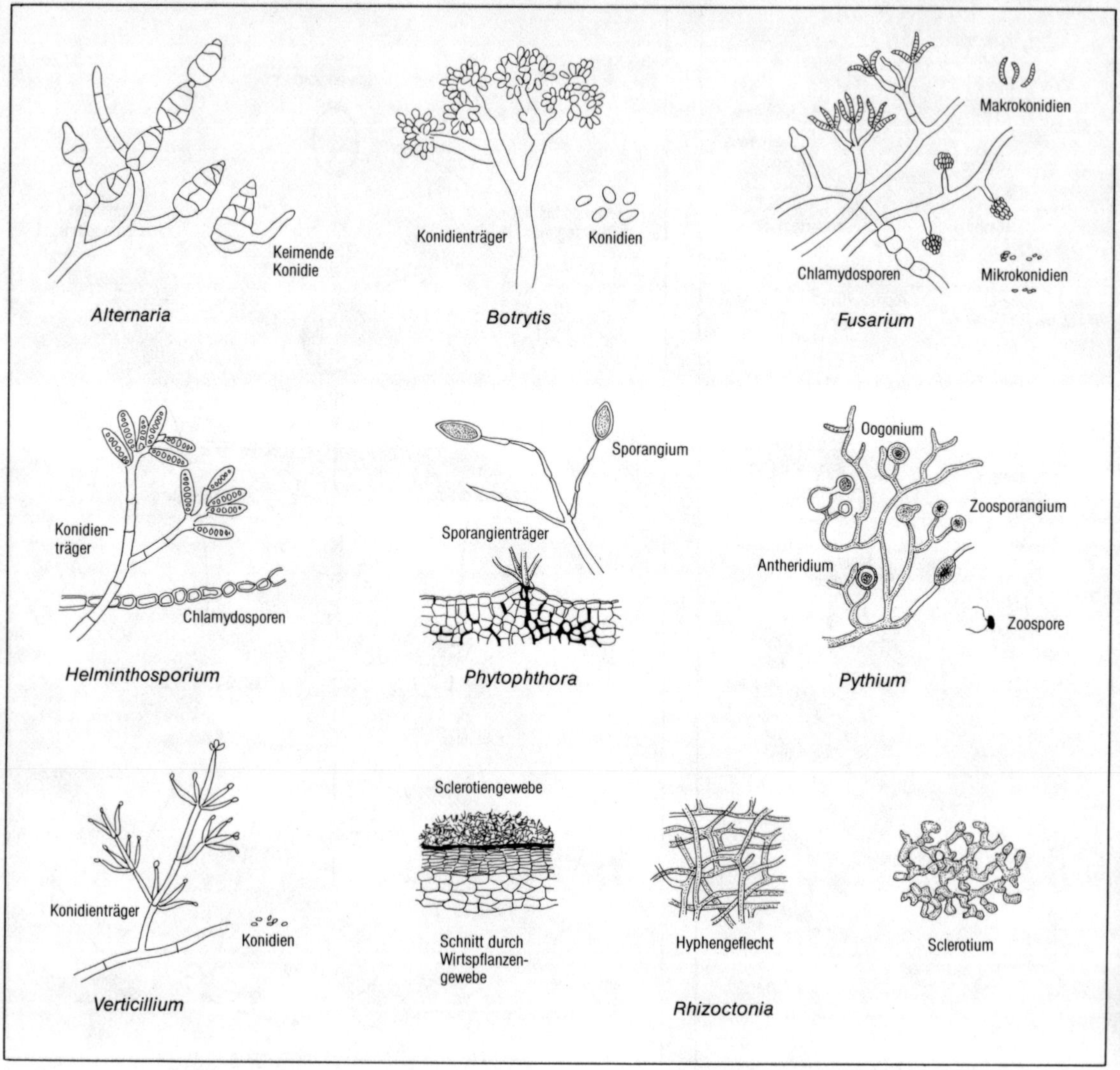

Abb. 67 Auswahl schädlicher Pilze.

rasiten). Nach einer Zeit der Ausbreitung und der Entwicklung pflanzen sich die Pilze mit besonderen Zellen, den Sporen, fort. Sie sind in Form, Farbe, Bildungsweise sehr unterschiedlich. Die Sporen werden durch Wind, Regen, Tiere, Saatgut, Pflanzenabfälle und -rückstände usw. verbreitet und verursachen neue Ansteckungen.

Alle Pilze sind eingerichtet, Ruhezeiten zu überdauern. Man kennt die Überdauerung in den Samen von Wirtspflanzen oder den Wechsel von einjährigen Wirtspflanzen auf mehrjährige Nebenwirte. Pilze überdauern auch u. a. als Saprophyten im Erdboden, als derbwandige Wintersporen oder als Dauerorgane, die aus verdichtetem und festem Pilzgewebe bestehen. Letztere, die Sklerotien, überwintern ähnlich wie die Wurzelstöcke höherer Pflanzen und bringen dann, unter günstigen Umweltbedingungen, Fruchtkörper und Sporen hervor.

Pilzkrankheiten bei Kakteen: Zu den für die Kakteenkultivierung bedeutsamen Krankheiten gehören die Aussaatkrankheiten, die *Phytophthora*-Naßfäule, die *Helminthosporium*-Naßfäule und die *Fusarium*-Fäule und -Welke. Sonstige, hierher gehörige Pilzkrankheiten sind die *Botrytis*-Weichfäule, *Sclerotium*-Wurzelkrankheit, die *Pythium*-Naßfäulen, die Schorf- und die Brennfleckenkrankheiten (Abb. 67). »Vermehrungspilze« und Aussaatkrankheiten wurden bereits im Kapitel »Vermehrung« besprochen.

Phytophthora-Naßfäule

Erreger: *Phytophthora omnivora*, syn. *Phytophthora cactorum* Leb. & Cohn.

Schadbild: Naßfäule des Wurzelhalses, der Wurzeln, des Stammgrundes und -innern, meist unter Braunfärbung des Gewebes. Befall erfolgt oft von verseuchter Erde aus über die Wurzeln und den Sproßgrund. Die Pflanzen sterben ab. Die Wirkung in Pflanzkästen ist häufig verheerend.

Bekämpfung: Stark erkrankte Pflanzen werden samt Erde vernichtet (verbrennen oder tief vergraben), schwächer erkrankte bei rechtzeitiger Erkennung ein gutes Stück über dem faulenden Teil abschneiden, pfropfen oder als Steckling weiterbehandeln. Evtl. kann der Befallsherd auch sorgfältig ausgeschnitten und mit Holzkohlenpulver-Captan-Gemisch (7% Captan) bestäubt werden. Noch gesunde Pflanzen können in Lösungen mit den Wirkstoffen Aluminiumfosetyl, Etridiazol, Furalaxyl, Propanocarb u.a. getaucht und in unverseuchte Erde verpflanzt werden. Vorbeugendes Gießen (2 l/m^2) und Spritzen mit AAterra, Aliette, Phytox Super u.a. ist empfehlenswert. Stecklinge werden an der Schnittfläche mit solchen Lösungen bepinselt oder in solche Lösungen getaucht. Pflanzen sind allgemein trocken zu halten, um keine Sporen zu verschwemmen und für den Pilz günstige Lebensbedingungen zu schaffen. In Aussaatgefäßen werden Erkrankungsstellen über den eigentlichen Befallsherd hinaus vorsichtig ausgestochen und zweimal mit Phytophthora-bekämpfenden oder beizenden Mitteln (z.B. Universalbeize Arbosan) im Abstand von 10 Tagen behandelt. Niedere Luftfeuchte, weiter Pflanzenbestand und keine einseitige N-Düngung wirken gegen den Pilz. Captan-Verbindungen wirken nur befallshemmend.

Helminthosporium-Naßfäule

Erreger: *Helminthosporium cactivorum* Petr.

Schadbild: Der Erreger wird oft durch Samen vor allem von mexikanischen Kakteen (und Kakteen aus den Südstaaten der USA) eingeschleppt. Er befällt hauptsächlich bei hoher Luftfeuchte und Temperatur Cereen, Echinocacteen, Mammillarien und Echinocereen. Besonders verheerend wirkt er bei jungen Sämlingen, die mumienartig schrumpfen; seltener werden ältere Pflanzen befallen. Am Stammgrund dicht über der Erdoberfläche oder an beliebigen oberirdischen Teilen (Spaltöffnungen oder kleinste Verletzungen sind Eintrittspforten!) entstehen dunkle, glasige Faulstellen, an denen das Gewebe erweicht und, schnell sich ausbreitend, so die ganze Pflanze vernichtet.

Die Kakteenpflanzen sinken um und vertrocknen in 2–4 Tagen völlig. Die befallenen Teile haben einen samtig-olivgrünen, dunkelvioletten oder schwarzgrünen Sporenbelag.

Bekämpfung: Für Aussaaten müssen Samen gebeizt und Erden entseucht werden. Erkrankte Pflanzen sind aus den Aussaatgefäßen bei der täglichen Kontrolle sofort sorgsam und ohne Sporen zu verstreuen zu entfernen und zu verbrennen. Pflanzen in Einzeltöpfen sind samt Erde zu vernichten. Bewässert wird nur von unten. Luftfeuchte und Temperatur sind am unteren Grenzwert zu halten, das Gießen einzuschränken. Verwundungen dürfen nicht gesetzt werden. Chemische Bekämpfung erfolgt durch mehrmalige, nach 10 Tagen wiederholte Spritzungen mit Captan-, Zineb- und anderen Mitteln.

Fusarium-Fäule und -Welke

Erreger: Formen von *Fusarium oxysporum* Sch., *Fusarium dimerum* Penz. var. *violaceum* Wr., *Fusarium dianthi* Prill. & Del. u.a.

Schadbild: Meist fault der Wurzelhals oder Sproßgrund zuerst, später wird der ganze Pflanzenkörper von der bräunlichen Weichfäule befallen. Wegen der vermorschten Wurzeln kann die Pflanze leicht aus dem Substrat gezogen werden. Wurzelspitzen erkranken seltener (z.B. bei *Gymnocalycium* oder *Parodia*). Erweichendes Gewebe fällt zusammen und vertrocknet. Schneidet man die Sproße durch, sind die Leitbündel bräunlich verfärbt, wenn der

Pilz sich darin ausbreitet. Kranke Pflanzenteile zeigen oft einen wolligen, weißlichen, rosa- bis violettfarbenen Schimmer und rötliche bis lachsfarbene Sporenbeläge. Bei Verletzung (Insektenstiche, abgebrochene Stacheln) kann auch an jeder anderen Stelle des Kakteenkörpers die Krankheit entstehen, die anfänglich nur durch Graufärbung und leichtes Welken der Sproßspitze (Schrumpfen) auffällt, sonst aber keine Symptome zeigt. Auch Nematoden können durch Wurzelverletzungen die Infektion bewirken. Bei *Pereskia*- oder *Pereskiopsis*-Pfropfungen erkranken die Unterlagen meist nicht. Besonders befallen werden die durch Stecklinge vermehrten Kakteen.

Bekämpfung: Verseuchte Samen, die häufigste Infektionsquelle, müssen gewissenhaft gebeizt werden. Die Vorschriften der Aussaathygiene, vor allem auch hinsichtlich eines sauberen Gießwassers, müssen strikt eingehalten werden. Erkrankte oder verdächtige Pflanzen sind sofort zu entfernen und zu vernichten. Nur von unten, selten, aber dann durchdringend wässern, sparsam düngen (mit wenig N), die Luftfeuchte und Temperatur unbedingt erniedrigen. Alle 10 Tage muß mit Captan-, Thiabendazol- und anderen Mitteln gespritzt werden. Pflanzen dürfen nicht verletzt werden und darauf ist besonders beim Umtopfen zu achten. Alle Einrichtungen, Töpfe, Erden usw. sind zu entseuchen.

Botrytis-Weichfäule

Erreger: *Botrytis cinerea* (Sammelbezeichnung für viele Unterarten und Rassen).

Schadbild: An einer nußfarbigen, glasigen, sich vergrößernden Faulstelle sinkt die Oberfläche ein. Das Gewebeinnere wird zu einer schleimigen, breiigen Masse. Erst wenn das Gewebe abgetötet ist und bei günstigen Außenbedingungen (z.B. hoher Luftfeuchtigkeit) bildet sich ein mausgrauer, stark stäubender Schimmelrasen (Sporen). Manchmal entstehen dann, wenn das Pflanzengewebe völlig zerstört ist auch kleine, anfangs weiße, später schwarze Sklerotien als Dauerkörper, die dann der Überwinterung des Pilzes dienen. Der Pilz ist ein typischer Schwächeparasit, d.h. er befällt die Pflanzen erst dann, wenn deren Vitalität bereits aus anderen Gründen geschwächt und beeinträchtigt ist.

Bekämpfung: Größte Sauberkeit in den Sammlungen ist unbedingt erforderlich, da der Pilz vor allem auf abgestorbenen Pflanzenteilen lebt. Nur alte, gut abgelagerte Erde kann verwendet werden. Pflanzen sind luftig bei geringer Luftfeuchte, hell und auf weitem Abstand zu halten. Ferner ist zu beachten: nicht verweichlichen, keine N-Überdüngung geben, Licht und Wasser ausreichend verabfolgen, beim Einräumen ins Winterlager reichlich lüften, bei kühler, feuchter Witterung oder nachts ausreichend, jedoch nicht übermäßig heizen, tagsüber lüften, oberirdische Pflanzenteile möglichst nicht naß machen, nicht »über Kopf« gießen, durch gleichmäßige Temperatur Kondenswasser vermeiden, vorsichtig umsetzen. Pflanzliche Abfälle sind stets sofort und regelmäßig zu entfernen. Behandelt werden kann mit einem der relativ vielen, speziell gegen Botrytis gerichteten Fungizide.

Sclerotium-Wurzelkrankheit

Erreger: *Sclerotium cacticola* v. Bey. & King. An Opuntien in Holland gefunden.

Schadbild: Die Wurzeln sterben ab und die Pflanzen gehen ein. An den befallenen Teilen findet man 1–2 mm große, kugelige oder längliche, erst weiße, später graue bis bräunliche Sklerotien.

Bekämpfung: Spezifische Angaben fehlen. Evtl. kann in Beizmittel getaucht oder mit Viclozolin, Thiabendazol und anderen Verbindungen behandelt werden. Vorversuche über Pflanzenverträglichkeit sind empfehlenswert, insbesondere wenn noch andere Mittel eingesetzt werden. Weiter luftiger Pflanzenstand ist von Vorteil. Erkrankte Pflanzen und -teile sind sofort zu vernichten.

Pythium-Naßfäulen

Erreger: *Pythium aphanidermatum* (Eds.) Fitz, *P. cactacearum* Petri., *P. debaryanum* Hesse u.a.

Schadbild und Bekämpfung: Diese Erreger sind als Schädlinge an Opuntien und *Epiphyllum*-Arten in südlichen Ländern aufgetreten, spielen aber bei der Kultivierung der Kakteen eine untergeordnete Rolle. *P. debaryanum,* ein »Vermehrungspilz«, wurde im Kapitel Vermehrung besprochen. *Pythium*-Arten können mit AAterra durch Gießen, Tauchen, und durch Beimischen von 0,5 g/10 l zum Substrat bekämpft werden. Ansonsten wird auf die im Pflanzenschutzmittelverzeichnis (S. 147 ff.) aufgeführten Mittel verwiesen.

Schorfkrankheiten

Erreger: Vermutlich *Diplodia opuntiae* Sacc., *Hendersonia opuntiae* E. & E., *Leptodermella opuntiae* Dodge, *Melanos sp.*, *Phyllostica concava* Seav. u. a. Ungenügend erforschte Krankheit.

Schadbild: Besonders an Opuntien treten rundliche oder elliptische, ziemlich unregelmäßige, bräunliche, hell- bis dunkelgraue, schwärzliche, von braungelben Zonen umgebene Flecken auf, die sich ausbreiten, zusammenfließen und größere Teile der Oberfläche bedecken. Später vertrocknet und verbleicht darunter das Gewebe und zerfällt. Die Oberhaut blättert ab.

Bekämpfung: ist schwierig; es empfehlen sich die Wirkstoffe Dithianon, Folpet, Mancozeb, Metiram und sonstige Mittel. Evtl. Luftfeuchte reduzieren und weniger Gießen, schwach düngen und viel Licht geben. Befallene Pflanzen sind zu vernichten.

Brennfleckenkrankheit

Erreger: Pilze der Gattung *Gloeosporium: G. amoenum* Sacc., *G. josephinae* Sacc., *G. cerei* an *Cereus*-Arten, *G. lunatum* Ell. & Ev. und *G. opuntiae* Ell. & Ev. an Opuntien, *G. cactorum* Ston. an *Mammillaria* und *Echinopsis*.

Schadbild: Es treten scharf umschriebene, eingesunkene, kreisförmige oder unregelmäßige, gelbbraune Flecken auf, häufig mit dunkelrotbrauner Randzone, an denen das Gewebe eintrocknet, hart, borkig und grindig wird. Auf den kranken Stellen zeigen sich meist gelbliche oder rostfarbene Massen einzelliger, elliptischer oder zylindrischer, oft etwas gekrümmter, einzeln farbloser Sporen.

Bekämpfung: Bei nicht zu starkem Befall sind die kranken Stellen bis ins gesunde Gewebe auszuschneiden und die Wunden mit Captan- oder Zineb-Mitteln auszuspritzen. Auch Maneb-, Probineb- und andere Verbindungen können eingesetzt werden. Wichtig ist, daß keine Wachsschicht beschädigt wird, nur dann sind zugesetzte Netzmittel erlaubt. Auch Auspinseln mit Spiritus wird empfohlen, anschließend sollte mit Holzkohlenpulver eingestäubt werden. Hohe Luftfeuchte und Temperatur wirken begünstigend, also an der unteren Grenze halten. Kranke Pflanzen und deren Teile sind sorgfältig zu vernichten. Die Aussaathygiene muß beachtet werden.

Höhere Pflanzen als Kakteenparasiten

Phrygilanthus aphyllus (Miers.) Eichl. (Loranthaceae) ist ein Verwandter unserer Mistel. Dieser Parasit heißt in Chile »fosforito«, das »Streichhölzchen«, wegen der prächtigen roten Blüten. Besiedelt werden *Trichocereus chilensis* und weitere 18 Kakteenarten. Die säuligen Wirte verkümmern, haben angeschwollene Gewebe; stark befallene Pflanzenteile sterben ab (Jurzitza, 1980).

Die tierischen Schädlinge der Kakteen

Die tierischen Schädlinge gehören – betrachtet man ihre systematische Zuordnung – zu den Würmern (z. B. die Nematoden), den Weichtieren (z. B. die Schnecken), den Gliederfüßern (z. B. die Asseln, Milben, die Vielzahl der Insekten) und den Wirbeltieren (z. B. die Mäuse).

Nematoden

Schädlinge: *Meloidogyne spec.* (vor allem *M. arenaria*) (Wurzelgallenälchen mit Zystenbildung in der Wurzelgalle), *Heterodera cactis* Filip. & Sch.-Stekh. (Wurzelälchen mit Zystenbildung außen an der Wurzel), *Pratylenchus*-Arten, ferner Xiphinemen, Longidoren und Paralongidoren (wandernde Wurzelnematoden), Stengel- bzw. blattparasitische Nematoden (*Ditylenchus dipsaci* bzw. *Aphelenchoides spez.*) u. a. – Wechselwirkungen bestehen zwischen Nematoden (insbesondere Wurzelgallenälchen) und Bodenpilzen (*Phytophthora, Pythium, Verticillium* u. a.) sowie Bakterien: die Parasiten schaden oftmals gemeinsam und dann besonders gravierend!

Schadbild: Wurzelknoten und bräunliche, knotige, zitronenförmige Zysten entstehen an den Wurzeln, teilweise kommt es zu einer Übervermehrung der Faserwurzeln (»Wurzelbärtigkeit«). Meist wird die Krankheit erst bemerkt, wenn Kümmerwuchs oder Entwicklungsstop auftreten, ohne daß die Anzeichen einer Erkrankung erkennbar sind. Die Knoten und ein Teil der Wurzeln gehen zugrunde, später auch die Pflanze, nicht selten sekundär an Nahrungsmangel. Befallen werden vor allem *Mammillaria, Echinopsis, Cereus, Opuntia, Epiphyllum, Schlumbergera.* Rascherwüchsige Kakteen leiden etwas weniger unter diesen außerordentlich gefährlichen Schädlingen.

Bekämpfung: Die befallenen Pflanzen müssen samt Erdreich vernichtet werden. Unbedingt ist jede Ver- und Einschleppung (auch durch Schuhe, Geräte usw.) zu vermeiden. Erden, Gießwasser und Gefäße müssen entseucht werden (Shell D-D, Di-Trapex u.a.; am sichersten ist die thermische Entseuchung bei unbepflanzten Erden), Gewächshauseinrichtungen können mit sehr heißer Sodalösung desinfiziert werden. Leere Gewächshäuser, Töpfe etc. werden mit Formalin behandelt. Einfütterungssubstrate werden erneuert. Bei befallsverdächtigen Pflanzen hilft nur: die Wurzeln abschneiden und den Rest als Steckling weiterbehandeln. Chemische Bekämpfung bei Kakteen ist kaum erprobt, weshalb Verträglichkeitsteste unerläßlich sind. Nematizide und Bodenentseuchungsmittel vor der Saat bzw. vor dem Pflanzen oder Topfen angewandt, bzw. bei bepflanzten Substraten eingesetzt, bringt die Zusammenstellung Seite 153. Weitere Bekämpfungsmaßnahmen sind das mechanische Entfernen von Zysten und zystenverseuchtem Wurzelwerk, das nicht unbedenkliche Heißwasserbehandeln der Pflanzen (15–20 min bei 50 °C ± 1 °C) (Vorversuch machen!) oder das etwas schonendere Verfahren des Badens in einer 0,3%igen, 42–45 °C warmen Insektizid- oder Nematizidlösung.

Wurzelläuse

Schädlinge: *Ripersia falcifera* Ldgr. (*Rhizoecus falcifer* Künck.) u.a.

Schadbild: An den Wurzeln oder dem Wurzelhals findet man schimmelartige, weißlich-wollige, mehlige Gespinste, die Pflanzen welken, vergilben, sind im Wachstum gehemmt und sterben sogar ab. Es handelt sich um einen besonders gefährlichen Schädling, dessen Symptome erst spät erkennbar sind.

Bekämpfung: Erden entseuchen und Gießen mit Diazinon-, Malathion-, Dimethoat- u.a. Mitteln hilft etwas; eine restlose Eliminierung der Schädlinge ist sehr schwierig. Die Bodentemperatur soll über 15 °C liegen, wenn behandelt wird. Parathionmittel sollten nicht verwendet werden. Auch Heißwasserbehandlung befallener Pflanzen wird empfohlen. In Kunststofftöpfen und bei Sphagnumzusatz angeblich keine Wurzelläuse.

Spinnmilben

Schädlinge: *Tetranychus urticae* Koch, *Tenuipalpus cactorium* Oudem, *Brevipalpus russulus* Bsd., *B. inornatus* Bks. u.a. Sie sind mit die wichtigsten Schädlinge (Abb. 68).

Schadbild: Die Kakteenkörper sind anfangs fahl, matt, später gelblich oder bräunlichsprenkelig und grindig, mit teilweiser Zerstörung des Blattgrüns und oft mit feinem Gespinst überzogen. Die Pflanzen hören im Wachstum auf und sterben ab.

Bekämpfung: Geschwächte, weichfleischige und verweichlichte Pflanzen werden besonders leicht befallen, weshalb u.a. eine harmonische Ernährung wichtig ist. Trockene, warme Luft, die sehr günstig

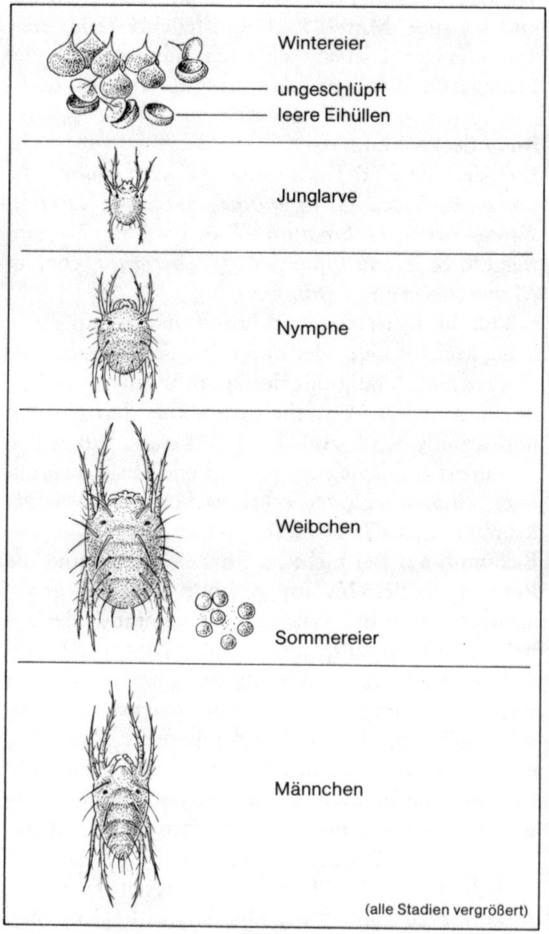

Abb. 68 Entwicklungsstadien der Spinnmilben.

für die Spinnmilbenvermehrung ist, muß vermieden werden, also kräftig ohne Zugluft lüften. Gefahr besteht vor allem in Nähe von Fenstern, Türen, Lüftungen und Heizrohren. Behandelt werden kann mit systemischen Akariziden (z.B. Folimat, Tamaron, die Spezialmittel, z.B. Kelthane und Pentac, müssen jede Pflanzenstelle treffen!), jedoch nicht bei voller Sonne. Die Behandlungen sind 1–2mal im Abstand von 8–10 Tagen zu wiederholen. Prophylaktisch kann zu Anfang und am Ende jeder Vegetationsperiode die ganze Sammlung durchgespritzt werden, wobei unbekannte Spezialmittel vorher auf Verträglichkeit zu prüfen sind. Besonders wichtig ist, daß die Mittel öfter wegen schnell auftretender Resistenzbildungen gewechselt werden. Leere Gewächshäuser, Gefäße usw. sind wie üblich zu entseuchen. Unkräuter, vor allem Brennesseln und Schöllkraut, sollen in der Nähe der Kakteen nicht »gedeihen«.

Schild-, Woll- und Schmierläuse

Schädlinge: *Pseudococcus adonidum* (L.) Westw., *P. citri* (Risso) Fern., *Eriococcus coccineus* Cll., *Diapsis echinocacti* (Bché.) u.a.

Schadbild: Weißliche, wollige Wachsausscheidungen sind für Schmier- und Wolläuse, rundliche, bräunliche Schildchen für Deckelschildläuse typisch. Die Pflanzen werden durch Saugen der Läuse geschwächt, ihr Wachstum gehemmt. Die Pflanzen können durch die Tiere selbst, durch deren klebrige Ausscheidungen (Honigtau) bzw. nach Besiedlung mit Schwärzepilzen (Rußtaupilze, *Apiosporium*-Arten u.a.) stark verschmutzen. Besonders gefährdet sind *Mammillaria, Echinocactus, Hamatocactus, Notocactus* und *Opuntia.* Die Läuse siedeln sich oftmals im Schutz einer dichten Bestachelung oder an den Übergängen von dünneren Unterlagen zu den größeren Pfröpflingen (Überwallungsstellen) an.

Bekämpfung: Es muß harmonisch gedüngt, luftig gestellt und ausreichend gewässert werden. Gespritzt wird mit den auf Seite 150ff. genannten Insektiziden, immer mit Netzmittelzusatz (z.B. Pril) und wiederholt im Abstand von 8 Tagen. Es empfiehlt sich, die Pflanzenverträglichkeit an einigen wenigen Testpflanzen vorzuprüfen. Der Rußtau muß mit warmem Wasser abgewaschen werden. Schmierläuse kann man auch einpinseln, ansonsten mit scharfem Strahl abspritzen.

Sonstige tierische Schädlinge

Auch **Schnecken** können den Kakteen gefährlich werden. Die Pflanzen werden durch Schabefraß im Freien meist in den feuchten Morgen- und Abendstunden, aber auch im Gewächshaus geschädigt. Schnecken hinterlassen Schleimspuren und Kot. Jungpflanzen können völlig abgefressen werden. Die Bekämpfung ist heute nicht schwierig: man kann die Tiere absuchen und vernichten bzw. Köder auf der Basis Metaldehyd ausstreuen. Die Zahl der Mittel ist so groß, daß sie hier nicht aufgezählt werden können.

Asseln werden im Winter den Kakteen gefährlich. Diese Tiere lieben Wärme, Feuchte und Dunkelheit und werden an Fraßschäden, ähnlich denen von Schnecken, erkannt, doch fehlen hier die Schleimspuren. Asseln werden mit ausgehöhlten Kartoffeln, unter denen sie sich verkriechen oder in Verstecken (z.B. feuchte Lappen), die zwischen den Pflanzen angeboten werden, gefangen. Empfohlen werden auch mit Parathionmitteln (z.B. E 605) versetzte Kartoffel- und Möhrenscheiben, Kleieköder oder gequollene und zerquetschte Getreidekörner, immer unter umgestülpten Blumentöpfen mit Einschlupföffnungen. Auch Einstäuben von Tischen, Schalen usw. mit Lindan, Hortex und anderen Mitteln hilft.

Ameisen schädigen und belästigen durch ihren Nesterbau und das Verschleppen von Läusen. Die Bekämpfung erfolgt durch Ameisenfreßlack oder durch spezielle Mittel (Seite 154). Beliebtes Hausmittel sind in Zucker getauchte Schwämme, in die sich die Ameisen in großer Zahl festsetzen. Die Schwämme werden dann in kochendes Wasser geworfen. Mehrmals wiederholt gelingt es, die Schädlinge fast restlos auszuschalten, zumindestens aber stark zu dezimieren.

Blattläuse befallen vor allem die Knospen von Blattkakteen und saftige Triebspitzen, besonders, wenn es warm und trocken ist. Die Bekämpfung ist mit den auf Seite 150ff. genannten Insektiziden (Atem-, Kontakt- und systemische Wirkung) leicht. Ansonsten ist reichliches Lüften und kein zu enger Pflanzenstand anzuraten.

Trauermücken (Abb. 69) sind mit dem weiter unten (Seite 154) genannten Mittel auszuschalten. Die Maden der **Sciara-Mücke** und **Erdwürmer** sind von untergeordneter Bedeutung. Hin und wieder sind im Herbst, wenn bei beginnender Kälte die Mäuse in Gebäude einwandern und so auch Frühbeete und Gewächshäuser heimsuchen, diese Tiere gefährlich.

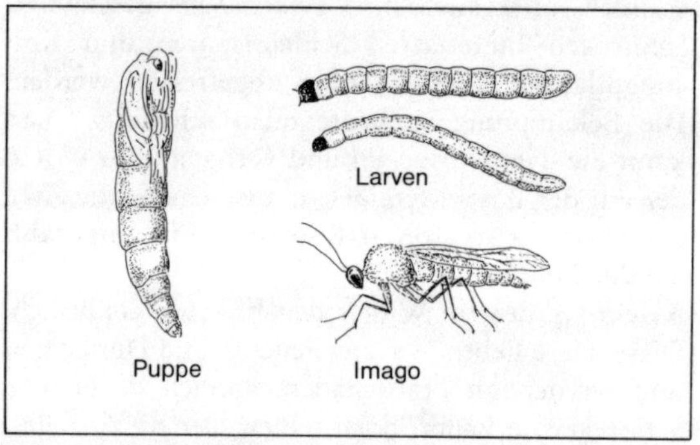

Abb. 69 Trauermücken; Stadien.

Sie fressen Pflanzen, vor allem stachellose oder -arme an und sind besonders auf Samen erpicht. Bekämpft werden können Mäuse mit Fallen, Giftweizen u.a. Alle anderen tierischen Schädlinge treten nur ganz vereinzelt bei der Kultivierung von Kakteen auf (Ohrwürmer, Tausendfüßler, Zikaden usw.).

Schädigungen nichtparasitärer Art

Nichtparasitäre Schäden werden weder durch Viren, bakterielle oder pilzliche Krankheitserreger noch durch tierische Schädlinge verursacht. Sie sind vielmehr nichtinfektiös und beruhen auf »physiologischen Störungen« (das sind unbelebte Umweltfaktoren), die den Lebensansprüchen der Kakteen entgegenstehen; sie werden häufig als Kulturfehler bezeichnet.

Schäden durch ungünstige Umwelteinflüße: Kakteen stellen bestimmte Ansprüche an ihre Umwelt, angenähert erkennbar an den heimatlichen Standorten. Diese zu kopieren, ist in unserer Klimazone praktisch nicht möglich. Es kann nur versucht werden, die einzelnen Umwelteinflüsse so aufeinander einzustellen und auszubalancieren, daß sie, optimal kombiniert, die an sich ungünstigen und für die Kakteen eigentlich fremden Klimaverhältnisse bei uns überdecken.

Temperatur: Wärmemangel, d.h. niedere Temperaturen verzögern das Wachstum der Pflanzen in jedem Lebensabschnitt unterschiedlich stark durch verminderte Wurzelfunktion (»Wurzelstarre«). Sie schwächen die Widerstandskraft, vor allem gegen pilzliche Erreger. Bei der Keimung, der Winterruhe und in der Hauptwachstumszeit dürfen die Temperaturen nicht zu weit absinken, Frühjahrs- und Herbstfröste sind abzuwehren (Abdecken, Heizung), Temperaturstürze beim Lüften, Zugluft und kaltes Gießwasser sind zu vermeiden.
Wärmeüberschuß spielt für Kakteen im Freien keine Rolle; dort treten Schäden nur bei mangelnder Abhärtung durch zu starke Sonneneinstrahlung auf (Weißverfärbung durch »Sonnenbrand«). Übermäßig erhitzt werden Kakteen jedoch häufig unter Glas (Abwehr: Lüften, Schattieren). Wassertropfen und Fehler (Blasen) im Glas wirken wie Brenngläser. Zu hohe Temperaturen und Wassermangel verursachen Rotverfärbung der Kakteen, Vertrocknen der Blüten, Welkeerscheinungen und schließlich den Dürretod der Pflanzen.
Schwankende Temperaturen über einen zu großen Bereich hinweg sind für die Kakteenentwicklung ungünstig.

Feuchtigkeit: Wassermangel bewirkt Welke-, später Dürreschäden und in trockenen Substraten Salzschäden, die »Verbrennungen« an den Wurzeln hervorrufen. Verschlämmte Substratoberflächen, die austrocknen, behindern den Wasserhaushalt und die Durchlüftung der Substrate. Kaltes Gießwasser, Hungern oder Überdüngen, besonders aber Trockenheit lassen die Blütenknospen (bei Blattkakteen und *Epiphyllum*-Arten) abfallen oder sitzenbleiben. Deshalb muß regelmäßig und ausreichend gegossen werden.
Wasserüberschuß, also stauende Nässe oder übermäßiges Gießen schädigen die Wurzeln durch Luftabschluß; Wurzelfäulen, Chlorosen, Korksucht, »Versauern« der Topferden sind die Folgen. Deshalb müssen Bodenverbesserer oder Torf zugesetzt und gleichmäßig mit Wasser versorgt werden, allerdings: je weniger die Pflanzen im Wachsen sind,

desto vorsichtiger muß gegossen werden. Algenbefall wird gleichzeitig zurückgedrängt.
Schwankende Wasserversorgung ist ebenfalls ungünstig, weil sie neben der direkten Wirkung auch parasitäre Folgekrankheiten begünstigt.
Hohe Luftfeuchte und einseitige, ungenügende Düngung, sowie starke Belichtung ohne vorherige Abhärtung verursachen vermutlich die sogenannten Korkwucherungen. Die bräunlichen Symptome treten bei *Cereus, Opuntia, Epiphyllum* u.a. ähnlich wie die bei einem Spinnmilbenbefall auf. Geringe Feuchte, viel Luft, mäßige und harmonische Düngung, langsame Gewöhnung an einen hellen Standort helfen.
In sehr feuchten, warmen Gewächshäusern können Kakteen glasig werden.
Hohe Luftfeuchte begünstigt sekundäre Pilzkrankheiten. Zusätzliche Gegenmaßnahmen sind Heizen, Luftbewegung durch Ventilatoren, Vermeidung von Temperaturschwankungen und Kondenswasserbildung.
Obwohl durch zu geringe Luftfeuchte umgekehrt tierische Schädlinge (Spinnmilben, Blattläuse) gefördert werden, ist dies das geringenere, weil relativ leicht bekämpfbare Übel. Blüten sind empfindlich gegen übermäßige Trockenheit.

Licht: Dauernder Lichtmangel oder -entzug führt zu vergeilten Pflanzen, vor allem bei unvollständiger Winterruhe. Alle Glasflächen sind vor dem lichtarmen Winter sauber zu reinigen, Schmutz und Schattierungen zu entfernen. Große Scheibenformate, wenig Konstruktionsteile, günstig streuendes Gartenklarglas u.a. verbessern das Lichtangebot. Lichtmangel ist besonders nachteilig, wenn gleichzeitig die Temperatur hoch ist. Künstliche Belichtung ist zu empfehlen (Anzuchten).
Lichtüberschuß ist bei Freilandkakteen nicht zu fürchten. Unter Glas ist, wenigstens vorübergehend, zu schattieren. »Sonnenbrand«-Schäden durch Licht- und Wärmeeinwirkung der Sonneneinstrahlung sind bei plötzlichem Übergang von bedecktem Himmel zu greller Sonne oftmals unvermeidbar. Rotverfärbungen werden durch zu starke Besonnung und gleichzeitig hohe Wärme verursacht.

Einflüsse der Erden und Substrate: Die pH-Wert-Lage der Substrate soll weder zu niedrig (unter 3,5), noch zu hoch (über 7,0) sein; optimal ist ca. 5,5–6,5. Stark sandhaltige Substrate haben besonders labile pH-Werte!
Ohne Nährstoffe kann die Kakteenpflanze nicht leben. Werden bei den Nährstoffen Minimumwerte (ca. 2 mg N, 18 mg P_2O_5, 6 mg K_2O/100 ml Substrat) unterschritten, treten Mangelerscheinungen, sowie Wachstums- und Entwicklungsstillstand auf. Geraten einzelne Nährstoffe ins Minimum, treten z.T. schwere Ernährungskrankheiten auf. Die Symptome solcher Mangelerscheinungen, aber auch die Folgen eines Nährstoffüberschusses wurden bereits früher beschrieben (Seite 71 ff.).

Einflüsse schädlicher Substanzen: Pflanzenschädliche Substanzen können durchaus (auch unbeabsichtigt und ungewollt) an die Kakteenpflanze gelangen. Unbedingt zu vermeiden sind alle Unkrautbekämpfungsmittel, chemische Bodenentseuchungsmittel und Hormonpräparate. Von den Gas- und Rauchschäden, welche in Industriegebieten, in der Nachbarschaft bestimmter Betriebe (aber auch in Großstädten) häufig sind, sind die durch Flußsäure und Schwefeldioxid hervorgerufenen am schwerwiegendsten. Indikatoren sind Fichten in der Nachbarschaft. Staub- und Schmutzteilchen entstellen und entwerten die Pflanzen. Vorsicht ist angezeigt bei Desinfektionsarbeiten in Räumen, an Substraten und bei Einsatz von Holzimprägnierungsmitteln, Heizrohrfarben und anderen Anstrichen. Gefährlich sind auch Abgase aus Heizungen, ferner Leuchtgas und Kraftfahrzeugabgase. Giftschäden entstehen durch unvorschriftsmäßige Anwendung von Pflanzenschutzmittel, besonders in zu hohen Konzentrationen oder bei solchen Mitteln, die auf Nebenwirkungen bei Kakteen nicht geprüft sind (Vorversuche anstellen!). Nur anerkannte Mittel dürfen verwendet werden.

Sonstige nachteilige Beeinflussungen: Sie ergeben sich durch unsachgemäßes oder zeitlich falsches Aussäen, Stecklingsvermehren, Pfropfen oder Umpflanzen, durch zu engen Pflanzenstand, nicht sorgfältige Behandlung von Schnittflächen und Wunden, Verweichlichung der Pflanzen, durch einen gestörten Entwicklungsrhythmus, Fehler in der Wahl der Unterlagen u.a. Auch parasitären Krankheiten wird dadurch Vorschub geleistet.

Die Technik der Bekämpfungsmaßnahmen

Krankheitserreger und Schädlinge müssen sofort und mit allen verfügbaren Mitteln und Verfahren bekämpft werden. Hierzu gehören geeignete Kultur- und Pflanzenschutzmaßnahmen. Selbst bei einem Erfolg schließt dies natürlich nicht die normale Alterung der Pflanzen und die daraus resultierenden Folgen aus.

Kulturmaßnahmen und Pflanzenhygiene

Optimale Kulturbedingungen beugen am besten gegen Krankheiten und Schädlingsbefall vor, sie sind die billigste Bekämpfung. Sie mobilisieren die inneren Abwehrkräfte und erhöhen die Widerstandskraft der Kakteenpflanzen. Umgekehrt kann kein Kulturfehler durch nachträgliche Pflanzenschutzmaßnahmen wieder gutgemacht werden. Kulturfehler begünstigen besonders die Schwächeparasiten. Aber auch Pflanzen in bester Gesundheit werden von den (obligaten) Parasiten angegriffen.

Es gibt Krankheiten, welche sich weder durch Kulturmaßnahmen noch durch Pflanzenschutz ausreichend bekämpfen lassen (z. B. Viruskrankheiten). In gewissem Umfang hilft die Pflanzenhygiene, deren genereller Wert für die Haltung von Kakteen unbestritten ist.

Sie umfaßt Saatgutbeizung, Aussaat- und Vermehrungshygiene, Bodenentseuchung, saubere Erdlagerplätze, einwandfreie Arbeitsgeräte, Desinfektion der Kulturgefäße, der Gießwasserbehälter usw., vor allem aber peinlichste Sauberkeit in der ganzen Sammlung und ihrem Aufstellungsort samt Umgebung. Alle schwächlichen, kranken und absterbenden Pflanzen (auch aus Aussaatgefäßen) und Pflanzenteile müssen sofort entfernt und, möglichst samt dem Substrat, durch Verbrennen oder tiefes Vergraben vernichtet werden. Frisch verpflanzte Kakteen sind besonders anfällig, worauf zu achten ist. Jede Wundsetzung (Eintrittspforten für Krankheiten und Schädlinge!) sollte vermieden werden. Nur gesundes Pflanzen- und Samenmaterial darf vermehrt werden. Abfalleimer müssen abgedeckt werden. Daß Gießwasserbehälter nicht zum Waschen z.B. der Hände, der Töpfe, da sind, versteht sich von selbst. Zur Pflanzenhygiene gehört auch die Gewächshaus- und Kastenentseuchung (mit Schwefel, Formalin u. a.), ebenso die von Geräten und Gefäßen. Bereits beim Bau müssen die Kulturräume unter hygienischen Gesichtspunkten ausgestattet werden, d. h. die Einrichtungen müssen leicht zugänglich, die Wegflächen betoniert usw. sein.

Neuzugänge von Jungpflanzen und erwachsenen Pflanzen müssen sehr aufmerksam geprüft werden, insbesondere wenn sie von einem unbekannten Lieferanten stammen. Nach der chemischen Behandlung müssen solche Exemplare einige Wochen bis Monate unbedingt in Quarantäne gestellt, d. h. von der übrigen Sammlung zunächst getrennt gehalten werden. Erst wenn sie als einwandfrei erkannt sind, können sie in die Sammlung eingereiht werden.

Auch Schmutz und Staub können schädlich sein. Man kann Pflanzen mit Seifenflockenlösung abwaschen und mit klarem Wasser nachspülen. Besonders »weiße« Kakteen, z. B. *Cephalocereus senilis,* sind hierfür dankbar. Man macht dies aber nur in den Sommermonaten. Algen in Töpfen und auf Substraten, in Gießwässern und Nährlösungen müssen mit Dimanin A oder anderen Algiziden bekämpft werden. Offene Gießwasserbehälter müssen mit schwarzer Folie abgedeckt werden, um die Algenentwicklung (weitgehend) zu unterbinden.

Der Pflanzenschutz

Eine »alternative« Kakteenkultur ohne Pflanzenschutz ist – heute jedenfalls – nicht möglich. Schädlinge und Krankheiten würden das Aussehen unserer Pflanzen so beeinträchtigen, daß deren weitere Kultur sinnlos wäre. Jedoch sollte auch auf jede vermeidbare Pflanzenschutzmaßnahme verzichtet werden. Ist Pflanzenschutz aber notwendig, kann er mechanisch, physikalisch, biologisch, chemisch, oder, soweit heute schon realisierbar, integriert erfolgen.

Mechanische Verfahren: Schädlinge kann man abnehmen, absuchen, mit scharfem Wasserstrahl abspritzen, abkratzen und zerdrücken, aber auch in künstlichen Unterschlupfen fangen. Erkrankte Pflanzenteile können abgeschnitten, Krankheitsherde ausgeschnitten werden.

Der mechanische Pflanzenschutz reicht aber nicht aus, um die Kakteenpflanze möglichst gut zu schützen und deren Konkurrenten (die Schädlinge) auszuschalten. Mangelnde Selektivität, recht kleines Einsatzgebiet und hohe Arbeitsintensität sprechen ohnehin nicht für ihn.

Physikalische Verfahren: Der physikalische Pflanzenschutz spielt in der Kakteenkultur praktisch kaum eine Rolle. Möglich sind z.B. die Desinfektion von Kakteensamen mit UV und die thermische Bekämpfung von Nematoden und Viren.

Biologische Verfahren: Der biologische Pflanzenschutz (nicht zu verwechseln mit dem integrierten!), d.h. die Bekämpfung von Krankheiten auf »natürlichem« (biologischem) Weg, setzt Lebewesen zur Dezimierung oder Vernichtung pflanzlicher, vor allem aber tierischer Erreger ein. Die indirekte biologische Schädlingsbekämpfung fördert einen schon vorhandenen Nützlingsbestand (genügend Schädlinge müssen dann aber als Nahrung vorhanden sein), die direkte arbeitet mit massenweise gezüchteten Nützlingen, die in Kulturen gezielt ausgesetzt werden. Es besteht kein Zweifel, daß die biologischen Verfahren heute nur begrenzt einsatzfähig sind. Bei der Kakteenkultur als einer »Monokultur« ist das Auftreten ganz bestimmter, angepaßter Schädlinge zu erwarten und möglicherweise auch zusätzlich begünstigt. Ein verstärkter Befall mit Schädlingen induziert eine Vermehrung der natürlichen Feinde (soweit solche gegeben sind). Wir sind heute aber noch nicht imstande, selbst ausreichendes zu tun, um das Gleichgewicht zwischen schädlichen und nützlichen Insekten zu unseren Gunsten zu verschieben. Dazu bräuchten wir für jeden Schädling einen bestimmten Nützling; davon aber sind wir noch meilenweit entfernt.
Das schließt nicht aus, daß der biologischen Schädlingsbekämpfung in Zukunft umso mehr Beachtung geschenkt werden muß, je mehr Resistenzerscheinungen bei Schädlingen auftreten, je mehr wirksa-

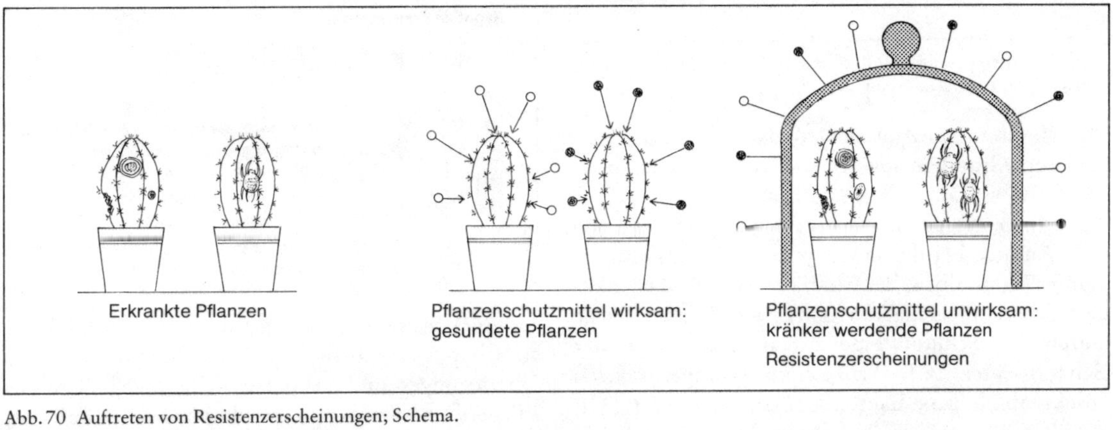

Abb. 70 Auftreten von Resistenzerscheinungen; Schema.

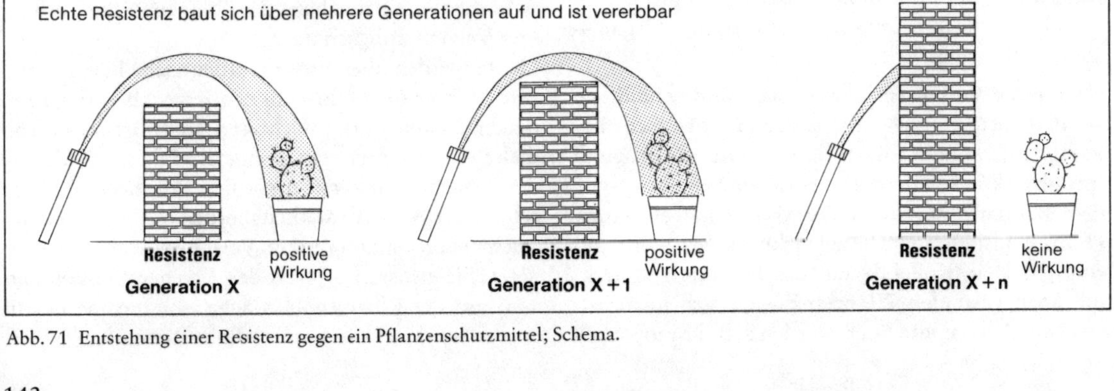

Abb. 71 Entstehung einer Resistenz gegen ein Pflanzenschutzmittel; Schema.

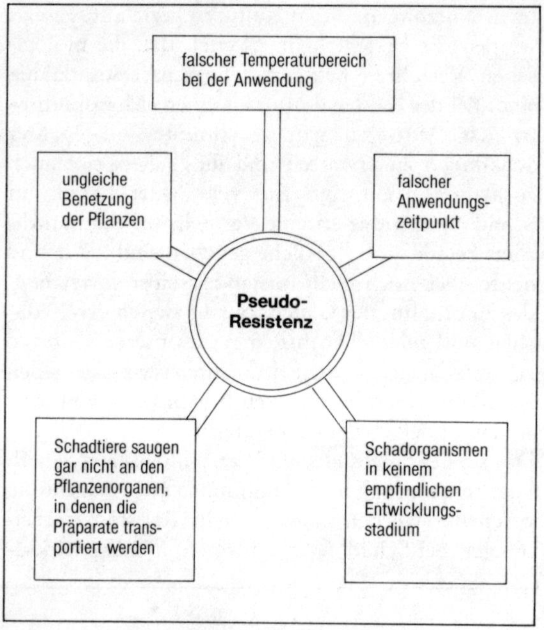

Abb. 72 Vortäuschung einer Resistenz durch eine Pseudoresistenz – Ursachen für eine Pseudoresistenz.

me Pflanzenschutzmittel aus toxikologischen und anderen Gründen abgesetzt werden müssen usw. (Abb. 70 bis 73).

Für einen gezielten, praktischen Einsatz ergeben sich Ansätze bei der Bekämpfung der Spinnmilben durch Raubmilben, der Blattläuse durch Marienkäfer, Schwebfliegenlarven usw., der Weißen Fliege durch die Schlupfwespe *Encarsia formosa,* der Schadinsekten (z.B. Schmetterlingsraupen) durch insektenpathogene Bakterien, Pilze oder Viren (Microbials, Pheromone (Insektenlockstoffe) etc.). Die Aussichten für eine biologische Bekämpfung der Schadpilze (z.B. durch antagonistische Organismen) sind gering.

Chemische Verfahren: Krankheiten und Schädlinge werden heute noch überwiegend chemisch bekämpft. Dies geschah bislang meist vorbeugend (prophylaktisch; Beispiel: Bodenentseuchung vor dem Bepflanzen), zumal der Wert einer einzelnen Pflanze, insbesondere einer erkrankten, meist gering ist. Dem Kollektiv gilt das Hauptaugenmerk, die noch gesunden Pflanzen dürfen sich nicht anstecken. Auch heute noch werden z.B. Phytophthora, Auflaufkrankheiten und bestimmte Schädlinge so behandelt. Natürlich spielen auch wirtschaftliche Überlegungen und das persönliche Engagement des Pflegers eine Rolle: je wertvoller eine Sammlung ist, desto weniger wird der Liebhaber bereit sein, Unsicherheiten einzugehen, der Pflanzenschutz erhält hier Versicherungscharakter.

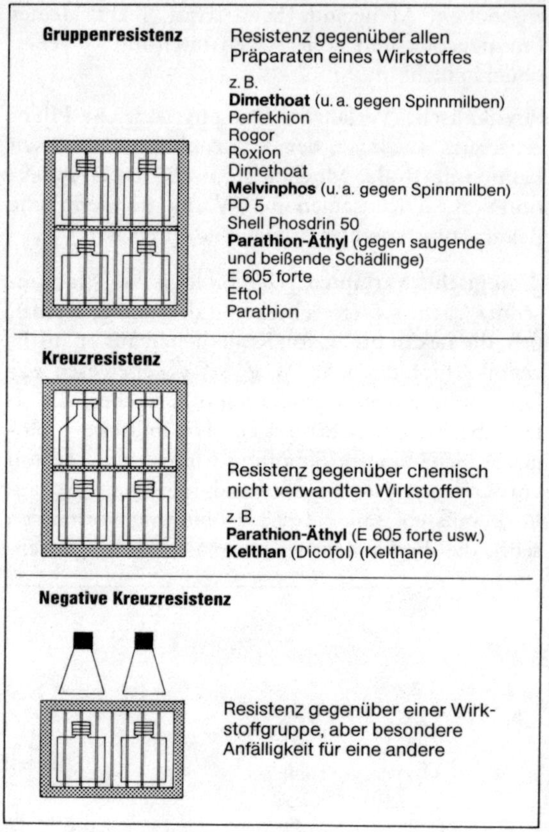

Abb. 73 Wichtige Arten von Resistenz.

Heute werden aber auch therapeutische Behandlungen nach erfolgter Infektion oder nach stattgefundenem Befall immer wichtiger. Dann ist dies nicht mehr »Pflanzenschutz«, sondern »Pflanzenheilkunde«. Nicht nur »chirurgische« Methoden (Ausschneiden von Krankheitsherden usw.) sondern auch chemotherapeutische Verfahren werden eingesetzt. Sie erfassen oftmals den Erreger nicht erst an und auf der Pflanzenoberfläche, sondern bereits in ihrem Innern. Dem kamen die systemischen Mittel

besonders entgegen, die an einer Stelle der Pflanze zugeführt, über deren Leitungsbahnen im ganzen Körper verteilt und wirksam werden.
Heute sind verwirrend zahlreiche **Pflanzenschutzmittel** auf dem Markt. Ein einziges, dann gegen eine Vielzahl von Krankheiten und Schädlingen einsetzbares Präparat, ein Super- und Universalmittel, gibt es nicht. Deshalb müssen die speziellen Eigenschaften der Mittel bekannt sein.
Grundsätzlich dürfen laut Gesetz nur solche Pflanzenschutzmittel angewandt werden, die von der Biologischen Bundesanstalt für Land- und Forstwirtschaft Braunschweig (BBA) geprüft und zeitlich begrenzt und stets widerruflich zugelassen sind. Voraussetzung dafür sind u. a. ausreichende Wirksamkeit, Beachtung der Erfordernisse zum Schutz von Mensch und Tier beim Verkehr mit Pflanzenschutzmitteln und keine sonstigen Auswirkungen bei bestimmungsgemäßer und sachgerechter Anwendung. Unter letzterem versteht man

1. Pflanzenschutzmittel nur einsetzen, wenn es notwendig ist;
2. Pflanzen termingerecht behandeln;
3. Anwendungstechnik richtig einhalten;
4. Geprüfte Anwendungsmenge und Konzentration nicht verändern;
5. Beachtung aller Vorsichtsmaßnahmen sowie der Bienenschutzverordnung und anderer Vorschriften.

Von der BBA werden geprüft: Anwenderschutz, Wirksamkeit, Pflanzengiftigkeit, Verhalten in Pflanzen, in Boden, Wasser, Luft, umweltgiftige Eigenschaften, der Einfluß auf die belebte Umwelt, Verbraucherschutz, Rückstandsfragen. Die gesundheitlichen Voraussetzungen prüft das Bundesgesundheitsamt. In der Bundesrepublik zugelassene Mittel sind in der ganzen Welt angesehen und von besonderer Qualität; sie sind durch ein Dreieck mit der Ährenschlange und dem Aufdruck »amtlich geprüft – anerkannt. Biologische Bundesanstalt für Land- und Forstwirtschaft« gekennzeichnet.
Wichtig sind nicht die Handelsnamen, sondern nur die Wirkstoffe und deren Anteil in den Präparaten. Im folgenden werden Wirkstoffe und Mittel genannt, die heute käuflich sind. Ihre Auflistung ist zufällig, unvollständig und sagt nichts über die Güte der Erzeugnisse aus.

Bakterizide und fungizide Mittel

Solche Mittel lassen das Bakterium oder den Pilz weder wachsen noch sich fortpflanzen; sie können schützend und vorbeugend (prophylaktisch) oder therapeutisch oder heilend (curativ) sein (Abb. 74, 75, 76).
Therapeutische Mittel, vor allem systemische Fungizide, sind schwer zu finden, viel schwerer als z. B. systemische Insektizide, weil sich ein Insekt eben bedeutend klarer von der Wirtspflanze unterscheidet, als es ein pilzlicher Erreger tut. Die systemischen Insektizide wirken meist über das Nervensystem der Insekten. Pflanzen haben so etwas nicht, ertragen also diese Mittel gut. Erfolgreiche Chemotherapeutika gegen Pilze und Bakterien setzen dagegen voraus, daß die für die Wirtspflanze tragbare Wirkstoffdosis höher ist, als die zur Unterdrückung des Parasiten nötige. Da Pilz und Bakterium jedoch selbst pflanzliche Organismen sind, ist der Unterschied im Organ- und Stoffwechselsystem zur höhe-

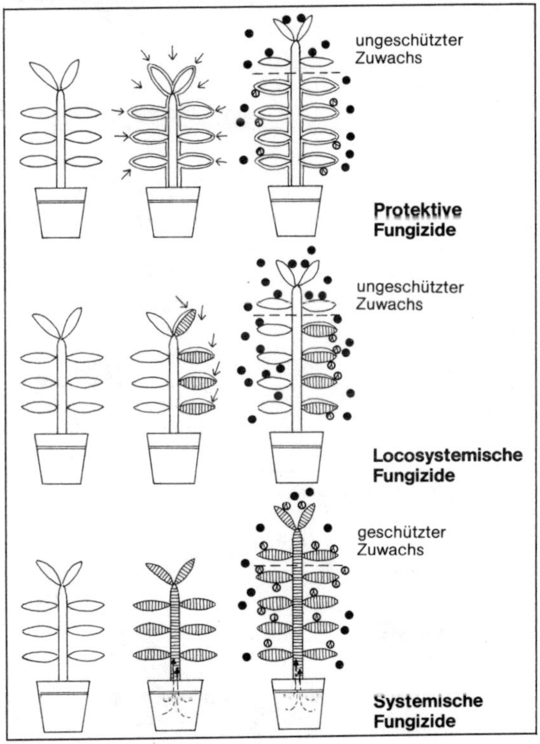

Abb. 74 Wirkungsart der Fungizide, bezogen auf das Modell einer intakten Pflanze.

Wirkungsart der Fungizide

meist vorbeugend, heute zunehmend häufiger heilend nach bereits ausgebrochener Krankheit

Protektive Fungizide

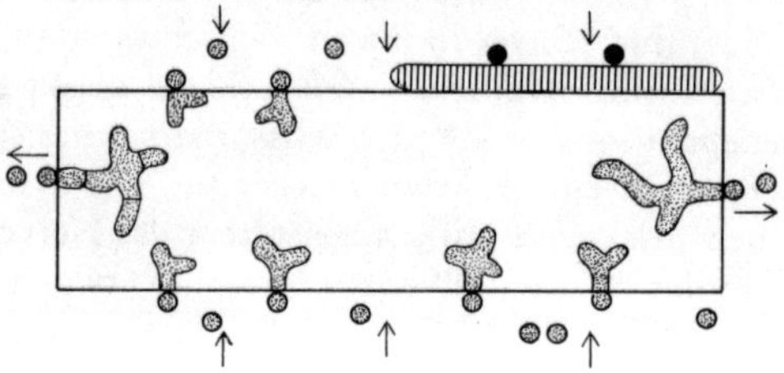

Müssen auf der Kakteenpflanze aufgebracht sein, ehe die Pilzsporen mit ihr in Kontakt kommen.

Unsichere, stark von der Umwelt abhängige, nicht gezielte, unwirtschaftliche Bekämpfung.

Sicherer und wirtschaftlicher sind Mittel, die eine bereits stattgefundene Infektion noch bekämpfen. Solche Mittel wandern im Pflanzengewebe dem Pilz nach, töten ihn oder verhindern die Sporenbildung.

Locosystemische Fungizide

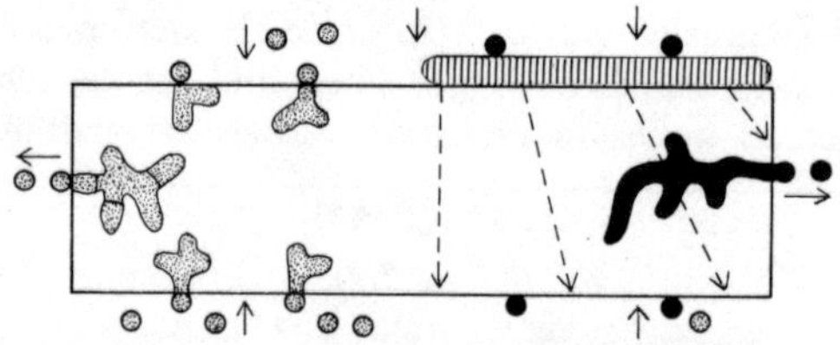

Dringen nur in solche Teile (Organe) der Pflanze ein, die unmittelbar mit dem Mittel in Berührung gekommen sind.

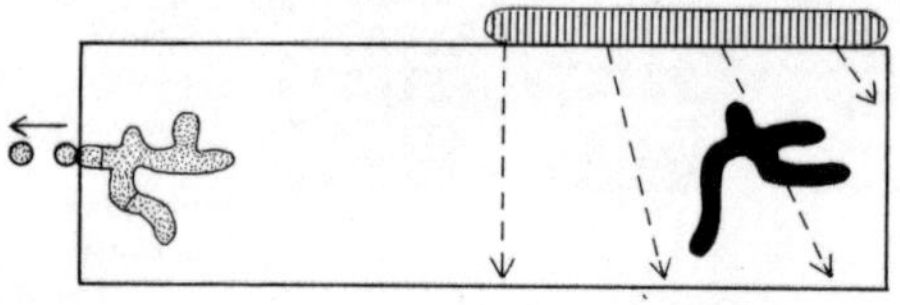

Curative Fungizide

Wirkungszeitpunkt in Inkubationsperiode (zwischen Infektion und Reproduktion), bevor an der Pflanzenoberfläche neue Sporen ausgebildet werden.

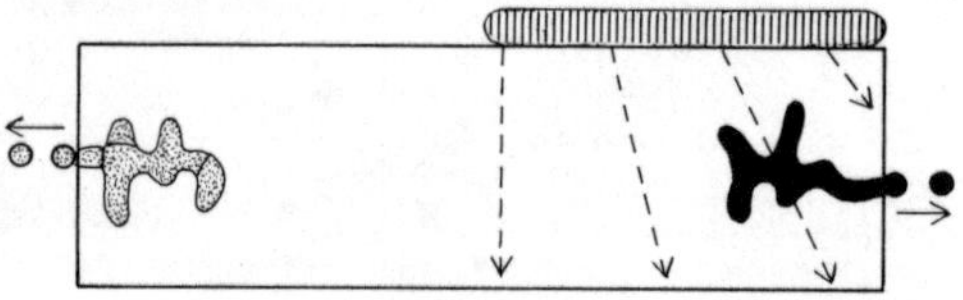

Eradicative Fungizide

Noch wirksam nach Neuausbildung von Sporen. Besonders schwierig bei tief im Pflanzeninnern wachsenden Erregern (z. B. *Phytophthora)*

Systemische Fungizide

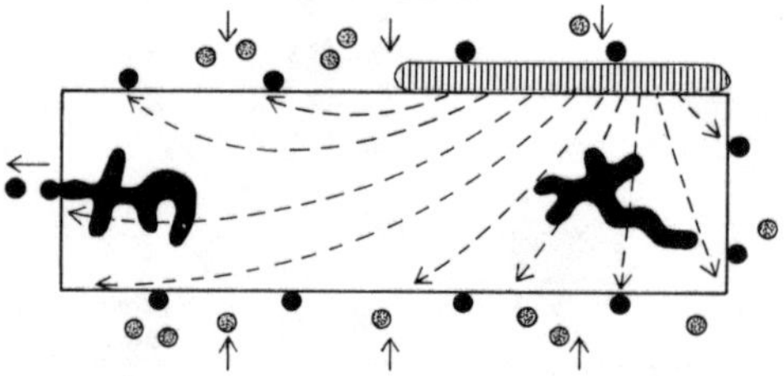

Erfassen die gesamte Pflanze, einfache Anwendung, können über die Wurzel gegeben werden, schützen auch den Neuzuwachs. Haupteinsatz gegen systemische Krankheiten, d. h. gegen Erreger, die im Innern der Kakteen, besonders in deren Leitungsbahnen wachsen (z. B. *Fusarium*- und *Verticillium*-arten).

Pilzgewebe und Pilzsporen
lebend bzw. abgetötet

Abb. 75 Wirkungsart der Fungizide.

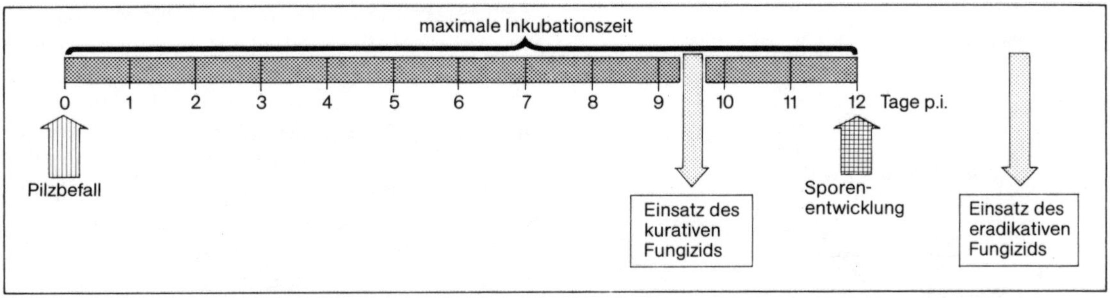

Abb. 76 Der Einsatzzeitpunkt der Fungizide.

ren Pflanze meist gering. Systemische Mittel sollen ferner gut in der Pflanze transportiert werden. Ihr innertherapeutischer Effekt sollte nicht ausschließlich auf einer Wuchsstoffaktivität gegenüber der Wirtspflanze beruhen. Eine bloße Erhöhung der Eigenresistenz der Pflanze wäre unbefriedigend.

Von den **anorganischen Mitteln** spielen nur mehr die Schwefelmittel eine, wenn auch recht bescheidene Rolle, allenfalls als Mischungspartner mit anderen Präparaten. Unter Glas können bei Sonne und trockenem Stand leicht Verbrennungen auftreten, doch setzt eine erfolgreiche Behandlung gegen Botrytis, Schorf und (schwächer) gegen Spinnmilben warmes Wetter voraus. Handelsnamen (HN): Netzschwefel z.B. Luxan Netzschwefel, Netzschwefel Bayer, Sulfran, Thiovit, 0,25%ig spritzen; Kolloidschwefel z.B. Vomasol S Neu und Recozit, 0,5%ig spritzen.

Die **organisch-synthetischen Fungizide** sind verträglicher als die anorganischen, haben einen weiten Wirkungsbereich und sind für Warmblütler nahezu ungiftig.

Neuere, vor allem als Bodenbehandlungsmittel einzusetzende Fungizide sind:

Aluminiumfosetyl: HN Aliette, ein fungizides Spritzpulver gegen Pythium und Phytophthora, vollsystemisch, wird in der Pflanze von oben nach unten transportiert, voll pflanzenverträglich, wenn nicht überdosiert, 0,25%ig spritzen oder 0,5%ig gießen (2 l/m^2; monatlich nur 1mal anwenden).

Etridiazol: HN AAterra, hochwirksames Bodenfungizid gegen Pythium und Phytophthora, sehr gut pflanzenverträglich, vom pH-Wert des Substrates unabhängig, 0,5%ig gießen (2 l/m^2, maximal 6 Anwendungen), in 0,2%ige Lösung tauchen (15 min), 0,05%ig spritzen oder 0,5 g/10 l als Substratbeimischung, die Anwendungsweisen sind kombinierbar, mischverträglich mit anderen Fungiziden.

Fenaminosulf: HN Bayer 5072 (Dexon), ein quecksilberfreies Bodenfungizid, gegen Pythium, Phytophthora, Aphanomyces-Arten. 0,03%ig (2 l/m^2) gießen bei Aussaaten, 0,04%ig (4 l/m^2) bei Jungpflanzen und erwachsenen Pflanzen und 0,04%ig (4–8 l/m^2) bei starkem Befall, nach 4–6 Wochen wiederholen, anschließende Bewässerung fördert Verteilung, beste Wirkung im schwach sauren Bereich und möglichst unter 20°C, Überdosierungen vermeiden.

Furalaxyl: HN Fonganil, speziell gegen Pathium und Phytophthora, systemisch und extrem lang wirksam, gut pflanzenverträglich, 0,05%ig gießen (4 l/m^2). Das Präparat darf nicht mit anderen Mitteln vermischt werden!

8-Oxychinolinsulfat: HN Albisal flüssig, gegen Umfallkrankheiten und Vermehrungspilze, ferner gegen Fusarium, Pythium, Thielaviopsis, Rhizoctonia, Verticillium u.a., 0,1%ig überbrausen oder angießen, bei bakteriellen Krankheiten 0,075%ig spritzen, zur Desinfektion von Geräten 0,2%ig, 30 min tauchen.

Mangan-Äthylen-bis-dithiocarbamat: HN Maneb, vielseitig als Fungizid gegen Phytophthora, Gloeosporium u.a. anwendbar, voll pflanzenverträglich, Mn ist gleichzeitig Düngersubstanz, 0,25–0,3%ig spritzen.

Ortho-Oxychinolinsulfat: HN Chinosol, gegen Bodenpilze und -bakterien, zur Samenbeizung, Entseuchung von Stecklingen und kleineren Substratmengen, Kakteensämlinge gegen Konzentrationen über 0,05%ig empfindlich.

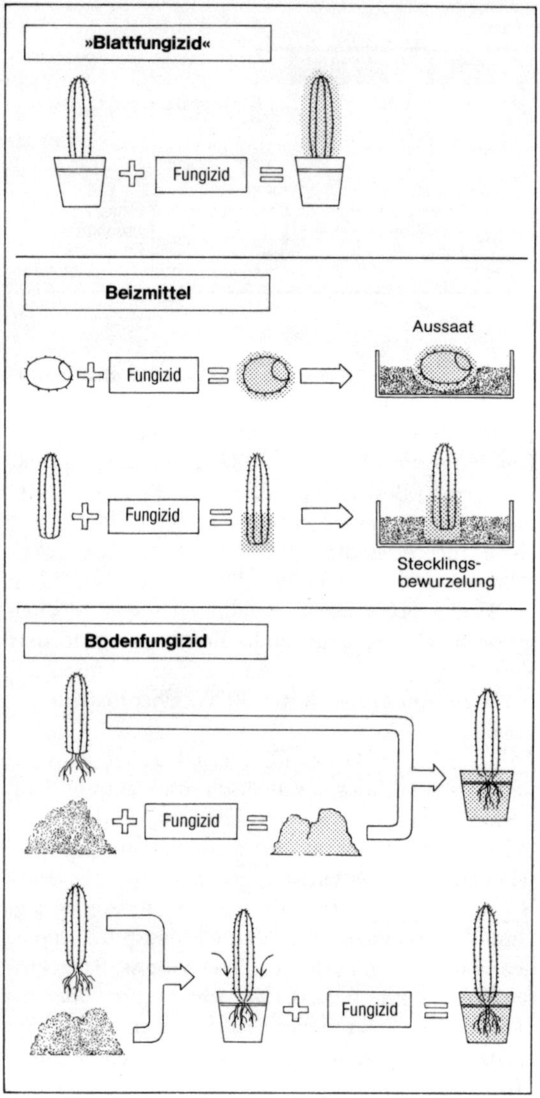

Abb. 77 Die Anwendung der verschiedenen Fungizide.

Propamocarb: HN Previcur N, gegen Pythium und Phytophthora an Pflanzen unter Glas, ferner gegen Bremia und Aphanomyces, voll wasserlöslich, aber nicht auswaschbar, verbleibt in den oberen Boden- und Substratschichten, prophylaktisch eingesetzt mit langer Wirkungsdauer (je nach Substrat, Anwendungsweise, Infektionsdruck usw. mindestens 3–4 Wochen, sehr pflanzenverträglich, sogar wachstumsfördernd. Da nicht zu den Phycomyceten gehörende Bodenpilze, wie Fusarium, Thielaviopsis, Rhizoctonia, Botrytis u.a. nicht bekämpft werden, werden entsprechende andere Fungizide zugesetzt, 0,15%ig gießen (für 10er Topf ca. 100 ml Brühe) oder 10 l Substrat mit 2,5–3 mm in 100 ml Wasser überbrausen und gründlich vermischen, Benetzung des Pflanzenkörpers vermeiden, mit klarem Wasser nachbrausen, greift Metalle an.

Prothiocarb: HN Previcur, ähnlich wie Previcur N.

Nicht speziell als Bodenbehandlungsmittel eingesetzte, »normale« Fungizide (Abb. 77) sind:

Captan: HN Orthocid 50 (Trichlormethyl-thiotetrahydrophthalimid), Captan 50, Captan 500 SC Flüssig, Wacker Captan 50, alle 0,2%ig; Orthocid 83, Captan 83, AAcaptan, Luxan Captan 83, Wakker Captan 83, alle 0,15%ig, hervorragend und mild gegen pilzliche und bakterielle Krankheiten, auch gegen Auflaufkrankheiten und samenbürtige Keime (ohne Überbeizungsgefahr!), bestens pflanzenverträglich, mit Stimulationswirkung. Entkeimt auch Stecklinge, Gießwasser und z.T. den Boden, ungiftig, nicht mit Nikotin, Metasystox, stark alkalischen und öl-, schwefel- und kupferhaltigen Mitteln mischbar.

(»–« bedeutet die Wiederholung des zuletzt genannten Hauptwirkstoffes, der mit einem weiteren Wirkstoff (= »+«) kombiniert wird).

– + Folpet: HN Pomicoll, 0,15%ig.

– + Mancozeb: HN Colosan, Pomuran, 0,2%ig.

– + Zineb: HN Supertol, 0,2%ig.

Captafol: HN Ortho Difolatan, große Wirkungsbreite, auch gegen Phytophthora und Botrytis, 0,1–0,2%ig.

– + Captan + Folpet: HN Barcap, 0,175%ig.

Chinomethionat: HN Morestan, gegen Botrytis (auch gegen Spinnmilben), 0,05%ig.

Dichlofluanid: HN Euparen, speziell gegen Botrytis, übertrifft hier wohl die Wirkstoffe Thiuram, und Captan, gut verträglich, 0,15–0,25%ig.

Dithianon: HN Delan Flüssig, gegen Schorf und andere Pilzkrankheiten (z.B. Botrytis), 0,2%ig anwenden.

Ferbam: HN Ferbam 80, eine Thiocarbamatverbindung, gegen verschiedene Schadpilze, 0,2%ig spritzen.

Folpet: HN Ortho Phaltan 50, Folpet, Vinicoll, gegen Schorf und andere Pilzkrankheiten, 0,15–0,3%ig, keine Netzmittel zugeben.
Iprodion: HN Rovral, speziell gegen Botrytis, 0,1%ig spritzen.
Mancozeb: HN Dithane Ultra, gegen Botrytis, Schorf und andere Pilze, 0,1–0,2%ig.
– + Captan: HN Pomuran, 0,2%ig.
Maneb: HN Maneb, Maneb 80, gehört zu den Thiocarbamaten, einer Gruppe schwefelhaltiger Fungizide, die Salze der Dimethyldithiocarbaminsäure und der Äthylen-bis-dithiocarbaminsäure sind, ausgezeichnete Wirkung gegen Phytophthora, Gloeosporium, Botrytis u. a., auch Nährstoff wegen des Mn-Gehaltes, 0,2%ig.
– + Schwefel + Zineb: HN AAstimasul, gegen Schorf, Botrytis u. a., 0,3%ig.
Metiram: HN Phytox-Super, Polyram Combi, Kontaktfungizide, oft prophylaktisch eingesetzt, gegen Keimlingskrankheiten, Phytophthora, Schorf, Botrytis u. a. Pilze, auch zur Saatgutbeizung, 0,2%ig spritzen oder gießen (2 l/m^2).
Probineb: HN Antracol, gegen Gloeosporium, Rhizoctonia, Phytophthora u. a. Pilze, ein kupferfreies Fungizid, sehr pflanzenverträglich, 0,2–0,3%ig.
Pyrazophos: HN Afugan, systemisch, gegen Botrytis, 0,04–0,05%ig.
Tecnazen: HN Altritan, gegen Botrytis, 1 Räucherdose/150–200 m^3 Raum.
Thiabendazol: HN Comfuval FL, Tecto FL, systemisch und kurativ gegen Vermehrungskrankheiten, Fusarium, Sclerotinia, Thielaviopsis, Pythium, Phytophthora, Botrytis, 0,1%ig spritzen oder gießen, 2–3× in 10tägigem Abstand, keine Flüssigdünger zusetzen; HN Tecto-Räuchertablette, sublimiert den Wirkstoff, der sich nach ca. 60 min als feiner Belag auf die Pflanzen absetzt, vorbeugend und kurativ, 2 Stunden lang Kultivierungsräume nicht lüften und betreten (am besten abends behandeln), dann (morgens) gut lüften, 1 Tablette für ca. 100 m^3 Luftraum, alle 14 Tage wiederholen; HN Tecto FL, 0,1%ig spritzen und gießen.
Thiram: HN AApirol, Pomarsol forte, gegen Auflaufkrankheiten, Schorf und andere Pilze, 0,2%ig; HN Thianosan M, 0,2%ig; diese Mittel gehören zu den Thiuramen, Verbindungen, die mit den Thiocarbamaten nahe verwandt sind und gegen Pilze und Bakterien wirken und für Warmblütler und Bienen ungefährlich sind, für Bodenentseuchung und Samenbeizung geeignet, meist gut pflanzenverträglich, ungiftig, gut mischbar.
Triadimefon: HN Bayleton 100, systemisch und über die Dampfphase gegen Botrytis, 0,15%ig spritzen.
Triforin: HN Saprol, systemisch, gut verträglich, vor allem gegen Botrytis, 0,15%ig.
Tolyfluanid: HN Euparen M, gegen Schorf, Botrytis (auch gegen Spinnmilben), 0,15%ig.
Viclozolin: HN Ronilan, ein Kontaktfungizid aus der Gruppe der Carboximiden, gegen Botrytis und Sclerotinia, gut pflanzenverträglich, mit allen Fungiziden, Insektiziden und Flüssigdüngern mischbar, 0,1%ig spritzen oder gießen.
Vondozeb: HN Triziman, gegen Schorf, Botrytis u. a., 0,2%ig.
Zineb: HN Fungo-Pulvit, Phytox 80, zu den Thiocarbamaten gehörig, gegen viele Pilz-, Wurzel-, Stecklings- und Aussaatkrankheiten, manchmal trotz Netzmittelzusatz fleckenbildend, voll pflanzenverträglich, ungiftig, mit fast allen Pflanzenschutzmitteln mischbar, 0,2%ig.

Algizide Mittel:
Algen besiedeln die Oberflächen von Substraten oder flüssige Medien (Abb. 78). Man hält sie heute

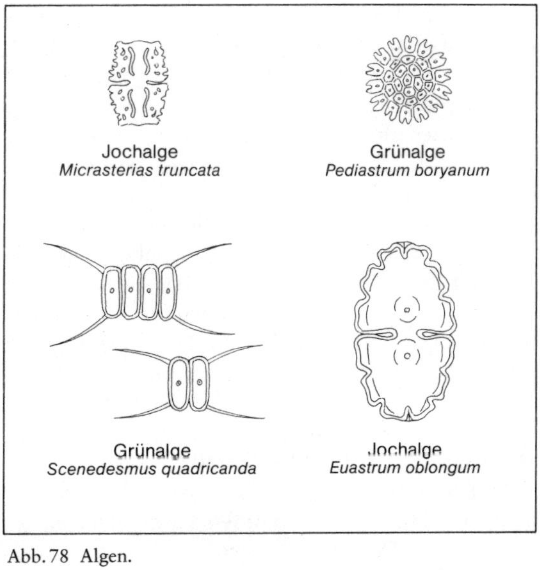

Abb. 78 Algen.

für relativ ungefährlich und nicht gleichrangig mit pathogenen Pilzen und Bakterien. Exakte Untersuchung ihrer Bedeutung für Kakteen fehlen. Trotzdem sollten sie bekämpft werden, was mit folgenden Mitteln geschehen kann:

Ammonium-äthyl-carbonylphosphat: HN Dimanin A, hochaktiv gegen Algen, Bakterien, Hefen und Schimmelpilze, auch gegen Algen in Hydrokulturen und bei Sandanstau, auf Wegen (gegen Rutschgefahr) und vieles andere. Anzuchtgefäße in 0,3–0,5%iger Lösung 24 Stunden tauschen, sofort wiederverwendbar, Wege, Gewächshaustische usw. mit 1%iger Lösung nässen.

Maneb: HN Maneb, gegen Algen, Moose und Flechten, besonders unter Glas, 0,4%ig spritzen.

Quinoamid: HN Alginex 50 WP Neu, gegen Blau- und Grünalgen (einzellige und fadenförmige), gegen Laub- und Lebermoose, gut pflanzenverträglich, hemmt O_2-Produktion bei der Photosynthese, Chlorophyllschädigung. Optimaler Erfolg bei pflanzenfreien, feuchten Substratoberflächen oder Stellflächen. Temperatur 20°C und eine relative Luftfeuchte von über 80% nötig! Pflanzenteile möglichst nicht benetzen. 30 g in 10 l Wasser reichen für 10 m^2 Fläche aus.

Insektizide, akarizide, nematizide, molluskizide und andere Mittel

Die **insektiziden** Mittel wirken als Kontakt-, Atem- oder Fraßgifte. Wenige sind pflanzlicher Herkunft, so die Wirkstoffe Pyrethrum, Derris, Nikotin und Quassia, die meisten synthetischer Abstammung. Davon wiederum ist eine ganze Reihe systemisch, wodurch die Schädlinge im Innern der Pflanzen ebenso bekämpft werden, wie die von außen angreifenden (innertherapeutische Wirkung). Die Wirkung ist lange und witterungsunabhängig, die Nützlingsfauna wird geschont. Über die Vektorenbekämpfung können indirekt auch die Viruskrankheiten angegangen werden. Kakteen sind gegen solche Mittel meist nicht empfindlich (Vorversuche machen!), gefährdet sind dagegen *Echeveria, Euphorbia, Kalanchoe, Crassula* u. a.

Heute einsetzbare Insektizide sind:

Aldicarb: HN Temik 10 G (Gypsum), nach der Saat, dem Pflanzen oder Topfen 3 g/m^2 streuen, gegen saugende Insekten und Spinnmilben.

Azinphos-äthyl: HN Gusathion H, 0,2%ig, gegen beißende und saugende Insekten und gegen Spinnmilben, gute Anfangs-, lange Dauerwirkung (8–12 Tage) große Wirkungsbreite, einschließlich gegen Schild- und Wolläuse, gut verträglich, doch Vorversuche empfehlenswert, nicht mit Schwefelmitteln mischen, giftig.

Azinphos-methyl: HN Gusathion-Spritzpulver, 0,2%ig.

– + Demeton-S-metylsulfon: HN Gusathion MS, Rospin, 0,2%ig, gegen beißende und saugende Insekten (abgekürzt: b.u.s.I.), Schildläuse, Spinnmilben.

Bromophos: HN Nexion-Emulsion, 0,1–0,2%ig, gegen b.u.s.I.

Butocarboxim: HN Drawin 755, 0,1%ig, gegen s.I.

Calciumcyanid: HN Calcyan, 25 g/100 m^3 Raum, ca. 12 Std. begasen, gegen Blatt- und Schildläuse unter Glas.

Chlorthiophos + Dimethoat: HN Celathion Combi, 0,05%ig, gegen b.u.s.I.

Demeton-S-methyl: HN Metasystox (i), 0,1%ig, systemisch gegen s.I. und Spinnmilben, weniger gegen Schildläuse, gut verträglich, wenn nicht überdosiert oder zu häufig angewendet, Sonne und Trokkenheit besonders beim Gießen vermeiden, empfindlich sind Echeveria und Kalanchoe.

Diazinon: HN Basudin 25 Emulsion, Diazinon 25 Emulsion, jeweils 0,1%ig, gegen b.u.s.I., wie alle organischen Phosphorverbindungen hervorragend vor allem gegen s.I. (Läuse, Spinnmilben) als Atem-, Kontakt- und Fraßgift mit Tiefenwirkung, in der Pflanze relativ schnell inaktiviert, deshalb geringe Dauerwirkung, heute meist nur mehr (gilt nur für Diazinon-Mittel!) gegen Bodenschädlinge angewandt, oberirdische Pflanzenteile nicht benetzen, greift Wachsschichten der Kakteen an, ausreichend pflanzenverträglich, gut mischbar, schwach giftig (stark für Bienen).

Dichlorvos: HN Dedevap, 0,2%ig, gegen b.u.s.I., Schildläuse, HN Nogos 50, 0,1%ig, gegen b.u.s.I., Schmierläuse, Spinnmilben.

Dimethoat: Hn AAdimethoat, Dimethoat(e), Perfekthion, Rogor, Roxion, 0,1%ig gießen (bei blühenden Pflanzen!) oder spritzen, gegen s.I., 0,15%ig gegen Schild-, Schmier- und Wolläuse, systemische und Kontaktwirkung, schnelle Anfangs-, gute Dauerwirkung, auch noch gegen b.I., nur schwach giftig.

– + *Endosulfan:* HN Aflix, 0,1%ig gegen s.I.

Endosulfan: HN Thiodan 35 flüssig, 0,1%ig, gegen s.u.b.I.

Lindan: HN AAlindan-Flüssig (0,05%ig), Lindan forte (0,02–0,03%ig), Nexit-stark (0,02%ig), Perfektan Fluid (0,05%ig), diese HCH-Mittel (Hexachlor-Cyclo-Hexan) sind sofort, aber nur kurz wirksam als Atem-, Kontakt- und Fraßgifte, minimale systemische Wirkung, gegen fast alle Insekten, auch gegen Blattläuse, Bodenschädlinge, b.I., Ameisen, nicht gegen Spinnmilben, Nematoden, Schild- und Schmierläuse, gut verträglich (Kalanchoe empfindlich!), jedoch manchmal Keimschäden.

Malathion: HN Detia Malathion Emulsion, 0,1%ig, gegen s.I., Blatt-, Schildläuse, Spinnmilben, gering giftig, sehr gut pflanzenverträglich, nicht gegen Schädlinge im Wurzelbereich, über 15°C und bedeckter Himmel erforderlich, empfindlich sind Crassula und blühende Pflanzen, nicht mit S- und Cu-haltigen Mitteln mischen.

Methamidophos: HN Tamaron, 0,15%ig, gegen s.u.b.I., Spinnmilben, gut mit Fungiziden und Insektiziden mischbar.

Methomyl: HN Lannate 25-WP, 0,1%ig, systemische und Kontaktwirkung gegen s.I., Woll-, Schmier- und Schildläuse, schnelle, nachhaltige Wirkung, Vorsicht bei Crassula, Euphorbia, Rochea!

Mevinphos: HN PD 5, Shell Phosdrin 50, 0,05%ig, systemisch gegen b.u.s.I., Spinnmilben, speziell bei Kakteen starke Wirkung, schnelle Aufnahme, kurze Dauerwirkung (1–2 Tage), besonders bei warmem Wetter (nur einige Stunden), gut pflanzenverträgliches Fraß-, Kontakt- und Atemgift, relativ stark giftig, Vorsichtsmaßnahmen ergreifen (!), mit nichtbasischen Insektiziden und Fungiziden gut mischbar.

Monocrotophos + Dinocap + Dodin: HN Bilobran, 0,5%ig, gegen b.u.s.I., Spinnmilben.

Nikotin: HN Hansa-Nikotin 0,06%ig unter Zusatz von Schmierseife oder geeignetem Netzmittel, unbedingt Vorversuche bei Kakteen, HN Florimun 2001 (= Wirkstoff: Tabakextrakt), 3%ig, gegen s.I., Wirkstoff wird aus Blattrippen von Nicotiana tabacum gewonnen, heute relativ selten eingesetzt, insbesondere gegen Blatt- und Schildläuse, aber auch gegen andere s.u.b.I. als kurzwirkendes Atem- und Kontaktgift, giftig.

Omethoat: HN Folimat, 0,15%ig, systemisch gegen b.u.s.I., Spinmilben.

Oxamyl: HN Vydate L, 0,15%ig, spritzen oder gießen (dann auch gegen Bodenschädlinge), systemisch und mit Kontaktwirkung gegen s.I., Spinnmilben, in der Pflanze auf- und abwärts transportiert, auch gegen Schild- und Schmierläuse, das »flüssige Temik«, Schutzkleidung und Atemschutz unbedingt nötig, 2 Std. nach Behandlung Gewächshaus nicht betreten, Fenster und Türen geschlossen halten, mindestens 1 Std. vor Wiederbetreten lüften, nicht bei Pflanzen mit Wassermangel oder im Ruhezustand, nicht über Pulsfog- oder Swingfog-Geräte ausbringen!

Oxydemeton-methyl: HN Metasystox R, 0,1%ig, gegen s.I., Spinnmilben, HN Metasystox R spezial, 0,25%ig., systemisch.

Oxydemeton-methyl + Parathion: HN E 605 Combi, 0,15%ig, gegen b.u.s.I., Schild- und Schmierläuse, Spinnmilben.

Parathion: HN E 605 forte, Eftol, Parathion forte Agrotec, gegen b.u.s.I. (0,035%ig), gegen Schild- und Schmierläuse (0,05%ig).

Phosphamidon: HN Dimecron 20, 0,1%ig spritzen oder 0,2%ig gießen, gegen b.u.s.I., fast geruchlos, gut verträglich, Vorversuche mit Kakteen angezeigt, giftig.

Pirimicarb: HN Pirimor, 0,05%ig, gegen s.I., schnell wirksames Carbamat, Atem-, Kontakt- und Tiefenwirkung, sehr nützlingsfreundlich (z.B. gegenüber Marienkäfern, Raubmilben).

Pirimiphos-methyl: HN Actellic 25, 0,2%ig, gegen s.u.b.I., breites Spektrum, kombinierte Kontakt- und Atemwirkung, gut pflanzenverträglich, auch gegen Spinnmilben.

Propoxur: HN Unden flüssig, 0,15%ig, gegen s.I. und Schildläuse, HN Unden-Spritzpulver, 0,1%ig, gegen s.I., Schild- und Schmierläuse.

Pyrethrum: HN Spruzit flüssig, 0,1%ig gegen s.u. b.I., Spinnmilben, sofort wirksam, nicht giftig; die Pyrethine und Cinerine werden aus den Blüten verschiedener *Chrysanthemum*-Arten gewonnen, geringe Dauerwirkung, oft mit dem Derris-Wirkstoff vermischt, der aus den Wurzeln der tropischen Leguminosa *Derris eliptica* stammt und ein instabiles, oxidationsempfindliches Fraß- und Kontaktgift darstellt (HN Rotenon, meist nur als Mischungspartner verwendet). Die synthetischen Pyrethroide (Wirkstoff Permethrin: HN Ambush) sind neuere, nützlingsschonende, ungiftige, schnell abzubauende, aber auch schnell und anhaltend wirkende, sehr verträgliche Mittel, die bei Resistenz gegen Phosphorsäureester oder Carbamate eingesetzt werden, schwerpunktmäßig gegen b.I. und Weiße Fliege, gut mischbar. – Hier sollte auch noch die alte Quassiabrühe genannt werden. Quassia wird aus dem Holz von *Quassia amara* (Bitterholz) gewonnen.

– + Rotenon: HN Pokon Pflanzenspray.

– + Piperonylbutoxid: HN blitol Insektenfrei, 0,035%ig, gegen b.u.s.I., HN Parexan, Rotenol-Emulsion, Spruzit-Nova-flüssig, 0,1%ig, gegen b.u. s.I., Spinnmilben.

– + – + Rotenon: HN Substral-Pflanzenschutz-Spray.

Thiometon: HN Ebicid, 0,1%ig, gegen s.u.b.I., Spinnmilben.

Gegen die zunehmende Vermilbung der Pflanzen werden die **akariziden** Mittel eingesetzt:

Azinphos-äthyl: HN Gusathion H, 0,2%ig.

Azinphos-methyl: HN Gusathion-Spritzpulver, 0,25%ig.

– + Demeton-S-methylsulfon: HN Gusathion MS, Rhodiatox Kombi, Rospin, 0,2%ig, gute Anfangs- und Dauerwirkung, ausgezeichnet verträglich (außer bei Kalanchoe und blühenden Pflanzen), zu häufig angewandt kann Wachsschicht bei Kakteen angegriffen werden, nicht mit Thiuram-Mitteln mischen.

Azocyclotin: HN Peropal, 0,1%ig.

Binapacryl: HN Acricid Conc. 0,1%ig, gegen alle beweglichen Stadien und Sommereier.

Chinomethionat: HN Morestan, 0,05%ig, auch gegen Pilzkrankheiten (z.B. Botrytis).

Cyhexatin (Tricyclohexyl-Zinnhydroxid): HN Plictran 25 W, O,1%ig.

Demeton-S-methyl: HN Metasystox (i), 0,1%ig, auch gegen s.I.

Diazinon: HN Basudin 25 Emulsion, 0,1%ig, auch gegen b.u.s.I.

Dichlorvos: HN Nogos 50, 0,1%ig, auch gegen b.u.s.I.

Dicofol: HN Kelthane, 0,1%ig, auch gegen Sommereier, Temperatur über 15 °C, sehr gründlich und mit hoher Brühaufwandmenge spritzen, gut verträglich, Netzmittel zusetzen, nicht mit S-haltigen Mitteln mischen.

Dienochlor: HN Pentac, 0,1%ig, auch bei resistenten Stämmen, langsam wirkend und anhaltend.

Dimethoat: HN AAdimethoat, Dimethoat(e), Perfekthion, Rogor, Roxion, 0,1%ig, auch gegen s.I., Schild- und Schmierläuse.

Dinobuton: HN Wacker Drawinol S, 0,1%ig.

Fenbutatin-oxid: HN Shell Torque, Shell Torque flüssig, 0,05%ig, auch gegen resistente Stämme, Kontakt- und Fraßwirkung, sehr wirksam gegen alle beweglichen Stadien, gute Dauerwirkung, schont Nützlinge, gut mischbar mit Fungiziden und PD 5, Malathion, E 605 usw., gut verträglich.

Formetanat: HN Dicarzol, 0,05%ig.

Malathion: HN Detia Malathion-Emulsion, Malathion-Konzentrat, 0,2%ig, auch gegen s.I.

Metamidophos: HN Tamaron, 0,15%ig.

Mevinphos: HN PD 5, Shell Phosdrin 50, 0,05%ig, systemisch, auch gegen b.u.s.I.

Monocrotophos + Dinocap + Dodin: HN Bilobran, 0,5%ig, auch gegen b.u.s.I.

Omethoat: HN Folimat, 0,15%ig, systemisch auch gegen b.u.s.I.

Oxamyl: HN Vydate L, 0,15%ig, auch gegen s.I.

Oxydemeton-methyl: HN Metasystox R, 0,1%ig, auch gegen s.I., HN Metasystox R spezial, 0,25%ig, auch gegen s.I.

– + Parathion: HN E 605 Combi, 0,1%ig, auch gegen b.u.s.I, Schildläuse (dann 0,15%ig).

Phosphamidon: HN Dimecron 20, 0,1%ig, auch gegen b.u.s.I.

Pyrethrum + Piperonylbutoxid: HN Parexan, Rotenol-Emulsion, Spruzit-Nova-flüssig, 0,1%ig, auch gegen b.u.s.I.

Thiometon: HN Ebicid, 0,1%ig, auch gegen s.I.

Übereinstimmend gegen s.I., Blatt-, Woll-, Schmier- und Schildläuse, Spinnmilben, also mit insektizider und akarizider Wirkung sind alle **Aerosole** bzw. **Sprühdosen:**

Diazinon + Dichlorvos: HN Compo Garten Spray.

– + Metoxychlor + Tetradifon: HN blitol-Zimmerpflanzenspray, Pflanzen-Paral für Zimmerpflanzen.

Dichlorvos: HN Geo Pflanzenspray.
– + Lindan + Dinocap: HN Combi Pflanzen-Spray, terrasan Pflanzen-Spray.
– + Methoxychlor: HN Fleur-Insekten-Spray, Spritzi.
– + Pyrethrum + Piperonylbutoxid: HN Detia-Pflanzol-Spray.
Dimethoat: HN ABC-Pflanzenspray, Blattlaus-Spray u.a.
Lindan + Paraffinöl: HN Pflanzen-Spray Hortex.
– + Pyrethrum + Piperonylbutoxid + Rotenon: HN Deltia Sprüh-Pflanzol, Etisso-Pflanzenschutz.
Mercaptodimethur + Propoxur: HN Lizetan-Pflanzen-Spray.
Omethoat: HN Lizetan neu.
Pyrethrum + Piperonylbutoxid + Rotenon: HN Substral-Pflanzenschutz-Spray.
– + – + S 421: HN Parexan Pflanzenspray, Spruzit Nova Sprühautomat.

Verdampfungsmittel sind:
Dichlorvos: HN Dedevap, 0,2%ig spritzen oder 10 ml/100 m³ Raum verdampfen.
– + Tetrasul: HN Alphos-Nebeldose, 10–12 sec. Sprühzeit/100 m³ Raum, bei starkem Befall mit s.I. und Spinnmilben 10–15 s, Dose reicht für 3000 m³, *Crassula* und *Kalanchoe* empfindlich.
Lindan: HN Jacutin Fog, 10 g/150–200 m³.
Nikotin: HN Hansa-Nikotin, 20 ml/100 m³, HN Lucifer Nikotin-Räucherpulver, 50 g/100 m³.
Pirimicarb: HN Pirimor-Räucherdose, 1 kleine Dose für 250 m³, eine große für 700 m³.
Sulfotepp: HN Bladafum I, 1–3 Dosen/100 m³, gegen s.I., Schmierläuse und Spinnmilben.

Für die **Heißnebelverfahren** können eingesetzt werden:
Dichlorvos: HN Luxan Dichlorvos S.C., 20 ml/100 m³, nach Sonnenuntergang nebeln, nur trokkene Kulturen behandeln, Pflanzen nicht direkt treffen, nicht nebeln über 22 °C.
Pirimiphos-methyl: HN Actellic 25, 3–12 ml/100 m² Fläche (Trägerstoff Wasser).

Kombinierte Insektizid-Fungizid-Mittel sind:
Lindan + Kupferoxychlorid: HN Gesal, Hora-Supra-Haftstaub, gegen b.I. und Pilzkrankheiten.
– + Schwefel + Zineb: HN Pirox.

Nematoden können im Boden und Substrat durch Dämpfen (80–85 °C) oder durch Trockensterilisation abgetötet werden. Chemisch sind folgende **nematizide Mittel** einzusetzen:
Aldicarb: HN Temik 10 G (Gypsum), 5 g/m², unmittelbar bis 14 Tage nach dem Säen, Pflanzen oder Topfen ausstreuen, gegen wandernde Wurzelnematoden, Stock- und Blattälchen.
Dazomet: HN Basamid Granulat, vor dem Säen oder Pflanzen 30 g/m² gegen wandernde bzw. 40 g/m² gegen gallenbildende und 60 g/m² gegen zystenbildende Wurzelnematoden und Stockälchen (nur Befallsminderung, keine Tilgung!), auch gegen Bodenpilze wirksam, Flächen mit Folien 5–7 Tage abdecken, dann lockern und 5–7 Tage auslüften lassen, Kresse-Test machen!
Demeton-S-methyl: HN Metasystox (i), 0,1%ig, gegen Blatt- und Stengelälchen.
Dichlorpropen: HN Shell D-D Super, Telone »Schering«, 35 ml/m² gegen wandernde Wurzelnematoden.
– + Dichlorpropan: HN Shell D-D, 40 ml/m² gegen wandernde und gallenbildende Nematoden.
– + – + Methylisothiocyanat: HN Di-Trapex, vor der Saat bzw. vor dem Pflanzen 75 ml/m² oder 300 ml/m³ Erde gegen Bodenpilze, 30 ml/m² gegen wandernde, 50 ml/m² gegen gallenbildende Wurzelnematoden.
Methylisothiocyanat: HN Trapex, 100 ml/m² gegen wandernde, 25 ml/m² vor Saat und Pflanzen gegen gallenbildende Wurzelnematoden.
Oxamyl: HN Vyndate L, 0,1–0,15%ig, maximal 5 Anwendungen, Abstand 6 Tage, gegen Blattälchen und Wurzelgallenälchen.
Oxydemeton-methyl + Parathion: HN E 605 Combi, 0,15%ig gegen Blattälchen.
Parathion: HN E 605 forte, Eftol, Parathion forte, 0,1%ig, gegen Blattälchen.
Thionazin (Zinophos): HN Nemafos-Emulsion, 0,1%ig, gegen Blatt- und Stengelälchen, systemisch, meist gut pflanzenverträglich.
Triazophos: HN Hostathion, 0,1%ig, gegen Blatt- und Stengelälchen.
Die sehr zahlreichen **molluskiziden Mittel** basieren auf dem Wirkstoff
Mercaptodimethur: HN Schneckenkorn Mesurol oder

Metaldehyd: HN blitol Schneckenkorn Neu, Celamerck-Schneckenkorn (Köderbänder), Compo Schneckenkorn (Ködermittel), Tschilla-Schneckenstaub (Stäubemittel).

Trauermücken-Larven werden durch Fraßschäden und die dadurch ermöglichten Sekundärschäden durch pflanzliche Krankheitserreger und tierische Schädlinge gefährlich. Die Bekämpfung erwachsener Tiere erfolgt durch
Dichlorvos: HN Dedevap, 10 ml/100 m^3 Raum, verdampfen.
Lindan: HN Jacutin-Fog, 10 g/150–200 m^3, Pflanzenspray Hortex, sprühen.
Nikotin: HN Lucifer Nikotin Räucherpulver, 50 g/100 m^3 Raum.
Substrate werden entseucht durch:
Aldicarb: HN Temik 10 G (Gypsum), 5 g/m^2, streuen.
Carbofuran: HN Curaterr Granulat, 5 g/m^2, streuen.
Chlorfenvinphos: HN Agrisept Streumittel, Birlane Granulat, Sapecron Granulat, 5 g/m^2
oder durch Gießen bzw. Spritzen mit
Dimethoat: HN Perfekthion, Rogor, Roxion u.a., 0,1%ig.
Methamidophos: HN Tamaron, 0,1%ig, 2 l/m^2 angießen.
Thionazin: HN Nemafos-Emulsion, 0,1%ig.

Ameisen werden bekämpft durch
Bromophos: HN Fleur-Ameisen-Giess, 0,1%ig, 2 l/Nest.
Chlorpyrifos: HN Loxiran-Ameisen Streu- und Gießmittel, 10 g/m^2 streuen oder mit 0,5 l Wasser/Nest gießen.
Lindan: HN Ameisenmittel Schering, 1,5%ig gießen oder unverdünnt streuen.
Phoxim: HN Ameisenmittel Bayer, 1%ig gießen oder 4 g/m^2 in Nester und auf Laufwege streuen, HN Baythion 500 EC, 0,05%ig.

Netzmittel und sonstige Zusatzstoffe

Nicht wegen mangelnder Haftfähigkeit, sondern gegen verbleibende Spritzmittelbeläge und für erhöhte Benetzung bei wachsüberzogenen Kakteen (aber mit Vorsicht!), gegen flüssigkeitsabweisende Fremdbeläge (Pilz-, Milbengespinste usw.) oder besonders geschützte Schädlinge (Woll- und Schildläuse) werden folgende Netzmittel zugesetzt: Handelsübliche oberflächenaktive Mittel: HN Pril, 2,5 ml/10 l Spritzbrühe, ferner Citowett und das Verdünnungskonzentrat für Kelthane und Dedevap.
Der Schaumstop Wacker entschäumt Spritzflüssigkeiten aller hier genannten Pflanzenschutzmittel.

Die Aufbereitung der Pflanzenschutzmittel

Bei den **Suspensionen** werden unlösliche, feste Teilchen (Spritzpulver) in Wasser aufgeschwemmt und durch Zusatzstoffe in Schwebe gehalten. Zunächst wird mit wenig Wasser sämig angeteigt, dann unter Umrühren aufgefüllt. Die Beläge haften gut, Benetzungsfähigkeit und Eignung als Gießmittel ist geringer, ihre Verträglichkeit größer als bei Emulsionen. Auffällige Rückstände werden durch Netzmittelzusatz gemildert.
Ölige, in Wasser nicht lösliche Mittel werden in Wasser mittels Emulgatoren (Zusatzstoffe) in kleinen Tröpfchen zu einer milchigen Brühe, den **Emulsionen,** fein verteilt. Die konzentrierten Mittel werden vor Gebrauch gut geschüttelt, die nötige Menge abgemessen und mit der gleichen, höchstens doppelten Menge Wasser gut durchgerührt. Dann wird unter Rühren die Gesamtwassermenge aufgefüllt. – Die Benetzungsfähigkeit ist besonders gut, die Haftfähigkeit geringer; Rückstände entstehen nicht. Weder für Emulsions- noch für Suspensionsspritzbrühen darf kaltes, zu hartes oder chlorhaltiges Wasser verwendet werden.
Bei den **Aerosolen** werden flüssige Teilchen fein verteilt als Nebel oder feste Teilchen als Rauch in einem Gas oder Gasgemisch (Luft) in geschlossenen Räumen ausgebracht. Andere Aufbereitungen sind flüssig, werden erhitzt und verdampfen dann, meist aber sind sie in einen Brennsatz eingearbeitet und werden verschwelt.
Mischungen und **Mischbrühen** erhöhen meist die Gefahr von Pflanzenschäden. Allenfalls sind Spritzpulver mit Spritzpulver und Emulsion mit Emulsion zu mischen. Herstellerhinweise (Mischtabellen) sind zu beachten.
Bei **Stäubemitteln** ist der Wirkstoff an einen Träger- oder Streckstoff gebunden. Stäubemittel sind fertig aufbereitet. Die Haftfähigkeit ist sehr gering. Des-

halb kennt man die Haftstäubemittel (Aufbringen der Stäubemittel auf tau- und regennasse Pflanzen) und das Naßstäubeverfahren (Verstäuben mit gleichzeitigem Versprühen sehr geringer Wassermengen auf trockene Pflanzen).
Streu- und **Beizmittel** sind gebrauchsfertig.

Die Ausbringung der Pflanzenschutzmittel

Spritzen ist die häufigste, billigste und oft auch beste Art der Ausbringung von Pflanzenschutzmitteln, die in Wasser gelöst, emulgiert oder suspensiert sind. Die Tröpfchengröße liegt über 0,15 mm. Wasseraufwand und Vorbereitungszeit sind erheblich. Der Strahl ist wenig windempfindlich. Außer bei systemischen Mitteln müssen die Pflanzen einen lückenlosen Oberflächenbelag erhalten. – Für den Liebhaber gibt es tragbare Kleingeräte bis zu 5 l Inhalt, mit auswechselbaren Düsen, einem Manometer und einem Schnellabstellventil. Leistungsfähiger sind meist rückentragbare Nieder- und Hochdruckspritzen. Im Erwerbsgartenbau werden Motorspritzgeräte verwandt.

Sprühen und **Raumsprühen** heißt, daß beim Versprühen die Mittel mit einem kräftigen Trägerluftstrom in höherer Konzentration auf die Pflanzen kommen, als dies beim Spritzen geschieht. Die Dosierung kann bei Suspensionen 5–6mal, bei Emulsionen bis 10mal höher sein. Die Tröpfchengröße liegt bei 0,05–0,15 mm. Der Wasserverbrauch ist gering, die Arbeitsweise rasch. »Behandlungsschatten« bei dichtem Pflanzenbestand, ungleichmäßige und zu dichte Ausbringung des Sprühbelages sowie die Gefahr von Verbrennungen sind nachteilig. Abtropfverluste treten praktisch nicht auf, der Sprühbelag ist kaum sichtbar. – Im Gartenbau werden meist rückentragbare Motorsprühgeräte benutzt. Für den Liebhaber reichen kleine Kompressionssprühgeräte aus. Nach wie vor ist Spritzen weiter verbreitet als Sprühen. Immer Atemschutz tragen!

Beim Raumsprühen wird ca. 1 m **über** den Pflanzenbestand gehalten. Der Wirkstoff sickert über die feinen Sprühtröpfchen in den Bestand ein und verdampft dort (Mittel: Nogos). Alle Sprühgeräte sind hierfür brauchbar. Spritzflecken sind ausgeschlossen, der Wasserverbrauch gering, das Verfahren schnell. Behandelt wird abends bei geschlossenem Raum.

Ähnlich, aber kleiner dimensioniert, arbeiten die Sprühdosen (Sprays).

Beim **Stäuben** werden durch einen Luftstrom pulverförmige Mittel ausgebracht. Die Teilchengröße liegt zwischen 0,2–0,005 mm. Der Belag muß auf der Pflanze lückenlos und fein sein; zu dichter Belag fördert Verbrennungen und vergeudet Substanz. Es genügen meist ca. 2–2,5 g/m^2. Stäuben geht sofort, rasch und bequem. Die Haftfähigkeit ist gering. Der Wind verbläst leicht, also nur für die Unterglaskultur geeignet! – Kontinuierlich arbeitende Ventilatorgeräte sind teurer als die stoßweise arbeitenden Blasebalggeräte, sind aber präziser. Der Liebhaber benützt kleine Japan-Zerstäuber, der Erwerbsbetrieb Motorzerstäuber.

Das Naßstäubeverfahren erfordert spezielle Geräte.

Vernebeln mit geeigneten Nebelgeräten erzeugt äußerst geringe Tröpfchengrößen von 0,5–0,005 mm und verteilt konzentrierte Mittel oder gelösten, reinen Wirkstoff. Unverträglichkeiten sollen selten auftreten. Atemschutzgeräte sind auch hier unerläßlich. Geeignete, praxiserprobte Geräte sind Swingfog-Nebelgerät SN 11 P und Pulsfog-Nebelgenerator.

Bei allen **sonstigen Ausbringungsweisen** werden die Mittel in geschlossenen, dichten Räumen unter Berücksichtigung des jeweiligen Rauminhaltes durch Vergasen, Verdampfen und Räuchern verteilt (Sulfix-Elektroschwefler, Kombifix-Verdampfer). Die Pflanzen müssen völlig trocken sein. Behandelt wird abends (nie bei Sonnenschein untertags), die Häuser werden bis zum Morgen geschlossen gehalten, dann muß gut gelüftet werden.

Pflanzenschutzmittel können im Sommer auch dem Gießwasser zugefügt (hoher Mittelverbrauch, deshalb meist unwirtschaftlich) und über die Pflanzen verregnet werden. Bekämpft werden so pilzliche Krankheiten, Blattläuse usw. Die Rote Spinne verlangt hohe Konzentrationen bei den Mitteln; hier muß gespritzt werden.

Pflanzenschutzmittel werden auch als sogenannte **Additive** direkt Düngern zugesetzt und damit Arbeit, Zeit und Kosten gespart. Zugegeben werden Fungizide und vor allem Insektizide gegen Bodenschädlinge.

Zugekaufte Kakteen müssen vollständig **getaucht** werden, wodurch vor allem die tierischen Schädlin-

ge an ober- und unterirdischen Pflanzenteilen vernichtet werden. Tauchen ist auch sehr gut bei getopften Pflanzen anwendbar.
Jede Bekämpfung hat sofort nach der Erkennung der Krankheit, der Schädigung, zu erfolgen. Am besten geschieht dies an trüben Tagen oder abends, nicht bei voller Sonne. Zimmerpflanzen behandelt man möglichst im Freien, notfalls in unbewohnten Räumen. Alle Pflanzenteile müssen von den Mitteln getroffen werden (ausgenommen bei systemischen), Wiederholungsbehandlungen sind unerläßlich. Resistenzerscheinungen vermeidet der Einsatz wechselnder bzw. neuer Mittel.
An **Gerätschaften** sind eine Waage (Kleinwaage, Briefwaage etc.) zum Abwiegen fester Mittel und ein Meßzylinder bzw. eine 5 oder 20 ml-Injektionsspritze zum Abmessen flüssiger Mittel erforderlich. Ferner sind ein graduierter 1-l-Meßbecher, eine Dose zur Samenbeizung, mehrere Handschaufeln, Löffel, Trichter, Korkenzieher und Wassereimer zum Anrühren der Mittel sowie einige Werkzeuge und Putzmaterialien bereitzustellen.

Grundsätzliches über die Verträglichkeit der Pflanzenschutzmittel

Pflanzenschutzmittel sind der Entwicklung der Pflanze sicherlich nicht zuträglich, sie sollen aber von ihr wenigstens vertragen werden. Wenn auch alle Mittel anerkannt sind, wurden sie meist nur im Acker-, Obst- und Gemüsebau geprüft, nicht aber im Zierpflanzenbau, schon gar nicht bei Kakteen. Eigene Vortestungen sind deshalb vorzunehmen. Die Verträglichkeit eines Mittels hängt bei der Kakteenpflanze von der Ausbringungsart, der Konzentration, der Aufwandmenge, dem Entwicklungszustand der Pflanze, den Klimabedingungen (Feuchte, Licht, Temperatur usw.) und der spezifischen, individuellen Empfindlichkeit der Kakteenpflanze selbst ab. Immer aber müssen die vorgeschriebenen Konzentrationen und Aufwandmengen strikt eingehalten werden, zumal Pflanzen unter Glas und Jungpflanzen empfindlicher als Freilandpflanzen und erwachsene Pflanzen sind.
Problematisch ist die Bekämpfung von Pilzkrankheiten und tierischen Schädlingen an blühenden Pflanzen. Spritzflecken können entstellen, die Mittel die Blütenfarben beeinflußen (besonders S-Mittel!). Sehr warme Pflanzen dürfen nicht kalt gespritzt, feuchte nicht beräuchert werden.
Speziell bei Kakteen sollen Sommeröle, Chinolinderivate (bei allen Altersgruppen) und Parathion (besonders bei Sämlingen und Jungpflanzen) unverträglich sein. Chinosol soll bei Aussaaten 0,05% nicht übersteigen. Auch Tedradifon wird manchmal für gefährlich gehalten. Genügend Ausweichmittel sind weiter oben angegeben.

Der integrierte Pflanzenschutz

Diese Weiterentwicklung des Pflanzenschutzes bedeutet nach der offiziellen Definition der FAO ein Verfahren, bei dem alle wirtschaftlich, ökologisch und toxikologisch vertretbaren Methoden verwendet werden, um Schadorganismen unter die wirtschaftliche Schadschwelle zu bringen, wobei die bewußte Ausnutzung aller natürlichen Begrenzungsfaktoren im Vordergrund steht. Bodenkundliche, biologische, bio- und kulturtechnische, chemische und andere Gesichtspunkte spielen dabei eine Rolle (Abb. 80). Verständlicherweise ist hierfür eine enge Verzahnung von Forschung, Entwicklung, Beratung und Praxis dringend erforderlich. Die fachlichen Qualifikationen für den Pflanzenschutz Ausübenden steigen erheblich. Viele Ziele müssen heute

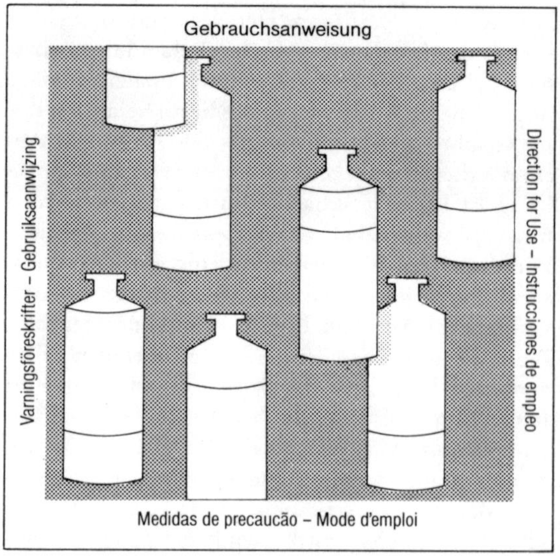

Abb. 79 Gebrauchsanweisung – ohne sie geht es nicht!

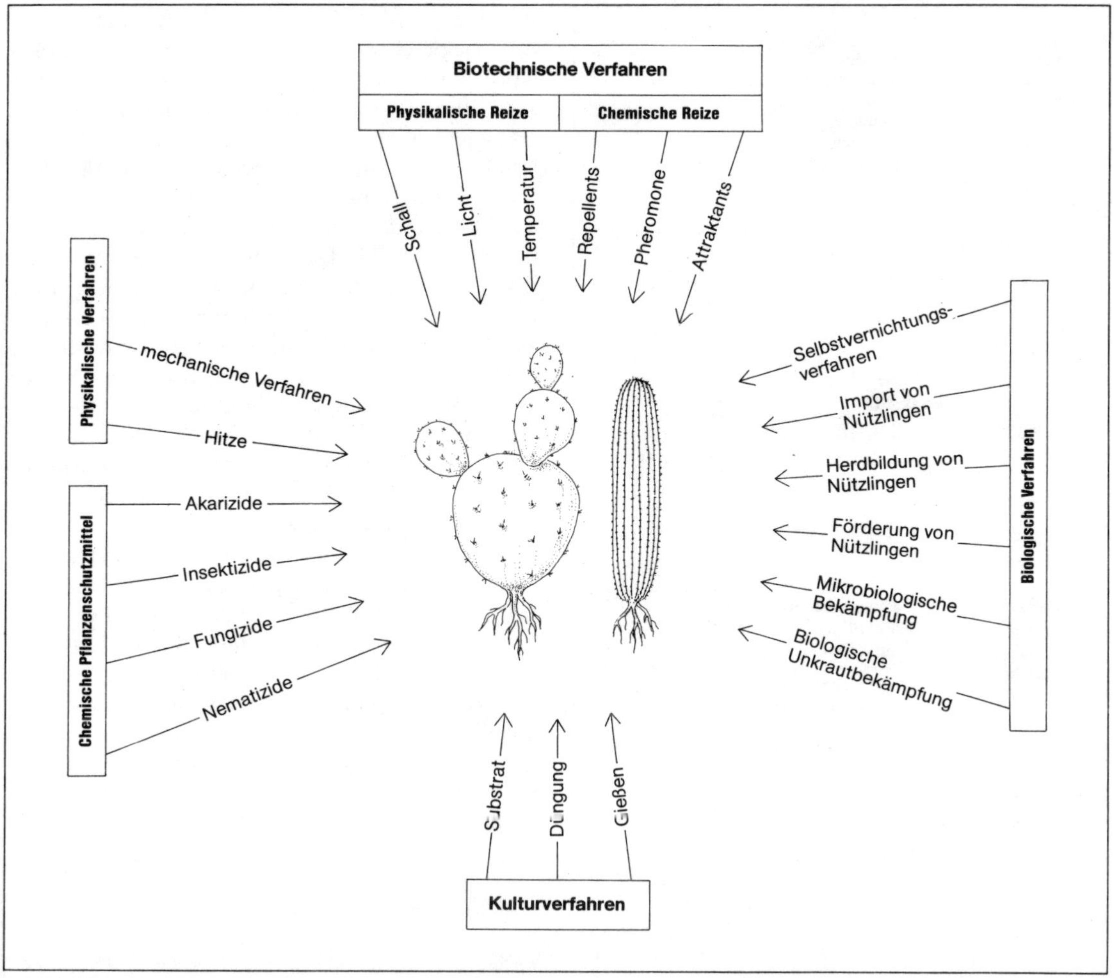

Abb. 80 Übersicht wichtiger, für eine Integration verfügbarer Mittel und Prozeduren der einzelnen Pflanzenschutzverfahren (verändert nach J. M. FRANZ).

noch angesteuert werden: Ermittlung von Schadschwellen (mehr für den Erwerbsbetrieb als für den Liebhaber interessant), Prognosen, Dynamik der Befallsentwicklung, Erarbeitung nützlings- und umweltschonender Verfahren und Wirkstoffe u. v. a. m. (Abb. 81). So fortschrittlich der integrierte Pflanzenschutz auch ist, so zwingend ist es, ihn in den Gesamtrahmen einer übergeordneten integrierten Kakteenkultur zu stellen. Leider sind wir heute noch weit entfernt, dem Zierpflanzenbau umfassende integrierte Systeme anbieten zu können für die vielfältigen, wechselnden Pflanzenzusammenstellungen, für jeden Schädling, für jede Pflanzenart. Wissenschaft und Praxis sind hier gefordert.

Der Umgang mit Pflanzenschutzmitteln

Giftige Pflanzenschutzmittel kommen heute nur mehr in relativ geringem Umfang zum Einsatz; 75% aller Mittel gehören keiner Giftklasse mehr an (Abb. 82). Aber mit allen Mitteln darf nur mit allergrößter Vorsicht umgegangen werden. Anstelle der Giftabteilungen nach altem Recht sind nach den neuen Länderverordnungen über den Handel mit Giften die Klassifizierung, Verpackung und Kenn-

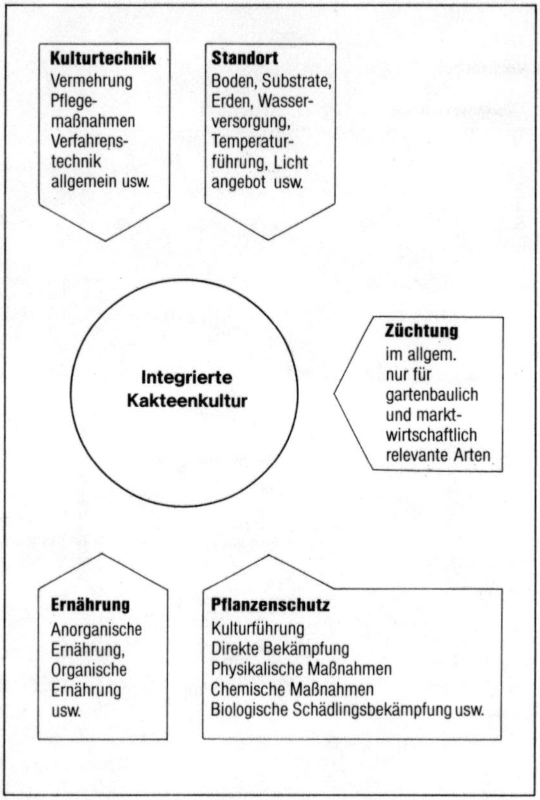

Abb. 81 Integrierte Kakteenkultur.

zeichnung giftiger Stoffe und Zubereitungen nach den entsprechenden Richtlinien der EG verändert worden. Gefahrensymbol für »Giftig« ist ein Totenkopf, für »Ätzend« ein auf ein Materialteil bzw. eine menschliche Hand abtropfender Reagensglasinhalt, für »Gesundheitsschädlich« bzw. für »Reizend« ein Balkenkreuz; alle Symbole sind schwarz auf orangefarbenem Feld. Die Angaben sind ohne Gewähr (Abb. 79). Die einzelnen Mittel unterscheiden sich sehr in der Wirkung auf Menschen, Haus- und freilebende Tiere. Auch allgemein als harmlos anzusehende Mittel können – in größeren Mengen aufgenommen – zu Schädigungen führen. Deshalb muß unbedingt die Richtlinie des Bundesgesundheitsamtes und der Biologischen Bundesanstalt für Land- und Forstwirtschaft »Allgemeine Vorsichtsmaßnahmen beim Umgang mit Pflanzenbehandlungsmitteln« beachtet werden!

Ungiftige, damit aber keineswegs ungefährliche Mittel sind immer den giftigen vorzuziehen. Was giftig ist, zeigen die Gefahrensymbole auf den Mittelpackungen. Aber auch unter dieser »Schwelle« sind bei der Bewertung der akuten Giftigkeit von Pflanzenschutzpräparaten auch die Haushaltschemikalien einzubeziehen. Allgemein gültige Vergleiche erlaubt der LD 50-Wert (L steht für letale = tödliche und D für Dosis), der in mg/kg Körpergewicht angegeben wird. Er besagt, welche Menge

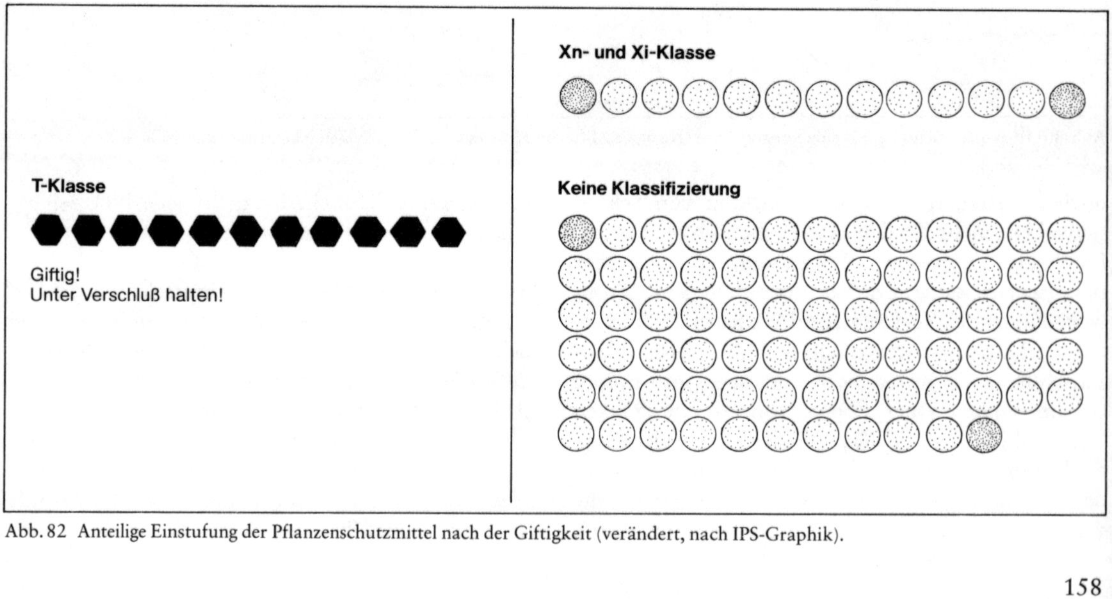

Abb. 82 Anteilige Einstufung der Pflanzenschutzmittel nach der Giftigkeit (verändert, nach IPS-Graphik).

einer Substanz durch den Mund einmalig aufgenommen werden muß, um 50% der so gefütterten Versuchstiere abzutöten. Identische LD 50-Bereiche haben die Fungizide Dithane-Kupfer, Orthocid, aber auch Haarwasser, Lippenstift, Dauerwellenpräparate, Farbstifte (LD 50 = 5000–15 000 mg/kg KG). LD 50 = 500–5000 mg/kg KG haben der Wachstumsregler CCC, verschiedene Unkrautbekämpfungsmittel, aber auch Abführmittel, Fensterputzchemikalien, Möbelpolitur, Nagellack, Schaumbäder, Kölnisch Wasser, Geschirrspülmittel. LD 50 = 50–500 mg/kg KG haben das längst verbotene DDT, das Insektizid Dimethoat, aber auch Fleckenentferner, Kopfschmerztabletten, Haarsprays, Haarentferner, Parfüms, Allylsenföl. LD 50 = 5–50 mg/kg KG haben die Insektizide (Phosphorsäureester wie E 605, PD 5, Nikotin), aber auch Wunddesinfektionsmittel, Metallreinigungspräparate, Feuerwerk mit bunter Flamme. Das Cumarin im Waldmeister hat einen LD 50-Wert von 580, das Vanillin der Vanillesoße 1600, das Menthol in Bonbons 3200 und Kochsalz 5000 (Raiser, in »kurz und bündig« 33, [5/6], 83, 1980). Damit soll (gerade in einem Buch wie dem vorliegenden!) aufgezeigt werden, daß vor der akuten Giftigkeit **auch** von Haushaltschemikalien wie vor der Toxidität von Pflanzenschutzmittel nur umsichtiges Verhalten schützen kann. Auch in der Kakteenkultur sind Pflanzenschutzmittel nicht zu vermeiden, aber die gesamte Höchstmengen-, Rückstandsproblematik entfällt, weil ja keine Nahrungsmittel erzeugt werden. Trotzdem bedenken wir immer, was schon vor 400 Jahren der Arzt-Chemiker Paracelsus gesagt hat: »Alle Ding' sind Gift, und nichts ist ohn' Gift. Allein die Dosis macht, daß ein Ding kein Gift ist«.

Alle Mittel sind unter Verschluß zu halten. Brühen dürfen nie in Behältern, die der Aufbewahrung von Nahrungsmittel dienen, angesetzt werden; sie dürfen nie unbeaufsichtigt stehen, restliche Brühen sind so zu vernichten, daß weder Mensch noch Tier Schaden erleiden. Umfüllen von Originalpräparaten in kleinere Behälter ist verboten. Leere Packungen sind unbrauchbar zu machen.

Feste, speziell für Pflanzenschutzarbeiten bereitgestellte Kleidung und Atemschutz sind unbedingt zu benützen. Vollmasken mit Kombinationsfilter A und Kennfarbe braun schützen vor Schwebstoffen, organischen Dämpfen, Lösungsmitteln, vor Methylbromid, HCH, Kohlenwasserstoffen; zusätzlich mit »St« gekennzeichnete Filter schützen vor Benzylbromid, Insektiziden, Parathion u.a. (Beispiel: Filter A 900 »St«/IIIb). Kombinationsfilter B, Kennfarbe grau und mit dem Buchstaben »St« schützen vor sauren Gasen, Blausäure, Phosphorwasserstoff, Brom, Chlor, Formalin u.a. (Beispiel: Filter B 900 grau »St«). Stets Kopfbedeckungen tragen! Besonders gefährlich ist Sprühen oder ähnlich feine Verteilungen konzentrierter Wirkstoffe. Erhitzte oder schwitzende Haut nimmt besonders leicht Wirk- und Giftstoffe auf! Niemals Düsen oder Schläuche ausblasen! Nie in Spritz-, Stäube- oder Nebelwolken sich aufhalten! Nie während der Arbeit rauchen, essen oder trinken! Hände und Gesicht hernach gründlich reinigen, Kleider wechseln!

Erste Hilfe bei Unfällen mit Pflanzenschutzmitteln

Treten Übelkeit, Kopf- oder Leibschmerzen, Schwindel auf, ist die Arbeit sofort einzustellen und ein Arzt zu rufen. Zwischenzeitlich keinen Alkohol, keine (!) Milch, kein rohes Eiereiweiß, höchstens starken Kaffee geben. Viel frische Luft zuführen, warm halten, verschmutzte Kleidung wechseln, Giftreste auf der Haut mit warmem Seifenwasser entfernen (keine Lösungsmittel hierfür verwenden!), der Patient ist in Ruhelage zu halten, evtl. kann man warmes Salzwasser (1 gehäufter Eßlöffel Kochsalz auf 1 Glas Wasser) trinken lassen, um Erbrechen herbeizuführen (es hilft auch Reizung der Rachenhinterwand; Finger in den Hals stekken), danach reichlich Aufschwemmungen von Kohle (2 gehäufte Eßlöffel Aktivkohle auf 1 Glas Wasser) trinken lassen, bei Erstickungsgefahr Sauerstoffzufuhr mit Zusatz von 5–10% CO_2 (Sauerstoffgeräte der Feuerwehr). Zur Anregung der Atmung darf auch der Laie Lobelin unter die Haut spritzen. Alle Gegenstände, die auf Art und Menge des Giftes hinweisen, für den Arzt aufbewahren!

Auskunftstellen für Fragen des Pflanzenschutzes sind (kostenlos!) die Biologische Bundesanstalt für Land- und Forstwirtschaft, Braunschweig, und ihre Außeninstitute, ferner alle Pflanzenschutzdienste der Kammern, Ämter und Anstalten der Bundesländer bzw. der Regierungsbezirke.

Die Standorte bei der Kultur von Kakteen

Die Technik in der Kakteenpflege spannt sich vom kleinsten Hilfsmittel bis zur hochkomplizierten, vollautomatischen Einrichtung. Sie ist nicht Selbstzweck, sondern erleichtert, ja ermöglicht überhaupt erst die Kultur von Kakteen in unserem Klimaraum. Sie ist im vorgegebenen Rahmen nur sehr bruchstückhaft zu behandeln. Wichtig erscheint es vor allem, die verschiedenen Aufstellungsorte unserer Kakteen und ihre technischen, standortspezifischen Gegebenheiten darzustellen.

Die Standorte mit dauerndem Witterungsschutz

Fensterbrett und Blumenfenster

Kakteen werden am häufigsten auf dem Fensterbrett gepflegt. Welche Lebensbedingungen finden sie dort oder in Räumen schlechthin?
Das Kleinklima am Pflanzenstandort »Fenster« wird vom Zimmerklima, der Lage des Fensters zur Himmelsrichtung und der technischen Ausgestaltung bestimmt. Dies gilt besonders für die »individuelle« **Temperatur** eines jeden einzelnen Fensters und offenen Blumenfensters (ohne Glastrennwand zum Raum). Außerhalb der Heizperiode haben Fenster sonnenabgewandter Seiten oder bei bedecktem Himmel sehr gleichmäßige (Schwankung ca. 1–2 °C), besonnte, z. B. SO-Fenster tagsüber hohe (Schwankung ca. 10 °C) Temperaturen. Bei gleichzeitig fehlendem Luftaustausch tritt bei Sonnenschein der Glashauseffekt mit stark erwärmter, trockener Luft auf. Wärmegedämmte Außenwände und Doppel- bzw. Mehrfachverglasung (Einfachverglasung ist nur bei Wintertemperaturen über −5 °C (vor allem bei den heutigen Brennstoffpreisen!) vertretbar; die Zimmerwärme, fenstereigene Beheizungen und die Belüftung bestimmen zusätzlich über die Temperatur. Gegen tiefe Außentemperaturen schützt Glas allein kaum, eine Beheizung ist unerläßlich, die dann (außer bei Sonnenschein) wirksamer ist als das Wetter. Zentralheizungen sind gleichmäßige, Ofenheizungen (insbesondere mit tiefen Nachttemperaturen in den Tag hinein) sehr unterschiedliche Wärmespender. Vertragen oberirdische Pflanzenteile Temperaturschwankungen gerade noch, tun das die Wurzeln nicht mehr. Deshalb ist Einfüttern getopfter Pflanzen unbedingt nötig. Ansonsten muß eine Blumenfensterheizung dergestalt sein, daß sie Wurzeltemperaturen unter 25 °C ermöglicht. Den Glashauseffekt vermeiden verstellbare Schattierungen an allen Fenstern (außer NW-, N- und NO-Fenstern) z. B. Lamellen-Außenjalousien, zugfreie Lüftungen, befeuchtete Substrate und Pflanzen (letzteres nur im Sommer ratsam). Nur Fenster ohne untergebaute Heizkörper eignen sich für die Kakteenpflege; die raumheizenden Radiatoren trocknen die Pflanzen aus. Die Warmluft wird durch eine Glastrennscheibe zum Raum abgehalten. Außenfenster können innen mit Folien u. dgl. gegen Kälte abisoliert werden. Innen zugezogene Vorhänge fördern bei Nacht Unterkühlungen je nach Außentemperaturen und Wind; Temperaturabsenkungen im verträglichen Bereich können aber durchaus vorteilhaft sein.
Die **relative Luftfeuchte** am Fensterbrett folgt der Temperatur und dem Wetter, weniger dagegen dem Effekt künstlicher Verdunstungsquellen oder der Fensterlage. Überall liegt sie im Sommer zwischen 40–70 %, im Winter zwischen 20–55 %. Menschen im Raum erhöhen, Sonneneinstrahlung erniedrigt die Feuchte. Künstliche Verdunstung ist nur beim Einsatz von Radiotoren während der Heizperiode angebracht.
Das **Licht** als direkte Sonneneinstrahlung entscheidet darüber, ob ein Fenster brauchbar ist. Bodenerhebungen, Gebäude, Bäume etc. schränken die für die Sonnenscheindauer (besonders im Winter) wichtige Horizontfreiheit ein. Nebel, Dunst, Smog usw. beeinflussen ebenfalls. Sonnenschutz-Außenjalousien z. B. bei S-Fenstern sind zwingend not-

wendig. Wärmeabsorbierendes Glas ist nicht zu empfehlen.
Diffuses Licht ist wichtiger als direktes und von Fensterbau, der Horizontfreiheit stark, von der Fensterlage wenig abhängig. Ein stark bewölkter Tag bringt 200–500 Lux (lesen kann man noch bei 20 Lux; das Licht schaltet man bei 100–200 Lux ein), ein Sommertag bei blauem Himmel im Freien ergibt über 10000, bei klarer Sonne mittags 60000, bei verschleierter Sonne 30–40000 Lux. Am Fenster erhält man nur 30% des diffusen Lichtes des Freilandes. Damit kommt die Assimilation an trüben Tagen und im Winter ins Minimum, besonders für lichthungrige Kakteen. Die Helligkeit nimmt nach oben und zum Rauminnern stark ab. Deshalb müssen die Pflanzen zum Licht hingerückt werden. Nur für Blattkakteen und dergleichen sind N-, für alle anderen Kakteen O-, S- und W-Fenster besser geeignet.
Die drei wichtigsten Standortfaktoren Licht, Temperatur und Luftfeuchte wirken komplex auf die Kakteen am Fensterbrett ein, unterschiedlich an jedem Fenster. Sie optimal mit anderen Umweltfaktoren zu gestalten, muß im Einzelfall mit Thermometer, Hygrometer und Luxmeter und den entsprechenden Zusatzeinrichtungen erarbeitet werden.
Geschlossene, vorgebaute Blumenfenster mit regelbarem Klima sind von Fachleuten zu planen und zu bauen. Sie gewährleisten sehr gute Haltungsbedingungen für Pflanzen, besonders wenn sie mit Pflanzwannen und Einfütterungssubstraten ausgestattet sind.
Beheizt wird meist mit elektrischen Heizkabeln und Thermostaten, die massiert an der Außenscheibe anzubringen sind. Für einen Rauminhalt von ca. 2 m^3 rechnet man mit 300–400 Watt Heizleistung. Beleuchtet wird mit feuchtigkeitsgeschützten Beleuchtungskörpern. Gepflegt werden sollen Kakteen, die gegen Feuchte weniger empfindlich sind: *Schlumbergera, Epiphyllum, Rhipsalidopsis, Rhipsalis, Selenicereus* u.a., evtl. zusammen mit Bromeliaceen, *Ficus, Monstera, Peperomia* usw.

Zimmergewächshäuser und Pflanzenvitrinen

Diese Einrichtungen stellen einen isolierten Raum im Zimmer, ein »Gewächshaus im Kleinen«, dar. Sie sind relativ teuer, wenn man sie nicht selbst herstellt. Immer sollten Heizung, Lüftung, Licht usw. vollautomatisch funktionieren. Sie müssen fahrbar sein, um an die günstigsten Stellen im Raum geschoben zu werden.

Wintergärten

Sie sind heute vielfach (und leider) von den Blumenfenstern verdrängt, zu Unrecht, weil man in Wintergärten zwischen seinen Pflanzen leben konnte. Die Tische und Stühle müssen feuchtefest sein; ebenso Boden und Wände, wie denn überhaupt die Feuchteisolierung das wichtigste ist. Böden werden mit Steinplatten belegt, die Pflanzflächen mit flachen Steinmauern umgeben. Eine thermostatgesteuerte Heizung ist ebenso unentbehrlich wie Sonnenschutz- und Lüftungseinrichtungen. Eine Entwässerung für überschüssiges Wasser kann vorgesehen sein, ist aber bei vernünftigem Wässern nicht unbedingt erforderlich. Wasseranschluß und Gießwasserbehälter sind dagegen einzurichten.

Frühbeete, Kulturkästen und Tunnels

Nur Kakteenliebhaber mit einem Garten oder einem Balkon verfügen über solche Einrichtungen (»Niederglas«), die für hohe und säulige Pflanzen nicht so sehr günstig sind. Seltener als heizbares Dauerquartier, sind sie überwiegend Sommerstandort. Kästen sollen sonnig stehen, erwärmen sich aber dann bei Sonne wegen des geringen Luftpolsters schnell und kühlen nachts stark und rasch ab. Früh- und Spätfröste erfordern Abdecken (mit Schilf- oder Strohmatten, Decken, Folien), besser bewährt sich ein flexibles Elektroheizkabel mit Thermostat. Im Frühjahr muß schattiert werden können. Je wärmer es wird, desto mehr wird gelüftet, auch automatisch in Licht- und Temperaturabhängigkeit. Kästen sind möglichst lange zu benutzen; ein Winterquartier, hell und frostfrei, muß aber verfügbar und Einräumen noch vor Frostbeginn möglich sein. Im Sommer werden die Fenster auch ganz abgenommen und nur bei längeren Regenperioden wieder aufgelegt.
Kästen sind aus Holz, häufiger aus Asbestzement, Kunststoffen und besonders aus langlebigem, wartungsfreien Beton, auf frostsicheren Fundamenten (Tiefe über 60 cm), einfach in O-W-Richtung, mit Gefälle nach S (vorne 30–40 cm, hinten 40–70 cm

hoch) oder als Doppelkasten (mit zweiseitigem Gefälle der Fenster) in N-S-Richtung (Morgensonne fällt im O, Abendsonne im W ein), Neigungswinkel 8–15°. Eigenbau lohnt heute nicht mehr. Doppelwandige sind einfachen Kästen überlegen (gleichmäßigere Temperaturen!). In den Untergrund kommen Teerpappe oder Folien, um tierische Eindringlinge abzuhalten. Die Fensterrahmen sind aus Holz, besser aus feuerverzinktem Eisen, Aluminium oder Kunststoff, 80 × 150 cm (»Holländerfenster«) oder 100 × 150 cm (»Deutsche Fenster«) groß, verglast mit Gartenklarglas. Sehr praktisch sind billige Leichtrahmen, mit 0,15–0,2 mm starker Dreijahresfolie bespannt (alle 50 cm einen verzinkten Draht ziehen, damit die Folie nicht durchhängt). Sie sind gegen Wind am Kasten zu befestigen.
Auch vor Hausfenstern können Kästen als »kleine Gewächshäuser« gebaut und durch Heizungen winterfest gemacht werden.
Kästen sind für die Kultur von Kakteen relativ günstig einzuschätzen, insbesondere wenn sie von Folientunnels überbaut sind und dem Kakteenpfleger einen Wetterschutz bieten.

Gewächshäuser

Die Kultivierung von Kakteen unter »Hochglas« ist vergleichsweise ideal. Ganzjährig ist das Kleinklima um so besser, je größer das Haus ist. Gebaut werden soll (mit Baugenehmigung) auf ebenem oder leicht geneigtem Gelände. Windige Lagen erfordern Windschutzpflanzungen. Schattenwerfende Körper, aber auch Industrieanlagen mit Luftverschmutzung dürfen nicht benachbart sein. Firstrichtung ist in N-S-, seltener in O-W-Richtung. Kakteen verlangen Häuser, die zwischen den sogenannten Kalthäusern mit Temperaturen um 10°C und frostfreien Überwinterungshäusern einzuordnen sind.
Am häufigsten werden Unterkonstruktionen aus Metall (feuerverzinktes oder kunststoffbeschichtetes Eisen, Aluminium), seltener stabile, freitragende, hagelfeste (Abb. 83) Kunststoffschalen, meines Wissens überhaupt nicht Tragluftgewächshäuser in der Kakteenkultur verwendet. Der Grundriß ist rechteckig, die Länge meist nicht über 30 m, die Breiten 6 m, 9 m, 12 m und mehr. Die günstigste Dachform ist das gleichschenkelige Satteldach; Pultdächer haben ein geringeres Lichtangebot, sind in S-Lagen zu heiß und zu trocken. Als Glas wird überwiegend einfaches Gartenklarglas, zunehmend aber auch Doppelglas oder Isolierglas, alles in Normgrößen und mit Kittbett oder kittlos verwendet. Spezialfirmen errichten Gewächshäuser schlüsselfertig mit allem Drum und Dran.
Auch unter billigeren Foliengewächshäusern oder -zelten haben Kakteen eine längere Vegetationsperiode und damit einen kürzeren Winter. Es handelt sich meist um rundbogige, genormte Tragkonstruktionen, bespannt mit 0,2 mm starken Dreijahresfolien oder Doppelfolien, beheizbar, isoliert (Noppenfolien) und für das Kakteenwachstum besonders förderlich (UV-Licht geht durch!); ungünstig ist die Kondenswasserbildung, die aber mittels Spezialfolien oder chemisch durch Sprays gemildert werden kann.
Im Gewächshaus beherbergen ebenerdige Grund-, eingefaßte, von Wegen begleitete Bank- und vom Untergrund getrennte Trogbeete Topfpflanzen, vor allem aber z. B. frei ausgepflanzte Cereen.
Die meisten Kakteen werden aber auf Tischen und in Tischbeeten kultiviert, 60–80 cm hoch, als Randtisch 1,10 m, als Mitteltisch 2,20 m breit, aus feuerverzinktem Eisen, Aluminium, Beton (selten Holz)

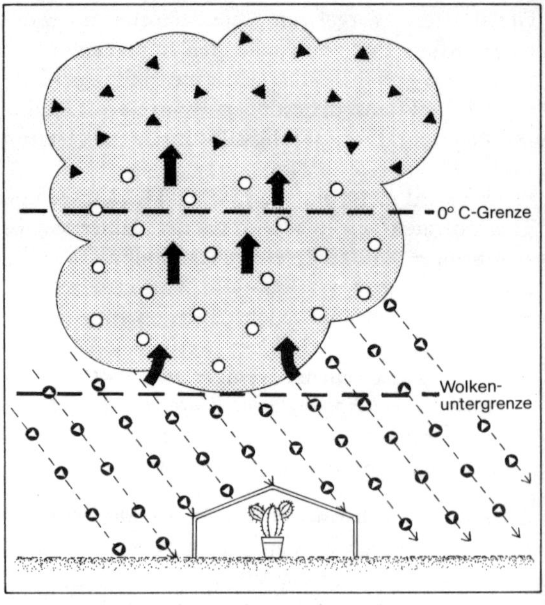

Abb. 83 Entstehung des Hagels (verändert nach MÜLLER).

mit Belägen aus Asbestzementplatten (selten Brettern). Der Hauptweg soll breit und befahrbar, die Nebenwege, quer zum Hauptweg, schmal (50 bis 80 cm) sein; Hängebretter werfen Schatten auf darunterstehende Pflanzen, werden aber doch immer wieder eingerichtet (nur längs der Wege). Vorhanden sein müssen ferner Wasserleitungen, Gießwasserbehälter, Schattiereinrichtungen, Arbeitstische oder Arbeitsräume, Geräte- und Utensilienschränke, Aufbewahrungsmöglichkeiten für Erden, Substrate, Gefäße, Töpfe, Pflanzenschutzmittel (verschließbar!), Siebe, Gießgeräte usw.

Am teuersten kommt im laufenden Betrieb heute die Heizung. Sie muß regel- und steuerbar und vollautomatisch sein; sie muß von Fachleuten eingerichtet, gewissenhaft gewartet und immer auf dem neuesten Stand gehalten werden; hier zu sparen wäre heute das schlechteste. Geheizt wird mit Öl, Gas und in kleineren Anlagen mit Strom. Vollautomatische Anlagen für feste Brennstoffe (Kohle, Koks) werden derzeit in zunehmendem Maß in Erwerbsbetrieben installiert.

Im großen und ganzen gilt das für Gewächshäuser gesagte auch für die sogenannten Kleingewächshäuser (Hobbygewächshäuser). Selbstverständlich ist für sie keine Baugenehmigung erforderlich. Meist im Wohngarten stehend, werden sie an die bereits bestehende Haus-Heizungsanlage angeschlossen.

Gerätschaften für die Kakteenkultivierung

Pflanzgefäße

Ist die Anzucht beendet, muß die Kakteenpflanze trotz Pikieren, Umpflanzen, Aus- und Umtopfen ein reich verzweigtes, gesundes Wurzelwerk haben. Jedes Umpflanzen schwächt die Pflanze, die Anzucht ist eine Serie von Schocks: die Wurzeln werden verletzt, Teile der Wurzelmasse, nämlich gerade die stoffwechselaktivsten Wurzelspitzen, gehen verloren. Die Pflanze muß dies ausgleichen auf Kosten der weiteren Entwicklung, die somit vorübergehend gestört ist (Abb. 84 und 85). Dabei verzweigen sich aber zwangsläufig die Wurzeln, neue und mehr Wurzelspitzen und damit Wurzelhaare entstehen, die Wurzelleistung steigt. Trotzdem kommt es bei

Abb. 84 Wurzelverzweigungen.

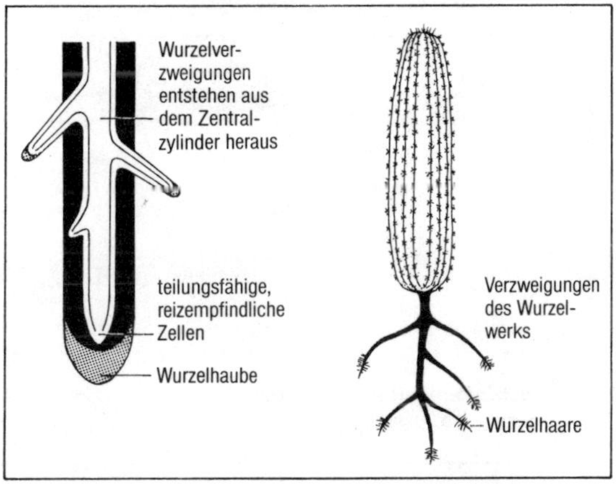

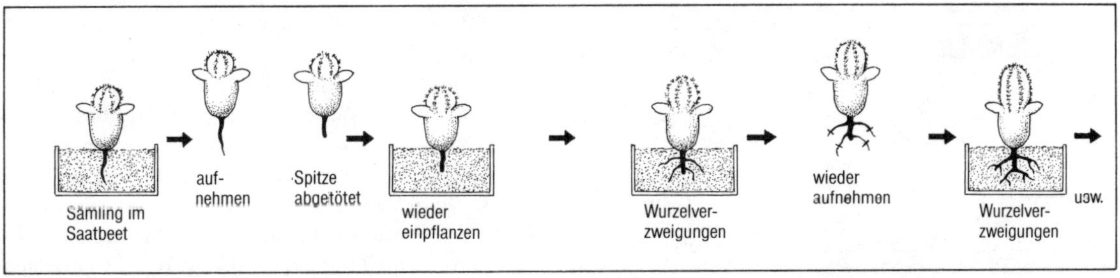

Abb. 85 Der Vorgang des Pikierens.

Kakteen und in deren Substraten zu keiner, das Umpflanzen sehr erleichternden Wurzelballenbildung.

Die Normreaktionen aller Wurzeln und Wutzelspitzen sind:

1. Eine gesunde Wurzel verzweigt sich, wenn die Spitze zerstört, entfernt wird oder eintrocknet, z.B. an der Luft.
2. Die Wurzelspitze unterliegt der Wirkung der Schwerkraft, sie zeigt eine sogenannte Erdwendigkeit, einen positiven Geotropismus.
3. Die Wurzelspitze sucht nach Wasser, sie zeigt eine sogenannte Wasserwendigkeit, den Hydrotropismus.
4. Die Wurzelspitze geht den Nährstoffen nach, sie reagiert auf Salzkonzentrationen; dies nennt man Chemotropismus.

Diese natürlichen Reaktionsweisen werden vom Pflanzgefäß beeinflußt, zum Nutzen oder zum Nachteil der Kakteenpflanze.

Kakteen werden weitaus öfter in Pflanzgefäßen als frei ausgepflanzt gehalten. Im Gefäß kann die Pflanze ins Freie gebracht werden, aber auch unter Glas

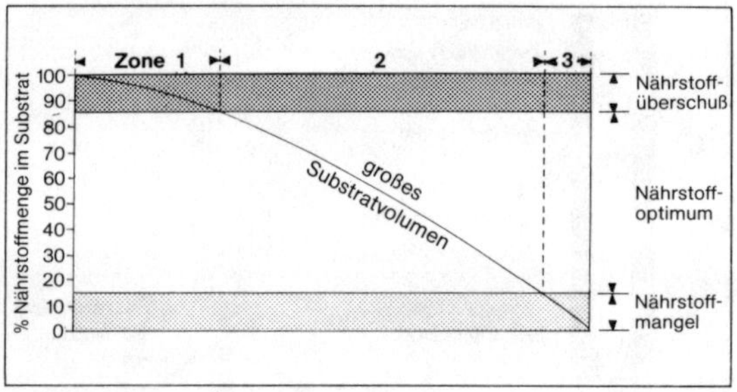

Abb. 86 u. 87 Der Einfluß des Substratvolumens auf die Pflanzenentwicklung (nach REEKER).

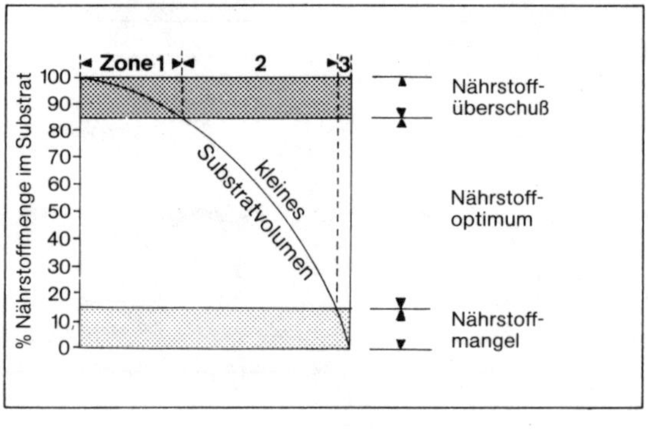

gehalten werden – sie bleibt beweglich. Der »gewachsene« Boden ist dann durch die Topferde oder das -substrat ersetzt.

Die Gefäße sind sehr unterschiedlich geformt, aus verschiedenen Materialien hergestellt und deshalb unterschiedlich geeignet.

Die Frage nach der richtigen Topfgröße bzw. der verfügbaren Substratmenge wird immer wieder gestellt (Abb. 86 und 87). Bei anfänglich gleichem Nährstoffgehalt werden in einem kleinen Substratvolumen durch die stark wurzelnden Pflanzen die Nährstoffvorräte schnell aufgebraucht und die Pflanzen kommen schnell ins Optimum und bleiben relativ lange darin, wo sie uneingeschränktes Wachstum zeigen. In einem großen Volumen dagegen sind lange Zeit Überschüsse gegeben, die Pflanzen werden regelrecht »überfüttert«, die Nährstoffe werden so langsam abgebaut, daß eine permanente Überdüngung vorliegt und die Pflanzen schlechter wachsen, schlimmstenfalls sogar ganz eingehen.

Die Kakteenkultur im Tontopf

Bereits im alten Rom, im Mittelalter und als vasa floralia des 19. Jahrhunderts und noch heute ist der Blumentopf aus Ton ein häufig benutztes Pflanzgefäß. Der Tontopf ist dauerhaft, relativ leicht, dünnwandig, glatt und mit einem Abzugsloch versehen. Die Porosität und Durchlässigkeit der Topfwand ist bei den heutigen grobkörnigen Erden und Substraten (früher waren es feingesiebte, wassergesättigte Substrate!) unwichtig, ja sogar nachteilig, Luft wird durch die Poren des meist voll Wasser gesaugten Tontopfes ohnehin kaum ausgetauscht. Der Ton nimmt begierig Wasser und Nährsalze auf und an, lagert letztere in der Wandung ab, wenn Wasser durch die Wandung verdunstet. Deshalb wachsen die Pflanzenwurzeln immer an der Topfwand entlang.

Frei aufgestellt fördert der Tontopf die Verdunstung stark, die dabei entstehende Verdunstungskälte erniedrigt die Substrattemperatur um 1–4°C (verglichen mit dem Plastiktopf). Eingefüttert ist die poröse Topfwandung dagegen äußerst vorteilhaft. Wenn das Einfütterungssubstrat nicht trockener als das Substrat im Topf ist, wird kein Wasser entzogen und dann funktioniert auch die Düngung über das

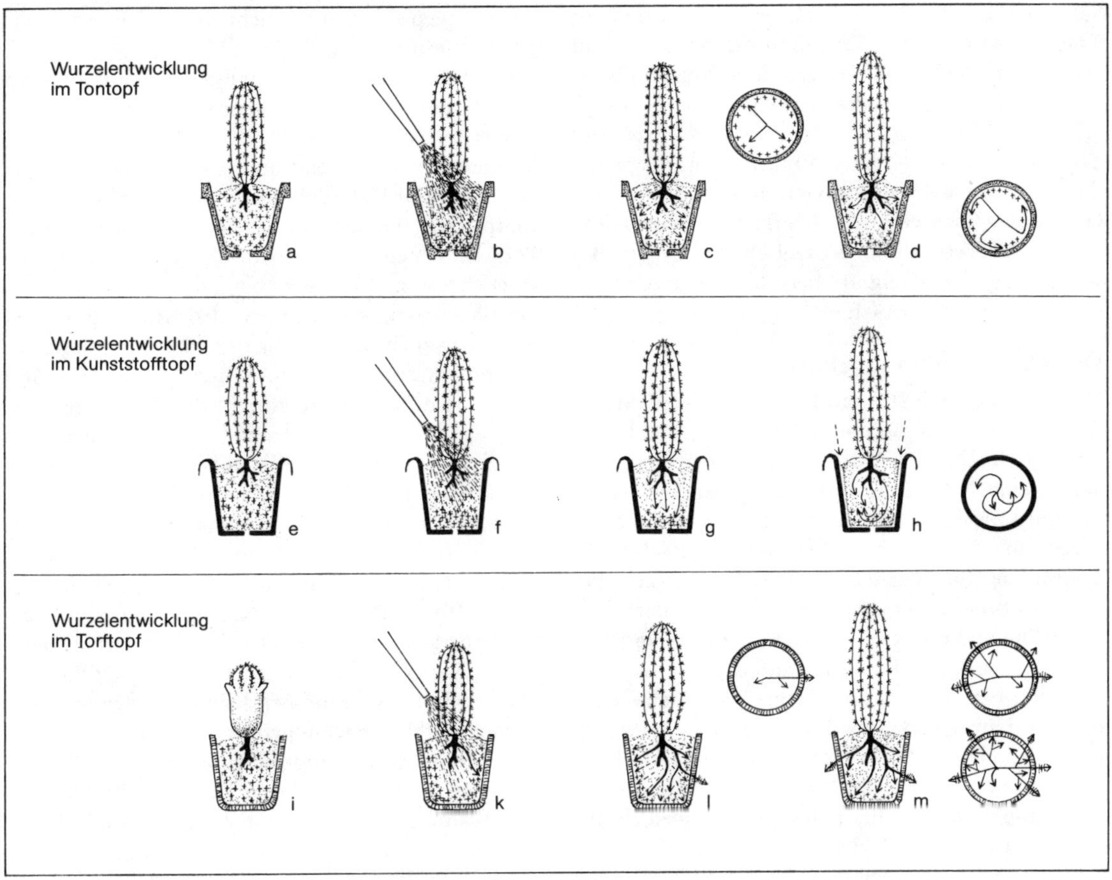

Abb. 88 Wurzelentwicklung in unterschiedlichen Pflanzgefäßen.

Einfütterungssubstrat oder das Anstau- bzw. Flutungsverfahren.

Der Salzanreicherung in der Topfwand, austrocknender Erde und trockenheitsgeschädigten Wurzeln sowie der Verdunstungskälte nach Wassergaben kann durch ein innere (dunkelfarbige) oder äußere (hellfarbige und reflektierende) Versiegelung der Tontöpfe mit pflanzenunschädlichen Lacken begegnet werden. Neue Töpfe sind vor Gebrauch zu wässern. Minitöpfe sind, auch eingefüttert, absolut unbrauchbar. Wenn Töpfe durch Verschmutzung, Salzanreicherung, Bakterien- und Algenbesiedlung nicht mehr wasserdurchlässig und grün und schmierig sind, müssen sie 60 min gekocht, gedämpft oder 30 min in Albisal flüssig (0,2%ig), 15 min in Delegol (2%ig; abgespült sofort wieder verwendbar), 24 Stunden in Dimanin A (0,3–0,5%ig; anschließend sofort wiederverwendbar) oder 15 bzw. 30 min in (4 bzw. 2%igem) Formalin (wenn kein Formaldehydgeruch mehr wahrgenommen wird, sind die Gefäße wiederzuverwenden) behandelt werden; waschen allein genügt nicht.

Die Tontöpfe gibt es in genormten Größen. Sie sind frostfrei zu lagern.

Die Wurzelentwicklung im Tontopf (Abb. 88) zeigt, daß alle Wurzelspitzen schnellstens der porösen Wand zu-, an ihr entlang wachsen und schließlich eine feste Wurzelschicht zwischen Erde und Wand bilden. Das Gießwasser löst die anfangs gleichmäßig verteilten Salze, wodurch eine Entmischung des

Substrates eintritt. Die Salze lagern sich im und am Ton ab, weil das Wasser durch die poröse Wand verdunstet. Die Wurzeln folgen dem Weg von Wasser und Salzen und bald liegen über 90% der Wurzelmasse in dünner Schicht zwischen Erde und Topf. Vorteilig ist der feste Wurzelballen; nachteilig die relativ schwierige Kultivierung im Tontopf, die langsame Entwicklung, begrenzte Standzeiten durch eine verfilzende Wurzelschicht, leichte Beschädigung der völlig freiliegenden Wurzelmasse beim Aus- und Umtopfen.

Die Kakteenkultur im Plastiktopf

Der Topf aus Polyäthylen, PVC, Polystyrol, Styropor etc. ist für Wasser und Luft weitgehend oder völlig undurchlässig. Weil er nicht porös ist, gehen auch keine Nährstoffe durch die Wand verloren, Verdunstungskälte tritt nicht auf. Plastiktöpfe besitzen nur 21–24% der Verdunstungsfläche von Tontöpfen. Ihr Wasserbedarf reduziert sich bei freier Aufstellung um etwa $^1/_2$ gegenüber dem freistehenden und um etwa $^1/_3$ gegenüber dem eingefütterten Tontopf. Der unproduktive Wasserverbrauch über Substratoberfläche und Gefäßwandung tritt zurück, der produktive durch die Pflanze überwiegt. Diese Töpfe eignen sich für Einzelaufstellung auf feuchten Sand- und Torfschichten.

Plastiktöpfe sind leicht, platzsparend, weil dünnwandig (10–20%ige Platzersparnis gegenüber Tontöpfen) und gut stapelbar (Lagerraum $^1/_8$ der für Tontöpfe). Lichtundurchlässige Wandungen verhindern, daß der Wurzelballen veralgt. Schmutz, Kalk, Algen, Schädlinge und Krankheitserreger können nicht eindringen. Austopfen beschädigt keine Wurzeln, soweit die Töpfe stabil und nicht zu elastisch sind. Desinfizieren und Reinigen ist leicht; die Töpfe reagieren neutral, sind unzerbrechlich und korrosionsfest, ihre Oberfläche schöner als die der Tontöpfe. Die Formen sind rund, vier- und vieleckig (bessere Platzausnützung!). Bei Plastiktöpfen ist die Gefahr des Vergießens größer. Also weniger gießen und die Substrate durch Zusätze »vergießfest« machen! Eingesenkte und bepflanzte Plastiktöpfe müssen öfter gegossen und nachgedüngt werden als ebensolche Tontöpfe, weil ein Nachschub aus dem Einfütterungssubstrat in den Wurzelballen nicht möglich ist. Kunststofftöpfe kippen wegen ihres geringen Gewichtes leicht, besonders bei säuligen Kakteen.

Metalltöpfe (aus z.B. Eisenblech, Aluminium) sind ähnlich günstig zu beurteilen; sie werden aber nur sehr selten verwendet.

Besonders platzsparend und preiswert sind die aus einem Spezial-PVC-Polymerisat bestehenden Multitopfplatten und ähnlichen Topfverbände (Quick-Pot), bei denen mehrere bis viele Kunststofftöpfe zu einer Platte zusammengefaßt sind. Die Vorteile des Plastiktopfes gelten auch für den Multitopf, er erfüllt aber auch die Vorteile der Pikierkiste ohne deren hohen Erdverbrauch. Wurzelkrankheiten und -beschädigungen sind durch die Isolierung der Pflanzen bei richtigen Abständen voneinander nicht möglich. Aufgestellt soll auf Torf, Sand oder Schlacke werden. Die Erde wird sehr schnell durch Aufschütten und Abstreifen mittels eines Einfüllbrettes eingebracht, die Pikierstellen werden mit der »Pikierhilfe« oder dem »Multilocher« gelocht und die vollen Platten mit Transportgestellen bewegt. Sie eignen sich besonders für Fließbandarbeit beim Pikieren großer Posten von Kakteenjungpflanzen, aber auch der Versand bepflanzter Platten mit neuartigen Verbundpackungen ist möglich.

Im Gegensatz zum Tontopf wandern die Nährstoffe nur zum Topfboden, da durch die undurchlässige Topfwand nichts verdunsten kann (Abb. 88). Demzufolge wachsen die Wurzeln direkt zum Boden. Es entsteht so die typische pinselförmige Durchwurzelung des Plastiktopfes. Alle Reize wirken hier in gleicher Richtung (positiver Geotropismus, Hydrotropismus, Chemotropismus). Vorteilhaft ist, daß beim Austopfen die meisten Wurzeln in der Mitte des Topfes geschützt liegen. Nachteilig ist, daß man auf einen festen Ballen längere Zeit warten muß, denn auch die Erde an der Topfwand muß durchwurzelt sein. Später kann es leicht passieren, daß die Wurzeln den Ballen aus dem Topf hochdrücken, das Wasser läuft dann beim Gießen an der Topfwand ab und der Ballen bleibt trocken. Dann muß sofort umgetopft werden.

Die anorganischen Ton- und synthetischen Plastiktöpfe bleiben für die Pflanze immer Fremdkörper, die ihre Entwicklung begrenzen, statt Bestandteil zu werden. Dies gelingt mit organischen Töpfen aus Torf und ähnlichen Materialien (Abb. 89).

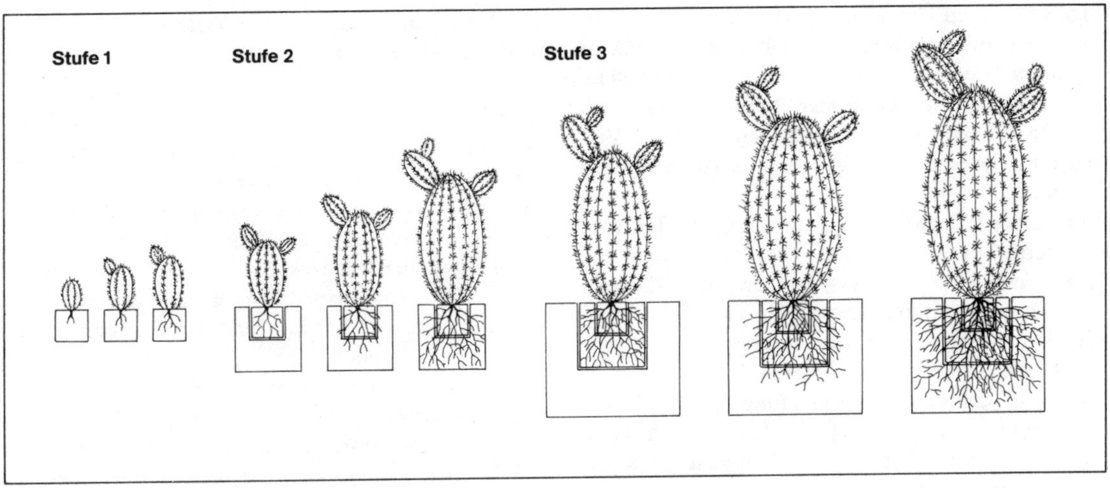

Abb. 89 Kakteenanzucht in Blocksubstraten.

Die Kakteenkultur im Torftopf

Die bekanntesten, sehr bewährten, norwegischen Jiffy-Pots dienen der Anzucht der Kakteen, vom Sämling, Steckling, von der Pfropfung bis zur erwachsenen Pflanze. Das Topfmaterial sind 75% humusreiche Sphagnum-Torfe, 22% Holzspan-Zellulose ohne Ligningehalt und 3% leichtlösliche, ausbalanzierte, mineralische Nährsalze (N:P:K = 1,5:0,9:0,5), die jedoch nicht als Düngung zu betrachten sind, sondern der Aufbereitung der Zellulose als Bindemittel dienen.

Die unzerbrechlichen, leichten, bequem zu lagernden, platzsparenden Torftöpfe werden mit einem leichten, durchlässigen Substrat gefüllt. Die dünnwandige, durchlässige Torfumhüllung des Substrates hält später den Wurzelballen zusammen und stabilisiert den pH-Wert der Erde. Der Jiffy-Pot lagert die Nährstoffe an und hält sie für die Wurzel bereit; ausgespült wird nichts. Eingefüttert wird nicht, sondern die Töpfe werden so dicht aneinander gerückt, daß eine geschlossene Oberfläche und damit ein Schutz vor Wasserverdunstung entsteht. Gepflanzt wird wie üblich, hernach wird stark angegossen (»der erste Guß für den Topf, der zweite für die Kakteenpflanze und das Substrat«!). Beim Umpflanzen wird der ganze Topf eingetopft, ausgetopft wird nicht, die Pflanze wächst ohne Umpflanzschock weiter. Umgetopft wird platzsparend immer in Töpfe, die 1–2 Nummern kleiner sind als entsprechende Tontöpfe wären. Die Wurzeln verhärten und verfilzen nicht, die Pflanzen werden bei entsprechender Düngung lange nicht überständig. Der Topf selbst ist steril und hemmt die Ausbreitung von Schädlingen und Krankheitserregern im Wurzelbereich. Ist die Kakteenpflanze groß genug, wird sie mit dem Jiffy-Pot in einen Tontopf umgepflanzt. Das Einsammeln, Sortieren, Waschen, Sterilisieren und Stapeln von Töpfen entfällt. Torftöpfe sind rund, viereckig, einzeln oder als Streifen (strips) zu haben, die gängigsten Größen sind 4, 5, 6, 7, 8, 10 und 11 cm. Jiffy 6, 7 und 9 sowie die Torfquelltöpfe gibt es jetzt auch fabrikmäßig konfektioniert auf Plastikeinwegschalen (Topfeinheiten) oder in Plastiktopfplatten 60 × 40 cm.

Ähnliche Töpfe sind die irischen Jack-Pots aus 70% Torf und Zellulose als Bindemittel. Sehr bekannt sind auch die Fertil-Pots, die aus langfaserigem Torf und ausgesuchten Pflanzenfasern ohne jegliches Bindemittel hergestellt werden. Auch der finnische Finn-Pot besteht aus 70% eines besonders geeigneten Torfs, dem als Düngemittel Dolomitkalk, Kaliumphosphat, Superphosphat, Feinphosphat und Ammoniumphosphat zugesetzt sind.

Starkes Angießen löst die Nährstoffe in der Erde oder im Substrat und sättigt die Torfwand (Abb. 88). Die Nährstoffe werden in der Wandung des Torftopfes angelagert und feinstverteilt für die Wurzeln bereitgehalten. Die Wurzeln der Kakteenpflanze folgen nun dem Wasser und den Salzen. Die Wurzelspitzen auch feinster Wurzeln stoßen mühelos durch die Topfwand, legen sich an und trocknen im Spalt zwischen den konischen Töpfen an der Luft ein. Die Wurzeln werden im Ballen stark zur Verzweigung gereizt. Der Vorgang wiederholt sich dauernd.

Von Vorteil ist, daß die Ballenbildung im Torftopf sehr schnell geschieht, daß die Durchwurzelung leicht und vollständig erfolgt, daß die Wurzeln sternförmig geschützt liegen und jeder Verpflanzschock ausgeschaltet ist, daß stärkste Verzweigung der Wurzeln ohne jeden äußeren Eingriff erreicht wird, daß die Gesamtentwicklung gefördert und Arbeit gespart wird. Torftöpfe helfen rationalisieren, sparen Platz und Zeit, sie sind von gleichmäßiger, preisgünstiger Qualität und für die empfindlichsten Pflanzen hervorragend geeignet. Es tritt keine Verlederung der Töpfe auf, die Wasseraufnahme ist gut, Wurzelschäden sind bislang nicht bekannt. Nachteilig ist, daß der Topf als Teil des Wurzelballens verloren geht, aber er ist relativ billig.

Auch die Anzucht von Stecklingen ist so sehr leicht (Abb. 90). Wenn man keine Luftwurzelbildung abwarten will, wird der Steckling nach üblichem Abtrocknen und Kallusbildung in den, mit einem leichten Substrat gefüllten Torftopf gebracht und dort bewurzelt. Nach Bewurzelung wird wie oben beschrieben mit dem Torftopf weiter verfahren.

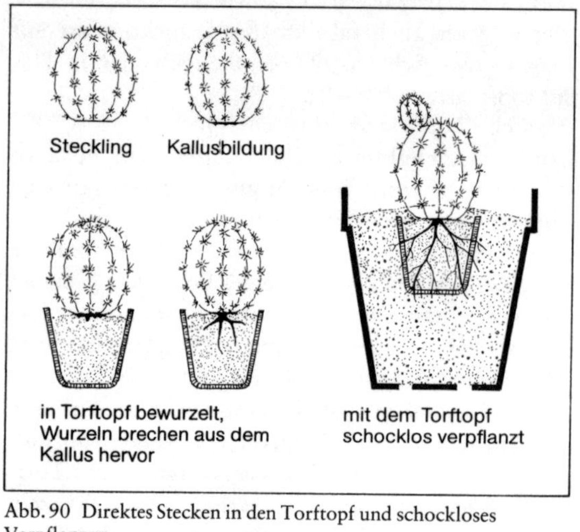

Abb. 90 Direktes Stecken in den Torftopf und schockloses Verpflanzen.

Die Kakteenkultur in Pikierkisten und Pflanzschalen

Die Kultur von Kakteen in Pikierkisten und Pflanzschalen ist der in Einzeltöpfen überlegen, weil das Substratvolumen größer, die Feuchtigkeit konstanter, die Temperatur ausgeglichener ist; das Wachstum ist bei gegebener Konkurrenz besser, die Wurzeln entwickeln sich freier, der Platz wird bestens ausgenützt (der Pflanzabstand soll dem Durchmesser der Pflanzen entsprechen), es muß seltener umgepflanzt werden, das Ein- und Ausräumen (soweit nötig) geht schneller.

Nachteilig ist, daß Kisten schwerer sind und sich Wurzelschädlinge leichter ausbreiten. Die Oberfläche des Substrates zwischen den Pflanzen kann mit Steinen abgedeckt werden, was Verkrustung, Vermoosung, Veralgung und Aufspritzen der Erde

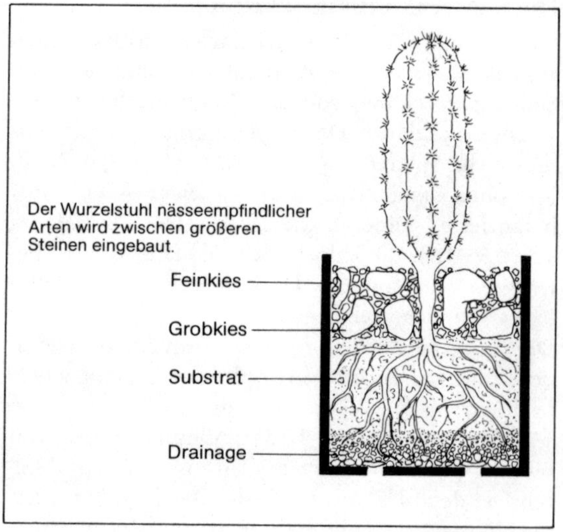

Abb. 91 Das Eintopfen nässeempfindlicher Arten (verändert nach Buxbaum).

beim Gießen verhindert (Abb. 91). Die Kisten und Schalen sind aus (für unsere Zwecke ungeeignetem, weichen, unstabilem) Styropor, aus (sehr bewährtem!) gesundem Holz (Wandstärke 1,5–2 cm, mit Abzugslöchern, pflanzenunschädlich imprägniert, genagelt und geschraubt, nicht geleimt), Asbestzement (Eternit, Fulgurit; ca. 8 Tage lang vor Gebrauch wässern oder innen pflanzenunschädlich lackieren) oder verwindungssteifem Kunststoff, mit gerippten, glatten oder gelochten Böden (z. B. Romberg PK 12, PK 16, Piki-Box, Wavibox, Pikierkästen »Haug«, Europa-Pikierkästen »Haug« usw.), alle Schalen in Standardmaß 30 × 50 oder 40 × 60 cm. Die Höhen schwanken zwischen 5 und 12 cm.

Etiketten und Beschriftung der Kakteen

Je mehr Pflanzen sich ansammeln, desto wichtiger wird eine klare, gut leserliche und vor allem richtige Beschriftung. Das »richtige« kann uns hier nicht beschäftigen. Fest steht jedoch, daß auch schöne, gepflegte Sammlungen nicht selten durch einen ausgesprochenen Etikettenwirrwarr, einen Etikettensalat, »verschandelt« werden, den meist nicht einmal mehr der Eigentümer durchblickt. Nicht nur daß die Etiketten (falls überhaupt vorhanden) aus unterschiedlichem Material, verschieden groß, geformt, gefärbt sind, sie sind auch noch verwittert, verwaschen, verwischt, ausgebleicht, unleserlich. Auch die Kakteenhändler liefern selten gute Beschriftungen mit: gedruckt und damit leserlich sind meist nur die Bezeichnungen der Gattungen, bei den

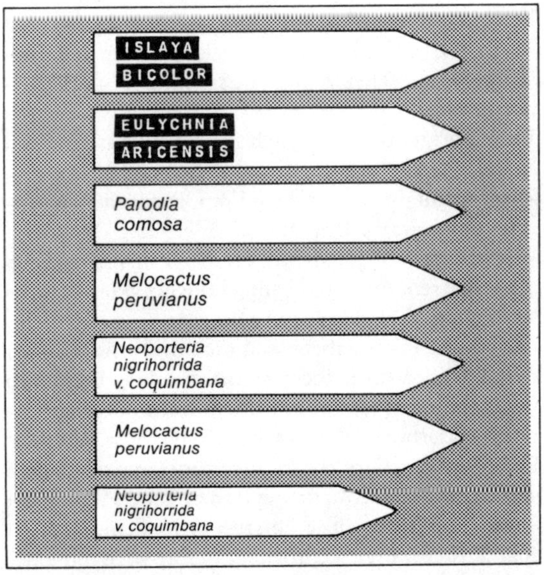

Abb. 92 Beschriftungsbeispiele von Etiketten.

(oft handgeschriebene) Artnamen beginnt schon wieder ein Entzifferungsrätsel.
Alle Mängel beruhen auf falschem Material für die Etiketten und auf untauglicher Beschriftung. Das beste Material ist zweifelsohne Kunststoff (sieht man von Metallpräge-, Emailschildern und ähnlichem in Botanischen Gärten, Schausammlungen usw. ab) von weißer Farbe. Gefärbte Etiketten bleichen immer aus und sind dann recht unschön. Plastik-Stecketiketten sind schlag- und stoßunempfindlich, reißfest, flexibel, wetterfest, schmutzabweisend, sehr lange haltbar, nehmen eine Beschriftung gut an und sind relativ preiswert. Es gibt sie in den Größen 6 × 1,2, 8 × 1,4, 10 × 1,6, 12 × 1,8 cm (und größer), passend für alle gängigen Topfgrößen, abgepackt zu 100 und 500 Stück, einzeln geschnitten oder zu Etikettenbändern (für Schreibmaschinenbeschriftung!) vereinigt. Sie mit einer Schere zu teilen, zu verkleinern oder passend zuzuschneiden, ist leicht.
Beschriftet werden kann mit wetterfester, folienanlösender oder -nichtanlösender schwarzer Tusche (die meisten farbigen Tuschen sind nicht lichtecht) von Hand oder in Normschrift mit Schriftschablonen. Die Buchstabenhöhe soll 2–3 mm nicht unterschreiten; auch die Rückseite der Schilder kann für weitere Angaben genutzt werden. Beschriftet werden kann mit Feinstrich-Faserschreibern, Lumocolor-Schreibstiften, Fettstiften und Spezial-Schreibmaschinenfarbband. Unbegrenzt haltbar und dauerhaft lesbar sind die Etiketten, wenn Prägebänder, bedruckt mit dem Dymo-Schriftpräger, aufgeklebt werden. Die Bänder sind verschiedenfarbig, am besten ist auch hier schwarz (Abb. 92).
Neben Stecketiketten gibt es noch die Standetiketten für größere Pflanzen oder mehr Text. Diese Etiketten haben einen Metall- (verzinkter Stahl) oder Plastikträger und das eigentliche Schild (z. B. Meyer-, Soparco-DL-Standetiketten, Kreuzschnitt-Stecketiketten usw.). Die beste Beschriftung ist wiederum die mit einem lichtechten schwarzen Prägeband.
Schriften, außer den geprägten, werden nach dem Trocknen gegen Nässe, Salze, Pflanzenschutzmittel zusätzlich durch eine Lackierung (aus Sprühdosen mit Klarlack) geschützt.
Damit können die Etiketten in einer Sammlung ver-

einheitlicht werden, die Schrift ist klar, ebenfalls übereinstimmend, auch aus größerer Entfernung noch zu lesen und dauerhaft. Mit verschiedenen Farben, z.B. bei den Prägebändern, können bestimmte Gattungen oder Verpflanzjahrgänge markiert werden. Weitere farbige Unterscheidungen sind mit verschieden geformten und gefärbten, selbstklebenden Farbsignalen aus Spezialpapier möglich. Sie werden auf die Etiketten gebracht, anschließend ebenfalls lackiert.

Die Vorderseite des Etiketts trägt den Gattungs- und Artnamen. Weiter können, auch auf der Rückseiten, Angaben über Herkunft und Sammlungsnummer gemacht werden. Diese Nummer soll in einer Datei wiederkehren, in der Fundort, Sammler, Lieferant, Erwerbdatum, Kulturhinweise, Blühangaben usw. eingetragen werden können.

Zubehör, Verbrauchsartikel und Werkzeuge

Blumenstäbe werden verwendet, um hängende, nicht sehr stabile, aufrecht wachsende oder kopflastige Kakteen zu stützen und zu befestigen. Die Blumenstäbe sind meist zugespitzte, saubere Bambusstäbe oder -splitt, aber auch Plastikstäbe. Bindedraht auf Spule oder in Längen geschnitten, Raffiabast oder Kunstbast, Bindestreifen, Bindegarn oder Plastikbinder dienen dazu, die Pflanze an dem Stab zu befestigen.

Gießkannen werden immer, auch bei Schlauchbewässerung oder einer automatisch oder handgesteuerten Beregnungsanlage benötigt. Die kleinen Gießkannen, die sogenannten Gewächshauskannen aus Metall oder Plastik haben ein dünnes, langes Gießrohr und sind bei $2^1/_2$ l Inhalt mit einem Griff, bei $4^1/_2$ l mit einem Bügel versehen. Für umfangreichere Sammlungen gibt es 8–10 l Wasser fassende ovale Kannen mit übergreifendem, rundem Bügel. Immer aber darf nur mit abgestandenem Wasser gegossen werden. Eine feine Brause ist aufzustecken. Als Gießwasserbottiche sind Wasserstanden von 200, 500 und mehr Litern Fassungsvermögen aus glasfaserverstärkten Polyester, Fiberglasbütten u. dgl. verwendbar. Am bequemsten ist ein Gießschlauch mit einer vorgeschalteten Elektropumpe.

Eine **Klein-Wetterstation** in Kompaktbauweise ermöglicht eine exakte Wetterbeobachtung in praxisnaher Aufschlüsselung. Gemessen wird die Temperatur, die relative Luftfeuchte und der Luftdruck; auch der Taupunkt ist ablesbar.

Lupen mit 4-, 6- oder 8facher Vergrößerung sind manchmal recht hilfreich und unterstützen das menschliche Auge.

Messer, Rasierklingen, Gartenscheren sind unentbehrlich. Nur gerade, gut schneidende Gärtnermesser, aber auch Rasiermesser, sind zum Schneiden von Stecklingen und beim Pfropfen geeignet. Der Messerrücken muß dünn sein. Neue Rasierklingen müssen mit starker Prillösung entfettet werden. Alle Schneidewerkzeuge müssen rostfrei sein; sie können mit feinen Abziehsteinen und Handstreichriemen (Juchtenleder), nicht jedoch nur mit Haushaltschleifgeräten und -maschinen nachgeschärft werden. Für Schneidearbeiten an größeren Pflanzen braucht man Gartenscheren aus Edelstahl, z.B. Löwescheren, hochwertige Baumscheren.

Pinsel in größerer Zahl werden für Bestäubungsarbeiten benötigt. Es sind nur feine, weiche Haarpinsel geeignet. Desinfiziert werden sie in Äthylalkohol.

Pendelsitze sind ideal bei ortsgebundenen Arbeiten, wie Pikieren, Umpflanzen usw. Sie verhindern eine vorzeitige Ermüdung. Sie sind auf jede Höhe zwischen 60 und 85 cm einzustellen, haben eine beschwerte Fußscheibe und einen Sitz mit Stahlfederpolsterung.

Transportgeräte sind wichtig, weil Pflanzen und Materialien schwer sind und daher nicht getragen, sondern gefahren werden sollten. Dazu dienen Wägen und Karren. Unentbehrlich erscheinen Schubkarren und vor allem für Pflanzen in Pikierkisten Stapelkarren, luftbereift, mit 6 Bügeln oder Etagenkarren mit ähnlicher Ausstattung.

Pikierholz, Pikiergabeln sind nicht unbedingt erforderlich, aber doch recht praktisch. Das Umsetzen von Sämlingen erfolgt mit einem spitzen, bleistiftartigen Pikierholz oder mit Plastik-Pikierstäben oder Pikierpinnen. Größere Pflanzen werden mit einem stärkeren Pikierholz umgepflanzt. Eine Pikiergabel kann man sich selbst herstellen, in dem man ein spatelartiges, breit-keilförmiges Holz vorn mit einer dreieckigen Kerbe versieht. Damit kann man die

Sämlinge am Wurzelhals gut und unbeschädigt fassen und herausheben.
Zangen, Handschuhe, Pinzetten und **Nadeln** gehören in jede Sammlung. Topfzangen erlauben Töpfe zu bewegen, ohne sich an Stacheln zu verletzen. Schützend sind beim Umgang mit Pflanzenschutzmitteln Gummi- oder Plastikhandschuhe, für andere, trockene Arbeiten Chromleder-Fünffingerhandschuhe. Stacheln können aus der Haut mit Spitzpinzetten (Spitze durch Einstecken in einen Kork schützen!) und Nadeln entfernt werden.
Alles weitere Zubehör ist den Katalogen der einschlägigen Firmen zu entnehmen. Entsprechende Inserate bringen die Fachzeitschriften.

Jahresarbeitskalender

Vorfrühling

In dieser Zeit der Schneeschmelze und der ersten Frühlingsboten lüftet man nur an sonnigen Tagen, um die Ruhezeit der Kakteen nicht abzubrechen. Wichtig ist, daß keine Zugluft auftritt. Schmier-, Schild-, Wolläuse und Spinnmilben müssen intensiv bekämpft werden. Erdkakteen sind immer noch völlig trocken zu halten; sie müssen aber hell stehen und, soweit möglich, volle Sonne erhalten. Epiphyten sind bereits (oder noch) im Saft, die Temperaturen sollten dann bei 10–12 °C (–15 °C) liegen.
Höchstens an schönen Tagen kann frühmorgens in den Raum hinein (nicht auf die Pflanzen gerichtet) mit fast kochendheißem Wasser genebelt werden. Das Erdreich sollte nicht völlig austrocknen. Die Sonne muß mittags bereits abschattiert werden.
Jetzt kann bereits umgesetzt und umgetopft, allerdings noch nicht angegossen werden.
Die Aussaaten werden vorbereitet, wenn sie im Gewächshaus erfolgen können.

Frühjahr

Es wird weiter genebelt, jetzt direkt auf die Kakteen mit temperiertem Wasser, bis der Neutrieb einsetzt. Bei sonnigem Wetter kann aber auch schon sehr vorsichtig und dosiert mit dem Gießen, ebenfalls nur mit temperiertem Wasser, frühmorgens (damit die Pflanzen bis zum Abend abgetrocknet sind) begonnen werden. An kalten Tagen droht allerdings leicht die Wurzelfäule. Ins Freibeet können zunächst nur solche Pflanzen ausgeräumt werden, die niedere Temperaturen aushalten (Tephrocacteen, Echinopsen, Lobivien, *Chamaecereus*-Arten u.a.). Wird mit einer elektrischen Heizung (Heizkabel und Thermostat) bzw. mit Strohmatten gegen Spätfröste geschützt, folgen auch die anderen Kakteen nach; im allgemeinen geschieht dies aber erst nach den Eisheiligen. Schattiert werden sollen alle aus lichtarmen Winterquartieren kommende Pflanzen, soweit sie nicht durch Stacheln, Haare oder Wachsschichten geschützt sind. Gewächshäuser sind bei mildem Wetter oder bei Sonneneinstrahlung zu lüften.
Erscheinen bei Frühblühern (*Mammillaria viereckii, Notocactus haselbergii, Parodia chrysacanthion* u.a.) die Blütenknospen, wird vorsichtig gegossen und ein Mal wöchentlich schwach gedüngt.
Bei saftigen Pflanzen beginnt das Schneiden der Stecklinge, insbesondere bei Cereen, Opuntien und Trichocereen, jetzt auch ohne Bodenwärme. Pfropfen ist ebenfalls, aber nur an warmen Tagen, möglich, wenn rechtzeitig die Unterlagen durch höhere Temperaturen angetrieben worden sind. Besonders Sämlingspfropfungen sind vor Prallsonne zu schützen.
Aussaaten ohne künstliche Wärme sollten noch

nicht durchgeführt, mit Zusatzheizung (20–25 °C) und -beleuchtung können sie vorgenommen werden.
Was jetzt nicht treibt, ist möglicherweise krank: sitzen die Pflanzen locker, dann muß aus- und umgetopft werden; sitzen sie fest, ist mit einem Kontaktmittel gegen Wurzelläuse zu gießen. Nach einer solchen »Bodendesinfektion« müssen auch diese Pflanzen innerhalb von zwei Wochen austreiben.
Jetzt ist die Zeit, in der besonders intensiv umgepflanzt werden sollte. Frisch umgesetzte Pflanzen werden dann bei gespannter Luft warm gehalten und vorsichtig angegossen. Gerade blühende Pflanzen dürfen erst nach der Blüte umgepflanzt werden.
Soweit nicht schon geschehen, ist es jetzt höchste Zeit Frühbeete und Kästen in Ordnung zu bringen.

Sommer

Alles wächst jetzt voll, es wird wöchentlich gedüngt, allerdings in schwacher Konzentration. Gewächshäuser sind jetzt dauernd gelüftet, denn Temperaturgegensätze zwischen Tag und Nacht sind sehr erwünscht; mittags wird schattiert. Frühbeete sind auch nachts offen, solange es nicht regnet. Allerdings ist Regenschutz nur bei längeren Schlechtwetterperioden nötig. Immer unter Glas müssen nur die »weißen« Kakteen *(Espostoa, Cephalocereus, Mammillaria ...)* gehalten werden, jedoch bei starker Lüftung.
Hagelschutz bieten (bedingt!) Gitter mit 5 mm Maschenweite; besser ist eine Hagelversicherung. Sind die Nächte noch kühl, wird morgens gegossen (allerdings nicht in den Scheitel!) und genebelt, sind sie warm, wird abends gewässert. Gleichmäßig feucht halten und ausreichend düngen ist jetzt unerläßlich. Blattkakteen stehen halbschattig. Aussaaten können jetzt ohne Heizung durchgeführt werden, Sämlinge sind immer etwas zu schattieren.
Noch wird weiter verpflanzt, auch wenn die Hauptzeit dafür, das Frühjahr, vorbei ist. Für die Vermehrung durch Stecklinge und für Pfropfungen ist jetzt die beste Zeit. Die Blüten werden künstlich bestäubt.

Spätsommer und Frühherbst

Nach der Ernte und bei kürzer werdenden Tagen wird nicht mehr gedüngt und weniger gegossen. Die Neutriebe härten sich nun ab. Allmählich wird das Gießen überhaupt eingestellt und schließlich nur mehr genebelt. Die Ruhezeit bei Weihnachtskakteen muß beachtet werden. Eine Schädlingsbekämpfung ist unbedingt erforderlich, bevor die Pflanzen ins Winterquartier eingeräumt werden. Die Frühbeetfenster sind nachts immer offen, der Spätsommertau erspart dann jedes Bewässern, die nächtliche Kühle hemmt das Wachstum und fördert die Abhärtung. Vor allem muß jetzt unbedingt Regenschutz gegeben werden. Viel Sonne und Frischluft sind nötig.
Kakteensamen werden nach Reife geerntet, genau beschriftet und sachgerecht aufbewahrt.
Herbstaussaaten von südamerikanischen Arten sind möglich, erfordern aber Erfahrung und technische Voraussetzungen; auflaufende Sämlinge werden erst nach dem kommenden Winter pikiert, sie verbleiben also in den Saatgefäßen.
Pikieren und Umtopfen wird allmählich beendet, ebenso die Stecklingsvermehrung und das Pfropfen.

Herbst

Die Nächte werden kühler, schließlich treten gelegentlich Nachtfröste auf. Das Frühbeet ist jetzt auch nachts zu schließen. Abgehärtete Erdkakteen sind bereits völlig trockengestellt, nur die Sämlinge werden noch vorsichtig genebelt, damit sie nicht schrumpfen. Auch Blattkakteen hält man etwas trockener (in Hydrokultur Wasserstand erniedrigen) und kühler (verhindert »Spieße«). Die Weihnachtskakteen dagegen werden gedüngt, sonnig gestellt, aber dann nicht mehr gedreht (sonst werden die Knospen abgeworfen).
Die Gewächshaustemperaturen sinken allmählich auf 5–8 °C (soweit nicht andere Temperaturen erforderlich sind). Die Ruhezeit beginnt.

Das Frühbeet benötigt jetzt nachts eine Heizung. Die Pflanzen sollten möglichst lange im Freien bleiben und damit abgehärtet werden; das schließt aber nicht aus, daß sie noch rechtzeitig ins Winterquartier eingeräumt werden müssen.
Ein Winterquartier ist am leichtesten für Kakteen am Fensterbrett zu finden: sie bleiben wo sie sind. Gleiches gilt für die Pflanzen in einem Gewächshaus. Schwieriger ist es für Kakteen aus einem Frühbeetkasten oder dgl., sie sollen ja ebenfalls bei 5–8 °C überwintert werden. Oft ist ein ungeheiztes Zimmer dafür recht geeignet. Ein Notbehelf für relativ wenige Pflanzen ist ein (Reserve-)Fensterbrett. Dort, wie auch an allen anderen Aufstellungsorten sind die sonnigsten Plätze anzubieten. Alle Pflanzen werden ab Mitte Oktober trocken gehalten. Pflanzen aus dem Freiland sind auch schon, bei absoluter Trockenheit und z.T. ausgetopft, auf einem Schrank im Haus überwintert worden.
Auf Schädlinge und Krankheiten muß nach wie vor sehr geachtet werden. Gegebenenfalls sind Bekämpfungsmaßnahmen, besonders gegen Läuse und Spinnmilben, einzuleiten.

Winter

Schlumbergera truncata und die Züchtungen beginnen zu blühen. Ansonsten muß nach wie vor auf Krankheiten und Schädlinge kontrolliert werden. Gefährlich werden jetzt vor allem Fäulen. Notfalls sind die noch gesunden Sprosse einer erkrankten Pflanze zu schneiden, die Stecklinge bis zum Frühjahr liegen zu lassen oder evtl. eine Scheinpfropfung durchzuführen.
Weitere Arbeiten sind: Etiketten leserlich machen und ergänzen, den Pflanzenbestand kontrollieren, Registrierarbeiten erledigen, Karteien vervollständigen, die in der eigenen Sammlung gewonnenen Samen aufbereiten, Samen bestellen, Photoarbeiten und sich selbst die Freude einer Vorführung der Aufnahmen des abgelaufenen Jahres machen. Man zieht Folgerungen aus dem vergangenen und schmiedet Pläne für das kommende Pflegejahr. Die Pflanzen aber befinden sich in vollkommener Winterruhe, kühl, hell und trocken.

Anlegen einer Kakteensammlung

Ein Kindel oder ein Sproß, geschenkt, oder eine getopfte Kakteenpflanze aus einem Blumengeschäft sind meist der Anfang. Dann bringt die erste Blüte die nächste »Sensation«. Und schon ist man von der »Stachelsucht« befallen. In der Folge wird dann also gesammelt: alles was gefällt und was unterzubringen ist. Bald geht man überlegter vor, denn sicherlich ist nicht alles so gediehen, wie man es sich gewünscht hat. Oft ist dies ganz einfach auf eine ungeeignete Artenauswahl zurückzuführen. Auf engem, kleinem Raum kann man eben nicht die mannigfaltigen Ansprüche der unterschiedlichsten Kakteen erfüllen. Oft hat man auch Kakteen nur nach ihrem äußeren Bild erworben, ohne zu wissen, daß schöne, attraktive Pflanzen oft recht hohe Haltungsansprüche stellen.
Später spezialisiert man sich auf eine besonders zusagende Gruppe, auf gut gedeihende oder auf blühende, auf Cristaten, oder auf besonders schwierig zu kultivierende Arten. Man versucht durch Kauf, Tausch oder Anzucht seine Sammlung zu komplettieren. Entscheidend aber bleiben die gegebenen Platzverhältnisse. Pflanzen die nicht gedeihen, sollte man nicht erst erwerben.
Natürlich lassen ein »grüner Daumen« und besonders gute Pflege auch unerwartete Erfolge zu. Trotzdem sollte sich der Anfänger zuerst mit den robusteren Pflanzen beschäftigen, wie *Chamaecereus, Gymnocalycium, Lobivia, Mammillaria, Notocactus, Rebutia, Selenicereus* usw. Literatur, Botanische Gärten, Ortsgruppen der Deutschen Kakteen-Gesellschaft oder ein versierter Kakteenliebhaber

helfen beim weiteren Aufbau und bewahren vor Enttäuschungen.
Für Fensterbretter sind die bereits genannten harten Arten u.a. geeignet, für ein Frühbeet, den Balkonkasten fast alle Kakteen, mit Ausnahme von sehr wärmebedürftigen. Weniger Licht benötigen *Epiphyllum, Hatiora, Rhipsalis, Schlumbergera* u.a. In einem Gewächshaus sind praktisch alle Kakteen zu halten, auch große, hohe und frei ausgepflanzte. Wenn man Pflanzen kauft, sollen sie gesund, gut bewurzelt und frei von Krankheitserregern und Schädlingen sein. Sie sollen auch richtig benannt sein. Pfropfungen sind teuer und machmal gar nicht sehr schön; trotzdem können sie die einzige Möglichkeit sein unter gegebenen, »suboptimalen« Umständen auch eine echte Attraktion, ein Juwel von Kaktuspflanze zu halten. Wenig Freude wird man an billiger, gepfropfter Massenware aus dem Ausland erleben. Importe finden erfreulicherweise immer weniger Interessenten; die Kakteenbestände in den Heimatländern werden dadurch endlich geschont.
Sehr empfehlenswert, weil unterhaltsam und lehrreich, ist die Gewinnung von eigenen Kakteensamen, die Aussaat und Anzucht von Kakteen, die Stecklingsvermehrung und auch das Pfropfen. Auf planloses Kreuzen sollte man unbedingt verzichten.
Die Grenzen der Liebhaberei zu überschreiten, sollte man sich gut überlegen. Wichtig ist, daß die Pflege der Kakteen Freude macht und nicht zur ungeliebten, vielleicht sogar gehaßten Fronarbeit wird. Lieber wenige Pflanzen gut, als viele schlecht gepflegt!

Kakteen- und Sukkulentensammlungen

Sehenswerte Kakteen- und Sukkulentensammlungen im westlichen und südlichen Europa können nur stichwortartig vorgestellt werden.
Die Sammlungen sind an der Côte d'Azur und der italienischen Riviera deswegen konzentriert, weil hier die Kakteen im Freien vor kalten nördlichen Luftströmungen geschützt und im Aufwind erwärmter Meeresluft zu halten sind. Dort gibt es jahrelang keine, und wenn, dann nur schwache Fröste; aber auch keine sengende Sommerhitze. Im Winter ist lediglich Regenschutz erforderlich.
Bei Antibes an der Straße nach Nizza liegt die Kakteengärtnerei Pécheret.
Auf der Halbinsel Cap Ferrat ist der wohl schönste Botanische Garten Europas »Les Cèdres« mit einer wertvollen, umfangreichen Kakteensammlung in privatem Besitz.
10 km entfernt in Monaco ist der berühmte »Jardin Exotique« mit seinen großen Säulenkakteen.
Vor der italienischen Grenze ist die Sammlung des Kakteenzüchters Delrue gelegen.
In Italien finden sich Gärtnereien oder Sammlungen in Bordighera und San Remo.
Weitere wichtige Sammlungen sind:
Die Städtische Sukkulentensammlung Zürich (gegr. 1931, geleitet von D. Supthut) besitzt eine Samensammlung (8500 Präparate), ein Herbarium (6000 Präparate) und einen umfangreichen Pflanzenbestand. 1950 wurde hier die I.O.S. (Internationale Organisation für Sukkulentenforschung) gegründet, die 1955 die Sammlung zur ersten internationalen Schutzsammlung erklärte. Alles Material von wissenschaftlichem Wert wird hier hinterlegt, so 1980 allein 3000 Neuzugänge. Neben der Öffentlichkeitsarbeit ist der Schutz und die Vermehrung gefährdeter Pflanzen (die z.T. am Wildstandort nahezu (oder völlig) ausgerottet sind) eine der wichtigsten Aufgaben der Sammlung.
Der Botanische Garten »Pinya de Rosa« zwischen Lloret de Mar und Blanes an der Costa Brava in Spanien, ein Privatbesitz, hat eine riesige Freianlage für Kakteen und andere Sukkulenten. Der Aufbau erfolgte mit Unterstützung des 1964 verstorbenen C. Backeberg. Der Besitzer F. Riviere hat insbesondere die Sammlung der anderen Sukkulenten erweitert. Insgesamt sind ca. 7000 Arten vorhanden. Die Anlage kann besichtigt werden.
Der Botanische Garten »Marimurtra« in Blanes ebenfalls an der Costa Brava in Spanien, zeigt neben der Mittelmeerflora auf einem großen Areal Kakteen, Euphorbien und Agaven.
Hervorragende Kakteen- und Sukkulentensammlungen befinden sich auch innerhalb unserer Grenzen, so in den Botanischen Gärten München, Frankfurt, Berlin und anderer Städte.

Gattungsbezogene Kulturhinweise

Pereskioideae

Alle ***Pereskia***-Arten gedeihen am besten frei im Gewächshaus ausgepflanzt; nur dann blühen sie auch. Die Blüten, die im September/Oktober erscheinen, haben einen starken, süßlichen Duft. Die Pereskioideen sind unempfindlich und stellen keine Ansprüche an den Boden, nur sehr nahrhaft soll er sein. Im Sommer muß regelmäßig gegossen werden, ohne daß Staunässe entsteht. Sonniger, luftiger, allenfalls halbschattiger Stand ist nötig. *P.aculeata* wird oft als Pfropfunterlage für Weihnachtskakteen verwendet. Die Vermehrung ist leicht mittels ausgereifter Zweigstecklinge oder aus Samen.
Maihuenia ist winterhart, will einen sandig-lehmigen Boden und im Sommer reichlich Wasser.

Opuntioideae

Die überwiegend anspruchslosen, raschwachsenden ***Opuntia***-Arten beanspruchen viel Platz, insbesondere wenn sie im Gewächshaus frei ausgepflanzt sind. Die Erde kann beliebig zusammengesetzt sein, am besten allerdings sollte sie mineralisch, sandig, mit viel Lehm, leicht sauer und sehr nahrhaft sein. Vor allem muß intensiv nachgedüngt werden. Im Sommer wollen alle Opuntioideen einen sehr sonnigen, heißen Stand (am besten ohne Glas) und ausreichendes Wässern, wobei die Platyopuntien etwas trockener gehalten werden können, verglichen mit Cylindropuntien. Nächtliche Abkühlung ist sehr erwünscht. Im Winter sind sie völlig trocken und nicht zu kalt ((6–)8–10 °C) zu halten. Das Abwerfen der letzten Sproßglieder ist normal. **Winterharte Opuntien** wollen einen sonnigen Stand, gut durchlässigen Boden und keine stehende Nässe. Gegen wiederholt wechselndes Auftauen und erneutes Gefrieren sind sie von Januar bis Anfang April mit Reisig abzudecken.

Die Vermehrung gelingt leicht mit Stecklingen. Die Triebe von *O. aurantiaca* brechen leicht ab und werden so verschleppt; sie ist eine der »Pest-Opuntien« des australischen Kontinents. Zylindrische Glieder der sehr attraktiven *Austrocylindropuntia clavariodes* werden flach auf *Opuntia tomentosa, O. imbricata* oder *O. cylindrica,* kammförmig verbreiterte Glieder in den Spalt gepfropft. Diese Art blüht nur an heißen Standorten im Juli/August. Viel Sonne braucht auch *O. bergeriana,* die dann äußerst reich blüht. *O. leucotricha* ist nicht für's Zimmer oder für kleinere Sammlungen geeignet. *O. retrosa* wächst niederliegend und kriechend und kann deshalb kaum in Topfkultur gehalten werden. *O. scheerii* blüht erst recht groß. *O. subulata* ist als Zwischen-, nicht als Dauerunterlage brauchbar. *O. vestita* ist bei uns wegen fehlender Sonne, Wärme und nächtlicher Abkühlung zu wenig behaart; deshalb sollte sie im Sommer möglichst im Freien gehalten werden. *O. microdasys* und ihre Varietäten werden oft gezielt mager gehalten, damit sie nicht zu schnell zu groß werden; sie müssen als Jungpflanzen etwas schattig gehalten werden.
Die ***Tephrocactus***-Arten bleiben klein und sind ebenfalls recht anspruchslos. Wichtig ist nur eine reichlich mit Nährsalzen versorgte Erde. Sie wollen den sonnigsten Stand überhaupt und nachts starke Abkühlung, ferner reichlich Wasser und häufiges Nebeln und im Winter kalt.

Cactoideae

Hylocereae

Aporocactus flagelliformis ist eine vorzügliche, rasch wachsende, äußerst dankbare und auch für den Anfänger geeignete Ampelpflanze, die wurzelecht zu halten ist. Im Sommer will sie viel Sonne; sie kann geschützt sehr gut im Freien gepflegt werden.

Die Erde soll sehr nahrhaft, gut durchlässig und leicht sauer sein. Besonders im Alter muß während der Vegetationszeit kräftig nachgedüngt werden. Wenn sie im Vorsommer sehr reichlich blüht, braucht sie viel Wasser. Die Pflanzen sollen buschig wachsen und durch Umsetzen möglichst wenig gestört werden. Der Winterstand soll hell, mäßig kühl und leicht feucht sein. Spinnmilben werden gern gefährlich. Die Vermehrung erfolgt durch problemlos zu bewurzelnde Stecklinge.

Cryptocereus wird wie *Epiphyllum* behandelt. Im Sommer gibt man leichten Halbschatten. Die Erde soll von leicht saurer Reaktion sein und genügend feucht gehalten werden.

Disocactus, Chiapasia und ***Pseudorhipsalis*** gedeihen am besten in einem Gewächshaus mit »tropischem« Klima. Die Erde muß leicht, durchlässig, humos und sauer sein und mit etwas Torfmoos (Sphagnum) vermischt werden. In Hydrokultur ist auch eine Pflege im Zimmer möglich. Die Vermehrung erfolgt durch Stecklinge, die Anzucht aus Samen.

Eccremocactus wird ebenfalls wie *Epiphyllum* gehalten. Die Pflanzen fühlen sich in feuchtwarmem Klima bei Halbschatten und in stark humosem, durchlässigem Substrat am wohlsten. Im Winter benötigen sie Temperaturen über 16 °C.

Epiphyllum und ***Marniera*** sind wurzelempfindlich, besonders die tropischen Arten. Sie verlangen gleichmäßige, milde Bodenfeuchte und häufiges Nebeln der Sproße. Die Humuserde enthält wenig Lehm, aber viel Torfmull, ferner Sand und für eine saure Reaktion (pH 5) Nadelerde, Holzmulm oder Sägespäne beigemischt. Bei schwerem Boden oder häufigem Austrocknen im Wurzelbereich faulen die Wurzeln leicht; dann hilft nur sofort Stecklinge schneiden und sie neu bewurzeln. Der Sommerstand soll halbschattig bis schattig, aber hell, der im Winter bei 10–15 °C schwach feucht sein. Die Pflanzen halten auch Temperaturen knapp über 0 °C aus, müssen dann aber trockengestellt werden. »Spieße«, d.s. durch schwaches Licht eng und schmal gewordene Wintertriebe, sind wegzuschneiden.

Hatiora und ***Pseudozygocactus*** sind recht ansehnliche, schöne Pflanzen, die zügig wachsen und im Sommer sogar halbschattig im Freien gehalten werden können. In der Kultur sind sie ähnlich wie *Epiphyllum*.

Heliocereus speciosus ist eine schwach bestachelte, aber herrlich, sehr reich und willig blühende und leicht wachsende Art. Viele Kakteenpfleger halten die edel geformte und wunderbar gefärbte Blüte für mit die schönste Kakteenblüte überhaupt. Der Wuchs der Pflanze ist allerdings etwas sparrig. Sie will eine sehr nahrhafte, leicht humose, durchlässig-poröse Erde (pH 5,5). Während der sommerlichen Vegetationsperiode schadet ein Aufenthalt im Freien nicht, wenn vor Prallsonne geschützt wird. Im Triebe und bei warmem Wetter braucht sie dauernd genügend Feuchte, einen recht warmen, sonnigen und windgeschützten Stand. Im Winter sollen die Wurzeln nie völlig austrocknen, die Pflanze hell und kühl stehen. Warme und zu feuchte Überwinterung reduziert den Blütenansatz. Die langen Triebe werden an Stützstäben hochgebunden.

Hylocereus ist nur für die Gewächshauskultur geeignet und sollte dort frei ausgepflanzt werden. Die langen Triebe werden an Drähten bis unter das Glas gezogen. Die Anzucht erfolgt aus Samen, die Vermehrung durch Stecklinge.

Nopalxochia ist nicht schwierig zu halten. Sie verlangt sehr nahrhafte Erde (Mistbeeterde), die nicht alkalisch werden darf und deshalb mit sauer reagierender Nadelerde, mit Baum-Mulch oder Sägespänen versetzt wird. Die Ca-Versorgung erfolgt mit Gips. Im Sommer muß der Wurzelbereich feucht bleiben; der Stand soll halbschattig, auch im Freien unter Bäumen, sein. Den Winter verträgt sie notfalls trocken in einem Keller; besser ist eine helle und etwas feuchte Überwinterung. Immer aber ist pralle Sonne abzuhalten. Prächtige Blüten!

Pfeiffera ist wie *Rhipsalis* zu pflegen. Blüht sehr leicht!

Rhipsalidopsis gaertneri, der Osterkaktus, sollte trotz größerer Wurzelempfindlichkeit im Vergleich mit dem »Weihnachtskaktus« wegen seiner hübschen und leichten Blüte häufiger gepflegt werden. Propfung auf *Pereskia* bietet sich an; dann wird nicht zu leichtes Substrat benötigt. Wurzelecht verlangt er ein schwach saures Substrat (pH 5), d.h. eine mit reichlich Torfmull versetzte humose Lauberde. Kalk darf nicht beigemischt werden. Wie bei Orchideen muß der Boden immer feucht bleiben, sonst werden sofort die Glieder abgeworfen. Gleiches geschieht bei zu großer Wärme, wenn die Erde alkalisch wird, wenn die Luft zu trocken ist oder ein Wechsel von feuchter zu trockener Luft erfolgt. Weil volle Sonne nicht vertragen wird, kann im Sommer im Baumschatten aufgestellt werden. Im Winter will er hell, kühl, aber nicht kalt gehalten werden.

Rhipsalis und verwandte epiphytische Arten sind ausgesprochen kalkempfindlich. Selbst ein neutral reagierendes Substrat ist ungeeignet. Als lockere, leichte, saugfähige Erde wird eine Mischung aus $^1/_6$ Farnwurzel oder Torfmull, $^4/_6$ Laub- oder Mistbeeterde, $^1/_6$ gehacktes Torfmoos (Sphagnum) angegeben, der Holzkohlengrus, Nadelerde und morsches Holz zugesetzt werden. Das Substrat soll durch Tauchen immer feucht gehalten werden, auch im Winter, während gleichzeitig ausreichend Wärme gegeben werden soll. Sommerliche trockene Luft wird toleriert, wenn genebelt wird. Keine Prallsonne! Durch das starke Wachstum ergibt sich ein hoher Nährstoffbedarf, der mit normalen Düngern, d.h. solchen mit etwas höherem N-Gehalt, befriedigt werden kann.

Erythrorhipsalis wächst als Ampelpflanze, z.B. in einem Orchideenkörbchen hängend, oder in Töpfen mit gutem Wasserabzug sehr gut, wenn eine nahrhafte grobe Lauberde mit Sand und Torfmull, also leichtes, schwach saures Material, geboten wird. Der Wurzelballen ist immer feucht zu halten. Hydrokultur ist empfehlenswert. Im Sommer ist halbschattig oder schattig, im Winter bei 16–20 °C zu halten.

Schlumbergera benötigt wurzelecht einen reinen Humusboden und zugesetztes Sphagnum (Torfmoos), stets feuchten Boden, feuchtwarme Luft und eine warme Überwinterung. Ernährt wird anorganisch, N-arm, aber P- und K-betont, wodurch Wachstum und reicher Knospenansatz gefördert werden. Blühinduktion bzw. gesteuertes Blühen ist in gewissem Umfang möglich. Knospenansatz wird erzielt, wenn ab August kühler und luftiger gehalten und fast kein Wasser gegeben wird; die jungen Glieder reifen aus. Sind Knospen ab etwa September da, wird allmählich mehr gegossen und die Temperatur erhöht. Getriebene Pflanzen werfen leicht Glieder und Blüten ab. Bei Freilandpflanzen oder bei auf kühlem schattigen Grund kultivierten geschieht dies nicht. Bei Optimaltemperatur (10–14 °C) ist die Tageslänge ohne Einfluß. Höhere oder niedrigere Temperaturen können die Blüte wochenlang verzögern, wenn nicht mit unterschiedlichen Tageslängen gegengesteuert wird. Ansonsten liegen zwischen dem ersten Erscheinen der Knospen und der Blüte ca. 3 Monate. Letztere ist um die Weihnachtszeit. Die Vermehrung erfolgt ohne Schwierigkeit mit kleinen Stecklingen und mit Unterwärme. Verpflanzt wird im März und anschließend leicht schattiert.

Epiphyllanthus wird häufig auf *Selenicereus* gepfropft. Im Winter ist kühl zu halten, sonst werden die Knospen leicht abgestoßen.

Zygocactus verlangt wurzelecht leicht saures, stark humoses Substrat. Es werden viel frischer Torfmull, Nadelerde oder Sägespäne eingemischt. Die Wurzeln dürfen nie austrocknen. Im Sommer soll hell, warm, in leichtem Halbschatten (Baumschatten im Freien) kultiviert, im Winter hell, sonnig und warm (12–15 °C) gehalten werden.

Selenicereus-Arten werden am besten frei ausgepflanzt oder in Kisten gehalten. Die Erde soll sehr nahrhaft, leicht, luftig, leicht sauer reagierend, humos (Mistbeeterde) sein und etwas Lehm, Sand und Torfmull zugesetzt bekommen. Weitere Zuschlagstoffe sind Holzkohle und Ziegelsplitt. Der Stand soll halbschattig, auch im Winter über 10 °C warm, feucht (Schrumpfen der Pflanzen muß vermieden werden!), aber nicht zu naß sein. Alle Arten sind auch für die Fensterbrettpflege geeignet.

Cereae

Acanthocalycium ist gut wüchsig, wenn auch etwas empfindlich. Die Blüten sind sehr schön und mehrere Tage offen. Wurzelechte Pflanzen werden ähnlich wie Lobivia gehalten: in nahrhafter, gut durchlässiger, leicht saurer, gut drainierter Erde, die im Sommer gleichmäßig feucht, jedoch nicht naß zu halten ist. Der Stand soll sonnig bis halbschattig, nicht jedoch zu heiß sein. Im Winter hält man bei (6–)8–10 °C und trocken. Unter Glas braucht nicht gepfropft zu werden, jedoch ist das Wachstum auf einer Unterlage erheblich verbessert.

Ancistrocactus-Arten sind ziemlich schwierig zu halten (fleischige Wurzeln!), deshalb pfropft man wohl besser auf *Trichocereus spachianus* oder *Harrisia jusbertii.* Ein mineralisches Substrat wird bevorzugt. Die weichfleischigen Pflanzen werden oft von Spinnmilben befallen. Die kleinen, gelbgrünen Blüten erscheinen bei Sonne und Wärme im Juli. Für Anfänger nicht geeignet!

Arequipa: Sehr schöne Pflanzen! Sie verlangen sehr durchlässige, nahrhafte, mineralreiche Erde mit leicht saurer Reaktion. Es wird viel Wärme und Sonne verlangt, weshalb die Gattung am besten in einem sonnigen, luftigen Gewächshaus gedeiht. Pfropfen ist dann keineswegs erforderlich, wenn die Alkalisierung des Substrates und stehende Nässe verhindert werden. Im Winter wird trocken und hell gehalten. *A. rettigii* wird als blühwillig bezeichnet.

Ariocarpus-Arten wachsen auf rein mineralischem, sandig-lehmigem, schiefrigem, grobem, durchlässigem Substrat. Kalksteinschotter (weniger gut ist Gips) und viel Ziegelsplitt (3–6 mm Körnung) werden zugesetzt. Der pH-Wert soll nicht unter 7 liegen. Der Topfboden wird mit einer dicken Schicht erbsengroßer Holzkohlenstücke drainiert. Im Sommer soll der Stand sonnig, heiß, nachts kühler sein. Die Wassergaben sind gering. Im Spätwinter wird trocken, kühl und frostfrei gehalten. Sämlinge werden meist gepfropft. *A. scapharostrus* wird vom Spätsommer bis zur Blütezeit (September bis Dezember) spärlich gegossen und im Frühjahr und Sommer fast trocken gestellt; alle Monate ein Mal wird von unten etwas Feuchtigkeit gegeben. Allen diesen Schwierigkeiten geht man, wenigstens z.T. aus dem Weg, wenn auf *Echinopsis* oder *Harrisia jusbertii* gepfropft wird. *A. fissuratus* ist eine interessante Mimikry-Pflanze. *A. kotschoubeyanus* ist ebenfalls nicht leicht zu kultivierten, und wenn, dann nur unter Glas; gepfropft wird auf *Harrisia jusbertii* oder *Trichocereus spachianus. Ariocarpus*-Samen bleiben lange keimfähig.

Armatocereus-Arten sind, wie alle groß werdenden Säulenkakteen, in durchlässiger, sehr nahrhafter, halbschwerer, nur wenig Humus enthaltender Erde von leicht saurer Reaktion zu halten. Im Sommer verlangt der sonnige Stand (unter Glas) häufig mäßiges Gießen und abendliches Sprühen. Im Winter sind die Pflanzen absolut trocken und kühl (8–12 °C) zu halten. Wenn Sämlinge gepfropft werden, sind sie später auf eigene Wurzeln zu stellen.

Arrojadoa am besten pfropfen und im Winter nicht zu kühl halten.

Astrophytum-Arten wollen lockeren, mineralischen (Lehm, Bimskies), nährstoffreichen, gering Ca-haltigen (nur Gips!) Boden mit schwach saurer bis neutraler Reaktion. Gute Dränage ist einzubauen. Im Sommer brauchen gut wachsende Pflanzen bei warmem Wetter ausreichend Wasser; vorsichtig muß man damit bei Jungpflanzen und noch nicht in Trieb befindlichen Pflanzen sein. Weiße und dichtbestachelte Arten sind hell, grüne halbschattig, alle aber warm zu stellen. Im Winter hält man bei 8–12 °C völlig trocken. Bei Abhärtung werden sogar leichte Fröste vertragen. Sämlinge sind sehr empfindlich gegen Wurzelverletzungen, deshalb sollten sie nicht oder sehr selten pikiert werden. Auch ältere Pflanzen lieben das Umpflanzen nicht, sie wollen möglichst wenig gestört sein. Pfropfen ist unnötig. Alle Arten sind auffällig, schön, reich ab ca. Faustgröße blühend (außer *A. ornatum*).

Austrocephalocereus ist wüchsig, aber empfindlich gegen Staunässe, weshalb eine gute Dränage zu geben ist. Das Substrat soll viel Ziegelsplitt enthalten. Jungpflanzen und erwachsene Pflanzen sind vor Prallsonne zu schützen und leicht zu schattieren. Alle mögen einen warmen Stand. Im Winter sind ca. 8 °C einzuhalten. Sehr empfehlenswert und besonders attraktiv!

Aztekium umfaßt sehr langsam wachsende Mimikrypflanzen. Als Substrat wird zerriebener Schiefer und Sand mit viel Ziegelsplitt gegeben. So wird eine Feuchte ohne Staunässe erreicht. Die Bodenreaktion darf nicht alkalisch sein. Im Sommer wollen die Pflanzen warm und sonnig stehen und dann reichlich Wasser haben. Im Winter werden sie vollkommen trocken gehalten. Das Wachstum ist außerordentlich langsam. Pfropfen ist angezeigt. Nicht für Anfänger!

Bartschella: Schwierig zu halten! Im Sommer ist mäßig zu gießen. Das Substrat soll mineralisch, sehr durchlässig, porös und schwach sauer sein.

Bergerocactus muß im Sommer reichlich bewässert und sonnig gehalten werden. Nur Stecklinge und Sämlinge werden leicht schattiert. Besseres Wachstum und schöne Bestachelung wird durch Propfen auf robuste Unterlagen (Opuntien) erzielt.

Blossfeldia wird eigentlich nur unter Glas gehalten. Die Erde sollte überwiegend mineralisch, leicht und schwach sauer bis neutral sein. Im Sommer brauchen die Pflanzen genügende Feuchtigkeit, sind allerdings in den 2–3 kürzeren Ruhepausen während des Jahres auch vorübergehend trockener zu halten.

Borzicactus, Bolivicereus, Clistanthocereus, Seticereus und ***Akersia*** sind alle schön bestachelte, meist schon jung willig und sehr farbenprächtig blühende Säulenkakteen, die überwiegend sehr kulturwürdig, z.T. aber nicht ganz einfach zu pflegen sind; besonders *Borzicactus* will im Winter Wärme, die anderen sind kühler und trocken zu halten. Im Sommer bewässert man bei warmem Wetter reichlich, hält sonnig und warm. *Seticereus* ist etwas empfindlich gegen stehende Nässe. Auf entsprechende Erdezusammensetzung, Dränage und kalkfreie Wassergaben ist zu achten. Ansonsten machen gerade diese sehr dankbaren, prächtigen, dicht farbig bestachelten Kakteen keine Schwierigkeiten, wollen allerdings im Winter nicht nur trocken, sondern warm bei 10–12 °C gehalten werden.

Browingia und die zugeordneten **Azureocereus, Castellanosia, Rauhocereus** und ***Gymnocereus*** wollen, soweit bekannt, eine leicht saure Erde, im Sommer Wärme, Sonne (keine pralle! *Gymnocereus* will Halbschatten) und mäßige Feuchte, im Winter Temperaturen nicht unter 12 °C. Alle scheinen gegen Nässe empfindlich zu sein. Sämlinge müssen im Saatbeet gegen Verkalken und Veralgen geschützt werden.

Buiningia wird wurzelecht in mineralreicher, nahrhafter Erde mit saurer Reaktion, im Sommer sonnig, im Winter (wie alle Brasilianer) nicht unter 10 °C gehalten. Die Vermehrung erfolgt durch Sprosse, die Anzucht aus Samen.

Carnegia gigantea will einen sehr durchlässigen, nahrhaften, leicht sauren Boden. Im Sommer ist größtmögliche Wärme, im Winter Kühle und Sonne erforderlich. Sämlinge werden leicht schattiert. Wächst sehr langsam! Stecklinge heilen trocken leicht ab, bei feuchtem Wetter faulen sie ebenso schnell.

Cephalocereus-Arten und ***Haseltonia*** wollen im Sommer feuchte Hitze, gespannte Luft, häufiges Nebeln und (ganzjährig!) sehr viel Licht. Im Winter dürfen tagsüber 15, nachts 10–12 °C nicht unterschritten werden. Das Substrat muß sehr durchlässig, nahrhaft und wohl leicht sauer (pH ca. 5,5–6) sein. Wurzelechte Kultur bleibt etwas schwierig. Besonders empfindlich reagieren sie auf Nässe bei kühler Witterung. Am besten gedeihen sie in einem Gewächshaus. Die sehr schönen Pflanzen müssen staubfrei gehalten werden.

Cephalocleistocactus wird wie *Cleistocactus,* vor allem nicht zu trocken, gehalten.

Cereus-Arten sind schnell und gut wüchsig, besonders frei ausgepflanzt werden sie bald zu groß. Deshalb und weil sie anspruchslos an das Substrat sind, geben sie z.T. gute Pfropfunterlagen ab, auch schon als Sämlinge und Jungpflanzen und für kleinbleibende Pröpflinge. Sie verlangen allerdings außerordentlich viel Nährsalze, reichlich Wasser, eine schwach saure Reaktion (pH 6) des nicht zu leichten, lehmhaltigen Bodens, Wärme und volle Sonne. *Cereus peruvianus* ist kalkfliehend, im übrigen eine gute Unterlage für weichfleischige Arten. Im Winter stehen sie ganz trocken, halten dann auch leichte Fröste aus. Wenn Stecklinge 14 Tage trocken liegen bleiben, bewurzeln sie sich leicht und schneller als die ebenfalls raschwüchsigen Sämlinge. Monströse Formen sind anfällig für Schmier-, Woll- und Schildläuse. Besonders für Anfänger geeignet!

Chamaecereus: Sehr anspruchslos! Wächst und blüht leicht! Die bevorzugte Erde ist leicht sauer, etwas humos (gute, alte, schwarze Humuserde und Torf), locker, aber sehr nahrhaft und mit Ziegelbrocken durchsetzt. Im Sommer wird reichlich gegossen und gedüngt. Umsetzen ist zu vermeiden, weil Glieder abbrechen. Wichtig ist vor allem viel Sonne und Luft! In voller Sonne bleiben die Glieder kurz und bilden schöne, dicht weiß bestachelte Rosetten, violettbraun gefärbt. Licht- und Luftmangel verursachen hellgrüne, vergeilte Triebe, schwache Bestachelung – eine Blütenbildung unterbleibt dann. Im Winter wird völlig trocken und sehr kalt (in der Nacht nahe 0 °C) gehalten; auch leichte Fröste (bis –20 °C?) sollen ausgehalten werden. Anfällig gegen Spinnmilben, besonders wenn nicht gelüftet wird! Jeder abgebrochene Sproß wurzelt schnell wieder an. Propfen ist überflüssig. Hervorragend für Anfänger!

Cleistocactus- und ***Seticleistocactus***-Arten sind sehr beliebt, wüchsig, schön, blühwillig und wenig empfindlich. Die Erde muß sehr nahrhaft und durchlässig sein. Die Wurzeln wollen sich ausbreiten, weshalb möglichst frei ausgepflanzt werden soll. Im Sommer wollen die Pflanzen relativ hohe Luftfeuchte, weshalb ab Frühjahr abends genebelt werden sollte; erforderlich ist aber auch ausreichende Bodenfeuchte, viel Sonne und Wärme. Im Winter wird meist bei 6–10 °C gehalten, wenn bei 10–14 °C, dann sollen die Pflanzen nie völlig trocken stehen. Lufttrockenheit ist vorteilhaft. Die Anzucht erfolgt aus Samen. Die Sämlinge blühen meist nach ca. 6 Jahren. Pfropfungen sind kaum nötig, wenn, dann auf *Trichocereus spachianus.*

Cochemiea: Wie alle Niederkalifornier sind diese Pflanzen in der Kultur sehr schwierig und empfindlich. Am ehesten eignet sich noch die schön und reich im Juni/Juli blühende *Cochemiea poselgeri* unter Glas, die gut aus Samen gezogen werden kann. Das Substrat hat mineralisch, sandig, leicht sauer und möglichst mit Urgesteinsbrocken (Granit) vermischt zu sein. Nährsalze müssen reichlich angeboten sein. Im Sommer ist ausreichend zu befeuchten, niemals darf jedoch stauende Nässe auftreten. Im Winter stehen die Pflanzen völlig trokken, jedoch bei mäßiger Luftfeuchte. Als Jungpflanzen gepfropft, sind sie leichter zu halten; ältere Stücke lassen sich nur mehr schwer pfropfen.

Die Arten von ***Coleocephalocereus*** sind in der Kultur nicht schwierig. Sie bevorzugen eine etwas saure, mineralische, sehr durchlässige Erde. Wegen der weitausgreifenden Wurzeln sollten sie im Gewächshaus frei ausgepflanzt werden. Im Sommer ziemlich feucht, wollen sie im Winter warm bei Temperaturen nachts über 10 °C, tagsüber bei 18 °C stehen.

Coloradoa: Am besten werden diese Pflanzen bereits als Sämlinge gepfropft. Sie wollen viel Sonne, sind aber unempfindlich gegen Trockenheit und vertragen im Winter niedere Temperaturen. Dem Anfänger können sie nicht empfohlen werden.

Copiapoa- und ***Pilocopiapoa***-Arten sind nicht besonders schwierig zu halten, vor allem wenn sie aus Samen gezogen worden sind. Trotzdem werden sie häufig gepfropft. Die Erde muß mineralisch, kiesig und durchlässig sein. Die Wurzeln sollten möglichst nicht in enge, kleine Töpfe gezwängt werden. Im Sommer ist warm, hell, in voller Sonne, nicht unter Glas und mit ziemlich viel Wasser zu kultivieren. ***Pilocopiapoa*** will im Hochsommer geringere, später reichlichere Wassergaben. Im Winter dürfen 8 °C nicht unterschritten werden, die Pflanzen stehen absolut trocken.

Corryocactus und ***Erdisia,*** dankbar blühende Kakteen, können wurzelecht in sehr sandiger, mineralischer, durchlässiger, stark nährsalzhaltiger, leicht saurer Erde am besten unter Glas gehalten werden. Gepfropft eignen sie sich auch für Anfänger. Im Sommer wird reichlich Wasser, viel Nebeln, aber keine stehende Nässe (gute Dränage!) und Halbschatten verlangt. *Corryocactus* scheint empfindlicher gegen tiefe Temperaturen, insbesondere gegen Frost zu sein, während *Erdisia* Temperaturen bis nahe (oder unter?) 0 °C aushält. Die *Erdisia*-Arten sind, insbesondere gepfropft, sehr empfehlenswert und anspruchslos, wenn sie gut ernährt werden.

Coryphantha: Die Wüsten und Halbwüsten bewohnenden Coryphanthen (*Coryphantha compacta, C. cornifera, C. echinoidea, C. echinus, C. pectinata, C. recurvata, C. robustispina, C. salm-dyckiana, C. sulcata* usw.) sind schwierig zu halten. Beste Dränage und sehr nährsalzreiche, vollkommen humusfreie, gipshaltige Erde sind erforderlich. Nur im Sommer darf vorsichtig gegossen werden. Nicht für Anfänger geeignet! – Die im Grasland wachsenden Arten sind kaum problematisch. Sie akzeptieren einen besser wasserhaltenden, sandig-lehmigen, halbschweren, mehr humosen (bei den wenig bestachelten Arten) bzw. mehr mineralischen (bei den stark bestachelten Arten), leicht sauren bis neutralen Boden, reichlich Wasser im Sommer und besonders zur Blütezeit, einen sehr sonnigen, warmen, luftigen Stand. Im Winter wollen sie trocken, kühl und hell stehen.

Die beiden ***Denmoza***-Arten sind recht ansprechende Pflanzen, die wurzelecht eine nahrhafte, lockere, humusfreie Erde, im Sommer sehr viel Wärme, reichlich Wasser (auf guten Wasserabzug achten!) und im Winter einen fast trockenen, kalten Stand haben wollen. Die Anzucht geschieht aus Samen; Sämlinge können auf *Harrisia jusbertii*-Unterlagen gepfropft werden, sind aber dann bald auf eigenen Wurzeln weiter zu kultivieren.

Discocactus: Etwas schwierige, melocacteen-ähnliche Arten! Diese Kalkflieher und Flachwurzler brauchen einen gut durchlässigen Boden mit einem pH-Wert von ca. 5. Kalkfreier Quarz soll zugesetzt werden. Die gleichmäßige Feuchte im Sommer darf nur mit kalkfreiem, auf pH 5 angesäuertem Gießwasser erreicht werden. Keine stagnierende Nässe! Im Winter sind 10 °C und mehr erforderlich. Die Pflanzen brauchen viel Luft und Wärme!

Dolichothele-Arten (einschließlich ***Pseudomammillaria***) sind wüchsig und sehr dankbar, verläßlich, lange und schön blühend! Wegen der Rübenwurzeln sind tiefe Töpfe oder entsprechende andere Pflanzengefäße nötig. Die Erde soll humos und etwas lehmhaltig, aber gut durchlässig, leicht sauer, der Sommerstand hell, warm und mäßig feucht sein. Sie bevorzugen, besonders während des Hochsommers, leichten Halbschatten und sind gegen starke Nässe sehr (*Dolichothele baumii* weniger) empfindlich. Im Winter stehen sie trocken und kühl (nicht unter 5 °C). Anzucht erfolgt aus Samen, die Vermehrung durch Teilung oder Warzenstecklinge. Auch für Anfänger geeignet!

Echinocactus und ***Homalocephala*** verhalten sich recht unterschiedlich in der Kultur. So sind einzelne Arten, z. B. *Echinocactus polycephalus, E. horizonthalonius,* sehr schwer zu halten. Sie wollen die Wurzeln ausbreiten, verabscheuen Staunässe, wollen sehr starke Sonneneinstrahlung, viel Wärme, ein lehmiges (mit Lauberde-Zusatz), kiesiges, sehr poröses (viel Ziegelsplitt und dergleichen) und nahrhaftes Substrat mit einem pH-Wert von ca. 5. Im Winter sind sie vollkommen trocken und kühl (8–12 °C) zu halten. Empfindlich gegen alle Wurzelverletzungen, können sie nur sehr selten umgepflanzt werden. Nicht für Zimmerpflege und für Anfänger! – Andere Echinocacteen, so z. B. *Echinocactus grusonii,* sind anspruchslos und sehr wüchsig. Außer im Frühjahr, sind sie im Sommer sonnig und genügend feucht, im Winter nicht unter 10 °C zu halten. Bei Zimmerkultur sollten sie auch in dieser Zeit nicht staubtrocken werden. Die Erde soll grobsandig und humos sein. Im sonnigen Gewächshaus frei ausgepflanzt, werden sie zu Riesenkugeln. Leicht aus Samen anzuziehen. Mit die schönsten Schaupflanzen, die allerdings erst alt blühen! Weißstachelige und verbänderte Formen sind bekannt. – *Homalocephala texensis* ist eine sehr schöne Pflanze, die eine mineralische Erde mit Lehmzusatz, einen heißen Stand unter Glas, viel Feuchte im Frühjahr zum Wachstumsbeginn, aber Trockenheit im Hochsommer und Winter will.

Echinocereus: Wundervoll farbig, groß, reich und willig blühende, dankbare Pflanzen! Die Erde ist porös, lehmig-sandig und rein mineralisch bis humushaltig. Für *Echinocereus berlandieri, E. blanckii, E. enneacanthus, E. pentalophus, E. stramineus* u. a. wird zur Hälfte des Substrates Rasenerde, für *E. papillosus* 1/3 Rasen-, 1/3 Heide-, 1/6 Mistbeeterde und 1/6 Bimskies empfohlen. Die Reaktion soll leicht sauer sein (pH 6). Eine gute Dränage ist nötig. Weil sie freie Wurzelentfaltung lieben, wird im Gewächshaus frei ausgepflanzt oder ältere Exemplare in größeren Schalen oder Kästen kultiviert. Reiche Nährsalzversorgung ist unerläßlich. Im Sommer gibt man reichlich Wasser, stellt sehr sonnig und heiß, »grüne« Arten auch ungeschützt ins Freie in die volle Sonne. Im Winter stehen die Pflanzen trokken, hell und sonnig, möglichst kühl (5–8 °C); manche Arten vertragen, völlig trocken, Temperaturen unter dem Nullpunkt. *E. subinermis* will dagegen 12–16 °C und nicht zu große Trockenheit. Viel Lüften hilft gegen die Spinnmilben, gegen die alle Arten anfällig sind. Läuse besiedeln offenbar besonders gern *E. gentryi.* – Für die Fensterbrettpflege pfropft man auf *Harrisia jusbertii* oder *Trichocereus spachianus,* auf beiden Unterlagen blühen sie gut und reich, wenn sie sonnig und warm stehen. Propfungen neigen später manchmal zu übermäßiger Sprossenbildung. Manche Arten wachsen sparrig (*E. berlandieri, E. enneacanthus, E. pentalophus* u. a.), sind dann platzraubend und nur für größere Sammlungen geeignet.

Echinofossulocactus-Arten sind sehr anspruchslose, schöne Pflanzen, die fast alles vertragen und gut aus Samen zu ziehen sind. Die Erde soll nahrhaft, leicht bis halbschwer und schwach sauer sein. Im Sommer muß genügend feucht, sonnig bis halbschattig, hell, warm, luftig, z. T. ohne Glas kultiviert werden. Der Winterstand ist kühl (8–12 °C) und trocken. Gepfropft wird nicht, weil die Pflanzen unnatürlich werden und sich schwach bestacheln. Wurden Sämlinge veredelt, sind sie hernach wurzelecht weiterzupflegen.

Echinomastus: Die Erde soll mineralisch, sandig, mit Gipszusatz, sehr durchlässig, krümelig und leicht sauer sein. Im Sommer wird volle Sonne bis leichter Halbschatten, sehr viel Wärme nahe unter Glas, vorsichtiges und spärliches Gießen (Wüstenpflanzen!) verlangt. Die Pflanzen sind selbst im Sommer sehr gegen kühle Feuchte empfindlich. Im Winter sind sie vollkommen trocken zu halten. Pfropfen wird empfohlen. Weniger für Anfänger geeignet!

Echinopsis und ***Pseudolobivia*** sind rasch wachsend, schön, regelmäßig, reich und großartig blühend und für den Anfänger bestens geeignet. Die Erde setzt sich aus Sand und Humus, sowie die Durchlässigkeit garantierenden Zuschlagstoffen zusammen. Sie muß sehr nährstoffreich und leicht sauer reagierend sein. Im Sommer brauchen die Pflanzen leichten Schutz vor der prallen Sonne. Echinopsen sollen möglichst ins Freie; denn nur bei viel Sonne wird die Bestachelung schön. Es muß sehr intensiv nachgedüngt werden. Mäßige N-Gaben bei älteren Pflanzen sind üblich. Genügend Feuchtigkeit ist erforderlich. Pseudolobivien lieben einen luftigen, sonnigen Stand, möglichst mit Morgensonne. Unter Glas müssen sie leicht schattiert und stets feucht gehalten werden. Im Winter können Echinopsen im Keller stehen, wenn er trocken und kühl (6–10 °C) ist. Sonst wird möglichst luftig bei 8–12 °C und trocken überwintert. 3–4jährige Sämlinge blühen bereits.

Encephalocarpus strobiliformis, eine schwierig zu haltende Art, will eine durchlässige, lehmige, mineralische Erde, im Sommer viel Sonne und Hitze und wenig Wasser, im Winter einen trockenen, frostfreien Stand.

Epithelantha-Arten wachsen sehr langsam und sind empfindlich, weshalb sie meist gepfropft werden. Dann aber entarten sie leicht. Die Erde soll mineralisch, gipshaltig, aber leicht sauer bis neutral sein. Im Sommer wollen die Pflanzen Prallsonne, viel Wärme, aber nur sehr wenig Wasser und das ausschließlich bei warmem Wetter.

Eriosyce: Verlangt wird ein leichter, aber sehr nahrhafter Boden, ein sonniger, sehr warmer Sommerstand und reichlich Wasser, sowie ein heller, kühler und trockener Winterstand.

Alle ca. 20 ***Escobaria***-Arten sind wohl hübsch und brauchen wenig Platz, sind aber nicht leicht zu halten. Die Erde muß porös (Ziegelsplitt u. ä.), sehr durchlässig, nicht zu leicht, mineralisch (allenfalls mit einem geringen Torfzusatz z. B. bei *Escobaria vivipara*), sehr nährsalzreich und mit Gipszusatz versehen sein. Im Sommer ist der heißeste, sonnigste Platz gerade recht, nur dann blühen sie. Keine Nässe, aber gleichmäßige, schwache Feuchtigkeit mit einer hochsommerlichen Gießpause ist nötig. Im Winter stehen die Pflanzen vollkommen trocken und kühl (6–10 °C). Die Anzucht erfolgt aus Samen, die Vermehrung durch Sproßpfropfungen auf *Harrisia jusbertii.*

Espostoa (und ***Pseudoespostoa***): Eine sehr empfehlenswerte, außerordentlich schöne Gattung! Die Pflanzen wachsen sehr gut, am schönsten werden sie frei im Gewächshaus ausgepflanzt. Sie sind aber auch für kleinere Sammlungen geeignet. Sie lieben eine lockere, gut durchlässige, nahrhafte Erde mit leicht saurer Reaktion. Im Sommer wird nur mäßig Wasser ausschließlich bei warmem Wetter verlangt. Nässe bei kaltem Wetter ist gefährlich. Häufiges Nebeln ist sehr gut. Volle Sonne, ohne jegliche Schattierung und viel Wärme werden vertragen. Überwintert wird völlig trocken und kühl ((8–)10–14(–16)°C). Sämlinge sind sehr wärmebedürftig. Verletzungen müssen gut abtrocknen. Dauerpfropfungen auf *Trichocereus spachianus* oder *T. macrogonus* sind häufig, aber unnötig, weil wurzelecht keine Probleme auftreten. Anzucht aus Samen ist leicht, Sämlingspfropfung angezeigt.

Die Gattung ***Eulychnia*** hat mit die schönsten Säulenkakteen, auch schon im Jugendstadium. Anspruchslos! Die Erde ist nahrhaft und durchlässig. Im Sommer wird volle Sonne und allabendliches starkes Nebeln mit kaltem (!) Wasser, aber auch reichliches Gießen, wenn nötig, dann auch abends, verlangt. Stehende Nässe muß vermieden werden.

Facheiroa ulei verlangt abgelagerte, lockerkrümelige, nahrhafte Humuserde mit einem geringen Lehmzusatz (pH 5–6), im Sommer volle Sonne, dicht unter Glas und reichlich Wasser, besonders bei warmem Wetter. Im Winter hält man am Tag 10–15, nachts 5–10 °C.

Ferocactus: Schönbestachelte, aber langsam wachsende Pflanzen! Nicht alle anspruchslos! Die Erde ist sandig-lehmig, halbschwer, gut durchlässig, nahrhaft, leicht sauer (pH 5,5–6,5). Guter Wasserabzug ist wichtig. Im Sommer sind volle Sonne ohne Glas, Schutz vor Prallsonne unter Glas und nur spärliche bis mäßige Wassergaben (aber auch nicht zu trocken halten) erforderlich. Wärme ist unerläßlich. Im Winter stellt man auf 10–14 °C und völlige Trockenheit ein. Schwache Fröste werden ertragen. Die Anzucht aus Samen ist leicht. Erst große Pflanzen blühen. *Ferocactus latispinus* u.a. sind weder für die Zimmerpflege noch für Anfänger geeignet.

Frailea-Arten werden unnötigerweise gepfropft, meist aber doch wurzelecht gehalten. Viele sind anspruchslos und deshalb empfehlenswert. Es wird eine lockere, grobsandige oder feinkiesige, etwas humose (Mistbeet- oder Lauberdezusatz), stark durchlässige, mineralreiche Erde verlangt. Der Sommerstand ist warm, halbschattig, nicht zu trocken, ohne stehende Nässe und mit viel Nebeln. Die Blüten öffnen sich nur, wenn vorübergehend sonnig gestellt wird. Andere Arten sind kleistogam. In Schalen pflanzen! Propfungen werden mastig.

Gymnocalycium: Äußerst dankbare, blühwillige Pflanzen, anspruchslos, robust, auch für die Zimmerpflege geeignet. Große, lange haltende Blüten! Die Erde soll humos und sandig-lehmig (z.B. 2:1 gemischt), gut durchlässig, nahrhaft und leicht sauer sein. Im Sommer stehen die Pflanzen luftig, sonnig (im Frühjahr und Hochsommer vor Prallsonne schützen!), sind aber auch mit Halbschatten zufrieden. Ab Frühsommer gibt man reichlich Wasser. Den Winter verbringen sie bei 6–10(–12)°C (nicht unter 5 °C!), also kühl und nicht zu trocken. Anzucht aus Samen ist leicht. Nur ausnahmsweise (für das Fensterbrett) wird auf *Trichocereus spachianus* oder *Harrisia jusbertii* gepfropft. – ***Brachycalycium tilcarense*** will nahrhafte, lockere, leicht saure Erde, im Winter nicht unter 6 °C, normalerweise 8–10 °C; sonst wie *Gymnocalycium*. – Alle ***Weingartia***-Arten wachsen und blühen wurzelecht gut. Pfropfen ist unnötig. Das Substrat ist lehmig-sandig, mineralisch, mit wenig humosen Bestandteilen, sehr durchlässig, nahrhaft und mit einem pH-Wert von 5–6,5. Im Sommer wird volle Sonne, mäßige Wassergaben, aber gleichmäßige Feuchtigkeit verlangt. Überwintert wird kühl und trocken; sonst wie *Gymnocalycium*. – ***Neowerdermannia*** wird ebenfalls wie *Gymnocalycium* bzw. *Lobivia* gehalten. Gepfropft ist das Wachstum besser. Im Winter hält man absolut trocken, dann werden auch tiefere Temperaturen vertragen.

Haageocereus: Wachsen wurzelecht langsam, weshalb auf wüchsige Cereen gepfropft wird. Anspruchslos, äußerst dankbar, schön und empfehlenswert! Wurzelecht verlangen die Pflanzen leichte, lockere, lehmhaltige, sehr nahrhafte Erde mit einem erheblichen Lauberdeanteil. Der beste Standort ist der Cereenkasten oder das Gewächshaus. Im Sommer ist mit kalkfreiem Wasser eine gleichmäßige Bodenfeuchte zu erreichen und viel Frischluft zuzuführen, soweit nicht kühles Wetter herrscht. Die Pflanzen wollen volle Sonne, viel Wärme und sollten mit N-armen Düngern versorgt werden. Die Wurzelballen dürfen nicht zu lange trocken sein. Kalte Zugluft ist ganzjährig zu vermeiden. Im Winter reguliert man die Temperatur auf 10–15 °C (nicht darunter!) ein, der Stand soll hell sein. Die Anzucht erfolgt aus Samen, die Sämlinge werden gepfropft und später in jedem Fall auf *Trichocereus spachianus* umgepfropft.

Hamatocactus-Arten wachsen ohne größere Schwierigkeiten und blühen schon jung, sehr schön und stark süßlich duftend von Juli bis in den Herbst hinein. Weitverbreitete Anfängerpflanzen! Auch fürs Fensterbrett zu verwenden! Die verlangte Erde ist sehr nahrhaft und leicht sauer. Im Sommer stehen die Pflanzen warm, hell, sonnig, vor Prallsonne geschützt und werden regelmäßig mit nicht zu viel Wasser versorgt. Verfärben sich die Pflanzen rötlich, wird leicht schattiert. Etwas wurzelempfindlich! Im Winter hält man hell und bei 10–12 °C. Anzucht erfolgt aus Samen. Pfropfen ist nicht nötig.

Die ***Harrisia-***, ***Roseocereus-*** und ***Eriocereus***-Arten umfaßen empfindliche (die tropischen *Harrisia*-Arten), aber auch äußerst dankbare, anspruchslose, robuste Arten, die z.T. ausgezeichnete Unterlagen sind *(Eriocereus)*. Mit die beste Unterlage ist *Harrisia jusbertii,* auch für großwerdende Arten aller Gattungen, wenn in der Jugend gepfropft wurde; sie ist am meisten von allen Unterlagen gegen höhere Feuchtigkeit bei niedriger Temperatur empfindlich. Jungpflanzen und Triebe wachsen vom Licht weg, wollen also im Sommer keine Sonne, aber Wärme, eine sehr nahrhafte, mittelschwere, gut durchlässige Erde, reichlich Wasser und Auspflanzen in große Kästen. Sie werden an Gerüsten hochgebunden. Triebe ab 1 m Länge blühen bereits. Stecklinge bewurzeln sich ausgesprochen leicht. Im Winter will *Harrisia* relativ warm, *Eriocereus* nicht unter 10 °C stehen.

Hildewintera aureispina ist eine der schönsten Kakteenpflanzen. Äußerst empfehlenswert! Die Anzucht erfolgt aus Samen, vermehrt wird durch Sproßpfropfung auf *Harrisia jusbertii* oder *Cleistocactus smaragdiflorus* bzw. durch Sproßstecklinge. Gepfropft wächst die Pflanze schnell und völlig anspruchslos. Später wird sie wurzelecht als Ampelpflanze im Gewächshaus weiterkultiviert. Sie ist ein guter Blüher. Im Winter gibt man am Tag 15–20, in der Nacht 8–12 °C und läßt nicht ganz austrocknen.

Islaya: Die Erde muß fast rein mineralisch, sandiglehmig, halbschwer, besonders durchlässig, porös und mit leicht saurer Reaktion sein. Im Sommer gibt man sehr wenig Feuchtigkeit, hält warm und sonnig, allerdings vor Prallsonne durch leichte Schattierung geschützt, im Winter trocken und bei 8 °C. Bei Kasten- oder Gewächshauskultur muß nicht unbedingt gepfropft werden, wenn, dann niedrig. Nur für erfahrene Pfleger!

Lemaireocereus, einschließlich ***Stenocereus, Machaerocereus, Isolatocereus, Ritterocereus, Hertrichocereus, Marshallocereus, Polaskia*** und ***Heliabravoa:*** Sie benötigen eine lockere, durchlässige, halbschwere, mineralische, nahrhafte, leicht sauer reagierende Erde. Sie werden am besten frei im Gewächshaus oder im Kasten ausgepflanzt und möglichst selten umgesetzt. Im Sommer wird vorsichtig, aber ausreichend gegossen, die meisten Pflanzen sind etwas nässeempfindlich. Sie werden luftig, sonnig, nahe unter Glas, nicht im Freiland (Wachsschichten gehen verloren), immer aber warm gehalten. Der Winterstand ist absolut trocken, hell, aber nicht ganz kalt (ca. 10–14 °C). *Lemaireocereus beneckei* wird manchmal gepfropft. Bei *Machaerocereus* werden liegende Stecklinge bewurzelt.

Die Kultur von ***Lepidocoryphantha*** erfolgt in mineralischem Substrat, bei wenig Feuchtigkeit, sehr warm, hell und dicht unter Glas.

Leuchtenbergia principis, eine agavenähnliche Kakteenpflanze, wächst langsam in lockerer, sehr nahrhafter, mineralischer (mit Lehmzusatz) Erde. Sie wird im Sommer sehr sonnig und warm und nicht stark bewässert, im Winter kühl und trocken gehalten. Die Anzucht erfolgt aus Samen, ist langwierig, aber nicht sehr schwierig. Nicht für Anfänger!

Lobivia sowie ***Acantholobivia, Soehrensia*** (und die weiter oben bereits besprochenen ***Chamaecereus***) sind sehr geeignete Anfängerpflanzen, die willig, schön und reich blühen und meist keine Ansprüche stellen. Die Erde soll humos, sandig-lehmig, mit hohem Bimskiesanteil, durchlässig, sehr nahrhaft sein, leicht sauer reagieren und etwas feuchter als bei anderen Kakteen gehalten werden. Der Sommerstand muß warm, sonnig, luftig, ab Juli möglichst ohne Glas sein; flüssig muß nachgedüngt werden. Im Winter werden die Pflanzen völlig trocken und unbedingt sehr kühl (4–8 °C) aufgestellt, damit die Körperform erhalten bleibt und die Blühinduktion erfolgt. Ganzjährig soll so viel Sonne wie möglich gegeben werden. Spinnmilbenanfällig!

Lophophora: Leichte Kultur! Die Erde soll mineralisch, locker, mit relativ hohem Gipsanteil, der Sommerstand sonnig, sehr warm, mäßig feucht, ohne stagnierende Wärme, der Winterstand völlig trocken und kühl sein. Leicht aus Samen zu ziehen!

Die Gattung ***Mammillaria*** stellt wohl die meisten Kakteen, die schön, aber gleichzeitig auch dankbar sind. Die regelmäßig angeordneten Mamillen und die variable Bestachelung, vor allem die schönen, zahlreichen, häufig in Kränzen angeordneten Blüten und die lange haltenden, oft leuchtendroten Früchte machen diese Pflanzen sehr beliebt. Die Arten wollen halbschwere, etwas mineralische, sandige, etwas kiesige, schwach lehmhaltige, humose (z.B. verrottete Buchenlauberde), nahrhafte und leicht sauer reagierende Erde. Ein mineralisches Substrat ergibt starke, ein humoses bunte Bestachelung. Im Sommer wird warm, sonnig bis leicht halbschattig, geschützt vor Prallsonne und (falls im Freien) vor Dauerregen, ausreichend, eher sparsam gewässert und ohne Staunässe gehalten. Weichfleischige und grüne Arten kommen nicht in die volle Sonne. Der Winterstand ist ziemlich trocken, außerdem kühl (8–10(–14)°C) und hell.

Spezielle Hinweise: *Mammillaria baxteriana* (verträgt keinen Kalk), *M. brandegeei* (Winter über 12 °C), *M. calacantha* (wächst langsam!), *M. candida* (mit geringem Gipszusatz;), *M. carretii* (etwas nässeempfindlich), *M. conspicua* (langsam wachsend!), *M. crucigera* (wächst langsam, teilt sich dichotom), *M. elegans* (leicht halbschattig), *M. gasseriana* (schwerere Erde!). *M. gilensis* (langsam wachsend, nicht für das Fensterbrett), *M. guelzowiana* (sehr gute Topfdränage (Kies)! Kultur ohne Glas nur gepfropft möglich), *M. herrerae* (etwas Gipszusatz;), *M. jaliscana* (etwas wurzelempfindlich), *M. kunzeana* (etwas wurzelempfindlich; leicht halbschattig), *M. lanata* (Bimskieszusatz; nahe unter Glas), *M. lenta* (liebt feuchte Wärme und Halbschatten), *M. mainae* (kein Kalk! Evtl. pfropfen), *M. mammillaria* (etwas humose Erde, im Winter über 12 °C; läuseanfällig!), *M. melanocentra* (kalkfreies Substrat), *M. oliviae* (Bimskieszusatz), *M. pennispinosa* (kein Kalk! Wird gepfropft leicht mastig), *M. plumosa* (im Winter 12–15 °C als Winterblüherin, im Sommer täglich nebeln), *M. tetrancistra* (Kalkflieher), *M. woodsii* (etwas Gipszusatz), *M. sanluisensis* (guter Wasserabzug!), *M. schiedeana* (wenn im Herbst zur Blüte kommend, etwas mehr Wasser geben, sonst nässeempfindlich), *M. scrippsiana* (möglichst warm!), *M. seideliana* (im Winter ab und zu vorsichtig gießen), *M. uncinata* (volle Sonne), *M. viereckii* (Erde halbschwer, lehmhaltig, Sommer halbschattig, Winter 10–12 °C).

Schwierig in der Kultur sind die (nieder)kalifornischen Arten. Sie werden oft auf *Harrisia jusbertii, H. bonplandii* oder *Trichocereus spachianus* gepfropft und sind nur dann bedingt für die Zimmerpflege brauchbar. Wurzelecht wollen sie eine sandige, kiesige, lehmige, sehr durchlässige, nahrhafte, leicht saure Erde. Der Wurzelhals wird in Kies eingebettet. Der Sommerstand ist hell, sehr sonnig und warm, sehr luftig (keine dauernd gespannte Luft!), mäßig feucht, mit öfterem Nebeln. Sie sind alle nässeempfindlich, besonders im Frühjahr. Der Winterstand ist nicht völlig trocken (nebeln!) und darf nicht unter 10 °C in der Temperatur fallen, besser sind 10–15 °C. Hierher gehören: *M. amoena* (wurzelempfindlich!), *M. boedekeriana* (wurzelempfindlich!), *M. fraileana, M. insularis* (seltener Rübenwurzler), *M. longiflora* (8–10 °C im Winter, leicht basische Erde, sehr wurzelempfindlich), *M. magallani* (pfropfen!), *M. moelleriana* (wurzelempfindliche Rarität), *M. nivosa, M. pectinata* und *M. schwarzii* (empfindliche Rübenwurzeln; nur für Spezialisten). – Die ***Mamillopsis***-Arten sind sehr schön, aber sehr schwierig in der Kultur. Deshalb werden sie meist gepfropft, was sie jedoch blühfaul macht. Die Erde darf nie alkalisch werden, sondern soll sauer, lehmig-sandig, fast rein mineralisch und mit Granitschrot versetzt sein. Im Sommer wird sehr heiß, sonnig, luftig, ausreichend feucht, im Winter sehr kalt (gerade noch frostfrei), vollständig trocken gehalten. – ***Krainzia*** will im Sommer volle Sonne und viel Wärme, im Winter absolute Trokkenheit. – ***Bartschella*** ist schwierig und sollte im Sommer nur mäßig gegossen werden und ein rein mineralisches Substrat erhalten. – ***Leptocladodia*** mit anspruchslosen, schönen, gut wachsenden, auch für Anfänger geeigneten Arten, wie *M. microhelia, M. elongata,* sind leicht zu pflegen und wurzelecht in poröser, nahrhafter, mineralischer, sandiger, leicht saurer bis neutral reagierender Erde zu halten. Im Sommer bietet man viel Sonne und Wärme, im Winter einen völlig trockenen, kühlen (6–10 °C) Stand. Nässeempfindlich und wärmebedürftiger im Winter (−14 °C) ist *M. viperina.* – ***Solisia pectinata*** ist schwierig. Sie wünscht ein rein mineralisches, stark lehmhaltiges Substrat, volle Sonne, vorsichtiges, sparsames Gießen und eine kühle, vollkommen trockene Überwinterung. – ***Ortegocactus macdougallii*** ist in mineralischer Erde, mit viel sommerlicher Wärme, aber an einem kühlen, trockenen Winterstandort zu halten. – ***Oehmea*** will ein mineralisches, durchlässiges, mit Bimskies versetztes Substrat, im Sommer volle Sonne und viel Wärme; es wird gepfropft.

Matucana, Submatucana und ***Incaica*** sind sehr wüchsig, blühwillig, ohne spezielle Ansprüche, deshalb besonders für das Zimmergewächshaus, den Balkonkasten und das Fensterbrett, also auch für den Anfänger geeignet. Sie wollen eine leicht saure, nahrhafte, durchlässige Erde und vertragen im Sommer auch Halbschatten; ansonsten wollen sie sonnig stehen.

Melocactus-Arten sind extrem schwierig zu halten; sie sind sehr empfindlich (besonders Importen). Weniger anfällig und wüchsiger sind eigene Sämlinge (evtl. auf *Harrisia jusbertii* gepfropft). Die Erde soll sehr sandig (2/3!), überwiegend mineralisch, die Mischungszusätze Buchenlauberde, lehmig-bröckelige Ackererde und unbedingt von saurer Reaktion (pH 4,5) sein. Im Frühjahr wird nur genebelt, bis sich die geschrumpften Pflanzen zu füllen beginnen. Im Sommer gibt man kaum Wasser, dafür wird häufig (mit Regenwasser) genebelt, volle Sonne, hohe Luftfeuchte, trotzdem reichlich Luft. Feuchtwarmes Klima! Im Winter stehen die Pflanzen völlig trocken, verlangen aber unbedingt gleichmäßige Wärme (über (10–)12 °C; Importen über 16 °C). Die Cephalienbildung erfolgt frühestens 5 Jahre nach der Aussaat. Wurzelschäden an Pflanzen im blühfähigen Alter sind unbedingt zu vermeiden. In großen Töpfen halten!

Mila-Arten sind für die Zimmerpflege nicht geeignet. Die Erde soll durchlässig, nahrhaft, leicht sauer und gut dräniert, der Sommerstand sonnig, warm, ausreichend feucht und luftig, und der Winterstand hell, trocken und kühl sein.

Mitrocereus (und ***Pseudomitrocereus***): Die Erde muß durchlässig, mit viel Ziegelsplitt und Bimskies versetzt, nahrhaft, leicht sauer, gut dräniert sein. Im Sommer wollen die Pflanzen feuchtheiß, keine Staunässe und keine Prallsonne, im Winter relativ hohe Wärme (nicht unter 10–12 °C).

Monvillea-Arten sind äußerst dankbare Pflanzen. Schön, ab 1 m Höhe blühend! Aber starkwachsend und deshalb platzbeanspruchend! Die Erde muß sehr nahrhaft sein. Im Sommer wollen die Pflanzen gut feucht gehalten werden; sie lieben keine volle Sonne, sondern leichten Halbschatten. Im Winter sollen sie nicht zu kalt und nicht völlig trocken stehen.

Morawetzia: Die außerordentlich willig blühenden, unter Glas gehaltenen Pflanzen wachsen in gewöhnlicher, sehr nährstoffreicher, leicht sauer reagierender Kakteenerde, im Sommer warm, sonnig (mittags leicht schattieren!), genügend feucht, im Winter fast trocken und nicht zu kalt (8–16 °C). Spinnmilben drohen bei Überwinterung im Zimmer. Pfropfen ist nicht zwingend nötig.

Die zu ***Myrtillocactus*** gehörenden Arten werden am besten frei im Gewächshaus ausgepflanzt. Die Erde soll mineralisch, der Sommerstand sehr sonnig, sehr warm und reichlich feucht, der Winterstand nicht zu kalt sein.

Neobesseya-Arten wollen eine sehr durchlässige und recht nährsalzreiche, sandig-mineralische Erde mit einem Torfzusatz. Im Sommer ist sonnig, aber geschützt vor Prallsonne, bei trockener, nicht gespannter Luft, reichlich feucht, aber ohne Staunässe zu kultivieren. Im Winter erhalten die Pflanzen keinerlei Feuchtigkeit, sie werden kühl (bei ca. 10 °C) aufgestellt. Z.T. sind sie winterhart, vorausgesetzt man hält sie völlig trocken. Pfropfen ist unnötig. Die Anzucht erfolgt aus Samen, die gut keimen. Sämlinge wachsen langsam, weshalb gepfropft wird.

Neobuxbaumia- und ***Rooksbya***-Arten werden nicht gepfropft, sondern wurzelecht in sehr nahrhafter, kalkfreier, halbschwerer, schotter- und ziegelbrokkenhaltiger, leicht saurer (pH 6) Erde gehalten. Sonne, Wärme, feuchter Stand, aber keine stehende Nässe ist während der Vegetationszeit zu geben. Die Pflanzen werden bei feuchtem, kalten Stand leicht fleckig. Die Temperaturen sollen im Winter möglichst über 10 °C, bei älteren Pflanzen bei 10 °C liegen. Trocken halten! Anzucht erfolgt unschwer aus Samen.

Alle ***Neochilenia***-Arten sind sehr empfehlenswert, da sie anspruchslos und widerstandsfähig sind, selbst Halbschatten annehmen und trotzdem reich blühen.

Neodawsonia lieben einen feuchtwarmen Sommerstand, ein relativ warmes Winterquartier und eine sehr durchlässige, nahrhafte, leicht saure (pH 5,5 bis 5) Erde. Gegen stagnierende Nässe besonders bei kühler Witterung empfindlich!

Neolloydia, Gymnocactus und ***Rapicactus*** sind Gattungen, die am besten in Pflanzenkästen gehalten werden. Geeignete Erde höchstens mittelschwer, sandig-mineralisch (enthält bis zu 50% Bimskies), sehr durchlässig und von leicht saurer Reaktion. *Neolloydia grandiflora* will eine, mit Kalksteinbrocken vermischte, leicht alkalisch reagierende Erde; *N. matehualensis* eine neutrale Reaktion. Der Sommerstand soll heiß, sonnig, im Hochsommer mit leichtem Sonnenschutz versehen, luftig, vorsichtig, aber ausreichend bewässert, ohne stagnierende Nässe sein. Überwintert wird vollkommen trocken und kühl (6–10 °C). Nicht für Anfänger! Für Zimmerpflege muß auf *Trichocereus spachianus* gepfropft werden. *N. smithii* ist blühfaul. – *Rapicactus* will eine feinsandige, lehmhaltige Erde mit guter Dränage. Der Winterstand ist relativ warm bei ca. 8–12 °C. Nur ein »sonnigster« Platz macht auch ein

Fensterbrett geeignet. – ***Cumarinia,*** in die Gattung *Neolloydia* einbezogen, ist schwierig zu kultivieren. Der Humusboden muß leicht sauer, nicht alkalisch sein (obwohl der heimatliche Standort auf, allerdings ausgelaugten Kalkfelsen ist); evtl. gibt man einen Gipszusatz. Pfropfen ist sehr schwierig. Hierher gehören *Neolloydia cubensis* und *N. odorata.*

Neoporteria, Chilenia, Chileorebutia, Delaetia, Hildmannia und ***Reicheocactus*** sind zwar prächtig, aber z.T. ziemlich schwer zu halten, da sie besonders im Winter recht nässeempfindlich sind. Die passende Erde ist porös (Ziegelbrocken), von krümeliger Struktur, mineralisch-sandig, nahrhaft, kräftig, leicht sauer bis neutral und hat eine wirkungsvolle Dränage. Im Sommer wird hell, sonnig (keine Prallsonne!), warm, ausreichend feucht (nur bei heißem Wetter), im Winter ab Oktober bis ins Frühjahr nicht unter 10 °C in absoluter Ruhe gehalten. Neoporterien blühen im Spätherbst und Vorwinter. Sämlinge sind auf *Harrisia bonplandii* u.ä., später auf die Dauerunterlage *Trichocereus spachianus* zu pfropfen. Nicht für Anfänger und für die Zimmerpflege geeignet! – ***Horridocactus*** ist etwas wurzelempfindlich, weshalb man im Sommer hell, sonnig (ohne Prallsonne), aber nur mäßig feucht kultiviert; im Winter sind die Arten besonders nässeempfindlich, man hält trocken, eventuelle Schrumpfungen schaden nicht. Absolute Winterruhe ist erforderlich. Wachsen langsam und sind im Zimmer nur gepfropft zu halten.

Neoraimondia und ***Neocardenasia*** wachsen gepfropft gut. Ansonsten brauchen die Wurzeln einen großen Raum. Die Erde soll sehr nahrhaft, durchlässig und leicht sauer sein. Im Sommer muß häufig, aber schwach gegossen, am besten abends gesprüht werden.

Sämtliche ***Notocactus***-Arten sind ausgezeichnete, sehr beliebte, anspruchslose Anfängerpflanzen, die schön, dankbar, willig und reich blühen. Die Erde soll humos (Buchenlauberde, Laubmulm), stark sandig, sehr nahrhaft, leicht, locker, krümelig, durchlässig und leicht sauer bis sauer sein. Während des Sommers wird sonnig, mit leichtem mittäglichen Sonnenschutz, warm, mit etwas Luftfeuchte, bei gleichbleibend leichter Bodenfeuchtigkeit, aber ohne stauende Nässe kultiviert. In der Ruhezeit stehen die Pflanzen sehr kühl (8–10 °C, *Notocactus mueller-melchersii* 12–15 °C) und trocken.

Wenn schon gepfropft werden soll, dann am besten auf *Trichocereus spachianus* oder *Harrisia jusbertii.* – ***Brasilicactus haselbergii*** wird in sandiger Heideerde, mit etwas Rasenerde vermischt, bei einem pH-Wert von ca. 5,5 und im Winter bei 10–14 °C gehalten. Im Frühjahr und Sommer gibt man etwas mehr Feuchtigkeit, vermeidet aber jede Nässe. Über Mittag wird leicht schattiert. Häufig sollte mit kalkfreiem Wasser genebelt werden. Oft wird Pfropfen empfohlen, dann auf *Harrisia jusbertii* und *Trichocereus spachianus. Brasilicactus graessneri* blüht manchmal recht mäßig. – ***Eriocactus***-Arten wollen ebenfalls eine nahrhafte, humose, gut durchlässige, leicht saure Erde und im Sommer gleichmäßige, schwache Feuchtigkeit und leichten Halbschatten, im Winter trocken und kühl (6–10 °C). Im Frühjahr muß langsam an die Sonne gewöhnt werden. Pfropfen ist nicht unbedingt nötig. Auch dem Anfänger zu empfehlen! Leicht aus Samen anzuziehen! – ***Malacocarpus*** *(Wigginsia)* sind dankbare Wachser, die leicht blühen und ebenfalls für Anfänger bestens geeignet sind. Das Substrat soll sehr nahrhaft, gering humos und locker sein. In der sommerlichen Vegetationsperiode muß genügend Feuchtigkeit, Halbschatten, viel Sonne und Wärme geboten werden. Die Ruhezeit verbringen sie ziemlich trocken und kühl (8 °C).

Nyctocereus: Die bevorzugte Erde ist ziemlich schwer, gut gedüngt und durchlässig. Die Pflanzen sind sehr wärmebedürftig und deshalb nur im Gewächshaus (frei ausgepflanzt) zu pflegen. Sie wollen im Sommer den heißesten Standort, aber dort leichten Halbschatten und reichlich Wasser, im Winter kühl und hell.

Obregonia denegrii ist recht empfindlich und verlangt unbedingt mineralische, lehmige, mit Gesteinsgrus versetzte Erde, einen halbschattigen, nicht vollbesonnten und vorsichtig befeuchteten Sommer- und einen kühlen, völlig trockenen Winterstand. Sonst wie *Ariocarpus*!

Die Gattung ***Oreocereus*** umfaßt mit die schönsten und beliebtesten, hochandinen Saulenkakteen mit herrlicher Bestachelung! Sie ist aber nur für Gewächshaus, Balkonkasten oder Frühbeet, nicht für das Zimmer geeignet. Von der Erde wird verlangt, daß sie locker, durchlässig, halbschwer, begrenzt humus- und nährstoffhaltig und leicht sauer (pH 6–6,5) ist. Im Sommer stehen die Pflanzen voll und stark sonnig, möglichst warm am Tag (über 15 °C) und möglichst kühl nachts (bis nahe 0 °C), sie werden abends auch leicht genebelt, nächtliche Trokkenheit soll nicht aufkommen. Die Überwinterung erfolgt trocken und kalt (ca. 5–8 °C), ganzjährig sind starke Temperaturgegensätze erwünscht. Anzucht erfolgt aus Samen. Sämlinge werden meist gepfropft, später pfropfen Eilige die langsam wachsenden Oreocereen auf Dauerunterlagen um. Unter günstigen Haltungsbedingungen ist wurzelechte Kultur gut möglich.

Oroya: Sehr beliebte, hochandine kurzsäulige Kakteen! Die Erde soll sehr durchlässig (1/3 Laub-, 1/3 Mistbeet- und 1/3 Ackererde mit grobem Sand), nahrhaft und leicht sauer (pH 5–6) sein. Es ist gleichmäßig feucht zu halten. Starke Temperaturgegensätze sind förderlich. Im Winter hält man sehr trocken und sehr kalt. Sonst wie *Oreocereus!* Auf *Trichocereus spachianus* gepfropft wachsen sie schneller.

Pachycereus, Mitrocereus und **Marginatocereus** lieben einen feuchten, warmen Stand und sehr durchlässige, nahrhafte, leicht saure (ca. pH 5,5–6) Erde. Sie sind etwas nässeempfindlich (besonders bei kühler Witterung), weshalb vorsichtig zu gießen und eine gute Dränage zu geben ist. Auch im Winter sollen die Temperaturen nicht zu tief absinken.

Parodia vereinigt anspruchslose, aber prachtvoll blühende und sehr schön bestachelte Pflanzen, die zu den schönsten Kakteen überhaupt gezählt werden. Die Erde ist am besten leicht humos (Buchenlauberde oder Komposterde mit grobem Sand und etwas Bimskies und wenig Lehm vermischt; auch Torferde ist verwendbar), locker, leicht nahrhaft und etwas sauer (pH 4,5–6). Im Sommerhalbjahr wollen die Pflanzen gleichmäßig feucht, nicht lange trocken, nicht stark naß, nicht genebelt, aber sonnig und luftig und unter Glas, im Winter trocken und kühl (4–8, gepfropft 8–12 °C) gehalten werden. Anzucht erfolgt aus Samen. Sämlinge können gepfropft werden. Später sollte wurzelecht, nur ausnahmsweise auf *Trichocereus spachianus* oder *Harrisia jusbertii* gepfropft werden (z.B. bei der etwas wurzelempfindlichen *Parodia nivosa,* bei *P. brevihamata, P. gigantea* u.a.). Für das Fensterbrett sind *P. ayopayana, P. chrysacanthion, P. mutabilis* usw. geeignet. 3–5jährige Pflanzen blühen bereits.

Alle ***Pediocactus***-Arten sind ungepfropft nicht leicht zu halten. Die Erde hat sandig, etwas kiesig und leicht sauer zu sein. Während der Vegetationszeit wird sonnig, luftig, mäßig feucht, nie ganz trocken gehalten. Von Trockenfäule bedroht! Im Winter hält man kühl, mäßig trocken und nur im Gewächshaus. Es sollte auf *Trichocereus spachianus* oder *Harrisia jusbertii* gepfropft werden. Nicht winterhart bei uns! Nur für sehr erfahrene Pfleger! Anzucht aus Samen ist nicht schwierig. – ***Utahia*** hat nur eine kurze Vegetationszeit im Frühjahr. Überwintert wird kalt (leichte Fröste sollen ertragen werden). Während des Sommers wird in gipshaltigem, sehr durchlässigem Substrat und mit sehr wenig Wasser gepflegt. Wird sehr selten und dann wohl gepfropft kultiviert. – ***Navajoa peeblesiana*** ist gepfropft, aber auch wurzelecht in sehr poröser, mineralischer, durchlässiger Erde und im Winter kühl, hell und absolut trocken zu halten. – ***Toumeya*** wächst und gedeiht ziemlich gut, wenn aus Samen gezogen und auf *Harrisia bonplandii* gepfropft worden ist. Die Pflanzen sind nur im Gewächshaus oder Frühbeet, luftig, sonnig, warm, in mineralischer, sehr poröser und durchlässiger Erde bei spärlicher Feuchtigkeit und im Winter hell, kühl und trocken zu halten.

Pelecyphora verlangt eine rein mineralische, sandiglehmige Erde, im Sommer viel Sonne und Wärme, einen guten Wasserabzug, im Winter einen fast trockenen, kühlen Stand. Am besten wird auf Cereen gepfropft. Für Anfänger und für die Zimmerpflege ungeeignet. – ***Normanbokea*** ist eine ebenso prächtige wie empfindliche und schwierige Gattung. Daher ist Pfropfung auf *Echinopsis* oder *Harrisia jusbertii* angezeigt. Es wird eine mineralische, leicht sauer bis neutral reagierende Erde und im Sommer viel Wärme und Sonne verlangt. Nicht für Anfänger!

Peniocereus sollte als Rübenwurzler gepfropft oder im Gewächshaus frei ausgepflanzt werden. Die Erde muß durchlässig, halbschwer, humushaltig, etwas mineralisch sein. Im Sommer sollte man ausreichend gießen und im Winter trocken und kühl halten.

Pilosocereus will nicht zu schwere Kakteenerde mit leicht saurer Reaktion. Am besten frei im Gewächshaus auspflanzen! Im Sommer sind alle Arten recht wärmebedürftig, nur unter Glas sonnig, bei starker Luftfeuchte und genügender Substratfeuchte, im Winter am Tag bei ca. (14–16–)20 °C, nachts nicht unter 10–12 °C und fast trocken zu halten. Die Anzucht aus Samen ist leicht, Sämlinge sollten gepfropft werden. Schöne und seltene Pflanzen mit leider relativ hohen Überwinterungstemperaturen!

Rathbunia ist anspruchslos, blüht leicht und reich und will im Winter unbedingt kühl gehalten werden.

Rebutia wächst wurzelecht gut und blüht reich. Sie ist für alle Sammlungen geeignet. Das Substrat soll locker, nahrhaft, rein mineralisch und etwas sauer (pH 5–6), der Sommerstand sehr sonnig, gut luftfeucht und ausreichend bodenfeucht, der Winterstand völlig trocken und unbedingt (!) kühl sein. Nicht pfropfen! Spinnmilbenanfällig! – Alle ***Aylostera***-Arten wachsen ebenfalls gut und blühen intensiv, auch im Zimmer. Die Erde muß normal, scharfsandig, mager und aus 1 Tl. Lehm- und 1 Tl. Buchenlauberde zusammengesetzt sein. Es soll sonnig, aber im Frühjahr und Sommer vor Prallsonne geschützt, luftig und möglichst ohne Glas (dann wird auch die Bestachelung am schönsten!) bei genügender Boden- und besonders Luftfeuchte, sowie im Winter möglichst kühl ((3–)5–8 °C), hell und trocken gehalten werden. Bei höherer Temperatur besteht die Gefahr, daß die Pflanzen vergeilen und die Knospenbildung leidet. Durch Spinnmilben gefährdet! Sämlinge und Jungpflanzen können auf *Harrisia jusbertii, H. bonplandii, Cereus peruvianus, C. jamacaru,* nicht auf *Trichocereus spachianus* (zu starkes Sprossen!) gepfropft werden; die Blüte läßt dann jedoch nach. Anzucht aus Samen ist leicht; kurz nach der Reife oder im Herbst sollte ausgesät werden. – ***Mediolobivia***-Pflanzen sind unempfindlich und wollen einen sonnigen Platz, der aber auch leicht halbschattig sein kann, sowie humose Erde und genügend Feuchtigkeit im Frühjahr und Sommer. – ***Sulcorebutia*** stimmt mit *Rebutia* überein. – ***Cylindrorebutia*** sollte nur gepfropft gehalten werden, weil sie dann sehr dankbar blüht. Wurzelecht bleiben die Pflanzen klein und blühen wenig.

Sclerocactus: Sehr schwierig! Der Boden in der Mojave-Wüste besteht aus grobem Sand, stark zerbröckeltem Kies und Granit. Deshalb wird in reinem Grubensand bzw. in rein mineralisches, äußerst durchlässiges, sehr nahrhaftes Substrat gepflanzt. Im Sommer gibt man so viel Sonnenwärme als nur möglich, ferner trockene (nicht gespannte!) Luft und außerordentlich vorsichtig Wasser. Im Winter wird absolut trocken, aber nicht zu kühl (6–10 °C) gestellt. Sämlinge werden früh gepfropft, aber selbst das Pfropfen ist bei dieser Gattung schwierig.

Setiechinopsis und ***Arthrocereus*** sollten gepfropft werden. Wurzelecht ist leichte, lockere, nährsalzreiche Erde mit einem pH von ca. 6, ein leicht halbschattiger, ziemlich boden- und luftfeuchter Sommer- und ein fast trockener, nicht zu kühler (8–14 °C) Winterstand erforderlich. Beliebte Zwergpflanzen, die stark und angenehm duftend nächtlich blühen!

Stetsonia coryne stellt keine Ansprüche, wächst langsam und will einen leicht sauren Boden.

Die Gattung ***Strombocactus*** und die einzige Art *S. disciformis* läßt sich nur schwer kultivieren. Die Art wächst nur recht langsam, blüht sehr reich und wird wie *Ariocarpus* gepflegt: in mineralischer Erde, voller Sonne, äußerst vorsichtigem Gießen und kühlem, trockenem Winterstand. Gepfropft wird die Art unnatürlich. Nur für erfahrene Pfleger!

Thelocactus-Arten gehören zu den schönsten, z. T. auch reich blühenden Kakteen, die allerdings nicht problemlos in der Kultur sind. Die Erde darf nur rein mineralisch, sandig-kiesig, mit einem Lehmanteil, durchlässig, porös, sehr nahrhaft und leicht sauer bis neutral (pH ca. 7) sein. Wasser kann auch im Sommer nur in sehr kleinen Gaben angeboten werden, niemals darf stehende Nässe auftreten. Ansonsten wird sehr sonnig, hell, so warm wie möglich, bei trockener, nicht gespannter Luft und viel Frischluft, im Winter vollständig trocken und kühl (8–12 °C) kultiviert. Anzucht erfolgt aus Samen. Obwohl der natürliche Wuchs und die starke Stachelfarbe oft leiden, werden *Thelocactus bicolor, T. horrispilus, T. lophothele, T. saueri, T. viereckii* u. a. doch immer wieder gepfropft.

Thrixanthocereus-Arten wachsen wurzelecht in lockerem, nahrhaftem Boden und warmem, sonni-

gem, reichlich mit Wasser versorgtem Sommerstand. Keine stagnierende Nässe! Im Winter sollte nicht zu kalt gehalten werden.
Die Gattungen ***Trichocereus*** und ***Helianthocereus*** beinhalten sehr unempfindliche Arten, die eine Reihe sehr robuster Unterlagen stellen. Sie wachsen kräftig, wenn die normale, leicht saure Kakteenerde nur nahrhaft ist und immer wieder reichlich nachgedüngt wird. Im Sommer stellt man die Pflanzen sonnig und gibt gleichmäßige Feuchtigkeit, im Winter hält man gänzlich trocken und kühl. Ältere Pflanzen werden aufgebunden oder abgestützt.
Turbinicarpus-Arten werden, obwohl wurzelecht auch ziemlich gut wachsend, meist gepfropft, weil sie dann reicher blühen. Wenn sie nicht hart gezogen werden, entarten sie aber häufig. Wurzelecht fordern sie eine sehr poröse, mineralische, etwas lehmige und mit etwas Gips versetzte, gut durchlässige Erde, ferner im Sommer vorsichtiges Gießen, keine Staunässe, keine gespannte Luft, aber viel frische Luft, im Hochsommer keine Prallsonne und im Winter einen völlig trockenen, kühlen und hellen Stand. Sie haben im Frühjahr und im Herbst je eine Vegetationszeit, bei heißem Stand im Hochsommer eine Vegetationsruhe. Schöne Zwergpflanzen!
Uebelmannia: Empfindlich und langsam wachsend! Eine mineralische, mit Lauberde versetzte, sauer reagierende, lockere Erde, viel sommerliche Wärme und hohe Luftfeuchte (häufig nebeln!) werden verlangt. Am besten pfropft man bereits Sämlinge oder Jungpflanzen. Nicht für Anfänger geeignet!
Vatricania will durchlässige, lockere, mit Nährsalzen gut ausgestattete Erde. Im Sommer pflegt man sonnig und warm, im Winter hell, kühl und trocken.
Alle ***Wilcoxia***-Arten werden am besten gepfropft. Sie sind dann sehr schön und attraktiv blühend und dankbar. Sonst ist die Erde sehr locker und mager einzustellen. Gepfropft kann sonnig, aber auch halbschattig kultiviert werden.

Bezugsnachweise

Die folgende Aufzählung ist weder vollständig, noch gewichtet sie das Angebot; sie kann gegebenenfalls für eine neue Auflage ergänzt werden.

Pflanzen und/oder Samen

Inland

Andreae, D., Heringer Weg, 6111 Otzberg-Lengfeld (Samen und Pflanzen)
Gosch-Kakteen, Westring 341, 2300 Kiel (Pflanzen)
Kakteen-Zentrale H.W. Wessner, an der Autobahnbrücke, 7553 Muggensturm/Baden (Pflanzen)
Köhres, G., Bahnstr. 101, 6106 Darmstadt-Erzhausen (Samen)
Schenkel, A., Blankeneser Hauptstr. 53 a, 2000 Hamburg 55 (Samen)
Schleipfer, M., Sedelweg 17, 8901 Neusäß b. Augsburg (Pflanzen)
Staudenanzucht unterm Stoppelsberg M. Leue, Ilmesmühle, 6410 Haunetal (Pflanzen)
Uhlig, K.-H., Lilienstr. 5, 7053 Kernen i. R. (Pflanzen und Samen)

Ausland

Cac. Y Succ., Rosenberger, P., Leopoldsdorfer Str. 59, A-1100 Wien-Oberlaa (Pflanzen)
Casa Grande Kakteen-Versand, Eisensteinstrook 44, 2726 SZ Zoetermeer, Niederlande (Pflanzen)
Hahn's Cactus Nursery, 2663 Loomis Drive, San Josè, California 95121, USA (Pflanzen)
Herdt, de C., Kaphaanlei 80, B-2511 Mortsel, Belgien (Pflanzen und Samen)
Hovens Cactuskwerkerij, Markt 10, 5973 NR Lottum, Niederlande (Pflanzen)
Su-Ka-Flor, CH-5610 Wohlau, Schweiz (Pflanzen)
Wise, H., 3710 June Street, San Bernardino, CA. 92405, USA (Pflanzen)

An Wiederverkäufer

Kakteen-May, Am Holzweg, 6239 Kriftel am Taunus (Pflanzen)
Königer, H., Fackelbrückenstr. 5, 7080 Aalen (Pflanzen)
Kreutel, H. u. H., Karlstr. 3, 7536 Ispringen (Pflanzen)
Nase, H., Cactus Seeds Wholesale, 2540 E. Ross-Place, Tucson, 85716 Arizona, USA (Samen)
Stirnadel, A., Schwarzwaldstr. 80, 6600 Zweibrükken-Oberauerbach (Pflanzen)
Wissensch. Versuchsbetrieb, Möhlestr. 4, 8050 Freising (Pflanzen und Samen)

Gewächshäuser, Kulturkästen, Inneneinrichtungen, Zubehör

Augenstein, 7129 Brackenheim-Meimsheim
Beco GmbH, 8372 Zwiesel (Energieschirme, Schattierungen)
Engel, 8069 Rohrbach (Frühbeete)
Feddersen GmbH & Co. KG, Blankeneser Bahnhofstr. 60, 2000 Hamburg 55
Fischer, K. u. R., oHG, Homburgerstr. 141, 6368 Bad Vilbel 3
Fried, E., KG, 7129 Leonbronn, Gem. Zaberfeld
Gabler, W., GmbH & Co., Wiesenstr. 49, 7060 Schorndorf
Hecht & Lutz, Carl-Goerdeler-Str. 10, 7140 Ludwigsburg
Hengesbach, O., Post Hackkaten, 2051 Hamburg-Billwerder 94
Henssler, Heerweg, 7141 Beilstein
Höntsch & Co., GmbH, Postfach 8, 4170 Lüdinghausen i. W.
Krähe & Wöhr, Postfach 623, 7140 Ludwigsburg
Kräss, K., KG, Postfach 30, 7912 Weißenhorn
Krieger, Gahlenfeldstr. 5, 5804 Herdecke/Ruhr
Messerschmidt KG, GmbH, Autenbachstr. 22, 7320 Göppingen-Jebenhausen
Polydress Plastic GmbH, 6120 Michelstadt (Polydress EVA-Energiesparfolie)
Schlachter, Auweg 37, 8870 Günzburg
Siedenburger Gewächshausbau, 4993 Rahden (Energieschirme)
Terlinden GmbH, 4232 Xanten i. Birten
Weimar Nachf., KG, 3321 Salzgitter (Energieschirme)
Wunderlich, Gebr., GmbH & Co. KG, 3360 Osterode 14 (Energieschirme, Schattierungen)

Folienhäuser

Buchner, Götsch & Co. – Thermohouse, Ahornstr. 12, 8861 Deiningen b. Nördlingen
Maier & Bihlmaier, Remsweg 21, 7067 Urbach
Metzger, C., GmbH & Co., Heiligenwiesen 6, 7000 Stuttgart 60
Scharr, F., oHG, Abt. Planta-Service, Liebknechtstr. 50, 7000 Stuttgart 80 (Vaihingen)

Klimasteuerung

B–E Delier GmbH, Lindestr. 17, 7880 Bad Säckingen 11 (automat. Beregnungs-, Lüftungs- und Klimaanlagen)

Bedarfsartikel

ASA-Trafobau, Bahnstr. 59/61, 3548 Arolsen (Bodenheizungen)
Asperg-Gärtnereibedarf, Postfach 129, 7144 Asperg (Bedarfsartikel)
Auer, Gebr., 8261 Kraiburg (Frostschutzdecken, Luftpolsterfolien)
Bahrs, H., GmbH & Co. KG, Holtweg 22, 4057 Brüggen 2 (Pflanzenbeleuchtung, Grodan-Pflanzsysteme)
B–E Delier GmbH, Lindenstr. 17, 7880 Bad Säckingen (PVC-Röhren, Polyester-Dünger- und -Wasserbehälter)
Beck KG, Alte Steige 17, 7300 Esslingen/Liebersbronn (Kleinwetterstationen)
Binz, G., Rungstr. 5, 7570 Baden-Baden 11 (Sawe-Bewässerungsvlies)
Freudenberg, C., Postfach 1840, 6940 Weinheim (Viledon-Bewässerungsvlies)

Gantner, M., Ringstr. 112, 7504 Weingarten (Substrate, Zubehör)

Hübecker, 4154 Tönisvorst (Hydrobedarf)

Karle, A., KG, 7326 Heiningen, Kr. Göppingen (Voluma-Bewässerungsvlies)

Köpper J., Lockfinke 7, 5600 Wuppertal 1 (Bedarfsartikel)

Köster und Zimmermann, Gisselbergerstr. 47, 3550 Marburg 1 (Zubehör)

Mafac Schwarz, E., GmbH & Co. KG, Abt. GM, 7297 Alpirsbach/Schwarzw. (Siebe)

Meyer, H., Postfach 1180, Hauptstr. 39, 2084 Rellingen/Holstein (Etiketten, Töpfe, Dünger, Pflanzenschutzmittel, Folien usw.)

Möschle, J., 7601 Ortenberg (Erddämpfer)

Montan GmbH, Max-Eyth-Weg 42, 7972 Isny (Swingfog- und Pflanzenschutzgeräte)

Perrot-Regnerbau GmbH, 7260 Calw (Regendüsen, Beregnungsgeräte und -anlagen)

Schaurig, S., Daimlerstr. 12, 6452 Hainburg (Bedarfartikel, Frühbeete)

Schlängel-Zoo, Eltzerhofstr. 2, 5400 Koblenz (Lavalith und andere Substrate)

Stahl, Dr. & Sohn GmbH & Co. KG, Postfach 1227, 7770 Überlingen (Pulsfog-Nebelgeräte)

Tegtmeier, P., Postfach 6, 3000 Hannover-Linden 3 (Regendüsen, Beregnungsgeräte und -anlagen)

Teuwen, W., Huetlinstr. 21, 7750 Konstanz (elektrische Erddämpfer)

Wagner, G., App.-Bau, Hessenbachstr. 71, 8900 Augsburg (Gewa-Düngermischer)

Fachliteratur

Flora-Buchhandel M. Steinhart, Postfach 2, 7820 Titisee-Neustadt

Ziegan oHG, Potsdamer Str. 180, 1000 Berlin 30

Gesellschaften

Deutsche Kakteen-Gesellschaft e. V.

Klosterkamp 30, 2860 Osterholz-Scharmbeck, Tel. 04791-2715 (Herr K. Petersen).
Die DKG unterhält an allen größeren Orten Ortsgruppen, auch regionale Zusammenschlüsse bestehen. Es gibt eine zentrale Bibliothek, Diathek, Auskunftsstelle, Samenverteilung, einen Pflanzennachweis und Ringbriefgemeinschaften, es finden Jahreshauptversammlungen und Gemeinschaftsveranstaltungen statt.

Gesellschaft Österreichischer Kakteenfreunde

Heidstr. 35, A-2000 Stockerau, Tel. 02266-30422 (Frau E. Raz)

Schweizerische Kakteen-Gesellschaft

Im Kleeacker 6, CH-4108 Witterswil

Bildteil

Beschreibung der Gattungen Arten und Varietäten

Die hier vorgestellten Kakteen werden in drei Unterfamilien gegliedert (Pereskioideae, Opuntioideae, Cactoideae), die wiederum die dazugehörigen Gattungen in alphabetischer Reihenfolge aufführen. Die mit ■ gekennzeichneten Arten sind abgebildet.

1. Unterfamilie: Pereskioideae K. Sch.

Primitivste Kakteen-Unterfamilie (Urform): sie umfaßt holzige, immergrüne oder laubabwerfende, baumartige oder strauchige Pflanzen, ähnlich den Laubgehölzen, aber mit achselständigen Areolen mit Stacheln.

Pereskia (Plum.) Mill.

syn. *Peireskia* Zucc.; inclusive der Gattung *Rhodocactus* (Berg.) Knuth.
Pflanzen stark verholzt, 5–10 m hoch, stammbildend, mit Krone. Z.T. Spreizklimmer (in regengrünen Wäldern). Blattartige Langtriebe, sitzend oder gestielt, nach Vegetationsperiode abfallend. Bei einigen Arten (z.B. *P. (Rhodocactus) autumnalis*) entwickeln die Kurztriebe (Areolen) Laubblätter. Blüten einzeln oder zu verzweigten Ständen vereinigt. Früchte je nach Blütendurchmesser kleiner oder größer, letztere fleischig, z.T. eßbar. Verbreitung: Von USA (Florida) über das tropische Amerika, einschließlich Westindien, bis Peru, Paraguay und N-Argentinien. Ca. 20 Arten:

a) Meist strauchige, kleinblütige (Blüten unter 1 cm ∅, rot, orange oder weißlich) und kleinblättrige Arten: *Pereskia aculeata* (Plum.) Mill. – Laubkaktus – (syn. *Peireskia aculeata, Pereskia foetens, Cactus pereskia)* ▣: Körper strauchig, kletternd, hängend; Langtriebe bis 10 m lang, mit Hakenstacheln verankert, dünn, rund, grün; Blätter kurzstielig, länglich, bis 7 cm, etwas sukkulent, im Herbst abfallend; Areolen schwach wollfilzig; Stacheln unten 1–2–3, sonst paarweise in den Blattachseln, zurückgebogen, nach Blattfall weitere, bis 30, gerade, 2 cm lang, gelbbraun bis schwarz; Blüten gebüschelt in riesigen Blütenständen, radförmig, duftend, ca. 5 cm breit, gestielt, weißlichgrün, gelblich oder rosenrot, Herbstblüher; Fruchtknoten bestachelt und beblättert; Frucht länglich, hellgelb; Samen schwarzbraun. Verbreitung: N- und S-Amerika, bis Paraguay und Argentinien. *P. diaz-romeroana* Card.: Strauchig; Stacheln 5–12, weißlichgelb; Blätter sitzend, eiförmig, dunkelgrün; Blüten bis 1 cm lang, weinrot; Frucht schwärzlich-weinrot. *P. humboldtii* Br. & R.: Baumartig; Triebe rundlich, schlank; Blätter einzeln, aufsitzend, 3 cm lang; Stacheln einzeln, bis 2–3, dunkel; Blüten rot bis orange; Frucht klein. *P. vargasii* H. Johns.: Baumartig; Blätter fast sitzend; Areolen weißfilzig; Stacheln 1–3, grau; Blüten klein, mehrere, weiß.
b) Großblütige (Blüten bis 8 cm ∅, karminrot, orangerot oder rosafarben) und meist auch großblättrige Arten: *P. bahiensis* Gürke: Bis 8 m hoch, baumartig, stammbildend; Blätter lanzettlich, 9 cm lang; Stacheln bis 40; Blüten groß, bis 8 cm ∅, rosa, bebüschelt. *P. moorei* Br. & R.: Strauchig, bis 1 m hoch; Blätter rundlich; Areolen grau; Stacheln 2–4, grau, bis 8 cm lang; Blüten rosa. *P. pititache* Karw.: Baumförmig; Stacheln 1–8; Blüten orangerot.

Rhodocactus (Berg.) Knuth

wird zu *Pereskia* gestellt.
Körper buschig, bis baumförmig, beblättert, mehr oder weniger starke Bestachelung an Stamm und Zweigen. Blüten einzeln oder in kurzgestielten Rispen, auch gebüschelt, weiß, gelb, rötlich bis pur-

Pereskia aculeata

purn. Früchte mit schwarzen, glänzenden Samen. Verbreitung: Von Mexiko und Costa Rica über Haiti bis Venezuela und Kolumbien, Brasilien.

Pereskia (Rhodocactus) autumnalis (Eichl.) Knuth: Baumförmig, Stamm bis 40 cm Ø; Blätter dicklich, 4–8 cm lang; Stacheln 1–3, 3–16 cm lang, grau; Blüten einzeln, groß, orange. *P. (R.) grandifolius* (Haw.) Knuth: bis 5 m hoch; Blätter kurzgestielt, länglich, bis 15 cm lang, grün; Stacheln 1–2, schwarz; Blüten rosa oder weiß. *P. (R.) saccharosa* (Griseb.) Backbg.: Strauchig; Blätter lanzettlich, derb, grün; Areolen graufilzig; Stacheln 1–7, dunkelrot; Blüten 8 cm breit, purpurrosa, Mitte weiß.

Maihuenia Phil.

Körper rundlich-zylindrisch oder flach-polsterig. Triebe fleischig. Blättchen zylindrisch bis eiförmig, länger haltend. Blüten groß, weiß, gelblich oder rot. Samen schwarz, glänzend. Verbreitung: S-Chile (höhere Kordilleren) und Argentinien (SW-Anden).

Maihuenia brachydelphys (K. Sch.) K. Sch.: Rasen bildend; Blätter 2–3 cm lang, spitz; 1 Stachel, gelb, unten braun; Blüten rot, ca. 5 cm Ø. *M. patagonica* (Phil.) Speg.: Polsterbildend, verzweigt; Blätter eiförmig, 2–4 mm lang; Stacheln 3, 1 cm lang, grau; Blüten gelblichweiß, am Triebende; Frucht kugelig. *M. poeppigii* (O.) Web.: Kolonienbildend; Blätter zylindrisch; Stacheln 3, gelblich; Blüten gelb; Frucht 4–5 cm lang, 2–3 cm Ø.

Maihueniopsis Speg.

soll ähnlich *Maihuenia* sein, mit der einzigen, bis heute nicht wieder gefundenen Art *Maihueniopsis molfinoi* Speg.: Gruppenbildend; Glieder eiförmig bis kugelig, hellgrün, basal verwachsen; Areolen weißfilzig; Stacheln in den beiden oberen Areolen, ca. 2 cm lang, aschgrau, dunkel gespitzt; Blüten ca. 3 cm lang, schwefelgelb mit seidigem Glanz.

2. Unterfamilie: Opuntioideae K. Sch.

Hierher gehören Pflanzen mit deutlich, wenigstens während der Vegetationsperiode ausgebildeten Blättern, deren Spreiten rundlich-zylindrisch, selten flächig sind. Areolen mit Glochiden.

Opuntia (Tourn.) Mill.

Körper sehr vielgestaltig (niederliegend bis kriechend, zwergig, polsterbildend *(Tephrocactus)* bis strauch- und baumförmig. Sprosse zylindrisch *(Cylindropuntia)* oder blattartig abgeflacht *(Platyopuntia)*, in Glieder unterteilt. Glieder kurz, kugelig, stark verzweigt *(Tephrocactus)*. Blätter zylindrisch bis walzig; Oberblatt (= Blattoberseite) abfallend, Blattgrund bleibt, verwächst mit der Sproßachse *(Cylindropuntia)*; bei *Platyopuntia* Blattspreiten klein, hinfällig. Stacheln einer Areole (teils mit Widerhaken) bilden eine Glochide, leicht abbrechend. Z.T. Hosen- oder Scheidenstacheln (d.s. Stacheln, von Tunica oder Scheide überzogen). Blüten groß, radiär, einzeln, lateral, subterminal, selten endständig. Röhre fehlt. Früchte fleischig, oft eßbar. Samen glatt, sehr hart. Ca. 300 Arten. Verbreitung: S-Kanada bis südliches Amerika.
Die Gattung *Opuntia* kann in die (1.) Gruppe der *Cylindropuntia* und in die (2.) Gruppe der *Platyopuntia* unterteilt werden.

1. Cylindropuntia

Austrocylindropuntia Backbg.

Zylindrisch, ohne Stachelscheiden, z.T. schöne Haarbildung.

Oben: *Opuntia clavarioides*
Unten: *Opuntia subulata*

Opuntia (Austrocylindropuntia) clavarioides Pfeiff. ▣: Körper niedrig, strauchig; Glieder ungleich lang und geformt, spitzenwärts fingerartig, keulig oder hahnenkammförmig verbreitert und verdickt, oder geweihartig verzweigt (monströs bis halbcristat), nicht sehr fest, bräunlichgrau; Areolen winzig, schwach wollfilzig; nach allen Seiten gerichtete, anliegende, bedeckende, feine, sehr kleine, kurze Stacheln, ca. 10; Blätter bald abfallend, rötlich, ca. 1,5 mm lang; Blüten gelbbräunlich, bis ca. 7 cm lang, 5–6 cm ∅, äußere Hüllblätter bis 2 cm lang, spitz, grünbrauner Mittelstreifen, Rand rötlichbraun, innere bis 2,5 cm lang, ca. 9 mm breit, hellolivbraun, rötlich getönt, Ränder gewellt; Staubfäden cremefarbig, -beutel gelb; Griffel 1,3 cm lang, weiß; 6–7 Narben, cremefarbig; Fruchtknoten langzylindrisch, gebogen, 4 cm lang, 1 cm ∅, beborstet; Frucht ellipsoid, einsamig; Samen wollig behaart. Verbreitung: vermutlich Grenzgebiet zwischen Argentinien und Chile. *O. (A.) exaltata* Berg.: Baumartig, mit Stamm; Triebe zylindrisch, höckerig; Blätter bis 7 cm lang, rundlich; Stacheln gelbbraun, bis 12 cm lang; Blüten rötlich. *O. (A.) verschaffeltii* (Cels) Backbg.: Vieltriebig, Körper klumpig; Glieder kugelig bis länglich; Stacheln gelblich, 3 cm lang; Blüten rot. *O. (A.) vestita* (SD.) Backbg.: Kugelig bis zylindrisch; Blätter kurz; Glochiden weiß; Stacheln 4–8, borstig; Blüten ca. 3,5 cm ∅, violettrot; Haare weiß, die Triebe locker umhüllend. *O. (A.) subulata* (Mühlpfrdt.) Eng. ▣: Sperrig-strauchig, bis 4 m hoch, Stamm 6–10 cm ∅; Triebe seitwärts gerichtet, aufbiegend, bis 7 cm ∅; Höcker flach gefeldert, Felder dunkler umgrenzt; Blätter bis 12(–15) cm lang, halbzylindrisch, spitz zulaufend, gebogen, über 1 Jahr erhalten bleibend; Stacheln 1–2, pfriemlich, bis 8 cm lang oder mehr, hellgelblich bis weiß; Glochiden spärlich; Blüten im Ovarium eingesenkt, ca. bis 7 cm lang, mäßig weit öffnend, Perigon kurz, orange-rötlich, rot bis grünlich; Ovarium mit längeren, aufgebogenen Blättern; Frucht bis 10 cm lang, hart, langdauernd, grün, proliferierend; Samen bis 12 mm groß. Verbreitung: S-Peru.

Opuntia tunicata

Cylindropuntia (Eng.) Knuth emend. Backbg.

Zylindrisch, mit Stachelscheiden, Stacheln auffallend bunt.

Opuntia (Cylindropuntia) bigelowii (Eng.) Knuth – »Teddybäropuntie«: Strauchig oder kleinbaumförmig; Triebe höckerig; Stacheln und Scheiden gelblichweiß; Blüten violettkarmin, gelb oder grüngelb. *O. (C.) tunicata* (Lehm.) Lk. & O. ■: Niederbuschig, selten stammbildend, in großen Klumpen; Triebe kurz bis verlängert, bis 15 cm, höckrig, dicht von anfangs rötlichen Stacheln mit dünnen, silberweißen Scheiden bedeckt, 6–10, bis 5 cm lang; Blüten gelb, 3 cm breit.

Marenopuntia Backbg.

Körper niedrig, buschig. Triebe dünn, zylindrisch, mit Glochiden. Blüten endständig.

Opuntia (Marenopuntia) marenae (S.H. Pars.) Backbg.: Stacheln bis 9 und mehr; Blüten groß, weitöffnend; Früchte seitlich aufreißend.

Corynopuntia Knuth

Triebe keulig, klein, dicht gruppen- und polsterbildend. Früchte trocken. Stachelscheiden z.T. fehlend.

Opuntia (Corynopuntia) invicta Brand.: Große Kolonien bildend; Triebe dunkelgraugrün, höckerig; Areolen und Glochiden weiß; 6–10 Rand-, 10–12 Mittelstacheln, karminrot, dann grau, braunspitzig; Blüten 5 cm ∅, gelblich. *O. (C.) bulbispina* Eng.: Rasenbildend; Triebe kugelig; Stacheln braun; Blüten gelb. *O. (C.) grahamii* (Eng.) Knuth: Rasenförmig wachsend; Glochiden weiß bis braun; Stacheln 8–15, rötlich; Blüten gelb. – Die Gattung *Micropuntia* umfaßt nach Rauh Arten, die juvenile, blühfähige Formen von *Corynopuntia*-Arten sind.

Grusonia F. Reichb.

wird zu *Cylindropuntia* gestellt.
Körper mit durchlaufenden Rippen. Stachelscheiden reduziert. Glochiden nur auf den jüngsten Areolen und denen der Früchte. Blüten endständig.

Grusonia bradtiana (Coult.) Br. & R.: Zylindrisch, kolonienbildend; Triebe hellgrün, gegliedert, 8–10 schwachhöckerige Rippen; Blätter 8 mm lang; Stacheln 15–25, weiß; Blüten gelb.

Tephrocactus Lem.

gehört ebenfalls zu *Cylindropuntia*.
Körper rundlich-kugelig, sprossend, kolonien- und polsterbildend, mehr oder weniger kompakt oder Triebe verlängert, verzweigt, z.T. stark behaart. Stacheln haarfein oder borstig, nadelig bis derb pfriemlich, z.T. fehlend oder nur kurz und weich. Blüten, Früchte und Samen entsprechen denen der Cylindropuntien. Blüten leuchtend gelb, orange und rot. Ovarium dickfleischig. Ca. 90 Arten. Verbreitung: Mittel- bis S-Peru, Chile, Bolivien, N- und S-Argentinien.

Tephrocactus alboareolatus Ritt.: Graugrün, Triebe eiförmig; Areolen dicht weißfilzig; Stacheln derb. *T. alexanderi* (Br. & R.) Backbg. ■: Kugelig gegliedert, graugrün; Triebe gehöckert; Areolen klein, rund; Stacheln 4–12, bis 4 cm lang, weiß bis dunkelspitzig; Frucht rot, weiß bestachelt. Verbreitung: Argentinien. *T. articulatus* (Pfeiff. ex O.) Backbg. – Papierschnitzelkaktus: Buschig; Triebe länglich-rund; Glochiden braun; Stacheln bis 10 cm

Oben: *Tephrocactus alexanderi*
Unten: *Tephrocactus dactyliferus*

lang, papier-, bast- oder bandartig (besonders bei var. *diadematus* (Lem.) Backbg. und var. *papyracanthus* (Phil.) Backbg.); Blüten weiß bis blaßgelb. *T. atroviridis* (Werd. & Backbg.) Backbg.: Polsterbildend; Triebe kugelig; Areolen weiß; Glochiden hellbraun; Stacheln 3 und mehr, dunkelolivgelb; Blüten gelb. *T. bolivianus* (SD.) Backbg.: Polsterbildend; Triebe länglich; Areolen kurzwollig; Stacheln 1–5, gelb bis rötlich; Blüten orangegelb. *T. dactyliferus* (Vpl.) Backbg. ▣: Polsterförmig; Triebe kugelig bis spitz-eiförmig, fahl graugrün, bis 7 cm lang, bis 4 cm ∅, gehöckert; Glochiden nicht zahlreich; Stacheln gelb-, rot- bis (später) schwärzlichbraun, ca. 1–5, mäßig lang; Blüten 3 cm lang, orangegelb, Knospen oben gelblich bestachelt, nicht sehr breit öffnend; Frucht 5 cm lang; Samen gelbbraun. Verbreitung: S-Peru (Azangaro, 3600 m). *T. floccosus* (SD.) Backbg. – Wollkaktus: Polsterbildend; Triebe bis 10 cm und mehr lang, völlig weiß behaart, umspinnend; Stacheln 1–3, bis 3 cm lang, gelb; Blüten gelborange; Frucht 3 cm ∅, kugelig, gelblich. *T. heteromorphus* (Phil.) Backbg.: Triebe bläulichgrün; Areolen weißlich; Stacheln borstig weich bis haarartig dünn; Blüten rot. *T. hirschii* Backbg.: Blüten karminrot. *T. malyanus* Rausch – Wollkaktus: Triebe von weißen Haaren umsponnen.

2. Platyopuntia

Artenreichste Kakteengruppe überhaupt. Von zwergig-niederliegenden Formen über strauchig oder baumstrauchig bis riesig baumartig. Sprosse blattartig abgeflacht, rundlich bis länglich; Verzweigung akroton (sich in der Spitzenregion eines Gliedes fortsetzend); ältere Pflanzen mit verholzten Stammteilen von rundem Querschnitt. Jugendliche Glieder abgeflacht, mit kleinen, unbeständigen Blättern, in deren Achseln Stacheln und Glochidenbüschel stehen. Blüten zahlreich, groß, flach ausgebreitet, leuchtend gefärbt. Früchte z. T. eßbar.

Oben: *Opuntia hystricina*
Unten: *Opuntia rufida*

Opuntia aciculata Griff.: Bis 1 m hoch, Triebe stumpf dunkelgrün, gerundet; Stacheln braungelb; Glochiden zahlreich, dick, rotbraun; Blüten goldgelb, Mitte grün; var. *orbiculata* Backbg.: Triebe glänzend; Blüten leuchtend rot. *O. azurea* Rose: Stammbildend, spreizend verzweigt; Triebe blaugrün bereift; Stacheln 2–3 cm lang, schwärzlich; Glochiden braun, zahlreich; Blüten tiefgelb, Zentrum rot; Früchte karmin, kugelig. *O. basilaris* Eng. & Big.: Strauchig, schön graublaugrün; Triebe um die Areolen gerötet, eiförmig; Areolen gelblich; Glochiden rotbraun; Blüten purpurrötlich. *O. bergeriana* Web.: Stammbildend, stark verzweigt; Triebe schmal-länglich; Stacheln und Glochiden braungelb; Blüten tiefrot; Früchte rot. *O. ficus-indica* (L.) Mill.: Hochstrauchig bis baumförmig; Triebe länglich; Areolen klein; Stacheln fehlen; Glochiden zahlreich, gelb; Blüten bis 10 cm ∅, gelb bis orangerot; Früchte rötlichgelb, eßbar; eine monströse, genetzte Form ist die var. *reticulata* Backbg., deren Triebe durch Korkleisten braun gefeldert und bräunlich filzig gesäumt sind. *O. galapageia* var. *gigantea* (How.) Backbg.: Baumförmig, lang bestachelter Stamm, kronenbildend, bis 10–12 m hoch; Triebe grün, rundlich, länglich; Stacheln weich, auch fehlend; Blüten gelb, 6 cm ∅. *O. glaucescens* SD.: Buschig; Triebe eiförmig, reifig-graugrün; Blätter klein, rötlich; Areolen grau; Stacheln 1–4, schwarzgrau; Glochiden braun bis rosa; Blüten feuerrot bis orange. *O. hystricina* var. *ursina* (Web.) Backbg. – »Grizzly-bear«: Lockere Gruppen, niedrig; Triebe eiförmig, bis 15 cm lang, 7,5 cm breit, niederliegend bis aufsteigend; Glieder länglich bis rund; Stacheln 6–14, fadenartig, dünn, biegsam, bis 20 cm lang, weiß; Blüten gelb (*O. hystricina:* orange oder rosa ■). Verbreitung: SO-Kalifornien bis Arizona. *O. leucotricha* DC.: Stammbildend, verzweigt; Triebe samtig; Stacheln 1–3, lang, weiß, weich; Glochiden gelb; Blüten gelb, ca. 7 cm ∅; Früchte weiß bis rot oder violett. *O. longispina* var. *corrugata* (Pfeiff.) Backbg.: Kolonienbildend; Triebe länglich-rund; Stacheln weiß; Blüten pfirsichorange. *O. macbridei* Br. & R.: Buschige Dickichte;

Oben: *Opuntia microdasys*
Unten: *Opuntia microdasys* var. *rufida*

Rechte Seite: *Opuntia microdasys* var. *albispina*

Triebe eiförmig; Areolen braun; Stacheln 2–4, grau; Blüten orange-rötlich, klein. *O. microdasys* (Lehm.) Pfeiff. – Goldopuntie ▣: Körper mäßig hoch, niedrig-buschig, dicht und breit verzweigt, teilweise niederliegend, bis 60 cm hoch; Glieder rundlich bis länglich, 10–15 cm lang, stachellos, blaßgrün samtartig; Areolen (Glochiden) groß, zahlreich, sehr dicht und regelmäßig stehend, mit dichten Glochidenbüscheln, hell-, später reingelb; Knospen grünlich; Blüten zahlreich (an größeren Pflanzen), 4–5 cm lang, aus den Areolen am Rand der flachen Stammglieder, radförmig, sitzend, tagblühend, seidig glänzend, reingelb, beim Abblühen rötlich getönt; Fruchtknoten ist als Sproß zu betrachten: aus seinen Areolen entwickeln sich Sproße oder weitere Blüten; röhrenlos; Staubblätter zahlreich, Staubfäden und Griffel weiß, 6–8 Narben, grün; Frucht kugelig bis länglich, bis 4,5 cm lang, saftig, ringförmige Vertiefungen an den Stellen, an denen die abgefallenen Blüten standen, dunkel- bis hellviolettrot, mit Glochiden besetzt; Samen klein, 2–3 mm breit. var. *albispina* Fobe ▣: (Vom Typus abweichend:) Triebe reingrün; Glochiden schneeweiß, mehr oder weniger leicht lösend; Blütenknospen rötlich, Blüten weißgelb; Frucht dunkler violettrot, außen und innen. Die Form *albata* Hort. (Polka Dot) hat zierliche, schneeweiß bestachelte, 3–5 cm lange Glieder mit harmlosen, geschmeidigen Glochiden, die sich samtweich anfühlen; kleinbleibend; Blüte hellgelb; erst seit wenigen Jahren in Europa. var. *rufida* K. Sch. ▣: (Vom Typus abweichend:) Triebe kräftiger grün, länglich oval; Areolen dichtstehend; Glochidenbüschel rotbraun bis bräunlich; Knospen rötlich; Blüten gelblich. Verbreitung für Typus und Varietäten: Mexiko (Durango, Coahuila, Nuevo León, bis Zacatecas und N-Hidalgo). *O. occidentalis* Eng. & Big.: Strauchig; Triebe länglich; Stacheln 2–7, bis 5 cm lang, fast weiß; Glochiden braun; Blüten gelb, groß; Frucht purpurn. *O. pycnacantha* var. *margaritana* Coult.: Buschig; Areolen und Glochiden dichtstehend, bräunlich; Stacheln blaßfarben; Blüten schwefelgelb. *O. robusta* Wendl.: Strauchig; Triebe groß,

25 cm ∅, rund bis länglich, hell bereift-bläulichgrün; weiße Stacheln; Blüten gelb. *O. rufida* Eng. ■ (syn. *O. herrfeldtii* Kupp.): Körper strauchig, aufgerichtet, bis 1,50 m hoch, kleiner Stamm; Triebe fast kreisrund, 6–25 cm ∅, dicklich, stumpf graugrün; Blätter rötlich gespitzt; Stacheln fehlen; Glochiden dunkel- bis rötlichbraun. Rote Jungtriebe hat der Bastard *O. rufida* × *O. rubra* Hort. Blaugrüne Triebe und rote Blätter hat die Hybride *O. rufida* × *O. rubrifolia* Hort.: Blüten gelb bis (verblühend?) orange, bis 5 cm lang; Frucht hellrot. Verbreitung: USA (Texas), N-Mexiko (Durango). *O. scheeri* Web.: Strauchig; Triebe bläulichgrün, rund bis länglich; 10–12 gelbe Stacheln und weißlichgelbe Borstenhaare; Glochiden bräunlichgelb; Blüten ca. 10 cm ∅, blaßgelb bis lachsfarben (im Verblühen). – Winterhart sind u. a. *O. fragilis* (Nutt.) Haw., *O. phaeacantha* Eng., *O. polyacantha* Haw. und *O. rafinesquei* Eng. (= *O. humifusa* Ref.)

Zur Unterfamilie der Opuntioideae gehören ferner die folgenden 7 Gattungen:

Pereskiopsis Br. & R.

Körper mit blättertragenden Trieben, jedoch wegen der Glochiden, den größeren, harten, behaarten Samen und dem Blütenbau nicht zu *Pereskia,* sondern hierher gehörend. Strauchig, baumförmig oder schlingend. Blüten einzeln, röhriges Perikarpell mit Schuppenblättern, in deren Achseln Areolen mit Glochiden und Stacheln sind. Fruchtknoten gestielt. Ca. 12 Arten. Verbreitung: Mexiko, Guatemala.

Pereskiopsis spathulata (O.) Br. & R.: Strauchig, Triebe bläulichgrün, flaumig; Blätter spatelig, dick, grün, bis 3 cm lang; Stacheln 1–2, steif, weiß, bis 2,5 cm lang; Glochiden braun; Blüten rot; Samen weiß. *P. velutina* Rose: Buschig; Triebe grün; Blät-

ter elliptisch, 2–6 cm lang, bis 2,5 cm ∅, dunkelgrün, beidseitig flaumig; Stacheln einige, kurze; Areolen weiß behaart; Blüten sitzend, leuchtend gelb.

Pterocactus K. Sch.

Körper klein; dicke Rüben. Triebe kugelig oder zylindrisch, reich verzweigt. Areolen mit Glochiden und vielen, haarförmigen Stacheln. Blüten endständig, eingesenkt, einzeln. Samen mit geflügeltem Rand (= typisch!). 7 Arten. Verbreitung: Südamerika (S-Argentinien).

Pterocactus decipiens Gürke: Triebe zylindrisch; Stacheln anliegend; Blüten 4,5 cm ∅. *P. tuberosus* (Pfeiff.) Br. & R.: Dicke Rüben; Triebe bräunlichrot; Blüten gelb, 3 cm lang, Narben gelb.

Quiabentia Br. & R.

Körper strauchig, eine Art baumförmig. Zweige stielrund, quirlförmig ausgebildet, grün, fleischig. Blätter ebenfalls fleischig, später abfallend, schmal lanzettlich. Areolen ohne echte Glochiden bzw. mit dünnen »Beistacheln«. Blüten groß, rot, meist endständig, einzeln, sitzend. Bei uns kaum blühend. Samen groß, hart. 5 Arten. Verbreitung: Brasilien.

Quiabentia charoensis Backbg.: Strauchig; Triebe über 3 cm ∅; Areolen weiß; Blätter bis 7 cm lang; Stacheln ca. 9, hellfarben; Blüten rot. *Q. verticillata* (Vpl.) Vpl.: Strauchig; Triebe grün; Stacheln 1 und mehr, weiß; Blüten hellrot. *Q. zehntneri* (Br. & R.) Br. & R.: Strauchig; Triebe lang, sehr stachelig; Blätter bis 4 cm lang, ovalrund; Stacheln zahlreich, dünnborstig, weiß; Areolen weißfilzig; Blüten leuchtendrot.

Tacinga Br. & R.

Körper strauchig, mäßig verzweigt, stielrunde Triebe. Areolen an Jungtrieben weich behaart. Leicht abfallende Glochiden. Stacheln fehlen. Blüten mit stieliger Röhre, abwärts gekrümmte Perigonblätter, nächtlich, nicht endständig. 2 Arten. Verbreitung: Brasilien.

Tacinga atropurpurea Werd.: Triebe graugrün; Areolen und Glochiden braun; Blüten 7 cm lang, dunkelpurpurn. *T. funalis* Br. & R.: Triebe rötlich; Blüten grünlich, sehr reich blühend.

Brasiliopuntia (K. Sch.) Berg.

Körper baumartig, runder, aufrechter Stamm mit Nebenästen und blattartig dünnen, flachen, glänzendgrünen Gliedern. Laubblätter klein, vergänglich. Stacheln wenige an jungen Areolen, zahlreiche an Stamm und Ästen. Blüten mit Haarbildung (Staminodien), klein, gelb. Früchte groß, gelb oder rot, bestachelt oder nicht. Samen wollig behaart, wenige. 4 Arten. Verbreitung: Brasilien, Paraguay, Peru, O-Bolivien, O-Argentinien.

Brasiliopuntia (Opuntia) bahiensis (Br. & R.) Berg.: Bis 15 m hoch, Stamm bis 25 cm ∅; Blätter 2–3 mm lang; Stacheln 1–2, dünn, rot. *B. (O.) brasiliensis* (Wild.) Berg.: Bis 4 m hoch, mit Stamm; 1–2 Stacheln, bis 1,5 cm lang; Blüten gelb, ca. 5 cm lang; Frucht kugelig, bis 4 cm ∅, gelb, bestachelt.

Consolea Lem.

Körper baumartig. Stamm nicht rund, nach oben zu abgeflacht. Endtriebe dicker, länglich, unregelmäßiger Rand. Bestachelung variabel. Blüten klein. Samen wenige oder fehlend. Dafür wurzeln abfallende Fruchtknoten an. 8 Arten. Verbreitung: Antillen bis zu den Key-Inseln.

Consolea moniliformis (L.) Britt.: Bis 6 m hoch; Stamm bestachelt; Triebe bis 30 cm lang; Stacheln 3–6, gelblich; Glochiden bräunlich; Blüten 2,5 cm breit, gelb bis orange, bis 5 cm lang. *C. rubescens* (SD.) Lem.: Bis 6 m hoch; Triebe grün; Blüten gelborange oder rot; Samen 6–8 mm groß, behaart.

Aporocactus flagelliformis

Nopalea SD.

Körper buschig bis baumförmig. Triebe flach, fleischig, schmal. Blätter klein, abfallend. Glochiden vorhanden. Stacheln einzeln oder in Büscheln. Blüten rot, aufrechte (nicht zurückgeschlagene) Petalen. Ovarium stachellos. Früchte saftig, rot, eßbar, mit vielen, harten Samen. 10 Arten. Verbreitung: Mexiko bis Panama.

Nopalea cochenillifera (L.) SD.: (Wirtspflanze für die Cochenille-Laus); 3–4 m hoch; Stamm bis 20 cm ∅; Triebe aufsteigend, hellgrün; Stacheln fehlend oder winzig.

3. Unterfamilie: Cactoideae K. Sch.

Die hierher gehörigen Kakteen sind ohne Blätter, aber mit blattähnlichen Mamillen. Sie werden gegliedert in Hylocereen und Cereen.

Tribus 1: Hylocereae Backbg.

Bewohner subtropischer Gebiete, meist epiphytisch oder halbepiphytisch, selten terrestrisch lebend. Es werden Luftwurzeln gebildet. Dünntriebig.

Acanthorhipsalis → *Rhipsalis*

Aporocactus Lem.

Körper kriechend oder hängend. Dünntriebige Epiphyten. Starke Luftwurzelbildung. Blüten schön, mittelgroß, schrägsaumig.

Typus der Gattung ist *Aporocactus flagelliformis* (L.) Lem. – Peitschen-, Schlangen- oder Rattenschwanzkaktus ▣: Körper bis 2 cm ∅, kriechend oder hängend, stark verzweigt; dünntriebiger Epiphyt mit Luftwurzelbildung; Triebe rundlich; Rippen 10–12, unscheinbar, kaum gehöckert; Areolen 6–8 mm entfernt; Randstacheln 8–12, nadelig, dünn, rotbraun; Mittelstacheln 3–4, bräunlich, mit gelben Spitzen; Blüten zahlreich, zygomorph, 7 bis 8 cm lang, bis 4 Tage offen, leuchtend karmin- bis violettrot; Sepalen zurückrollend, schmäler als die Petalen; Petalen weniger spreizend; Frucht klein, kugelig, bis 12 mm ∅, rot. Verbreitung: Mexiko

(Hidalgo). Größere Blüten besitzt die Hybride × *Helioporus smithii* (Pfeiff.) Rowl. (syn. × *Aporocactus mallisonii* Hort.), ein großblütiger Bastard von *A. flagelliformis* mit *Heliocereus speciosus*. *A. conzattii* Br. & R.: Hängend oder kriechend; wenig Luftwurzeln; Triebe ca. 2 cm ∅; 8–10 niedrige, gehöckerte Rippen; 15–20 dünne, hellbraune Stacheln; Blüten bis 9 cm lang, ziegelrot. *A. flagriformis* (Zucc.) Lem.: 11 Rippen; 6–8 Rand-, 4–5 bräunliche, im Neutrieb rote Mittelstacheln; Blüten dunkelviolett, bis 10 cm lang, 7,5 cm ∅. *A. martianus* (Zucc.) Br. & R.: Triebe bis 18 mm ∅; nur ca. 8 Rippen; 6–8 borstige Stacheln; Blüten tiefrosa, bis 10 cm lang.

Bonifazia → *Disocactus*

Chiapasia → *Disocactus*

Cryptocereus Alex.

Körper buschig. Flachtriebe eingekerbt, gezähnt bis gelappt. Blüten glockig-trichterig. Ovarium bestachelt. Früchte ebenfalls bestachelt. 1 Art: *Cryptocereus anthonyanus* Alex.: Triebe 7–15 cm breit, blattgrün, tief fiederblattartig eingekerbt; Areolen klein, mit kurzen Stacheln; Blüten ca. 12 cm lang, bis 20 cm ∅, cremeweiß bis rosa, außen weinrot; Röhre befilzt und borstig. Verbreitung: Mexiko, Costa Rica, Ekuador.

Deamia Br. & R.

Stammwindende Epiphyten. Triebe meist 3(–5–8)-flügelig, dünnrippig. Luftwurzelklimmer. Areolen kurz und dünn bestachelt. Blüten zahlreich, groß, cremeweiß, nächtlich. 1 Art: *Deamia testudo* (Karw.) Br. & R. – Schildkrötenkaktus (die einzelnen Sproßglieder sind wie ein Schildkrötenpanzer hochgewölbt): Strauchförmig, klimmend, bis 3 m lang; Triebe bis 15 cm lang, 8 cm breit, smaragdgrün; Rippen 3–5–8; Stacheln 3–10 und mehr, bis 2 cm lang, steif, gelbbraun; Blüten bis 28 cm lang, bis 20 cm ∅; Frucht stachelig, rot. Verbreitung: S-Mexiko bis Kolumbien. *D. diabolica* Clov. soll nach Rauh eine Jugendform der eben beschriebenen Art sein.

Disocactus Lindl.

inclusive *Bonifazia* Standl. & Steyerm., *Chiapasia* Br. & R. und *Pseudorhipsalis* Br. & R.
Epiphytisch oder auf Felsen wachsend, basal buschig verzweigt. Körper in runde, etwas verholzen-

Disocactus eichlamii

de Lang- oder Haupt- und blattartig gekerbte und verbreiterte Kurz- oder Endtriebe (Phyllocladien) gegliedert, frischgrün. Blüten rot, kahl, einzeln, lateral, sitzend, mit dünner, runder, gebogener Röhre. Perigonblätter schmal, abgezogen. Staubblätter herausragend. Früchte klein, weiß bis gelbrot und rot, rund oder oval, kahl, manchmal beschuppt. 3 Arten. Verbreitung: Guatemala bis Honduras.

Disocactus biformis (Lindl.) Lindl.: Triebe stufig gekerbt; Blüten 5–6 cm lang. *D. eichlamii* (Wgt.) Br. & R. ■: Von unten buschig verzweigt; Triebe bis 22(–25) cm lang, 4,5 cm breit, blattartig, Rand gezähnt und gekerbt; Blüten 6–7 cm lang, karminrot, engröhrig, weit hervortretende Staubblätter und Griffel. *D. (Bonifazia) quezaltecus* (Stand. & Steyerm.) Kimn.: Buschig; Blüten ca. 9 cm lang, weißlich-purpurn; Früchte ca. 2 mm groß, gelbrot. – Auch *Rhipsalis ramulosus* (SD.) Pfeiff. sollte als *Disocactus ramulosus* (SD.) Kimn. geführt werden: Strauchig; Stamm 3 cm hoch, holzig; Triebe zahlreich, 10 bis 25 cm lang, linealisch, Rand gesägt; Blüten radförmig, weißlichgrün; Früchte grün, dann transparent weiß; Samen zahlreich, schwarz. Verbreitung: W-Brasilien, Bolivien und Peru.

Chiapasia Br. & R.

wird heute *Disocactus* zugeteilt.

Epiphyten mit flachen, blattartigen, gekerbten Trieben und schlanken, runden Stämmchen (Triebbasis). Blüten weittrichterig. Frucht klein, breitkugelig, glatt. 1 Art: *Disocactus (Chiapasia) nelsonii* (Br. & R.) Br. & R.: Stark verzweigt; Triebe 30–160 cm lang, 3–4 mm breit; Stacheln fehlen; Blüten 5 bis 10 cm lang, 8 cm ∅, hellkarminrot bis lilarosa; Samen bräunlichschwarz. Verbreitung: Mexiko.

Pseudorhipsalis Br. & R.

wird heute auch zu *Disocactus* gestellt.

Disocactus (Pseudorhipsalis) alatus (Swartz) Br. & R.: Strauchig, bis 5 m lang; Triebe 4–6 cm ∅, bis 40 cm lang; Blüten gelblichweiß. *D. (P.) himantocladus* (Rol.-Goss.) Br. & R.: Strauchig, über 1 m lang; Triebe dünn, flach, grün; Blüten innen weiß (abweichend von *Disocactus*!), außen rosa bis bräunlich. *D. (P.) macranthus* Alex.: Buschig; Blüten zitronengelb, duftend. Verbreitung: Jamaika, Costa Rica, S.-Mexiko.

Eccremocactus (Phyllocactus) Br. & R.

Epiphyllum-ähnliche, epiphytische Kakteen. Blüten kurzröhrig, glockige Hülle. Frucht länglich. kantig. Zahlreiche schwarze Samen. 1 Art: *Eccremocactus bradei* Br. & R.: Buschig, hängend; Triebe bis 30 cm lang, bis 10 cm breit, hellgrün, Rand gekerbt; Areolen mit 1–3 kleinen Stacheln; Blüten bis 7 cm lang, Petalen wächsern weiß, Sepalen glänzend rosa bis weißrosa, unangenehm riechend. Verbreitung: Nur Costa Rica.

Epiphyllanthus → *Schlumbergera*

Epiphyllum Haw.

inclusive *Marniera Backbg.*

Epiphytische, z. T. großstrauchige, lang verzweigte Pflanzen. Körper buschig. Hauptstämme schlank, rund bis 3- oder 4kantig. Triebe schmal, lang, dünn, bogig, blattartig (fälschlicherweise deshalb »Blattkakteen«, 'Phyllocactus' genannt; die »echten« Blattkakteen sind tagblühende Hybriden von *Nopalxochia, Heliocereus, Selenicereus* usw.). Endzweige meist flach, z. T. hängend. Ränder oft gesägt oder gekerbt. Alte untere Pflanzenteile stark verholzt. Stacheln fehlen, nur an Sämlingen vorhanden. Blüten nächtlich, weiß bis leicht rötlich. Röhre sehr dünn und lang. Früchte rundlich, länglich beschuppt, gekantet, rot; Pulpa saftig, eßbar. Samen glänzend schwarz. Ca. 20 Arten. Verbreitung: Von Mexiko bis Südamerika.

Am bekanntesten ist *Epiphyllum phyllanthus* (L.) Haw.: Buschig, Hauptstamm 3–4kantig; Triebe ca. 2 cm lang, flach, hellgrün, Rand z. T. purpurfarben,

Epiphyllum-Hybriden

bis 7 cm breit, stumpf gekerbt; Blüten 5–6 cm ∅ (und mehr), bis 30 cm lang, weiß, sehr dünn- und langröhrig, Petalen flach ausgebreitet, Hüllblätter schmal, bis 2,5 cm lang, wenig spreizende und sehr kleine Schuppen; Staubblätter und Narbenstrahlen kurz; Frucht länglich, 7–9 cm lang, schwach gerippt, hellrot; Samen groß, schwarz, zahlreich. Verbreitung: Panama bis Britisch-Guayana, Bolivien, Peru, Brasilien und Paraguay. – Von größerer praktischer Bedeutung als die botanischen Arten sind die zahlreichen Kreuzungen ▣ mit ihren riesigen, sehr farbenprächtigen Blüten (weiß, rosa, rot bis zu tiefem Violettrot mit allen Übergängen). Besonders bekannt sind die Knebelschen Hybriden, die mit die schönsten Kakteenblüten überhaupt haben; sie sind orchideenähnlich. – Ferner ist zu nennen: *E. crenatum* (Lindl.) G. Don.: Buschig, Triebe graugrün, bis 3 cm breit; Areolen beborstet, haarig; Blüten bis 12 cm ∅, cremefarben bis grünlichgelb, duftend. *E. hookeri* (Lk. & O.) Haw.: Triebe hellgrün; Blüten bis 20 cm lang, weiß.

Marniera Backbg.

wird in *Epiphyllum* eingegliedert.
Triebe breit, schwach gekerbt und langlappig, tief gesägt mit starker Mittelrippe. Blüten groß, nächtlich, lange Röhre.

Epiphyllum (Marniera) chrysocardium Alex.: Areolen klein; Blüten weiß, außen purpurrosa, bis 30 cm lang. Verbreitung: Costa Rica und S-Mexiko.

Erythrorhipsalis → *Rhipsalis*

Hatiora Br. & R.

inclusive *Pseudozygocactus* Backbg.
Körper mit aufrechtem Hauptstamm, buschig, auch hängend, stark verzweigt. Glieder quirlig angeordnet, zylindrisch, keulig, kahl oder kurze Borstenstacheln. Blüten klein, glockig-trichterig, gelb, orangerot und rosa, aus Scheitelareolen der Triebe. Frucht

Epiphyllum-Hybriden

weiß, z.T. gefleckt. Samen schwarz. 2(–4) Arten. Verbreitung: Brasilien.

Hatiora herminiae (Porto & Cast.) Backbg.: Blüten blauviolett, dunkelviolett, dunkelrosa. *H. salicornioides* (Haw.) Br. & R. ■: Körper aufrecht-strauchig, reich verzweigt, bis 40 cm hoch; Triebe zu zweit oder in 3–5gliedrigen Wirteln, anfangs zylindrisch oder tonnenförmig, später mit deutlichem Stiel, bis 3 cm lang; Areolen spärlich filzig und zuweilen mit Borsten, in der Kultur kahl; Blüten 1–2(–3), glockig, bis 13 mm lang, 10 mm ∅, gelb; Frucht kreiselförmig, weißlich, durchscheinend, Spitze rötlich; Samen schwarz. Verbreitung: Brasilien (Rio de Janeiro, Minas Gerais).

Pseudozygocactus Backbg.

Wird zu *Hatiora* gestellt.
Zygocactus-ähnlich, aber kleinblütig wie *Rhipsalis* und ohne erkennbare Röhre. Nur 1 Art (und 1 Varietät): *Pseudozygocactus epiphylloides* (Campos-Porto & Werd.) Backbg. und var. *bradei* (Campos-Porto & Werd.) Backbg.: Buschig; Triebe kurz gegliedert; Blüten gelb. Verbreitung: Brasilien.

Heliocereus (Berg.) Br. & R.

Körper liegend bis kletternd, buschig aufrecht, aber auch hängend oder epiphytisch. Triebe wenigrippig (3–5–7). Stacheln dünn. Blüten groß, leicht zygomorph, tagblütig. Früchte stachelig. Ca. 4 Arten. Verbreitung: Mexiko und Guatemala.

Am bekanntesten ist *Heliocereus speciosus* (Cavan.) Br. & R. ■: Triebe 1 m und mehr lang, dunkelgrün; Rippen 3–5; Areolen groß; 5–8 Stacheln, später mehr, gelbbräunlich, bis 1,5 cm lang; Blüten 12–15 cm lang, leuchtend karminrot; Frucht eirund, ca. 4 cm lang, rot, bestachelt; häufiger Kreuzungspartner bei den Hybridgattungen × *Heliochia* Rowl. (= *Heliocereus* × *Nopalxochia*), × *Heliophyllum* Rowl. (= *Heliocereus* × *Epiphyllum*), × *Helioporus* Rowl. (= *Heliocereus* × *Aporocactus*), × *Helioselenius* Rowl. (= *Heliocereus* × *Selenice-*

Oben: *Hatiora salicornioides*
Unten: *Heliocereus speciosus*

reus). Weitere Arten sind: *Heliocereus amecamensis* (Heese) Bravo: Weißblühend; wird als var. von *H. speciosus* betrachtet. *H. cinnabarinus* (Eichl.) Br. & R.: Blüten hellzinnoberrot, innen gelblich. *H. schrankii* (Zucc.) Br. & R.: Blüten scharlach- bis blutrot; evtl. eine weitere var. von *H. speciosus*.

Hylocereus Br. & R.

Körper groß, rankend, klimmend, epiphytisch, z.T. mit Kletterstacheln. Triebe 3kantig bis 3flügelig, Luftwurzeln bildend. Stacheln kurz oder fehlend. Blüten nächtlich, sehr groß (bis 30 cm ∅!), weiß bis blaßgelb, auffallend beschuppt, kahl. Frucht beschuppt. Samen mäßig groß, schwarz. Ca. 20 Arten. Verbreitung: Mexiko, Mittelamerika, Antillen, nördliches Südamerika, Peru.

Hylocereus cubensis Br. & R.: Triebe 2–4 cm ∅; 3–5 Stacheln, schwarz; Blüten weiß, 20 cm lang. *H. purpusii* (Wgt.) Br. & R.: Dunkelgrün, schön bläulich bereift; Triebe ca. 3 cm ∅, leicht gewellt; Stacheln 3–6, kurz, Blüten ca. 25 cm groß, außen rötlich bis feurig karmin, mittlere Hüllblätter goldgelb, oben dunkelkarmin, innere weiß, gelbspitzig oder Mitte goldgelb, Spitze leicht karmin. *H. undatus* (Haw.) Br. & R. ▣: Sehr stark verzweigt, kriechend, hängend, auch aufsteigend, dunkelgrün; Triebe bis ca. 7 cm ∅; Rippen meist 3, hoch, grün, Kante mehr oder weniger treppig gestuft, im Alter hornig; Stacheln 1–3, klein, kurz, 2–4 mm lang; Blüten bis ca. 30 cm lang, weiß, außen gelblichgrün; Narben ungeteilt; Frucht länglich, bis 12 cm ∅, rot; in tropischen Ländern viel als Zierpflanze angebaut; an der Riviera winterhart.

Lepismium Pfeiff.

Körper hängend, epiphytisch. Triebe schlank, rund-, flach- oder kantiggliedrig. Blüten klein, selten relativ groß, weiß(-gelblich) bis rosa. Fruchtknoten in der Sproßachse eingesenkt (= typisch!). Früchte ku-

Linke Seite: *Hylocereus undatus*

Oben: *Lepismium paradoxum*
Unten: *Nopalxochia phyllanthoides*

gelig, weiß bis rot. Ca. 20 Arten. Verbreitung: Südstaaten der USA bis N-Mexiko, auch Brasilien, Argentinien, Venezuela und Paraguay.

Lepismium cruciforme (Vell.) Miqu.: Buschig; Triebe 3flügelig, bis 60 cm lang; Areolen dicht grauweiß-bräunlich; Blüten glockig, weißlich, außen rötlich; Frucht violett; Samen dunkelbraun. *L. floccosum* (SD.) Backbg.: Blüten mit gelblich-weißer Wolle, grünlichweiß. *L. marnieranum* Backbg.: Blüten weiß. *L. neves-armondii* (K. Sch.) Backbg.: Blüten gelblichweiß. *L. paradoxum* SD. ■: Strauchig, bis 5 cm langer Körper; Triebe 3kantig; Areolen ohne Borsten; Blüten bis 2 cm lang, weiß, am Triebende; Frucht rötlich. Verbreitung: Brasilien (Sao Paulo). *L. pulvinigerum* (Lindbg.) Backbg.: Triebe wie bei *Rhipsalis*; Blüten grünlichweiß. *L. rigidum* (Löfgr.) Backbg.: Blüten strohgelb. *L. trigonum* (Pfeiff.) Backbg.: Blüten weißlich oder rötlich.

Marniera → *Epiphyllum*

Nopalxochia Br. & R.

Buschige Epiphyten. Sprosse blattartig, flach, stufig gekerbt. Blüten groß, rot bis rosa, mehrere Tage offen. Röhre und Ovarium beschuppt, kahl, stachellos. 2 Arten. Verbreitung: Mexiko.

Nopalxochia ackermannii (Haw.) Knuth: Körper ohne lange Triebstiele überhängend; Triebe lanzettlich, buchtig gekerbt; Blüten groß, reinrot. *N. phyllanthoides* (DC.) Br. & R. ■ Körper mit langgestielten Trieben überhängend; Triebe lanzettlich, zugespitzt, graugrün, flachstufig gekerbt, Mittel- und Seitennerven deutlich, dunkler graugrün; Blüten ca. 10 cm lang, rosa, innen hell-rosenrot; Röhre kurz, mit roten Schuppen. Verbreitung: Mexiko (Jalapa?; Tlacolula; Pueblo, Rio Acapulco).

Die mit am verbreitetsten »Blattkakteen« sind Hybriden der Wildformen *N. ackermannii* und *N. phyllanthoides*. Häufig kultiviert werden die Kne-

Oben: *Rhipsalidopsis gaertneri*
Mitte: × *Rhipsaphyllopsis graeseri*
Unten: *Rhipsalidopsis rosea*

belschen 'Phyllohybriden'; die scharlachrot blühenden Hybriden sind *N.-ackermannii*-Hybriden und die rosafarbenen *N.-phyllanthoides*-Hybriden. Die heute als *N. ackermannii* gepflegten Pflanzen sind Kreuzungen von *Heliocereus speciosus* (Cav.) Br. & R. mit *N. phyllanthoides*; demzufolge heißen sie richtiger × *Heliochia vandesii* (hort.) Rowl.

Pfeiffera SD.

Körper klein, buschig, aufrecht, epiphytisch. Ohne Luftwurzeln. Rippen wenige, 4 (und mehr). Blüten klein, sehr kurze Röhre, tagblütig. Frucht klein, bestachelt. 4 Arten. Verbreitung: Bolivien bis N-Argentinien.

Pfeiffera erecta Ritt.: Bis 30 cm hoch, wenig verzweigt; Triebe ca. 10 mm ∅; Rippen 5–7; Areolen weiß; 12–16 Stacheln, dünn, weiß; Blüten weiß. *P. ianthothele* (Monv.) Web.: Triebe blaßgrün, bis 2 cm ∅, bis 50 cm lang; Rippen 3–4, scharfgebuchtet; Areolen weißfilzig; Stacheln borstig, 6–7; Blüten cremeweiß, außen purpurrot bis rosa.

Pseudorhipsalis → *Disocactus*

Pseudozygocactus → *Hatiora*

Rhipsalidopsis Br. & R.

Körper zwergig, strauchig, epiphytisch, nicht kletternd. Triebe rundlich, später 4–5kantig, Kanten gelblichweiß beborstet und bestachelt. Gekerbte Glieder später flachkeulig, mit breiten Endareolen (Sammelareolen), aus denen die Neutriebe und die Blüten kommen. Blüten klein, rosa bis leuchtend rot, röhrenlos. 2 Arten. Verbreitung: S-Brasilien (Paraná).

Rhipsalidopsis gaertneri (Reg.) Lind. ▣ (syn. *Epiphyllum russelianum gaertneri, Epiphyllum gaertneri, Phyllocactus gaertneri, Schlumbergera gaertneri, Epiphyllopsis gaertneri*): Körper verzweigt,

Oben: *Rhipsalis houlletiana*
Unten: *Rhipsalis pilocarpa*

buschig, strauchig, epiphytisch; Stamm aufrecht, Äste später hängend; Zweige gegliedert; untere Zweigglieder 3–6kantig, elliptisch, gerundet, scharfkantig, 1–2 cm lang, bis 1 cm dick, winzige rückgebildete Blattreste, in deren Achseln kleine runde Areolen, mit spärlicher Wolle und beborstet; obere Glieder blattartig, flach, vorne gestutzt, gekerbt, fleischig, gelblich- bis dunkelgrün, bis 3–6 cm lang, bis 3,5 cm breit; ähnliche Blattreste mit Areolen und Borsten; Stirnseite der Glieder mit großen Sammelareolen, dort Blüten inseriert und Verzweigungen ausgehend; mit bräunlichen bis gelblichen Borsten, lang, schopf- und bartartig; Blüten einzeln oder mehrere am Scheitel der Glieder, weittrichterig, ca. 4(–7,5) cm lang, 5–7 cm breit, leuchtend scharlachrot, mehrere Tage offen; Fruchtknoten 5kantig, grünlich bis rötlich; Röhre fehlt; Staubfäden um den Griffel zusammengeneigt, rot, 1–2 cm lang; Staubbeutel gelb; Griffel rot; Narben weiß; Frucht, eine Beere, 1,5 cm lang, scharf 5kantig, hellkarminrot; Samen ca. 1 mm, braun, glatt, glänzend. Verbreitung: Brasilien (Santa Catharina, Minas Geraes). R. rosea (Lag.) Br. & R. ▣: Matt dunkelgrün, besonnte Glieder rötlich, flach, selten 3–4kantig, Rand 2–3mal gekerbt, beborstet; Blüten bis 3 gleichzeitig, radförmig, 3,7 cm ∅, rosa, sehr kurzröhrig; Frucht gelblich, gedrückt, schwach kantig; Samen braun.
Die, wegen der Blütezeit, sogenannten Osterkakteen sind Selektionen oder Hybriden der beiden Arten *R. rosea* und *R. gaertneri*, z.B. *× Rhipsaphyllopsis graeseri* Werd. ▣: Eine verbreitete Kreuzung zwischen *R. gaertneri* (Mutter) und *R. rosea*, die sich durch lack- bis karminrote Blütenfarbe, Reichblütigkeit und Wuchswilligkeit auszeichnet (und deshalb von gärtnerischer Bedeutung ist).

Rhipsalis Gaertn.

inclusive *Acanthorhipsalis* (K. Sch.) Br. & R.
Epiphytisch wachsende Pflanzen. Körper meist reich verzweigt, oft hängend, selten kletternd. Mit

Luftwurzeln. Triebe variabel (rund, kantig, blattartig usw.). Blütenareolen nicht eingesenkt, klein, kahl oder behaart, borstig. Blüten meist einzeln, klein, grünlichweiß, weiß, gelb(lich), rosa, rötlichpurpur, mehrere Tage offen. Früchte klein, weiß bis rot bis tief dunkel, auch goldgelb. Samen hellbraun bis schwarz. Über 60 Arten. Verbreitung: Florida bis Mexiko, Antillen bis Südamerika, Madagaskar bis Ceylon, südliches Afrika.

Rhipsalis aculeata Web.: Verzweigt, Triebe zylindrisch, grün; 8–10 Rippen; Areolen weißlich; Stacheln weiß; Blüten weiß; Frucht kugelig, dunkel weinrot. *R. clavata* Web.: Triebe oben dünnkeulig; Blüten weiß; Früchte grünlichweiß. *R. crispata* (Haw.) Pfeiff.: Blüten cremegelb. *R. houlletiana* Lem. ▣: Strauchig, bis 2 m und mehr lang, hängend; Triebe anfangs zylindrisch oder rundlich gestielt, oben blattartig, oft so abwechselnd; Ersttriebe bis 2 mm dick; Endtriebe mit mehr oder weniger stielrunder Basis, bis 40 cm lang, 3–5 cm breit, tief gesägt, nicht geschweift, Zähne bis 3 cm lang und 1 cm breit, lebhaft grün, zuweilen wachsig bereift, am Rand mehr oder weniger rot überlaufen; Areolen kaum befilzt, borstenlos; Blüten glockig hängend, ca. 2 cm lang, cremefarben, im Grund manchmal weinrot; Ovarium kurzzylindrisch, 4–5kantig, hellgrün; Frucht kugelig, karminrot. Verbreitung: Brasilien (Rio de Janeiro; Sao Paulo, Minas Geraes). *R. incachacana* Card.: Blüten dunkel-purpurviolett. *R. megalantha* Löfgr. (syn. *R. grandiflora* oder *R. novaesii* Gürke): Hat die größten Blüten der Gattung, bis 4 cm breit, Basis orange, sonst weiß. *R. mesembryanthemoides* Haw.: Wie eine strauchige Mesembryanthemacee aussehend; buschig, reich verzweigt, bis 40 cm lang; stielrunde oder spindelförmige Triebe, hellgrün; Blüten weißrosa. *R. pachyptera* Pfeiff.: Blüten gelb. *R. (Erythrorhipsalis) pilocarpa* Löfgr. ▣: Körper stark buschig hängend, wirtelig verzweigt; Triebe zu 3–6, schwach gerippt, bis 12 cm lang, bis 6 mm ∅, schmutzig graugrün; Rippen 8–10, undeutlich; Areolen mit 3–10 Borsten statt Stacheln; Blüten einzeln oder zu zweit, duftend, bis 2,5 cm breit, blaßgelb, grünlicher Stich; Frucht 12 mm lang und ∅, mit gelblichen Borsten; Samen ziemlich groß, schwarz. Verbreitung: Brasilien (Sao Paulo; Rio de Janeiro).

Erythrorhipsalis Berg.

Diese Gattung ist nach RAUH nicht gerechtfertigt.

R. rhombea (SD.) Pfeiff.: Gelbblühend. *R. warmingiana* K. Sch.: Triebe breitlineal oder scharf 3–4kantig; Blüten weiß.

Schlumbergera Lem.

inclusive *Epiphyllanthus* Berg. und *Zygocactus* K. Sch.

Epiphytische Kakteen, strauchig, abgeflachte, gegliederte Sprosse. Blüten leuchtend karminrot bis weiß, radiär *(S. russeliana)* oder zygomorph *(S. truncata)*, tag- und vogelblütig. Stark hybridisierte Gattung, z.B. der extrem blütenreiche Bastard *S. bridgesii* × *S. truncata.* Reichblühende gärtnerische Züchtungen: 'Weihnachtskakteen'. Verbreitung der Wildformen: Brasilien.

Schlumbergera opuntioides (Löfgr. & Dusen) Moran (syn. *Epiphyllanthus obovatus* (Engelm.) Br. & R.): Gleicht einer Platyopuntie; zygomorph und hellkarminrot blühend. *S. orssichiana* Barthl. & McMillan: Neufund; mit den größten Blüten der Gattung: 9 cm lang, 7 cm breit, weiß, hellkarminrot gerandet. *S. russelliana* (Gardn.) Br. & R. ▣: Stamm rund, ungegliedert; Triebe bis 3,5 cm lang, bis 2 cm breit, überhängend, hellgrün; Blüten endständig, 5,5 cm lang, dunkelrosa; Frucht leuchtend rot; Samen dunkelbraun. *S. truncata* (Haw.) Moran ▣ (= *Zygocactus truncatus* (Haw.) K. Sch.) – Weihnachtskaktus: Körper buschig-kleinstrauchig bis hängend, bis 30 cm lang, epiphytisch; Triebe mehrgliedrig; Glieder gabelig verzweigt, abgeflacht, 4–5 cm lang, ca. 2 cm breit, mit 2–4 Zähnen an jeder Seite, die oberen meist größer, grün, abgestutzter Vorderrand trägt breite, braunwollige und borstige Areole ('Blühareole'), aus der Blüten oder neue Glieder entstehen; Areolen schwachfilzig, beborstet, blaß bis schwärzlich, ebenso am Gliedende; Blüten zahlreich, aus dem Triebende, scheitelständig, 1–2, selten 3, sehr groß, bis 6,5–8 cm lang, schiefsaumig, leuchtend rosa bis tief- oder violettrosa, verschieden getönt, tagelang haltend; Röhre oberhalb des runden, nackten Fruchtknotens abgeknickt, mehrstufig mit Hüllblättern besetzt; Staubblätter und Griffel karminrot; Frucht eiförmig, reif rosenrot, klein, 1,5–2 cm lang, durchscheinend, genabelt; Samen schwarz, glatt. Verbreitung: Brasilien (Rio de Janeiro: im Orgelgebirge).

Selenicereus (Berg.) Br. & R.

inclusive *Deamia* Br. & R.
Mit Luftwurzeln klimmende, kletternde oder rankende Kakteen. Epiphytisch. Dünntriebig, reich verzweigt. Rippen niedrig, kantig. Stacheln kurz oder fehlend. Blüten sehr groß, nächtlich, lange Röhre, behaart, beborstet, z. T. unbehaart, aber bestachelt, weiß. Frucht groß, rötlich (nur in einem Fall gelb). Über 20 Arten. Verbreitung: S-Texas, O-Mexiko, Mittelamerika, Westindien bis Nordküste von Südamerika.

Selenicereus grandiflorus (L.) Br. & R. – Königin der Nacht ▣: Körper blaugrün, kletternd; Triebe bis 2,5 cm ∅; Rippen bis 7–8, niedrig; Areolen anfangs haarig; Stacheln 7–11, bis 1 cm lang, nadelig, gelblich; Blüten 18–30 cm lang, 20 cm ∅, nach Vanille duftend, innen weiß, außen bronzegelb bis lachsfarben; Früchte eßbar. In Kultur meist verbastardierte Formen. Verbreitung: Jamaika, Kuba, Haiti, Mexiko. *S. pteranthus* Lk. & O.) Br. & R. ▣ (syn. *Cereus nycticallus* Lk. & O.) – Prinzessin der Nacht: Körper blaugrün, oft gerötet; Triebe bis 5 cm ∅, Rippen 4–6; Areolen anfangs weißwollig; 6–12 Stacheln, gelbgrau, 6 mm lang; Blüten weiß, außen braunrötlich, duftlos; Röhre und Ovarium weißwollig. Verbreitung: Mexiko. Ferner: *S. hamatus* (Scheidw.) Br. & R.: Blüten innen weiß, außen

Oben: *Schlumbergera russeliana*
Unten: *Schlumbergera truncata*

rötlichgelb. S. inermis (O.) Br. & R., S. spinulosus (DC.) Br. & R., S. vaupelii (Wgt.) Berg. und S. wercklei (Web.) Br. & R.: Hellrot bis weiß blühend.

Deamia Br. & R.

soll auch hierher gestellt werden, die mit ihrer Art Deamia testudo (Karw.) Br. & R. bereits auf Seite 204 als eigene Gattung aufgeführt worden ist.

Strophocactus Br. & R.

Die epiphytische Pflanze ist der einzige windende Kaktus: Triebe an Fremdstämmen emporwindend, ihnen hautartig flach aufliegend (weil 2kantig!). Areolen am Triebrand stehend, dicht. Stacheln kurz, fein. Blüten groß, bis 25 cm lang, weiß, langröhrig, schmale Petalen. Röhre behaart und beborstet. Ovarium und Frucht beborstet. Monotypische Gattung: Strophocactus wittii (K. Sch.) Br. & R.: Areolen wollig; Blüten außen rötlich; Frucht länglich-eiförmig; Samen schwarz; selten kultiviert. Verbreitung: Brasilien.

Weberocereus Br. & R.

Epiphytische Pflanzen. Klimmend oder hängend, mit Luftwurzeln. Triebe schlank, 3kantig oder rund, selten flach oder 3flügelig. Stacheln kurz,

Selenicereus grandiflorus

weich oder auch derb. Blüten rosa, nächtlich, trichterig, seitlich. Ovarium borstig behaart. Frucht behaart, höckerig. 4 Arten. Verbreitung: Costa Rica und Panamá.

Weberocereus biolleyi (Web.) Br. & R.: Triebe 4–6 mm ∅, bräunlichrot; Stacheln oft fehlend; Blüten 3–5 cm lang, innen rosa, außen rötlichbraun.

Werckleocereus Br. & R.

Epiphytische Kakteen. Klimmend mittels Luftwurzeln. Rippen schwach gekerbt. Areolen kurzborstig oder weichstachelig. Blüten groß, kurztrichterig, weiß, nächtlich, kräftige Röhre. Diese und Ovarium schwarzfilzig, bestachelt. Frucht kugelig, bestachelt. 3 Arten. Verbreitung: Costa Rica, Guatemala.

Werckleocereus glaber (Eichl.) Br. & R.: Blaßgrün, reifig; Triebe 3kantig; Stacheln 2–4, kurz, nadelig; Blüten weiß. *W. imitans* Kimn. et Hutchison dürfte nach RAUH kein *Werckleocereus* sein. Am bekanntesten ist *W. tonduzii* (Web.) Br. & R.: Buschig verzweigt; Triebe 3–4kantig, tiefgrün, ca. 2,5 cm ∅, Rippenkante fast nicht gekerbt; Areolen klein, filzig; Stacheln fehlen, weiche Borsten; Blüten bis 8 cm lang; Frucht zitronengelb.

Wilmattea Br. & R.

Epiphytische Pflanzen. Mit Luftwurzeln klimmend, dünntriebig, ca. 1 cm ∅, mehrere Meter lang, 3kantig. Areolen klein. Stacheln wenige, kurz, bräunlich. Blüten nächtlich, einzeln, mäßig groß, nach Zitronenblüten duftend, außen bräunlich bis rot, innen weiß. Monotypische Gattung: *Wilmattea minutiflora* (Br. & R.) Br. & R.. Verbreitung: Guatemala bis Honduras.

Wittia K. Sch.

Epiphytische Kakteen. Körper klein, strauchig, reich verzweigt. Glieder blattartig, laubgrün, gekerbt. Areolen sehr klein, nackt. Blüten klein, zahlreich, zylindrisch, karminrot, kornblumenblau bespitzt. Frucht stark gekantet, schmutzigweiß. Samen mattschwarz. 2 Arten. Verbreitung: Panamá, Kolumbien bis N-Peru.

Wittia amazonica K. Sch.: Triebe hängend, lanzettlich, 15–40 cm lang, 5–9 cm breit. *W. panamensis* Br. & R.: Nach RAUH syn. von *W. amazonica*.

Zygocactus → *Schlumbergera*

Selenicereus pteranthus

Oben: *Acanthocalycium glaucum*
Unten: *Acanthocalycium violaceum*

Tribus 2: Cereae Br. & R.

Meist terrestrische, kugelig, kurzsäulige, strauchige oder baumförmige Kakteen.

Acanthocalycium Backbg.

Mit kugeligem bis kurzzylindrischem, geripptem Körper, dicht bestachelt. Weiße, rosa, rote oder gelbe, trichterige, große Blüten in Scheitelnähe. Trokkenhäutige, stachelspitzige, in den Achseln lange Wollhaare tragende Röhren- und Fruchtknotenschuppen, die oben zu Stacheln umgewandelt sind. Im Röhrengrund innen ein kleiner, weißlicher, gelblicher oder bräunlicher Wollhaarring. Ca. 12 Arten (werden auch bei der Gattung *Lobivia* eingeordnet). Verbreitung: N-Argentinien.

Acanthocalycium brevispinum Ritt.: 14–25 Rippen; 2–6 Mittel-, bis 10 Randstacheln; Blüten schwefelgelb. *A. chionanthum* (Speg.) Backbg.: Kugelig; Rippen 13–15; Stacheln 7–9, gerade, grau; Blüten weiß. *A. glaucum* Ritt. ■: Körper blaugrün, bis 7 cm ∅, 15 cm hoch; Warzen derb; Rippen 8–14, bis 1,5 cm hoch, stumpf, gekerbt; Areolen 1,5–2 cm entfernt, weiß; Stacheln schwarz, unten derber, 5–10 Randstacheln, 5–20 mm lang, pfriemlich, gerade. Mittelstachel fehlt, manchmal 1–2, im oberen Areolenteil; Blüten 6 cm lang und im ∅, weiß beflockt; Receptaculum mit oben borstig verlängerten Schuppen; Petalen goldgelb, oben gerundet; Ring weiß; Frucht bis 2 cm ∅, dunkelgrün, kugelig; Samen 1,5 mm groß, braun bis dunkler; Nabel weiß. Verbreitung: Argentinien (Prov. Catamarca, nördlich Belén). *A. griseum* Backbg.: Kugelig bis länglich; ca. 11 Rippen; Stacheln 3–5, schwärzlich; Blüten gelb. *A. klimpelianum* (Weidl. & Werd.) Backbg.: Flachrund; 19 Rippen, schmalrückig; Areolen gelbbraun filzig; Stacheln gerade, braunspitzig; Blüten weiß. *A. peitscherianum* Backbg.: Flachrund; 17 Rippen; Stacheln hellbraun, 7 rand-, 1 mittelständig; Blüten weißlich-

Ancistrocactus scheerii

lilarosafarben. *A. spiniflorum* (K. Sch.) Backbg.: Kugelig; 20 Rippen und mehr, scharfkantig; 14–20 Stacheln, bräunlich-rotgelb; Blüten rosa. *A. thionanthum* (Speg.) Backbg.: Kugelig; ca. 14 Rippen; 10 Randstacheln, 1 Mittelstachel, grau bis blaßhornfarben; Blüten zitronengelb. *A. variiflorum* Backbg.: Kugelig bis länglich; ca. 17 Rippen; ca. 9 rand- und 1 mittelständiger Stachel, dunkel-hornfarben; Blüten unterschiedlich gefärbt (gelb, orangerot bis karminfarben). *A. violaceum* (Werd.) Backbg. ▣: Körper einzeln, kugelig, dann kurzzylindrisch, matt hellgrün; bis 20 cm hoch, 13–15 cm ∅; Scheitel von Stacheln überragt; ca. 15 Rippen, bis 1,8 cm hoch; Areolen 1,5–2 cm voneinander entfernt, rundlich, weißflockig, später kahl; Stacheln kräftig, gerade, bis 3 cm lang, gelblich, hornfarben bis gelbbraun, 10–12, später 18–20; Blüten scheitelnah, zahlreich, groß, bis 7,5 cm lang, 6 cm breit, trichterig, blaß fliederfarben bis hellviolett mit dunklem Mittelstreifen; Staubblätter grünlichgelb; Griffel blaßgrün, Narben grünlich; Samen ca. 1 mm groß, stumpf, schwarz, feinwarzig. Verbreitung: N-Argentinien (Córdoba).

Acanthocereus (Berg.) Br. & R.

Sträucher mit sperrigem Wuchs. Triebe 3-, 4-, selten mehrrippig, stark bestachelt, aufrecht oder bogig aufsteigend. Rippen dünn. Blüten nächtlich, groß, breit, trichterig, weiß. Röhre lang, bestachelt. Frucht bestachelt (bei *A. horridus* stachellos). Ca. 14 Arten. Verbreitung: Florida, Mexiko, Mittelamerika, Kolumbien, Venezuela, Brasilien.

Acanthocereus colombianus Br. & R.: Triebe bis 9 cm breit; 3(–4)rippig; Areolen groß; 5–8 Rand-, 1–2 Mittelstacheln; Blüten 25 cm lang; Frucht groß, rot, bestachelt. *A. griseus* Backbg.: Triebe 3kantig, bis 6 cm ∅, weißgrau; Stacheln karminrot, dann weißlich, dunkel gespitzt; Blüten blaß grünlichweiß. *A. horridus* Br. & R.: Strauchig, 3–5 m hoch; Triebe 3eckig; Areolen groß; 1–6 Rand-, 1(–2) Mittelstacheln, bräunlichschwarz; Frucht glänzend hellrot. *A. maculatus* Wgt.: Triebe dunkelolivgrün, marmoriert; 3–4 Rippen; Areolen weiß; Stacheln braun; Blüten cremefarben. *A. tetragonus* (L.) Humlk.: Triebe bis 8 m lang; Rippen (3–)4–5(–6); 5–7 Rand-, 1(–3) Mittelst., grau.

Acantholobivia* → *Lobivia

Akersia* → *Borzicactus

Ancistrocactus Br. & R.

Körper kugelig bis verlängert, bei *A. megarhizus* mit verjüngter Basis. Wurzel rübig. Rippen gehökkert. Stets hakiger Mittelstachel. Blüten klein, cremefarben, grünlich-, bräunlich- bis zitronengelb oder blaßrosa. Samen braunschwarz. 4 Arten. Verbreitung: USA (Texas) und N-Mexiko (Chihuahua, Nuevo León, Tamaulipas).

Ancistrocactus brevihamatus (Eng.) Br. & R.: Kugelig, bis 10 cm hoch, 7,5 cm ∅, dunkelgrün; Rip-

Arequipa weingartiana

pen 13; 12–14 weiße Rand-, 5 braunschwarze Mittelstacheln, unterster bis 4 cm lang; Blüten bis 3,2 cm lang, 2 cm ∅, blaßrosa; Frucht fast nackt, ca. 1,5 cm lang. *A. megarhizus* (Rose) Br. & R.: Rippen spiralig; 20 gelbliche Rand-, 4 hakige Mittelstacheln; Blüten grünlichgelb; Frucht grünlich. *A. scheerii* (SD.) Br. & R. ■ (syn. *Echinocactus scheerii*): Körper kugelig oder keulig verlängert, verengte Basis, über 10(–12) cm hoch, ca. 6 cm ∅; größere Rübenwurzel; Rippen ca. 13, warzig gehöckert; Randstacheln 15–18, weißlich bis strohfarben, spreizend; Mittelstacheln 3–4, 2–5 cm lang, der unterste hakige der längste, schwarzbraun, weiß gefleckt; Blüten klein, 2,5 cm lang, grünlich- bis bräunlichgelb; Frucht klein, grün; Samen 2 mm lang, braun. Verbreitung: USA (Texas), N-Mexiko (Chihuahua). *A. tobuschii* Marsh.: Körper z. T. in der Erde sitzend, graugrün, Höcker warzig; 7 weiße Rand-, 3 gelbe Mittelstacheln; Blüten creme- bis zitronengelb.

Anisocereus* → *Escontria

Arequipa Br. & R.

Anfangs Körper kugelig, später verlängert und aufrecht oder cereoid, dann meist niederliegend, einzeln oder schwach gruppenbildend. Oft stark bestachelt. Blüten langröhrig, schrägsaumig, dicht behaart, rot, scheitelnah. Früchte am Grund öffnend. 8 Arten. Verbreitung: S-Peru (Arequipa) bis N-Chile.

Arequipa erectocylindrica Rauh & Backbg.: Triebe auch im Alter aufrecht, sehr stark bestachelt; Rippen 15–17; Stacheln horngrau; Früchte zitronengelb. *A. hempeliana* (Gürke) Oehme: Länglich, graugrün-reifig; 14–20 Rippen, 8–12 bernsteinfarbene Rand- und 3–4 gelbrote, braungespitzte Mittelstacheln; Blüten zinnoberrot. *A. mirabilis* (Buin.) Backbg.: Säulig; ca. 12 gehöckerte Rippen; Areolen weißlichgelb; ca. 12 farblose Rand-, 3 braungespitzte Mittelstacheln; Blüten bis 8,5 cm lang, 4 cm ∅, hellrot, violettrandig. *A. rettigii* (Quehl) Oehme (syn. *A. leucotricha* (Phil.) Br. & R.): Kugelig, später säulig, z. T. liegend; Rippen 10–12; Areolen anfangs graufilzig, bis 5 mm entfernt, dicht bestachelt; 20–30 dünne, glasige, weiße, bis 1 cm lange Rand- und bis 10 Mittelstacheln, einer als stärkster bis 3 cm lang; Blüten bis 6(–7) cm lang; Röhre schlank; Frucht rund, gelblichkarminrot. Verbreitung: S-Peru (um Arequipa). *A. weingartiana* Backbg. ■: Kugelig bis säulig; bis 40 cm hoch, aschgraugrün; Rippen 16; Randstacheln 12 und mehr, bis 15 mm lang; Mittelstacheln ca. 4, derber, bis 5 cm lang, gelblich, dunkel gespitzt, dann grau, oben schwärzlich; Blüten 5,5 cm lang, 2,5 cm ∅, schiefsaumig, ziegelrot. Verbreitung: N-Chile.

Ariocarpus Scheid.

inclusive *Neogomesia* Castan. und *Roseocactus* Bgr.

Körper breitrund, dem Boden flach angepreßt oder aufrechte Rosetten. Dicke Rübenwurzeln. Spiralig

Oben: *Ariocarpus retusus*
Mitte: *Ariocarpus trigonus*
Unten: *Ariocarpus agavioides*

stehende, blattartige, langspitzige, dreieckige Warzenhöcker mit dicken Wachspanzern. Areolen am Ende der Mamillen. Vegetative Areolen und Blühareolen voneinander getrennt (keine verbindende Areolenfurche). Blüten scheitelnah oder im Kranz aus stark flockig-wolligen Axillen, sehr groß, weittrichterig öffnend, weiß, rosa bis violettrosa oder gelblich. Röhre kurz. Nichtblühend hervorragend an die Umgebung angepaßt ('Mimesekakteen'). 4 Arten. Verbreitung: O-Mexiko (von der Nordgrenze bis San Luis Potosí).

Ariocarpus furfuraceus (Wats.) Thomps.: Hellbraun; Warzen schwielig; Areolen winzig; Blüten weiß. *A. retusus* Scheidw. ■: Körper flachrundlich, blau-, oliv- oder graugrün, bis 10–12 cm breit, Scheitel wollig; Mamillen scharf 3kantig, unten breit, spitz zulaufend, kurz, glatt, unterwärts konvex und gekielt; Areolen winzig, unterhalb der Spitze, oder fehlend, sonst kahl; Blüten 4 cm lang, weißlich-blaßrosa; Narben weiß. Verbreitung: Mexiko (San Luis Potosí). Sehr variable Art, deren Formen als eigene Arten beschrieben worden sind *(A. furfuraceus, A. scapharostrus)*. *A. scapharostrus* Böd.: Dunkelgrün; Warzen aufgerichtet, prismatisch verlängert, bis 5 cm lang, dreieckig, oben flach, unten gekielt; Blüten violettrosa. *A. trigonus* (Web.) K. Sch. ■: Körper breitrund, über 10 cm ∅; Warzen länglich, spitzig verjüngt und zuweilen aufgebogen, mehr oder weniger glänzend bräunlich-graugrün, zahlreich, 3,5(–5) cm lang, schwach dreikantig, unten kielig; Blüten oft zahlreich, groß, bis ca. 5 cm breit, weißlich bis gelblich; Narben 8–10. Verbreitung: Mexiko (Nuevo León).

Neogomesia Castan.

ist synonym mit *Ariocarpus*.
Körper einzeln, klein. Basalteil dickrübig. Warzen stark verlängert, blattartig, rosettig angeordnet, runzelig, unten gerundet. Areolen nahe Mamillenspitze, groß, dickwollig. Stacheln fehlend oder sehr kurz. Blüten weißlich-rosa, glockig-trichterig, nacktröhrig. Frucht rötlich, rundlich. Nur 1 Art:

Oben: *Ariocarpus fissuratus*
Unten: *Ariocarpus kotschoubeyanus*

Rechte Seite: *Arrojadoa penicillata*

Ariocarpus agavioides (Castan.) And. ▣ (syn. *Neogomesia agavioides* Castan.): Körperoberteil bis ca. 8 cm ∅, anfangs dunkel-, später graugrün; Warzen bis ca. 4 cm lang, bis ca. 6 mm breit, nach oben langsam verjüngend, Spitze mehr oder weniger zurückgebogen; Areolen bis ca. 1 cm ∅; Stacheln nur gelegentlich, 1–3, höchstens 3–5 mm lang, weiß bis hornfarben, pfriemlich, angedrückt; Blüten nur 1 Tag andauernd, bis 5 cm lang; Sepalen wenige, schuppenartig; Petalen äußere weiß mit rosa Mitte, innere mehr oder weniger intensiv rosa mit weißer Basis; Röhre 2 cm (und mehr) lang; Frucht bis 2,5 cm lang, mit vertieftem Nabel, rosa bis purpurn; Samen schwarz, birnförmig, feinwarzig, bis 1,5 mm groß. Verbreitung: Mexiko (bei Tula).

Roseocactus Berg.

Die Gattung wird ebenfalls zu *Ariocarpus* gestellt. Kakteen mit dicken Rübenwurzeln und dachziegelartig überdeckenden, blattähnlichen Mamillen mit hornartiger Oberhaut. Areolen in eine durchgehende, warzenoberseitige, wollige Furche verlängert. Blühareolen in den Achseln der Mamillen. Blüten zentral, kurzröhrig, weittrichterig öffnend, rosarot, purpurrosa oder purpurrot. Frucht trocken, in der Scheitelwolle. Samen mattschwarz. 4 Arten. Verbreitung: USA (W-Texas), Mexiko (Coahuila, Durango, Zacatecas, San Luis Potosí).

Ariocarpus (Roseocactus) fissuratus (Eng.) K. Sch. – Felsblockkaktus, 'living rock' ▣: Körper einzeln oder sprossend, rosettig, gedrückt-kugelig, flach, kaum über die Erdoberfläche kommend, bis über 15 cm ∅; Warzen mit stark querzerfurchter, zerklüfteter Oberfläche ('Mimesekaktus'), längs der Ränder mit durchgehender Furche und Leiste; Blüten bis 4 cm ∅, (weiß bis) rosarot mit dunklerer Mitte; Frucht weiß. Verbreitung: USA (SW-Texas), Mexiko (Coahuila). Rauschgifthaltige (Hordenin) Pflanze mit ähnlicher Wirkung bei Kulthandlungen der Indianer wie der Rauschgiftkaktus Peyotl *(Lophophora)*. *A. (R.) intermedius* Backbg. & Kil.: Warzen rhomboidisch, querrunzelig, ohne Leiste, fast durchgehende Furche, 2–3 mm breit; Blüten hellpurpurrosa; Frucht keulig, weißlichrosa. *A. (R.) kotschoubeyanus* Lem.) K. Sch. ■: Körper einzeln, längerer Rübenteil, zylindrisch, Kopf niedrig, bis (3–)5(–8) cm ∅, grau-braungrün; Warzen ohne Leiste, regelmäßig spiralig und dachziegelartig dekkend, kaum 7 mm hoch, bis 7 mm breit, fast genau dreieckig, mit durchgehender, weißwolliger Furche, zur Basis und Axille hin stark haarfilzig; Blüten bis 3 cm lang, bis 5 cm ∅, rosa-, hellpurpurn bis rosaviolett. Verbreitung: Mexiko (Durango, Nuevo León, San Luis Potosí). var. *albiflorus* Backbg.: Wie Stammform, nur Blüten reinweiß, bis 5 cm ∅, oft breiter als der Körper, nur zuweilen gegen die Mitte rosa angehaucht. Verbreitung: Mexiko (Nuevo León?). *A. (R.) lloydii* (Rose) Berg.: Warzen rhombisch, Mitte erhöht, runzelig, halb durchgehende, wollige Furche; Blüten purpurrot.

Armatocereus Backbg.

Große baumartige, stamm- und kronenbildende Cereen (nur *A. humilis* strauchartig) Triebe aufstrebend, in Wachstumszonen gegliedert, am Ende des Jahrestriebes auffällig verjüngt, graugrün bis braun. Areolen stark bestachelt oder fast stachellos. Blüten nächtlich, weiß oder rot, Pericarpell grün oder rötlich. Frucht groß, stark bestachelt. Samen groß. Ca. 10 Arten. Verbreitung: von Kolumbien über Ekuador bis N-Peru.

Armatocereus arboreus Rauh & Backbg.: Körper breit-baumartig, graugrün, mit dicken Stämmen, bis 6 m oder mehr hoch; Triebe aufstrebend, zahlreich, bis 60 cm lang, 15 cm ∅; Rippen (5–)6; Randstacheln meist nicht lang, Mittelstacheln 1–3, bis 15 cm lang; Blüten weiß; Frucht schwach bestachelt. Verbreitung: Mittelperu (um das obere Eulalia-Tal). *A. cartwrightianus* (Br. & R.) Backbg.: Baumartig; 7–8 Rippen; Areolen groß, braun, stark rotbraun bestachelt; Blüten weiß. *A. churinensis* Rauh & Backbg.: 2 m hoch; 5 Rippen; Blüten weiß. *A. humilis* (Br. & R.) Backbg.: Strauchartig; 3–4 Rippen; Areolen groß, weiß; Stacheln 5–8, braun bis weiß; Blüten grünweiß. *A. matucanensis* Backbg.: 4–5 Rippen; Stacheln ca. 8; Blüten weiß. *A. procerus* Rauh & Backbg.: bis 7 m hoch; Triebe grau-, blaugrün bis braun; Areolen wild bestachelt; 8–10 Rippen; Stacheln zahlreich; Blüten weiß. *A. rauhii* Backbg.: bis 6 m hoch, blaugraugrün; Areolen groß, weiß; 6–7(–10) Randstacheln, Mittelstachel meist fehlend; Blüten rot. *A. riomajensis* Rauh & Backbg.: 2 m hoch; 7–9 Rippen; Areolen schwärzlich; Blüten weiß.

Arrojadoa Br. & R.

Körper mit schlanken, mäßig langen, aufrechten, aber auch kriechenden Trieben. Wenig verzweigt. Scheitel mit pinselartigem, pseudoterminalem Borstenschopf (zeigt Blühwilligkeit an), der von Neutrieb durchwachsen wird, aber als »Borstenring« erhalten bleibt. In diesem rote Blütenknospen und

Linke Seite: *Astrophytum asterias*

Unten: *Astrophytum capricorne*

rötliche, blaßkarminrote bis cremefarbene oder bräunlich-karminrote, nächtliche Blüten. Frucht kugelig. 2 Arten. Verbreitung: N-Brasilien (Dornbuschsteppen von Bahia und Minas Gerais).

Arrojadoa penicillata (Gürke) Br. & R. ▣: Bis 2 m hoch, anlehnend-strauchig; Triebe, dünn, gegliedert, aus den fuchsroten Schöpfen weiterwachsend und aus älteren Ringschöpfen noch blühend, zum Schopf hin verdickt; Rippen 10–12, zierlich; Randstacheln 8–12, kurz, anliegend, sehr fein; Mittelstacheln 1–2, kräftiger, steif, 1–3 cm lang; Blüten prächtig, gebüschelt, nachts breiter öffnend, rötlich bis karminrosa, 2 cm lang und im ∅; Samen sehr klein, mattglänzend dunkelbraun. Verbreitung: Brasilien (Mittel- und S-Bahia). *A. rhodantha* (Gürke) Br. & R.: Mit stärkeren Trieben und bläulichroten Blüten, bis 3,5 cm lang, nur ca. 1 cm öffnend.

Arthrocereus → *Setiechinopsis*

Astrophytum Lem.

Körper einzeln, meist flachkugelig *(A. asterias)*, kurz- oder (im Alter) langsäulig, bis 1,5 m hoch *(A. ornatum)*. (3–4)5–8rippig, mehr oder weniger scharfkantiger (sogenannte 'Bischofsmützen') oder seeigelähnlicher Körper. Stacheln fehlend oder eigenartig weich, länger bzw. starr. Epidermis von winzigen Haarflöckchen ganz *(A. myriostigma)* oder in Zonen *(A. ornatum)* bedeckt, z.T. unterschiedlich reduziert bis ganz fehlend *(A. myriostigma* var. *nuda)*. Areolen stachellos oder mit sehr kurzen, kaum sichtbaren Stacheln. Blüten groß, nur bei voller Sonne öffnend, blaßgelb, z.T. mit rotem Schlund. Frucht gelblich, an der Spitze platzend oder unten öffnend. Samen braun, braunschwarz und relativ weich. 4 Arten. Verbreitung: N- und Zentralmexiko.

Astrophytum asterias (Zucc.) Lem. – Seeigelkaktus ▣: Körper flachkugelig, einzeln, graugrün, 3–6 cm hoch, bis 10 cm breit, stachellos; Scheitel schwach wollig; 7–8 sehr breite, runde, gerade Rippen mit dicken, weißfilzigen Areolen, seeigelähnlich; Blüten scheitelnah, trichterig, weit offen, 3 cm lang, 4 bis 5 cm breit, innen zitronen- bis schwefelgelb, außen strohgelb, Schlund rötlich; Staubfäden, -beutel, Griffel und Narben gelb; Fruchtknoten grünlich; schuppig; Frucht graurot, beschuppt, vielsamig; Samen groß, zerbrechlich, schwarzbraun. *A. capricorne* (Dietr.) Br. & R. – Ziegenhörnige Bischofsmütze, Bockshornkaktus ▣: Körper einzeln, kugelig bis gestreckt, bis 25 cm hoch; mehligweiße Beflockung variabel; 8–9 Rippen, hoch, scharfkantig; Areolen mit grauweißen Wollhaaren; bis 10 Stacheln, 2,5 bis 7 cm lang, wirr verflochten, elastisch, flach, gelb bis schwarzbraun, später grauschwarz; Blüten ca. 7 cm lang, mattglänzend hell- bis zitronengelb, Grund karminrot, duftend; Fruchtknoten grün; Frucht länglich, rot, bestachelt. *A. myriostigma* Lem. – Bischofsmütze ▣: Körper kugelig bis kurzzylindrisch, selten bis 60 cm lang, grünlichgrau; Scheitel einge-

Oben: *Astrophytum myriostigma*
Unten: *Astrophytum ornatum*

senkt; (3–4) meist 5(6–8) Rippen, scharfkantig; Areolen rund, wollig, stachellos; Oberhaut fein mit Wollflöckchen »bestäubt«; Blüten bis 6 cm breit, innen hellgelb, seidig glänzend, äußere Hüllblätter dunkel gespitzt; Frucht dick, bestachelt; Samen groß, schwarz, glänzend, zart. *A. ornatum* (DC.) Web. ■: Körper anfangs kugelig, im Alter säulig, bis ca. 1–2 m hoch, 30 cm ∅, einzelne Pflanzen sollen bis 3 m hoch werden können (Fittkau); Rippen 8, Flöckchen in bogigen Streifenmustern; Stacheln 5–11, gerade, pfriemlich, stechend, gelblich- bis dunkelbraun, die längsten bis 3 cm lang; Blüten 7–9 cm breit, hellgelb; Frucht länglichrund; Samen nicht zahlreich.
Stark hybridisierte Gattung!

Austrocactus Br. & R.

Körper anfangs kugelig, dann kurzsäulig, weichfleischig. Blüten trichterig, borstig-stacheliges Pericarpell. Perigonblätter der argentinischen Arten rötlich, der chilenischen gelbbraun. Frucht borstenstachelig. Die südamerikanische Entsprechung der nordamerikanischen Echinocereen (aber mit roten, statt grünen Narben!) 5 Arten. Verbreitung: S-Argentinien (Neuquén, Rio Negro, Chubut, Santa Cruz) und S-Chile.

Argentinische Arten sind: *Austrocactus bertinii* (Cels) Br. & R.: Fast säulig, olivgrün; 10–12 Rippen; Stacheln gelbbraun, gehakt oder gerade; rosagelbe Blüten. *A. coxii* (K. Sch.) Backbg.: Blaßrötliche Blüten. *A. gracilis* Backbg.: Körper schlank, dünn, oft liegend. *A. patagonicus* (Web.) Backbg. ■: Körper säulig, bis 8 cm ∅, sprossend, bis 50 cm lang; Rippen 9–12, höckerig; Areolen weiß; Randstacheln 6–10, bis 1,5 cm lang, hell; Mittelstacheln 1–4, stärker, bis 2,5 cm lang, basal verdickt, anfangs hornfarben, später schwärzlich, manchmal hakig; Blüten 4 cm lang, 5 cm ∅, weißlich bis rosaweiß; Röhre isabellfarben bewollt, hornfarben bis schwarz beborstet; Griffel rosa, Narben violett;

Oben: *Austrocactus patagonicus*
Unten: *Austrocephalocereus dybowskii*

Frucht fast trocken, beborstet; Samen dunkel, zusammengedrückt. Verbreitung: S-Argentinien (Patagonien; am Rio Chubut, Rio Negro). *A. hibernus* Ritt. mit gelbbraunen Blüten ist in Chile beheimatet.

Austrocephalocereus Backbg.

Cereen, mehrere Meter hoch, mit echten seitlichen, wolligen, z. T. mit Stacheln durchsetzten Cephalien, die nicht aus einer Rinne oder einem Spalt entstehen. Blüten unbehaart. 3 Arten. Verbreitung: NO-Brasilien.

Austrocephalocereus albicephalus Buin. & Bred.: Säulig, spärlich verzweigt; Cephalium weißwollig. Die schönste Art der Gattung ist *A. dybowskii* (Goss.) Backbg. ■ (syn. *Cephalocereus dybowskii, Espostoa dybowskii*): Verzweigt, bis 4 m hoch; Triebe aufsteigend, 8–10 cm Ø, grün, dicht weißhaarig umsponnen; über 20 Rippen; Areolen dichtstehend; Randstacheln zahlreich, kurz, gelb; Mittelstacheln 2–3, vorstehend bis 3 cm lang, gelblichbraun; Lateralcephalium bis 60 cm lang, dichtgeballt weißwollig; Blüten röhrig-glockig, 4 cm lang, weiß; Staubfäden 2serig, Griffel schlank, cremefarben, 3,5 cm lang, Narben 15; Frucht kugelig, nackt, rosa; Samen schwarz, rauh. Verbreitung: Brasilien (Bahia, bei Itumirin). *A. lehmannianus* (Werd.) Backbg.: Blüten weiß. *A. purpureus* (Gürke) Backbg.: Einzeln, säulig wachsend, bis 5 m hoch; Triebe bis 12 cm Ø; bis 25 Rippen; dicht gelb bis braun bestachelt; Cephalium grauwollig; Blüten rosenrot bis weißlich.

Aylostera → ***Rebutia***

Aztekium Böd.

Breitrunde, graugrüne Körper, später sprossend. Hauptrippen dichtfaltig, dazwischen Nebenrippen. Blüten klein, weißlich, stielig, im Scheitel entste-

Aztekium ritteri

hend. 1 Art: *Aztekium ritteri* (Böd.) Böd. (T.) ■: Gruppenbildend; Körper flach-rund, 3 cm hoch, 5 cm ∅; Wurzeln kurzrübig; Scheitel wollig; Hauptrippen 9–11, auffallend eng quergefaltet; Nebenrippen dazwischen, schmäler als erstere; Stacheln nur 3–4 mm lang, wenige, ca. 1–3, nicht fest, gewunden bis gekrümmt; Blüten zierlich, 8–15 mm ∅, rosaweiß bis rötlich, gestielt; Sepalen oben rosa; Frucht beerenartig, rosa; Samen schwarz, 0,5 mm groß. Es gibt eine Form mit langstieligeren und etwas größeren Blüten. Verbreitung: N-Mexiko.

Azureocereus → *Browingia*

Backebergia H. Bravo

Baumartige, 5–6 m hohe, spärlich verzweigte Cereen mit schräg aufragenden Ästen. Blühfähige, hellbraun beborstete Triebe haben ein radiäres, sogenanntes »Helmraupencephalium«, bis 50 cm lang, durch lange Areolenborsten und starke Wolle fuchs- bis schwarzbraun (ähnlich einer Bärenfellmütze). Rippen 5–7, später 9–11, z. T. gehöckert. Areolen 5–10 mm entfernt, grau. Randstacheln 7–13, nadelig, 1 cm lang, grau, schwarzspitzig. Mittelstacheln 1–4. Blüten grünlich, etwas zylindrisch und borstig, 7 cm lang, 4 cm ∅. Samen schwarz. In Kultur kaum blühend. Monotypische Gattung: *Backebergia militaris* (Aud.) H. Bravo. Verbreitung: Westmexiko (Guerrero, Michoacan).

Bartschella → *Mammillaria*

Bergerocactus Br. & R.

Schlanktriebige Körper. Triebe 3–6 cm ∅, hellgrün, aufsteigend oder bogig gekrümmt, ca. 1–1,5 m hoch, Dickichte bildend. Rippen 14–20(–25), niedrig, schwach gehöckert. Areolen 7–9 mm entfernt. Stacheln 10–15, nadelig, leuchtend gelb bis gelbbraun. Blüten klein, 2 cm lang und breit, blaßgelb. Früchte kugelig, dicht gelb bestachelt. Monotypische Gattung: *Bergerocactus emoryi* (Eng.) Br. & R.: Sehr schöne, aber selten kultivierte Art. Verbreitung: USA (SW-Küste von Kalifornien) und Mexiko (NW-Niederkalifornien). Naturhybriden mit *Myrtillocactus cochal* (= × *Myrtgerocactus lindsayi* R. Moran) und mit *Pachycereus pringlei* (= × *Pachgerocactus orcuttii* (K. Brand.) R. Moran) sind bekannt.

Blossfeldia Werd.

Die kleinsten Kugelkakteen überhaupt, etwa pfenniggroß, flachgedrückt, einzeln, später sprossend, graugrün bis kräftiggrün. Rübenwurzler. ‘Mimesekaktus’. Rippen und Stacheln fehlen. Areolenpolster klein, spiralig angeordnet. Blüten weißlich, sehr klein, schon an Pflanzen unter 1 cm ∅ erscheinend, mit lockerer Hülle, winzig gestielt, ca. 10 mm lang, glockig, nur bei voller Sonne öffnend. Samen braun. Nur 1 Art: *Blossfeldia liliputana* Werd.: 7–11 mm ∅. Verbreitung: N-Argentinien (Jujuy bis Catamarca), Bolivien (Cochabamba, Chuquisaca, Tarata).
Alle weiteren Arten (*B. campaniflora* Backbg., *B. fechseri* Backbg., *B. minima* Ritt. und *B. pedicellata* Ritt.) sollen lediglich Varietäten sein, was auch für die abgebildete *B. atroviridis* Ritt. ■ (syn. *B. liliputana* var. *atroviridis*) gilt: Körper dunkelgrün, oben flach; Areolen stärker eingedrückt; Blütenblätter (Petalen) sehr stumpf, mit Spitze, weiß; Ovarium rund, kurz, weiß gestielt, ebenso Frucht. Verbreitung: Bolivien.

Oben: *Blossfeldia atroviridis*
Unten: *Borzicactus samaipatanus*

Bolivicereus → *Borzicactus*

Borzicactus Ricc.

inclusive *Bolivicereus* Card., *Clistanthocereus* Backbg., *Loxanthocereus* Backbg., *Seticereus* Backbg. und *Akersia* Buin.
Schlanktriebige Säulencereen mit meist roten, mehr oder weniger schiefsaumigen Tagblüten. Verbreitung: Südamerika.

Borzicactus (*Bolivicereus* Card.)

Schlanke, aufrechte oder niederliegende Cereen, kurz bestachelt. Reichblühend. Blüten schlankröhrig, stark gekrümmt, schiefsaumig, rot. 5 Arten. Verbreitung: N-Peru, Bolivien.

Borzicactus (Bolivicereus) chacoanus Ritt. *B. (B.) margaritanus* Ritt. *B. (B.) samaipatanus* (Card.) Kimn. ▣: Körper kleinsäulig, aufrecht, leicht sprossend, 70(–150 und mehr?) cm hoch; Triebe 3–4 cm ∅, mittelgrün; Scheitel mit gelblichem bis rötlichem Stachelschopf; Rippen 14–16, niedrig, quergekerbt, senkrecht gefurcht; Areolen rund, bräunlich filzig, später grau; Stacheln 13–22, nadelig fein, spreizend, leicht verflochten, 4–30 mm lang, weißlichgelb, gelblichrot oder bräunlich; Blüten scheitelnah, bis 4 cm lang, schiefsaumig, S-förmig gekrümmt, tagblütig; Fruchtknoten rot beschuppt, weißbraun behaart; Staubblätter purpurn bis violett; Griffel weißlich; Narben gelblichgrün; Frucht kugelig; Samen sehr klein, glänzend braun oder schwarz. Verbreitung: Bolivien. *B. (B.) serpens* (HBK.) Backbg. *B. (B.) tenuiserpens* (Rauh & Backbg.) Backbg.

Borzicactus Ricc.

Mäßig starke bis schlankere, aufrechte, z. T. halbliegende Cereen, bis 1,50 m lang. Rippen quergekerbt oder um die Areolen mehr oder weniger verdickt. Blüten rot, schrägsaumig, relativ eng geöffnet, z. T. innen Haarringe (Staminodialhaare), derbröhrig, meist leicht ab ca. 1 m Höhe blühend. Frucht grün, rundlich. Samen klein, schwarz. Ca. 6 Arten. Verbreitung: Mittel- und S-Ekuador.

Oben: *Borzicactus humboldtii*
Unten: *Borzicactus ferrugineus*

Borzicactus aequatorialis Backbg. *B. morleyanus* Br. & R. *B. pseudothelegonus* (Rauh & Backbg.) Rauh & Backbg. *B. multifloccosus* (Rauh & Backbg.) Kimn. *B. sepium* (HBK.) Br. & R. *B. websterianus* Backbg.

Borzicactus (**Clistanthocereus** Backbg.)

Baumartige oder strauchige Cereen. Triebe kräftig, bis 6 m lang, aufrecht oder liegend. Rippen 6, stark gehöckert. Areolen groß. Stacheln anfangs 5, grau, braun gespitzt, ca. 1 cm lang. Mittelstacheln später 2–3, derb. Blüten derb, gerade, ziemlich geradsaumig, behaart, zinnober-, karmin- bis purpurrot. Perianth trichterförmig. Früchte groß. 4 Arten. Verbreitung: Nördliches Mittelperu.

Borzicactus (Clistanthocereus) calviflorus (Ritt.) Backbg. *B. (C.) fieldianus* Br. & R. *B. (C.) samnensis* Backbg. *B. (C.) tessellatus* (Akers & Buin.) Backbg.

Borzicactus (**Loxanthocereus** Backbg.)

Aufrechte oder niederliegende, schlanke Cereen. Mäßig verzweigt. Triebe bis ca. 2 m lang. Rippen 11–20, zierlich bis höckerig getrennt. Scheitel z. T. leicht haarig. Blüten rot, schrägsaumig, trichterig, nicht verengt. Röhre gekrümmt. Früchte klein. Samen schwarz. Bestachelung zwischen Kultur- und Wildpflanzen unterschiedlich. Ca. 30 Arten. Verbreitung: Peru.

Borzicactus (Loxanthocereus) acanthurus (Vpl.) Br. & R., *B. (L.) crassiserpens* (Rauh & Backbg.) Kimn., *B. (L.) eriotrichus* (Werd. & Backbg.) Backbg. *B. (L.) faustianus* (Backbg.) Backbg. *B. (L.) ferrugineus* Rauh & Backbg. ■: Aufrecht, von unten verzweigend; Triebe bis 80 cm hoch, ca. 5 cm ∅; Randstacheln zahlreich, Mittelstacheln 1–4, bis 2 cm lang, rotbraun bis grau; Blüten 10 cm lang, zinnoberrot; Frucht bis 4 cm ∅, blaßrot.

Borzicactus (**Seticereus** Backbg.)

Niedrigere strauchige bzw. mehr oder weniger baumförmige Cereen, locker verzweigt. Triebe

Oben: *Borzicactus icosagonus*
Unten: *Borzicactus roseiflorus*

graugrün. Areolen dichtstehend, die der Blütenzone mit Borstenhaaren, die dann zu einem Schopf zusammentreten. Blütensaum relativ kurz, schwach schräg. Röhre gedrückt. Keine Haarbildung unten im Blüteninneren. Frucht bis apfelgroß. 4 Arten. Verbreitung: S-Ekuador und N-Peru.

Borzicactus (Seticereus) humboldtii (HBK.) Backbg. ■: Körper halb niederliegend und aufsteigend, dunkelgrün; Rippen 10–12, etwas höckerig, quergefurcht; Randstacheln zahlreich, dünn; Mittelstacheln bis ca. 6, pfriemlich; Stacheln alle kastanienbraun, ebenso der Borstenschopf; Blüten karminrot, Staubfäden violettrot. *B. (S.) icosagonus* (HBK.) Br. & R. ■ (syn. *Cleistocactus icosagonus, Cereus aurivillus, Borzicactus aurivillus*): Körper klein, sprossend; Triebe 20–60(–150) cm lang, 3 bis 6 cm ∅, säulig, gelbgrün; 15–20 Rippen, niedrig, durch Längs- und Querfurchen 6eckig gefeldert; Areolen rundlich, weißfilzig, blühreif beborstet; bis 20 Randstacheln, hell- bis goldgelb, später heller, vergrauend, borstig, 1,5 cm lang; (4–)6–8 Mittelstacheln, einer der oberen bis 2 cm lang, schräg aufrecht, etwas stärker; Blüten geraderöhrig, schiefsaumig, zahlreich, wenig sich öffnend, 6–8 cm lang, gelbrot (mit karminfarbenem Rand) bis karmin-, zinnober-, scharlachrot und orange, mit gelbrotem Mittelstreifen, locker, Blütenfarbe variiert; Frucht kugelig, groß, gelblich, behaart; Samen mützenförmig, schwarz, glänzend. *B. (S.) roezlii* (Hge. jr.) Kimn.: Sehr reich dunkelkarminrot blühend, mit einem nur undeutlich ausgebildeten Borstenschopf.

Borzicactus (***Akersia*** Buin.)

Schlanktriebige, aufrecht wachsende Säulenkakteen. Fein und dicht gelb bestachelt; besonders feine, lange, dicht gebüschelte, honiggelbe Stacheln und Borsten in der Blütenzone. Blüten gekrümmt, rosenrot, schiefsaumig. Röhre und Fruchtknoten beborstet. Staminodialhaare fehlen. 1 Art: *Borzicactus (Akersia) roseiflorus* Buin. ■: Körper schlank, 4 bis 5 cm ∅, frischgrün; Triebe über 1 m hoch, strauchartig oder anlehnend bis aufrecht wachsend; Rippen 16–17, sehr niedrig; Areolen ca. 2,5 cm lang,

Browingia hertlingianus

blühfähige etwas größer; Stacheln 30–40, bis 1 cm lang, in der Blütenzone bis 3,5 cm lang; Blüten 5 cm lang, 3 cm breit, lilarosa, mit einigen schwarzbraunen Borsten; Frucht ca. 1,5 cm groß, behaart, schwach beborstet; Samen 1,5 mm groß. Verbreitung: N-Peru (im Innern).

Brachycalycium → Gymnocalycium

Brachycereus Br. & R.

Schlanke, aufrechte Cereen, gruppenbildend, bis 300 Triebe, basal verzweigend. Einzeltriebe kurzsäulig, bis 60 cm lang, bis 8 cm dick, ohne abgegliederten Jahreswuchs. Rippen 13–16, kaum 3 mm hoch, fast höckerig zerteilt. Areolen enggestellt, 2,5 mm ∅. Stacheln dichtstehend, über 40, elastisch, z.T. borstig, gerade, bis 3 cm lang, gelb- bis orangefarben, später schwärzlich. Blüten nächtlich, engtrichterig, 7 cm lang, 2,5–3 cm ∅, weiß. Ovarium und Frucht mit ca. 5 mm langen, gelbbraunen Stachelborsten. Früchte ca. 2,5 cm lang, 1,3 cm dick. Samen 1,2 mm lang, rotbraun. 1 Art: *Brachycereus nesioticus* (K. Sch.) Backbg. Verbreitung: Galapagos-Inseln.

Brasilicactus → Notocactus

Brasilicereus Backbg.

Dünntriebige, aufrechte Cereen, bis 4 m hoch, selten, dann basal verzweigt. Triebe haarlos, ohne Stachelveränderung in der Blühzone. Rippen 8–13, niedrig, schmal. Areolen klein, grau, 5–10 mm entfernt. Randstacheln 10–12–18, ca. 1 cm lang. Mittelstacheln 1–3(–4), 3–4 cm lang. Stacheln meist anfangs gelbbraun. Blüten auffällig gebogen, glokkig-trichterig, unbehaart, grobe Schuppen, ca. 6 cm lang, 5–6 cm breit, Petalen weiß, z.T. grün getönt oder hellgrünlich, tagblütig. 2 Arten. Verbreitung: Brasilien (Bahia, Minas Gerais).
Kaum kultiviert werden: *Brasilicereus markgrafii* Backbg. & Voll und *B. phaeacanthus* (Gürke) Backbg.

Browingia Br. & R.

inclusive *Azureocereus* Ak. & Johns, *Castellanosia* Card., *Rauhocereus* Backbg. und *Gymnocereus* Backbg. (syn. *Gymnanthocereus* Backbg.).
Baumförmige Cereen, bis 5 m hoch, stark bestachelte Primärtriebe und völlig unbestachelte Verzweigungen. Rippen niedrig, ca. 30 und mehr. Areolen groß. Stacheln nur am Hauptstamm, bis ca. 20(–50), 10–15 cm lang, anfangs braun, dann grau oder schwarz, in der Blütenregion nur zuweilen kleine Borsten in den Areolen. Blüten nächtlich, nicht duftend, groß, 8–12 cm lang, etwas gebogen, weiß, lang, dünn, bräunlich, nackt und häutig beschuppt. Früchte länglich, bis 7 cm, mit vertrockneten Schuppen, duftend, eßbar. Samen groß, mattschwarz. 3 Arten, einschließlich

Azureocereus Ak. & Johns.

Verbreitung: Mittelperu (Hochland; Mantaro-Gebiet, Ayacucho), S-Peru und N-Chile.

Browingia candelaris (Meyen) Br. & R. *B. (Azureocereus) hertlingiana* (Backbg.) F. Buxb. ■ (syn. *Azureocereus nobilis* Ak. & Johns.): Bis 8(–10) m hoch, bis 30 cm ∅, kandelaberartig verzweigt; Triebe leuchtend blau; Rippen bis 18 und mehr, um die Areolen höckerartig verdickt, später z.T. ganz in Höcker geteilt; Jugendbestachelung an Zahl geringer, ca. 4 Randstacheln, 1–3 längere, bis 8 cm lang, alle gelb mit braunen Spitzen; Oberteil älterer Triebe mit bis 30 Stacheln, gleichlang, elastischer; Blüten in Kränzen, scheitelnah, etwas gebogene Röhre, bis 5 cm ∅, weiß; Röhre dunkel purpurbraun; Schuppen am Rand gewimpert, bei Reife fast schwarz; Früchte klein, trocken, unregelmäßig öffnend; Samen glänzend schwarz. Verbreitung: Peru (Mantaro-Tal). *B. (A.) viridis* (Rauh & Backbg.) F. Buxb.: Bis 10 m hoch; Triebe grün.

Castellanosia Card.

Die systematische Zuordnung der Gattung ist noch fraglich. Nach dem Blütenbau ist sie (als eine Art wollhaarige *Azureocereus*-Blüte) zu *Browingia* zu stellen.
Strauchige, baumartige Körper, bis 6 m hoch, kurzstämmig. Rippen wenige. Feste Bestachelung wird in der Blütenzone zu Büscheln von langen, weißen Borsten. Areolen der sterilen, basalen Triebe kräftig bestachelt. Blüten nächtlich, einige Zeit auch noch am Tage offen (?), glockig-trichterig, purpurrot, Saum abstehend. Perikarpellblätter bewimpert. Schuppen dachziegelartig, mit weißem Filz, an Fruchtknoten und Frucht. Letztere kugelig, nicht vertrocknend, mit schleimiger Pulpa. Samen 1 mm groß, rötlichbraun. Monotypische Gattung: *Castellanosia caineana* Card. Verbreitung: O-Bolivien.

Rauhocereus Backbg.

ist auch bei *Browingia* einzubeziehen, jedoch nicht als Synonym zur Gattung *Browingia* selbst.
Aufrechte, strauchig locker aus einem bis 20 cm dicken Stamm verzweigte Cereen, bis 4 m hoch. Triebe bis 8 cm ∅, bläulichgrün. Rippen bis 6, quergefeldert, schwach abgeflacht gehöckert. Stacheln meist 6–8, anfangs unten karminrot, oben gelblich, später alle weißgrau, ca. 2,7 cm lang. Blüten nächtlich, glockig-trichterig, bis 10 cm lang, 5 cm ∅, Saum radförmig, weiß. Röhre dicht, groß und gelbgrün beschuppt, in den Schuppenachseln Büschel von Wollhaaren, ebenso an der eiförmigen, himbeerroten Frucht. Samen klein, glänzend schwarz. Nur 1 Art und 1 Varietät: *Rauhocereus riosaniensis* Backbg. und var. *jaenensis* Rauh. Verbreitung: N-Peru (Rio Sana-Tal und zwischen Chamaya und Jaen).

Gymnocereus Backbg.

(syn. *Gymnanthocereus* Backbg.) gehört als Synonym zur Gattung *Browingia*.
Baumartige Cereen, bis 10 m hoch, mit dicken Stämmen, kandelaberartig verzweigt. Äste aufrecht, grün. Rippen zahlreich, feinhöckerig. Areolen in der Blütenregion ziemlich dicht stehend, größer und stärker filzig. Stacheln nicht derb, lang, sehr elastisch, später abfallend. Blüten nächtlich, trichterig, 4,5–6 cm lang und breit, kahl, breit ausladend, z.T. duftend. Dicht beschuppt, Schuppen sich beim Abblühen schwärzend. Blüten weißlich bis grünlichweiß. Samen klein, schwarz. 4 Arten. Verbreitung: N-Peru.

Browingia altissima (Ritt.) Buxb. (syn. *Gymnocereus altissimus* (Ritt.) Backbg.). *B. amstutziae* (Rauh & Backbg.) Hutch. (syn. *G. amstutziae* Rauh & Backbg.). *B. microsperma* (Werd. & Backbg.) Marsh. (syn. *G. microspermus* (Werd. & Backbg.) Backbg.). *B. pilleifera* (Ritt.) Hutch.

Buiningia Buxb.

Körper kugelig, 17 cm ∅, dann kurzsäulig, später schlanksäulig, bis ca. 75 cm hoch, z.T. liegend, am Grunde sprossend, gruppenbildend. Rippen 10–18,

Oben: *Buiningia brevicylindrica*
Unten: *Calymmanthium substerile*

gerade, an den Areolen etwas gekerbt. Stacheln dicht, lang. Randstacheln bis 7–15, Mittelstacheln 1–4, dünn, nadelförmig, elastisch. Blüten aus echtem einseitigem Cephalium (Lateralcephalium), dicht wollig mit dünnen, langen Borstenstacheln, mehrere abgeflachte Rippen umfassend. Blüten 2,5–3,5 cm lang, klein, engröhrig, grünlichgelb, purpurrot. Früchte runde, rote Beeren mit weißer Pulpa. Samen schwarz, glänzend. Sehr schöne Pflanzen: kleinste Kakteen mit Lateralcephalien! Verbreitung: Brasilien (NO-Minas Gerais).

Buiningia aurea (Ritt.) Buin. (syn. *Coleocephalocereus aureus* Ritt.): Weißwolliges Cephalium; gelbe Stacheln; grünlichgelbe Blüten. *B. brevicylindrica* Buin. ▣: Körper bis 30 cm hoch, frischgrün; Rippen bis 18; Areolen mit kurzer, weißlicher bis gelblicher Wolle, bald verkahlend; Randstacheln ca. 7, bis 2 cm lang, 4 Mittelstacheln, bis 6 cm (der unterste) lang, gelb; nach der Cephaliumbildung alle Stacheln bedeutend kürzer; Seitencephalium schon am Scheitel 8 cm hoher Pflanzen, weißwollig, durchsetzt von goldgelben, meist geraden, borstigen Stacheln; Cephalium bis 7 cm breit und ca. 20 cm lang; Blüten röhrenförmig, 15 mm ∅, bis 32 mm lang, kahl, hell gelblichgrün; Frucht kugelig, glänzend rot, kahl, 17 mm ∅. *B. purpurea* Buin. & Bred.: Stacheln rötlich bis grau; Blüten leuchtend purpurrot.

Calymmanthium Ritt.

Strauchige bis baumartige Pflanzen, bis 8 m hoch, dicht verzweigt. Triebe hellgrün, bis über 1 m lang, 4–8 cm ∅. Rippen 3–4(–5), 2–4 cm hoch. Areolen weiß oder braunrot, dichtstehend. Randstacheln 3–8, 1 cm lang, strahlend abstehend. Zentralstacheln 2–6, 1–5 cm lang. Stacheln alle weißlich oder fast gelb. Blüten nächtlich, röhrig bis trompetenförmig, geöffnet 3–5 cm ∅, 8–11 cm lang. Petalen oben weiß bis unten rötlichbraun und dunkelkarmin. Röhre von 2. Röhre umschlossen. Früchte schlankkeulig, bis 15 cm lang (!), 6 cm dick, fast

kahl oder unbestachelt, kantig, mit oder ohne winzige Stächelchen, hellgrün. Samen 2,5 mm lang, grauschwarz, matt. 2 Arten. Verbreitung: N-Peru (Jaen, untere Huancabamba-Schlucht).

Calymmanthium fertile Ritt.: Nur eine Form von *C. substerile*? *C. substerile* Ritt. ■: Körper baumförmig mit strauchig dichter Krone; Rippen 3–4; Areolen an oberen Trieben dicklich, weiß; Stacheln weißlich; Blüten 9,5–11 cm lang; Ovarium bis 3 cm lang, 17 mm dick, mit kleinen Stacheln bis stachellos; Röhre über der länglichen Nektarkammer bis 2,5 cm lang, weiß; Petalen bis 2,5 cm lang, innen weiß bis rötlichbraun, äußere rötlicher braun mit grünem Rand; Staubfäden weiß; Griffel rot, bis 8 cm lang; Narben weißlich; Frucht hellgrün, 4–5kantig.

Carnegia Br. & R.

Riesige baumartige Säulenkakteen, bis 12(–15) m hoch, stammbildend, in 2–3 m Höhe kandelaberartig verzweigt. Triebe relativ wenige, steil aufgerichtet, bis 65 cm ∅. Rippen 12–24, stumpf. Areolen dicht gelblich bestachelt, 2–2,5 cm entfernt, braun. Randstacheln strahlend, ca. 12 und mehr, 1–2 cm lang, Mittelstacheln 3–6, kräftiger, bis 7 cm lang. Stacheln in der Blühregion kürzer und feiner. Blüten zahlreich am Triebende, nächtlich und am Tage offen, spärlich weißfilzig, weittrichterig, weiß, ca. 12 cm lang, 6 cm ∅. Röhre grün. Ovarium länglich. Typische Fledermausblüten! Frucht 6–9 cm lang, innen und außen (bei Vollreife) rot, ebenfalls weißfilzig, zusätzlich 1–3 kurze, nadeldünne Stacheln, aufklappend. Monotypische Gattung: *Carnegia gigantea* (Eng.) Br. & R. »Saguaro-Kaktus« ■. Verbreitung: USA (Arizona, SO-Kalifornien), Mexiko (Sonora). Oft verbändert! Sehr langsam wachsend. Das Landschaftsbild der Trockengebiete im SW der USA bestimmend, geschützt!

Castellanosia → *Browingia*

Cephalocereus Pfeiff.

inclusive *Haseltonia* Backbg.
Körper sehr groß, 6–15 m hoch, unverzweigt, bis 60 cm ∅, säulig. Rippen zahlreich, 20–30(–60), niedrig, hellgrün, später graugrün, weiß behaart. Pseudocephalium ab 6 m Höhe, einseitig, breit, später das ganze Triebende umfassend, mit dichtstehenden Wollareolen, weißlich, schmutziggelb bis schwärzlichgrau, bis 80 cm lang. Areolen in der Jugend lang, stark und weiß beborstet, später verkürzt. Stacheln 3–5, gelblich oder grau, bis 4 cm lang, sowie 20–30 weiße oder etwas graue, borstige

Oben: *Cephalocereus senilis*
Unten: *Cephalocleistocactus ritteri*

Haare, lang (bis 12 cm), verflochten, meist abwärts gerichtet, Körper verhüllend. Blüten einseitig auftretend, trichterig, behaart, übelriechend, nächtlich, weißlich rosafarben bis blaßgelblich-weiße »Fledermausblüten«, bis 9,5 cm lang, bis 7,5 cm ∅. Röhre ca. 5 cm lang, rosa, behaart. Ovarium behaart. Frucht eiförmig, spärlich gelblich behaart, später kahl (?), mit Deckel, rot oder grünlichgelb. Pulpa rot. Samen groß, 2 mm lang, schwarz, glänzend. 1 Art: *Cephalocereus senilis* (Haw.) Pfeiff. – »Greisenhaupt« ■. Rauh führt noch *C. hoppenstedtii* (Web.) Schum. (syn. *Haseltonia columna-trajani* (Kraw.) Backbg.) hier an: Einzeln, säulig, bis 10 m hoch; Lateralcephalium weißgrau; Blüten fahl schwefelgelb; Früchte grünlichgelb, eiförmig; bestandsbildend in Zentralmexiko. Verbreitung: Mexiko (Hidalgo und Guanajuato).

Cephalocleistocactus Ritt.

Schmale, aufrechte Cereen, bis 5 m hoch, basal verzweigend, auch strauchig oder liegend. Triebe schlank, lang, 3–5 cm ∅, später z.T. umbiegend. Rippen 11–14, 4,5 cm hoch, mit V-Furche. Areolen 2–3 mm groß, in der Blütenregion größer. Stacheln fein, fast haarartig, mit festeren Stacheln dazwischen. In der Blütenzone zuerst einseitig, dann mehr umfassend zahlreichere (bis 30), elastische bis borstenförmige, oft sogar haarfeine, längere (3–4 cm), goldgelbe bis -braune Stacheln, wodurch ein auffälliger lateraler, bis 1 m langer Borstenschopf entsteht. Blüten zahlreich (ab 50–60 cm Höhe blühreif), bis 5 cm lang, rot, wenig offen, Narben grün; leicht behaart, zylindrisch. Röhre am Fruchtknoten etwas geknickt. Frucht dicht- und feinschuppig, klein, 2 cm lang, rötlich. Samen zahlreich, klein, glänzend schwarz. Monotypische Gattung: *Cephalocleistocactus chrysocephalus* Ritt. Verbreitung: Bolivien (bei Inquisivi).
Die gelbblühenden Arten *C. pallidus* Backbg., *C. ritteri* Backbg. ■ und *C. schattatianus* Backbg. werden heute der Gattung *Cleistocactus* zugeordnet.

Oben: *Cereus jamacaru* var. *monstrosus*
Unten: *Cereus peruvianus* var. *monstrosus*

Cereus Mill.

syn. *Piptanthocereus* Ricc.
Unterschiedlich große, baumartige, kandelaberartig verzweigte oder strauchige Säulenkakteen. Rippen groß, weitstehend, oft nur 4(–8), flügelartig, selten niedrig und dicht stehend. Stacheln wenige, stark. Blüten sehr groß, nächtlich, langröhrig, Röhre nackt, nur mit Schuppen bedeckt; Beschuppung ziemlich entfernt, Achseln kahl, ebenso am Fruchtknoten und an der Frucht. Perigonblätter meist weiß, zuweilen auch rötlich gefärbt. Staubblätter zahlreich. Frucht länglich, von gelb bis rot, auch grünlich, Pulpa weiß, süßlich schmeckend, eßbar. Samen groß, stumpf schwarz, seltener glänzend. Verbreitung: von Westindien über das nördliche Südamerika bis nach O-Argentinien und auf Fernando Noronha.

Typus der Gattung ist *Cereus hexagonus* (L.) Mill.: Bis 15 m hoch, grünblau; Äste spärlich verzweigt, aufrecht, 4–6(–7)rippig; Blüten 25 cm lang, weiß. *Cereus forbesii* O.: Körper bis 7 m hoch; Triebe hellblaugrün, bis 12 cm ∅, später graugrün; Rippen 4–7, ausflachend; Areolen kurz weißfilzig; Randstacheln 5, bis 2 cm lang, derbpfriemlich, basal verdickt, hellhornfarben mit braunem Fuß oder schwarz; Mittelstachel 1, kräftiger, bis 4,5 cm lang, dunkler; Blüten 25 cm lang, weiß; Frucht pflaumengroß, Pulpa rot (!). Verbreitung: Argentinien (Catamarca, Tucuman, Jujuy, Cordoba). Bekannt ist der als Unterlage verwendete *C. jamacaru* DC.: Baumförmig, bis 10 m hoch, kurzstämmig oder basal verzweigend, Neutrieb hell- bis blaugrün; Triebe 9–15 cm ∅, hellgrün; Scheitel gelbbraun wollig und stachelig; Rippen 4–6(–10), gerade, scharf gefurcht, Kanten gekerbt; Areolen rund, 10–12 mm ∅, gelblichbraun filzig; Stacheln gelbbraun, später grau, 15–20, davon 5–9 Randstacheln, 1,5 cm lang, Rest Mittelstacheln, 2–10 mm lang; Blüten seitlich, 1 Nacht offen, sehr groß, ca. 30 cm lang, 12(–25) cm breit, weiß mit grünlichem Mittelstreifen; Frucht korallenrot; Samen nierenförmig, schwarz. Verbreitung: Brasilien. Besonders beliebt ist der

Chamaecereus silvestrii

monströse ‘Felsenkaktus’, *C. jamacaru* var. *monstrosus* DC. ■, von dem es heute auch Zwergformen gibt. Ebenfalls als Unterlage viel Verwendung findet *C. peruvianus* (L.) Mill.: Körper von unten verzweigend, buschig, bis über 3 m hoch, 5 m breit; Triebe in 2 Formen: mehr geschlossen aufrecht oder offener und mehr spreizend, zuerst hellgrün, im 2. Jahr blaugrün, zuletzt graugrün, 10–20 cm ∅ erreichend; Rippen flach, meist 7(–8), bis 2,5 cm, später bis 5 cm hoch; Areolen anfangs braun; Stacheln ca. 5–6, davon meist 1 zentral, bis 2 cm lang, hell- bis rötlichbraun; Blüten 16 cm lang, breitoffen, weiß; Frucht kugelig, 6,5 cm groß, hellgelb bis orange. Heimat unbekannt. Unter der var. *monstrosus* DC. ■, einem ‘Felsenkaktus’, versteht man heute eine Form mit stark monströs durchbrochenen Rippen, 15 cm langen Blüten, riefig-höckriger Frucht und etwas schülfriger, alter Epidermis.
Backeberg zählt 43 *Cereus*-Arten mit bei der Reife platzenden Früchten zu der Untergattung *Cereus* und 1 Art, nämlich *C. huntingtonianus* Wgt., deren Früchte nicht platzen, zur Untergattung *Neocereus*.

Chamaecereus Br. & R.

Weichtriebige, zwergige, dünn-säulige Pflanzen, niederliegend, stark sprossend. Triebe fingerförmig, lösen sich leicht (und bewurzeln sich ebenso leicht), bei voller Sonne rotfärbend. Areolen sehr kurz bestachelt. Blüten zinnoberrot, reich und willig blühend, Tagblüher, weittrichterig, Röhre und Fruchtknoten dicht beschuppt und behaart. Früchte klein, rund, mehr oder weniger trocken. Samen mattschwarz. Monotypische Gattung: *Chamaecereus silvestrii* (Speg.) Br. & R. ■: Körper klein, reich verzweigt, bis 6 cm hoch, hellgrün; Glieder bis 15 cm lang, 1,5 cm ∅, polsterbildend, in voller Sonne kurz bleibend; Rippen 6–9, zierlich, niedrig; Areolen dichtstehend; Stacheln sehr kurz, weich, weiß; Blüten zahlreich, kurztrichterig, radiär, orangescharlachrot bis reinrot, innere Hüllblätter in 3–4 Reihen, 4–5 cm lang, 5–7,5 cm ∅, 2 Tage offen; Röhre 3 cm lang, Röhrenachseln haarig und borstig; Griffel grünlichweiß; Narben zusammengeneigt; Samen mattschwarz. Verbreitung: N-Argentinien (Anden, zwischen Salta und Tucaman).
Hybriden, vor allem mit *Lobivia famatimensis*, haben festere, kräftigere Glieder und schöne, verschieden gefärbte Blüten (rot, gelb, orange, violett).

Chilenia → ***Neoporteria***

Chileorebutia → ***Neochilenia***

Cleistocactus Lem.

inclusive *Seticleistocactus* Backbg.
Mäßig hohe Sträucher, basal (oder seitlich) verzweigend. Triebe schlank, z. T. liegend, vielrippig. Areolen durch Querfurchen getrennt, auch mit langen, schneeweißen Borstenhaaren. Bestachelung überwiegend fein, z. T. mehr oder weniger haarartig, mit etwas festeren Stacheln dazwischen. Blüten sehr bunt (weiß, gelb, rot, rot mit grün, orange mit rot usw.), sehr zahlreich, oft in ganzen Reihen ste-

Cleistocactus laniceps

Cleistocactus viridiflorus

Cleistocactus wendlandiorum

hend, leicht behaart, zylindrisch, mit geringer Saumöffnung, diese z.T. mehr oder weniger schräg, die Röhre am Fruchtknoten geknickt, gewinkelt oder gerade. Bestäubung durch Kolibris. Frucht dicht- und feinschuppig, relativ klein. Samen zahlreich. Über 50 Arten. Verbreitung: Von Mittelperu über O-Bolivien bis N-Argentinien, Paraguay und Uruguay.

Artenauswahl mit Angabe der jeweiligen Blütenfarbe, soweit keine Bildbeschreibung vorliegt: *Cleistocactus angosturensis* Card.: Dunkelrot. *C. anguinus* (Gürke) Br. & R.: Orangerot. *C. areolatus* (Muehlenpferdt.) Ricc.: Rot. *C. azerensis* Card.: Violettrosafarben. *C. baumannii* (Lem.) Lem.: Rot. *C. buchtienii* Backbg.: Weinrot. *C. candelilla* Card. ▣: Leuchtend gelb, braunspitzige Sepalen, purpurfarbene Petalen mit weißem Rand. *C. clavicaulis* Card.: Unten dunkelpurpurfarben, oben grün. *C. crassicaulis* Card.: Oben grünlich, unten weißlich. *C. flavispinus* (K. Sch.) Backbg.: Goldgelb, nach blutrot verfärbend. *C. glaucus* Ritt.: Orangerot. *C. grossei* (Wgt.) Backbg.: Rot. *C. jujuyensis* (Backbg.) Backbg.: Bläulich-karminfarben. *C. laniceps* (K. Sch.) Goss. ▣: Körper 4 m hoch; Triebe bis 5 cm Ø; Rippen 9, quergekerbt; Stacheln meist nur 3, gelblich, bis 1,5 cm lang; Blüten 3,5 cm lang, Sepalen und Petalen rot; Frucht 1 cm Ø; Samen schwarz, glänzend. *C. luribayensis* Card.: Karminfarben. *C. morawetzianus* Backbg.: Weiß. *C. orthogonus* Card.: Hell-magentafarben bis rosenrot. *C. pungens* Ritt.: Karminfarben. *C. pycnacanthus* (Rauh & Backbg.) Backbg.: Karminfarben. *C. ressinianus* Card.: Blaurosafarben. *C. ritteri* Backbg.: Zitronengelb; rein weiß behaart. *C. smaragdiflorus* (Web.) Br. & R.: Grün mit kontrastierend rot. *C. strausii* (Heese) Backbg. – »Silberkerze« ▣: Aufrecht, schlank, säulig, verzweigt, mehrere Meter hoch, ab 1 m Höhe blühreif; Scheitel rund, weißer Haarstachelschopf; Triebe 4(–8) cm Ø; Rippen ca. 25, 2–3 mm hoch, grün; Areolen weißfilzig oder fast kahl, rundlich, 2–3 mm Ø; Borsten 30–40 und mehr, bis 17 mm lang, haarfein, schneeweiß, bieg-

Oben: *Cleistocactus straussi*
Unten: *Cleistocactus candelilla*

sam; Mittelstachel ca. 4, bis 2 cm lang, hellgelb, abwärts gerichtet; Blüten 8–9 cm lang, klein, eng, röhrenförmig, selbstfertil; Röhre rötlich beschuppt und behaart; äußere Hüllblätter lanzettlich, spitz, innere 1,6 cm lang, ca. 3,5 mm breit, gerundet, dunkelkarmin bis weinrot, nicht zurückgeschlagen; Röhre wie geschlossen, fingerförmig von der Pflanze abstehend; Staubfäden weißlich, oben blaßkarminrot, ebenso der Griffel; Narben 10–12, grün; Frucht kugelig, rot, wollig, schuppig; Samen klein, schwarz, feingrubig, sehr zahlreich. *C. tarijensis* Card.: Blaurosafarben. *C. tominensis* (Wgt.) Backbg.: Unten grün, oben rot. *C. variispinus* Ritt.: Weiß. *C. viridiflorus* Backbg. ■: Gänzlich grün. *C. wendlandiorum* Backbg. ■: Hell-orangefarben bis zinnoberrot.

Seticleistocactus Backbg.

Diese wohl noch unzureichend definierte Gattung ist synonym zu *Cleistocactus*.
Körper niedrig, basal oder seitlich verzweigend. Bildung eines fertilen Borstenschopfes. Blüten zygomorph. Röhre, Ovarium und Frucht sehr lang beborstet.

Cleistocactus (Seticleistocactus) decepens (Card.) Backbg.: Niederliegend und aufsteigend; Triebe 3,5 cm ∅; 10–12 Rippen; Areolen filzig; Stacheln weißgrau; Blüten zahlreich, grünlich; Frucht weinrot. *C. (S.) piraymirensis* (Card.) Backbg.: Blüten hellbläulichrot; Frucht rötlich-dunkelgrün.

Clistanthocereus → *Borzicactus*

Cochemiea (K. Brand.) Walt.

Kurz- bis langsäulige Pflanzen, bis 2 m hoch, gruppenbildend, sehr große Kolonien bildend, lockere Polster. Triebe zylindrisch. Kein Milchsaft. Warzen ohne Furchen, graugrün. Mamillen zitzenförmig verlängert, mit gespaltener Areole: vegetative an der Spitze (stark bestachelt, Zentralstacheln lang, hakig), fertile in den Achseln (weißwollig). Blüten

Oben: *Cochemiea maritima*
Unten: *Coleocephalocereus goebelianus*

scheitelnah, in den Warzenachseln, schiefsaumig, langröhrig, scharlachrot, Perikarpellblätter in 2 Kreisen: basal die Sepalen, die oberen, zurückgeschlagenen, den Petalen entsprechend. Frucht fleischig, scharlachrot, nicht öffnende, keulige oder runde Beere. Samen mattschwarz, feingrubig, punktiert. 5 Arten. Verbreitung: Mexiko (Niederkalifornien, Magdalena-Insel, Cedros-Insel u. a.).

Typus ist *Cochemiea halei* (K. Brand.) Walt. (syn. *Mammillaria halei* Brand.). *C. maritima* Linds. ■: Körper bis 50 cm hoch, Kolonien bis 1 m breit; Wurzeln verdickt; Triebe aufrecht, liegend, z.T. aufbiegend, 3–7 cm ∅, reifig-blaugrün; Warzen mehr oder weniger konisch; Areolen grau; Randstacheln 10–15, nadelig, 1 cm lang; Mittelstacheln 4, nadelig, der hakige unterste bis 5 cm lang; Stacheln alle rötlichbraun; Blüten 3 cm lang, scharlach, umrollend; Frucht rund, rot. *C. pondii* (Greene) Walt. *C. poselgeri* (Hildm.) Br. & R. *C. setispinus* (Coult.) Walt.: Die schönste Art; Bestachelung weiß, Zentralstacheln sehr lang; Blüten leuchtend zinnoberrot.

Coleocephalocereus
(Backbg.) emend. Buxb. & Buin.

Mäßig hohe, säulige Körper, (2–)5 m hoch, bis ca. 15 cm ∅, aufrecht, unverzweigt. Triebe etwas niederliegend, basal sprossend, dann gruppenbildend. Lateralcephalium stark wollig, mit längeren Borsten durchsetzt, rinnenartig eingesenkt, später mehr oder weniger eingezogen. Blüten am oberen Cephaliumteil, nackt, die äußeren Perigonblätter zurückgebogen, die inneren mehr aufgerichtet und schwächer umbiegend, bis 7 cm lang, trichterförmig-glokkig, weißlich. Ovarium nackt. Perikarpellblätter ohne Haare in den Achseln. Staubblätter zweireihig. Früchte mit Deckel, rot, kahl, glatt, kreisel- bis eiförmig. Samen schwarz, derb-warzig. Ca. 7 Arten. Verbreitung: Brasilien (bei Rio de Janeiro, Minas Gerais, Mittel-Bahia, Serra das Almas, Gebiet des Rio de Contas).

Oben: *Copiapoa cinerea*
Unten: *Copiapoa montana*

Coleocephalocereus buxbaumianus Buin. *C. decumbens* Ritt. *C. fluminensis* (Miqu.) Backbg.: Cephalium weißwollig; Blüten 7 cm lang, weiß; Früchte 2–3 cm lang, rot. *C. goebelianus* (Vpl.) Ritt. ▣: Körper bis 2 m hoch, ca. 6 cm ∅; Rippen 10; Areolen kurzfilzig, bald kahl; Stacheln 10–12, nadelig, dünn, braun, bis 1 cm lang; Cephalium einseitig, bis 20 cm weit herabreichend, 1,5 cm hoch; Blüten ca. 5 cm lang, glockig, Petalen kurz; Ovarium ca. 1 cm breit, 0,5 cm hoch, dickwandig. *C. luetzelburgii* (Vpl.) Buxb. *C. pachystele* Ritt. *C. paulensis* Ritt. *C. plurocostatus* Buin. & Bred.

Coloradoa Boiss. & Davids.

Kugelige bis längliche, kurzzylindrische Pflanzen, einzeln, selten sprossend, 5–10 cm hoch, 6 cm ∅. Rippen höckrig geteilt, 13–18, graugrün. Areolen bräunlich. Radialstacheln 8–10, ca. 1 cm lang, cremefarben, Basis rötlich oder braun. Zentralstachel 0–1, 1 cm lang, pfriemlich, grau, dunkelspitzig, mehr oder weniger gerade. Blüten glockig-trichterig, kurz, klein, 3–3,5 cm lang und breit, scheitelnah, kahl. Sepalen bräunlich-purpurn, weißrandig. Petalen cremefarben bis gelblichweiß. Mittelstreifen bräunlich. Frucht kahl, unregelmäßig aufreißend, bräunlich. Samen 4 mm groß. 1 Art: *Coloradoa mesae-verdae* Bioss. & Davids. Verbreitung: USA (SW-Colorado, Neumexiko).

Copiapoa Br. & R.

inclusive *Pilocopiapoa* Ritt.
Kugelkakteen, entweder kugelig bleibend, sprossend, polsterbildend, oder im Alter kurzsäulig, einzeln, bis über 1 m hoch, ebenfalls sprossend, dann lockere Gruppen bildend. Auch zwergig mit z. T. verdickten Wurzeln. Körperfarbe sehr unterschiedlich: mehlig-weiß oder kreidig (durch dicke Wachsschichtenauflage), ölgrün, grau oder grün verschieden getönt, mehr oder weniger bräunlich überlau-

fen oder ganz braun(grau). Bestachelung schwarz, braun bis weiß in allen Tönungen. Zahl, Länge und Stellung der Stacheln variieren. Blüten relativ groß, gelb, nur bei *Copiapoa rubriflora* Ritt. Petalen in der Mitte karminfarben, Rand blaßrosa oder blaßgelblich, sehr kurzröhrig, manchmal duftend. Perikarpell kahl. Früchte oben aufreißend. Über 45 Arten. Verbreitung: N- und Mittel-Chile.

Copiapoa cinerea (Phil.) Br. & R. ■: Breitkugelig, dann zylindrisch, bis 1,3 m hoch; Einzelkörper bis über 10(–20) cm ∅, klumpenförmige Gruppen bildend; Wollscheitel weißlich-grau; Oberhaut kreidig-weißgrau; Rippen 14–30, später mehr, anfangs gerundet mit Querunterteilung; Stacheln wechselnd in Zahl, Länge und Stärke, meist schwarz, pfriemlich, dick, teilweise gebogen, aber auch kürzer, schlanker; Randstacheln fehlen oder (häufiger) 1–7, meist 2, 4 oder 6, bis 2 cm lang; Mittelstacheln (1–)2, ca. 3,5 cm lang; Blüten scheitelnah, bis 3,5 cm lang und ∅, breitglockig, weißlichgelb bis reingelb, außen rötlich, fast röhrenlos; Griffel cremefarben, rosa überhaucht; Frucht seitlich und oben beschuppt, becherförmig; Samen schwarz, glänzend. *C. grandiflora* Ritt.: Stacheln bräunlichschwarz bis grau; Blüten innen blaßgelb, außen rot. *C. haseltonia* Backbg. (Varietät von *C. cinerea*?): Unbereift, braune Scheitelwolle. *C. humilis* (Phil.) Hutch.: Körper sehr klein; Blüten gelb, 2 cm lang. *C. krainziana* Ritt.: Graugrün; Schopf grauwollig; Areolen grau; Stacheln weiß bis grau. *C. lembckei* Backbg.: Weißlich-graugrün; Areolen grauschwarz; Stacheln schwärzlich, dann vergrauend. *C. montana* Ritt. ■: Körper breitrund, stark sprossend, graugrün, bis 20 cm hoch, bis 10 cm ∅; Rippen 10–17, um die Areolen höckerig verdickt; Areolen braun bis weiß; Stacheln braunrot bis schwarz, 4–7 Rand-, 1–3 Mittelstacheln, lang; Blüten groß, 4 cm lang, bis 5 cm ∅, duftend, gelblich. *C. serpentisulcata* Ritt.: Sprossend, graugrün, rötlich getönt; Schopf gelbbraun; Areolen bräunlich bis weiß; Stacheln gelbbraun bis schwarz (variabel); Blüten blaßgelb, duftend; Früchte grün, orange oder rot.

Pilocopiapoa Ritt.

Hierher ist auch noch diese Gattung zu stellen, die in allen Merkmalen der Gattung *Copiapoa* entspricht, doch sind Fruchtknoten, Röhre sowie Frucht behaart. Nur 1 Art: *Pilocopiapoa solaris* Ritt. mit duftenden, 3 cm großen, gelben bis karminroten Blüten; Früchte rot, weißwollig. Verbreitung: Chile (Chanara, südlich Vallenar).

Corryocactus Br. & R.

inclusive *Erdisia* Br. & R.
Strauchige Pflanzen, am Grunde verzweigt, bis 4 m hoch *(Corryocactus)*. Triebe z.T. stark, meist straff aufrecht, einige sehr lang bestachelt (bis 25 cm!, mit die längsten Kakteenstacheln überhaupt!). Rippen um die Areolen geschwollen bis gehöckert, selten ungehöckert. Triebe auch niederliegend, ausläuferbildend oder kletternd, meist ca. 2 m hoch, selten bis 3 m hoch *(Erdisia)*. Blüten groß, mehr oder weniger becherig-glockig, Blütenhülle waagrecht ausladend, gelb bis orange (peruanische Arten), lachsbis purpurrot, z.T. orangerot (bolivianische Arten), lateral stehend *(Corryocactus)*, z.T. endständig und trichterig *(Erdisia)*. Ovarium deutlich abgesetzt, rundlich bis länglich. Bei *Erdisia* Fruchtknoten und Röhre dicht und ziemlich lang bestachelt. Frucht grün. Früchte apfelgroß *(Corryocactus)*, oder kleiner mit schleimiger Pulpa *(Erdisia)*. Samen schwarz oder dunkelbraun (bolivianische Arten), schwärzlich (peruanische Arten). 16 Arten. Verbreitung: Mittelperu (Höhenlagen) bis S-Bolivien, N-Chile.

Im Küstenbereich (bis 600 m) von S-Peru ist *Corryocactus brachypetalus* (Vpl.) Br. & R., orangerot blühend, zu finden. Alle anderen Arten treten in Höhen über 2000 m auf: *C. brevispinus* Rauh & Backbg. mit gelblichorangen, *C. brevistylus* (K. Sch.) Br. & R. und der sehr ähnliche (eine Varietät?) *C. puquiensis* Rauh & Backbg. (syn. *C. brevistylus* (K. Sch.) Br. & R. var. *puquiensis* (Rauh & Backbg.) Rauh n. comb.) sowie *C. chachapoyensis* Ochoa & Backbg. und *C. krausii* Backbg. mit

Corryocactus ayopayanus

leuchtend hellgelben bis gelben Blüten. Von den bolivianischen Arten blühen C. charazanensis Card. und C. melanotrichus var. caulescens Card. lachsrot, C. melanotrichus (K. Sch.) Br. & R. (und C. otuyensis Card.) purpurrot, C. perezianus Card. lilarosa, C. pulquinensis Card. und C. tarijensis Card. orangerot. Ähnlich blüht C. ayopayanus Card. ■: Bis 150 cm hoch, verzweigt, höckrig gerippt; Areolen grau. C. otuyensis Card.: Körper bis 2 m lang, 5 cm ∅, dunkelgrün; Rippen 8, 1 cm hoch; Areolen 2 cm entfernt; Stacheln 15–18, nadelig oder stärker, bis 4 cm lang, weiß oder blaßbraun; Blüten glockig, scheitelnah, purpurfarben, mit weißen Haaren und braunen Borsten, ca. 5,5 cm ∅; Staubfäden dunkelpurpurn; Ovarium graufilzig, weiße Borsten; Frucht kugelig, hellgrün, 3–5 cm ∅, mit braunen und grauen Haaren, bräunlichen Borsten und feinen gelben und braunen Stacheln; Pulpa grün; Samen 1,5 mm lang, punktiert, glänzend schwarz.

Erdisia Br. & R.

wird als Untergattung von *Corryocactus* betrachtet. 11 Arten. Verbreitung: S-Peru bis Chile.

Es blühen Erdisia erecta Backbg., E. maxima Backbg., E. meyenii Br. & R. und E. tenuicula Backbg. orangerot; E. apiciflora (Vpl.) Werd. scharlachrot (zuweilen aus dem Triebende); E. aureispina Backbg. & Jacobs. hellrot; E. fortalezensis Ritt. braungelb; E. philippii (Reg. & Schm.) Br. & R. unten gelblich, oben rötlich, ebenso E. spiniflora (Phil.) Br. & R. und E. squarrosa (Vpl.) Br. & R.

Coryphantha (Eng.) Lem.

Ähnlich *Mammillaria*. Körper kugelig oder verlängert. Areolen geteilt, äußere deshalb in der Achsel der Warze. Beide Areolen bei blühfähigen Pflanzen durch Furche verbunden. Artbezogen erreicht die Furche die Axille nicht. Manchmal Mamillenachsel mit Honigdrüsen (Glandeln). Blüten zentral entstehend (= typisch!), groß, weittrichterig. Ovarium und Perikarpell nackt, ohne Schuppen (= Untergattung *Coryphantha*), mit wenigen Schuppen (= Untergattung *Neocoryphantha* Backbg.). Früchte beerenartig, nackt oder mit Schüppchen, gelblich, meist aber grünlich, mit wässerigem Saft. Samen braun, glatt oder runzelig, ziemlich weich. Über 50 Arten. Verbreitung: Von Britisch-Kolumbien und S-Kanada über die USA bis S-Mexiko (Oaxaca).

Coryphantha andreae J.A. Purp. & Böd. mit hellgelben, C. bergeriana Böd. mit gelben, C. calochlora Böd. mit weißlich-cremefarbenen, C. clava (Pfeiff.) Lem. mit glänzend gelben, C. clavata (Scheidw.) Backbg. mit gelblich-bräunlichen, C. columnaris Lahm. mit purpurfarbenen, C. compacta (Eng.) Br. & R. mit 2 cm großen gelben Blüten. C. elephantidens (Lem.) Lem. ■: Körper einzeln, gedrückt-kugelig, bis 14 cm hoch, bis 19 cm ∅; Warzen sehr groß, etwas abgeflacht, bis 4 cm lang bzw. am Grunde zuweilen bis 6 cm breit, mit Furche; Axillen dichtwollig; Areolen nur anfangs wollig; Stacheln 8 randständig, pfriemlich, bis 2 cm lang, zuerst gelblich oder bräunlich mit gelbem Fuß, später bräunlich; Blüten bis 10 cm breit, tiefrosa (bis weißlich), mit rotem Schlund. Verbreitung: Mexiko

Coryphantha elephantidens

(Michoacan). C. erecta (Lem.) Lem. mit hellgelben, *C. obscura* Böd. mit orangegelben (rotschlundigen), *C. ottonis* (Pfeiff.) Lem. mit weißen, *C. pseudoechinus* Böd. mit violett-rosafarbenen, *C. radians* (DC.) Br. & R. mit zitronengelben, *C. ramillosa* Cut. mit mehr oder weniger rosa gefärbten Blüten. *C. sulcolanata* (Lem.) Lem. ▣: Körper gedrückt-kugelig, sprossend, bis 5 cm hoch, 6 cm und mehr ∅, dunkelgrün glänzend; Scheitel weißwollig; Warzen unten etwas 5kantig, oben konisch; Axillen zuerst stark wollig; Randstacheln 9–10, ungleich, die seitlichen sind die längsten, bis 1,6 cm lang, in der Jugend gelblichweiß mit roter Spitze, dann bräunlich mit schwarzer Spitze, anliegend; Mittelstachel fehlt; Blüten groß, innen gelb, außen oft karminrot überlaufen, entspringen einer oberseitigen Warzenfurche, einzeln erscheinend. Verbreitung: Mexiko (Hidalgo, Mineral del Monte). *C. vivipara* (Nutt.) Eng. blüht tiefpurpurrosafarben.

Cullmannia → *Wilcoxia*

Cumarinia → *Neolloydia*

Cylindrorebutia → *Rebutia*

Delaetia Backbg.

Körper rundlich, graugrün. Rippen 12, kinnartig gehöckert. Areolen groß, länglich, weiß. Stacheln meist nur 4 (Stecklinge zuerst mehr), 1–2,5 cm lang, schwarz bis grauschwarz, z.T. geringelt. Blüten ca. 2 cm breit, bis 14 Tage offen. Petalen zahlreich, extrem schmal wie Borsten (bis 1,8 mm breit), nach abwärts gebogen, hell bräunlich-orangegelb. Früchte basal öffnend. Monotypische Gattung: *Delaetia woutersiana* Backbg. Verbreitung: Chile.

Dendrocereus Br. & R.

Baumförmig, bis 10 m hoch. Holziger Stamm, bis 1–1,5 m lang, 60 cm ∅, stachelbesetzt. Krone stark verzweigt. Triebe dunkelgrün, gegliedert, bis 12 cm ∅, 3–5flügelig, meist 4flügelig. Rippen geschweift-gekerbt, bis 7 cm hoch. Areolen bis 5 cm entfernt, manchmal stachellos. Stacheln 0–2–15, bis 4 cm lang, nadelig. Blüten scheitelnah, bis 14 cm lang, breit öffnend. Röhre oben mit verwachsenen Schuppen. Petalen bis 4 cm lang, weißlich bis gelblichgrün. Staubblätter zahlreich. Früchte apfelgroß (weshalb die Pflanzen mehr Apfelbäumen als Kakteen gleichen!), 12 cm lang, dickwandig, glatt, nackt, grün.
Monotypische Gattung: *Dendrocereus nudiflorus* (Eng.) Br. & R. Verbreitung: Kuba (Habana bis in die östlichen Provinzen).

Denmoza erythrocephala

Denmoza Br. & R.

Kugelig bis kurzsäulig, einzeln, bis 1,5 m hoch, bis 30 cm ∅. Vielrippig (15–20–30). Areolenstacheln zahlreich, rötlich, dazwischen feine Haare. Blüten mit sehr kurzen Perigonblättern, kaum öffnend, ca. 7 cm lang, Saum etwas schief, rot, aus dem Scheitel. Früchte kugelig, trocken, von der Spitze her seitwärts öffnend. 2 Arten. Verbreitung: NW-Argentinien.

Die Leitart der Gattung ist *Denmoza rhodantha* (SD.) Br. & R. (syn. *Echinocactus rhodanthus* SD.). *D. erythrocephala* (K. Sch.) Berg. ▣: Körper kugelig, später säulig, bis 30 cm ∅; im hohen Alter steht der Scheitel zuweilen senkrecht (FECHSER); Rippen 20–30; Stacheln dicht, über 30, die äußeren bis 6 cm lang, steif-elastisch, fuchsrot, die inneren borstig dünn, später mit weißen Haaren und Borsten untermischt; Blüten scheitelnah, bis 7,5 cm lang, Petalen nur 1 cm lang, zusammengeneigt. Verbreitung: Argentinien (Mendoza, La Rioja, San Juan und angeblich auch in Salta).

Digitorebutia → *Rebutia*

Discocactus Pfeiff.

Körper *Melocactus*-ähnlich, kugelig, mit kleineren, borstendurchsetzten, echten Scheitelcephalien, niedrig (nur bei *Discocactus hartmannii* (K. Sch.) Br. & R. bis 10 cm hoch), nach deren Bildung das vegetative Wachstum beendet wird und nur mehr Blüten hervorgebracht werden. Blüten nächtlich, weiß bis rötlich, länglich-schlanktrichterig, sehr groß, duftend. Früchte beerenartig, längs aufreißend. Über 10 Arten. Verbreitung: Brasilien, Paraguay, Bolivien.

Typus der Gattung ist *Discocactus insignis* Pfeiff. (syn. *D. placentiformis* (Lehm.) K. Sch.). *D. boomianus* Buin. & Bred.: Cephalium 4,5 cm ∅ und hoch, besonders groß; Blüten 9 cm ∅, nächtlich, stark duftend. *D. horstii* Buin. & Bred. ▣: Körper flachkugelig, sehr klein, bis 4,5 cm ∅, bis 2 cm hoch; Rippen 17–18(–25), mit abgeflachten Kanten, diese 3 mm breit, 7 mm tief, graugrün mit violettem Hauch; Areolen klein, in 6 mm Abstand; Stacheln 7–9(–10), krallenförmig zum Körper gebogen, grau mit schwarzen Spitzen, anliegend, kurz; aus dem weißlichen, 2 cm breiten Cephalium entspringen 20 mm lange, braune Borsten; Blüten reinweiß, bis 6 cm lang und ∅, viel größer als der Körper, abends öffnend, stark duftend; Staubbeutel weißgelblich; Narben im Röhrengrund verborgen. Ebenso klein sind *D. bahiensis* Br. & R., Blüten gelblichweiß, und *D. zehnteri* Br. & R., Blüten nur 3 cm lang. Größer ist *D. hartmannii* (K. Sch.) Br. & R.: Cephalium weißwollig, rotborstig; Blüten sehr groß, weiß, nach Maiblumen duftend. Ebenfalls größer sind: D. placentiformis (Lehm.) K. Sch. (syn. *D. insignis* Pfeiff., siehe oben!): Cephalium kleiner; Sepalen rosenrot, Petalen weiß. *D. tricornis* Monv. (syn. *D. alteolens* Lem.): Körper flach, bis 15 cm ∅, ca. 10 Rippen, gefeldert; Areolen mit 3 Stacheln, abwärts gerichtet, braun; Cephalium weiß; Blüten weiß, stark duftend; Frucht weiß oder schwach rosafarben. *D. boliviensis* Backbg. ist relativ neu, kommt aus Bolivien; graugrüner Körper; ca. 13 Rippen; 2 obere und 3 untere, pfriemliche Stacheln und das Cephalium bräunlich; Blüten und Früchte weiß. *D. zehnteri* Br. & R.: Kleinkugelig, fast ganz von Stacheln bedeckt; Stacheln weißlich; Cephalium langwollig; Früchte klein, kugelig, rot.

Oben: *Dolichothele camptotricha*
Unten: *Discocactus horstii*

Dolichothele (K. Sch.) Br. & R.

wird auch als Untergattung von *Mammillaria* betrachtet.

Körper kugelig, stark sprossend, häufig polsterbildend, weichfleischig. Rübenwurzler. Warzen weich, ungewöhnlich lang (besonders bei den kleinblütigen Arten). Stacheln meist weich, z.T. hakig. Samen größer und schwarz (bei den großblütigen Spezies), klein und braun (bei den kleinblütigen). Ca. 13 Arten. Verbreitung: USA (Texas) bis Mexiko (von den NO-Staaten bis) axaca).

Großblütige Arten sind: *Dolichothele balsasoides* Werd. & Buxb.: Sprossend; 10–11 Rand-, 4 Mittelstacheln, weiß; Blüten orange, spitzig. *D. baumii* (Böd.) Werd. & Buxb.: Körper bis 8 cm hoch, 3 bis 6 cm ∅, sprossend, glänzendgrün; Axillen anfangs wollig; Mamillen bis 1 cm lang; ca. 30 haarartige, weiße Rand- und 5–6 längere, gelblichweiße Zentralstacheln; Blüten bis 3 cm breit und lang, schwefelgelb, stark duftend. *D. beneckei* (Ehrenbg.) Backbg.: Sprossend; Axillen wollig; Stacheln bräunlich; Blüten milchig dottergelb. Gelbe Blüten haben *D. melaleuca* (Karw.) Craig., *D. nelsonii*

(Br. & R.) Backbg., D. *sphaerica* (Dietr.) Br. & R. und D. *uberiformis* (Zucc.) Br. & R. D. *zephyranthoides* (Scheidw.) Backbg.: Körper einzeln, flachkugelig; Rübenwurzel; 12–18 weißliche Rand- und 1–2 gelbbräunliche Mittelstacheln; Blüten weiß bis gelb. D. *longimamma* (D.C.) Br. & R. ■: Körper einzeln oder sprossend; Warzen locker stehend, dick, walzenförmig, ziemlich weich, 3–7 cm lang, 1 cm dick; Axillen nur filzig bis kahl; Randstacheln 9–10, bis 2 cm lang, weiß bis blaßgelb, dünn, biegsam, dunkelspitzig; Blüten sehr groß, bis 6 cm ∅; Sepalen grüngelb oder dunkler; Petalen hellgelb; Frucht dickkeulig, gelblichgrün. Verbreitung: Mexiko (Hidalgo).

Kleinblütige Arten sind: D. *albescens* (Tieg.) Backbg.: Sprossend; Stacheln bis 1,5 cm lang, gelblich, dann weiß; Blüten grünlichweiß bis weiß; Frucht grün bis rötlich. D. *camptotricha* (Dams) Tieg. ■ (syn. *Mammillaria camptotricha*): Stark basal sprossend, gruppenbildend, einzeln bis 7 cm breit, flachkugelig; Warzen tief- bis hellgrün, dünn, bis 2 cm lang, schlankkonisch; Axillen mit schwachen Wollschöpfchen, später fast kahl, mit 2–5 gelblichen Borsten, bis 15 mm lang; Areolen sehr klein, am Warzenende; Randstacheln 4–6(–8), bis 3 cm lang, dünn, gewunden, wirr verflochten, umhüllen locker die ganze Pflanze, grünlichweiß, dann gelblich; Mittelstacheln fehlen; Blüten 1,3 cm lang, kaum 1 cm ∅, duftend; innere Hüllblätter weiß, mit grünlichem Mittelstreifen; Frucht 2 cm lang, schlank, blaßgrün, zuweilen rot überlaufen. Verbreitung: Mexiko (Querétaro). D. *decipiens* (Scheidw.) Tieg.: Gruppenbildend; Mamillen weich, zylindrisch; Axillen schwachwollig, weiß bis rosa beborstet; 7–8 Rand-, 1–2 Mittelstacheln, gelblich bis bräunlich, feinnadelig; Blüten bis 2 cm lang, weiß mit rosafarbener Mittellinie; Früchte rötlichgrün, 4 cm dick. D. *surculosa* (Böd.) F. Buxb. ■: Körper sprossend, rasenbildend; Einzelköpfe klein, bis 3 cm ∅, Warzen weich, dunkelgrün; Axillen kahl; Randstacheln bis 15, bis 1 cm lang, weiß bis blaßgelb; Mittelstacheln 1–2, bis 2 cm lang, glatt, einer scharf gehakt, gelb bis braun; Blüten trichterig, klein, bis 1,8 cm breit; Sepalen chromgelb, rosa Rückenstreifen; Petalen schwefelgelb, mit feiner, roter Spitze und orangefarbenen Rückenstreifen, nachts angenehm duftend; Frucht keulig, grün, z.T. rötlich oder dunkler. Verbreitung: Mexiko (Tamaulipas).

Oben: *Dolichothele longimamma*
Unten: *Dolichothele surculosa*

Echinocactus horizonthalonius

Echinocactus Lk. & O.

inclusive *Homalocephala* Br. & R.
Unterschiedlich große Pflanzen (z. T. sehr große!), kugelig bis kurzsäulig, einzeln oder gruppenbildend. Scheitel wollig. Stacheln nie hakig, sehr derb, dichtstehend. Blüten nur an großen Pflanzen erscheinend, gelb, nur *Echinocactus horizonthalonius* Lem. blaß- bis rosenrot. Röhre wollig. Perikarpell mit schuppigen Hochblättern, in den Achseln Wollhaare. Früchte länglich, weißwollig, trocken, unten öffnend. Samen groß, stumpf oder glänzend braunschwarz oder schwarz, netzig. 7–10 Arten. Verbreitung: USA (Südstaaten) bis Mexiko (vom Norden bis Südpuebla).

Am bekanntesten ist *Echinocactus grusonii* Hildm. – Goldkugelkaktus, Schwiegermutterstuhl, Schwiegermuttersessel ■: Körper breitkugelig, meist einzeln, bis 1,30 m hoch, bis 80(–100) cm breit, hellgrün; Scheitel kaum eingesenkt, mit dicker, leuchtend gelblichweißer bis hellbrauner Wolle; Rippen (20–)30 und mehr, sehr ausgeprägt, warzenartig gehöckert, später gerade scharf längsgefurcht und kantig; Areolen engstehend, später Rippenkanten bildend, rundlich, bis 1 cm lang, dicht gelbwollig, dann kahl, kräftig bestachelt; Randstacheln 8–10, schräg vorstehend, bis 3 cm lang, stark stechend, goldgelb, später weißlichgelb; Mittelstacheln 4, über Kreuz, gebogen, der untere nach abwärts gerichtet, bis 5 cm lang; Blüten scheitelnah, zahlreich, klein, bis 5 cm lang und ∅, trichterig, seidig kadmiumgelb, nur bei voller Sonne öffnend; Staubblätter, Griffel und Narben gelblich; Frucht länglichrund, ca. 2 cm lang, dicht weißwollig; Samen 1,5 mm lang, schwarz. Verbreitung: Mexiko (von San Luis Potosí bis Hidalgo). *E. horizonthalonius* Lem. ■: Körper einzeln, flachrund bis verlängert, bis 25 cm hoch, reifig grau; Rippen meist 8(–13), gerade oder spiralig verlaufend; Stacheln 6–9, bis 4 cm lang, meist abgeflacht oder krallig gebogen, quergeringelt, meist 1 Mittelstachel, in der Farbe variabel dunkelrötlich bis bernsteinfarben; Blüten weißlich bis rosenrot, bis 3 cm lang und ∅; Frucht bis 3 cm lang, rot, stark wollig; Samen 3 mm lang, papillös, braunschwarz. Verbreitung: USA (Südstaaten) bis Mexiko. *E. ingens* Zucc.: Bis 1,5 m hoch, 1,30 cm ∅, graugrün; Scheitel weißwollig; Rippen über 50; Areolen gelblich-wollig; Randstacheln ca. 8, Mittelstachel 1, alle braun, 2–3 cm lang; Blüten 2 cm lang, 3 cm ∅, gelb; Frucht 3 cm lang, starkwollig. *E. palmeri* Rose: 50 cm ∅, 2 m hoch. *E. platyacanthus* Lk. & O. var. *grandis* Rose ■: Die größte Art der Gattung; bis 2–3 m hoch, bis 1,2 m ∅, dickwalzig, stumpfgrün; Jungpflanzen oft mit roten Querbändern; Rippen zahlreich, anfangs nur ca. 8; Areolen später zusammenfließend; Stacheln stark, pfriemlich, anfangs gelblich, dann rötlichbraun, z. T. gebändert; Randstacheln 5–6,

Oben: *Echinocactus platyacanthus* var. *grandis*
Mitte: *Echinocactus grusonii*
Unten: *Homalocephala texensis*

3–4 cm lang; Mittelstachel 1, 4–5 cm lang; Blüten 4–5 cm lang; Frucht bis 5 cm lang. Verbreitung: Mexiko (Puebla). Äußerst schwierig zu halten sind *E. polycephalus* Eng. & Big., die var. *polycephalus* Bens. (syn. *E. xeranthemoides* (Coult.) Eng.) und die var. *xeranthemoides* Bens. *E. visnaga* Hook.: Körper dickwalzig, bis 3 m hoch, bis 1 m ∅; ca. 40 Rippen; Stacheln gleich, 4, über Kreuz, stark, bis 5 cm lang, bräunlich; Blüten bis 8 cm ∅, gelb, Rand gezähnt; Früchte zylindrisch, wollig.

Homalocephala Br. & R.

Die einzige Art der Gattung ist *Homalocephala texensis* (Hopffer) Br. & R. – Teufelshauptkaktus ▣: Groß werdende Pflanzen, breitrund, einzeln, bis 30 cm ∅, 15 cm hoch; Rippen 13–27, scharfkantig, breit; Areolen weiß; stark bestachelt; Randstacheln 6(–7), steif, spreizend und zurückgebogen, ungleich, abgeflacht, 1,2–4(–5) cm lang, anfangs rötlich, später gelb, z. T. quergeringelt; Zentralstachel 1, flach und breiter, abwärts geneigt, bis 6,5 cm lang, 8 mm breit; Blüten in der Farbe variabel, scharlach und orange, oben rosa, bis fast weiß oder auch mit rosa Mittelfeld, scheitelnah, breitglockig, federartig verschlissen aussehend, bis 6 cm lang und ∅; Früchte stachellos, filzflockig, anfangs saftig, dann trokken, unregelmäßig reißend oder gar nicht, bis 4 cm ∅, rot; Samen glänzend schwarz, 2,5 mm groß. Verbreitung: USA (Texas, SO-Neumexiko) bis NO- und N-Mexiko.

Echinocereus Eng.

Kurz-cereoide bis kleinkugelige Pflanzen, weichfleischig, sprossend; ansonsten Wuchsformen sehr unterschiedlich. Areolen nadelig bestachelt. Bestachelung äußerst variabel. Stacheln kammförmig gestellt (bei den *Pectinati*), bunt. Blüten nadelig bestachelt (= typisch), z. T. lang andauernd, großtrichterig bis relativ klein, tagblühend, intensiv gefärbt, oft kontrastierende grüne Narben. Früchte nadelig bestachelt (= typisch). Ca. 60(–90?) Arten. Verbrei-

Oben: *Echinocereus acifer*
Unten: *Echinocereus dasyacanthus*

tung: USA (mittlerer Westen bis Südgrenze), Mexiko (Niederkalifornien, Westküste und vom Norden bis zum mittleren Hochland). Untergeteilt in:

a) Arten mit weniger als 12 Rippen, locker stehenden Areolen mit derber Bestachelung, von der Basis her verzweigt und rasenbildend: Unterreihe *Decalophii*: z.B. *Echinocereus brandegeei* (Coult.) K. Sch., *E. conglomeratus* Först., *E. engelmannii* (Parry) Rümpl., *E. fendleri* (Eng.) Rümpl., *E. stramineus* (Eng.) Rümpl., *E. triglochidiatus* Eng. (syn. *E. coccineus* Eng.);

b) solche mit aufrechten, vielrippigen Körpern, mit dichtstehenden Areolen, länglich mit pectinater Stachelanordnung: Unterreihe *Pectinati:* z.B. *E. baileyi* Rose, *E. caespitosus* Eng., *E. davisii* Hought., *E. fitchii* Br. & R., *E. pectinatus* (Scheidw.) Eng., var. *rigidissimus* (Eng.) Rümpl., *E. weinbergii* Wgt., *E. viridiflorus* Eng.;

c) solche Arten mit Rippen und Areolen mit langen, borstenförmigen Stacheln: Unterreihe *Longiseti:* z.B. *E. delaetii* Gürke.

K. Schumann und Buxbaum stellen die Reihe *Erecti* K. Sch. (Pflanzen mehr oder weniger aufrecht, weniger stark sprossend und rasenbildend) den Reihen *Prostati* (dünne, meist niederliegende Pflanzen, reich verzweigte Sprosse, deshalb rasenbildend: z.B. *E. scheerii* (SD.) Rümpl., *E. salm-dykkianus* Scheer – beide die schönsten Arten der Reihe und von Backeberg zur Gruppe *Scheeriani* zusammengefaßt –, *E. blanckii* (Pos.) Palm., *E. cinerascens* (DC.) Rümpl., *E. decumbens* Clov. & Jott., *E. enneacanthus* Eng., *E. pentalophus* (DC.) Rümpl.) und *Subinermis* (kugel- bis säulenförmige Pflanzen, Areolenstacheln kurz oder fehlend: z.B. *E. amoenus* (Dietr.) K. Sch., *E. knippelianus* Liebn., *E. pulchellus* (Mart.) K. Sch., *E. subinermis* (SD.) gegenüber.

Neben vielen anderen Arten sind besonders kulturwürdig: *Echinocereus albatus* Backbg.: Verzweigt, 12rippig, Blüten hellrot. *E. acifer* (O.) Lem. ■: Sprossend; ca. 7 Rippen, stark warzig gehöckert; Randstacheln 7–8, dünn; Mittelstacheln 1–4, alle braun; Blüten rot. *E. baileyi* Rose: Zylindrisch; pec-

Oben: *Echinocereus fendleri*
Unten: *Echinocereus fitchii*

tinat bestachelt, weißlich bräunlichrosa; Blüten hellpurpurn. *E. blanckii* var. *poselgerianus* (Lke.) Backbg.: Stark sprossend, hellgrün; Triebe 6–7kantig, bis 2,5 cm ∅, höckrig; Randstacheln 8, weiß, gelbspitzig; Mittelstacheln 1–3, braun geringelt; Blüten groß, karminviolett. *E. caespitosus* Eng. (syn. *E. reichenbachii* Terschek.): Schlanktriebig; 12–18 Rippen, anfangs weißwollig; weiß bis rosa kammartig bestachelt; Blüten leuchtend rosa. *E. coccineus* Eng.: Gruppenbildend, 8–11 höckerige Rippen; derb hell bis rötlich-schwärzlich bestachelt; Blüten scharlach bis karmin. *E. dasyacanthus* Eng. ■: Meist einzeln, zylindrisch, bis 30 cm lang, bis 10 cm ∅, dicht bestachelt; Rippen 15–21, niedrig; Randstacheln 16–24, dicht, anliegend, anfangs rosa, dann grau, fein, zonenbildend; Mittelstacheln 3–8, etwas stärker; Farbe der Stachelspitzen variiert von rötlich über bräunlich bis schwärzlich; Blüten bis 10 cm lang, ca. 7,5 cm ∅, nur um die Tagesmitte offen, gelblich; Ovarium sehr stachelig; Frucht kugelig, purpurn, bis 3,5 cm ∅. Verbreitung: USA (Westtexas, S-Neumexiko), Mexiko (Chihuahua). *E. davisii* Hought.: Kleinste Art der Gattung; 'Mimesekaktus'; 1,5 cm groß; 9–12 Areolenstacheln; schmutzig-grünlichgelbe Blüten. *E. delaetii* Gürke: Sprossend; Randstacheln 18–36, Zentralstacheln 4–5, borstig; Blüten hell purpurrosa. *E. engelmannii* (Parry) Rümpl.: Körper gruppenbildend; Triebe zylindrisch, 10–45 cm lang, bis 6 cm ∅; Rippen 10–13(–14), niedrig; Randstacheln ca. 10, steif; Zentralstacheln braunschwarz, lang; Blüten purpurrot; Frucht 3 cm lang, rund bis ovoid. *E. enneacanthus* Eng. – Erdbeerkaktus: Körper sprossend; Triebe 5–7cm ∅, weich; Rippen 7–8(–12); Randstacheln ca. 9, ungleich, bis 1,2 cm lang, nadelig, gelblich, dann bräunlich; Mittelstachel meist 1, 3 bis 5 cm lang; Blüten 5–6 cm lang, 7,5 cm ∅, hellpurpurn; Frucht 2 cm lang, kugelig, rötlich, mit Erdbeerduft. *E. fendleri* (Eng.) Rümpl. ■: Sprossend; Triebe bis 15 cm lang, 6–10 cm ∅, 9–10rippig; 9–11 Randstacheln, weißlichgrau; 1 Mittelstachel, bis 3,5 cm lang; Blüten hell- bis kräftig-purpurn, bis 7 cm lang; Frucht 3 cm lang. var. *albiflorus* (Wgt.)

Backbg. mit weißen bis zartrosa Blüten. *E. fitchii* Br. & R. ■: Körper kurzzylindrisch, schwach sprossend, 8–10(–15) cm lang, 4–5 cm ∅, von bräunlichen Stacheln bedeckt; Rippen 10–12, niedrig; ca. 20 Rand- und 4–6 Mittelstacheln; erstere weiß, letztere etwas spreizend, nadelig, variabel gefärbt, bräunlich, z.T. unten weiß; Blüten 6–7 cm lang, ca. 9 cm breit, groß, rosa bis purpurrosa, innen meist dunkler, mit tief karminroter Mitte; Fruchtknoten 2,5 cm lang, stark bestachelt und behaart; Narben groß, grün. Verbreitung: USA (Texas, bei Laredo). *E. gentryi* Clov.: Liegend; sprossend; Blüten rosa. *E. grandis* Br. & R.: Einzeln oder gruppenbildend; Stacheln weißlich; Blüten weiß, unten grün. *E. hancockii* Daws.: Sprossend; Stacheln rosa, dann dunkel strohfarben; Blüten gelb, verblühend lachsfarben. *E. hempelii* Fobe ■: Körper dunkelgrün, aufrecht; Triebe bis 15 cm lang, bis 7 cm ∅; Rippen warzig geteilt; Randstacheln (4–)6, spreizend, weiß mit braunen Spitzen, bis 1 cm lang; Mittelstachel fehlt; Blüten bis 8 cm breit, trichterig, mit lockeren Petalen, diese 3 cm lang, hell lilarosa. Verbreitung: Mexiko. *E. marksianus* Schwarz n. sp.: Sprossend; Stacheln braunschwarz, später grau; Blüten rot. *E. matthesianus* Backbg. ■: Körper säulig, aufrecht, grün; Triebe bis ca. 4,8 cm ∅; Rippen ca. 12, ca. 11 mm breit, gerundet, ziemlich flach; Areolen weiß, ca. 1 mm ∅; Randstacheln meist 9, bis 8 mm lang, die oberen am kürzesten, blaß rötlichgrau; Mittelstacheln meist 4, 5–11 mm lang, Basis verdickt, etwas dunkler; Blüten ca. 10 cm lang, 4,5 cm ∅, feuerrot; Röhre weiß beflockt, mit bis ca. 1,5 cm langen Borsten, diese braun bis weiß; Griffel blaßgrün; Staubfäden unten blaßgrün, oben weiß. *E. melanocentrus* Lowry: Kurzzylindrisch; 12 niedrige Rippen; Stacheln nicht verflochten, braunschwarz; Blüten purpurn mit dunklerer Mitte. *E. ochoterenae* G. Ort.: Blüte kanariengelb, außen rötlich. *E. pectinatus* (Scheidw.) Eng. ■: Körper aufrecht, kräftig-zylindrisch, bis 15 cm lang, bis 6(–10) cm ∅, fast von Stacheln bedeckt, diese kammartig anliegend; Rippen 20–22; Randstacheln ca. 30, meist bis 1 cm lang, weiß, gelblich, rosa, purpurrot, rotbraun, dunkelbraun, oft in Zonen wechselnd, dicht, steif, verflochten; Mittelstacheln mehrere, kurz; Blüten sehr groß, 6–8 cm lang, purpurfarbig bis tiefrosa, Mitte heller bis grünlich; Röhre und Ovarium nur filzig und stachelig; Frucht bis 3 cm ∅, kugelig, stark bestachelt; Samen schwarz, gehöckert, mehr oder weniger kugelwarzig, 1,5 mm ∅.
Die var. *rigidissimus* (Eng.) Rümpl. hat noch stärker gefärbte Stacheln, nur ca. 16 Randstacheln und keinen Mittelstachel. Verbreitung: Mexiko (von Chihuahua bis Guanajuato). *E. pentalophus* (DC.) Rümpl. ■: Körper rasenbildend, reich sprossend; Triebe frischgrün; Randstacheln 3–5(–6), sehr kurz, weiß, braunspitzig; Mittelstacheln meist fehlend, dunkler, bis 1,5 cm lang; Blüten zahlreich, groß, 7–12 cm lang und breit, lila bis karminrot, Schlund weiß; Staubfäden grünlich. Verbreitung: USA (S-Texas) bis N-Mexiko (im Osten). *E. polyacanthus* Eng.: Rasenbildend; Triebe blaßgrün, oft rötlich; Rippen 9–13, flach quergefurcht; 8–12 Randstacheln, kräftig pfriemlich, weißlich oder rötlichgrau, dunkelspitzig; Mittelstacheln 2–4, Fuß verdickt, bis 5 cm lang, anfangs hornfarben, braungefleckt; Blüten scharlach bis karmin. *E. purpureus* Lahm.: Einzeln oder sprossend; Stacheln kammförmig, weiß, dunkler gespitzt; Blüten bräunlichpurpurn. *E. reichenbachii* (Tersch.) Hge. jr.: meist einzeln; Stacheln weiß, rötlich oder bräunlich, kammförmig gestellt. *E. russanthus* Wen. ■: Körper später sprossend, ca. 8 cm hoch; Rippen 13–14; Stacheln 15–18, ca. 8 mm lang, dicht verflochten; Blüten rötlich mit grünlichem Mittelstreifen, seitlich auf halber Höhe der Pflanze oder tiefer. Verbreitung: Mexiko. *E. salm-dyckianus* Scheer ■: Sprossend, gruppenbildend; Triebe zylindrisch, hell- bis graugrün; 7–9 Rippen; Areolen rund, gelb wollfilzig; 8–9 Randstacheln, 1 cm lang, gelblich; 1 Mittelstachel, bis 1,5 cm lang, hornfarben oder rot; Blüten seitlich, einzeln oder mehrere, bis 10 cm lang, bis 8 cm breit, karottenfarbig; Staubfäden weiß, oben rosenrot, -beutel gelbrot; Griffel weiß, Narben smaragdgrün; Frucht kugelig, 2 cm groß, grün; Samen schwarz, grobwarzig, 1,5 mm ∅, müt-

Oben: *Echinocereus matthesianus*
Unten: *Echinocereus pectinatus*

Rechte Seite:
Links oben: *Echinocereus pentalophus*
Links unten: *Echinocereus russanthus*
Rechts oben: *Echinocereus salm-dyckianus*
Rechts unten: *Echinocereus stramineus*

zenförmig. Verbreitung: Mexiko (Chihuahua, Durango). E. scheerii (SD.) Rümpl.: Gruppenbildend; 8–10 Rippen, spiralig; Stacheln dunkelspitzig; Blüten rosenrot. E. stoloniferus Marsh.: Einzeln, sprossend über Wurzelausläufer; Rippen 14–16; Stacheln borstig, verflochten, weiß, schwarz- oder rotspitzig; Blüten gelb. E. stramineus (Eng.) Rümpl. ▣: Körper gruppenbildend, Kolonien bis 2 m ∅, 30–100 cm hoch; Triebe 12–25 cm lang, 3–5 cm ∅; Rippen ca. 13; Randstacheln 7–14, bis 3 cm lang, spreizend; Mittelstacheln 3–4, 5–9 cm lang; Stacheln dicht durcheinanderragend, anfangs braun bis strohfarben, bald weiß; Blüten 8–12 cm lang, purpurn; Röhre und Ovarium mit kurzen, weißen Stacheln; Frucht kugelig, 3–4 cm ∅, rot, eßbar. Verbreitung: USA (Grenzgebiet Texas–Neumexiko), N-Mexiko (Chihuahua). E. subinermis var. luteus (Br. & R.) Backbg. ▣: Körper gedrückt-kugelig, später verlängert, manchmal schwach sprossend; Rippen 5–8; Stacheln bis 8 randständige, 1 mittlerer, 2–4 mm lang, später nur 3–4 derbere Stächelchen, bis 1 mm lang, auch fehlend, gelblich bis schwärzlich oder weiß mit dunklen Spitzen; Blüten schlankröhrig, gelb, ca. 7 cm lang, 5,5 cm ∅, Perigon trichterig; Narben grün; Frucht 2 cm lang, 1,3 cm ∅, dunkelgrün. Verbreitung: Mexiko (Sonora, oberhalb Alamos). E. triglochidiatus Eng.: Rasenbildend; Triebe zylindrisch, dunkelgrün, bis 15 cm lang, bis 6 cm ∅; Rippen (6–)7–10; Randstacheln (3–)5(–8); Mittelstacheln 0–1–5, alle gekantet oder gerippt, dicht, derb; Blüten leuchtend scharlachrot; Frucht rot, eßbar. E. viereckii Werd. ▣: Körper reich sprossend; Triebe aufrecht, bis 20 cm und mehr lang; Rippen 8–9, bis 8 mm hoch, warzig-höckrig; Randstacheln 7–9, 3–9 mm lang,

Oben: *Echinocereus subinermis* var. *luteus*
Unten: *Echinocereus viereckii*

strohgelb, später weißlich; Mittelstacheln 4, der längste unterste ca. 2 cm lang, mit verdicktem Fuß; Blüten violettrosa, bis 11 cm ∅; Röhre und Ovarium hyalin und hell goldbraun bestachelt. Verbreitung: Mexiko (Tamaulipas). E. viridiflorus Eng.: Sprossend; 13 Rippen; Stacheln weiß, rot, wechselnd; Blüten 3×3 cm groß, gelbgrün mit inneren grünen Mittelstreifen, außen mit bräunlichen. var. *chloranthus* (Eng.) Backbg.: Blüten bräunlichgrün. *E. websterianus* G. Linds.: Sprossend; goldgelb bestachelt; Blüten lavendelrosa. *E. weinbergii* Wgt.: Körper kugelig; 15rippig; weiß oder rosa bestachelt; Blüten rosa, weißflockig behaart.

Echinofossulocactus Lawr.

Körper kräftig grün, kugelig, mit zahlreichen (bis über 100) Rippen, dünn, gewellt. Stacheln häufig mehr oder weniger abgeflacht, verschiedenartig, mit vielen Übergängen (deshalb schwierige Artabgrenzung!) von derb bis dichtstachelig, typisch ist der oberste, papierartig abgeflachte Mittelstachel der Areolen, bis 5 cm lang. Blüten kahl, klein, mehr oder weniger violett getönt bzw. gestreift, zu mehreren erscheinend, im zeitigen Frühjahr. Bis über 30 Arten. Verbreitung: N- bis Mittelmexiko. BACKEBERG gruppiert nach:

a) Körper ohne gewellte Rippen, diese breiter und oben kantig, z.B.: *Echinofossulocactus coptonogonus* (Lem.) Lawr.: Weißliche Blüten mit hellpurpur- bis karminfarbener Mitte.

b) Körper mit über 100 lamellenartigen Rippen, z.B.: *E. multicostatus* (Hildm.) Br. & R.: Weiße Blüte mit purpurvioletter Mitte.

c) Körper mit weniger, aber dünnen Rippen und hellen Rand- und z.T. dunkleren Mittelstreifen, Bestachelung dicht, z.B.: *E. albatus* (Dietr.) Br. & R.: Kugelig, blaugrün; ca. 35 Rippen; Blüten weiß. *E. ochoterenaus* Tieg.: Ca. 30 Rippen, dünn, wellig; Stacheln gelblich; Blüten weißlich, außen mit dunkler Mittellinie. *E. vaupelianus* (Werd.) Tieg. & Oehme ▣: Körper halbkugelig, mattgrün; Rippen

Oben: *Echinofossulocactus arrigens*
Unten: *Echinofossulocactus hastatus*

30–40; Randstacheln allseitig strahlend, glasig weiß, bisweilen dunkler gespitzt, dünnadelig, meist gerade, seitlich verflochten, 1–1,5 cm lang; Mittelstacheln 1–2, übereinander, bis ca. 7 cm lang, pfriemlich, stechend, oft etwas flach, vorgestreckt, zuweilen einer aufwärts gebogen, erst braunschwarz, dann rotbraun, bereift; Blüten cremefarben, mit dunklem Rückenstreifen. Verbreitung: Mexiko. *E. wippermannii* (Muehlpfrdt.) Br. & R.: Gelbe Blüten mit bräunlichem Mittelstreifen.

d) Ebenfalls weniger- und dünnrippige Körper mit weniger dichter Bestachelung, Ober- oder Hauptstacheln oft abgeflacht, z.T. auch rund, z.B.: *E. arrigens* (Lk.) Br. & R. ▣: Körper gestreckt-kugelig, bis 13 cm hoch, ca. 12 cm ∅; Scheitel mit gelblichweißem, flockigem Filz; Rippen matt- bis bläulichgrün, 50–60, sehr schmal; Randstacheln 4–7, nadelig, glasig weiß bis gelblich, bis ca. 1 cm lang; Mittelstacheln bis 3 in der Areolenmitte, mehr oder weniger aufgerichtet, gelblich bis blasser, rundlich, im unteren Areolenteil noch oft 2–3 dünnere zusätzliche, sowie 1 gedrückter und gekielter Oberstachel, bis 4 cm lang (nach Br. & R. insgesamt 8–11 Stacheln, nach WERDERMANN selten mehr als 8); Blüten 3 cm lang, 2,5 cm ∅; Petalen purpurviolett mit hellem Rand; anscheinend sehr variabel. *E. crispatus* (DC.) Lawr.: Purpurne Blüten. *E. dichroacanthus* (Mart.) Br. & R.: Körper eiförmig; 32 Rippen, dünn, scharf, wellig; Blüten rosaviolett. *E. hastatus* (Hopff.) Br. & R. ▣: Körper gedrückt-rund, bis 10 cm hoch, bis 12 cm ∅, hellgrün; Rippen bis 35, etwas gekerbt; Randstacheln 5–6, kurz, die 2 oberen stärker, mitunter unten noch 2–3 mehr, sowie hinter den oberen 2 borstige; Oberstachel 3 cm lang, abgeflacht; Mittelstachel 1, 4 cm lang, vorgestreckt, rund; Blüten weißlich, Mitte hell- bis dunkler purpur (karmin). Verbreitung: Mexiko (Hidalgo, Metztitlan). *E. heteracanthus* (Muehlpfrdt.) Br. & R.: Kugelig, matt hellgrün; Rippen 30–40 und mehr; Stacheln hellbraun; Blüten weiß, mit violettem Mittelstreifen. *E. lamellosus* (Dietr.) Br. & R. ▣: Körper kugelig, dunkel- bis blaugrün, bis 10 cm hoch, 8 cm ∅; Rippen sehr zahlreich, 30–35, un-

Oben: *Echinofossulocactus lamellosus*
Unten: *Echinofossulocactus vaupelianus*

gleich intensiv gewellt, lamellenartig; Areolen wenige, weiß, bestachelt; Randstacheln 4, bis 3 cm lang, weiß, die oberen 2 aufwärts gerichtet, 2 schräg abwärts, feiner als die dünneren oben, aber nur halb so lang wie die nach oben gerichteten, längsgerillt, quergeringelt, mit brauner Spitze; Mittelstachel 1, fast dreischneidig, bis 4 cm lang, Spitze dunkler; Blüten groß, bis 4 cm lang, fleischrot, innen violett oder dunkelkarminrot. *E. lancifer* (Dietr. non Reichb.) Br. & R.: Breitrundlich; Stacheln weiß, auch braungespitzt; Blüten rosafarben. *E. lloydii* Br. & R.: Kugelig; sehr viele Rippen, dünn, wellig; Stacheln weiß bis hellbraun; Blüten weiß. *E. pentacanthus* (Lehm.) Br. & R.: 25 und mehr Rippen; Blüten tiefviolett, weißrandig. *E. phyllacanthus* (Mart.) Lawr.: 30–35 Rippen, dünn; Stacheln rotbraun; Blüten gelblichweiß, Mitte rötlich. *E. tetraxiphus* (Otto) Oehme: Blüten weiß, mit rotem Mittelstreifen und Schlund. *E. tricuspidatus* (Scheidw.) Br. & R.: Hellgrün; 30–35 Rippen, dünn, wellig; Stacheln hell bis rötlich, schwarzgespitzt; Blüten grünlichgelb. *E. violaciflorus* (Quehl) Br. & R.: Bläulichgrün; ca. 35 Rippen, dünn, tief gekerbt; Stacheln gelblich; Blüten weiß, Mitte purpurviolett. *E. zacatecasensis* Br. & R.: Blaßgrün; 50–60 Rippen, sehr dünn; Stacheln bräunlich; Blüten weiß bis blaßviolettrosa.

Echinomastus Br. & R.

Kugelige bis kurzzylindrische Kakteen. Ca. 20 Rippen, in warzige Höcker geteilt. Areolen mit zahlreichen, dünnen Stacheln. Hinter dem Stachelbündel furchenartige Langareolen, anfangs auch fehlend, bei fertilen mit Filz. Stacheln meist verflochten. Blüten trichterförmig bis glockig, klein bis mittelgroß, in Scheitelnähe, weiß bis rosafarben. Fruchtknoten und die trockene, längliche Frucht beschuppt, sonst kahl. Samen matt bis glänzend schwarz, fein genetzt oder gehöckert. Ca. 10 Arten. Verbreitung: USA (Südstaaten, Wüstengebiete von SO- und O-Arizona, Texas), N-Mexiko.

Oben: *Echinomastus intertextus*
Unten: *Echinomastus unguispinus*

Echinomastus acunensis Marsh.: Flachrund; ca. 18 Rippen; Areolen weißwollig; Stacheln unten weiß, oben rötlich; Blüten hochrot. *E. durangensis* (Rge.) Br. & R.: Eiförmig; 18 Rippen; Areolen weiß; Blüten rötlichbraun. *E. erectocentrus* (Coult.) Br. & R.: Kurzzylindrisch; ca. 15–21 Rippen; Blüten krapprosa. *E. intertextus* (Eng.) Br. & R. ■: Bis 12,5 cm hoch, 5–7 cm ∅; Rippen nur ca. 13; Randstacheln 16–25, anliegend, verflochten, die oberen 5–9 auch z.T. borstig (Kulturpflanzen haben mehr oder weniger gleichartige Randstacheln); Mittelstacheln (3–)4, ein kurzer, zentraler abstehender, die anderen stark aufgerichtet; Stacheln alle hell bis rötlich; Blüten 2,5 cm lang, hellpurpurn, weißrandig; Frucht kugelig, trocken, unten umschnitten öffnend; Samen glänzend. Verbreitung: USA (W-Texas), Mexiko (Chihuahua). *E. johnsonii* (Parry) Baxt.: Zylindrisch; 18–20 Rippen; Stacheln rot bis rötlichgrau; Blüten fleischfarben, purpurrosa bis weiß. var. *lutescens* (Parrish) Marsh.: Blüten blaß- bis kräftig gelb mit braunrotem Zentrum. *E. kakui* Backbg.: Rundlich; Stacheln verflochten. *E. krausei* Borg.: Zylindrisch; bläulichgrün; Stacheln weiß bis braun; Blüten weiß, oben und außen rosenrot. *E. macdowellii* (Reb.) Br. & R.: Breitkugelig; Scheitel gelbfilzig; Rippen 30 und mehr, dicht weiß bestachelt; Blüten trichterig, rot. *E. mapimiensis* Backbg.: Graugrün; Stacheln weißlich; Blüten schmutzigweiß, Mitte rötlich. *E. mariposensis* J.P. Hest.: Kugelig; 21 Rippen; Stacheln weiß, braun gespitzt; Blüten rosa; Frucht kugelig. *E. unguispinus* (Eng.) Br. & R. ■: Bis 10 cm hoch, 7 cm ∅; Scheitel wollig, bestachelt; Rippen ca. 21, ganz in Höcker zerteilt; Areolen rund, bis 5 mm ∅; Randstacheln ca. 21, dünnpfriemlich, stechend, 1,2–2 cm lang, die obersten bis 3 cm lang, weiß, verflochten; Mittelstacheln 4–8, viel stärker, einer sehr kräftig, braun bis schwärzlich, die übrigen stark aufgerichtet, bläulich, ins Hornfarbene gehend, 2,4–3,5 cm lang; Blüten 2(–2,5) cm lang, 2 cm ∅, grünlich, mit grünlich- bis rötlichbrauner Mitte. Verbreitung: Mexiko (Chihuahua, Zacatecas).

Oben: *Echinopsis tubiflora*
Unten: *Echinopsis aurea*

Echinopsis Zucc.

inclusive *Pseudolobivia* Backbg.
Kugelig bis stark verlängert, im Alter säulig. Auch reichlich sprossend, dunkelgrün. Blüten trichterig, kräftig, relativ langröhrig, sehr groß, meist weiß, seltener leuchtend purpurrosa bis purpurrot, behaart, stark wollig, nächtlich, meist duftend; Staubblätter zahlreich. Früchte rundlich bis länglich, mehr oder weniger stark behaart, ohne Borsten, Schuppenspitzen borsten- oder stachelähnlich ausgezogen, grün, rötlich, schmutzig purpurn oder ziegelrot. Samen klein, schwarz. Ca. 45 Arten. Verbreitung: N-Bolivien bis S-Argentinien, Paraguay, Uruguay und S-Brasilien.

Echinopsis baldiana Speg.: Weißblühend, sehr große Blüten, duftend. Weißblühend sind ferner *E. bridgesii* SD., *E. chacoana* Schütz, *E. eyriesii* (Turp.) Zucc., *E. leucantha* (Gill.) Walp., *E. mamillosa* Gürke, letztere weiß und rosa getönt, *E. rhodotricha* K. Sch. und *E. vellegradensis* Card. sowie *E. tubiflora* (Pfeiff.) Zucc. ▣: Körper einzeln oder sprossend, fast kugelig, dunkelgrün, bis ca. 12 cm Ø; Rippen ca. 12; Areolen weiß; Randstacheln bis 20, gelblichweiß mit dunkler Spitze; Mittelstacheln 3–5, bis 1,5 cm lang, schwarz; Stacheln alle pfriemlich; Blüten 20 cm lang, weiß. Verbreitung: Argentinien (Tucuman, Catamarca). *E. multiplex* (Pfeiff.) Zucc., *E. oxygona* (Lk.) Zucc. und *E. werdermannii* Fric ex Fleisch. blühen rosa bis blaßrot.

Pseudolobivia Backbg.

ist zu *Echinopsis* zu stellen.
Echinopsis-ähnliche Pflanzen, mit meist stark gehöckerten Rippen. Blüten kleiner, weiß, lebhaft gelb oder rot, tagblühend (viele noch schöner blühende Hybriden!). Bis zu 24 Arten. Verbreitung: Bolivien bis N-Argentinien.

Echinopsis (Pseudolobivia) ancistrophora (Speg.) Backbg., *E. (P.) obrepanda* (SD.) Backbg., *E. (P.) potosina* (Werd.) Backbg. und *E. (P.) hamatacantha* Backbg. blühen weiß. Ebenso *E. (P.) kratochvi-*

Oben: *Echinopsis kermesina*
Unten: *Echinopsis kratochviliana*

liana (Backbg.) Backbg. ▣: Körper flachrund bis flachkugelig, 3–4(–5) cm hoch, bis 6 cm ∅, dunkel- bis bräunlich-graugrün; Scheitel eingesenkt, kahl; (17–)18 Rippen, scharfrückig, verflachend, flach gehöckert; Areolen vertieft; bis 12(–15) Randstacheln, ca. 1 cm lang; 1(–2–4) Mittelstacheln, 1,5–5 cm lang, gebogen, anfangs dunkler bzw. dunkler gespitzt, später grauweiß; Blüten groß, bis 5 cm lang, bis 6 cm breit, trompetenförmig, tagblühend, nicht schnell verfallend, reinweiß. Verbreitung: Argentinien (Salta). *E. (P.) calochrysea* Ritt. blüht gelb. Gleiches gilt für *E. (P.) aurea* (Br. & R.) Backbg. ▣: Körper einzeln, kugelig bis verlängert, bis 10 cm hoch, bis ca. 7 cm ∅, frischgrün; 14–15 Rippen, scharfkantig, gerade, beilförmig gehöckert; Areolen braunfilzig; ca. 10 Randstacheln, 1 cm lang, weißlich bis hellbraun; 1–4 Mittelstacheln, stärker, abgeflacht, bis 3 cm lang, anfangs dunkel bis schwärzlich; Stachellänge unterschiedlich; Blüten seitlich, schwach gekrümmt, trichterig, 8 cm ∅, 9 cm lang, tagblühend, flachöffnend, Schlund tiefer gelb; Griffel grün, Narben cremefarben. Verbreitung: Argentinien (Cordoba, Cassafousth). Es blühen *E. (P.) callichroma* (Card.) Backbg. hellmagentarot, *E. (P.) calorubra* (Card.) Backbg. orangerot, Basis bläulichrosa, *E. (P.) carmineoflora* Hoffm. & Backbg. karminrot, *E. (P.) frankii* Bosz. hellviolettrötlich, *E. (P.) torrecillasensis* (Card.) Backbg. rot bis lachsrot und *E. (P.) wilkeae* Backbg. weißrosa bzw. die *var. carminata* Backbg. karminrot. Besonders attraktiv ist *E. (P.) kermesina* Krainz ▣: Körper halbkugelig, ziemlich groß werdend, bis über 15 cm ∅, kräftig grün; Rippen 15–23, höckrig; Randstacheln 11–16, bis 12 mm lang, dünnpfriemlich, zuerst fuchsiggelb, Spitzen dunkelbraun, später grau, steif, stechend, rauh; Mittelstacheln 4–6, vorstehend, gerade oder zum Körper gebogen, bis 2,5 cm lang, etwas kräftiger, wie die Randstacheln gefärbt, anfangs etwas dunkler; Blüten bis ca. 18 cm lang, 9 cm ∅, duftlos, karminrot bis heller. Kulturwürdig sind u.a. die weißblühenden *E. (P.) ferox* (Br. & R.) Backbg., *E. (P.) lecoriensis* (Card.) Backbg. und *E. (P.) longispina* (Br. & R.) Backbg.

Oben: *Encephalocarpus strobiliformis*
Unten: *Epithelantha micromeris*

Encephalocarpus Berg

Pflanzen kugelig, klein, einzeln, mit gedrungener Pfahlwurzel. Scheitel mit grauem Filz. Warzen blattartig, in deutlichen Schrägzeilen dachziegelartig angeordnet, oberseits gefurcht, unterseits konvex, gekielt. Axillen stark wollig. Nur an jüngsten Areolen weißlich bespitzte Stächelchen, ca. 12, ca. 5 mm lang, weiß, zuerst fiedrig, dann borstig, etwas kammartig gestellt, früh mit den Areolen abfallend, die oberen als Drüsenstacheln ausgebildet. Blüten im Scheitel, Röhre kurz, eng, leuchtend violettrot, bis 3(–4) cm breit. Früchte reifen in Scheitelwolle, trocken. Samen ca. 1 mm groß, dunkelgrau. Monotypische Gattung: *Encephalocarpus strobiliformis* (Werd.) Berg. ▣ gleicht einem Kiefernzapfen. Verbreitung: Mexiko (Jaumave).
Nahe verwandt mit dem Asselkaktus, *Pelecyphora asseliformis*. Sehr interessante Pflanze!

Epithelantha (Web.) Br. & R.

Körper breitrund bis kugelig oder länglich, z. T. kleinköpfige Gruppen bildend. Teilweise mit Halsrüben. Scheitel mehr oder weniger wollig. Stacheln anliegend oder etwas abstehend, z. T. mit derben Mittelstacheln. Kleine, zahlreiche Warzen ähnlich wie bei *Mammillaria*, doch entstehen hier die Blüten nicht im Kranz aus den Axillen, sondern aus jüngsten Areolen im Scheitel. 3 Arten. Verbreitung: USA (W-Texas) bis N-Mexiko.
Am bekanntesten ist *Epithelantha micromeris* (Eng.) Web. ▣: Körper kugelig, meist einzeln, zuweilen sprossend; Wurzel mehr faserig; Scheitel eingesenkt, mitunter stärker wollig; Triebe 1,5–4 cm ∅; Warzen sehr klein, 1 mm lang; Stacheln dicht, ohne deutlich getrennte mittlere, zahlreich, fein, weiß, bis ca. 2 mm lang, in jüngsten Areolen die oberen bis viermal so lang, später abbrechend bis auf die Länge der übrigen; Blüten weißlich bis rosenrot, klein, bis 6 mm ∅; Frucht eine längliche, rote Beere. Eine Reihe von Varietäten ist bekannt.

Oben: *Eriosyce ceratistes*
Unten: *Escobaria chaffeyi*

E. pachyrhiza (Marsh.) Backbg.: Weißbestachelt, besonders lang im Scheitel als aufrechtes Stachelbüschel. E. polycephala Backbg.: Verzweigt; Stacheln grauweiß, im Scheitel rötlichbraun.

Erdisia → *Corryocactus*

Eriocactus → *Notocactus*

Eriocereus → *Harrisia*

Eriosyce Phil.

Körper sehr groß, kugelig bis länglich, bis 1 m hoch, bis 50 cm ∅. Rippen 20–30. Scheitel stachelig. Areolen mäßig wollig oder Scheitel mit mehr oder weniger breitem, dichtem Wollschopf. Stachelfarbe variabel, schwärzlich über gelb bis grau, anfangs ca. 8 randständige Stacheln und 1 mittlerer Stachel, später bis ca. 20, gerade bis etwas gebogen, bis über 3 cm lang. Blüten rosa bis mennigerot, glockig, beborstet, Perigonblätter aufgerichtet, kurzröhrig. Narben gelblich. Früchte kugelig bis gestreckt. Samen mützenförmig. Verbreitung: Chile (Kordillere).
Eine sehr formenreiche Art ist Eriosyce ceratistes (Otto) Br. & R. ▣: Körper einzeln, kugelig; Rippen im Alter über 20–30; Scheitel schon früh wollig; Stacheln an Zahl zunehmend, pfriemlich dick, schwarz, im Neutrieb zuweilen auch heller; Blüten zahlreich in Scheitelnähe, bis ca. 3,5 cm lang, rot; Petalen ca. 1,5 cm lang; Frucht bis 4 cm lang; Samen schwarz, eiförmig, ca. 3 mm lang. Verbreitung: Chile (oberhalb Santiago de Chile). Unter dem Namen E. bruchii wird eine weitere Art zu *Eriosyce* gestellt.

Escobaria Br. & R.

Körper sehr klein bis klein, später verlängert, kugelig bis zylindrisch, basal sprossend, größere Grup-

Escobaria tuberculosa

pen bildend, *Mammillaria*-ähnlich. Dicht bestachelt. Warzen oberseits gefurcht. Stacheln dünn, nadelig. Blüten im Scheitel, klein, weiß bis purpurn, auch rosa bis grünlichweiß, in einem Fall (*Escobaria zilziana* (Böd.) Backbg.) gelblich. Früchte beerenartig, rot, mit wäßrigem Saft. Samen schwarz. Ca. 20 Arten. Verbreitung: USA (W-Texas, S-Neumexiko) und Mexiko (Chihuahua bis Tamaulipas und Zacatecas).

Rosa blühen *Escobaria bella* Br. & R., *E. dasyacantha* (Eng.) Br. & R., *E. duncanii* (Hest.) Backbg., *E. orcuttii* Böd. sowie die nachfolgenden zwei Arten: *E. chaffeyi* Br. & R. ■: Körper säulig, bis 12 cm lang; Triebe (3–)5–6 cm ∅, fast ganz von Stacheln bedeckt; Warzen sehr kurz, hellgrün, Furche schmal; Randstacheln dicht, zahlreich, borstig, weiß; Mittelstacheln einzeln bis mehrere, kürzer als die Randstacheln, braun- oder schwarzspitzig; Blüten klein, 1,5 cm lang, 1 cm ∅, gelblichweiß bis cremerosa mit bräunlichem Mittelstreifen; Frucht karmin, ca. 2 cm lang. Verbreitung: Mexiko (Zacatecas, Cedros). *E. tuberculosa* (Eng.) Br. & R. (syn. *E. strobiliformis* sensu Böd.) ■: Körper sprossend; Triebe zylindrisch, bis 18 cm hoch, bis 6 cm ∅, grau- bis blaugrün; Warzen 6 mm lang; Randstacheln zahlreich, 20–30, nadelig, 4–15 mm lang; Mittelstacheln 5–9, etwas stärker und länger, weiß, braunschwarz gespitzt; Blüten 2,5 cm ∅, hellrosa, Sepalen violettrosa; Frucht oblong, bis 2 cm lang, karmin. Verbreitung: USA (W-Texas, S-Neumexiko) bis N-Mexiko. Hellpurpurfarben blühen *E. hesteri* (Wright) Buxb., *E. roseana* (Böd.) Backbg., *E. runyonii* Br. & R.; purpurfarben *E. chihuahuensis* Br. & R., *E. nellieae* (Croiz.) Backbg.; grünlich mit bräunlichen Rückenstreifen *E. lloydii* Br. & R.; weiß *E. emskoetteriana* (Quehl) Backbg.; weißlich bis karminrosa *E. varicolor* Tieg.; grünlichgelb mit rotbraunen Rückenstreifen *E. muehlbaueriana* (Böd.) Knuth und violett *E. rigida* Backbg.

Backeberg stellt u. a. zu *Coryphantha*: *E. arizonica* (Eng.) Buxb. (= *C. vivipara* var. *arizonica* (Eng.) Marsh.), *E. chlorantha* (Eng.) Buxb. (= *C. chlorantha* Eng.), *E. deserti* (Eng.) Buxb. (= *C. chlorantha* var. *deserti* (Eng.) Backbg.), *E. neomexicana* (Eng.) Buxb. (= *C. vivipara* var. *neo-mexicana* (Eng.) Backbg.), *E. radiosa* (Eng.) Frank (= *C. vivipara* var. *radiosa* (Eng.) Backbg.) und *E. vivipara* (Nutt.) Buxb. (= *C. vivipara* (Nutt.) Eng.).

Oben: *Espostoa lanata*
Unten: *Espostoa melanostele*

Escontria Rose

syn. *Anisocereus* Backbg.
Körper groß, vielverzweigt, baumartig, bis 7 m hoch. Stamm kurz, kräftig. Triebe weich, leicht abbrechend, hellgrün. Rippen 7–8. Areolen stark genähert. Randstacheln bis 10–15, sehr kurz, zurückgebogen. Mittelstacheln mehrere, 1 Hauptstachel, bis 7 cm lang, zuweilen etwas abgeflacht. Stacheln hellfarbig. Blüten klein, kurzglockig, 3 cm lang, kahl, gelb, zu mehreren in Scheitelnähe, tagblühend. Fruchtknoten und fleischige Frucht (5 cm ∅) mit größeren, trockenen, dreieckigen Schuppen, dachziegelartig angeordnet. Frucht rötlich bis bräunlich, mit stachelbeerartigem Aroma, eßbar. Monotypische Gattung: *Escontria chiotilla* (Web.) Rose. Verbreitung: Mexiko (S-Puebla bis Oaxaca).

Espostoa Br. & R.

inclusive *Pseudoespostoa* Backbg.
Körper hochstrauchig bis mehr oder weniger baumförmig, bis 5 m hoch, meist dicht weißwollig behaart, mit oder ohne kräftige Areolenstacheln. Randstacheln länger, hornfarben, rotfleckig, rötlich. Behaarung, falls vorhanden, mehr oder weniger dicht, gespinstartig, seidig, im Scheitel dichter. Blüten in besonderen Zonen, den Lateralcephalien. Cephalienwolle dicht gepackt, weiß, gelblich oder braun. Blüten zahlreich, nächtlich, weiß, stark wollig behaarte Röhre. Früchte groß, fleischig, saftig, grünlich oder karminrot, in der Cephalienwolle verborgen. Ca. 8 Arten. Verbr.: S-Ekuador bis N-Peru. Baumartig ist *Espostoa lanata* (HBK.) Br. & R. ▣ (syn. *Pilocereus lanatus, Pilocereus dautwitzii, Oreocereus lanatus, Cleistocactus lanatus*): Kandelaberartige Kronen, bis 4 m hoch; Triebe 10(–15) cm ∅; Scheitel wollig, aufgerichteter haariger Schopf; Rippen 20–30, niedrig, gerade, gerundet; Areolen sehr dichtstehend, weißhaarig, Triebe umspinnend; Randstacheln bis 35, gelblich, kurz, dünn; Mittelstacheln ca. 2, sehr stark, 2–3 cm lang,

Eulychnia spinibaris

hornfarben, rotbraun gespitzt; Cephalium weißlichgrau, fellartig, einseitig; Blüten weißlich, ca. 5 cm lang und ∅, trichterig, nachtblühend; Röhre beschuppt und behaart; Frucht eiförmig, karminrot; Samen schwarz, matt. Die dargestellte var. *sericata* (Backbg.) Backbg. hat lediglich die längeren Mittelstacheln nicht. Baumförmig sind ferner: *E. laticornua* Rauh & Backbg.: Cephalium gelblichgrün; Stacheln hell, bei den Varietäten violettbraunrot bis rötlich. *E. procera* Rauh & Backbg.: Cephalium gelblich-wollig; Mittelstacheln gelblich bis rot. *E. ritteri* Buin.: Cephalium gelblich; Stacheln rotbräunlich, weißhaarig.

Zu den strauchigen Arten leitet über *E. mirabilis* Ritt.: Jungpflanzen ähnlich *Thrixanthocereus blossfeldiorum;* an der Basis langborstige Behaarung, später verschwindend; Areolenwolle rötlich; Zentralstacheln sehr lang und derb; Cephalium gold- bis fuchsbraun.
Strauchartig ist *E. melanostele* (Vpl.) Borg. ■ (syn. *Pseudoespostoa melanostele* (Vpl.) Backbg.): Körper aufrecht, bis (1–)2 m hoch, selten von unten verzweigt; Triebe bis 10(–15) cm ∅, graugrün; Scheitel rund, weißwollig umsponnen; ca. 25 Rippen, gehöckert, längsgefurcht; Areolen dichtstehend, rundlich, dicht weißwollig, die Triebe wie ein Gespinst bedeckend; Stacheln sehr viele, dünn, borstig, bis 5 mm lang; ferner 1(–3) Stacheln, groß, stark, bis 4(–10) cm lang, leuchtend hell- bis dunkelgelb, oder bernsteinfarben bis schwärzlich; Cephalium dicht braunwollig, stachellos, ca. 60 cm lang, über 8 Rippen, lichtseitig, ab 1 m Pflanzenhöhe, selten gegenüberstehendes »Doppelcephalium«; Blüten ca. 5,5 cm lang, weiß; Frucht weißlich; Samen schwarz. Verbreitung: Peru. Zusammen mit *E. melanostele* (Vpl.) Borg. ist *E. nana* Ritt. (äußerst schöne Pflanzen mit dichtem, seidigem, weißem Haarkleid!) von Backeberg zu der selbständigen Gattung

Pseudoespostoa Backbg.

gestellt worden, für die als typisch angegeben worden ist: strauchig, unten verzweigend, wattig weiß behaart. Seitliches Oberflächencephalium, gelbbraun bis bräunlichweiß, borstenlos, Früchte weißlichgelb. Samen klein, schwarz, glänzend.

Eulychnia Phil.

Körper groß, baumartig oder strauchig, niederliegend, reich verzweigt. Triebe aufgerichtet. Scheitel flockig filzig oder behaart. Areolen anfangs weißgrau filzig und weißhaarig, dicht, verlängert. Randstacheln kurz, Mittelstacheln sehr lang und derb. Blüten glockig-trichterig, filzig oder kurz behaart,

Oben: *Ferocactus glaucescens*
Unten: *Ferocactus wislizenii*

weiß, Perikarpell dicht anliegend schuppig und seidig behaart. Frucht dickwandig, fleischig, groß, kugelig, säuerlich schmeckend, dicht anliegend behaart oder befilzt, manchmal duftend. Samen klein, dunkelbraun oder schwarz. 7(–9?) Arten. Verbreitung: Chile.

Eulychnia acida Phil.: Baumförmig; Blüten rosaweiß, 5 cm lang. *E. aricensis* Ritt.: Baumförmig; graufilzige Areolen. *E. iquiquensis* (K. Sch.) Br. & R.: Die verbreitetste *Eulychnia;* baumartig; 12–15rippig. *E. procumbens* Backbg.: Niederliegend bis aufsteigend; Areolen grau, mit langen Stacheln. *E. ritteri* Cullm.: Baumförmig bis strauchig; Areolen sehr dichtstehend, dick zottiger grauweißer Filz; Blüten rosaweiß, weißwollig, grün beschuppt. *E. saint-pieana* Ritt.: Baumartig; Areolen entfernt stehend, blaßgrau filzig; Blüten weiß. *E. spinibaris* (O.) Br. & R. ■ (syn. *E. breviflora*): Körper baumförmig verzweigt, sparrig, 4(–6) m hoch; Triebe 7,5 cm ∅; Rippen 12–13, deutlich, abgerundet; Areolen groß, 2,5 cm auseinander, viele weiße Haare, später meist fehlend; ca. 20 Stacheln, bis 18 mm lang, schmutzigweiß bis braun, dunkler gespitzt, einer bis 15 cm lang, hellbraun, abstehend; Blüten 3–6 cm lang, hellgelblichbraun, seidig behaart; innere Hüllblätter weiß oder rosa, 2 cm lang, zugespitzt; Griffel kurz; Fruchtknoten und Frucht hellbraun bis gelblich behaart; Frucht länglich, fleischig. Verbreitung: Chile (Prov. Coquimbo, Küstenbereich).

Facheiroa Br. & R.

Körper baumförmig bis strauchig, bis 5 m hoch, kurzstämmig, bis 12 cm ∅. Rippen zahlreich (12–20). Triebe schlank, aufsteigend, bis 7 cm ∅, hell- bis graugrün. Fertile Triebe mit Lateralcephalium, ca. 20 cm lang, braunrötliche Wollhaare, ohne Borsten. Areolenstacheln braun. Randstacheln 10–15, 1,5 cm lang, Zentralstacheln 3–4, ca. 2 cm lang, alle Stacheln braun. Blüten zylindrisch-glokkig, bis 4,5 cm lang, bis 2 cm ∅, kurzsaumig, bräunlich behaart, nächtlich, weiß. Perikarpell und Ovarium dicht klein beschuppt und behaart. Früchte birnenförmig, zuerst behaart, bei Reife kahl, 6 cm lang, 4 cm ∅. Samen 1,5 mm lang, schwarz, glänzend oder matt. Nur 1 Art: *Facheiroa ulei* (Gürke) Werd. Verbreitung: Brasilien (Bahia). Von BUXBAUM der Gattung *Espostoa* zugeordnet.

Ferocactus Br. & R.

Körper verschieden gestaltet (flachrund, kugelig, kurzzylindrisch, dicksäulig, einzeln, sprossend), bis 4 m hoch. Schöne und wilde Bestachelung. Stacheln pfriemlich, abgeflacht, Zentralstacheln gerade bis gebogen, scharf gehakt, gedreht, oft leuchtend gefärbt, quergeringelt, z. T. mit Haarstacheln. Blüten kurz, kahl, dicht beschuppt, groß, scheitelnah, erst an großen Pflanzen. Früchte beschuppt, basal öffnend, hart und trocken oder fleischig-saftig (eßbar!), gelblich bis rötlich. Samen meist schwarz, auch braun, matt oder glänzend, groß. Ca. 35 (oder mehr?) Arten. Verbreitung: USA (Südstaaten) und Mexiko (Niederkalifornien bis Oaxaca).

Ferocactus latispinus

Ferocactus acanthodes (Lem.) Br. & R.: Faßartig; einzeln; Zentralstacheln bis 12 cm lang; Blüten gelb bis orange. *F. convillei* (Br. & R.) Berg. (syn. *F. emoryi* (Eng.) Backbg.) – 'Barrel-Cactus': Gekrümmter Zentralstachel, hakig; Blüten groß, rötlichgelb; Früchte gelb. *F. flavovirens* (Scheidw.) Br. & R.: Sprossend; Stacheln rot bis braun; Blüten gelb. *F. glaucescens* (DC.) Br. & R. ▣ (syn. *F. pfeifferi*): Körper kugelig, später schwach gestreckt, 30–50 cm ∅, blaugrün; Rippen 11–13; Stacheln schön kontrastierend gelb, 6–7 randständige, 1 mittlerer, alle ca. 3 cm lang; Blüten 2 cm lang, gelb, Petalen länglich. Verbreitung: Östliches Mittelmexiko. *F. gracilis* Gat.: Kugelig; 24 Rippen; Stacheln dunkelrot, später schwarz; Blüten strohgelb mit rotbraunem Mittelstreifen. *F. herrerae* G. Ort.: Kugelig bis zylindrisch; Randstacheln weiß, rotgefleckt; Blüten trichterig, rötlich mit gelbem Rand. *F. hertrichii* Weing.: Blüten rotbraun mit dunklerer Mitte. *F. histrix* (DC.) Linds.: Großkugelig; Stacheln bernsteingelb; Blüten hellgelb. *F. latispinus* (Haw.) Br. & R. ▣: Körper einfach kugelig bis gedrückt-rund, 25–40 cm ∅ und hoch, nur selten gestreckt; Scheitel leicht eingesenkt; Rippen 15–23; Areolen groß; Randstacheln 6–10, dünn, geringelt, weiß, gelb bis rot, 2–2,5 cm lang; Mittelstacheln 4 und mehr, kräftiger, intensiver rot gefärbt, einer stark abgeflacht, hakig, abwärts gerichtet; Blüten kurzglockig, groß, weißlich bis rosa oder tiefpurpurn; Frucht 4 cm lang. Verbreitung: Mittelmexiko. *F. nobilis* (L.) Br. & R. (syn. *F. recurvus* (Mill.) Berg.): Länglich; Stacheln dunkelgraurot; Blüten rot, Rand weißrosa. *F. macrodiscus* (Mart.) Br. & R.: Rundlich; Stacheln gelb bis blutrot; Blüten dunkelrot bis purpurn oder karmin. *F. rectispinus* (Eng.) Br. & R.: Zylindrisch; Stacheln rötlich; Blüten gelb. *F. robustus* (Lk. & O.) Br. & R.: Kolonienbildend; Stacheln rotbraun; Blüten gelb. *F. stainesii* (Hook.) Br. & R.: Zylindrisch; Stacheln rot bis gelb; Blüten orange. *F. viridescens* (Torr. & Gray) Br. & R.: Kugelig bis dickzylindrisch; Blüten gelblichgrün. *F. wislizenii* (Eng.) Br. & R. ▣: Körper erst kugelig, später zylindrisch, bis 2 m hoch, einzeln; Rippen bis 25, 3 cm hoch; Areolen braun, entfernt; Randstacheln borstig oder feinnadelig, bis 5 cm lang; Mittelstacheln mehrere, weiß bis rötlich, pfriemlich, geringelt, einer viel stärker, abgeflacht, stark hakig, bis 15 cm lang; Blüten bis 6 cm lang, gelb bis rötlich; Frucht bis 5 cm lang, gelb; Samen mattschwarz. Verbreitung: USA (Texas bis Arizona) und Mexiko (im Norden, bis Niederkalifornien).

Frailea Br. & R.

Körper klein, kugelig bis länglich, hellgrün bis braun getönt, später sprossend. Rippen niedrig, häufig in einzelne Mamillen aufgelöst. Areolen wenig bestachelt. Warzenreihen fein. Blüten unterschiedlich groß, gelb, oft nicht öffnend (Kleistogamie, d.h. Selbstbefruchtung und Samenbildung ohne Blütenöffnung), scheitelnah, trichterig bis glokkenförmig, tagblühend. Röhre und Ovarium dicht beschuppt, mit Wollhaaren und Borsten. Früchte klein, dünnwandig. Samen keulig. Ca. 35 Arten. Verbreitung: S-Brasilien, Uruguay, N- und SO-Argentinien, Paraguay, Bolivien, Kolumbien.

Zylindrisch wachsen: *Frailea alacriportana* Backbg. & Voll: Reichsprossend; 18 Reihen Warzen; Blüten hellgelb. *F. curvispina* Buin. & Bred.: Scheitel vertieft; 32 Rippen; Areolenstacheln Körper dicht umspinnend, gekrümmt, verflochten, weiß bis gelblich; Blüten gelb. *F. gracillima* (Monv. ex Lem.) Br. & R.: Aschgraugrün; 13 Rippen; Blüten gelb, Grund karminrot. *F. horstii* Ritt.: Zeitweise kleistogam. *F. knippeliana* (Quehl.) Br. & R.: Grasgrün; Stacheln gelblich; Blüten hellgelb mit roten Außenstreifen.

Kugelig wachsen: *F. castanea* Backbg. (syn. *F. asterioides* Werd.): Glattrund, seeigelähnlich wie *Astrophytum asterias,* braun bis grün; 10–15 Rippen; 8 winzige Stacheln; Blüten gelb. *F. cataphracta* (Dams) Br. & R. ▣: Körper gedrückt-kugelig, bis 4 cm ∅, anfangs einzeln, später sprossend, frischgrün bis schmutzig-dunkelrot; Höcker in 15 Reihen, flach, mit halbmondförmigem rotem, braunem bis violettem Fleck unter den Areolen; Randstacheln 5, abwärts weisend, dünn, anliegend, zuerst strohgelb, bis 2 mm lang; Mittelstachel fehlt; Blüten 3,8 cm lang und breit, hellgrauwollig; Sepalen grünlichgelb; Petalen hellgelb; Frucht 4 mm ∅, hellbraun behaart; Samen 2 mm groß, glänzend schwarzbraun. Verbreitung: Paraguay. *F. chiquitana* Card.: Gelblichgrün; Areolen dunkelbraun; Blüten hellgelb. *F. colombiana* (Werd.) Backbg.: Laubgrün; Areolen weißlichbraun filzig; Stacheln gelblich; Blüten grünlichgelb. *F. grahliana* (Hge. jr.) Br. & R.: Bräunlichgrün, sprossend; Stacheln gelb; Blüten gelb, 4 cm groß. *F. pulcherrima* (Ar.) Backbg.: Dunkelgrün; ca. 20 Rippen; Blüten gelb. *F. pumila* (Lem.) Br. & R.: Tiefgrün bis rötlich; 13–15 Rippen; Blüten gelb, weißwollig. *F. pygmaea* (Speg.) Br. & R.: Graugrün; 13–21 Rippen; Blüten gelb. *F. schilinzkyana* (Hge. jr.) Br. & R.: Sprossend, hellgrün; Stacheln schwärzlich; Blüten schwefelgelb. *F. uhligiana* Backbg.: Einzeln, rotbraun; ca. 25 Rippen; Stacheln hellbraun; Blüten gelb.

Kulturwürdig sind noch *F. pseudopulcherrima* (Hort.) Borg, *F. pullispina* Backbg. und die Varietäten von letzterer und von *F. pygmaea.*

Frailea cataphracta

Oben: *Glandulicactus uncinatus*
Unten: *Gymnocactus gielsdorfianus*

Rechte Seite: *Gymnocactus mandragora*

Glandulicactus Backbg.

Körper kugelig bis zylindrisch. Rippen tief gehökkert. Langareolen. Mamillen mit Furche. Stacheln an Mamillenspitze, Drüsen in der Furche. Hauptstacheln lang, bunt. Blüten in Mamillenachsel, klein, kurzröhrig, halbtrichterig. Frucht fleischig, eßbar. Samen seitlich zusammengedrückt, schwarz. 2 Arten. Verbreitung: USA (W-Texas) bis Mittelmexiko.

Am bekanntesten ist *Glandulicactus uncinatus* (Gal.) Backbg. ▣: Körper kurzsäulig, mit spindelförmiger Wurzel, bis ca. 20 cm hoch; Rippen meist ca. 13, tief gebuchtet; Areolen mit typischen Glandeln, groß, flach, gelb, mit gelbem Haarring; Randstacheln 7–8, 2,5–5 cm lang, obere abgeflacht, strohgelb, untere rund, hakig, rot; Mittelstacheln bis 4, 3 obere bis 2,5 cm lang, kräftig, der untere sehr lang, bis über 9 cm lang, abgeflacht, unten meist strohfarben, oben rötlich gehakt; Blüten bis 2,5 cm lang, halboffen, bräunlichpurpurn; Frucht ovoid, bis 2,5 cm lang; Samen gekrümmt, glänzend, bis 1,4 mm lang. Verbreitung: Mexiko (Chihuahua bis San Luis Potosí). var. *wrightii* (Eng.) Backbg.: Zentralstachel bis 15 cm lang; Blüten dunkelpurpurn. *G. crassihamatus* (Web.) Backbg.: Bläulichgrüner, runder Körper; ca. 13rippig; Areolen befilzt; Mittelstacheln 1–5, derb, 3 cm lang, hakig; alle Stacheln rötlich, hellspitzig; Blüten purpurn, hellsaumig.

Gymnocactus Backbg.

Körper einzeln, kugelig, selten sprossend. Rübenwurzeln. Rippen deutlich mit kleinen Warzenhökkern. Scheitel hellwollig. Stacheln fein, dünn, hell. Blüten mäßig groß, purpurn getönt, rosa oder weiß, nackt. Ovarium und Frucht nackt. Samen mattschwarz. Ca. 10 Arten. Verbreitung: Von NO-Mexiko bis Zacatecas und Hidalgo.

Gymnocactus beguinii (Web.) Backbg.: Areolen weißwollig; Stacheln glasig-weiß; Zentralstacheln

Gymnocactus horripilus

braunschwarz; Blüten violett bis innen bräunlich. *G. gielsdorfianus* (Werd.) Backbg. ■: Körper matt gelblich bis blaugrün; Warzen kegel- bis pyramidenförmig, spiralig gestellt; Areolen nur mit kurzem Furchenfortsatz; Randstacheln 6–8, dünnpfriemlich, mehr oder weniger gebogen, bis ca. 2 cm lang, anfangs dunkelbraun mit schwärzlicher Spitze, verkalkend; Mittelstachel fehlt meist; Blüten bis ca. 2,5 cm lang, weiß. Verbreitung: Mexiko (Tamaulipas, Jaumave). *G. horripilus* (Lem.) Backbg. ■: Körper stärker sprossend, gruppenbildend; Einzelkopf rundlich, mehr oder weniger bläulichgrün, bis 8–9 cm hoch und ∅; Warzen pyramidisch, nach Berührungszeilen 8:13 gestellt, kaum 1 cm hoch; Randstacheln 9–12(–16), bis 15 mm lang (auch mehr); Mittelstachel 1 (auch fehlend), etwas länger; Stacheln alle anfangs gelblichweiß, oben rötlichbraun, dann weiß, dunkelspitzig; Blüten bis 3 cm lang, purpurn. Verbreitung: Mexiko (Hidalgo, Barranca Meztitlab). *G. knuthianus* (Böd.) Backbg.: Auch sprossend; Blüten hell lilarosa. *G. mandragora* (Fric) Backbg. ■: Stacheln weißlich; Blüten weiß, rosa Rückenstreifen. *G. valdezianus* (Möll.) Backbg.: Stacheln haarförmig und gefiedert; Blüten violettrosa. *G. viereckii* (Werd.) Backbg.: Stacheln weiß, schwarzspitzig; Blüten violettrosa. *G. ysabelae* (K. Schlange) Backbg.: Stacheln weißlich bis dunkel, oben bräunlichschwarz; Blüten elfenbeinweiß, Grund grünlich.

Gymnocalycium Pfeiff.

inclusive *Brachycalycium* Backbg., *Weingartia* Werd. und *Neowerdermannia* Fric.
Arten- und formenreiche Großgattung. Körper klein bis ziemlich groß, einzeln oder polsterbildend, flachgedrückt. Rippen deutlich, meist gehöckert. Blüten verschieden groß, glockig-trichterig, kahl, schuppig, scheitelnah, tagblühend, weiß, gelblich oder rötlich. Früchte beschuppt, länglich bis rundlich, trocken bis saftig, unregelmäßig aufreißend, teilweise blau bereift, verschieden getönt. Samen klein oder größer, mattschwarz oder braun. Ca. 80–100 Arten. Verbreitung: Bolivien, Paraguay, S-Brasilien, Uruguay, Argentinien.

Weißblühend sind: *Gymnocalycium anisitsii* (K. Sch.) Br. & R., *G. asterium* Y. Ito, *G. bicolor* Schütz, *G. chubutense* (Speg.) Speg., *G. denudatum* (Lk. & O.) Pfeiff., *G. glaucum* Ritt. (aschgrüner Körper), *G. marsoneri* (Fric) Y. Ito, *G. ochoterenai* Backbg., *G. pflanzii* (Vpl.) Werd. (bis lachsfarben), *G. riograndense* Card., *G. vatteri* Buin. Ebenso *G. gibbosum* (Haw.) Pfeiff. ■: Körper kugelig bis langgestreckt, selten sprossend, bis 60 cm hoch, bis ca. 15 cm ∅, bläulich- bis schmutziggrün; Rippen 12–19, bis 1,5 cm hoch, mit scharfen Querfurchen; Areolen grau; Randstacheln 7–10(–14), abstehend, mittelstark, mehr oder weniger leicht gebogen, bräunlich, meist rötlicher Fuß; Mittelstacheln 1–3(–5), wie die Randstacheln gefärbt, verschieden lang; Blüten bis 6,5 cm lang, ziemlich breit, weißlich; Frucht keulig. Verbreitung: S-Argentinien (Rio Chubut, Rio Negro usw.). Weißblühend ist auch *G. quehlianum* (Hge. jr.) Berg. ■ (syn. *G. parvulum*

Oben: *Gymnocalycium andreae*
Unten: *Gymnocalycium baldianum*

(Speg.) Speg.): Körper flachkugelig, bis 7 cm ∅, einzeln, grünlichgrau, rötlich überlaufen; Rübenwurzeln; Rippen ca. 11, gerade, warzenartig höckerig; Areolen rund, weißfilzig; Randstacheln 5, kurz, spreizend anliegend, der untere abwärts gerichtet, später abfallend, hornfarben, unten rötlich; Mittelstachel fehlt; Blüten 5–6 cm lang, schlankröhrig, trichterig, reinweiß, Schlund rötlich; Staubfäden oben und Narben gelb, Griffel weiß; Samen hutförmig, rotbraun. Verbreitung: Argentinien (Sierra Chica von Córdoba).

Weiß bis etwas rötlich blühend sind: *G. schickendantzii* (Web.) Br. & R. und *G. zegarrae* Card.

Rosaweiß blühen: *G. bodenbenderianum* (Hoss.) Berg., *G. brachyanthum* (Gürke) Br. & R., *G. capillaense* (Schick) Backbg., *G. monvillei* (Lem.) Br. & R., *G. multiflorum* (Hook.) Br. & R., *G. saglione* (Cels) Br. & R. und *G. weissianum* Backbg.

Rosa Blüten haben: *G. bruchii* (Speg.) Hoss. ▣: Körper klein, bis 3,5 cm hoch, bis 6 cm ∅, grün, stark sprossend und polsterbildend, sehr variabel; Rippen ca. 12; Höcker klein, kinnlos; Stacheln dünn, borstig fein, z.T. bräunlicher Fuß, bis ca. 10; Mittelstacheln 0–3, z.T. bräunlich; Blüten zierlich bis glockig-trichterig oder etwas breiter, 3,5(–5) cm lang, zart bis kräftiger rosa, manchmal mit dunklerem Mittelstreifen; Frucht fast kugelig. Verbreitung: Argentinien (Córdoba). *G. calochlorum* (Böd.) Y. Ito. *G. damsii* var. *tucavocense* Backbg. ▣: Körper flachkugelig, kräftig grün, sprossend; Rippen ca. 10, warzig gehöckert; Stacheln undeutlich getrennt, 5, kräftig, bräunlichgrau, angelegt, ca. 1,5 cm lang; Blüten scheitelnah, 5 cm lang, 4 cm ∅, zahlreich, rosa; Röhre 1,5 cm lang, breitschuppig; Frucht länglich, beschuppt, rot; Samen rundlich, hellbraun, vielwarzig. Verbreitung: N-Paraguay. *G. marquezii* Card. *G. sigelianum* (Schick) Berg.

Rosapurpurn blüht *G. baldianum* (Speg.) Speg. ▣: Körper klein, gedrückt-kugelig, graublaugrün; Rübenwurzel; Rippen 9–11, gehöckert, scharf längsgefurcht; Areolen klein, elliptisch, vertieft; Stacheln (3–)5–7, dünn, angepreßt, gerade oder leicht ge-

Oben: *Gymnocalycium bruchii*
Unten: *Gymnocalycium gibbosum*

Rechte Seite:
Links oben: *Gymnocalycium damsii* var. *tucavocense*
Links unten: *Gymnocalycium leeanum*
Rechts oben: *Gymnocalycium mihanovichii*
Rechts unten: *Gymnocalycium quehlianum*

krümmt, rosagrau, hornfarben oder braun, bis 15 mm lang; Mittelstachel fehlt; Blüten scheitelständig, aufrecht, 3–5 cm breit und lang, purpurn, rosapurpurn, tief dunkelrosa, hell-, blut- bis dunkelrot; Staubblätter weißlichgelb; Frucht länglich; Samen 1–1,5 mm ∅, schwarz, matt, feinwarzig. Verbreitung: Argentinien (Catamarca).

Lilarosa blühen *G. chiquitanum* Card. und *G. horstii* Buin.

Violettrosa Blüten besitzt *G. horridispinum* Frank.

Lachs- bis rosenrot blüht *G. mostii* (Gürke) Br. & R.

Weinrote Blüten haben *G. joossensianum* (Böd.) Br. & R. und *G. oenanthemum* Backbg.

Gelbblühend sind: *G. andreae* (Böd.) Backbg. ▣: Körper abgeflacht-kugelig, sprossend, dunkel- bis aschgrün, oft broncefarbig, bis 5 cm ∅; Rippen 8, flachrund, scharf quergehöckert, warzig unterteilt; Areolen rundlich, anfangs weißwollig; Randstacheln (5–)7, dünn, gekrümmt, anliegend, weißlich, unten bräunlich; Mittelstacheln 1–3, rauh, braunschwarz; Blüten scheitelständig, 3 cm lang, bis 4,5 cm ∅, trichterig, schwefelgelb; Fruchtknoten und Röhre ohne Borsten, Haare oder Stacheln; Frucht bläulichgrün; Samen rund, 1 mm ∅, schwarz. Verbreitung: Argentinien (Córdoba). *G. guerkeanum* (Heese) Br. & R. *G. leeanum* (Hook.) Br. & R. ▣: Körper gedrückt bis kugelig, bläulichgrün; Rippen bis über 15; Höcker halbrund, Basis mehr oder weniger 6seitig; Stacheln ca. 11, dünn, randständige bis 12 mm lang, etwas angepreßt und gebogen; 1 mittlerer, vorgestreckt, gerade; Blüten groß, blaßgelb, eingeschlechtlich; Samen groß, schwarz. Verbreitung: Uruguay, benachbartes Argentinien.

Oben: *Gymnocalycium lanatum*
Unten: *Gymnocalycium neocumingii*

Grünlichgelb blüht G. mihanovichii (Fric & Gürke) Br. & R. – Zebrakaktus ■: Körper breitkugelig bis etwas vorgestreckt, 10 cm hoch, bis ca. 6 cm ∅, graugrün bis rötlichbraun; Rippen schmalkantig, quergewulstet bzw. heller und dunkler quergebändert, meist 8; Randstacheln meist 5(–6), z. T. früh abfallend, bis 1 cm lang; Blüten glockig-trichterig, Perigon im Hochstand umbiegend; Sepalen gelblichgrün, Spitze mehr oder weniger rötlich; Petalen grünlichgelb oder fahler bis weiß, z. T. schmal. Bei der var. friedrichii Werd. ist die Bänderung deutlicher, dünnstrichig; der Körper ist unter 10 cm ∅ und rötlichbraun; Blüten sattrosa, etwas kleiner. Verbreitung: Paraguay (Bahia Negra).

Weingartia Werd.

ist auch in die Gattung *Gymnocalycium* einzubeziehen.
Körper einzeln oder sprossend. Halsrübenwurzel. Blüten mäßig groß, Röhre kurz, kahl, beschuppt, mehrere Blüten gleichzeitig, scheitelnah, gelb (bolivianische Spezies) bis orangerot (nordargentinische Spezies) und purpurviolett (nur *Gymnocalycium (Weingartia) ambiguum* (Hildm.) Backbg.). Früchte schwachsaftig, dann auftrocknend. Wenig Samen, mattschwarz. Ca. 15 Arten. Verbreitung: O-Bolivien, N-Argentinien und Chile.

Gymnocalycium (Weingartia) albispinum Backbg.: Klein, sprossend; Stacheln fein, weiß, bis 1 cm lang; Blüten zart-lilarosa, radförmig, bis 3 cm ∅; Frucht länglich-kugelig. G. (W.) erinaceum Ritt.: Halbrund; Areolen weiß. G. (W.) fidaianum (Backbg.) Werd.: Einzeln; Stacheln strohgelb bis violettschwarz. G. (W.) hedinianum Backbg.: Scheitel dicht weißwollig. G. (W.) lanatum Ritt. ■: Körper halbkugelig, bis (10–)17 cm ∅, einfach, später sprossend, frischgrün; Scheitel dick weißwollig; ca. 14 Rippen, quergefurcht, höckerig; Areolen furchig verlängert; 12–16 Randstacheln, 1–4 cm lang, die unteren die kürzeren; ca. 10–15 Mittelstacheln, variabel, ca. 1,5–5,5 cm lang, gelbbraun, oben dunkler; Blüten zahlreich, zu mehreren, scheitelnah, ca.

Brachycalycium tilcarense

3,5 cm lang, bis 3 cm ∅, kanariengelb, orange- bis bräunlichgelb, trichterig; Frucht länglich, grünlichrotbraun; Samen 1 mm groß. Verbreitung: Bolivien (Chuquisaca, Prov. Oropeza, bei Chuquichuqui). *G. (W.) multispinum* Ritt.: Halbkugelig; Stacheln gelbbräunlich; Blüten goldgelb. *G. (W.) neocumingii* Backbg. ■: Körper bis 20 cm hoch (bei Pfropfungen), 10 cm ∅, hell- bis dunkelgrün, einzeln; Rippen in ca. 16–18 Reihen von Höckern aufgelöst; Höcker an der Basis 4flächig bis etwas flach 6kantig; Randstacheln bis ca. 16; Mittelstacheln bis ca. 10, diese etwas kräftiger als die randständigen; alle Stacheln gleichmäßig abstehend, strahlend, weißlichgelb, mit dunkelgelben Spitzen, im Scheitel auch etwas dunkler; Areolen länglich oder rund; Blüten vom Oberteil der Pflanzen bis weit seitlich hinab erscheinend, oft zu mehreren gleichzeitig, bis 2,5 cm lang, orange- bis goldgelb, auch angeblich ins Ziegelfarbene spielend. Verbreitung: Bolivien. *G. (W.) neumannianum* (Backbg.) Werd.: Einzeln, bis 5 cm ∅; ca. 14rippig; 6 starre Randstacheln, 1 Mittelstachel, bis 2,2 cm lang; Blüten gelb bis rotorange, 2,5 cm groß. *G. (W.) riograndensis* Ritt.: Halbkugelig, im Alter etwas sprossend, Areolen weißwollig; 5–10 Rand-, 3–6 Mittelstacheln, alle spreizend, gelbgrau bis graubraun; Blüten bis 3 cm lang und breit, goldgelb. *G. (W.) sucrensis* Ritt.: Halbrund; Areolen weißfilzig. *G. (W.) westii* Hutch. (syn. *Neowerdermannia westii* Fric): Zylindrisch; Rippen 14, gehöckert; Areolen weiß- oder gelbbraunfilzig; 9–11 Rand-, 1–4 Zentralstacheln, weiß, braunspitzig; Blüten gelb, ca. 4 cm lang und ∅.

Brachycalycium Backbg.

gehört auch zu *Gymnocalycium.*

Körper bis 40 cm hoch, bis 30 cm ∅. Längsfurchen stark wellig, länglich rund gehöckert. Rippen spiralig verlaufend. Areolen stark länglich, in der oberen Hälfte unbestachelt, treten z. T. aus einer mehr oder weniger sichtbaren seichten Einsenkung hervor. Blüten weiß, innen rosa, ca. 3 cm lang, bis 5 cm breit, glockig ausladend. Petalen spatelig, spitz zulaufend. Griffel 3 mm dick. Narben kopfig geschlossen. Staubfäden sehr kurz, am ganzen Blüteninnern. Nektarkammer nicht vorhanden. Röhren los. Nur 1 Art: *Brachycalycium tilcarense* (Backbg.) Backbg. ■. Verbreitung: N-Argentinien (SO von Tilcara).

Neowerdermannia Fric

wird ebenso hierhergestellt.

Körper klein, kugelig, Rübenwurzel. Rippen stark gehöckert, kinnförmig. Areolen manchmal tief liegend. Stacheln gebogen, z. T. hakig. Blüten klein, weiß oder lilarosa, kurzröhrig, kahl. Früchte winzig, kahl, wenig Samen enthaltend. 2 Arten. Verbreitung: N-Argentinien,, Bolivien, N-Chile und S-Peru.

Neowerdermannia chilensis Backbg. (syn. *Weingartia chilensis* (Backbg.) Backbg.). *N. vorwerckii* Fric ■ (syn. *Weingartia vorwerckii* (Fric) Backbg.): Körper breit bis flachrund, in die spitz zulaufende Wurzel übergehend, kaum aus dem Boden hervorragend; Rippen 16 und mehr, in spitz-kinnförmige

Neowerdermannia vorwerckii

Höcker geteilt, spiralig stehend; Areolen in der Senke zwischen den Höckern; Stacheln bis ca. 10, bis 1,5 cm lang, seitlich gebogen, abstehend oder mehr anliegend, 1 nach oben weisend, 1 nach unten gerichtet, bis ca. 4 cm lang, der obere mehr oder weniger stark gekrümmt; Blüten weiß mit hell-lilarosa Streifen, nur 2–2,5 cm groß. Verbreitung: N-Argentinien bis N-Bolivien.

Von dieser Art werden 2 Varietäten geführt: var. *erectispina* Hoffm. & Backbg. und var. *gielsdorfiana* Backbg. Verbreitung: Bolivien (bei Viacha) bzw. N-Bolivien.

Gymnocereus → *Browingia*

Haageocereus Backbg.

inclusive *Peruvocereus* Akers.

Körper aufrecht oder liegend, kriechend, aufsteigend, strauchig, nicht sehr hoch (bis 3 m). Bestachelung teils derb, teils feiner, z. T. mit Haaren untermischt, bunt (weiß über gelb, rot, dunkelbraun bis schwärzlich), dicht. Mittelstacheln kürzer oder viel länger. Blüten trichterförmig, grün über grünlichweiß nach weiß, rosa bis dunkelkarminrot, nächtlich, nur an großen Pflanzen. Röhre beschuppt, mit Wollhaaren. Früchte groß, schwach behaart, rundlich, saftig, eßbar, rot mit grüner Pulpa, später kahl. Ca. 40–50 Arten. Verbreitung: Peru.

Haageocereus acranthus (Vpl.) Backbg.: Stacheln gelb. *H. albispinus* (Akers) Backbg. ■: Körper aufrecht, bis 1 m hoch; bis 15 Triebe, diese 7–9 cm ∅; Rippen 25–26; Randstacheln 20–25, bis 5 mm lang, blaßgelb; Borsten 30–35, weiß, bis 7 mm lang; Mittelstachel 1, bis 1,2 cm lang, gelblich; Blüten 4 cm breit, tiefrot, mit bläulichem oder orangem Ton; Frucht 6 cm ∅. Verbreitung: Mittelperu (Eulalia-Tal). *H. chrysacanthus* (Akers) Backbg.: Gelbbräunlich bestachelt. *H. decumbens* (Vpl.) Backbg.: Niederliegend; Triebe bis 5 cm ∅; hell- bis dunkelbraune Stacheln. *H. laredensis* (Backbg.) Backbg.: Goldgelb bestachelt; Blüten weiß. *H. pseudomelanostele* (Werd. & Backbg.) Backbg.: Goldgelb bestachelt; Blüten grünlichweiß. *H. setosus* (Akers) Backbg.: Gelbstachelig, gelb bis rot beborstet; Blüten rot oder scharlachrot. *H. smaragdiflorus* Rauh & Backbg.: Weiß bestachelt; Blüten smaragdgrün. *H. turbidus* Rauh & Backbg.: Stacheln gelb bis fuchsrot; Blüten weiß. *H. versicolor* (Werd. & Backbg.) Backbg. ■: Körper aufrecht, schlanksäulig, in Ansammlungen, bis 1,50 m hoch; Triebe bis 5 cm ∅; Rippen 16–22; Randstacheln dicht, 25–30, feinnadelig, bis 5 mm lang; Mittelstacheln 1–2, deutlicher unterschieden, bis 4 cm lang; Stacheln in Zonen farbig wechselnd, die Mittelstacheln zuerst unten gelblich, im Neutrieb fuchsrot oder heller; Blüten ca. 8 cm lang, bis ca. 6 cm ∅, breit öffnend, außen grünlich, innen weiß. Verbrei-

Haageocereus albispinus

tung: N-Peru. *H. zonatus* Rauh & Backbg.: Gruppenbildend; Blühareolen stark wollig; in Zonen angeordnet 15–20 gelbe Rand- und 1–4 braun- bis ockerfarbene Mittelstacheln; Blüten weiß.

Ebenfalls herrliche Pflanzen sind u.a. *H. akersii* Backbg., *H. ambiguus* Rauh & Backbg., *H. aureispinus* Rauh & Backbg., *H. chosicensis* (Werd. & Backbg.) Backbg., *H. comosus* Rauh & Backbg., *H. dichromus* Rauh & Backbg., *H. divaricatispinus* Rauh & Backbg., *H. litoralis* Rauh & Backbg., *H. paradoxus* Rauh & Backbg., *H. platinospinus* (Werd. & Backbg.) Backbg., *H. pluriflorus* Rauh & Backbg., *H. pseudoversicolor* Rauh & Backbg., *H. seticeps* Rauh & Backbg. und *H. viridiflorus* (Akers) Backbg.

Haageocereus versicolor

Hamatocactus Br. & R.

Körper kugelig bis verlängert. Rippen gebuchtet, etwas gewellt, häufig spiralig durchlaufend. Areolen rundlich. Mittelstacheln stark verlängert, elastisch, z.T. hakig, 1, selten mehr. Randstacheln dünn. Blüten trichterig, gelb, z.T. innen rot, scheitelnah, groß. Röhre schlank, beschuppt. Früchte bis 5 cm lang, wenig beschuppt, am Grunde öffnend, hartfleischig. Samen schwarz. Ca. 3 Arten. Verbreitung: USA (Texas, Neumexiko) bis N-Mexiko.

Hamatocactus hamatacanthus (Muehlpfrdt.) Knuth (syn. *Ferocactus hamatacanthus* Br. & R.): Kugelig; 13rippig; Stacheln rotgefleckt bis hellfarben. *H. setispinus* (Eng.) Br. & R. ▣ (syn. *Echino-*

cactus setispinus, Echinocactus muehlenpfordtii, Echinocactus hamatus, Echinocactus nodosus) – Fischbeinkaktus (»fish bone cactus«): Körper einfach, kugelig bis kurzzylindrisch, 10–15 (selten bis 20) cm hoch, 8–12 cm ∅, weichfleischig, frisch- bis bläulichgrün; Scheitel eingesenkt, von schopfartigen Stacheln überragt; Rippen ca. 13(–15), dünn, scharf schmalkantig, durch Längsfurchen tief gebuchtet, gewellt, oft spiralig; Areolen rund, weißfilzig, später kahl; Randstacheln (8–)12–15(–16), strahlend, dünn, gerade oder leicht gebogen, bis 4 cm lang, weiß bis dunkelbraun; Mittelstacheln 1(–3), stärker, gerade oder häufiger an der Spitze hakig gekrümmt (Name!), 12–22(–30) mm lang, dunkelbraun mit heller Spitze, später vergrauend; Blüten scheitelnah, zahlreich, ca. 6 cm lang, trichterig, groß, äußere Hüllblätter grüngelb, oben rötlich, innere seidigglänzend gelb, Schlund rot; Frucht kugelig, 6–18 mm ∅, beschuppt, korallenrote Beeren; Samen rund, bis 1,5 mm lang, schwarz, feingehökkert. Heimat: Mexiko und SO-USA. *H. sinuatus* (Dietr.) Orc.: 8–12 Rippen; Blüten reingelb. *H. uncinatus* (Gal.) Buxb. (syn. *Glandulicactus uncinatus* Backbg.).

Harrisia Britt.

inclusive *Eriocereus* (Berg.) Ricc. und *Roseocereus* (Backbg.) Backbg.

Körper säulig, aufrecht wachsend, strauchig bis baumartig, stammbildend, dünntriebig, auch kriechend oder kletternd. Wenigrippig. Stacheln zahlreich, kurz. Blüten nächtlich, einzeln, nahe Triebspitze, sehr groß, weiß bis rosa, langröhrig. Früchte nicht platzend, gelb bis orangerot, mit Hochblättern besetzt, kugelig. Samen klein, schwarz. 13 Arten. Verbreitung: USA (Florida) und Antillen.

Harrisia arboriginum Small: Bis 6 m hoch; ca. 10 Rippen; Stacheln rosa bis grau; Blüten weiß. *H. fragans* Small: Aufrecht, überbiegend; 10–12rippig; Blüten rosa oder weiß. *H. (Roseocereus) tephracantha* (Lab.) Backbg. ▣: Körper strauchig-baumförmig, bläulichgrün; Triebe bis ca. 6 cm ∅; Rippen meist 8, gerundet, unter den Areolen höckerig aufgewölbt, an Jungpflanzen dagegen nicht oder nur wenig, an alten Trieben ziemlich stark; Randstacheln 4–7, weißlich, bräunlich gespitzt, zuerst auch blaßgelblich; Mittelstachel 1, etwas kräftiger und länger, anfangs auch bräunlich; Stacheln mit steigendem Alter der Triebe länger; Blüten 18 bis 22 cm lang, grünlichweiß bis weiß; Ovarium breitschuppig, mit verfilzten Haaren. Verbreitung: Bolivien. Diese Art repräsentiert nach BACKEBERG die Gattung

Roseocereus (Backbg.) Backbg.;

sie wird heute *Harrisia* eingegliedert.

Eriocereus (Berg.) Ricc.

wird heute auch zu *Harrisia* gestellt.
Abgesehen vom Verbreitungsgebiet (hier Südameri-

Hamatocactus setispinus

Oben: *Harrisia tephracantha*
Unten: *Harrisia jusbertii*

ka: Argentinien, Bolivien, Paraguay und Brasilien) ist die Untergattung strauchig, also nicht stammbildend. Die Früchte sind rot und platzend.

Bekannt sind *Harrisia (Eriocereus) bonplandii* (Parm.) Ricc.: Kletternd; Triebe 3–4 cm ∅; 4–6 Rippen; Stacheln rot bis grau; Blüten weiß; Früchte karmin. *H. (E.) jusbertii* (Reb.) Ricc. ▣: Wenig verzweigt; Triebe aufrecht, 4–6 cm ∅; Rippen 5(–6), Furchen flach; 7 Randstacheln, 4 mm lang, 1 Mittelstachel, kräftiger, rot, dann braun bis schwärzlich; Blüten außen bräunlichgrün, innen weiß; Früchte flachrund, rot, bis 6 cm ∅; wird als Bastard angesehen. *H. (E.) martinii* (Lab.) Ricc.: Anlehnend; bis über 2 m lange Triebe, nur 2–2,5 cm ∅; Rippen 4–5; Randstacheln meist 5–7, kurz; Mittelstachel 1, hellbraun, 2–3 cm lang; Blüten 20 cm lang, innen weiß, außen hellgrün; Frucht rot, mit bestachelten Höckern. *H. (E.) pomanensis* (Web.) Berg.: Aufrecht, blaugrün; Stacheln rot bis weißgrau; Blüten weiß. *H. (E.) tortuosa* (Forb.) Ricc.: Niederliegend, Wandersprosse bildend, verzweigt; ca. 7 Rippen; Stacheln rötlichbraun, bis 4 cm lang; Blüten 16 cm groß, weiß.

Haseltonia → *Cephalocereus*

Heliabravoa → *Lemaireocereus*

Helianthocereus → *Trichocereus*

Hertrichocereus → *Lemaireocereus*

Hildewintera Ritt.

syn. *Winteria* Ritt., *Winterocereus* Backbg.

Körper strauchig, hängend, verzweigt, basal reich sprossend, grün. Triebe bis 1,50 m lang, bis 2,5 cm ∅. Rippen 16–17, zwischen den Areolen leicht eingebuchtet. Areolen rundlich, hellbraunfilzig, 3 bis 5 mm entfernt. Randstacheln dicht, ca. 30, 4–10 mm lang, strahlend, seitliche am längsten. Mittelstacheln ca. 20, etwas stärker, die oberen die länge-

ren, an alten Trieben bzw. deren Blühseite Stacheln oft verlängert; Stacheln zart, biegsam, gerade, goldgelb. Blüten einzeln, seitlich unterhalb des Scheitels, mehrere Tage andauernd, auch nachts geöffnet, leicht gebogen, radiär, 4–6 cm lang, ca. 5 cm ∅; »doppelte« Blumenkrone (Paracorolle = Nebenkrone): äußere Perigonblätter orangegelb, ca. 15–20, bis 3,5 cm lang, weit ausgebreitet und zurückgekrümmt, die mittleren sind hell zinnoberrot mit blutroten Mittelstreifen und die inneren sind weiß bis rosafarben, ca. 10–12, bis 8 mm lang, an die Staubfäden anlehnend. Ovarium mit zahlreichen Schuppen, sehr spärliche kurze, weiße Haare. Monotypische Gattung: Hildewintera aureispina Ritt. ▣. Verbreitung: Bolivien (Prov. Florida, Fauces Yapacani).
Einer der attraktivsten Neufunde!

Hildmannia → *Neoporteria*

Homalocephala → *Echinocactus*

Horridocactus → *Neoporteria*

Hymenorebutia → *Lobivia*

Incaica → *Matucana*

Islaya Backbg.

Körper kugelig bis länglich, meist einzeln. Dichter Filzschopf im Scheitel (= typisch!). Blüten klein, gelb, z. T. rötlich. Röhre stark behaart. Frucht auffallend karminrot, flockig behaart, basal öffnend, reif ballonartig aufgeblasen (= typisch!). Samen mattschwarz, nur wenige. Ca. 12 Arten. Verbreitung: S-Peru und N-Chile.

Islaya bicolor Akers & Buin.: Körper purpurn überlaufen; Stacheln grau, braunspitzig; Blüten gelb, rötlichbraune Spitzen. I. brevicylindrica Rauh & Backbg.: Kugelig; Stacheln hellgrau bereift; Blüten zahlreich, blaßgelb. I. divaricatiflora Ritt.: 16–25rippig; Stacheln braun; Blüten grüngelb oder rötlich. I. grandiflorens Rauh & Backbg.: Größte

Linke Seite: *Hildewintera aureispina*

Rechts: *Islaya krainziana*

Blüten der Gattung, bis 2,5 cm ∅. *I. grandis* Rauh & Backbg.: Die größte Art der Gattung! *I. krainziana* Ritt. ■: Körper kugelig-kurzsäulig, ca. 20 cm hoch, im Alter stark windabgewandt liegend, dann bis 75 cm lang, 10–12 cm ∅, hart, oben keulig verbreitert (im Alter), meist einstämmig, graugrün; Scheitel flach, dichter bräunlichgrauer Filzschopf (= typisch!); Rippen 16–20(–23), stumpf-dreieckig, leicht gewellt, etwas höckerig durch transversale Einschnitte, bis 1,2 cm hoch, nach unten verflachend; Areolen 1–3 mm entfernt, rundlich, später elliptisch, stark filzig, auf den Rippen erhöht stehend; Stacheln hellgelb, hornfleckig bis bräunlich, derb, gerade, stechend, meist abwärts zeigend, kurz; (8–)12–14 Randstacheln, bis 1 cm lang, horizontal spreizend, verflochten; 4(–8) Mittelstacheln, bis 1,5 cm lang, später 4 cm lang, schräg aufrecht; Blüten scheitelnah, 3–3,5 cm lang, bis 3 cm ∅, obwohl Tagblüher duftend, gold- bis zitronengelb; Frucht groß, aufgeblasen, purpur bis hellkarminrot, weißwollig behaart und beborstet; Samen 1,5 mm groß, schwarz. *I. mollendensis* (Vpl.) Backbg.: Einzeln; ca. 19rippig, Stacheln braunrot. *I. paucispina* Rauh & Backbg.: Einzeln, graugrün; Stacheln braunrot; Blüten lebhaft gelb.

Isolatocereus → *Lemaireocereus*

Jasminocereus Br. & R.

Körper baumförmig. Triebe kräftig, Jahrestriebe abgeschnürt. Blüten schlankröhrig, trichterig, Röhre und Fruchtknoten beschuppt, nächtlich. Frucht länglichrund, wenig beschuppt. Samen klein, schwarz. (1–)3 Arten. Verbreitung: Galapagos-Inseln.

Am weitesten verbreitet ist *Jasminocereus thouarsii* (Web.) Backbg.: 22rippig; Stacheln 10 randständige, 1 zentralständiger; Blüten wachsig braunrot mit gelben Streifen. *J. howellii* Y. Daws.: Blüten rötlich. *J. sclerocarpus* (K. Sch.) Backbg.: Blüten weiß oder rötlich. Letztere 2 Arten nur Standortformen?

Krainzia → *Mammillaria*

Lasiocereus Ritt.

Körper baumförmig, dicht bestachelt, mit «Pseudocephalien« mit schwarz-weißen, röhrigen, dicht wolligen und borstigen Blüten. Frucht trocken. 1–2 Arten: *Lasiocereus fulvus* Ritt.: Triebe 3–7 cm ∅, 10–14rippig; Areolen rostfarben; Ovarium dick, graubraun wollig; Samen schwarz. *L. rupicola* Ritt.: Triebe mit zahlreichen Rippen, gelbstachelig. Diese Gattung ist vermutlich *Trichocereus* oder *Haageocereus* zuzuordnen.

Lemaireocereus beneckei

Lemaireocereus eruca

Lemaireocereus dumortieri

Lemaireocereus Br. & R.

inclusive *Stenocereus* (Berg.) Ricc., *Machaerocereus* Br. & R., *Isolatocereus* (Backbg.) Backbg., *Ritterocereus* Backbg., *Hertrichocereus* Backbg., *Marshallocereus* Backbg., *Polaskia* Backbg. und *Heliabravoa* Backbg.

Körper baum- oder strauchartig, großsäulig, dichte Dickichte bildend. Triebe leicht brechend. Blüten zylindrisch-glockig, derb, zahlreich, scheitelnah, überwiegend tagblühend, auch nächtlich. Röhre dicht weißbehaart, mit Borsten. Frucht nicht trokken, bestachelt, bald abfallend, eßbar, kugelig, fleischig. Verbreitung: Mexiko.

Leitart ist *Lemaireocereus hollianus* (Web.) Br. & R.: Einzeln oder wenig verzweigt, dunkelgrün; 8–14rippig; 8–14 Rand-, 3–5 Mittelstacheln; Blüten elfenbeinweiß; Samen glänzend schwarz.

Stenocereus (Berg.) Ricc.

Körper mäßig stark säulig, basal verzweigend (nicht baumförmig und kronenbildend). Blütenknospen aus Borstenkranz; Blütenperigon nur nachts geöffnet. Rosa Sepalen. Samen matt schwarz.

Lemaireocereus (Stenocereus) stellatus (Pfeiff.) Ricc.: 8–12rippig; Areolen weiß; Stacheln braun; Blüten weiß, außen rosa; Frucht rot. *L. (S.) treleasii* (Br. & R.) Backbg.

Machaerocereus Br. & R.

Körper kriechend bis dichtstrauchig, aufgerichtet. Wild bestachelt. Mittelstacheln dolchartig. Blüten rosa bis weiß, nächtlich. Röhre und Ovarium filzig in den Schuppenachseln.

Lemaireocereus (Machaerocereus) eruca (Brand.) Br. & R. – 'Kriechender Teufel' ■: Körper niederliegend und wurzelnd, mit aufsteigender Spitze, dickstämmig, dicht bestachelt, wenig verzweigt, 1–3 m lang; Triebe 4–8 cm ∅; Rippen ca. 12; Areolen groß; Stacheln dicht, ca. 20, ungleich, blaßgrau bis weiß, die äußeren pfriemlich, die inneren kräftiger, flach, besonders der rückwärts gerichtete, 3 cm lange, dolchartige Mittelstachel, unten kielartig; Blüten 10–14 cm lang, 4–7 cm ∅, weiß, am Grund zartrosa; Ovarium sehr stachelig; Frucht 4 cm groß, scharlach. Verbreitung: Mexiko (Niederkalifornien, Magdalena-Inseln).

Isolatocereus (Backbg.) Backbg.

Körper baumartig, stammbildend. Blüten nächtlich, Röhre ohne, Frucht mit Borsten.

Lemaireocereus (Isolatocereus) dumortieri (Scheid.) Br. & R. ■: Körper bis 15 m hoch; Stamm bis 1 m hoch, bis 30 cm ∅; Triebe zahlreich, aufsteigend, eingeschnürt, hell- bis bläulichgrün bereift; Rippen (5–)6–7, bis 2 cm hoch, scharfkantig, zuweilen stark spiralig; Areolen gelblich; Randstacheln

Lemaireocereus pruinosus

Lemaireocereus thurberi

Polaskia chichipe

9–11, strahlend, dünn, bis 12 mm lang; Mittelstacheln 1–4, bis 3 cm lang; Stacheln alle nadelig, gelblichweiß, die stärksten am Fuß verdickt; Blüten 5 cm lang, 2,5 cm ∅, weiß, außen braunrot; Ovarium mit oder fast ohne Filz, ohne oder mit Borsten; Frucht bis 4 cm lang, länglichrund, stachellos, nur gelegentlich eine kleine Borste, beschuppt; Pulpa rot. Verbreitung: Mittelmexiko (Hidalgo bis Oaxaca).

Ritterocereus Backbg.

Körper baumartig bis großstrauchig, teilweise auffallend bereift. Blüten nächtlich, teilweise auch am Tage noch offen, weiß bis rosa. Röhre und Ovarium beschuppt, letzteres auch mit Filz, ohne Borsten und Stacheln. Früchte saftig, eßbar. Samen bräunlich oder schwarz.

Lemaireocereus (Ritterocereus) eichlamii Br. & R.: Baumartig; Blüten weiß bis rosa; Früchte eigroß, eßbar. *L. (R.) griseus* (Haw.) Br. & R.: Triebe graubereift; Früchte schmackhaft, deshalb Pflanze häufig im tropischen Amerika angebaut. *L. (R.) pruinosus* (O.) Backbg. ■: Körper baumförmig, bis 7 m hoch, mit deutlichem Stamm; Triebenden bläulichgrün mit weißem Reif, Rippen 5–6, mit scharfen Längsfurchen; Areolen ca. 4 cm entfernt, braunfilzig (oder weißfilzig); Randstacheln 5–7(–9), grau, braun bis rötlich gespitzt; Mittelstachel 1, ca. 3 cm lang, stärker; Blüten 6–9 cm lang, Petalen weiß, leicht rosa getönt; Ovarium mit dickem, braunem Filz; Frucht ovoid, mit hellen, zuletzt roten Filzpolstern und locker gestellten Stachelbüscheln; Pulpa verschieden gefärbt: weiß, blaßrosa, hellkarmin, himbeerrot; Samen gelbbraun, runzelig. Verbreitung: Mittel- und S-Mexiko.

Hertrichocereus Backbg.

Körper liegend. Blüten öffnen frühmorgens. Fruchtknoten nur ausnahmsweise mit sehr kleinen Stacheln. Frucht bestachelt, basal öffnend. Bestachelung und Blütenfarbe variabel. Samen groß, glänzendschwarz.

Lemaireocereus (Hertrichocereus) beneckei (Ehrenbg.) Br. & R. ■ (syn. *Stenocereus beneckei* (Ehrenbg.) Berg.): Körper zunächst einzeln, säulig, später spärlich verzweigt, bis 1,5(–2) m hoch; Triebe 5–7 cm ∅, hellgrün bis braun, dick reinweiß mehlig überzogen; Rippen ca. 7, länglich gehöckert; Areolen dunkelbraun; ca. 5 Randstacheln, 1,5 cm lang, 1 Mittelstachel, bis 5 cm lang, stechend steif, alle bräunlich oder grau, oben leuchtend rot, später schwarz; Blüten gelblichweiß bis rötlich, 6–7 cm groß, scheitelnah, im Winter erscheinend, Röhre braun, beschuppt; Früchte höckerig, mehlig-weiß, später rötlich, bis 2 cm dick, bestachelt, am Grunde öffnend. Verbreitung: Mexiko (Guerrero, Puebla).

Marshallocereus Backbg.

Körper großsäulig, mit und ohne Stämme. Blüten nächtlich. Ovarium befilzt, steif bestachelt. Samen schwarz.

Lemaireocereus (Marshallocereus) thurberi (Eng.) Backbg. ▣: Körper meist stammlos, bis 7 m hoch, verzweigt; Triebe bogig aufsteigend, bis 20 cm ∅, dunkelrotgrün; Rippen zahlreich, 12–17, niedrig, gerundet; Areolen groß, dunkelbraunfilzig, rundlich; 9–10 Randstacheln, ca. 1 cm lang; 1–3 Mittelstacheln, bis ca. 5 cm lang; alle zunächst bräunlichschwarz, z.T. gefleckt; Blüten scheitelnah, bis ca. 7,5 cm lang, trichterig, nachtblühend, bis zum nächsten Tag geöffnet, hellpurpurn bis rosafarbig, heller gerandet; Frucht kugelig, bis 7,5 cm groß, bestachelt, später kahl; neigt zur Cristatbildung! Verbreitung: USA und Mexiko.
BACKEBERG stellt noch *L. (M.) aragonii* (Web.) Backbg. hierher.

Polaskia Backbg.

Körper baumartig. Blüten klein, cremeweiß, Hüllblätter nach unten umgeschlagen. Frucht klein, kugelig, mit kurzen Stachelbüscheln. Samen schwarz.

Polaskia chichipe (Goss.) Backbg. ▣ (= *Lemaireocereus chichipe* (Goss.) Br. & R.): Körper baumförmig reich verzweigt, bis 5 m hoch, kurzer Stamm, 80–100 cm ∅; Jungtriebe weiß bereift; Triebe bis 10 cm ∅; Rippen 7–9 (und mehr), schmalkantig, hoch, längsgefurcht, gehöckert; ca. 6(–9) Randstacheln, ca. 1 cm lang; 1 Mittelstachel, basal verdickt, länger als 1 cm; Blüten sehr klein, weiß bis cremefarben; Frucht klein, rot. Verbreitung: Mexiko (Puebla, Oaxaca).

Heliabravoa Backbg.

Körper baumartig, stark verzweigt, 5–7 m hoch. Knospen und kurzröhrige Blüten behaart und lang beborstet, ebenso die purpurfarbenen Früchte. Samen schwarz.

Heliabravoa chende (Goss.) Backbg. (*Lemaireocereus chende* (Goss.) Br. & R.; syn. *Stenocereus chende* (Goss.) Buxb.): 7–9rippig; Stacheln gelb bis braun; Blüten weiß bis zartrosa, nächtlich.

Leocereus Br. & R.

Körper strauchig, dünntriebig, aufrecht bis niederliegend. Rippen zahlreich, schmal. Areolen dichtstehend. Blüten kurzsaumig, klein, trichterig. Röhre beschuppt, wollig mit Borsten. Tagblüher. Frucht klein, kugelig. Samen dunkelbraun bis schwarz. 4 Arten. Verbreitung: S- bis NO-Brasilien.
Am bekanntesten ist *Leocereus bahiensis* Br. & R.: Triebe bis 2 m lang; 12–14rippig; Blüten weiß. *L. glaziovii* (K. Sch.) Br. & R.: Stacheln 20–30, braun bis aschgrau. *L. melanurus* (K. Sch.) Br. & R.: 12–16rippig; Frucht braunwollig.

Lepidocoryphantha runyonii

Leuchtenbergia principis

Lepidocoryphantha Backbg.

wird als Untergattung zu *Coryphantha* (Eng.) Lem. gestellt.
Derbe Rübenwurzeln. Polsterbildend. Furchen nur über die Hälfte der Warzen reichend, daraus sprossend. Blüten groß, filzig, mehr oder weniger hellpurpurn. Ovarium teilweise beschuppt, ebenso die wäßrige, grüne Frucht. Samen ziemlich weich. 2 Arten. Verbreitung: Südstaaten der USA bis N-Mexiko.

Lepidocoryphantha macromeris (Eng.) Backbg.: Körper breitrund, grün; Randstacheln 10–17; Mittelstacheln bis 4, rosa, braun bis schwarz. *L. runyonii* (Br. & R.) Backbg. ■: Körper Gruppen bis 50 cm Ø bildend, graugrün; Wurzeln rübig, dick, verlängert; Warzen rund bis abgeflacht; oberseitige Furche; Randstacheln ca. 6, spreizend, nadelig, bis ca. 3 cm lang, hellfarben bis rotorange, oben dunkel; Mittelstacheln bis 3, unten rotorange, oben ebenfalls dunkel; Blüten bis 5 cm Ø, sehr schön purpurrosa; Sepalen bewimpert; Petalenrand gezähnelt; Samen braun. Verbreitung: USA (Texas, Rio Grande).

Leptocereus (Berg.) Br. & R.

Körper baumförmig, stammbildend, auch strauchig. Blüten glockig-zylindrisch, Perigonblätter relativ kurz, tagblühend, einige auch nächtlich. Frucht bestachelt. Samen schwarz. 11 Arten. Verbreitung: Kuba. Haiti, Santo Domingo, Puerto Rico.

Strauchig sind u.a.: *Leptocereus quadricostatus* (Bello) Br. & R.: 4rippig; Blüten außen grün, innen gelblich; Röhre und Ovarium kurzstachelig; Frucht kugelig, rot. *L. assurgens* (Wright) Br. & R.
Baumartig sind u.a.: *L. arboreus* Br. & R.: Bis 6 m hoch, stark verzweigt; Blüten weißlich. *L. sylvestris* Br. & R., *L. wrightii* León.

Leptocladodia → *Mammillaria*

Leuchtenbergia Hook.

Körper einzeln, später sprossend, gruppenbildend, zylindrisch, kurzstämmig, bis 70 cm hoch. Lange dicke, derbe Rübenwurzeln. Warzen bis zu 15 cm lang, oben etwas gestutzt, später von der Spitze her absterbend, zuletzt verschwindend, beginnend mit den basalen Warzen (so daß ein kahler, mit Warzenresten versehener Kurzstamm zurückbleibt), dicht spiralig angeordnet, lang, schlank, dreikantig, schräg aufwärts abstehend, blattähnlich, blaugrün. Areolen dicht graufilzig an den Warzenspitzen. Stacheln papierartig dünn, bastfadenähnlich, abgeflacht, unregelmäßig verdreht, elastisch, strohgelb, später vergrauend. Randstacheln bis 14, ca. bis 5 cm lang. Mittelstacheln 1–2, zuweilen 10(–15) cm lang. Blüten zu mehreren, in Scheitelnähe, groß, bis 8 cm lang, trichterig, wohlriechend, an der Spitze junger Warzen oberhalb der Areolen, mehrere Tage blühend. Äußere Hüllblätter grün mit rötlicher Mitte, innere seidig glänzend gelb. Röhre dicht und groß beschuppt. Frucht spindelig, trocken, be-

Oben: *Lobivia arachnacantha* var. *torrecillasensis*
Unten: *Lobivia chrysochete*

schuppt. Monotypische Gattung: *Leuchtenbergia principis* Hook. – Prismenkaktus ▣. Verbreitung: Mittel- bis N-Mexiko.

Leucostele Backbg.

gehört heute zu *Trichocereus*.
Körper einzeln, dicksäulig, später schwach verzweigend. Rippen zahlreich, rundlich, flach. Stachellos, weiße, elastische Borsten, dicht. Blüten glockig-trichterig, behaart, beschuppt, Ovarium beborstet. Früchte ebenfalls beborstet. Monotypische Gattung: *Leucostele rivierei* Backbg.: Bis 5 m hoch; 25rippig; Blüten reinweiß. Verbreitung: S-Bolivien.

Lobivia Br. & R.

inclusive *Acantholobivia* Backbg., *Soehrensia* Backbg. und *Chamaecereus* Br. & R.
Körper klein, einzeln oder sprossend, z. T. polsterbildend, manchmal später zylindrisch. Bestachelung sehr variabel. Blüten trichterig, tagblühend, weiß, gelb, rot, alle Übergänge. Behaarte, wollige, kurze Röhre. Früchte klein, behaart. Über 100 Arten. Verbreitung: Mittelperu bis N-Argentinien.

Lobivia arachnacantha var. *torrecillasensis* Hort. ▣: Körper flachrund bis gedrückt-kugelig, stärker sprossend; Einzelkörper bis 4 cm breit, dunkelgrün; Rippen weniger oder mehr als 14, gerade, schwach gekerbt; Areolen 1,5 mm ∅; 9–12 Randstacheln, bis 5 mm lang, (0–)1(–2) Mittelstacheln, 5 mm lang, alle Stacheln anfangs rotbraun, später weißlich, spinnenartig angelegt; Blüten zierlich, relativ groß, schlankröhrig, karmin- bis krapprot; Röhre kurz, grau behaart; Frucht rötlichgrün. Alle Merkmale, auch die von Röhre, Staubfäden und -beutel, Griffel und Narben, können abweichen; deshalb viele Varietäten bekannt, deren gegenseitige Abgrenzungen schwierig sind! Verbreitung: Bolivien (bei Samaipatana, Prov. Florida, Dept. Santa Cruz). *L. backebergiana* Y. Ito: Stacheln weißlich bis

Oben: *Lobivia echinata*
Unten: *Lobivia famatimensis* var. *haematacantha*

fuchsbraun; Blüten hellgelb. *L. backebergii* (Werd.) Backbg.: Blüten hell karmin, bläulich schimmernd, weißer Schlund. Ähnlich blüht *L. binghamiana* Backbg. Ferner *L. boliviensis* Br. & R.: Blüten anilinrot. *L. caespitosa* (J.A. Purp.) Br. & R.: Gruppenbildend; 12rippig; 12 Randstacheln, 2 cm lang, nadelig, 1 Mittelstachel, bis 5 cm lang, gebogen, bräunlich bis bernsteinfarben; Blüten bis 8 cm lang, gelbrot. *L. chrysantha* (Werd.) Backbg.: Graugrün, kugelig, später länglich; 5–13rippig; 3–7 Randstacheln, rötlichschwarz; Blüten bis 5 cm lang, weittrichterig, gold- bis orangegelb, Schlund grünlich, am Grund dunkelpurpurn. *L. chrysochete* Werd. ■: Körper einfach oder am Grunde sprossend, rundlich, ca. 8 cm ∅; Rippen ca. 20, schief quergekerbt; Stacheln später bis 30, lang, gelb bis bräunlichgelb, borstendünn, mittlere bis 8 cm lang; Blüten weittrichterig, aufrecht, ca. 4 cm ∅, glänzend orange- bis ziegelrot, Schlund weiß; Verbreitung: Argentinien (Prov. Jujuy). *L. drijveriana* Backbg.: Blüten reingelb bis orange, Schlund grün. *L. echinata* Rausch ■: Körper einzeln bis sprossend, bis 15 cm hoch, ca. 5 cm ∅, hellgrün; Rippen 15–18, gerade, rund, etwas gehöckert; Areolen rund, 2–4 mm ∅, weißfilzig, 6–7 mm entfernt; Randstacheln 8–10, strahlend, verflochten, 15–20 mm lang; Mittelstacheln 1–2, bis 6 cm lang, abstehend; alle Stacheln nadelig, braun mit gelbem Fuß, später vergrauend; Blüten 5 cm lang und ∅; Röhre zierlich, ockergrün mit rötlichen Schuppen und weißen Haaren; Sepalen lanzettlich, bräunlich; Petalen rot, Schlund weiß bis rosa; Staubfäden rot mit weißem Fuß; Griffel mit 5–7 grünen oder rötlichen Narben; Frucht kugelig, ca. 1 cm ∅, rotbraun. Verbreitung: Peru (bei Ollantaitambo). *L. famatimensis* (Speg.) Br. & R.: Blüten gelblich. var. *haematacantha* (Backbg. ex Wessn.) Backbg. ■: Körper einzeln bis sprossend, kurzzylindrisch, bis 3,5 cm hoch, bis 3 cm ∅ (in Kultur bei Pfropfung langzylindrisch), grau- bis dunkelgrün; Rippen (18–)24, schmal, niedrig, etwas gehöckert; Areolen angenähert; Stacheln klein, angedrückt, weißlich; Blüten 3 cm lang, rot. Verbreitung: Argentinien (La Rioja, Famatina).

Oben: *Lobivia glauca*
Unten: *Lobivia oligotricha*

L. glauca Rausch ▣: Körper einzeln, 1 cm hoch, 4 cm ∅, hellgraugrün; 10–13rippig, höckerig; Areolen weißfilzig; Randstacheln 6–7, braun bis schwarz; Mittelstacheln bis 3 cm lang, schwarz, unten rot, später grau; Blüten becherartig erweitert, orange bis rot mit schwarzem Schlund. Verbreitung: Argentinien (Jujuy). L. hertrichiana Backbg.: Blüten feuerrot bis dunkel-fleischfarben. L. incaica Backbg.: Blüten blutrot. L. jajoiana Backbg.: Blüten weinrosa. L. larae Card.: Blüten dunkelviolett. L. marsoneri (Werd.) Backbg.: Blüten gelb, Schlund purpurrot. L. muhriae Backbg.: Blüten rötlichorange, Schlund rotbraun. L. oligotricha Card. ▣: Körper einzeln, bis 8 cm hoch und ∅, hellgrün; Rippen ca. 18, spiralig, beilhöckerig, bis 4 mm hoch, 7 mm breit; Areolen ca. 8 mm entfernt; Stacheln nicht trennbar, ca. 15, nadelig, sehr dünn, weißlich, Basis verdickt, bis 1,5 cm lang, am Scheitel verflochten; Blüten zahlreich, scheitelnah, 3 cm lang, 2,5 cm ∅, hellrot; Röhre nur 4 mm lang, mit wenigen, weißen Haaren und rötlichen Schuppen; Petalen spatelig; Staubfäden 2serig, purpurrot, untere unten grün; Narben 5, grün. Verbreitung: Bolivien (Cochabamba, Cuchu Punata). L. peclardiana Krainz: Blüten violettrosa. var. albiflora Krainz: Weißblühend. L. pentlandii (Hook.) Br. & R.: Gruppen- und rasenbildend; Rippen ca. 15, schief gekerbt; Randstacheln 7–12, bis 3 cm lang, gebogen, gelblich bis bräunlich; Mittelstachel (0–)1 (bis mehrere), bis ca. 3 cm lang; Blüten ca. 5 cm lang, engtrichterig, oben orangerötlich, innen heller, nächtlich. Viele Varietäten mit wechselnden Blütenfarben (gelblichweiß, rosagetönt, orange und mehrfarbig: karminrosa, gelblichrosa, rosa); auch Körper- und Stachelfarbe, wie auch deren Länge sind sehr variabel. Verbreitung: S-Peru, N-Bolivien. L. polaskiana Backbg.: Blüten dottergelb, Schlund rot. L. rebutioides Backbg.: Blüten feuerrot. var. citriniflora Backbg.: Blüten zitronen- bis eigelb. L. sanguiniflora Backbg.: Blüten blutrot. L. schreiteri Cast.: Blüten purpurrot, Schlund schwärzlich. L. shaferi Br. & R.: Blüten gelb. L. tiegeliana Wessn. ▣: Gedrücktkugelig, bis 6 cm ∅, grün; 18 Rippen; Randstacheln

Lobivia tiegeliana

8–12, bis 1 cm lang, kammförmig gestellt, verflochten, gelblich, rotbraun gespitzt; Mittelstacheln 1–3, gebogen, nadelig, braun, an der Basis heller; Blüten leuchtend violettrosa, 2,5 cm lang, ca. 4 cm ∅. Verbreitung: S-Bolivien. *L. vatteri* Krainz: Blüten weiß, Schlund schwarz. *L. wegheiana* Backbg.: Blüten hellfliederfarben, duftend. *L. westii* P. C. Hutch. ■: Gruppenbildend, dunkelgrün; Einzelkörper bis 20 cm lang, 6 cm ∅, kurzzylindrisch; Rippen 16–18, gekerbt, scharfkantig, schmal; Randstacheln 8, bis 9 mm lang; 1 Mittelstachel, bis 2,5 cm lang, leicht gekrümmt, dann bis 4 cm lang; alle strohgelb, braungespitzt oder ganz braun bis grau; Blüten bis 7 cm lang, 4 cm ∅, orangerosa bis goldorange, innen leuchtend hell-goldorange. Verbreitung: Peru. *L. winteriana* Ritt.: Areolen weißlich filzig; Stacheln schwarz gespitzt; Blüten rubinrot; Früchte dunkelgrün bis rotbraun, weichfleischig. *L. wrightiana* Backbg.: Blüten zart lilarosa.

Neuere Lobivien-Arten sind (Blütenfarbe in Klammern): *L. akersii* Rausch (rosa, innen weiß), *L. amblayensis* Rausch (orangegelb), *L. aureosenilis* Knize (rosenrot), *L. cardenasiana* Rausch (magentarot), *L. culpinensis* (FR 797) (gelb oder rot), *L. fricii* Rausch (violett), *L. hualfinensis* Rausch (orangerot), *L. intermedia* Rausch (rot), *L. lauii* Donald (scharlach- bis rosarot), *L. tenuispina* Ritt. (goldgelb bis orange), *L. wegneriana* Grun. & Kluegl. (rosa), *L. zecheri* Rausch (dunkel- bis violettrot).

Oben: *Lobivia westii*
Unten: *Soehrensia grandis*

Acantholobivia Backbg.

gehört auch zu *Lobivia*.
Blüten nur wenig öffnend (nachtblühend?), selbstbestäubend. Frucht lang, dicht bestachelt. Samen schwarz, glänzend. 2 Arten.

Acantholobivia incuiensis (Rauh & Backbg.) Rauh & Backbg.: Blüten rein-, innen ziegelrot. *A. tegeleriana* (Backbg.) Backbg.: Blüten rosa-orange; die var. *eckardtiana* Backbg. ist sehr langstachelig, die var. *medingiana* Backbg. blüht gelbweiß, die var. *plominiana* Backbg. rot.

Soehrensia Backbg.

ist auch hier aufzuführen.
'Riesenlobivien'! Körper groß, kugelig, dicksäulig. Blüten lang, trichterig, kurzröhrig, behaart, gelb oder rot. Früchte wollig. Ca. 7 Arten. Verbreitung: NW-Argentinien.

Am bekanntesten ist *Soehrensia bruchii* (Br. & R.) Backbg.: Rippen 50 und mehr; Areolen weißfilzig; Stacheln dunkel; Blüten tiefrot; Früchte grün, schwach behaart. *S. formosa* (Pfeiff.) Backbg.: Blüten gelb. *S. grandis* (Br. & R.) Backbg. ▣: Blüten orangegelb. *S. ingens* Br. & R. ex Backbg.: Körper dick und sehr großkugelig werdend; Stacheln abstehend, hellgelb; Blüten bis ca. 4(–5) cm ∅, gelb, selten auch orangerot getönt, braun behaart; Frucht 3–4 cm ∅, grünlich braungelb, seitlich aufreißend; Samen klein, schwarz, glänzend. Verbreitung: N-Argentinien. *S. korethroides* (Werd.) Backbg.: Blüten sattrot. *S. oreopepon* (Speg.) Backbg.: Blüten goldgelb, grau behaart.

Chamaecereus Br. & R.

wird auch hier eingeordnet, wurde aber bereits auf Seite 238 beschrieben.

Von *Helianthocereus* stellt RAUSCH einige dicksäulige, verzweigte, bis 2 m (und mehr) hohe, kurzröhrige und rot blühende Arten zu *Lobivia*, z. B. *Helianthocereus bertramianus* Backbg. und *H. tarijensis* (Vpl.) Backbg.

Oben: *Lophocereus schottii*
Unten: *Lophophora williamsii*

Lophocereus (Berg.) Br. & R.

Körper strauchig, basal verzweigend, säulig. Fertile Areolen groß, filzig, bürstenartig, borstige Triebenden (Blühzonen). Blüten nächtlich, klein, trichterig, mehrere gleichzeitig aus 1 Areole. Röhre und Ovarium schwach beschuppt. Früchte klein, rot, kugelig, kahl. Samen klein, schwarz, glänzend. 4 Arten. Verbreitung: USA (S-Arizona) bis Mexiko (Niederkalifornien, Sonora, Sinaloa).

Lophocereus schottii (Eng.) Br. & R. ▣: Körper stammlos, zahlreiche Triebe, bis 3(–7) m hoch, gelbgrün, reifig; Rippen 5–7(–9); Stacheln an sterilen Trieben anfangs 5 oder mehr, 6–8 mm lang, pfriemlich, an der Basis stark zwiebelig verdickt, anfangs dunkelrötlich; später auch 1 Mittelstachel; Stacheln an fertilen Trieben dünner und länger, bis ca. 25 (oder mehr?); Blüten ca. 4 cm lang, 3 cm ∅, weiß bis rötlich. Verbreitung: Mexiko (Niederkalifornien, Sonora, Sinaloa) bis USA. f. *mieckleyanus* Linds. ist eine monströse Form.

Lophophora Coult.

syn. *Anhalonium* Lem.
Körper einzeln, auch sprossend, weichfleischig. Rübenwurzler. Bläulich- bis gelblichgrün. Ohne Stacheln (an Sämlingen winzige). Rippen breit, rundlich, gehöckert. Areolen filzig, im Scheitel verdichtet. Blüten klein, weiß, rosa oder blaßgelb. Frucht länglich, nackt, rot bis rosa. Samen schwarz, feinhöckerig rauh. 1(–3?) Arten. Verbreitung: Mittelmexiko bis USA (S-Texas).

Lophophora williamsii (Lem. ex SD.) Coult. ▣ (syn. *Ariocarpus williamsii, Anhalonium williamsii*) – Rauschgiftkaktus: Körper rasenbildend, einzeln flachkugelig bis kurzzylindrisch; Scheitel eingesenkt, starr aufrechte, schmutzigweiße, pinselartige Wollbüschel; Rippen (5–)8(–10), flach, scharf längsgefurcht, undeutlich gehöckert; Areolen 1 bis 3 mm breit, rund, 3–15 mm entfernt, mit pinselarti-

Oben: *Mammillaria aureilanata*
Mitte: *Mammillaria backebergiana*
Unten: *Mammillaria bella*

gen Wollbüscheln, aufrecht steif, 8–10 mm lang, gelblichweiß schmutzig; Stacheln fehlen im Alter völlig; Blüten mehrere scheitelnah, kurz, 18–30 mm lang, 15–25 mm ∅, glockig-trichterig, weiß bis hell- bis blaßrosa mit rosa Mittelstreifen, wenig Hüllblätter; Fruchtknoten weißlich, nackt; Röhre sehr kurz, ca. 5 mm lang, schuppig; Staubblätter chromgelb; Griffel weiß, oben hellrosa, ebenso 3–7 Narben; Frucht länglich, rosa; Samen kugelig, 1–1,5 mm lang, matt, schwarz, warzig. Diese Art ist der »Peyotl« oder »Peotl« der mexikanischen Indianer. Er enthält Alkaloide (Halluzinogene), von denen das Mescalin das wichtigste ist. Es bewirkt den Verlust des Zeitsinns und das Auftreten farbiger Visionen, in hohen Dosen die völlige Lähmung und den Scheintod. *L. echinata* Croiz. und *L. lutea* (Rouh.) Backbg. sollen Standortformen sein.

Loxanthocereus → *Borzicactus*

Machaerocereus → *Lemaireocereus*

Malacocarpus → *Notocactus*

Mamillopsis → *Mammillaria*

Mammillaria Haw.

inclusive *Leptocladodia (Leptocladia)* Werd., *Krainzia* Backbg., *Bartschella* Br. & R., *Solisia* Br. & R., *Mamillopsis* (Morr.) Web., *Ortegocactus* Alex., *Porfiria* Böd., *Mammilloydia* Buxb., *Cochemiea* (K. Brand.) Walt. und *Dolichothele* (K. Sch.) Br. & R. (die beiden letzteren werden getrennt abgehandelt, Seite 240 und 248).
Größte und artenreichste Gattung! Körper kugelig bis länglich, einzeln oder sprossend, mit und ohne Milchsaft, mit und ohne Rübenwurzeln. Anstelle von Rippen Warzen, unterschiedlich gestaltet, überschneidend spiralig angeordnet (sogenannte Berührungszeilen). Blüten nie im Scheitel, sondern kranzförmig aus den vorjährigen Axillen. Axillen (Ver-

Oben: *Mammillaria boolii*
Unten: *Mammillaria bocasana*

tiefungen zwischen den Warzen = fertiler Areolenteil) kahl oder wollig, borstig oder behaart. Areolen (Sitz der Stachelbündel auf den Warzen) anfangs filzig oder wollig, später kahl. Scheitel meist filzig oder wollig. In der Blütenregion manchmal ringförmige Wollzonen. Stacheln variabel (gerade, gebogen, hakig, fein bis derb, glatt, rauh, fein behaart, borstig, weich, haarartig, gefiedert). Blüten unterschiedlich groß, meist aber klein, glockig-trichterig, weiß, gelblich bis rot; manchmal auch groß, besonders bei den hakenstacheligen Arten (ausgenommen bei weichfleischigen, oft behaarten Pflanzen), tagblütig, kurz- oder langröhrig. Röhre und Fruchtknoten kahl und fast schuppenlos. Früchte grün, rot, selten weiß, glatt, verkehrt-kegelförmig. Samen glatt, punktiert oder feinhöckerig, matt bis glänzend, gelblich bis schwarz, Form und Größe verschieden. Über 350 Arten. Verbreitung: USA (Südstaaten) über Mexiko bis Guatemala und Honduras, von Westindien bis Venezuela, N-Kolumbien und Curacao.

Nachfolgend eine Auswahl ohne Bezug auf eines der vielen Mammillarien-Systeme, wobei es abwegig ist, zu befinden, wer das richtige hat; es muß auf spezielle Veröffentlichungen verwiesen werden.

Mammillaria albicoma Böd.: Klein, sprossend; Axillen weißwollig; Blüten grünlichgelb bis weiß. *M. albiflora* (Werd.) Backbg.: Zierlich; Stacheln weiß, verflochten; Blüten weiß. *M. aureilanata* Backbg. ■: Körper einzeln, selten verzweigt, kugelig, bis 5 cm ∅, dunkelgrün; Warzen konisch; Axillen weißwollig, gelbborstig; Randstacheln bis 30 und mehr, seidigglänzend goldgelb (bis weiß), nadelig, bis 1,5 cm lang; Mittelstacheln 6 (und mehr), bis 1,8 cm lang, dunkel goldgelb, dünnpfriemlich; Blüten 3 cm lang, bis 1,8 cm ∅, grünlich cremeweiß, blaßroter Mittelstreifen; Frucht blaßrosa. Verbreitung: Mexiko (Queretaro). *M. aurihamata* Böd.: Sprossend; Stacheln weiß- bis braungelb; Blüten hell schwefelgelb. *M. backebergiana* Buch. ■: Körper kugelig bis länglich, kräftig grün, ca. 5–6 cm ∅, einzeln, bald sprossend; Warzen

Linke Seite:
Links oben: *Mammillaria brauneana*
Links Mitte: *Mammillaria bullardiana*
Links unten: *Mammillaria candida*
Rechts oben: *Mammillaria carmenea*
Rechts Mitte: *Mammillaria centraliplumosa*
Rechts unten: *Mammillaria densispina*

Rechte Seite:
Oben: *Mammillaria elongata*
Unten: *Mammillaria elongata* var. *rufocrocea*

schlankzylindrisch. Berührungszeilen 8:13; Axillen anfangs schwach weißwollig; Randstacheln 8–10, 1 mm lang, dünn, hell; Mittelstacheln 1–2, 1 cm lang, nadelig, gelblichbraun, dunkelspitzig; Blüten 1,8 cm lang, bis 9,5 cm ∅, karminrot. Verbreitung: Mexiko. M. bella Backbg. ■: Körper einzeln, später sprossend, bis 15 cm lang, 9 cm ∅, kräftig grün; Warzen konisch; Axillen mit Borsten; Randstacheln sehr dünn, ca. 20, bis 8 mm lang; Mittelstacheln 4(–6), etwas kräftiger, bis 2 cm lang, der längste unterste bis 3 cm lang, zuweilen hakig, Fuß verdickt; Stacheln alle glasig-weiß bis bräunlich. Verbreitung: Mexiko (Guerrero). M. blossfeldiana Böd.: Einzeln; Stacheln gelblich bis dunkelbraun; Blüten rosakarmin, Mitte dunkler. M. bocasana Pos. ■: Kugelig, einzeln oder sprossend, gruppen- und rasenbildend; Einzelkörper kurzzylindrisch, 4–5 cm ∅, hell- bis dunkelgrün, weichfleischig; Warzen schlank-zylindrisch, 6–10 mm lang, Saft wäßrig; Axillen meist kahl; Areolen länglich, klein, schwach (gelblich) filzig; 25–30 Randstacheln, 8–20 mm lang, strahlend, weiß, borstig, haarartig endend, körperumhüllend, zottig; Mittelstacheln 1–4, dünnadelig, 5–8(–10) mm lang, der unterste hakig, mehr vorgestreckt, weiß oder gelblich, Spitze braun; Blüten überall am Körper, trichterförmig, klein, 1,6 cm lang, 1–1,2 cm breit, gelblichweiß, hell rötlichbrauner oder rosa Mittelstreifen, nicht sehr auffällig; Frucht schlank, 3–4 cm lang, 4 mm ∅, leuchtend hell karminrot, auffällig; Samen ca. 1 mm groß, glänzend schwarzbraun. Verbreitung: Mexiko (San Luis Potosí). M. boolii Linds. ■: Kugelig, bis 3,5 cm hoch, bis 3 cm ∅, auch sprossend; Warzen rund. Berührungszeilen 5:8; Axillen erst

Oben: *Mammillaria ernestii*
Mitte: *Mammillaria fittkaui*
Unten: *Mammillaria flavescens* var. *nivosa*

wollig, dann kahl; Randstacheln ca. 20, nadelig, weiß, strahlend, 1,5 cm lang; Mittelstachel 1, pfriemlich, 1,5–2 cm lang, stark hakig, gelblich mit dunkler Spitze; Blüten 2,4 cm ∅, rosa mit grünlichen Narben; Frucht bis 3 cm lang, orange; Samen schwarz. Verbreitung: Mexiko (Sonora, San Pedro Bay).
M. brauneana Böd. ■: Meist einzeln, später dickkeulig, graugrün, bis 8 cm ∅; Warzen breitpyramidisch; Berührungszeilen 21:34; Axillen weißwollig, mit gedrehten weißen Borsten; Randstacheln 25–30, ca. 5 mm lang, weiß, haardünn; Mittelstacheln 2–4, 5–7 mm lang, pfriemlich, hell rötlichbraun, schwarzspitzig, später hornfarben; Blüten 1,3 cm lang, violettrot; Frucht ca. 1,2 cm lang, karmin; Samen dunkelbraun. Verbreitung: Mexiko (Tamaulipas, Jaumave). *M. bucareliensis* Craig.: Flachkugelig; Stacheln weißlichbraun, schwarzspitzig; Blüten tiefrosa bis purpurn. *M. bullardiana* (Gat.) Böd. ■: Zylindrisch, bis ca. 12 cm lang, 4 cm ∅, stärker sprossend, bläulich graugrün; Warzen konisch; Axillen schwachwollig; Randstacheln 20–30, 5–10 mm lang, nadelig, weiß; Mittelstachel 1, 1 cm lang, gehakt, braun oder weiß und braunspitzig; Blüten 2 cm lang, 2,5 cm ∅, weißlich bis blaßrosa; Frucht 1,2 cm lang, scharlach; Samen schwarz. Verbreitung: Mexiko (Niederkalifornien, bei La Paz). *M. cadereytensis* Craig.: Einzeln; Stacheln kalkweiß, schwarz gespitzt. *M. candida* Scheidw. ■: Zuerst kugelig, dann gestreckt, blaß bläulichgrün, 7–15 cm ∅, auch sprossend; Scheitel dicht verhüllt von weißen Stacheln; Warzen zylindrisch; Berührungszeilen 13:21; Axillen mit bis 7 warzenlangen Borsten; Randstacheln über 50, bis 9 mm lang, dünn, weiß (bis rosa); Mittelstacheln 8–12, 4–14 mm lang, nadelig, weißlich, Spitze bräunlich; Blüten 2 cm lang, 1,5 cm ∅, schmutzigrosa, Rand weiß, gesägt; Frucht rot; Samen schwarz; schöne weiße oder rosa Kugeln, letztere bei der var. *rosea* (SD.) Buxb., mit doppelt so langen Mittelstacheln, rosarot gespitzt. Das Genus *Mammilloydia* wurde von Buxbaum auf falschen Samen begründet. Seine Arten (*M. candida* und *M.*

Oben: *Mammillaria gracilis*
Mitte: *Mammillaria hahniana*
Unten: *Mammillaria herrerae*

ortiz-rubiona) sind nicht von *Mammillaria* zu trennen. *M. carmenea* Castan. & Nun De Cac. ■: Kugelig bis oval und gestreckt, 5–8 cm lang, auch sprossend; Warzen konisch, unten weißgrün; Axillen mit weißer Wolle und weißen Borsten; Randstacheln mehr als 100, 5 mm lang, weiß oder hellgelb; Mittelstachel fehlt, stattdessen feine Härchen; Blüten 1,1 cm lang und ∅, weiß, manchmal mit zartrosa Ton; Frucht 6 mm lang, grünlichweiß; Samen schwarz. Verbreitung: Mexiko (Tamaulipas, Jaumave). *M. celsiana* Lem.: Kugelig; Stacheln blaß- bis dunkelgelb; Blüten rosa bis feurig karmin. *M. centraliplumosa* Fittk. ■: Zylindrisch, einfach oder basal sprossend, bis 15 cm hoch, bis 5 cm ∅; Warzen zylindrisch-konisch, dicht; Axillen spärlich weißwollig; Areolen eiförmig; Randstacheln 20–25, glasig-weiß oder gelblich, braunspitzig; Mittelstacheln 4–9, bis 12 mm lang, rot mit braunen oder schwarzen Spitzen, gefiedert; Blüten bis 2 cm lang, glockig, gelbgrün, oben rosa; Frucht blaßrosa, oben braun bis olivgrün; Samen braun. Verbreitung: Mexiko (bei Calderon). *M. compressa* DC.: Kugelig, später sprossend; Warzen stumpfkantig; Axillen weißwollig, kräftige weiße Borsten; Randstacheln (2–)4–6, nadelig bis pfriemlich, weißlich bis rötlich, später grau, braunspitzig; Mittelstachel fehlt; Blüten tiefpurpurn, hellerer Rand; Frucht hellrot, 2 cm lang; Samen hellbraun; sehr variable Art! Verbreitung: Mexiko (San Luis Potosí bis Querétaro). *M. densispina* (Coult.) Vpl. ■: Körper kugelig bis gestreckt, bis 10 cm hoch und ∅, einzeln; Warzen konisch; Berührungszeilen 8:13; Axillen nur anfangs wollig; Randstacheln 20–25, 8–13 mm lang, dünn, weiß bis gelb, später dunkler; Mittelstacheln 5–6, 10–20 mm lang, steifnadelig, Fuß weiß, selten dunkel mit hellerer Zone darüber, nach oben zu gelb bis fuchsrot, Spitze mitunter schwärzlich; schöne dichtbestachelte Kugelkakteen; Blüten 2 cm lang, 1 cm ∅, schwefelgelb, außen rötlichgelb; Frucht rot; Samen rötlichbraun. Verbreitung: Mexiko (San Luis Potosí, Querétaro; Guanajuato). *M. durispina* Böd.: Kugelig, einzeln; Stacheln dunkelrot bis schwarz oder hornfarben; Blüten purpur-

Oben: *Mammillaria insularis*
Mitte: *Mammillaria klissingiana*
Unten: *Mammillaria kunzeana*

rosa. M. elegans DC.: Einzeln, kleinkugelig; Areolen weißwollig; Stacheln weiß, braunspitzig; Blüten karmin. M. elongata DC. ▣: Dünn-zylindrisch, kurzsäulig, basal reich sprossend, kolonienbildend, bis 20 cm lang, bis 4 cm ∅, frischgrün; Milchsaft fehlt; Warzen zierlich, konisch; Axillen schwach wollig bis kahl; ca. 20 Randstacheln, bis 8 mm lang, anliegend, gelb, dicht, rosettig angeordnet; Mittelstachel 0, selten 1, wenig länger; Blüten klein, 1–1,5 cm lang, zahlreich, seitlich, weißlich bis blaßgelblich; Frucht schmutzigrot, keulig; Samen hellbraun. Verbreitung: Mexiko (Hidalgo). var. *rufocrocea* (SD.) K. Sch. ▣: Rotgelbe, orangebraune oder rötlichbraune Bestachelung. *M. ernestii* Fittk. ▣: Einfach, auch von unten sprossend, etwas zylindrisch, bis 45 cm lang, 6 cm ∅, lange Exemplare umliegend; Scheitel gerundet, dunkelgrün; Warzen konisch, ca. 9–11 mm lang; Axillen und Areolen mit spärlicher weißer Wolle, später kahl; Randstacheln 5–11, 4–10 mm lang, gerade oder leicht gebogen, gelblich mit brauner Spitze; Mittelstachel 1, schräg aufwärts, später fast angelegt, 8–12 mm lang, gerade oder leicht gebogen; Blüten im Kranz, ca. 22 mm lang, 24 mm ∅, rötlich; Griffel weiß mit 4–6 gelbgrünen Narben; Frucht oben olivgrün, unten lachsfarben, 13–25 mm lang; Samen hellbraun. Verbreitung: Mexiko (La Puerta). *M. estebanensis* Linds.: Gruppenbildend, zylindrisch; Stacheln 15–22, kastanienbraun oder goldfarben, zu Weiß verblassend; Blüten weiß. *M. fittkaui* Glass & Foster ▣: Zylindrisch, sprossend, ca. 10 cm hoch, 4 bis 5 cm ∅, hell- bis dunkel-gelbgrün; Scheitel leicht eingesenkt; Warzen variabel, rund, bis 10 mm lang, wäßrigen Saft führend; Epidermis dünn mit glitzernden Spaltöffnungen; Areolen wenig weißwollig, später kahl; Axillen nackt; Randstacheln 7–9, ungleich abstehend, weiß, weich, 5–7 mm lang; Mittelstacheln 4, rötlichbraun; Blüten 1 cm ∅, 1,5 cm lang, weißlich mit rosa Saum und dunklerem Mittelstreifen; Frucht 7 mm lang, 5 mm ∅, braun, unten hellrosa; Samen groß, dunkelbraun. Verbreitung: Mexiko (Jalisco, Lake Chapala). *M. flavescens* var. *nivosa* (Lk.) Backbg. ▣ (syn. *M. nivosa*

Mammillaria leona

Mammillaria matudae

Mammillaria monacistracantha

Lk.): Körper kugelig, dann kurzzylindrisch, sprossend, in Kultur meist einzeln, olivgrün; Warzen pyramidisch, spiralig gestellt; Scheitel, Axillen und lange Areolen weißwollig; (5–)8–10 Randstacheln, 4(–5) Zentralstacheln, lang, bis 2 cm, dünnadelig, hell-schwefelgelb; Blüten scheitelnah, klein, blaßschwefelgelb; Frucht rot, kugelig-keulig, kahl. Verbreitung: Westindien. *M. fuauxiana* Backbg.: Säulig; Stacheln weiß, rotbraun gespitzt, Blüten dunkelweinrot. *M. gilensis* Böd.: Kugelig; Stacheln gelblich; Blüten cremefarben mit rosa Mittelstreifen. *M. gracilis* Pfeiff. ▣ (syn. *M. echinaria* DC.): Kleinzylindrisch, bis 10 cm hoch, bis 4,5 cm ∅, überreich sprossend, frischgrün; Warzen konisch, spiralig gestellt, höckerig; Axillen schwach wollig; Randstacheln 12–14, derbborstig, 5–9 mm lang, weißlich; Mittelstacheln 3–5, hell- bis dunkelbraun, teilweise dunkler gespitzt, bis 15 mm lang; Blüten 1,7 cm lang, 1,3 cm ∅, gelblichweiß; Frucht gelblichrot, 1 cm lang, zwischen den Warzen zunächst verborgen; Samen schwarz. Verbreitung: Mexiko (Hidalgo). *M. graessneriana* Böd.: Kugelig, dunkel bläulichgrün; Stacheln weiß bis rötlichbraun; Blüten klein, rot. *M. guerreronis* (H. Bravo) Backbg.: Zylindrisch; Stacheln weiß; Blüten rot. *M. hahniana* Werd. ▣: Körper breitkugelig, bis 9 cm hoch, 10 cm ∅, einzeln oder sprossend, gruppenbildend, hellgrün; Warzen konisch; Berührungszeilen 13:21; Axillen weißwollig, kurz, mit längeren Borsten; Areolenstacheln 20–30, bis 15 mm lang, haarartig, weiß, verflochten; Zentralstachel ca. 1(–5), ca. 4 mm lang, früh abfallend, weißlich, Spitzen rötlichbraun; Blüten zahlreich, klein, 1,5–2 cm ∅, purpurrot; Frucht purpurrot, 7 mm lang; Samen braun.

M. herrerae Werd. ▣: Körper kugelig, einzeln, wenig sprossend, bis 3,5 cm ∅; Warzen zylindrisch; Berührungszeilen 8:13 (Craig) und 13:21; Axillen kahl; Randstacheln ca. 100, anliegend, weiß, sehr fein, 1–5 mm lang, mehrserig; Mittelstacheln fehlen; Blüten 2–3 cm ∅, blaßrosa bis violett; Frucht karmin, rundlich; Samen mattschwarz. Verbreitung: Mexiko (Querétaro, Cadereyta). *M. hertrichiana* Craig: Sprossend; Stacheln bräunlich; Blüten tief- bis purpurrosa. *M. heyderi* Muehlpfrdt.: Körper gedrückt-flachkugelig; Stacheln weißlich oder gelblichbraun bis braun, rötlichbraun gespitzt; Blüten bräunlichrosa bis grünlichweiß; Frucht karmin, 3,7 cm lang; Samen rötlichbraun. *M. humboldtii* Ehrenb.: Kugelig, auch sprossend; Axillen weißwollig; Stacheln schneeweiß; Blüten hellrot. *M. insularis* Gat. ▣: Breitkugelig, ca. 6 cm hoch und ∅, auch sprossend, bläulichgrün; mit starkem Rübenteil; Warzen konisch, Saft klebrig; Berührungszeilen 5:8; Randstacheln 20–30, 5 mm lang, dünnadelig, weiß; Mittelstachel 1, ca. 1 cm lang, nadelig, hakig, unten hell, oben über braun in schwarz übergehend; Blüten glockig, bis 2,5 cm

Oben: *Mammillaria mystax*
Mitte: *Mammillaria neocoronaria*
Unten: *Mammillaria prolifera* var.

lang, ziemlich breit, weiß mit breitem, hellrosafarbenem Mittelstreifen; Frucht orangerot, 1 cm lang; Samen schwarz. Verbreitung: Mexiko (Niederkalifornien, Los Angeles Bay). *M. klissingiana* Böd. ■: Körper kugelig, dann länglich, bis 16 cm hoch, 9 cm ∅, einzeln oder sprossend; Warzen pyramidisch-konisch, spiralig gestellt; Axillen weißwollig, besonders in der Blühzone, borstig; 30–35 Randstacheln, 3–7 mm lang, fein, weiß, unten gelblich; 2–4(–5) Mittelstacheln, 2 mm lang, nadelig, kräftiger, weiß, dunkelbraun gespitzt; Blüten 1 cm lang, 8 mm ∅, zartrosa, Schlund grünlich, kranzartig, unterhalb des Scheitels; Röhre schuppenlos; Frucht rot, ziert monatelang; Samen dunkel-rötlichbraun. Verbreitung: Mexiko (Tamaulipas). *M. kunzeana* Böd. & Quehl ■: Kugelig, später verlängert und sprossend, 7–9 cm hoch, (4–)5–6 cm ∅, hellgrün; Scheitel vertieft, von Mittelstacheln überragt; Warzen walzenförmig, schief gestutzt, nach oben zeigend, weich; Areolen schwach weißwollig, später kahl; Axillen mit vielen gebogenen Borstenhaaren, 20–25 borstenfeine Randstacheln, hell bis weiß; Mittelstacheln 3–4, haarig, 1,5–2 cm lang, der untere, längste, hakig, bernsteinfarben, oben dunkelbraun endend; Blüten in scheitelnahem Kranz, 2 cm lang, 1,5 cm breit, rötlich, innen weißgelblich bis gelbgrünlich; Frucht keulig, grünrot, 1,5 cm lang; Samen eiförmig, braunschwarz. Verbreitung: Mexiko (Zacatecas; Querétaro, Ocotillo). *M. leona* Pos. ■: Körper zylindrisch, bis 15 cm hoch, 4 cm ∅, bläulichgrün, sprossend; Warzen konisch; Berührungszeilen 8:13; Axillen wenig wollig; Randstacheln bis 35, bis 5 mm lang, feinnadelig, verflochten, weiß; Mittelstacheln 7–8, bis 1 cm lang, nadelig, gelblich bis graupurpurn oder schieferfarben, braune Spitzen; Blüten Mitte rosenrot, Rand orangerot, 1 cm lang; Frucht rot; Samen dunkelbraun. Verbreitung: USA (Texas) und N-Mexiko. *M. marksiana* Krainz: Einzeln; breitkugelig; Stacheln goldgelb; Blüten grünlichgelb. *M. matudae* H. Bravo ■: Körper schlankzylindrisch, bis 20 cm lang, bis 3 cm ∅, auch sprossend; Warzen konisch; Berührungszeilen 13:21; Axillen nackt; Randstacheln

Oben: *Mammillaria prolifera* var.
Mitte: *Mammillaria saetigera*
Unten: *Mammillaria schiedeana*

18–20, 2–3 mm lang, nadelig; Mittelstachel 1, 4,5 mm lang, nadelig, anfangs rosa getönt; alle weiß; Blüten 1,2 cm lang, hellpurpurn; Samen hellbraun. *M. mazatlanensis* (Reb.) K. Sch. & Gürke: Sprossend; Stacheln weiß, hellbraun; Blüten 4 cm lang, karmin.
M. monancistracantha Backbg. ■: Einzeln, bis 3,7 cm ∅, 4,5 cm hoch, dunkelgrün, zuerst rundlich, dann nach oben verjüngt; Warzen zierlich-konisch; Berührungszeilen 8:13; Axillen filzig und borstig; Randstacheln ca. 23, dünn, weiß, verflochten; Mittelstachel 1(–2), hakig (wenn dann nur 1), rötlichbraun, bis 8 mm lang; Stacheln haarig; Blüten 1,8 cm lang, 1,5 cm ∅, blaßgelblichweiß. Verbreitung: Mexiko (San Luis Potosí). *M. mystax* Mart. ■: Körper kugelig bis länglich, dunkelgraugrün, bis 15 cm hoch, 10 cm ∅, einzeln und sprossend; Warzen 4kantig-pyramidisch; Berührungszeilen 13:21; Axillen weißwollig, mit gewundenen weißen Borsten; Randstacheln 5–6(–10), 4–8 mm lang, weiß, braunspitzig; Mittelstacheln 3–4, meist 3 davon bis 2 cm lang, einer auffallend bis 7 cm lang; Stacheln sehr variabel; Blüten 2,5 cm lang, ca. 2 cm ∅, purpurrosa, innen heller; Frucht rot, 2,5 cm lang; Samen dunkelbraun. Verbreitung: Mexiko (Hidalgo bis Oaxaca). *M. nana* Backbg.: Kugelig; Areolen z.T. weißfilzig; Stacheln weißlich, bräunlich; Blüten cremeweiß. *M. napina* J.A. Purp.: Halbkugelig; Stacheln glasig-gelblichweiß; Blüten 4 cm ∅, violettrosa, innen heller. *M. nejapensis* Craig & Daws.: Kugelig, sprossend, z.T. dichotom teilend; Axillen wollig; Stacheln weiß, rotbraun gespitzt; Blüten blaßrötlichbraun, Rand weißlich, scharlachfarbener Mittelstreifen. *M. neocoronaria* Knuth ■: Körper kugelig, dann länglich, bis ca. 15 cm hoch, bis 7 cm ∅, grün, später graubläulich, sprossend; Warzen kegelig; Berührungszeilen 8:13; Axillen kahl; Randstacheln 16–18, weißlich, bis 8 mm lang; Mittelstacheln meist 6, bis ca. 1,5 cm lang, gelblich, braun, rubinrot; Blüten bis 1,7 cm lang, hellkarmin. Verbreitung: Mexiko (Hidalgo, Real del Monte, Sierra Rosa). *M. neomystax* Backbg.: Kugelig; Areolen anfangs wollig; Sta-

Oben: *Mammillaria seideliana*
Unten: *Mammillaria sempervivi*

cheln weiß, braunspitzig; Blüten hellrot. *M. orcuttii* Böd.: Kugelig; Axillen anfangs weißwollig; Stacheln pechschwarz, dann grau; Blüten hellkarmin. *M. parkinsonii* Ehrenb.: Kugelig bis verlängert, dichotom teilend; Axillen weißwollig und -borstig; Stacheln weiß, rötliche Spitzen; Blüten bräunlichrosa. *M. pennispinosa* Krainz: Kugelig, einzeln; Randstacheln grauweiß; Mittelstacheln gelb, oben rotbraun; alle Stacheln haarig; Blüten weiß, karminrosa Mittelstreifen. *M. plumosa* Web.: Rundlich; Axillen weißwollig; Stacheln weiß, gefiedert; Blüten weiß, Schlund grünlich. *M. polyedra* Mart.: Körper kugelig bis länglich, einzeln oder sprossend; Randstacheln ca. 4, nadelig, der unterste ca. 2,5 cm lang, schwarz bis purpurbraun, später heller und rotspitzig; Mittelstachel fehlt; Blüten bis 2,5 cm lang, 2 cm ∅, blaß- bis rosenrot. *M. pringlei* (Coult.) Brand.: Länglich-kugelig; Axillen weiß-, Areolen anfangs gelbwollig; Stacheln gelb; Blüten tiefrot. *M. prolifera* (Mill.) Haw. ■: Körper kugelig bis länglich, bis 6 cm lang, bis 4 cm ∅, dunkelgrün, stark sprossend und polsterbildend; Warzen weich, rundlich bis konisch; Berührungszeilen 5:8; Axillen schwach wollig, mit überwarzenlangen, weißen Borsten; Randstacheln bis 40, 6–10 mm lang, borstenfein, weiß; Mittelstacheln 5–9(–12), bis 8 mm lang, dünnadelig, behaart, Fuß verdickt, blaßgelb; Stacheln variieren von reinweiß über gelb bis braun; Blüten 1,4 cm lang, cremegelb, mit rötlicher bis bräunlicher Mittellinie; Frucht orangerot, 1 cm lang; Samen schwarz. Verbreitung: Westindien. *M. pseudoscrippsiana* Backbg.: Länglich; Axillen starkwollig; Stacheln weiß; Blüten glänzend weiß. *M. rekoi* (Br. & R.) Vpl.: Rundlich; Axillen weißwollig; Stacheln randständig weiß, zentralständig braun; Blüten tiefpurpurn. *M. rhodantha* Lk. & O.: Kugelig bis länglich, einzeln oder sprossend; Axillen weißwollig; Stacheln weißlich bis gelb; Blüten tiefpurpurrosa.

M. saetigera Böd. & Tieg. ■: Kugelig, bis 7 cm hoch oder etwas mehr, dunkelgrün, einzeln; Warzen pyramidisch; Berührungszeilen 13:21; Axillen weißwollig, mit weißen Borsten; Randstacheln

Oben: *Mammillaria spinosissima*
Unten: *Mammillaria supertexta*

15–20, bis ca. 7 mm lang, weiß; Mittelstacheln 2, 7–11 mm lang, dünnpfriemlich, weiß, braunspitzig, abstehend; Blüten 2 cm lang und ∅, weiß mit dunkelrosa Mittelstreifen; Frucht rot, 1,8 cm lang; Samen gelbbraun. Verbreitung: Mexiko (Querétaro, Grenze von San Luis Potosí, Hazienda Cenca). *M. schiedeana* Ehrenb. – Goldmammillarie ▣: Körper breitrund, bis 4 cm ∅, einzeln oder sprossend, dunkelgrün, weich; Scheitel gelb bestachelt, weißwollig; Warzen spiralig, zylindrisch-konisch, bis 1 cm lang; Areolen weißfilzig, später kahl; Axillen dicht weiß- bis gelbwollig; bis 75 Randstacheln, 2–5 mm lang, borstig, rauhhaarig, goldgelb bis weißlich, sonnenartig strahlend, z. T. verflochten, mit vielen weißen Haarstacheln, gelb gespitzt, später abbrechend; Mittelstachel fehlt; Blüten in scheitelnahem Kranz, trichterig, bis 2 cm lang, 1–1,5 cm ∅, gelblichweiß; Frucht hellkarminrot bis korallenrot. Verbreitung: Mexiko (Hidalgo). *M. seideliana* Quehl ▣: Körper kugelig bis länglich, dunkelgrün oder rötlich, sprossend; Warzen weich, schlank-zylindrisch; Berührungszeilen 8:13; Randstacheln 20(–25), 5–8 mm lang, borstenfein, weiß, Mittelstacheln 3–4, obere 5–8 mm lang, unterer bis 1,5 cm lang, dünnadelig, hakig, weiß, oben braun; Stacheln alle zuerst haarig; Blüten bis 2 cm lang, 1,5 cm ∅, hellgelb bis weiß, dunklere Mittellinie; Frucht scharlachrot, 2 cm lang; Samen schwarz. Verbreitung: Mexiko (Zacatecas und Querétaro). *M. seitziana* Mart.: Länglich; Axillen wollig, borstig; Stacheln gelblichbraun, schwarzspitzig; Blüten blaß fleischrosa. *M. sempervivi* DC. ▣: Kugelig bis kurzzylindrisch, bis 7 cm ∅, dunkelgrün; Warzen kantig; Berührungszeilen 13:21; Axillen dickwollig; Randstacheln 3–7, kurz, früh abfallend; Mittelstacheln 2, derb, bis 4 mm lang, weiß oder hornfarben, anfangs rötlich; Blüten schmutzigweiß, gelblich, rosa, rötlicher Rückenstreifen; Frucht rot; Samen hellbraun. *M. sheldonii* (Br. & R.) Böd.: Säulig; Stacheln rötlichbraun; Blüten hellrosa, weißrandig, 3 cm ∅. *M. sinistrohamata* Böd.: Rundlich; Stacheln bernsteingelb, mittlere gehakt; Blüten grünlichcreme bis elfenbein. *M. sphacelata* Mart.:

Oben: *Mammillaria uncinata*
Mitte: *Mammillaria viereckii*
Unten: *Mammillaria wildii*

Zylindrisch, sprossend; Axillen wollig und borstig; Stacheln weiß, dunkel gespitzt; Blüten dunkelrot. *M. spinosissima* Lem. ■: Körper später säulig, bläulichgrün, bis 30 cm lang, 10 cm ∅, einzeln; Warzen oval-konisch; Berührungszeilen 13:21; Axillen mit Wolle und Borsten; Randstacheln 20–30, 4–10 mm lang, borstenfein, meist weiß; Mittelstacheln 7–15, bis 2 cm lang, nadelig, elastisch, am Grunde etwas verdickt, sehr variabel in der Farbe (daher viele Varietäten und Synonyme), weiß, rubinrot, gelblichbraun, rosarot (hellt in Kultur meist auf!) oder rotbraun, mitunter auch 1 hakig bzw. einzelne Exemplare mit hakigen Stacheln (aber nicht typisch); Blüten bis 2 cm lang, 1,5 cm ∅, rötlichrosa bis purpurn; Frucht blaßrot, 2 cm lang; Samen rötlichbraun. Verbreitung: Mexiko (Morelos; Hidalgo, Real del Monte; Puebla; Michoacan; Guerrero, bei Taxco). *M. supertexta* Mart. ■: Breitrund, bis ca. 7 cm ∅, bis 20 cm hoch, von Stacheln und weißer Axillenwolle bedeckt; Warzen konisch; Randstacheln 16–18 oder mehr, weiß, mit schwärzlicher Spitze; Mittelstacheln 2, einer dunkler, mehr aufgerichtet und länger, ca. 6 mm lang, oben dunkler; Blüten weißlichrot, kaum 1 cm groß. Verbreitung: Mexiko (Oaxaca). *M. swinglei* (Br. & R.) Böd.: Länglich; Randstacheln weiß, dunkel gespitzt; Mittelstacheln dunkelbraunschwarz; Blüten weiß, rosa Mittelstreifen. *M. tolimensis* Craig: Breitkugelig; Axillen weißwollig, Borsten; Stacheln kalkig weiß; Blüten rot. *M. uncinata* Zucc. ■: Kugelig, bis 8 cm hoch, bis 10 cm ∅, dunkel-bläulichgrün, einzeln oder (seltener?) teilend bzw. sprossend; Warzen pyramidisch, oben rund; Berührungszeilen 8:13; Axillen anfangs weißwollig; Randstacheln 4–7, 5–6 mm lang, die kleineren oberen fleischfarben, die unteren weiß, schwarzspitzig; Mittelstacheln 1(–2–3), bis 1,2 cm lang, kräftig bis pfriemlich, fleischfarben mit dunkler Spitze; Blüten bis 2 cm lang, 1,8 cm ∅, rötlichweiß, Spitze rosa, Mittellinie bräunlich; Frucht rot, bis 1,8 cm lang; Samen hellbraun. Verbreitung: Mexiko (San Luis Potosí; Guanajuato; Hidalgo, Pachuca, Real del Monte). *M. vaupelii* Tieg.: Kugelig; Axillen wollig;

Oben: *Mammillaria woodsii*
Unten: *Mammillaria zeilmanniana*, weißblühend

Randstacheln glänzend weiß; Mittelstacheln orangebraun; Blüten hellpurpurrosa, innen weiß. *M. viereckii* Böd. ■: Körper rundlich bis gestreckt, bis ca. 4(–7) cm ∅, dunkelgrün, einzeln, auch sprossend; Warzen schlank-zylindrisch; Berührungszeilen 8:13; Axillen weißwollig, mit bis 10 längeren Haarborsten; Randstacheln 6–7(–10), 4–5 mm lang, sehr feinnadelig, weiß bis gelblich; Mittelstacheln undeutlich getrennt, subzentral, etwas abstehend, nicht vorgestreckt, 9–11, bis ca. 12 mm lang, dünnadelig, Fuß hell ockergelb, nur schwach verdickt, oben bernsteingelb bis heller; Blüten 1,2 cm lang, bis 1,5 cm breit, cremeweiß mit blaß-olivgrüner Mittellinie; Frucht hell-rötlichbraun; Samen schwarz. Verbreitung: Mexiko (Tamaulipas, bei Nogales). *M. viperina* J.A. Purp.: Zylindrisch, sprossend; Axillen wollig, behaart und borstig; Stacheln weiß; Blüten hellkarminrot. *M. wiesingeri* Böd.: Breitkugelig; Axillen wollig; Stacheln weiß, rötlichbraun; Blüten rosa, dunkler Mittelstreifen. *M. wildii* Dietr. ■: Kugelig bis länglich, sprossend, weichfleischig, grün; Saft wäßrig; Warzen spiralig angeordnet, schlank, über 1 cm lang; Areolen rund, kahl; Axillen kleinste Wolltupfen, wenig Borstenhaare; 8–10 Randstacheln, 6–8 mm lang, gerade, behaart, glasartig bis weiß, borstenfein; 3–4 Mittelstacheln, 8–10 mm lang, dünn, behaart, der unterste hakig, bernsteingelb bis bräunlich; Blüten in scheitelnahem Kranz, ca. 1 cm lang und ∅, grünlichweiß, unermüdlich erscheinend; bekannt sind auch weißrosa und tiefrosa blühende Hybriden, sowie Cristaten. Verbreitung: Mexiko (Hidalgo, Barranca Venados; Querétaro). *M. woodsii* Craig. ■: Körper breitrund, später verlängert, einzeln, 6 cm hoch, 8–10 cm breit, weißwollig und -borstig, auch im Scheitel, stumpf grasgrün, milchend; Warzen spiralig, 4kantig; Areolen und Axillen weißwollig, ferner 40–50 gebüschelte glasige Borsten; 25–30 Randstacheln, 4–8 mm lang, glasig, haarfein; Mittelstacheln 2(–4), 4–5 mm lang, einer 8–16 mm, nach unten zeigend, purpurrosa, schwarzspitzig; Blüten in 1–2 scheitelnahen Ringen, 2 cm lang, ca. 1,3 cm ∅, leuchtend karminrosa, mit dunklerem

Linke Seite: *Mammillaria zeilmanniana*

Oben: *Mammillaria microhelia*
Mitte: *Mammillaria guelzowiana*
Unten: *Mammillaria longiflora*

Mittelstreifen; Frucht tiefrosa; Samen klein, gelbbraun. Verbreitung: Mexiko (Guanajuato, Hazienda Tarajeas). *M. zahniana* Böd. & Ritt.: Gedrücktkugelig; Warzen vierkantig bis schwach gerundet; Axillen schwachwollig; Stacheln 4, weißlich-hornfarben, kurze schwärzliche Spitzen; Blüten schwefelgelb, Rand heller, Spitzen dunkler; Frucht rot; Samen rötlichbraun. *M. zeilmanniana* Böd. ■: Körper einfach, kurzzylindrisch, später länglich, 6 cm hoch, 4,5–6 cm breit, reichlich sprossend, glänzend dunkelgrün; Warzen spiralig angeordnet, eng stehend, oval-zylindrisch, weich; Berührungszeilen 13:21; Areolen kurz weißwollig, dann kahl, ebenso Axillen; Randstacheln 15–18, bis 1 cm lang, strahlend, sehr dünn, haarig, weiß, steif, meist gerade; 4 Mittelstacheln, bis 1 cm lang, rötlichbraun, derber, nadelig, ein unterer, der längste, hakig; Blüten sehr zahlreich, scheitelnah in mehreren Kränzen, groß, offen 2 cm ∅, schon an sehr kleinen Pflanzen, unten blaß, oben leuchtend violettkarminrot oder purpurrosa, abweichend auch weiß ■, insgesamt Blütenfarbe stark variierend; Staubfäden violettrot, Staubbeutel hellgelb; Griffel unten grünlich, oben violettrot; Narben 4, klein, gelb; Frucht klein, unscheinbar grün bleibend; Samen bis 1 mm groß, rund, mattschwarz. Verbreitung: Mexiko (Guanajuato, bei San Miguel Allende).

Leptocladodia Werd.

(*Leptocladia* F. Buxb.) wird zu *Mammillaria* gestellt.

Mammillaria (Leptocladodia) microhelia Werd. ■: Körper später zylindrisch, über 15 cm lang, 3,5 bis 4,5 cm ∅, mittelgrün, selten basal sprossend; Warzen kurzkegelig; Berührungszeilen 8:13 (?); Axillen anfangs schwach wollig; Randstacheln wie eine 'kleine Sonne' (Name!) gleichmäßig abstehend, bis 50, 4–6 mm lang, dünn, steif, oben weiß, unten

Oben: *Mammillaria schumannii*
Unten: *Mammillaria pectinata*

goldgelb bis rotbraun oder rot, variabel; Mittelstacheln 0–4, meist 1–2, erst später erscheinend, an Zahl zunehmend, bis 11 mm lang, rot bis dunkelbraun, pfriemlich, gebogen; Blüten 1,6 cm lang und Ø, weiß bis gelbgrünlich, auch nach rosa bis hellpurpur getönt (var. *microheliopsis* (Werd.) Backbg.); Frucht weißlich bis rosa, 1,1 cm lang; Samen goldbraun. Verbreitung: Mexiko (Querétaro, Sierra San Moran).
Auch *M. (L.) elongata* (DC.) Buxb., *M. (L.) leona* (Pos.) Buxb., *M. (L.) sphacelata* (Mart.) Buxb. und *M. (L.) viperina* (Purp.) Buxb. könnten hier aufgeführt werden.

Krainzia Backbg.

Körper kugelig, *Mammillaria*-ähnliche Pflanzen. Blüten größer, langröhrig (= typisch!), rot, purpurn; freistehender Griffel.

Mammillaria (Krainzia) guelzowiana (Werd.) Backbg. ▣: Einzeln, später sprossend, flachkugelig, bis 7 cm hoch, bis 6 cm Ø; Saft wäßrig; Axillen kahl; Areolen gelb; Randstacheln zahlreich, bis 80, haarartig, borstig, fein, bis 1,5 cm lang, der Körper von den schneeweißen Haaren fast verhüllt; Mittelstachel 1, bis 1 cm lang, hakig, gelblich, rötlichbraun bis braun; Blüten 5 cm lang, bis 6 cm Ø, 4–5 Tage offen, auffallend langröhrige Blüte, leuchtend karminrosa bis tief purpurrot, bis 6 cm Ø; Frucht hellrot, länglichrund; Samen schwarz. Verbreitung: Mexiko (Durango). *M. (K.) longiflora* Br. & R. ▣ (syn. *Phellosperma longiflora*): Körper kugelig, einzeln, manchmal sprossend; Triebe bis 6 cm hoch und Ø, dunkelgrün; Saft wäßrig; Warzen spiralig, dichtstehend, bis 7 cm lang; Axillen kahl oder schwach filzig; Areolen spärlich weißfilzig, später kahl; Randstacheln bis ca. 30, weiß bis fahlgelb, dünn, strahlig, bis 1,3 cm lang; Mittelstacheln 4, einer abstehend, nach unten gerichtet, hakig, 3 nach oben zeigend, gerade; Stacheln alle schwach behaart, basal verdickt, hellgelb, rotbraun bis dunkelbraun; Blüten zahlreich, scheitelnah, 4–5 cm lang, sehr groß, 3–4 cm Ø, trichterig, außen mit bräunlichgrünen Mittelstreifen, zum Rand zu hell und

Oben: *Mamillopsis senilis*
Unten: *Ortegocactus macdougallii*

länglich, innen länglich-spitz und hell- bis dunkelrosa mit dunkleren Mittelstreifen; Staubfäden rotviolett, -beutel gelb; Frucht länglichrund; Samen schwärzlich. Verbreitung: Mexiko (bei Santiago Papasquiaro (Durango)).

Bartschella Br. & R.

Kleinkugelig, graugrün, ohne Milchsaft, sprossend. Axillen weißwollig, dann kahl. Warzen breitrund. Randstacheln ca. 12; Mittelstacheln 1–2(–4), unterster gehakt. Blüten rot bis hell purpurfarben, groß. Früchte trocken, basal aufreißend. Nur 1 Art: *Mammillaria (Bartschella) schumannii* Hildm. ▣: Körper bis 40 Köpfe; einzeln bis 6 cm hoch und ∅; Mamillen spiralig angeordnet; Areolen rund; Stacheln weiß, schwarz gespitzt; Blüten 4 cm ∅; Frucht scharlach, bis 2 cm lang; Samen mattschwarz. Verbreitung: Mexiko (Niederkalifornien, Kap-Region).

Solisia Br. & R.

Ähnlich *Pelecyphora,* einzeln, klein, mit Milchsaft. Warzen zusammengedrückt. Areolen langgezogen. Stacheln weiß, kammartig geteilt. Blüten nicht im Scheitel, tiefer herab (seitlich). Früchte länglich. Nur 1 Art: *Mammillaria (Solisia) pectinata* (Stein) Web. ▣: Körper kugelig, einzeln, bis 6–8 cm lang, bis 6 cm ∅, meist tiefer im Boden sitzend; Warzen klein, am First gestutzt; Axillen nackt; Stacheln bis ca. 40(–60), bis 2 mm lang, reinweiß oder schwach rötlich; Blüten ca. 2 cm lang, 2,5 cm ∅, glockigtrichterig, nackt; Sepalen gelblichgrün, Petalen gelblich bis rosaweiß; Griffel weiß; Narben gelbgrün; Frucht weiße Beere; Samen 1 mm lang, schiffchenförmig, schwarz. Verbreitung: Mexiko (Puebla, bei Tehuacan).

Mamillopsis (Morr.) Web.

Kugelig bis kurzzylindrisch, größere Gruppen bildend. Ohne Milchsaft. Bestachelung dicht. Axillen behaart, borstig. Blüten groß, langröhrig, beschuppt. Früchte nicht aufreißend. Viele, große, schwarze Samen.

Matucana cereoides

Mamillopsis senilis Web. ▣: Körper später rasenbildend, bis 15 (und mehr) cm lang, bis 6 cm Ø, glänzend frischgrün; Berührungszeilen 8:13; Randstacheln bis 40, bis ca. 1,4 cm lang, borstenförmig, steif, aber nicht stechend, blaß gelblich- bis reinweiß; Mittelstacheln 5–6, kaum unterschieden, der unterste bis 2 cm lang, stärker, gerade hervorstehend, hakig, braungelb; Blüten scheitelnah, bis 7 cm lang, bis 6 cm Ø, orangerot, karminrot, bis ins Violette, dunklere Mittelstreifen; Staubfäden um den Griffel geschlossen lang herausragend; Frucht rot, rundlich. Verbreitung: Mexiko (Chihuahua; Süddurango; Nayarit; Oaxaca).

Ortegocactus Alex.

dürfte nahe verwandt sein.
Körper klein, zierlich, kugelig, sprossend. Höckerwarzen ohne Furchen. Blüten aus den jüngsten Axillen, behaart. Früchte trocken. Samen schwarz, fein punktiert. Monotypische Gattung: *Ortegocactus macdougallii* Alex. ▣: Körper hell graugrün, bis 4 cm Ø; Höckerwarzen rhomboidisch gedrückt-rund, groß, bis 12 mm breit, fein punktiert, spiralig gestellt; Areolen kurzwollig; Randstacheln 7–8, 5–10 mm lang; Mittelstachel 1, 4–5 mm lang; alle Stacheln schwarz bis weißlich, mit schwarzen Spitzen; Blüten bis 3 cm lang, bis 2,5 cm Ø, reingelb; Röhre kurz; Ovarium schuppenlos, aber weich behaart; Griffel grünlichgelb; Narben 4, tiefgrün; Frucht kugelig-ellipsoidisch, dunkelrot, dünn behaart; Samen ca. 1 mm groß. Verbreitung: Mexiko (Oaxaca, bei San José Lacheguiri).

Porfiria Böd.

Die einzige Art der Gattung, *Porfiria schwartzii* (Fric) Böd., ist synonym zu *Mammillaria schwartzii* (Böd.) Backbg.: Kugelig; Warzen weich; Areolen mit bleibender weißer Wolle; bis 40 Rand-, 8–9 Zentralstacheln, weiß bis hellbraunrot; Blüten weiß, Mittellinie weißlichgrün. Verbreitung: Mexiko (N-Guanajuato).

Marginatocereus → *Pachycereus*

Marshallocereus → *Lemaireocereus*

Matucana Br. & R.

inclusive *Submatucana* Backbg. und *Incaica* Ritt.
Körper flachkugelig bis zylindrisch verlängert, bis 60 cm hoch, einzeln oder schwach basal sprossend, polsterbildend. Rippen zierlich. Bestachelung sehr variabel, fein, auch derb. Blüten meist zu mehreren, scheitelnah, rot, orange, violettrosa oder gelb (*Matucana weberbaueri* (Vpl.) Backbg.), derb, tagblütig, unterschiedlich lange Röhre, zygomorph, kahl, schuppig, selten schwach behaart. Griffel, Staubfäden und Narben lebhaft gefärbt. Früchte klein, öffnen längs. Samen klein, matt grauschwarz. 13 Arten. Verbreitung: N- bis S-Peru.

Matucana breviflora Rauh & Backbg.: Einzeln, kugelig; Stacheln dicht, hellbraun bis schwarz, dunkelbraun bis tiefpurpurn; Blüten karminrot. *Matucana cereoides* Rauh & Backbg. ▣: Körper säulig, bis 50 cm lang, ca. 10 cm ∅; 24rippig; viele weiße, dünne Rand- und (0–)1–4, lange, dünne, unten helle, oben bräunlich schwarz gespitzte Mittelstacheln; Blüten bis 8 cm lang, karminrot. *M. comacephala* Ritt.: Kugelig bis zylindrisch; Rippen ca. 25, gehökkert; Randstacheln 15–20, feinborstig, haarartig, bis 5 cm lang; Mittelstacheln 5–10, kräftiger, bis 4 cm lang, alle weiß bis rahmgelb, körperverhüllend; Blüten groß, rot; Staubfäden und Griffel karminrot; Frucht kahl, grünlich. Verbreitung: Peru (Cordillera Blanca). *M. crinifera* Ritt.: Areolen blaßbraun; 15–25 gelbliche oder schwarze Stacheln; Blüten orange, unten weiß, oben zinnoberrot. *M. haynei* (O.) Br. & R.: Einzeln, kugelig bis zylindrisch; 30rippig; Stacheln über 30, braunschwarz; Blüten scharlachkarmin; Narben grün. *M. hystrix* Rauh & Backbg.: Verlängert; 23rippig; Randstacheln kammförmig, bräunlich; Blüten tief dunkelkarminrot; Staubbeutel gelb. *M. multicolor* Rauh & Backbg.: Kurzzylindrisch; 14 Rippen; Stacheln gelblich, reinweiß oder grau bis schwarzviolett; Blüten karmin. *M. variabilis* Rauh & Backbg.: Länglich; 23rippig; Stacheln weißlich; Blüten karmin. *M. yanganucensis* Rauh & Backbg.: Kugelig, sprossend; 27rippig; Stacheln gelbbraun und heller; Blüten rotviolett; Narben gelblich.

Submatucana Backbg.

gehört auch hierher.
Rippen breiter, gehöckert. Stacheln derber. Blüten gebogen, schiefsaumig, behaart. 9 Arten. Verbreitung: NO-Peru.

Matucana (Submatucana) aurantiaca (Vpl.) Backbg.: 16rippig; Stacheln rötlichbraun; Blüten 5–7 cm ∅, dunkelrot, Schlund orangegelb. *M. (S.) formosa* (Ritt.) Backbg.: Halbrund; 20–30 Rippen; Areolen braun; Stacheln dunkelbraun; Blüten zinnober- bis blutrot. *M. (S.) intertexta* (Ritt.) Backbg.: 15–25rippig; Stacheln braun; Blüten goldgelb, oben blutrot. *M. (S.) madisoniorum* (Hutch.) Rowl.: Körper anfangs breitrund, später gestreckt, einzeln, graugrün; Rippen 7–12, anfangs flach, breit, später höckerig (ähnlich einer nichtblühenden *Lophophora*); 0–1–5 Stacheln, bis 6 cm lang, gekrümmt, braunschwarz, dann weißlich; Blüten wenig schiefsaumig, schlanktrichterig, 8–10 cm lang, 4–5,5 cm ∅, bräunlich behaart, zinnoberrot; Frucht kugelig, 2 cm ∅, kurz behaart; Samen braun, glänzend, feinwarzig. Verbreitung: Peru (Dept. Amazonas, Prov. Bagua). *M. (S.) paucicostata* (Ritt.) Backbg.: 7–11 Rippen; Stacheln kastanienbraun; Blüten dunkel-zinnoberrot, violettfarben gerandet. *M. (S.) ritteri* (Buin.) Backbg.: Breitkugelig, sprossend; 12–22 Rippen; Stacheln dunkelbraun oder heller; Blüten zinnoberkarmin; Staubfäden violett.

Incaica Ritt.

ist abweichend von *Matucana*.
Körper einzeln, flachgedrückt, saftig dunkelgrün. Rippen in einzelne Mamillen aufgelöst. Areolen mit derben gelben bis bräunlichen Stacheln, gekrümmt. Blüten in Scheitelnähe, sehr kurze, wollig behaarte Röhre; Blumenkrone weit entfaltet, radiär, gelb.

Incaica aureiflora Ritt. (syn. *M. aureiflora* Ritt.): Körper flachkugelig, bis 30 cm ∅, dunkelgrün; Areolen länglich; Randstacheln 12–15, sehr derb, gescheitelt, gelbbräunlich, angedrückt, gekrümmt; Zentralstacheln 1–2, bis 3 cm lang, dunkelspitzig; Blüten zu mehreren, radiär, gelb. Verbreitung: N-Peru.

Mediolobivia → *Rebutia*

Melocactus (Tourn.) Lk. & O.

Körper kugelig bis kurzzylindrisch, einzeln, auch sprossend, vielrippig. Terminales Cephalium, filzig, borstendurchsetzt, flach, halbrund, kugelig, bis 1,5 m lang, zylindrisch. Stacheln sehr variabel. Blüten klein, glockig-trichterig, rötlich, nachmittags öffnend. Früchte schlankkeulig, rot, weiß, trocknen dünnhäutig auf, glatt, nicht öffnend. Samen matt oder glänzend schwarz. Über 40 Arten. Verbrei-

Oben: *Melocactus caesius*
Unten: *Melocactus glaucescens*

tung: Von Mexiko, Guatemala, Honduras über Westindien nach Südamerika bis Mittelperu und N-Brasilien.

Melocactus amoenus (Hoffm.) Pfeiff.: Bläulichgrün; Cephalium weißwollig; Stacheln rötlichbraun; Blüten hellrot. *M. azureus* Buin. & Bred.: Leuchtend azurblau bereifter Körper. *M. caesius* Wendl. ▣ (syn. *M. griseus* Wendl.): Körper einzeln, kugelig-rund, hechtgrau; 10 breitrunde, über den Areolen etwas vorgezogene, ziemlich gerade Rippen; Areolen entfernt, etwas eingesenkt, anfangs weißfilzig; 7(–8) Randstacheln, der oberste der kürzeste, der unterste der längste, nadelig; 1 Mittelstachel, aufgerichtet, nicht länger, nur mäßig stark; Stacheln alle rötlich, ziemlich gerade, pfriemlich; Cephalium mäßig groß, erhöht, breit, nicht langzylindrisch werdend, verholzte Achse, unten stärker borstig, filzig, weißlich; Blüten über Cephalium etwas hinaustretend, über 2 cm lang, leicht ausgebreitet, innere Hüllblätter linear, rosenrot; Frucht weißrötlich; Samen klein. Verbreitung: Nordküste von Südamerika und Inseln. *M. fortalezensis* Rauh & Backbg.: Cephalium mit roten Borsten; Stacheln rötlich, dann schwarz; Blüten karmin. *M. glaucescens* Buin. & Bred. ▣: Einzeln, kugelig, bis 14 cm hoch und ∅, graublaugrün; Rippen 11; Areolen rund, weißfilzig, später kahl; Stacheln ca. 8, grau, schwarzspitzig, 2,5 cm lang, einer leicht gehakt; Cephalium 7 cm ∅, dicht, elfenbeinweiß behaart, fast borstenlos; Blüten ca. 2 cm lang, 6 cm ∅, rot; Frucht 1,2 cm lang, rot. Verbreitung: Brasilien (Mittelbahia). *M. maxonii* (Rose) Gürke: Cephalium mit braunen Borsten; Stacheln rosenrot, dann bernsteinfarben; Blüten klein, rosenrot. *M. peruvianus* Vpl.: Cephalium rötlichbraun beborstet; Stacheln rotbraun; Blüten dunkelrosa.

Micranthocereus Backbg.

Körper niedrig, bis 1,25 m hoch, basal verzweigend. Triebe schlank, 5 cm ∅, blau bereift, in Blühzone dicht verhüllt von weißer Wolle und Stacheln

Oben: *Mila nealeana*
Unten: *Monvillea spegazzinii*

(»Pseudocephalium« mit dicker Areolenwolle). Rippen 15–20, gerade. Randstacheln 20–30, schräg abstehend, weißlich bis goldgelb. Mittelstacheln 3–7, bis 3 cm lang, goldgelb, hellbräunlich oder rötlich. Blüten 30–40 gleichzeitig, klein, rosa. Früchte kahl, mit Deckel öffnend, rosenrot. Samen glänzend schwarzbraun. Jungpflanzen langhaarig, um den Fuß goldgelbe, 10 cm lange Borsten (ähnlich bei den Thrixanthocereen!). Monotypische Gattung: *Micranthocereus polyanthus* (Werd.) Backbg. Verbreitung: Brasilien (Bahia).

Mila Br. & R.

Körper kleinsäulig, zwergig, kolonien- oder gruppenbildend. Triebe weichfleischig, gerade oder gebogen. Stacheln kräftig, pfriemlich bis nadelig, steif bis weich, borstenförmig, oft noch Haarborsten. Blüten kleintrichterig, orangegelb, gelb, cremeweiß, kurzröhrig, scheitelnah. Röhre und Ovarium filzig, fein behaart. Früchte saftig, klein, nackt, grün, mit Stachelbeergeschmack. Samen schwarz. Ca. 12 Arten. Verbreitung: Mittelperu.

Mila albisaetacens Rauh & Backbg.: Randstacheln zahlreich, haarfein, mit Haaren, verflochten; Mittelstacheln weißlich, alle im Scheitel blaßbräunlich, dann weiß; schönste Art! *M. caespitosa* Br. & R.: Areolen braunfilzig; Stacheln braun; Blüten rötlichgelb. *M. nealeana* Backbg. ▣: Areolen weiß bis bräunlich filzig; Stacheln weißlich, dunkelspitzig; Blüten gelb.

Mitrocereus (Backbg.) Backbg.

syn. *Cephalocereus* Pfeiff., *Pseudomitrocereus* H. Bravo & Buxb.
Körper sehr groß, stammbildend, 10–18 m hoch. Triebe aufrecht, dick, bei Blühreife Triebende mit borstigem Wollschopf. Blüten nächtlich, derb, glokkig, befilzt, beborstet. Früchte glockig, befilzt, borstig. 2 Arten. Verbreitung: Mexiko.

Oben: *Morawetzia doelziana*
Unten: *Myrtillocactus geometrizans*

Mitrocereus fulviceps (Web.) Backbg. (syn. *Pachycereus chrysomallus* sensu Br. & R., *Pachycereus columna-trajani* sensu Daws.): Graugrün; über 14 Rippen; Stacheln gelblich; Blüten cremeweiß. *M. ruficeps* (Web.) Backbg.: Ca. 26 Rippen; Stacheln rot; Blüten rosaweiß.

Monvillea Br. & R.

Körper schlank, liegend bis aufrecht, kletternd, »wandernd«, niedrige bis höhere Säulen. Blüten groß, nächtlich, trichterig, beschuppt, kahl. Früchte kugelig, grau bis rötlich. Ca. 19 Arten. Verbreitung: O-Brasilien, Venezuela, Ekuador, N- und NO-Peru, Bolivien, N-Argentinien und Paraguay.

Monvillea haageana Backbg.: 5rippig; Areolen klein, weißfilzig; Stacheln 5–8, schwarzbraun; Blüten weißlich. *M. jaensis* Rauh & Backbg.: 11–14 Rippen; Randstacheln über 20, Mittelstacheln 1–3, weißgrau; Blüten weiß. *M. spegazzinii* (Web.) Br. & R. ▣: Strauchig, kriechend oder aufsteigend; Triebe aufrecht oder klimmend, 3kantig-gerippt, blaugraugrün, 1,5–2 cm ∅; Stacheln 3–5, 1 abwärts gerichtet, steif, schwärzlich; Blüten 11–13 cm lang, weiß, außen purpurfarbig. Verbreitung: NO-Argentinien bis Paraguay.

Morawetzia Backbg.

Körper niedrig, breitbuschig, basal verzweigend, dunkelgrün. Triebe locker behaart, bis 1 m hoch, bis 8 cm ∅, blühreife Triebenden stark keulig verdickt. Cephalium am Triebende, wollig, borstig, 5 cm lang. Rippen ca. 11. Areolen rundlich, graufilzig. Stacheln ca. 20, stechend, bis 3 cm lang, Mittelstacheln später 4, bis 4 cm lang; alle gelb bis dunkelrotbraun, später grau. Blüten 10 cm lang, 3 cm ∅, bläulich-karminrot, stark schrägsaumig. Röhre rund, locker behaart. Früchte hohl, basal öffnend, gelbgrün. Samen schwarz. Bislang nur 1 Art: *Morawetzia doelziana* Backbg. ▣.

Myrtillocactus schenckii

M. sericata Ritt. n. n. ist noch unbeschrieben (lange, weißwollige Behaarung der Areolen; kein Borstenschopf; Blüten zinnoberrot). Verbreitung: Mittleres Hochperu.

Myrtillocactus Cons.

Körper großstrauchig, buschig, stammbildend, reich verzweigt. Triebe aufwärts gekrümmt, wild bestachelt, teilweise blau bereift, scharf- oder rundkantig, dick. Blüten mehrere gleichzeitig, tagblütig, klein, kurztrichterig, grünlich-, creme- oder rötlichweiß. Ovarium kugelig, schuppig. Früchte eßbar, heidelbeerähnlich, klein, rund, kahl. Samen klein, schwarz. 4 Arten. Verbreitung: Mexiko bis Guatemala.

Myrtillocactus cochal (Orc.) Br. & R.: Bis 5 m hoch, stark verzweigt, Stamm bis 30 cm ∅; Triebende gezont; 6–9 Rippen, gerundet; Stacheln bis 9, grauschwarz; Blüten (rötlich)weiß; Frucht rot. *M. eichlamii* Br. & R.: Triebe schwach reifig; 6 Rippen, gerundet; Blüten cremeweiß; Früchte weinrot. *M. geometrizans* (Mart.) Cons. – Heidelbeerkaktus ▣: Körper großwüchsig, baumförmig, mit Hauptstamm, bis 4,5 m hoch; Triebe 6–10 cm ∅, hellgrün; Jungpflanzen stark hechtblau wachsig bereift, später weißbereift, (5–)6rippig, scharf gebuchtet; Areolen deutlich getrennt, bis 7 mm ∅, schwach filzig, später kahl; Randstacheln 5(–9), kurz, spitz, kräftig, anfangs rötlich; 1 Mittelstachel, 1–7 cm lang, noch kräftiger, dolchartig, schwärzlich, weiß bereift, später grau; Blüten zahlreich aus seitlichen braunfilzigen Areolen, büschelweise, duftend, tagblühend, reinweiß; Frucht kugelig, 1–2 cm lang, dunkelrotbraun bis bläulichpurpurn, sehr süß; Samen rund, matt schwarz. Verbreitung: Mexiko. *M. schenckii* (J.A. Purp.) Br. & R. ▣: Körper später baumförmig, bis 5 m hoch; Stamm sehr kurz; Triebe sehr dicht stehend, ca. 10 cm ∅, kräftig grün, selten ganz schwach reifig; Rippen 7–8, scharfkantig; Randstacheln 5–7, bis 1,2 cm lang, gerade bis etwas gebogen; Mittelstacheln bis 5 cm lang, braun; Blüten weiß bis cremefarben; Frucht anfangs kahl, karminrot. Verbreitung: Mexiko (Grenze zwischen Puebla und Oaxaca).

Navajoa → *Pediocactus*

Neoabbottia Br. & R.

Körper anfangs strauchig, dann kräftigen, langen, holzigen Stamm bildend, 30 cm ∅, mit braunen, im Alter stachellosen Borsten bedeckt, verzweigt, kronenbildend, bis 10 m hoch. Blühreife Triebe mit dichter Filzzone. Triebe bis 6 cm ∅, in »Jahrestriebe« gegliedert. Rippen 4–6, dünn, gekerbt. Stacheln bis 20, nadelig, bis 2 cm lang, bräunlich bis grau. Blüten unangenehm riechend, grünlichweiß, nächtlich, zylindrisch. Röhre in Schuppenachseln kurze Borstenstächelchen. Früchte grün, länglich, filzig, dickwandig. Samen schwarz. Monotypische Gattung: *Neoabbottia pauculata* (Lam.) Br. & R. Verbreitung: Haiti, Dominikanische Republik.

Neobesseya Br. & R.

Körper einzeln oder sprossend, gruppenbildend. Einzelkopf kugelig. Warzen, später einziehend, oberseits mit Furche. Blüten gelb oder rosa, scheitelnah. Früchte nicht wäßrig, fleischig, rot. Samen schwarz, hart. 6 Arten. Verbreitung: Britisch-Kolumbien durch USA bis N-Mexiko (Coahuila).

Neobesseya asperispina (Böd.) Böd. ■: Körper einzeln, kugelförmig, bis 6 cm ∅; Warzen spitz-kegelförmig; Areolen bald kahl; 9–10 Randstacheln, strahlend, grauweiß, bis 1 cm lang; Mittelstachel fehlt oder 1, kürzer und derber; Blüten ca. 2,8 cm lang, 2,5 cm ∅, grünlichgelb. Verbreitung Mexiko (Coahuila). *N. missouriensis* (Sweet) Br. & R.: Polsterbildend; Warzen bis 1,5 cm lang, spiralig gestellt; Areolen wollig; Stacheln feinhaarig, gebogen, nadelig, grau, braun gespitzt; Blüten 2 cm lang, 2,5 cm ∅, grünlichgelb. *N. similis* (Eng.) Br. & R.: Körper gruppenbildend, bis 15 cm hoch, 20–30 cm ∅, tiefgrün; Einzelköpfe 6–10 cm ∅; Warzen zylindrisch, bis 2 cm lang; Furche in der Jugend mit weißer Wolle; Randstacheln 12–15, ca. 1 cm lang, spreizend, pfriemlich, oft fein behaart, schmutzigweiß, braun gespitzt; Mittelstachel 0–1, kräftiger und länger; Blüten 5–6 cm lang, hellgelb; Frucht kugelig, bis 2 cm ∅. Verbreitung: USA (O-Texas). *N. wissmannii* (Hildm.) Br. & R.: Körper bis 30 cm ∅, bläulichgrün; einzeln bis 10 cm hoch, rundlich; Warzen zylindrisch-kegelig, locker gestellt, stärker aufwärts gerichtet, bis 2,5 cm lang; Axillen weißwollig; Areolen anfangs weißwollig; Randstacheln 7–14, später 15–20, 1,5–2 cm lang, strahlig abstehend, weiß bis bräunlich, auch gelblichweiß, rötlich gespitzt, später grau mit verdickter gelber Basis; Mittelstacheln 0–3, kaum länger, etwas stärker; Blüten 4–5 cm lang, glänzend dunkel- bis heller gelb; Petalen mit scharfer Spitze; Frucht kugelig, ca. 8 mm ∅. Verbreitung: USA (Mittel-Texas).

Neobinghamia Backbg.

Körper basal verzweigend, kräftig säulig, bis über 2 m hoch. Cephaloide Blühzone, stufen- bis breitringförmig oder weit herablaufend, fellartig-zottig. Blühareolen mit starker Wollbildung, als Vorstufe zum Lateralcephalium (bei *Neobinghamia villigera* Rauh & Backbg. und bei *N. multiareolata* Rauh & Backbg.). Blüten trichterig, nachtblühend, scheitelnah oder in tieferen Bereichen. Röhre derb, beschuppt, behaart. Früchte kugelig, behaart. Samen klein, glänzend schwarz. 4 Arten. Verbreitung: Mittelperu.

Neobesseya asperispina

Neobinghamia climaxantha (Werd.) Backbg.: Körper über 1 m hoch; Triebe 6–8 cm ∅, stumpf hellgrün; Rippen 19–27; Cephalium unter einem wolligen Scheitelschopf in stufenförmigen, lockeren Ringzonen, weiß; Randstacheln ca. 50–70, ca. 5–8 mm lang, mehr oder weniger seitlich verflochten, nadelförmig, honiggelb, später schmutzig graubraun; Mittelstacheln ca. 1–3, 2 obere schräg aufwärts, der untere abwärts gerichtet, bis 2 cm lang, pfriemlich, stechend, durchsichtig, honiggelb, oft gezont, später auch graubraun; Blüten tiefrosa; Frucht bis 3 cm ∅, braunrot. Verbreitung: Peru (Eulalia-Tal). *N. mirabilis* Rauh & Backbg.: Triebe 8–10 cm ∅; 22rippig; Cephalium 10 cm breit; Randstacheln 50; Mittelstacheln 1–2; alle Stacheln dunkel- bis bräunlichrot, dann grau; Blüten karmin. *N. multiareolata* Rauh & Backbg.: Cephalium tief herabreichend; Randstacheln bis ca. 80; Mittelstacheln 1(–2), bernsteingelb; Blüten weiß(?). *N. villigera* Rauh & Backbg.: Cephalium geschlossenes Fell; Stacheln gelblich; Blüten blaß grünlichweiß.

Neobuxbaumia Backbg.

inclusive *Rooksbya* Backbg.
Körper groß, säulig, einzeln oder verzweigt. Rippen zahlreich. Blüten am Scheitel, auch tief herab entstehend, weißlich oder rötlich, weitglockig. Ovarium z. T. verengt, filzig, borstig, dünn bestachelt. Früchte stark beschuppt, sternförmig platzend, oberer Deckelteil abfallend. Samen glänzend schwarz. 4 Arten. Verbreitung: Mexiko.

Neobuxbaumia mezcalaensis (H. Bravo) Backbg.: Einzeln; 15rippig; Areolen gelbfilzig; Stacheln gelb, braun gespitzt, später grau; Blüten grünlichweiß; Früchte kugelig, karminrot. *N. polylopha* (DC.) Backbg. ▣: Einzeln, bis 13 m hoch, 30 cm (und mehr) ∅, oben gerundet, hellgrün, später vergrauend; Rippen bis ca. 50, schwach gerundet; Areolen anfangs dick weißwollig, 6–8 mm entfernt; Randstacheln meist 7–8, bis 2 cm lang, spreizend, im Scheitel mehr aufgerichtet; Mittelstachel 1; Stacheln hell-honiggelb, oben bräunlich, dann weiß und bald abfallend, in der Blütenzone zuweilen bis 7 cm lang; Blüten heller bis dunkler rot, oft tief aus dem alten Körperteil; Röhre mit herabgezogenen fleischigen Schuppen; Ovarium kahl; Frucht bestachelt. Verbreitung: Mexiko (Hidalgo, Valle de Zimapan, Meztitlan, Tlacolula). *N. scoparia* (Pos.) Backbg.: Verzweigt, riesig, 7,5 m hoch, dunkelgraugrün; Triebe zunächst 12–15rippig; Stacheln schwärzlich, dann weißlich; fertile Triebe schlanker; Rippen 20–25; Areolen weiß wollfilzig; Stacheln honiggelb, stechend, in Blühzone alle borstig, braun; Blüten rötlich; Frucht rot und kahl. *N. tetetzo* (Web.) Backbg.: Einzeln, wenig verzweigt, riesig, bis 15 m hoch, grau; Areolen graufilzig, dann kahl; 8–13 Rand-, 3 Mittelstacheln, gerade steif, schwärzlich; Blüten scheitelnah, 6 cm lang, weißlich; Frucht feigenartig, grün, filzig, borstig.

Neobuxbaumia polylopha

Rooksbya Backbg.

Körper meist einzeln, mehrere Meter hoch, fahl graublaugrün. Rippen schmalrückig, nur ca. 9(–10). Areolen grau, schwach filzig. Stacheln 1–2(–3), schwärzlich, derb, bis ca. 2,6 cm lang, mitunter noch bis 2 abwärts gerichtete kürzere. Mittelstachel fehlt. Blüten schlanktrichterig, 9–10 cm lang, nächtlich, glockig, rosenrot. Röhre fleischig, beschuppt, aufwärts gebogen, in der Mitte bauchig geschwollen, weinrot. Schlund cremefarben. Fruchtknoten länglich, beborstet. Früchte gelbgrün, flachhöckerig, borstenstachelig, oben öffnend oder seitlich zerfallend. Samen glänzend braun. Nur 1 Art: *Rooksbya euphorbioides* (Haw.) Backbg. ▣. Verbreitung: Mexiko (Tamaulipas, bei Jaumave und südlich zwischen El Mate und Antigua Morelos).

Neocardenasia → Neoraimondia

Neochilenia Backbg.

Körper kugelig bis gestreckt, z. T. zwergig, dunkelolivgrün bis dunkelbraunschwarz. Oft Rübenwurzeln. Rippen gerade, höckrig, z. T. in Warzen aufgelöst. Blüten offentrichterig, weißlich, gelblich oder rot, scheitelnah. Röhre bewollt, behaart. Früchte hohl, haarig-wollflockig, zur Reife kahl, basal öffnend. Ca. 60 Arten. Verbreitung: Chile.

Neochilenia aerocarpa (Ritt.) Backbg.: Zylindrisch, ca. 6–8 cm hoch, 4–5 cm ∅, bräunlich; Areolen flockig-weißwollig; Stacheln kammförmig gestellt, rötlichbraun bis schwärzlich; Blüten karmin mit dunkelrosafarbenen Mittelstreifen; Griffel karminrot, Narben rosa; Röhre und Ovarium starkwollig, mit braunen Borsten; Frucht rot. *N. aricensis* (Ritt.) Backbg.: Körper länglich, bis 10 cm ∅, dunkelgrün; Wurzel rübig; 13–21rippig; Areolen grau; 10–16 Rand-, 5–12 längere (1–3 cm) Mittelstacheln; Blü-

Linke Seite: *Rooksbya euphorbioides*

Oben: *Neochilenia carneoflora*
Unten: *Neochilenia paucicostata* var. *viridis*

ten blaßgelb; Frucht dunkelbraun, rauh. *N. carneoflora* Kilian n. sp. ▣: Körper einzeln, braunoliv; Rippen 18, leicht spiralig stehend, an der Basis bis 1 cm breit; Höcker gerundet, stumpflich, kinnartig vorgezogen, oben 5 mm breit; Areolen 3 mm lang, 2 mm breit, umgekehrt eiförmig, oben ausgezogen, mit weißem bis rahmfarbenem Wollfilz, zum Scheitel hin stärker und diesen bedeckend; leicht von Stacheln überragt; Randstacheln 6–8, seitlich abstehend oder zum Körper gebogen, anfangs hornfarben, braungespitzt, dann bräunlichgrau bis grau, ca. 5 mm lang; Blüten 3,5 cm lang, 3 cm ∅, fleischfarben; Röhre grün, mit grünen, oben fleischfarbenen Schuppen, weißer Wolle und oben einigen weißen Borsten; Ovarium 6 mm groß; Petalen lanzettlich, mit dunklerem Mittelstreifen Verbreitung: Chile. *N. duripulpa* (Ritt.) Backbg.: Einzeln, kugelig oder verlängert, grauoliv, mit Warzen; Randstacheln kammartig gestellt, weiß oder braun; Blüten duftend, schwefelgelb, braun punktiert; Frucht rot. *N. mitis* (Phil.) Backbg.: Einzeln, kugelig, sehr klein, bräunlichgraugrün; Rippen niedrig, gewellt; Areolen schwachfilzig; Stacheln sehr kurz, schwarz; Blüten sehr groß, weiß, rosa, karmin oder bräunlich; Frucht rot, reichwollig. *N. napina* (Phil.) Backbg. (syn. *Chileorebutia napina, Thelocephala napina*): Kleinkugelig, dunkel schiefergraugrün, mit rötlichem Schimmer, manchmal dunkelbraun bis fast schwärzlichgrün; ca. 14 Rippen; Areolen schwach filzig, dann kahl; Stacheln strahlend, anliegend, schwärzlich; Blüten ganze Sträuße, blaßgelb bis cremegelb, langflockig behaart, oben dunkle, kräuselige Borsten; Frucht kugelig, mäßig bewollt. *N. occulta* (Phil.) Backbg.: Zwergig, sprossend, gelbbräunlich bis schwärzlich; Rippen 8–10, stark warzig; Areolen schwachfilzig; Stacheln spreizend bis gekrümmt, schwarz, später grau; Blüten blaß goldgelb, lang weiß bewollt, mit blaßgelben Borsten. *N. odieri* (Lem.) Backbg.: Rundlich, grau- bis rötlichbraun; 13rippig, stark höckerig; Areolen schwachfilzig; Stacheln rötlichgraubraun bis schwärzlich, anliegend; Blüten weiß bis rosa, weißwollig. *N. paucicostata* var. *viridis* (Ritt.) Backbg.

Oben: *Neolloydia conoidea*
Unten: *Neolloydia grandiflora*

▣: Körper einzeln, halbkugelig, später gestreckt, mit dicker Rübe, dunkelgrün; Rippen 13, höckrig, im Unterteil Höcker kinnartig vorgezogen; Areolen grauweißfilzig, mittelgroß; Randstacheln 8, 1–2 oberste kürzer und dünner, leicht kantig, zurückgebogen; Mittelstacheln anfangs 1, später bis 4, bis 4 cm lang, aufgebogen; Stacheln schwarz, später grau; Blüten ca. 3,5 cm lang, bis 5 cm ∅, rosaweiß, behaart, beborstet; Frucht rötlich, weiß behaart. Verbreitung: N-Chile (bei Paposo).

Neodawsonia Backbg.

Körper unverzweigt (nur *Neodawsonia totolapensis* H. Bravo & Th. MacDoug.), sonst verzweigt, basal sprossend, säulig, bis 8 m hoch. Baumsträucher. Im Scheitel dichte Blühzone, weiße Wollhaare, später von Neutrieb durchwachsen: ringförmige Wollzonen entstehend (»pseudoterminales Pseudocephalium«). Blüten trichterig-röhrig, mäßig lang, rosa. Ovarium und Röhre beschuppt, behaart, kurz beborstet. Frucht klein, rosa, behaart, kurz bestachelt, oben aufreißend. Samen dunkelbraun, fein punktiert. 3 Arten. Verbreitung: Mexiko.

Neodawsonia apicicephalium (Daws.) Backbg.: Verzweigt, dunkelblaugrün; Rippen 22–27; Cephalium weißwollig; Stacheln strohfarben, später dunkelbraun; Blüten rosa mit gelblichem Ton. *N. nizandensis* H. Bravo & Th. MacDoug.: Verzweigt, hellgrün; 25–28 Rippen; Areolen anfangs weißwollig; Cephalium hellgelblich- bis braunhaarig; Stacheln gelblich; Blüten 4 cm lang, rosa. *N. totolapensis* H. Bravo & Th. MacDoug.: Einzeln, unverzweigt, graugrün; Cephalium gelblichbraun; 10–13 Randstacheln, 0,5–1,3 cm lang, 3–6 Mittelstacheln, alle weiß, rotspitzig; Blüten bis 3,5 cm lang, rosa; Frucht 2,5–3 cm ∅, weißborstig.

Neoevansia → *Wilcoxia diguetii*

Neogomesia → *Ariocarpus agavioides*

Neolloydia odorata

Neolloydia Br. & R.

syn. *Gymnocactus* Backbg., *Rapicactus* Buxb., *Cumarinia* (Knuth) Buxb.
Körper kugelig bis kurzzylindrisch, einzeln oder rasenförmig wachsend. Rippen warzig aufgeteilt. Auf den Warzen Furchen: innere Areole (fertil), äußere (vegetativ) mit Stacheln. Blüten sehr groß, grüngelb, gelblichrosa, gelb oder purpurviolett, scheitelnah. Frucht nicht wäßrig, trüber gefärbt, trocknet papierartig auf, gedrückt-kugelig, z. T. schuppig. Samen rund, schwarz gehöckert. Ca. 8 Arten. Verbreitung: USA bis Mexiko, Kuba (nur *Neolloydia cubensis* (Br. & R.) Backbg.).

Neolloydia ceratites (Quehl) Br. & R.: Einzeln oder gruppenbildend; Warzen spiralig angeordnet; Areolen schwach wollig; ca. 15 Rand-, ca. 5 Mittelstacheln, hornfarben bis dunkelbraun, schwarzspitzig; Axillen weißwollig; Blüten purpurn. *N. conoidea* (DC.) Br. & R. ▣: Körper einzeln oder am Grund bzw. seitlich sprossend, eiförmig bis kurzzylindrisch, 7–10 cm hoch, 5–7 cm ∅, hell- bis graugrün, Axillen stark wollig; Warzen ziemlich locker gestellt, eiförmig, stumpf; Randstacheln ca. 16, ca. 1 cm lang, dünn, steif, strahlend, weiß, vergrauend; Mittelstacheln 4–5, 1–3 cm lang, spreizend, schwarz; Blüten bis 6 cm ∅, purpurviolett. Verbreitung: USA (Texas), Mexiko (Zacatecas, Hidalgo). *N. cubensis* (Br. & R.) Backbg.: Rasenförmig, fahlgrün; Stacheln weißlich; Blüten blaß gelbgrün. *N. grandiflora* (O.) Berg. ▣: Zylindrisch, bis 10 cm hoch, 4 cm ∅; Warzen nicht sehr locker gestellt, ziemlich kurz; Axillen und besonders junge Areolen reichlich weißwollig; Randstacheln bis ca. 25, horizontal strahlend, verbogen, seitlich plattgedrückt, am Grunde weißlich; Mittelstacheln 0–1–2, vorgestreckt, derb, schwarz; Blüten groß, 3,5 cm, weit offen, dunkelpurpurrosa. Verbreitung: USA (Texas) bis Mexiko (Tamaulipas, bei Jaumave). *N. matehualensis* Backbg.: Sprossend, blaß graugrün; Warzen abgeflacht; Axillen und Areolen weißfilzig, später kahl; 10 Rand-, 2–3 Mittelstacheln, glasig, grauweiß; Blüten purpurn. *N. odorata* (Böd.) Backbg. ▣: Körper basal sprossend, rasenbildend; Einzelköpfe kugelig, bis 3 cm ∅, glänzend dunkellaubgrün; Warzen zylindrisch, ca. 1 cm lang, Kuppe stark rundlich gestutzt; Areolen nicht oder nur zu allererst weißfilzig; Randstacheln 7–9, bis 1 cm lang, horizontal spreizend, gerade, weiß, z. T. nach oben dunkelbraun oder honiggelb; Mittelstacheln 3–4, 2–2,5 cm lang, stark vor- und unregelmäßig auseinanderspreizend, dicker nadelförmig, gerade, z. T. hakig, steif, rauh, Fuß verdickt, rot- bis schwarzbraun; Blüten ca. 1,5 cm lang, bis 1 cm ∅, gelblichrosa; Samen blank, schwarz. Verbreitung: Mexiko (Tamaulipas, San Luis Potosí). *N. pilispina* Br. & R.: Gruppenbildend; Warzen kantig; Areolen anfangs weißwollig; 6–7 Randstacheln, 0–1 Mittelstachel, weiß, schwarzspitzig; Blüten purpurn. *N. pulleineana* Backbg.: Zylindrisch, verzweigt, dunkelgrün; Stacheln schmutzig graubraun; Blüten gelb. *N. warnockii* Benson: Einzeln, eiförmig, blaugrün; Stacheln matt hellbraun; Blüten rosa; Frucht grün, reif bräunlich.

Oben: *Neoporteria gerocephala*
Mitte: *Neoporteria subgibbosa*
Unten: *Neoporteria villosa*

Neoporteria Br. & R.

inclusive *Chilenia* Backbg., *Chileorebutia* Ritt., *Delaetia* Backbg., *Hildmannia* Kreuzr. & Buin., *Horridocactus* Backbg., *Islaya* Backbg. und *Reicheocactus* Backbg.
Körper rundlich bis zylindrisch, fast säulig, selten zwergig, einzeln, kaum basal sprossend. Rippen meist deutlich. Areolen z.T. dicht borstig bestachelt. Stacheln variabel. Blüten rot oder karminrosa; Petalen innen zusammengeneigt, schmal lanzettlich, spitz zulaufend, scheitelnah, kurztrichterig. Röhre stielig, kurz. Ovarium mit Filzspuren, oben borstig. Frucht länglich, klein. Filzspuren, reif hohl, basal öffnend. Samen kugelig bis elliptisch, mattschwarz, warzig. Ca. 22–24 Arten. Verbreitung: Mittel- und N-Chile.

Neoporteria atrispinosa (Backbg.) Backbg.: Kleinkugelig; Wurzelrübe; Rippen 15, mit Warzen, spiralig stehend; Areolen zuerst gelbfilzig; Stacheln bis 30, stechend, braunschwarz; Frucht grünlich-rosa. *N. castanea* Ritt.: Länglich; Rippen 15–24, gekerbt; Stacheln gerade, braun, 10–14 rand-, 4–8 mittelständige; Blüten purpurn. *N. clavata* (Söhr.) Werd.: Säulig, grüngrau; 10 Rippen, schief gekerbt; Areolen weißgrau-filzig; 5–7 Randstacheln, 1 Mittelstachel; Blüten rot. *N. gerocephala* Y. Ito ■ (syn. *N. senilis, N. multicolor, N. nidus* var. *senilis*): Kugelig, später keulig-zylindrisch, bis 10 cm ∅; Rippen bis 18, deutlich, gerade, selten leicht spiralig, höckrig; Areolen oval, etwas wollig; Stacheln borstig, biegsam, dünn, wirr, bei jüngeren Pflanzen »nestartig« wirkend, bis 3(–5) cm lang, ältere Pflanzen von Stacheln verhüllt, cremeweiß, weißgrau, gelblich, bräunlich bis schwärzlich (stark variierend!), später alle weiß; ca. 25 Rand-, 1–6 Mittelstacheln; Blüten scheitelnah, groß, 5(–6) cm lang, 2,5 cm ∅, auffallend hellkarmin bis karminrosa, mehrere Blüten aus einer jüngeren Areole, langblühend, nicht duftend; Herbstblüher. Verbreitung: Chile (Ovalle). *N. litoralis* Ritt.: Säulig; Areolen gelblich-filzig; Stacheln gelbweiß bis braunschwarz; Blüten karminrosa. *N. mamillarioides* (Hook.)

Horridocactus robustus

Backbg.: Langzylindrisch; Areolen dickfilzig; Stacheln weißlich bis rötlichbraun, groß, wild; die größten Blüten der Gattung: bis 6 cm lang. *N. nidus* (Söhr.) Br. & R.: Zylindrisch; 18 Rippen; Stacheln weißlich, gelblich bis schwärzlich, dicht verflochten. *N. nigrihorrida* (Backbg.) Backbg.: Kugelig; Rippen kinnhöckerig; Stacheln schwarz bis grau. *N. rapifera* Ritt.: Kurzzylindrisch, dunkelgrün; Rippen höckerig; Areolen schwach wollig; Stacheln besenartig abstehend, gebogen, Fuß zuerst gelb, dann orangefarben, oben hell- bis dunkelbraun bis schwarz; 10–20 Rand-, mehrere Mittelstacheln; Blüten rosenrot; Frucht kugelig. Verbreitung: Mittel- und N-Chile. *N. robusta* Ritt.: Stacheln blaßbraun bis schwarz; Blüten purpurn. *N. subgibbosa* (Haw.) Br. & R. ■: Körper kugelig, später bis 1 m und mehr lang, bis 10 cm ∅, hell-, dann graugrün; Rippen bis 20, zusammengedrückt, mäßig höckrig; Areolen groß, anfangs weißwollig; Randstacheln ca. 24, derb, seitwärts gerichtet; Mittelstacheln 4, steif-pfriemlich; Stacheln hell bernsteinfarben, später dunkler mit heller Basis, z. T. rötlichbraun; Blüten ca. 4 cm lang, karminrosa. Verbreitung: Chile (bei Valparaiso). *N. villosa* (Monv.) Berg. ■: Körper länglich-zylindrisch, bis ca. 15 cm hoch, 8 cm ∅, graugrün, später violett bis schwärzlich getönt; Rippen 13–15, kinnhöckerig; Areolen weißfilzig bis -wollig; Stacheln undeutlich geschieden, zahlreich, haarartig bis feinborstig, heller oder dunkler bis schwärzlich, besonders die 4 etwas kräftigeren bis 3 cm langen, mittleren, zuweilen mit schwefelgelben, verbogenen Haarstacheln untermischt; Blüten ca. 2 cm lang, blaßrosa bis weiß. Verbreitung: Chile (Region Huasco).

Die Gattungen *Chilenia* Backbg., *Chileorebutia* Ritt. und *Hildmannia* Kreuzr. & Buin. sind heute ungültig oder überholt. Zu *Neoporteria* wird auch *Delaetia* Backbg. (siehe Seite 246) gestellt.

Horridocactus Backbg.

ist zu *Neoporteria* synonym.

Stark bestachelte chilenische Kugelkakteen. Körper einzeln, z. T. groß werdend. Blüten nicht filzig behaart, spärlich filzflockig. Röhre beborstet. Frucht hohl, basal öffnend, kaum filzig, fast kahl. Samen mattschwarz. Nach BACKEBERG 22 Arten. Verbreitung: N- und Mittel-Chile.

Horridocactus aconcaguensis (Ritt.) Backbg.: 21rippig; Areolen grau; 9–11 Rand-, 4–6(–9) Mittelstacheln, braun bis schwarz; Blüten 5 cm lang und ∅, gelbrot; Frucht rot. *H. atroviridis* (Ritt.) Backbg.: Dunkelgraugrün; Stacheln grauschwarz; Blüten karmin, hellrandig. *H. curvispinus* (Bert.) Backbg.: Stacheln kräftig, gelblich; Blüten blaßgelb. *H. robustus* Ritt. ■ (syn. *Pyrrhocactus robustus, Neochilenia robusta*): Körper meist einzeln, halbkugelig bis kurzzylindrisch, bis 20 cm ∅, dunkelgrün; Rippen 16–22, kinnförmig gehöckert; Areolen graufilzig; 10–12 Randstacheln, 1–1,5 cm lang; 4–7 Mittelstacheln, 2–3,5 cm lang; Stacheln sehr kräftig, besonders die mittleren, gerade oder gekrümmt, grau; Blüten zahlreich, groß, flach, 4,5–5,5 cm lang, weittrichterig, bis 3,5 cm ∅, gelbbräunlichrot, grünlicher Schein, stark glänzend, Rand heller, Filzspuren und feine weiße Borsten;

Röhre leicht befilzt; Staubblätter und Griffel gelblich; Frucht bis 2 cm lang, schwärzlich-rotgrün; Samen länglich, 1,5 mm lang, schwarz, fein punktiert. Verbreitung: Chile (Ocoa). *H. vallenarensis* (Ritt.) Backbg.: Graugrün; 13–25 Rippen, kinnhöckerig; Areolen weiß; Stacheln grauschwarz; Blüten bräunlichgelb, hellkarminfarbener Mittelstreifen; Frucht grünlich bis rötlich.

Islaya Backbg.

wird als eigene Gattung abgehandelt (Seite 284).

Reicheocactus Backbg.

ist ebenfalls zu *Neoporteria* synonym.
Körper tönnchenförmig. Scheitel vertieft. Rippen in sehr kleine Warzen aufgelöst. Stacheln gebogen anliegend. Blüten kurz, nicht scheitelständig, sondern aus dem oberen Körperdrittel. Ohne deutliche Röhre. Frucht seitlich öffnend. Samen mattschwarz. Ca. 3 Arten. Verbreitung: Chile.

Reicheocactus floribundus Backbg.: Körper einzeln, bläulichgrün, 6 cm ∅; 13 spiralige Rippen, gehöckert; 10–18 gelbbraune, dunkel gespitzte Stacheln; Blüten 2,5 cm lang, 1,8 cm ∅, gelb; Frucht violettrot. *R. neoreichei* (Backbg.) Backbg.: Ca. 18 Stacheln, rauhhaarig, kammförmig gestellt; Axillen wollig. *R. pseudoreicheanus* Backbg.: Selten sprossend, dunkel-grauolivgrün; ca. 40 Rippen; Areolen sehr klein, länglich, bräunlich filzig; Stacheln bis 3 mm lang, verbogen, angedrückt, gelblich; Blüten innen gelb, außen rötlich-bräunlich; Röhre borstenlos; Frucht wollig.

Neoraimondia Br. & R.

inclusive *Neocardenasia* Backbg.
Körper hoch, von unten verzweigend, kandelaberartig aufsteigend, wuchtige Säulen. Triebe dick, wenigrippig. Bei Blühreife dichtfilzige, knollig-zylindrische, meist unbestachelte, 5rippige Kurztriebe, aus Areolen entwickelnd (cephaloide Zapfen), mit bis 2 nächtlichen, z.T. auch am Vormittag geöffneten Blüten, gleichzeitig. Stacheln sind die längsten aller Kakteen (neben *Corryocactus brevistylus*), wild, besonders in der Jugend, später verkürzt oder fehlend. Blüten kurztrichterig, tellerförmig, rötlich oder weiß. Röhre kurz behaart, nach unten schwach bestachelt, beschuppt. Frucht kugeliglänglich, braunbefilzt, kurz bestachelt. Areolen bei Reife ablösend. Samen mattschwarz, punktiert. 4 Arten. Verbreitung: N-Peru bis N-Chile.

Neoraimondia arequipensis (Meyen) Backbg.: 8 Rippen; 1–7 Stacheln, elastisch, bis 25 cm lang; Blüten grünlichweiß bis rosa; Frucht purpurn. 4 Varietäten, darunter *var. gigantea* (Werd. & Backbg.) Rauh (syn. *N. macrostibas* var. *gigantea* (Werd. & Backbg.) Backbg.), größter peruanischer Kaktus und *var. roseiflora* (Werd. & Backbg.) Rauh: nur bis 2 m hoch; 5rippig; Blüten hell-rosenrot, dunkler Mittelstreifen. *N. aticensis* Rauh & Backbg. ■: Körper bis 4 m und mehr hoch; Triebe nicht parallel, eher auseinanderstrebend aufstei-

Neoraimondia aticensis

Oben: *Notocactus buenekeri*
Unten: *Notocactus crassigibbus*

gend, Spitze zuweilen verjüngt; Rippen (6–)7(–8). Von allen anderen Arten durch den spreizenden Wuchs und die sich verjüngenden Triebe abweichend. Verbreitung: S-Peru.

Neocardenasia Backbg.

Baumförmig, in 1–2 m Höhe verzweigend, stammbildend, großsäulig. Cephaloide Zapfen fehlen. Areolen erhaben. Blüten tagsüber offen, zylindrisch, rosa. Röhre lang behaart und beborstet. Frucht borstig, eiförmig. Samen dunkelbraun. Nur 1 Art: *Neocardenasia herzogiana* Backbg.: 10 m hoch; 6–7 Rippen; Areolen braunfilzig; Blühareolen kugelig; 11–14 braune Stacheln; Blüten 6–7 cm lang; Röhre nicht filzig, sondern lang beborstet. Verbreitung: Bolivien.

Neowerdermannia → *Gymnocalycium*

Normanbekea → *Pelecyphora*

Notocactus (K. Sch.) Berg.

inclusive *Brasilicactus* Backbg., *Eriocactus* Backbg. und *Malacocarpus* SD. (= *Wigginsia* D.M. Port). Körper kugelig bis kurzsäulig, selten einzeln, sprossend, kolonienbildend. Rippen zahlreich, flach quergefurcht oder Areolen zu »Rippenkanten« vereinigt. Stacheln bunt, variabel (haar- bis borstenförmig, derb, locker, zart, alle Übergänge). Blüten groß, ansehnlich, gelb, selten rötlich, scheitelnah. Narben hellrötlich bis dunkel-purpurn. Röhre und Ovarium beschuppt, dicht wollig, mit Borsten. Früchte fleischig, längsaufreißend oder dünnwandig, schlaff, z.T. hohl, unten zerfallend, verlängert, bestachelt. Samen schwarz, warzig. 16 Arten. Verbreitung: N- und S-Mittelargentinien, O-Argentinien über Uruguay bis S-Brasilien.

Notocactus apricus (Ar.) Berg.: Schwach sprossend, breitkugelig, hellgrün; Rippen 15–20; Randstacheln 18–20, borstenförmig, verbogen, gelblich-

Oben: *Notocactus herteri*
Unten: *Notocactus ottonis*

grau; Mittelstacheln 4, bis 1,5–3 cm lang, gelblich; Blüten gelb. N. buenekeri Buin. ▣: Körper kugelig, bis ca. 5 cm hoch, 6 cm ∅, kräftig grün; Rippen ca. 20, oben kurzwarzig unterteilt; Areolen grauweißlich; Randstacheln bis ca. 13, 6–23 mm lang, weißlich, nicht ganz gerade, dünn, seitlich verflochten; Mittelstacheln 5–6, farblos, dann bräunlich, bis 3 cm lang, Fuß verdickt, Spitze gerade, dann gekrümmt, später einzelne deutlich gehakt; Blüten bis 4 cm lang und ∅, glänzend goldgelb, reichlich mit dunklen Borsten besetzt; Frucht 8 mm lang, wollig und weißborstig; Samen 1 mm groß, braunschwarz. Verbreitung: S-Brasilien (Grenze zwischen Rio Grande do Sul und Santa Catarina). N. concinnus (Monv.) Berg.: Einzeln, flachrund; Rippen bis ca. 18; Areolen weißfilzig; 10–12 Randstacheln, 4 Mittelstacheln, gelblich oder bräunlich; Blüten hell- bis kanariengelb, seidig glänzend; Staubfäden äußere gelb, innere karminrot, oben gelb; Narben purpurrot. Verbreitung: S-Brasilien, Uruguay. N. crassigibbus Ritt. ▣: Körper kugelig, einzeln, grün, 5 bis 16 cm ∅; Scheitel kahl; Rippen 10–15, stumpf, stark gehöckert, 5–20 mm hoch; Areolen zwischen den Höckern, rund, weiß, 2–8 mm ∅; Stacheln blaßgelb, biegsam, meist gekrümmt; Randstacheln 7–10, anliegend, 10–25 mm lang; Mittelstachel meist 1, abwärts gerichtet, 15–30 mm lang; Blüten 5–6 cm lang, schwefelgelb, lanzettlich; Staubfäden blaß goldgelb, 1 cm lang; Staubbeutel dottergelb; Griffel blaßgelb, 2,5 cm lang, mit 11 purpurfarbenen Narben; Frucht grün, mit weißer Wolle und gelben Borsten; Samen schwarz, halbrund. Verbreitung: Brasilien (Rio Grande do Sul, Lavras). N. floricomus (Ar.) Berg.: 20rippig; Areolen weißfilzig; 20 Rand-, 4–5 Mittelstacheln, grau oder heller; Blüten gelb. 4 Varietäten (hinsichtlich der Bestachelung). N. herteri Werd. ▣: Kugelig bis etwas verlängert, bis 15 cm ∅, blaßgrün; Scheitel etwas vertieft, vereinzelt mit Wollflocken, stachellos; ca. 22 Rippen, 1 cm hoch, höckerig, Höcker fast konisch, auf ihrem Rücken die Areolen, diese rund, bis 5 mm ∅, weißwollig, später kahl, bestachelt; 8–11 Randstacheln, elastisch, nadelig, aufgerichtet, dann strah-

Oben: *Notocactus roseoluteus*
Unten: *Notocactus rutilans*

lend, ca. 1 cm lang, wenig Borsten, weiß oder braun gespitzt; 4(–6) Mittelstacheln, die 4 kräftigsten über Kreuz, die beiden seitlichen bis 2 cm lang, braun, später grau, zuweilen gezont; Blüten scheitelständig, rot bis karminpurpur; Staubblätter gelb; Narben braunrot; Frucht kugelig, behaart, schuppig; Samen kugelig, grobwarzig, schwarz. Verbreitung: Uruguay (Dept. Rivera, Cerro Galgo). *N. mammulosus* (Lem.) Berg.: Graugrün; Rippen mit Kinnhöckern; 10–15 Rand-, 3(–4) Mittelstacheln, gelblich, braun gespitzt; Blüten kanariengelb. *N. mueller-melchersii* Fric ex Buxb.: 22rippig; Areolen anfangs weißfilzig; 15–18 Randstacheln, 1 Mittelstachel, gelblichweiß, oben dunkel, Fuß rotbraun; Blüten goldgelb. *N. muricatus* (O.) Berg.: Zuweilen sprossend; 16(–20)rippig; 10–14 Rand-, 1–4 Mittelstacheln, weißlich, einer kastanienbraun bis rubinrot; Blüten schwefelgelb, Narben purpurrot. *N. ottonis* (Lehm.) Berg. ▣: Körper flachrund bis breitkugelig, 5–6(–11) cm ∅, kräftig grün; Scheitel eingesenkt, schwach filzig, stachellos; Rippen (6–)8–12, gerade, breit, gerundet, gehöckert; Areolen ca. 1 cm entfernt; Randstacheln (8–) 10–18, strahlend, nadelig, kurz, gelb; Mittelstacheln 0–3–4, kräftiger, 1–2,5 cm lang, braun, rötlichbraun, hell gespitzt; Blüten 4–6 cm lang, 3–4 Tage blühend, tief glänzend gelb bis dunkelgelb; Staubfäden unten karminrot; Griffel hellgelb, Narben rot. *N. roseoluteus* Van Vliet ▣: Körper kugelig, bis 18 cm ∅ und hoch, kupfergrün; Scheitel weißwollig, durchsetzt mit Stacheln der neuen Areolen; Rippen 15–18, 3seitig, starke runde Höcker zwischen den Areolen; diese eingesenkt, 5 mm ∅, rund, anfangs weißwollig; Randstacheln bis ca. 8, bis 15 mm lang, meist kürzer, mit braunem Fuß und brauner Spitze; Mittelstacheln 4, über Kreuz, teils abgeplattet, der stärkste nach unten gerichtet, bis 3 cm lang; alle Stacheln hellbraun; Blüten glockenförmig, bis 8 cm ∅, glänzend hell salmfarbig mit dunklerem Mittelstreifen, am Grund der Blüte hellgelb, außen mit lila bis lilabraunen Schuppen bekleidet; Griffel hellgelb mit 9 salmfarbenen Narben; Frucht beerenähnlich, lichtgrün bis hellrosa; Samen helmförmig. Verbrei-

Oben: *Notocactus scopa*
Unten: *Notocactus tabularis*

Rechte Seite: *Notocactus uebelmannianus*

tung: Uruguay (nahe Tranqueras). N. rutilans Dän. & Krainz ▣: Körper kugelig bis verlängert, ca. 5 cm hoch, mattgrün; Rippen (18–)24, spiralig, kinnförmig gehöckert; Areolen anfangs weißwollig; Randstacheln 14–16, seitlich strahlend, steif, stechend, bis 5 mm lang, unten weißlich, braunrot gespitzt, später gelblich bis grau; Mittelstacheln 2, der untere der stärkste, bis 7 mm lang, gerade oder nach unten gerichtet, leuchtend braunrot, der obere dünner und kürzer; Blüten scheitelnah, 3–4 cm lang, bis 6 cm breit, trichterig, rosakarmin, Schlund heller schillernd dottergelb bis ganz unten fast gelbweiß; Griffel 12 mm lang, Narben purpurn, manchmal gelb; Frucht 15 mm lang. N. scopa (Spreng.) Berg. ▣: Körper kugelig, später zylindrisch bis einfach säulig, sprossend, oben abgerundet, frischgrün, 10–15 cm hoch, 4–6 cm breit (in Kultur), von feinen Stacheln verhüllt; Scheitel vertieft, weißfilzig, von aufrechten Stacheln überragt; Rippen 30–35, gerade, niedrig, schmal, stumpf, schwach gehökkert; Areolen rund, anfangs weißwollig; bis 40 und mehr Randstacheln, bis 7 mm lang, schräg nach oben, dünn, spröd, wenig stechend, weiß oder glashell; Mittelstacheln 3–4, länger, kräftiger, gerade, hellrot, rötlich, braunrot, braun bis schwarz, auch bis weiß; Blüten scheitelnah, zu mehreren, ca. 2(–4) cm lang und Ø, kurztrichterig, hell- bis schwefelgelb; Staubblätter gelb; Griffel und 10–12 Narben purpurrot; Frucht kugelig, braunfilzig, bestachelt; Samen rund, schwarz. N. submammulosus var. pampeanus (Speg.) Backbg.: Glänzend dunkelgrün; 13rippig; 5–10 Rand-, 2(–3) Mittelstacheln, blaß hornfarben; Blüten gelb, Narben purpurn. N. tabularis (Cels. ex K. Sch.) Berg. ▣: Körper einzeln, flachkugelig, bis ca. 8 cm Ø, blaugrün; Rippen 16–23, niedrig, stumpf; Areolen 4–5 mm entfernt; Randstacheln 16–18, bis 1 cm lang, dünnadelig, spreizend, wasserhell; Mittelstacheln 4, über Kreuz, der obere bis ca. 1,2 cm lang, leicht gebogen, die anderen kürzer, weiß, braun gespitzt; Blüten zahlreich, nur 6 cm lang; Petalen linealisch, glänzend gelb; Narben karminrot. Verbreitung: Uruguay. N. uebelmannianus Buin. ▣: Körper flachkugelig, bis

Oben: *Notocactus graessneri*
Unten: *Notocactus haselbergii*

18 cm ∅, bis 12 cm hoch, einzeln, selten verzweigend, glänzend dunkelgrün; Rippen 12–16, sehr abgeflacht, dick, bis 3,5 cm breit, rund, stark gehöckert, rundliche, kinnartig vorgewulstete Hökker; Areolen schmutzigweiß wollig, dann kahl; Stacheln 6 randständig, ungleich lang, nicht stechend, angepreßt, einer 3 cm lang und nach abwärts zeigend, weißlich; Blüten scheitelnah, sehr groß, 4 cm lang, 5 cm ∅, trichterig, glänzend weinrot, blutrot bis violettrot; Fruchtknoten und Röhre beschuppt, beborstet, braunwollig; Frucht behaart, reif trokken; Samen klein, schwarz. Verbreitung: Brasilien (Rio Grande do Sul). *N. werdermannianus* Hert.: Kugelig; Rippen ca. 40; Randstacheln ca. 16, Mittelstacheln 4, gelblichweiß; Blüten schwefelgelb; Narben hellpurpurn. Außer den bereits genannten *N. herteri* Werd. (identisch mit *N. rubriflorus* Kol.) und *N. uebelmannianus* Buin. blüht noch rot *N. purpureus* Ritt.

Brasilicactus Backbg.

ist mit der Gattung *Notocactus* vereinigt.
Körper kugelig bis zylindrisch, einzeln. Scheitel vertieft. Stacheln dicht, fein, borstig, kurz, dünn, steif, weiß oder gelb. Blüten bestachelt, kleiner (als bei *Notocactus*), zahlreich im Scheitel. Röhre sehr kurz, bestachelt, selbstfertil. Früchte klein, rund, fleischig, stärker bestachelt. 2 Arten. Verbreitung: S-Brasilien (Rio Grande do Sul) und N-Uruguay.

Notocactus (Brasilicactus) graessneri (K. Sch.) Backbg. ▣: Körper kugelig, bis 10 cm hoch und meist etwas breiter; lichtzugewandter Scheitel; Rippen 50–60, in kleine Höcker zerlegt; Stacheln zahlreich, bis 60 in den Areolen, bis 2 cm lang, darunter 5–6 mittlere unterscheidbar, etwas kräftiger, dunkler, sonst alle gelbbraun oder dunkelgoldgelb; Blüten 1,8 cm lang, grünlichgelb bis hellgrün. Verbreitung: S-Brasilien. var. *flaviflorus* Backbg. blüht rein gelb. *N. (B.) haselbergii* Hge. ▣: Körper flachkugelig, hellgrün, 10–15 cm hoch, etwas breiter, gelblichweiße Borstenstacheln verhüllen; Scheitel lichtseitig geneigt; Rippen 30 und mehr, klein gehök-

Oben: *Notocactus leninghausii*
Unten: *Notocactus magnificus*

kert; Areolen rund, anfangs weißfilzig, dicht bestachelt; Randstacheln über 20, nadelig, fein, stechend, gelblichweiß, ca. 1 cm lang; Mittelstacheln ca. 4, gelblich, anliegend; Blüten scheitelnah, zahlreich, kurztrichterig, bis 1,5 cm lang, feuerrot, rotorange bis gelbrot; Staubblätter und Griffel gelb, 6 Narben dunkler; Frucht rund, stachelig, grün, dann gelb; Samen schwarz, grobwarzig. Verbreitung: S-Brasilien.

Eriocactus Backbg.

gehört heute ebenfalls zu *Notocactus.*
Körper säulig, später z.T. am Grunde sprossend, kolonienbildend. Scheitel schräg (zur Seite des längsten Lichteinfalls hin), vertieft, wollig. Rippen zahlreich. Blüten groß, breittrichterig. Röhre kurz, braun bewollt. Früchte kugelige Beeren, basal öffnend. Samen zahlreich, klein, braun. Narben nie rot. 3(–4) Arten. Verbreitung: Paraguay, S-Brasilien.

Notocactus (Eriocactus) leninghausii Hge. jr. ▣: Breitkugelig, später zylindrisch, niederliegend, basal sprossend, gruppenbildend, bis ca. 1 m lang, 10 cm ∅, frischgrün; Scheitel auffällig und zunehmend lichtseitig schief, weißwollig, schopfartig goldgelb bis bräunlich bestachelt; Rippen bis 30; Areolen weißfilzig, später kahl; Randstacheln bis 15(–20 und mehr), abspreizend, dünn, borstig, weiß- bis goldgelb, bald vergraut, 5–10 mm lang; 3–4 Mittelstacheln, bis 4 cm lang, kräftiger, borstig, rückwärts zeigend, goldgelb bis gelbbraun; Blüten scheitelnah, sehr groß, 4 cm lang, bis 5 cm ∅, außen gelbgrün bis grünlich, innen zitronengelb, mattglänzend; Frucht weißwollig; Samen sehr zahlreich, klein, braunrot. *N. (E.) magnificus* (Ritt.) Krainz. ▣: Einzeln, später sprossend, kugelig, 7–15 cm ∅, blaugrün; Scheitel wenig genabelt, schief, später weißwollig; Rippen 11–15(–20), schmalkantig, schwach gehöckert; Areolen mit weißem verbindendem Wollfilz; Randborsten bzw. -haare zahlreich, weiß; Mittelstacheln 12–15, nadelig, weich, goldgelb, strahlend; Blüten sehr groß, 5,5 cm lang

Oben: *Notocactus buiningii*
Unten: *Notocactus corynodes*

und ∅, gelb, tagblühend; Frucht blaßrot; Samen rotbraun, feinwarzig. Verbreitung: S-Brasilien (Rio Grande do Sul). *N. (E.) schumannianus* Nic.: Bis über 1 m hoch, sprossend; Rippen über 30, schmal; Stacheln 4–7(–10), gelblich bis bräunlich, auch geringelt, gerade; Blüten gelb, sehr groß; Frucht fest.

Malacocarpus SD

(= *Wigginsia* D.M. Port.) wird in *Notocactus* eingegliedert.
Körper meist einzeln, anfangs breitrund, später kugelig, selten verlängert. Scheitel mit Wollschopf. Blüten kurz, gelb. Röhre stark bewollt. Griffel und Narben rot. Frucht weich. 15 Arten. Verbreitung: Brasilien, Uruguay, Argentinien, Kolumbien.

Notocactus (Malacocarpus) arechavaletai (K. Sch. ex Speg.) Berg.: Rippen 13–21; 9 Rand-, 1(–4) Mittelstacheln, hell bis braunschwarz; Blüten goldgelb. *N. (M.) buiningii* Buxb. ▣: Körper flachkugelig, einfach, bis 8 cm hoch, 12 cm ∅, hell grasgrün; Scheitel nicht wollig; Rippen ca. 16, etwa 2 cm hoch, scharfkantig gehöckert; Areolen anfangs länglich, 3–7 mm groß, weißwollig, bald kahl; Stacheln 4, kreuzförmig, mit Nebenstacheln; Stacheln an der Spitze glasartig, gelblich, Basis verdickt und dunkelbraun; Blüten 7 cm lang, 8 cm ∅. Röhre braunwollig; Staubfäden gelb; Griffel 25 mm lang, 9 rote Narben; Samen glockenförmig, mattschwarz, kleinwarzig. Verbreitung: Uruguay. *N. (M.) corynodes* (O. ex Pfeiff.) SD. ▣ (syn. *Echinocactus corynodes*): Körper einzeln, kugelig bis zylindrisch, bis 20 (und mehr) cm hoch, 10–15 cm ∅, dunkelgrün; Scheitel stark wollig; Rippen 13–16, seicht quergebuchtet, scharfkantig, gerippt, knotig; Areolen anfangs mit schmutzigweißem Filz; 7–12 Randstacheln, 3 unterste bis 2 cm lang, schmutziggelb, teilweise geringelt, leicht gebogen; Mittelstachel fehlt oder 1, etwas länger; Blüten scheitelständig, mehrere gleichzeitig, bis 5 cm lang und ∅; Röhre kurz, wollig, schuppig, borstig, außen grünlichgelb, innen chrom- bis kanariengelb, spitz gezähnelt, mit langer Grannenspitze; Griffel und Narben rot; Frucht länglich, schmutzigrot bis rosa. Verbreitung: S-Brasilien (Rio Grande do Sul), Uruguay, Argentinien (bis Rio Negro). *N. (M.) erinaceus* (Haw.) Berg.: 15–20rippig; Stacheln braun. *N. (M.) sellowii* K. Sch. (syn. *Malacocarpus tephracanthus* (Lk. & O.) K. Sch.): Halbkugelig, graugrün; Scheitel mit reichem Wollfilz; Rippen 16–18(–20), scharfkantig; Randstacheln 5–7, Mittelstachel oft erst später 1, alle hornfarben; Blüten kanariengelb; eine sehr variable Art! Verbreitung: S-Brasilien, Uruguay, Argentinien. *N. (M.) sessiliflorus* (Mackie) Backbg.: Graugrün; Rippen über 30; Stacheln 3–4(–5), hornfarbig bis weiß.

Nyctocereus (Berg.) Br. & R.

Körper dünntriebig, aufrecht, anlehnend bis niederliegend, mit 'Wandersprossen'. Scheitelzone verdickt. Rippen schmal, niedrig. Stacheln dünnadelig. Blüten weiß, groß, nächtlich (daher der Name 'Nachtkaktus'). Blütenhülle breit, trichterig. Röhre und Ovarium borstenfein und stechend bestachelt. Früchte fleischig, bestachelt oder borstig. Samen sehr groß, schwarz. 7 Arten. Verbreitung: Mexiko, Guatemala, Nicaragua.

Nyctocereus chontalensis Alex.: Liegend, überhängend; Triebe bis 40 cm lang, 5 cm ∅, 5–6rippig; 5–7 Rand-, 1–4 Mittelstacheln, schwarzbraun; Blüten duftend. *N. guatemalensis* Br. & R.: Aufsteigend, kriechend; Triebe 3–6 cm ∅; 8–12 Rippen; ca. 10 Rand-, 3–6 Mittelstacheln. *N. serpentinus* (Lag. & Rodr.) Br. & R.: Hängend, kriechend, bis 3 m lang; 10–13 Rippen; ca. 12 Stacheln, rosa, weißlich bis bräunlich, dunkelspitzig; Blüten außen rotgrün, Mitte karminrosa, innen weiß; Frucht rot.

Obregonia Fric

Körper breitrund, grau- bis dunkelgrün, bis 12 cm ∅. Warzen blattartig, zu dicken, scharfkantigen Schuppen umgebildet, flaches Oberteil nach außen

Obregonia denegrii

gekrümmt, unten gekielt, dreieckig, am Grunde bis 2,5 cm breit, bis 1,5 cm lang. Areolen weißwollig, dann kahl. Stacheln 2–4, bis 1,5 cm lang, weich, abfallend. Blüten mäßig groß, ca. 2,5 cm ∅, zentral, weiß bis hellrosa. Röhre kahl. Früchte keulig, kahl, basal öffnend, fleischig, weiß. Samen schwarz. Nur 1 Art: *Obregonia denegrii* Fric ▣. Verbreitung: NO-Mexiko (Tamaulipas, San Vicente bei Ciudad Victoria).

Oehmea → Mammillaria

Oreocereus (Berg.) Ricc.

Körper säulig oder schlanktriebig strauchig, niedrige Gruppen bildend, dichte Kolonien. Stark wollig behaart. Areolen mit langen, derben Stacheln. Blüten scheitelnah oder seitlich (bei *Oreocereus trollii* (Kupp.) Backbg.), schiefsaumig. Röhre lang, zylindrisch. Frucht hohl, gelbgrün, rund, basal öffnend. Samen groß, mattschwarz. 6 Arten. Verbreitung: N-Argentinien, Bolivien, N-Chile und S-Peru.

Oben: *Oreocereus celsianus*
Unten: *Oreocereus trollii*

Oreocereus celsianus (Berg.) Ricc. ■ (syn. *O. neocelsianus* Backbg.): Körper 1–3 m hoch, hell- bis dunkler oder graugrün, basal verzweigend; Triebe 8–12 cm dick; Rippen 10–17, stumpf, um die Areolen geschwollen; Areolenhaare strähnig dicht verflochten, grauweiß, selten oben bräunlich, bis 5 cm lang; Areolen groß; Randstacheln ca. 9, steifpfriemlich, bis 2 cm lang; Mittelstacheln 1–4, kräftiger, bis 8 cm lang, verschieden gefärbt (gelblich bis bräunlichrot); Blüten bis 9 cm lang, trübrosa. Verbreitung: S-Bolivien bis N-Argentinien (bis Humahuaca). *O. fossulatus* (Lab.) Backbg. ■: bis 2 m hoch, locker, auch seitlich verzweigt; Triebe bis ca. 8 cm ∅; Rippen 11–14; Haare strähnig; Areolen anfangs dickfilzig; Randstacheln bis ca. 16; Mittelstacheln 1–4, bis 4 cm lang, gelblich bis bräunlich, oder mit dunklem Fuß; Blüten violettrötlich. *O. hendriksenianus* Backbg.: Bis 1 m hoch; Triebe bis 10 cm ∅; Haare strähnig, dicht verwoben, im Scheitel kaffeebraun (oder weiß, gelblich, rotbraun oder schwarz); ca. 10 Rippen; Areolen gelb- bis schwarzgrau filzig; 8–9 Rand-, (1–)4 Mittelstacheln, hornfarben; Blüten karminrot. *O. maximus* Backbg.: Gruppenbildend, über 3 m hoch; Triebe wenige, 20 cm ∅; Haare kräuselig; Areolen dick braunfilzig; Stacheln gerade oder gebogen, derb, hellgelb bis orangebraun; Blüten trübrosa. *O. ritteri* Cullm. (nach Backeberg wohl identisch mit *O. hendriksenianus* var. *densilanatus* Rauh & Backbg.): 1–2 m hoch; Triebe bis 10 cm ∅; Haare strähnig dicht verwoben, schneeweiß, verhüllend, besonders in Scheitelnähe reichlich; Rippen ca. 10, höckerig; Areolen anfangs gelblich, dann schwarzgrau filzig, mit langzottigen, weißen Haaren; ca. 8–9 Randstacheln, fein, borstig, (1–)4 Mittelstacheln, leicht gebogen, gelblichweiß; Blüten karminrot bis -violett, schönste der Gattung! *O. trollii* (Kupp.) Backbg. ■: Körper niedrig (kleinste Art der Gattung!), basal und locker verzweigende Gruppen, selten höher als 60 cm; Triebe dick; Rippen 15–25, niedrig; Areolenhaare sehr dicht, fein, weiß bis bräunlich, bis 7 cm lang; Stacheln schwer trennbar: 10–15 fast borstenfeine randständige, pfriemlich, 1

Oben: *Oreocereus fossulatus*
Unten: *Oroya peruviana*

bis mehrere mittlere, derbpfriemlich, anfangs leuchtend braunrot, später gelb bis rotbraun; Blüten ca. 4 cm lang, 1 cm ∅, rosa- bis karminrot, innen bläulich-karmin schimmernd. Verbreitung: N-Argentinien (Grenzgebiet Humahuaca und nördlich). O. variicolor Backbg.: Körper aufrecht-säulig, mäßig verzweigt, große Gruppen, bis 1,2 m hoch; Triebe basal entstehend; Rippen ca. 12, gerundet; Areolen groß, braunweiß, wenig behaart; Randstacheln ca. 15, verschieden stark; Mittelstacheln (1–)4, viel länger, starkpfriemlich, fast weiß bis dunkelblutrot; Blüten ca. 6 cm lang, rot. Verbreitung: N-Chile.

Oroya Br. & R.

Körper kugelig, einzeln, bis 25–30 cm ∅, manchmal sprossend, tief in der Erde sitzend. Vielrippig. Stachelfarbe und -form variabel, dicht. Blüten klein, rosa, rot oder gelb, äußere Perigonblätter abspreizend, innere zusammenneigend. Ovarium und Frucht mit Filzspuren. Früchte klein, hohl, basal öffnend. Samen matt-schwarz. 2 Arten. Verbreitung: Peru (Hochanden).

Oroya borchersii (Böd.) Backbg.: Rippen ca. 30; Areolen hellbraun; 15–25 Rand-, 1–3(–5) Mittelstacheln, bernsteingelb; Blüten zitronengelb; Frucht gelblichgrün. O. peruviana (K. Sch.) Br. & R. ▣: Körper flachkugelig, bis ca. 14 cm ∅, bläulichgrün; Rippen ca. 18–21, erst in höckerige Mamillen aufgelöst, später Querbuchtungen zwischen den Areolen, darunter oft mehr oder weniger kinnartig-wulstig; Areolen bis über 1 cm lang, weiß; Randstacheln ca. 15–20, kammartig geteilt, spreizend; Mittelstacheln 4–5, pfriemlich, bis ca. 2 cm lang; Stacheln rötlichbraun, am Grund meist schwarz; Blüten sehr zahlreich, scheitelnah, bis 2,5 cm lang, 2,2 cm ∅, hellkarmin- bis zinnoberrot, innen bzw. unten weißlich bis gelblich; Frucht rötlichgelb, kahl. Verbreitung: Mittelperu.
Alle in den verschiedenen Rottönen (meist blaß- oder hellkarminrot bis zinnoberrot, nach innen gelblich) blühenden Arten (z.B. O. subocculta

Oben: *Pachycereus pecten-aboriginum*
Unten: *Pachycereus pringlei*

Rauh & Backbg., var. *albispina* Rauh & Backbg., var. *fusca* Rauh & Backbg., *O. neoperuviana* Backbg., *O. laxiareolata* Rauh & Backbg.) sind nach RAUH der sehr variablen *O. peruviana* (K. Sch.) Br. & R. einzugliedern.

Ortegocactus → *Mammillaria*

Pachycereus (Berg.) Br. & R.

inclusive *Mitrocereus* (Web.) Backbg. und *Marginatocereus* Backbg.
Körper groß, sehr stark und säulig, z. T. stammbildend, sonst tief, aber immer mäßig verzweigend, baumförmig. Triebe aufsteigend, säulig. Jugend- und Altersformen unterschiedlich bestachelt. Blüten glockig bis trichterig, tagblütig. Röhre derb, dicht beschuppt. Ovarium stärker bewollt, mehr oder weniger borstig und filzig. Frucht dicht und lang oder fein und kurz bestachelt, filzig, oft zur Reife abfallend, oben öffnend, trocken, sehr groß. Samen mattschwarz, groß. 7 Arten. Verbreitung: Mexiko.

Pachycereus grandis Rose: Riesig, über 10 m hoch; Triebe blaßgrün; 9–11 Rippen, hoch, scharf; 9–10 Rand-, 3 Mittelstacheln, pfriemlich, grau bis weiß, schwarzspitzig, in Blühzone nadelig bis borstig. *P. pecten-aboriginum* (Eng.) Br. & R. ■: Körper baumförmig, (5–)10 m hoch, mit Stamm, 1–2 m lang, 30 cm ∅; Triebe steilschräg aufsteigend, stark; Rippen 10–11; Areolen schildförmig, zeitweilig durch ein Filzband verbunden; anfangs 8 Randstacheln, bis 1 cm lang, pfriemlich, 1 Mittelstachel, seitlich zusammengedrückt, bis 3 cm lang, meist kürzer, ca. 1 cm lang, im Scheitel alle dunkel, bald weißgrau und schwarzspitzig, in der Blütenzone zu goldbraunen, bis 2,5 cm langen Borstenbüscheln verändert; Blüten bis 8,5 cm lang, reinweiß; Röhre und Ovarium mit längeren, abstehenden Schuppen, schwarz auftrocknend; Ovarium stärker gelbwollig, z. T. schon mit kleinen Borsten; Frucht bis 7,5 cm ∅, mit gelbem Filz und gelben, steifen, bis 6 cm langen Borsten dicht besetzt; Samen blank,

Pachycereus marginatus

6 mm groß. Verbreitung: Mexiko (Sonora bis zum Golf von Tehuantepec). Die Frucht wurde früher bei den Indios als Kammersatz benutzt; daher der Artname »Kamm der Eingeborenen«. *P. pringlei* (S. Wats.) Br. & R. ▣ (syn. *Cereus pringlei* S. Wats.): Körper meist baumförmig, bis 12 m hoch, mit 1–2 m hohem, 60 cm dickem Stamm, zuletzt holzig und kahl; Triebe schräg aufsteigend, sehr stark, bogig-reifig zu Anfang; Rippen (11–)13(–17); Areolen (besonders die blühbereiten) groß, in der Blütenzone zusammenfließend, anfangs durch ein Filzband verbunden; Stacheln weiß mit schwarzen Spitzen, schwer trennbar, ca. 20, überwiegend bis ca. 2 cm lang, kräftig, später z.T. bis 12 cm lang, ganz schwarz, in der Blütenzone abfallend oder weitgehend fehlend; Blüten glockig-trichterig, bis 8 cm lang, weiß; Röhre und Ovarium stärker gelbfilzig, kaum bestachelt; Frucht kugelig, mit kurzstacheligen Areolen, filzig, trocken; Samen mit fleischigen Strängen. Verbreitung: Mexiko (Sonora bis Nayarit in Küstennähe, Niederkalifornien und benachbarte Inseln). *P. weberi* (Coult.) Backbg.: Baumförmig, über 10 m hoch; Stamm 1 m lang; Triebe bereift, dunkelblaugrün, regelmäßig abgeschnürt; 6–12 Randstacheln, 1 Mittelstachel, dunkelrotbraun bis schwärzlich; Blüten bis 10 cm lang, gelbweiß.

Pachycereus ruficeps (Web.) Br. & R. und *P. chrysomallus* sensu Br. & R. (syn. *Mitrocereus fulviceps* (Web.) Backbg., *Pachycereus columna-trajani* sensu Daws.) sind nach Backeberg in die Gattung *Mitrocereus* (Backbg.) Backbg. einzuordnen (siehe Seite 317).

Marginatocereus (Backbg.) Backbg.

Wird auch als synonym zu *Pachycereus* gestellt. Große Säulenkakteen, 3–7 m hoch, unverzweigt, aber auch mit Stamm, 1,5 m hoch, 30 cm ∅, dunkelgraugrün. Triebe senkrecht aufragend, in der Kultur basal verzweigt, bis 7 m lang, bis 15 cm ∅. Rippen 5–6(–7), schmalkantig, später breit, gerundet. Areolen fast perlenkettenartig zusammenfließend, braunfilzig. Stacheln bis 9, sehr kurz, bald ganz unauffällig oder abfallend. Mittelstacheln kaum zu unterscheiden, konisch, steif, dunkelrötlich. Blüten seitlich, einzeln oder zu zweien (auch 3?) gleichzeitig, bis 5 cm lang, ca. 3 cm ∅, derb, kurzzylindrisch, nächtlich, weiß oder rosenrot, Saum in der Hochblüte leicht umgebogen, kurz befilzt. Röhre vereinzelt weiß beborstet. Früchte ca. 4 cm ∅, glänzend, steifborstig, kugelig, stark gehöckert. Samen mittelgroß, schwarz, schwach glänzend. Monotypische Gattung: *Pachycereus (Marginatocereus) marginatus* (DC.) Br. & R ▣. Verbreitung: Mexiko (Hidalgo, Querétaro, Guanajuato, Oaxaca).

Backeberg trennt zwei Varietäten vom Typus ab: var. *gemmatus* Backbg.: anfangs hellere Körperfarbe; mehr oder weniger weißfilzige Areolen; Stacheln ca. 10, borstig-elastisch, mehr oder weniger aufgerichtet, besonders am Scheitel lang, anfangs hell bis bräunlich, Blüte nur mehr ca. 3 cm lang, rosa; Röhre stärker beborstet. var. *oaxacensis* Backbg.: Areolen länglich, durch Zwischenräume getrennt stehend, nicht zusammenfließend, weniger filzig als beim Typus.

Parodia Speg.

Die schönsten und farbenprächtigsten südamerikanischen Kugelkakteen! Körper kugelig bis langgestreckt, klein, einzeln oder sprossend und kolonienbildend. Rippen spiralig, fortlaufend oder in Warzen aufgelöst. Bestachelung unterschiedlich stark, geformt und gefärbt. Mittelstacheln manchmal hakig, gebogen oder gerade, oft stark verlängert. Blüten mehrere in Scheitelnähe, meist wundervoll gefärbt (rot, orange, gelb), glockig-trichterig, tagblütig. Röhre kurz, zierlich beschuppt, wollig, oben mit oder ohne Borsten. Ovarium spärlich wollig. Früchte dünnhäutig, klein, fleischig oder trocken, basal öffnend oder zerfallend. Samen hell und sehr fein oder größer und schwarz. Weit über 80 Arten. Verbreitung: Bolivien bis N-Argentinien, Paraguay, Mittel- bis S-Brasilien.

Parodia alacriportana Backbg. & Voll: Kugelig; 23 Rippen; ca. 20 weiße Rand-, 4–7 gelbe Mittelstacheln, 1 hakig, 1 cm lang; Blüten mittelgroß, gelb. *P. aureicentra* Backbg.: Kurzzylindrisch, gruppenbildend; 13–15 Rippen, warzig; Areolen anfangs weißwollig; ca. 40 weiße, feine Rand- und 6–10 derbe, dunkelgelbbraune Mittelstacheln, z.T. hakig; Blüten hell-blutrot, 4 cm ∅. *P. brevihamata* W. Hge.: Kugelig, zierlich; Warzenreihen; Areolen weißgelblich; ca. 16 gelblichweiße Rand-, 4–6 dunkelrote bis braunrote Mittelstacheln, 1 gehakt; Blüten goldgelb. *P. catamarcensis* var. *rubriflorens* Backbg.: Kugelig; Rippen in Warzen aufgelöst; ca. 10 weiße, feine Randstacheln, 1 gehakter, fleischfarbener Mittelstachel; Blüten rot. *P. chrysacanthion* (K. Sch.) Backbg. ▣: Körper flachgedrückt, breitkugelig bis stärker verlängert, einzeln, bis 12 cm hoch, ca. 10 cm breit, matt hellgrün; Scheitel

Linke Seite: *Parodia chrysacanthion*

Oben: *Parodia mairanana*
Unten: *Parodia mutabilis*

vertieft, stark gelbwollig, von goldgelben bis goldbraunen Stacheln überragt; Rippen 20 bis ca. 24, höckerig aufgelöst; Warzen spiralig angeordnet, kegelförmig, 3–5 mm hoch, an der Spitze gerundet; Areolen klein, rund, anfangs weißwollig; Randstacheln 30–40, borstig, stechend, gerade, weißlichgelb; Mittelstacheln länger, 2–3 cm lang, gerade, gold- oder braungelb; Blüten scheitelnah, klein, bis 2 cm lang, trichterig-glockig, oben weiter öffnend, goldgelb, Schlund oft trübrot; Frucht eiförmig, glatt, klein; Samen nicht sehr fein, braunschwarz, feingehöckert. Verbreitung: N-Argentinien (Prov. Jujuy, an der Straße nach Bolivien). *P. comarapana* Card.: Kugelig; höckerige Rippen; Areolen weißlich; Stacheln gelb, bräunlich gespitzt; Blüten orangegelb. *P. comosa* Ritt.: Kurzzylindrisch; 8–12 gerundete Rippen; 14–18 weiße Rand-, 6–9 braune Mittelstacheln; Blüten gold- bis ockergelb. *P. compressa* Ritt.: Kurzzylindrisch; 14–22 Rippen; Areolen weiß; Stacheln kräftig, grauviolett-rot, gerade bis leicht gebogen; Blüten blaß-zinnoberrot bis weiß. *P. dichroacantha* Brandt & Wesk.: Halbkugelig; Scheitel leicht eingesenkt, weißwollig; Rippen 13, spiralig in Höcker unterteilt; Randstacheln (9–)10, braunrot bis weiß; Mittelstachel 1, gehakt; Blüten leuchtend rot, außen mit schwachem, violettem Mittelstreifen. *P. faustiana* Backbg.: Einzeln; Rippen spiralige Warzenreihen; ca. 20 borstige, grauweiße Rand-, (3–)4 kräftige, gerade, dunkelbraune Mittelstacheln; Blüten außen scharlachrot, innen goldgelb. *P. maassii* (Heese) Berg.: Kurzzylindrisch; Scheitel weißwollig; Rippen 13–21, spiralig; Areolen anfangs weißwollig; 8–15 hellgelbe, ca. 1 cm lange Rand-, 4 (unterste 3–7 cm lang!) gekrümmte, hakige, hellbraune Mittelstacheln; Blüten kupfrig gelbrot. *P. mairanana* Card. ■: Kugelig bis breitrund, klein; Einzelkopf bis 5 cm ∅, 4 cm hoch, bald hochseitlich sprossend, frischgrün bis olivgraugrün; Scheitel eingesenkt, wollig, mit aufrecht stehenden, gelben, steifen, bis 10 mm langen Stacheln; 13–14 Rippen, 5 mm hoch, 10–12 mm breit, warzig gehöckert; Areolen rund, 3 mm ∅, vortretend, graufilzig bis hellbräunlichweiß; Randsta-

Oben: *Parodia nivosa*
Unten: *Parodia penicillata*

cheln 9–14, anliegend, nadelig, 3–8 mm lang, ein längster 1,2 cm lang, hellbräunlich, dann weißlich; Mittelstacheln bis 2 cm lang, wenn meist 1, dann nicht hakig, wenn später 2–3, dann 1 hakig, manchmal auch alle leicht gebogen, basal verdickt, blaßgelb, z.T. braun gespitzt; Blüten aus weißer Scheitelwolle, kurztrichterig, 3–3,5 cm lang, (1–)2 cm breit, glänzend goldorange bis dunkelorangegelb, z.T. mit feiner rötlicher Mittellinie, schwachrot gespitzt; Frucht länglich, magentarot bis bräunlich, wenig beschuppt; Samen dunkelbraun, 1 mm groß. Verbreitung: Bolivien (Prov. Florida; Dept. Santa Cruz). P. mutabilis Backbg. ▣: Körper kugelig, bis 8 cm hoch und ∅, einzeln; Rippen warzig aufgelöst; Warzen spiralig stehend; Areolen klein, rundlich; Randborsten bis ca. 50, fein, haarartig, weiß; Mittelstacheln 4, kräftig, einer bis 1,2 cm lang und hakig, gelb, fleischfarben, rot bis orangebraun; Stacheln variabel; Blüten scheitelnah, groß, bis über 3 cm ∅, trichterig, hell- bis goldgelb, orangegelb, Schlund weiß oder rosa; Knospen schuppig behaart und borstig; Samen fein, braun. Viele Tage blühend. P. nivosa (Fric) Backbg. ▣: Körper kugelig, später länglich, bis 15 cm hoch, 8 cm ∅, wurzelecht viel kleiner bleibend, z.T. flach, hellgrün; Scheitel dicht weißwollig; Rippen spiralig angeordnet, mit Warzen, kegelig, mit anfangs dicht weißwolligen Areolen; Randborsten zahlreich, schneeweiß, fein; Mittelstacheln 4, derber, gerade, dünn, weiß; Blüten scheitelnah, trichterig, 3 cm lang und (bis 5 cm) breit, kadmiumrot, feuer- bis hellblutrot, leichter Stich ins Orange (auch gelbblühende Formen bekannt); Fruchtknoten beborstet, weiß behaart; ebenso Röhre; Staubblätter zum Griffel zusammengeneigt; Staubfäden gelblich bis hellorange; Staubbeutel, Griffel und Narben weißlich; Frucht klein; Samen kugelig, klein, hellbraun, sehr zahlreich. P. penicillata Fechs. & v.d. Steeg ▣: Körper bis 12 cm ∅, später bis 70 cm lang, oft hängend, frischgrün; Rippen 17, spiralig, in Warzen aufgelöst; Areolen deutlich wollig; Randstacheln ca. 40, dünn, anliegend; Übergangsstacheln ca. 8; Mittelstacheln schwer trennbar, aber ca.

Oben: *Parodia procera*
Unten: *Parodia sanguiniflora*

15–20 mittlere, sehr dünn, einzelne etwas länger, 4–5 cm lang; Stacheln lang und dicht, gelb bis gelbweiß oder z.T. auch fast farblos; Blüten ziemlich klein, etwas glockig, orange bis zinnoberrot. Verbreitung: Argentinien (Salta, Cafayate). *P. procera* Ritt. ▣: Körper 3–5 cm ∅, 30 (–50) cm lang, abweichend; Scheitel weißwollig; Rippen (10–)13, 7–12 mm hoch; Areolen 2,5–5 mm entfernt; Randstacheln ca. 7–9, 7–15 mm lang, haarfein, weiß, Spitzen mitunter braun; Mittelstacheln 4, über Kreuz, 1,5–2 cm lang, kastanienbraun oder heller, der unterste mitunter hakig; Blüten bis 3 cm lang, zitronengelb; Petalen an der Spitze ockergelb; Röhre blaßgrün, unten weißhaarig, oben mit braunen Haaren und Borsten; Frucht bis 8 mm ∅, lang weißwollig; Samen 0,5 mm lang, 1,3 mm breit, halb glänzend, Verbreitung: Bolivien (Dept. Chuquisaca, Prov. Süd-Cinti, Mündungsgebiet des Rio Challamarca). *P. ritteri* Buin.: Säulig; 15–21 warzig gehöckerte Rippen; Areolen weißlichbraun; 10–14 Rand-, 1–4 Mittelstacheln, rosa, unten weiß; Blüten blut- bis bräunlichrot, Rand gelblich. *P. rubriflora* Backbg.: Breitrund; Rippen ca. 19 spiralige Warzenreihen; Randstacheln bis ca. 20, borstenfein, weiß; Mittelstacheln 4, 1 hakig, dunkel-rotbraun, später heller, ferner bis 3 weitere Mittelstacheln über den 4 eigentlichen; Blüten feuerrot, mit leichtem Goldschimmer, ca. 1,5 cm lang, 3,3 cm ∅; die Blüten sind kürzer und schmaler als bei P. sanguiniflora, die auch keine zusätzlichen Mittelstacheln hat. Verbreitung: N-Argentinien. *P. sanguiniflora* Fric ex Backbg. ▣: Körper einzeln, gedrücktkugelig, bis über 5(–8) cm ∅, frischgrün; Rippen spiralig, warzig aufgelöst; Areolen anfangs stark weißfilzig; ca. 15 Randstacheln, 6–8 mm lang, borstig, fein, anliegend, weiß; Mittelstacheln 4, über Kreuz, der unterste längste hakig, bis 2 (und mehr) cm lang, rot, braunrot bis bräunlich; Blüten aus dem Scheitel, bis 4 cm ∅, locker, trichterig, blutrot glänzend, dunkelkarminfarbener Schimmer, variierend auch um Gelblichrot; Frucht klein, trocken; Samen winzig, braun. Verbreitung: N-Argentinien (Salta). *P. schwebsiana* (Werd.) Backbg.: Kugelig;

Oben: *Pediocactus bradyi* var. *knowltonii*
Unten: *Pediocactus papyracanthus*

Scheitel weißwollig; 13–20 spiralige, höckrige Rippen; ca. 10 helle bis graue Randstacheln, 1 gekrümmter, hakiger, 2 cm langer, bräunlicher Mittelstachel; Blüten burgunder- bis rostrot. *P. tilcarensis* (Werd. & Backbg.) Backbg.: Kurzzylindrisch; Rippen spiralig, höckrig; Areolen und Scheitel weißwollig; 9–15 feine Rand- und 4 dunkelbräunliche Mittelstacheln, unten verdickt; Blüten bronzerot bis blutrot.

Pediocactus Br. & R.

inclusive *Pilocanthus* B. W. Bens. & Backbg., *Navajoa* Croiz., *Utahia* Br. & R. und *Toumeya* Br. & R. Körper mit warzig aufgelösten Rippen, sehr klein, tief im Boden steckend. Viele Arten sind als »Mimesekakteen« anzusehen. Stacheln häufig zu langen Borsten umgebildet (z. B. bei *Pediocactus paradinei* Bens., dem Spinnwebkaktus). Blüten mäßig groß, unterhalb des Scheitels, breittrichterig, tagblütig, nachts wenig geschlossen. Farbe variabel (gelblich, rosa bis weiß). Röhre schuppig. Ovarium und Früchte nackt, trocken, seitlich oder unregelmäßig aufreißend. Samen dunkelbraun bis schwarz, feinhöckerig. Verbreitung: NW-USA durch die zentralen Staaten bis N-Arizona und Neumexiko.
L. Benson gliedert nach Rauh die Gattung *Pediocactus* Br. & R. auf in die Arten *Pediocactus paradinei, P. knowltonii, P. peeblesianus* var. *fickeiseniae*, var. *maianus* und *P. bradyi*.

Pediocactus bradyi var. *knowltonii* (L. Bens.) Backbg. ▣ (syn. *Pediocactus knowltonii* L. Bens.): Körper kleinkugelig, bis 3,8 cm hoch, bis 2–2,5 cm ∅, meist einzeln, nur wenig sprossend; Warzen sehr winzig; Randstacheln 18–23, weiß, feinborstig, bis 1,4 mm lang, weiß bis rotbräunlich, oder so gespitzt; Mittelstacheln fehlen; Scheitel geringwollig; Blüten ca. 1 cm lang, rosa; Frucht bis 4 mm lang; Samen schwarz, 1,5 mm lang. Verbreitung: USA (Colorado, Juniper-Pinyon Woodland; Neumexiko, bei Los Pinos River). *P. simpsonii* (Eng.) Br. & R. (syn. *Echinocactus simpsonii*): Kugelig, einzeln;

Pediocactus paradinei

Areolen anfangs stark wollig; 15–25(–30) ca. 1 cm lange, weißliche Rand-, 5–8(–11), bis ca. 2,5 cm lange, gerade oder gebogene, rotbraune Mittelstacheln; Blüten bis 2 cm lang, bis 3 cm ∅, gelblich, gelbgrünlichrosa, rosa oder weiß; Frucht kugelig, grün.

Pediocactus paradinei Bens. ist in die Gattung

Pilocanthus B.W. Bens. & Backbg.

einbezogen gewesen.

Körper einzeln. Stacheln kurz, später sehr lang, haarartig. Blüten radförmig, scheitelnah, nicht beschuppt, kahl. Frucht nackt, trocken, seitlich öffnend.

Pediocactus (Pilocanthus) paradinei Bens. – Spinnwebkaktus ▣: Körper kleinkugelig, mit längerem Basalteil, bis 4 cm hoch, bis 8 cm ∅, graublaugrün; Wurzel rübig, bis 15 cm lang; Mamillen an der Basis 5 mm hoch; Randstacheln ca. 16, höchstens 16 mm lang, später bis ca. 20; Mittelstacheln zuletzt bis 6, kaum trennbar, einzelne bis 7 cm lang, spinnwebartig verflochten, alle hyalinweiß, oben zuweilen gefleckt; Blüten 1,2 cm lang und ∅, cremeweiß, zuweilen mit rosa Mittelstreifen; Frucht klein-eiförmig; Samen mattschwarz, bis 3 mm groß. Verbreitung: USA (Arizona, House Rock Valley, NO-Mohave County, N-Kaibab Plateau).

Pediocactus peeblesianus (Croiz.) Bens. wurde früher zu

Navajoa Croiz.

gestellt (*Navajoa peeblesiana* Croiz.).

Körper klein, meist einzeln, im Boden versteckt. Warzen zylindrisch-konisch. Stacheln verkrümmt, korkig, biegsam, z.T. feinst behaart. Blüten glokkig-trichterig, weiß oder gelb. Frucht halbtrocken, beschuppt. Schuppen oben papierartig kräuselig. Samen groß, schwarz, feinwarzig.

Pediocactus (Navajoa) peeblesianus (Croiz.) Bens.: Bläulichgrün, einzeln, 2,5–7 cm lang, bis 2,5 cm ∅; Areolen filzig; 3–5 gekrümmte Randstacheln, 1 aufrechter Mittelstachel; alle hornfarben, dann vergrauend, weichelastisch; Blüten 1,7 cm lang, weißlich mit rosa Mittelstreifen. *P. fickeisenii* Backbg.: Bis ca. 5 cm ∅; Areolen gelblichweiß filzig; Stacheln hornfarben; Blüten gelb.

Utahia Br. & R.

ist gleichfalls in die Gattung *Pediocactus* einbezogen.

Körper breitrund, einzeln. Dicht bestachelt. Blüten im Scheitel, trichterig-radförmig, beschuppt. Röhre und Ovarium mit trockenen, bewimperten Schuppen. Samen sehr groß.

Pediocactus (Utahia) sileri (Eng.) Bens.: Bis 15 cm hoch, 12 cm ∅; Rippen 8–16, gehöckert; Areolen weißfilzig und -haarig; 11–13 grauweiße Rand- und 3–4 schwärzliche, später helle Mittelstacheln; Blüten gelblich, 2,5 cm ∅; Frucht grün; Samen rotbraun, glänzend.

Toumeya Br. & R.

wird ebenfalls zu *Pediocactus* gestellt.

Körper einzeln, sehr klein. Stacheln abgeflacht, papierdünn, länger sitzen bleibend. Blüten glockig-zy-

Oben: *Pelecyphora aselliformis*
Unten: *Pelecyphora pseudopectinata*

lindrisch, zentral entstehend. Ovarium beschuppt und bestachelt. Frucht trocken, kugelig, dünnhäutig, längs aufreißend.

Pediocactus (Toumeya) papyracanthus (Eng.) Bens. – Papierdorn- oder 'Grama-grass' -Kaktus ■: Körper einzeln, klein, bis 10 cm hoch, 2,5 cm ∅; wurzelecht selten, gepfropft stark sprossend; Rippen warzig aufgelöst; Randstacheln 5–9, 3–4 mm lang, weiß, rund oder abgeflacht; Mittelstacheln 4, bis 5 cm lang, papierartig, flach, dünn, gefurcht; Blüten bis 2,5 cm lang, ca. 1 cm ∅, seidig glänzend weiß; Samen groß, glatt, schwarz; typischer »Mimesekaktus«: gleicht mit den Papierstacheln den abgetrockneten Blättern des Blue-(oder Grama-)grass *(Bouteloua gracilis)*. Verbreitung: USA (Neumexiko, N-Arizona).

Pelecyphora Ehrenb.

inclusive *Normanbokea* Klad. & Buxb.
Körper sitzt mit einem rübigen Basalteil tief in der Erde. Kugelig bis zylindrisch. Keine erkennbaren Rippen. Warzen seitlich zusammengedrückt (wegen dieser Mamillengestaltung »Beilträger« genannt), langgezogen, später hart werdend. Areolen länglich, mit Furche. Stacheln kammförmig anliegend (pectinate Anordnung). Blüten im Scheitel, gestielt, nackt. Frucht oben zerfließend, klein, weich, nackt. Samen schwarz, klein. Verbreitung: Mexiko (N-Mexiko und San Luis Potosí).

Pelecyphora aselliformis Ehrenb. – Asselkaktus ■: Körper kugelig-keulig, bis 10 cm hoch, 5,5 cm ∅, später sprossend und gruppenbildend, graugrün; Warzen spiralig stehend, bis 5 mm hoch; Areolen lang, bis 5 mm hoch; Bestachelung asselartig aussehend (Name!); Stacheln nicht stechend, bis auf die freien Spitzen stärker untereinander verwachsen, sehr klein, in der Areolenmitte am längsten; Blüten ca. 3 cm breit, glockig-trichterig, karminviolett; Samen nierenförmig; ähnlich wie *Lophophora* als Peyotl oder Peytillo bezeichnet und von den India-

Pelecyphora valdeziana

nern als Heilmittel verwendet. *P. pseudopectinata* Backbg. ▣ (syn. *Normanbokea pseudopectinata* (Backbg.) Klad. & Buxb.): Körper einzeln, kugelig, bis 6 cm hoch, 4,5 cm ∅; Mamillen unten fast viereckig, oben stark flachgedrückt; Areolen sehr langgezogen; Stacheln sehr fein, kurz, freistehend, kammartig anliegend (pectinat), ca. 1,3 mm lang, glasigweiß, am Fuß etwas graugelblich; Blüten ca. 2 cm lang, 1,5–3 cm ∅, hell weißrosa mit kräftigem, rosabraunem Mittelstreifen; Staubfäden und Griffel rosa; Frucht klein, dunkelgrün. Verbreitung: Mexiko (Palmillas). *P. valdeziana* Möll. ▣ (syn. *Normanbokea valdeziana* (Möll.) Klad. & Buxb., *Gymnocactus valdezianus* (Möll.) Backbg.): Körper zwergig, mit dicker Rübenwurzel; Einzelkopf (selten sprossend) bis ca. 2,5 cm ∅; Scheitel weißwollig; Rippen in Warzen aufgelöst, 13reihig, mattglänzend blaugrün; ca. 30 winzige, 1–2 mm lange, anliegend haarförmige und gefiederte, glasigweiße Stacheln; Blüten scheitelständig, »gestielt«, bis 2 cm ∅, hell-violettrosa. Verbreitung: N-Mexiko (Coahuila bis Saltillo).

P. valdeziana soll nach Boke nicht zu *Pelecyphora* gehören. Backeberg gibt *P. valdeziana* als *Gymnocactus valdezianus* (Möll.) Backbg. an. Kladovic und Buxbaum begründen mit den beiden Arten *P. pseudopectinata* und *P. valdeziana* das separate Genus *Normanbokea* Klad. & Buxb.

Peniocereus (Berg.) Br. & R.

Körper dünntriebig, holzig. Wurzeln dickknollig, rübig. Triebe anfangs mehrkantig, später z. T. rund. Bestachelung meist schwach, anliegend. Blüten nächtlich, meist weiß, gelblich oder hellrosa getönt. Röhre und Ovarium steif und borstig bestachelt. Frucht länglich, rot, stachelig, fleischig, eßbar. Samen schwarz, warzig. Ca. 10 Arten. Verbreitung: USA (Südstaaten, ausgenommen Kalifornien).

Peniocereus diguetii (Web.) Backbg.: Buschig; Triebe 8 mm ∅; 6–9 schmale, niedrige, rundliche Rippen; Areolen weiß; 10 borstige weiße, angepreßte, dunkelspitzige Rand und 2 kürzere Mittelstacheln, später alle abfallend; Blüten bis 9,5 cm lang, 6 cm ∅, duftend, weiß bis zartrosa. *P. greggii* (Eng.) Br. & R.: Körper lockerstrauchig, bis 3 m hoch; Rübenwurzel sehr groß, bis 60 cm ∅; Triebe aus kurzem Stämmchen, bis 2,5 cm ∅, anfangs flaumig behaart, 3–6 scharfe Kanten; Stacheln sehr kurz, aber fest, bis 2 mm lang, 6–9 randständige, öfter auch 1–2 mittlere, unten verdickt, früh abfallend, schwärzlich; Blüten 15–20 cm lang, weiß oder gelblichweiß, schlankröhrig; Frucht scharlachrot, geschnäbelt-eiförmig, schlank, bis 6,5 cm lang; Stacheln abfallend; Samen schwarz. Verbreitung: USA (Südstaaten ohne Kalifornien), Mexiko (Sonora; Chihuahua; Zacatecas). *P. johnstonii* Br. & R.: Strauchig, kletternd; 3–5 Rippen; 9–12 braunschwarze Rand , 1–3 Mittelstacheln; Blüten ca. 15 cm lang, weiß. *P. marnieranus* Backbg.: Triebe 4kantig; Stacheln weißlich; Blüten bräunlichweiß. *P. occidentalis* Bravo: Blüten cremefarben. *P. rosei* Ortega: Blüten weiß.

Pilosocereus gounellei

Rechte Seite: *Pilosocereus palmeri*

Peruvocereus → *Haageocereus*

Phellosperma → *Mammillaria*

Pilocanthus → *Pediocactus*

Pilocereus → *Pilosocereus*

Pilocopiapoa → *Copiapoa*

Pilosocereus Byl. & Rowl.

syn. *Pilocereus* K. Sch.

Körper groß, verzweigt, baumförmig bis zu kleinen, 50 cm hohen Säulen, häufig leuchtend blaugrün. Scheitel manchmal mit Haarhauben. Typisch sind die variablen Blühzonen: Scheitel mit längeren Areolenhaaren (z.B. bei *Pilosocereus maxonii*) oder seitlichen Areolen mit mehr oder weniger verlängerter Haarbildung (z.B. bei *P. palmeri*), am Trieboberteil oder weiter herab, Haarkleid unterschiedlich dicht, mit und ohne Stacheln; keine echten Cephalien, nur »Pseudocephalien«. Blüten glockigtrichterig, kahl, schuppig, nächtlich. Früchte gedrückt-rund, oben furchig oder runzelig, grünlich bis rötlich, fleischig. Samen mäßig groß, glänzend schwarz oder dunkelbräunlich. Über 60 Arten. Verbreitung: Mexiko über Mittelamerika und Westindien bis N-Peru und Mittelbrasilien.

Pilosocereus chrysacanthus (Web.) Byl. & Rowl.: Verzweigt, bis 5 m hoch; Triebe grün, Enden blau bereift; 9–12 Rippen; Stacheln 12–15, gelb, 4 cm lang; Haarkleid stark, weiß; Blüten weißlich bis rosenrot. *P. glaucescens* (Lab.) Byl. & Rowl.: Baumartig, stammbildend, bis 6 m hoch; Triebe hellblau bereift; 8–10 Rippen; Areolen silbergrau; 13–18 Rand-, 5–7 Mittelstacheln, gelblichweiß bis bräunlich; Haarkleid stark weißwollig; Blüten bis 7 cm lang, weiß. *P. gounellei* (Web.) Byl. & Rowl. ▣: Körper bis 2–3 m lang, kurzen Stamm bildend, seitlich verzweigt und aufbiegend; Triebe oft waagrecht spreizend, z.T. aufliegend, bis 8 cm ∅, Stamm etwas dicker; Rippen 10–11, gehöckert; Areolen groß, 1,5 cm ∅ im Oberteil; Randstacheln ca. 15–24, braun; Mittelstacheln 4–6, braun, starr, stechend, bis 10 cm lang, pfriemlich; Haarkleid am Scheitel als dürftiger, weißer Schopf; Blütenzone mit flockigen, weißen bis braunen Haarbüscheln; Blüten bis 9 cm lang, weißlich; Frucht erst grün, dann rot. Verbreitung: Brasilien (Pernambuco, Bahia). *P. maxonii* (Rose) Byl. & Rowl.: Baumartig, bis 3 m hoch; Triebe blau bereift; 6–8 Rippen; ca. 10 Stacheln, gelb; Haarkleid stark weiß; Blüten purpurn; Samen bräunlich. *P. palmeri* (Rose) Byl. & Rowl. – (syn. *Cephalocereus palmeri*) – Haarsäulenkaktus ▣: Körper bis 6 m hoch, bis 20 Äste (und mehr); Zweige 5–8 cm ∅, anfangs prächtig bläulich und bereift; Rippen 7–9, rundkantig, engstehend, variabel, die oberen 20–30 cm behaart; Areolen 1 cm voneinander entfernt, kaum filzig, bis auf Scheitelnähe mit dicker, weißer Wollhaube; ferner weiße Areolenwolle (4–5 cm lang), streckenweise als verbundene Knäuel herablaufend und in der Blühzone lang und dicht geballt; 8–12 Randstacheln, dünn, 2–3 cm lang; 1 Mittelstachel, 3 cm

lang; alle Stacheln braun bis grau, nur Jungpflanzen gelb bestachelt; Blüten 6 cm lang, 4 cm ∅, röhrig, nächtlich, rosafarben, purpurn bis bräunlich, entspringen einer Haar- und Wollzone, die sich erst nachträglich aus anfangs normalen Areolen in der Stielzone der Blüten entwickelt (Pseudocephalium); Fruchtknoten unbestachelt, nicht behaart; Frucht kugelig, ca. 6 cm ∅, nackt, warzige Oberfläche, teilweise bereift; Samen schwarz. Verbreitung: O-Mexiko (Tamaulipas, zwischen Matamoros und Tampico). *P. sartorius* (Rose) Byl. & Rowl.: Bis 5 m hoch; Triebe hellgelbgrün; 7 Rippen; Stacheln strohgelb; Haarkleid versponnen, weiß; Blüten schmutzig rosenrot.

Pilocereus K. Sch.

ist zu *Pilosocereus* synonym.
Z.B. *Pilosocereus (Pilocereus) minensis* (Werd.) Byl. & Rowl.: Strauchig, bis 2 m hoch; ca. 13 Rippen; bis 20 Stacheln, gelblich, dann bräunlich und schwarz; Haarkleid fehlt; Blüten grünlichweiß; Frucht blau.

Polaskia → Lemaireocereus

Porfiria → Mammillaria schwartzii

Pseudoespostoa → Espostoa

Pseudolobivia → Echinopsis

Pseudomitrocereus → Mitrocereus

Pseudopilocereus F. Buxb.

Körper mit verschiedenen Wuchsformen, strauchig oder baumartig, seltener auch einzeln. Bestachelung variabel. Fertile Areolen mehr oder weniger wollig. Blüten scheitelnah, z.T. auch tiefer, häufig aus dichten Wollzonen heraus, röhrig bis glockig, Röhre kurz. Frucht kugelig, fleischig. Verbreitung: O-Brasilien.

Als Beispiel soll *Pseudopilocereus glaucochrous* (Werd.) F. Buxb. genannt sein: Aufrecht-strauchig, mäßig verzweigt, bis 4 m hoch, prächtig hellblau bereift; Triebe schlank, bis 7 cm ∅; 9 Rippen, quergefurcht; Areolen weißwollig und -filzig; 9–12, 1 bis 2 cm lange Rand- und 3–4 kräftige, bis 5 cm lange Mittelstacheln, alle strohgelb; Haarkleid besonders im Scheitel bis 3 cm lang; Blüten rosa bis weißlich, bis 5,5 cm lang; Frucht rötlich bis grünlich; Samen 1 mm lang, schwarz, glänzend.

Pterocereus MacDoug. & Mir.

Körper groß, bis 8 m hoch, säulig, 1,5 m hoher Stamm. Triebe grün, aufsteigend. Rippen wenige, (3–)4, dünnflügelig, Kanten gekerbt. Areolen weiß oder grau. Stacheln 10–11(–20), grau bis rotschwarz. Blüten zylindrisch-trichterig, 9,5 cm lang, bis 4 cm ∅, grünlichweiß, nächtlich, übelriechend (daher der Artname!), dicht beschuppt. Röhre und Fruchtknoten braunfilzig, kurz bestachelt. Frucht hellkarminrot, kugelig, fleischig, beschuppt, befilzt und dunkelrot bestachelt. Samen glänzend schwarz. Monotypische Gattung: *Pterocereus foetidus* MacDoug. & Mir. Verbreitung: Mexiko.

Pygmaeocereus Johns. & Backbg.

Körper sehr klein, stärker basal sprossend, kurzzylindrisch, oft bis Scheitel im Boden versenkt. Blüten nächtlich, schlanktrichterig, groß. 2 Arten. Verbreitung: S-Peru (Küstenzone).

Pygmaeocereus bylesianus Andreae & Backbg.: Kleine Gruppen bildend; Triebe bis 10 cm lang; 12–14 Rippen, niedrig, gehöckert; Areolen rundlich; Stacheln zahlreich, grau; Blüten ca. 6 cm lang und ∅. *P. rowleyanus* Backbg.: Stacheln zahlreich, weich, weiß, dunkel gespitzt. *P. densiaculeatus* Backbg. gehört möglicherweise zu *Haageocereus* oder *Trichocereus*.

Oben: *Pyrrhocactus bulbocalyx*
Unten: *Pyrrhocactus umadeave* var. *marayensis*

Pyrrhocactus Berg. emend. Backbg.

Körper kugelig. Stacheln derb, aufwärts gebogen, Körper dicht umhüllt. Blüten becherig-glockig bis kurztrichterig, beschuppt oder bewollt, wenig breit gesaumt, gelb. Röhre dicht filzig-borstig. Frucht kugelig, wollig, basal öffnend. Ca. 11 Arten. Verbreitung: W-Argentinien.

Pyrrhocactus bulbocalyx (Werd.) Backbg. ▣: Einzeln, hellgraugrün; ca. 12 Rippen, quereingesenkt; Areolen groß, länglich, weißgrau filzig; 7–11 kräftige, gebogene, 2 cm lange Rand- und 4 Mittelstacheln, alle schwach rötlich, Spitze und Fuß dunkler; Blüten strohgelb, Schlund rot. *P. catamarcensis* (Web.) Backbg.: 13–17 Rippen; Areolen weißlich; Stacheln gelblich bis braun; Blüten goldgelb. *P. umadeave* (Fric) Backbg.: Ca. 18 spiralige Rippen; Areolen weiß, bis 35 gebogene, stechende, 3 cm lange Stacheln, weiß, dunkelgespitzt; Blüten blaß gelblich. var. *marayesensis* Backbg. ▣: Stacheln blaugrauschwarz, zum Scheitel hin gebogen, fast körperverhüllend.

Rapicactus → *Neolloydia, Gymnocactus*

Rathbunia Br. & R.

Körper strauchig, weichfleischig, mäßig groß, häufig Wandersprosse. Triebe gebogen. Blüten tagblütig, rot, engröhrig; Saum schräg. Ovarium manchmal, rote, queraufreißende Frucht dagegen immer bestachelt. Samen glänzend schwarz. 4 Arten. Verbreitung: Mexiko.

Rathbunia alamosensis (Coult.) Br. & R.: Strauchig, bis 3 m hoch; 5–8 stumpfe Rippen; 11–18 Rand-, bis 4 Mittelstacheln, alle rundlich; Blüten scharlachrot, 4 cm lang. *R. kerberi* (K. Sch.) Br. & R.: Strauchig, bis 2 m hoch; Triebe rundlich; Rippen 4; Areolen braungrau; ca. 12, pfriemliche, stechende Rand-, 4 vorgestreckte, 4,5 cm lange Mittelstacheln; Blüten umbiegend, zygomorph, rosenrot, Staubfäden und Griffel rot. *R. neosonorensis* Backbg.: Dunkelgrün, strauchig; Blüten glänzend rot. *R. sonorensis* (Rge.) Br. & R.: Triebe bis 6 cm ∅; 8 stumpfe Rippen; Areolen weiß; bis 11 weiße Randstacheln, 1 Mittelstachel, weiß, unten dunkler.

Rauhocereus → *Browingia*

Rebutia K. Sch.

inclusive *Aylostera* Speg., *Mediolobivia* Backbg., *Sulcorebutia* Backbg., *Cylindrorebutia* Fric & Krzgr. und *Digitorebutia* Fric & Krzgr.
Körper klein, kugelig bis kurzzylindrisch, einzeln oder gruppenbildend. Rippen in Warzen (Mamillen) aufgelöst, häufig in Schrägzeilen (z.B. bei *Rebutia arenacea* Card.). Areolen rundlich bis länglich. Stacheln feinnadelig, fast borstendünn, gelblich, weiß oder bräunlich. Blüten zierlich, trichterig, tief am Körper (Sproßbasis), zahlreich, oft den Pflanzenkörper verdeckend, klein beschuppt, sonst kahl, rot, violett bis lilarosa, orange, gelb, tagblütig. Röhre gekrümmt, beschuppt, mit wenig Haaren. Früchte klein, dünnwandig, trocken, kaum beschuppt. Samen matt oder glänzend schwarz. Ca. 20 Arten. Verbr.: N-Argentinien bis NO-Bolivien.

Rote Blüten haben: *Rebutia calliantha* Bewg., var. *beryllioides* Buin. & Don., *R. grandiflora* Backbg., *R. krainziana* Kesselr., *R. minuscula* K. Sch., *R. senilis* var. *aurescens* Backbg., var. *breviseta* Backbg., *R. violaciflora* var. *knuthiana* (Backbg.) Don., *R. wessneriana* Bewg., *R. xanthocarpa* Backbg., var. *citricarpa* Fric ex Backbg.
Es blühen lachsrot: *R. xanthocarpa* var. *salmonea* Fric ex Backbg.;
rosarot: *R. kariusiana* Wessn.;
hellrot: *R. graciliflora* Backbg. ■: Körper kugelig, dunkelgrün, bis über 2,5 cm ∅; Rippen spiralig in zierliche Höcker aufgelöst; Rand- und Mittelstacheln nicht unterschiedlich, ca. 15, sehr kurz, hyalin, grau, z.T. und unregelmäßig dunkler bis schwärzlich (!), ca. 2 mm lang, im Scheitel zuerst fehlend; Blüten nur ca. 1,8 cm lang, 1,7 cm ∅; Röhre 1 cm lang, kahl, gelbgrünlich, mit blaßgrünen Schuppen; Ovarium gelbgrün, Schuppen grün; Staubfäden weiß, ebenso Griffel und Narben. Verbreitung: N-Argentinien;
orangerot: *R. senilis* var. *iseliana* Krainz, var. *schieliana* Bewg., var. *stuemeri* Backbg.;
gelblichrot: *R. chrysacantha* Backbg., *R. xanthocarpa* var. *luteirosa* Backbg.;
gelb: *R. glomeriseta* Card.; *R. marsoneri* Werd. ■: Körper flachkugelig-breitrund, selten sprossend, bis 5–8 (oder mehr) cm ∅, 3–4(–5) cm hoch, mit die größte Art der Gattung, hellgrün mit grauen Schuppen; Scheitel eingesenkt, nestförmig bestachelt; Warzen niedrig, ca. 2 mm breit; Areolen klein, rund, etwas erhöht, bräunlichweiß filzig; Stacheln ca. 30–35, borstig, elastisch, kaum in rand- und zentralständige trennbar, 3–15 mm lang, fuchsbraun oder goldgelb, oder weißlich mit brauner Spitze, Stachelfarbe variabel bis zu rein weiß; Bestachelung dicht; Blüten nacheinander aus den untersten Areolen, ca. 4 cm lang, 3,5 cm breit, selbststeril, außen blaßgelb, innen leuchtend satt goldgelb bis orangefarben (variabel); Röhre schlank, trichterig, olivgrün beschuppt; Frucht kugelig, 5 mm breit, bräunlichgelb, beschuppt, beborstet, filzig; Samen länglich, 1 mm lang, braunschwarz, glänzend, war-

Rebutia graciliflora

zig. Verbreitung: N-Argentinien (Jujuy); R. senilis var. kesselringiana Bewg., var. sieperdiana (Buin.) Backbg.;
bläulich-rot: R. xanthocarpa var. coerulescens Backbg., var. dasyphrissa (Werd.) Backbg.;
hell violettrot: R. violaciflora Backbg. ▣: Körper meist einzeln, kleinwüchsig, abgeflacht kugelig, bis ca. 5 cm ∅ (ungepfropft), am Standort leicht zu übersehen; Scheitel eingesenkt; Rippen undeutlich; Areolen klein, etwas erhöht, gelbweiß filzig; Stacheln ca. 20, borstig, fein, steif, strahlend abstehend, bis 2,5 cm lang, die mittleren stärker, tief goldbraun bis braun; Blüten 3,5 cm lang, 3 cm breit, trichterig, am Grund entstehend, selbstfertil, Frühjahrsblüher, leuchtend hellviolettrot bis violettkarminrosa; Frucht kugelig, orangegelb; Samen länglich, 1 mm lang, glänzend schwarz, warzig. Verbreitung: N-Argentinien (Salta, obere Quebrada Escoipe);
leuchtend violett: R. xanthocarpa var. violaciflora (Backbg.) Backbg.;
hell lila-rosenrot: R. senilis var. lilacino-rosea Backbg. und
außergewöhnlich, nämlich weiß: R. hybrida albiflora 'Meisterstück', eine Kreuzung aus einer *Rebutia*- und einer *Pseudolobivia*-Spezies.

Rebutia violaciflora

Aylostera Speg.

wird zu *Rebutia* gestellt.
Körper kleinkugelig, bis verlängert, reich sprossend. Rippen zierlich, in kleine Warzen aufgelöst. Blüten zahlreich, rot, orange, weißlich. Röhre stielig, behaart und beborstet. Frucht klein, borstig.

Rebutia (Aylostera) albiflora Ritt. & Buin. ■: Körper zwergig, rundlich; stark rasenartig sprossend, bis 2,5 cm ∅; Rippen in entfernte Höcker aufgelöst; Areolen entfernt, gelblich; Randstacheln ca. 15, weißborstig; Mittelstacheln ca. 5, am Grunde bräunlich; Stacheln bis 5 mm lang, gerade; Blüten zahlreich, bis 2,5 cm ∅, weiß, mit rosa Mittellinie, außen blaßrötlich; Röhre weißborstig; Frucht und Samen kleiner als bei *R. (A.) albipilosa.* Verbreitung: Bolivien (nordöstlich Tarija, Rio Pilaya). *R. (A.) albipilosa* Ritt.: Orangerot blühend; Frucht bis 9 mm lang; Samen 1,2 mm lang. *R. (A.) deminuta* Web. ■: Körper kugelig bis länglich, sehr klein, nur 6 cm hoch und ∅, sprossend; Rippen 11–13, warzig aufgelöst; Stacheln 10–12, weiß, braungespitzt oder ganz braun, fein, kurz, bis 6 mm lang; Blüten 3 cm lang und breit; Röhre beborstet; Hüllblätter außen rötlich, innen dunkelorange bis hellblutrot, seidig hochglänzend. Verbreitung: N-Argentinien (Trancas) bis S-Bolivien. *R. (A.) fiebrigii* Gürke: Blüte leuchtend gelbrot. *R. (A.) heliosa* Rausch ■: Körper einzeln, später stark sprossend, 2 cm hoch, 2,5 cm ∅; mit Rübenwurzel; Rippen bis 38, spiralig, höckerig; Areolen hellbraun filzig; Randstacheln 24–26, 1 mm lang, anliegend, nach unten gerichtet, silbrigweiß mit verdicktem, dunkelbraunem Fuß; Mittelstacheln fehlen; Blüten ca. 5 cm lang, 4 cm ∅, außen orange mit violettem Mittelstreifen, innen orange bis orangegelb, Schlund und Staubfäden weißlich; Röhre eng; Frucht rund, violett, beborstet; Samen rund, rauh, nur 10–20 je Frucht. Verbreitung: Bolivien (Tarija). *R. (A.) kupperiana* Böd. ■: Körper rundlich, bis 3 cm ∅, wenig sprossend, matt dunkel-laubgrün; Warzenreihen ca. 15; Areolen gelblich; Randstacheln 13–15, bis 5 mm lang, weiß, oben braun; Mittelstacheln 1–3(–4), derber, ganz und dunkler braun, bis ca. 1,5 cm lang; Blüten 4 cm lang, 3,5 cm ∅, feurig orangerot; Frucht grün; Samen dunkelbraungrau. Verbreitung: Bolivien (Tarija). *R. (A.) muscula* Ritt. & Thiele: Blüte orangerot. *R. (A.) pseudodeminuta* Backbg.: Blüte rot. *R. (A.) pseudominuscula* Speg.: Blüht purpur-dunkelrot. *R. (A.) pulvinosa* Ritt. & Buin.: Blüte orangegelb. *R. (A.) spegazziniana* Backbg.: Blüte rot. *R. (A.) spinosissima* Backbg.: orangerote Blüten.

Mediolobivia Backbg.

wird als Untergattung ebenfalls zu *Rebutia* gestellt.
Körper klein, kugelig bis zylindrisch, immer sprossend. Rippen in Mamillen aufgelöst. Blüten trichterig, gelb, rot. Röhre behaart und beborstet. Frucht klein, trocken, dünnhäutig. Samen schwärzlich. Über 15 Arten. Verbreitung: Bolivien bis N-Argentinien.

Es blühen gelb: *Mediolobivia auranitida* var. *flaviflora* Backbg., *M. aureiflora* (Backbg.) Backbg. (Schlund weiß), *M. elegans* Backbg.; goldgelb: *M. auranitida* var. *gracilis* (Wessn.) Backbg., *M. conoidea* (Wessn.) Krainz.; gelbrot: *M. euanthema* (Backbg.) Krainz; goldbronzefarben: *M. auranitida* (Wessn.) Krainz; orangerot: *M. aureiflora* var. *rubelliflora* (Backbg.) Backbg., *M. costata* (Werd.) Krainz; bläulich-rot: *M. aureiflora* var. *rubriflora* (Backbg.) Backbg.; rot: *M. aureiflora* var. *sarothroides* (Werd.) Backbg., *M. euanthema* var. *fricii* (Hort.) Backbg., *M. haefneriana* Cullm., *M. pectinata* (Backbg.) Backbg. Rot blüht auch *M. ritteri*

Oben: *Rebutia albiflora*
Unten: *Rebutia deminuta*

(Wessn.) Krainz ■: Körper kugelig bis gestreckt, graugrün; Rippen ca. 15, stärker gehöckert, fast völlig aufgelöst; Stacheln im Scheitel abstehend, z.T. aufgerichtet, 8–10, bis 1 cm lang, nadelartig, weißgrau, oberstes Paar braun, Fuß und Spitze dunkler; Blüten ca. 4 cm lang, 4,5 cm ∅, feurig zinnoberrot; Schlund rotviolett. Verbreitung: Bolivien (bei Escayache). Hellrot blüht: *M. eucaliptana* (Backbg.) Krainz; hell-scharlachfarben: *M. brachyantha* (Wessn.) Krainz und *M. pygmaea* (R.E. Fries) Backbg.

Sulcorebutia Backbg.

wird als Untergattung der Großgattung *Rebutia* zugeordnet.
Körper polsterbildend, breit. Rippen gehöckert. Areolen strichförmig, länglich, schmal, gehöckert. Stacheln derb, teilweise pectinat angeordnet. Blüte ähnlich der von Rebutia, jedoch nicht so schlanktrichterig, tief blühend, meist hell- bis dunkelrot, gelb oder orange, beschuppt. Früchte länglich bis rund, glatt oder beschuppt. Samen klein, matt oder glänzend schwarz oder dunkelbraun. Ca. 20 Arten. Verbreitung: NO-Brasilien.

Sulcorebutia krahnii Rausch ■: Körper einzeln, 3 cm hoch, bis 8 cm ∅; Rippen 32, spiralig, gehökkert; Areolen gelblichbraun- oder weißfilzig; Randstacheln 24, 1 cm lang, verflochten borstig, fein, weiß bis braun; Mittelstacheln 3–7, kaum unterscheidbar, bis 1,2 cm lang, braun bis schwarz; Blüten bis 3 cm lang, 2,5 cm ∅, gelb, innen heller, Schlund weiß; Staubfäden gelb, Griffel und 5 Narben weißlich; Röhre grünlichgelb, beschuppt. Verbreitung: Bolivien. *S. lepida* Ritt.: Blüten zinnober- bis karminrot. *S. markusii* Rausch: Blüten dunkelkarminrot bis purpurfarben. *S. mentosa* Ritt.: Blüht purpurfarben. *S. rauschii* Frank ■: Körper einzeln bis sprossend, 1,5 cm hoch, 3 cm ∅; Rübenwurzler; Scheitel eingesenkt, schwarzgrün bis violett; Rippen 16, spiralig, höckerig; Areolen spärlich weißfilzig; Randstacheln bis 11, krallig, anliegend, schwarz; Mittelstacheln fehlen; Blüten magentarosa, außen

Oben: *Rebutia heliosa*
Unten: *Rebutia kupperiana*

Rechte Seite:
Links oben: *Sulcorebutia krahnii*
Links Mitte: *Mediolobivia ritteri*
Links unten: *Sulcorebutia rauschii*

Rechts oben: *Rebutia orurensis*
Rechts Mitte: *Sulcorebutia steinbachii*
Rechts unten: *Rebutia vasqueziana*

rosabraun; Staubfäden rot, -beutel blaßgelb; Frucht kugelig; Samen graubraun, feinwarzig, 1,5 mm groß. Verbreitung: Bolivien (Chuquisaca). *S. steinbachii* (Werd.) Backbg. ▣: Körper einzeln oder polsterbildend, frischgrün; Köpfe ca. 6 cm hoch, 4 cm dick, bedeckend bestachelt; Rippen undeutlich, gehöckert; Areolen länglich (= typisch!), weißfilzig; Stacheln fehlen oder später nur die mittleren; ansonsten 6–8 Randstacheln, bis 6 mm lang, ungleich kräftig, rauh, schwarzbraun oder gelblich; 1–3 Mittelstacheln, rauh, dunkler, dann weißlich, z. T. dunkel gespitzt, bis ca. 2,5 cm lang, kammförmig angepreßt; Blüten seitlich in Körpermitte, bis 3,5 cm lang, schlank, hellrot, scharlach- bis violettrot. *S. tarabucensis* Rausch: Blüten dunkelrot, Schlund gelb. *S. tiraquensis* (Card.) Backbg.: Blüten purpurn; Frucht violettrosa. var. *electracantha* Backbg.: Blüten orangerot. *S. totorensis* (Card.) Ritt.: Blüten purpurn. *S. tunariensis* (Card.) Backbg.: Blüten tiefrot. *S. xanthoantha* Backbg.: Blüten gelb. *S. vasqueziana* Rausch ▣: Körper einzeln, ca. 1,5 cm hoch, bis 2 cm ∅; Epidermis schwarzgrün bis violettschwarz; mit Rübenwurzel; Rippen bis 13, spiralig in 4 mm lange Höcker verschränkt; Areolen 3 mm lang, weiß- bis gelbfilzig; Randstacheln 12–16, bis 1,5 cm lang, spreizend, gebogen, wirr verflochten, weich, goldgelb mit rötlichem, verdicktem Fuß; Mittelstacheln fehlen; Blüten ca. 2,5 cm groß, magentarot oder rot und manchmal innen gelb. Verbreitung: Bolivien (Sucre).

Cylindrorebutia Fric & Krzgr.

(nach Backeberg: *Mediolobivia,* Untergattung *Pygmaeolobivia* Backbg., Reihe Conoideae Backbg.) wird auch bei *Rebutia* eingeordnet. Körper länglich, später walzenförmig. Rippen stark in Warzen aufgelöst; sonst wie *Rebutia (= Mediolobivia).*

Cylindrorebutia conoidea (Wessn.) Krainz: Blüten goldgelb. Ebenso blüht *C. schmiedcheniana* (Köhl.) Krainz.

Digitorebutia Fric & Krzgr.,

die als Untergattung *Pygmaeolobivia* zu *Mediolobivia* gestellt worden war, wird ebenfalls mit *Rebutia* zusammengefaßt. Eine Anzahl von Arten wird bei *Mediolobivia* aufgeführt.

Rebutia (Digitorebutia) orurensis Backbg. ▣ (syn. *Mediolobivia orurensis* (Backbg.) Backbg., *Mediolobivia pectinata* var. *orurensis* (Backbg.) Backbg.): Körper kleine, mehrköpfige Polster bildend, dunkel-olivgrün; Stacheln nur 1–2 mm lang, gelblichweiß; Blüten breittrichterig, derb, rot; Röhre ziemlich kurz. Verbreitung: Bolivien.

Reicheocactus → *Neoporteria*

Ritterocereus → *Lemaireocereus*

Rodentiophila Ritt.

Körper dicksäulig. Areolen riesig, langfilzig. Blüten sehr kurz. Früchte dick, rund, saftig, 2,5 cm ∅. Eriosyce-ähnliche Gattung. 1–3 Arten; nicht ausreichend bekannt. Verbreitung: Chile.

Rodentiophila atacamensis Ritt. und *R. megacarpa* Ritt.

Rooksbya → *Neobuxbaumia*

Roseocactus → *Ariocarpus*

Roseocereus → *Harrisia (Eriocereus)*

Samaipaticereus Card.

Körper säulig, baumförmig, auch strauchig. Rippen wenige, dünn. Blüten nächtlich, weiß, starkröhrig, wenig öffnend, mit kurzen Haarbüscheln, z.T. beschuppt und wenig kurz beborstet. Früchte kugelig, lachsrot, innen rotorange. 2 Arten. Verbreitung: Bolivien (Florida und Inquisivi).

Gattungstypus ist *Samaipaticereus corroanus* Card.: Bis 3,5 m hoch, niedriger Stamm; Triebe ca. 4 cm ∅; 4–6 Rippen, quergekerbt; Areolen anfangs braunfilzig; Stacheln 5, grauweiß. *S. inquisivensis* Card.: Bis 4 m hoch; 9 Rippen; 8–11 Stacheln (nur eine Varietät von *S. corroanus* mit nichtgekerbten Rippen?).

Sclerocactus Br. & R.

Körper kugelig bis zylindrisch, einzeln, selten sprossend. Rippen in Mamillen aufgelöst. Warzen stark bestachelt. Stacheln verflochten, Körper einhüllend. Z.T. Mittelstacheln länger, abgeflacht oder gehakt. Blüten glockig-trichterig, tagüber offen, mit Filzspuren. Früchte spärlich befilzt, basal öffnend. 2(–6) Arten. Verbreitung: USA (südwestliche Wüstengebiete).

Sclerocactus whipplei (Eng. & Big.) Br. & R.: Bis 15 cm lang, bis 7,5 cm ∅; Rippen 13–15, spiralig, höckerig; 7–11 abgeflachte, bis 1,8 cm lange, weiße oder schwarze Rand- und bis 4 braunschwarze, hakige, bis 3,5 cm lange Mittelstacheln; Blüten rosa bis purpurn; Frucht 1,5 cm lang, rot. var. *whipplei,* var. *roseus* (Clov.) Bens., var. *intermedius* (Peebl.) Bens. *S. pubispinus* (Engm.) Bens.: Stacheln weiß behaart; Frucht öffnet mehrmals längs.

Seticereus → *Borzicactus*

Seticleistocactus → *Cleistocactus*

Setiechinopsis (Backbg.) De Haas

inclusive *Arthrocereus* Berg.
Körper zierlich, kleinzylindrisch, meist einzeln, bis 15–20 cm hoch, 2–2,5 cm ∅, dunkel-bräunlichgrün. Flache Rippen, 11–12. Areolen winzig. 9–14 dünne, weißliche Randstacheln, 1 bräunlicher, pfriemlicher Mittelstachel, bis 1,5 cm lang, gerade, schwarz gespitzt. Blüten nächtlich, scheitelständig, weiß, 12 cm lang, dünnröhrig, duftend. Röhre mit Schuppen, diese zu Borsten auslaufend, beborstet. Ovarium mit Borsten. Frucht spindelförmig, trokken, längs aufreißend, bis 4 cm lang, 6 mm ∅. Samen braunschwarz, rund, 1,5 mm groß. Monotypische Gattung: *Setiechinopsis mirabilis* (Speg.) De Haas. ▣. Verbreitung: Argentinien (Santiago del Estero).

Arthrocereus Berg.

ist nahe verwandt.
Zwergig, zierlich. Triebe schlank, liegend, kugelig gegliedert. Blüten weiß, nächtlich, behaart. Früchte saftig. Verbreitung: Brasilien.

Arthrocereus microsphaericus (K. Sch.) Berg.: Kurz, fein, bräunlich bestachelt; wiederholt blühend. *A. rondonianus* Backbg. & Voll.: Fein goldgelb bestachelt; lilarosa Blüten, gepfropft sehr reich blühend.

Soehrensia → *Lobivia*

Solisia → *Mammillaria*

Stenocereus → *Lemaireocereus*

Stephanocereus Berg.

Körper schlank, aufrecht-säulig, bis 3 m hoch, immer einzeln. Bei Blühreife borstiger, pseudoterminaler Scheitelschopf (= echtes Cephalium), weißwollig, mit zahlreichen, bis 7 cm langen, goldgelben Borsten. Immer wieder vom Neutrieb durchwach-

Oben: *Setiechinopsis mirabilis*
Unten: *Stephanocereus leucostele*

Oben: *Stetsonia coryne*
Unten: *Strombocactus disciformis*

sen ergibt ringförmige Schopfzonen. Rippen 12–18. Areolen dichtstehend, behaart. Ca. 20 weiße, dünnnadelige, ca. 1 cm lange Rand- und bis 4, steife, stechende, bis 4 cm lange, weiße bis goldgelbe Mittelstacheln. Blüten nächtlich, röhrig, glockig, leicht gebogen, 7 cm lang, weiß. Früchte nackt, ohne Dekkel, rund bis länglich. Samen birnenförmig, mattschwarz, fast 2 mm groß. Monotypische Gattung: *Stephanocereus leucostele* (Gürke) Berg. ▣. Verbreitung: Brasilien (Bahia).

Stetsonia Br. & R.

Körper groß, baumartig, bis 6(–8) m hoch. Stämme dick, bis 40 cm ∅. Triebe zahlreich, bis über 100, dick, bis 60 cm lang, aufgerichtet. Rippen 8–9, ca. 1 cm hoch, stumpf, anfangs lebhaft blaugrün. Areolen entfernt stehend. Stacheln 7–9, unten verdickt, bis 3 cm lang; davon 1 vorgestreckter Mittelstachel, bis 5 cm lang, derb; alle bräunlichgelb, dann weiß, oben schwärzlich. Blüten nächtlich, schlankröhrig, groß, bis 15 cm lang, leicht gebogen, kahl, weiß bis blaßrosa, weit öffnend. Ovarium dachziegelartig dicht und häutig beschuppt. Frucht groß, kugelig. Samen braun. 1 Art: *Stetsonia coryne* (SD.) Br. & R. ▣. Verbreitung: Argentinien, Bolivien und Paraguay.

Strombocactus Br. & R.

Körper einzeln, flachkugelig bis kurzzylindrisch, ähnlich einem verwitterten Steinbrocken (= typischer »Mimesekaktus«), 8–15 cm ∅, scheibenartig im Boden sitzend, blau- bis graugrün oder grau. Rübenwurzel. Rippen in 4kantige, oben stark gestutzte, wulstig verbogene Höcker aufgelöst. Mamillen graugrün, breitrhombisch, blattartig, in Spirostichen angeordnet, unterseits gekielt. Areolen im Scheitel weißwollig, dann kahl. Stacheln 4–5, derb, aufwärts gerichtet, gebogen, grau, dunkelspitzig, abfallend, meist nur scheitelnah vorhanden. Blüten

Oben: *Thelocactus bueckii*
Unten: *Thelocactus heterochromus*

zu mehreren im Scheitel, weißlich, beschuppt. Früchte oben beschuppt, längs öffnend, dünnwandig, weißlichgelb. Samen staubfein, braun. Monotypische Gattung: *Strombocactus disciformis* (DC.) Br. & R. ■. Verbreitung: Mittelmexiko (Hidalgo).

Submatucana → *Matucana*

Subpilocereus Backbg.

Körper baumförmig, säulig, stammbildend. Jüngere Areolen leicht behaart, bald wieder abfallende Haarflocken. Blüten weiß oder purpurn, kahl, Röhre aufgebläht, nach oben glockig-trichterig. Frucht länglich, dickwandig, fleischig. Samen groß, mattschwarz. 7 Arten. Verbreitung: N-Kolumbien, Curacao-Inseln, N-Venezuela, Insel Margarita.

Subpilocereus atroviridis (Backbg.) Backbg.: Triebe dunkelgrün; bis 8 Rippen, gekerbt, rundrückig; Areolen weiß behaart; ca. 8 Rand-, 3 Mittelstacheln, alle weiß, dunkelspitzig; Früchte rötlichgrün. *S. grenadensis* (Br. & R.) Backbg.: Triebe graugrün; Stacheln bräunlichgrau, reifig; Blüten 7 cm lang, purpurfarben. *S. horridispinus* (Backbg.) Backbg.: 4–5 Rippen; Areolen starkfilzig; Blüten gelblichgrün. *S. repandus* (L.) Backbg. (früher *Pilocereus albispinus*): Rippen graugrün; Areolen grau- bis braunfilzig; 8–20 kräftige, weiße, dunkelgespitzte Stacheln; Blüten weiß, grünlichweiß bis weißrosa; Früchte rötlichviolett. *S. russelianus* (O.) Backbg.: Dunkelgrün; Areolen braunfilzig und behaart; Blüten cremefarben.

Sulcorebutia → *Rebutia*

Thelocactus (K. Sch.) Br. & R.

Körper kugelig bis kurzsäulig gestreckt, z.T. basal sprossend. Rippen gehöckert. Fertile Areolen verlängert in eine »Langareole«, aus der die Blüten kommen. Stacheln derb, bunt (weiß, gelb, rot), pfriemlich, z.T. mit abgeflachten, elastischen, län-

Oben: *Thelocactus lophothele*
Unten: *Thelocactus tulensis*

Rechte Seite: *Thelocactus schwarzii*

geren Mittelstacheln. Blüten sehr schön und groß, weiß, gelb oder rot, weitglockig bis -trichterig, kahl, beschuppt. Früchte beschuppt, sonst kahl. Samen schwarz, selten dunkelbraun, matt, groß. 19 Arten. Verbreitung: USA (Texas) bis Mexiko (Nordgrenze bis Querétaro, nicht in Niederkalifornien).
Thelocactus bicolor (Gal.) Br. & R.: Einzeln, kugelig; Rippen 8(–13) von Stacheln verhüllt; Randstacheln 9–18, Mittelstacheln 4, gelblich oder hellrot oder zweifarbig (rot und gelblich); Blüten tief purpurrosa. *T. bueckii* (Klein) Br. & R. ▣: Körper einzeln, tiefgrün; Höcker stark ausgebildet, etwas spitzig und gekantet; Stacheln ca. (4–)7, rötlich, ungleich, einige zurück- bzw. auswärtsgebogen, die längsten oft stärker, alle elastisch; Blüten dunkelkarminrot bis -rot; Petalen schmal. Verbreitung: Mexiko. *T. conothelos* (Reg. & Klein) Knuth: Randstacheln 14–16, weiß, unten dunkler; Mittelstacheln (1–)2–4, hell; Blüten purpurviolett. *T. ehrenbergii* (Pfeiff.) Knuth: Rasenförmig sprossend, 12 cm hoch, 7 cm ∅; 8–13 Rippen; Areolen anfangs gelblich; 6 Randstacheln, 1 Mittelstachel, alle dunkel, dann rötlicher Fuß, zuletzt abfallend; Blüten 4 cm ∅, hell karminrosa bis weiß. *T. flavidispinus* (Backbg.) Backbg.: 20 Randstacheln, 1 Mittelstachel, gelblich, unten rot; Blüten purpurrosa, violetter Schlund. *T. heterochromus* (Web.) van Oost. ▣: Körper gedrückt-kugelig, einzeln, bis 15 cm ∅, blaugrün; Rippen ca. 9, mit dicken, rundlichen Höckern, in der Trockenzeit stärker schrumpfend; Areolen groß, rund, weiß; Randstacheln 7–10, meistens rund, oberer mehr oder weniger breitgedrückt, alle etwas abstehend, zurückgebogen, ziemlich dick und derb, z. T. einzeln zur Mitte gerückt; Mittelstachel 1, gleichstark oder noch weit stärker, oben zuweilen gerillt, bis 4 cm lang; Stacheln alle rötlich bis bräunlich getönt oder gefleckt, sehr variabel in dieser weißlich-rötlichen Musterung bzw. Bänderung; Blüten bis ca. 6 cm lang, bis 10 cm ∅, hellviolett, innen oft dunkler; Frucht bis 1,5 cm ∅. Verbreitung: Mexiko (Chihuahua bis Coahuila). *T. hexaedrophorus* (Lem.) Br. & R.: Stacheln gelblich bis graurosa oder braunrot; Blüten weiß, 6 cm lang,

8 cm ∅. *T. krainzianus* Oehme: Blüten glänzend hellviolett. *T. leucanthus* (Zucc.) Br. & R.: 7–20 Randstacheln, 0–1 Mittelstachel, grau; Blüten gelb. *T. lophothele* (SD.) Br. & R. ▣: Körper einzeln bis stärker sprossend, kugelig bis gestreckt; Rippen 15–20, spiralig, stark in Höcker aufgelöst, oft nur schmale Verbindungen, oben fast warzig; Areolen weiß bis gelblich; Randstacheln 3–5, bis 3 cm lang, pfriemlich, stielrund, unten verdickt, stechend, anfangs schwarz bis hellbraun oder gelblich und obere rubinrot; Mittelstachel 0–1, wenig länger oder nur vereinzelt; Blüten 6 cm lang, 5 cm ∅, in der Farbe variabel (von gelblichweiß bis schwefelgelb, pfirsichfarben bis rosenrot und silberglänzend); Griffel weiß, Narben hellgelb. Verbreitung: Mexiko (Chihuahua). *T. phymatothelos* (Pos.) Br. & R.: Körper kugelig; Rippen ca. 13; Stacheln fehlend oder 1–3, schwärzlich, dann vergrauend; Blüten rosa bis purpurrosa. *T. schwarzii* Backbg. ▣: Körper einzeln, länglich, bis ca. 6 cm hoch, ca. 5,5 cm ∅, bläulichgrün; 13 Rippen, flach, warzig gehöckert; Warzenspitze bestachelt; Areolen länglich, weißfilzig; 13–14 Randstacheln, gekrümmt oder z.T. horizontal spreizend, nadelig, gelblich; Mittelstacheln fehlen; Blüten scheitelnah, weittrichterig, bis 8,5 cm breit, rötlich-purpurn, Schlund scharlachrot, darüber weißliche Zone; Frucht klein, rundlich, braunviolett beschuppt, trocken; Samen groß, dunkelbraun, matt. *T. tulensis* (Pos.) Br. & R. ▣: Körper einzeln oder sprossend, kugelig bis gestreckt, dunkelgrün, bis ca. 12 cm hoch und ∅, mit kurz-weißfilzigem Scheitel; Rippen ca. 10, um die Areolen wulstige Höcker mit etwas schmäleren und tieferen Verbindungen; Höcker plump kegelförmig, bis 2 cm hoch, 6kantig; Areolen 2,5 cm entfernt, weiß; Randstacheln 6–8, untere bis 1 cm lang, obere bis 1,5 cm lang, letztere mehr borstenförmig, aufwärts anliegend, die anderen erst bräunlich, dann weiß; Mittelstachel 1(–2), auch 3, ungleich, weißlich hornfarben mit dunkler Spitze, oft etwas kantig und abgeflacht, gerade oder gebogen, bis fast 4 cm lang; Blüten ca. 4 cm lang, silbrigweiß bis zart rosa getönt und beidseitig mit karminrosa Mittelstreifen; Narben blaßgelb. Verbreitung: Mexiko (Tamaulipas, Tulpa). *T. wagnerianus* Berg.: 13 Rippen; Areolen anfangs weiß; Stacheln rot im Neutrieb, oder alle gelb oder gelb und rot; Blüten rot.

Thrixanthocereus Backbg.

Körper einzeln, schlank, selten basal verzweigend, dann strauchig. Jungpflanzen am Fuß mit langem Borstenring. Einzeltriebe bis 3 m lang, 10 cm ∅. Rippen zahlreich, 18–25, feinhöckerig, schmal. Cephalium vom Scheitel ausgehend, lateral, über 1 m lang, straffe Haare, längere Borsten. Blüten zahlreich, nächtlich, auch noch am Tage offen, z.T. übelriechend. Röhre lang behaart. Früchte behaart, in mehreren Längsrissen öffnend, trocken. Samen unterschiedlich (bräunlich und weich oder fest, klein und schwarz). 3 Arten. Verbreitung: N-Peru (im höheren Anden-Gebiet).

Thrixanthocereus blossfeldiorum 366

Oben: *Thrixanthocereus senilis*
Unten: *Trichocereus fulvilans*

Thrixanthocereus blossfeldiorum (Werd.) Backbg. ■: Körper bis 3–4 m hoch; Triebe 7–10 cm ∅; Rippen (18–)22(–25), niedrig; Areolen anfangs weißwollig; ca. 20–25 Randstacheln, dünnadelig, bis 8 mm lang, glashell; (4)–7 Mittelstacheln, einer bis ca. 3(–5) cm lang, dunkelbraun, dann grau; Seitencephalium (ab 1 m Pflanzenhöhe) 4–7 Rippen umfassend, gelblichweiß-wollig, mit glashellen, dünnen und dunkleren, steiferen Borsten, bis ca. 5 cm lang; Blüten ca. 6 cm lang, 4–5 cm ∅, trichterig, gelblich, stinkend; Frucht grünlich. Verbreitung: N-Peru. *T. cullmannianus* Ritt.: Über 2 m hoch, graugrün, kaum sprossend; Triebe bis 6 cm ∅; 18–24 Rippen; Areolen weißlich; Stacheln 90–120, weiß, sehr fein, mittlere oft rot gespitzt, meist bis 2 derber, nach oben gerichtet, braungelb bis braun; Cephalium bis 4 cm breit, in einzelne Blühzonen aufgelöst; Areolen hellbraun, Borstenstacheln haarfein, bräunlich; Blüten 6 cm lang, weiß, leicht duftend; Frucht ca. 2 cm lang; Samen dunkelbraun. *T. senilis* Ritt. ■: Körper schlanke Säulen 2–4 m hoch, ganz in dichte, feine, weiße Borsten gehüllt; Rippen (14–)18, niedrig, leicht gehöckert; Areolen dicht stehend, weißhaarig; Stacheln nicht in rand- und mittelständige zu trennen, zahlreich, bis über 60, fein, weiß, im Scheitel mit rötlichbrauner bis dunklerer Spitze, später vereinzelte längere bis ziemlich lange und derbe einzelne Mittelstacheln erscheinend, hornfarbig, bei Pfropfungen auf starken Unterlagen schon relativ früh; Cephalium gelb, bräunlich oder fuchsrot; Blüten bis 6 cm lang, bis 4 cm ∅, purpurn; Samen schwarz, rund, fest, 1,5 mm groß.

Toumeya → ***Pediocactus***

Trichocereus (Berg.) Ricc.

inclusive *Helianthocereus* Backbg.
Körper säulig, unterschiedlich groß (sehr groß bis baumförmig oder zwergige, niedrige Kolonien bil-

dend). Bestachelung variabel. Blüten nächtlich, trichterig, z.T. lang oder derbröhrig, dicht wollig behaart, meist weiß. Teilweise werden tagblütige Arten, die BACKEBERG zum eigenen Genus *Helianthocereus* zusammenfaßt (z.B. *Helianthocereus pasacana* (Web.) Backbg., *H. huascha* (Web.) Backbg., *H. orurensis* (Card.) Backbg. u.a.m.) hier einbezogen. Ca. 50 Arten. Verbreitung: Von Ekuador bis südliches Mittelargentinien und Chile.

Trichocereus bridgesii (SD.) Br. & R.: Strauchig, bis 5 m hoch; 2–6 gelbliche, nadelige Stacheln, bis 10 cm lang; Blüten 18 cm lang; Frucht länglich, 6 cm lang. *T. chilensis* (Colla) Br. & R.: Säulig, über 3 m hoch; 16–17 Rippen; Stacheln bernsteingelb, schwärzlich oder tabakbraun, oben weißgrau. *T. fulvilans* Ritt. ▣: Sprossend, bis 1,5 m hoch; Areolen orangerötlich-gelblich, dann braunschwarz filzig; Stacheln dunkelbraun bis grau; Blüten scheitelständig, duftend; Frucht grün, kugelig; Samen mattschwarz. *T. macrogonus* (SD.) Ricc.: Verzweigt, bläulichgrün, ca. 2 m hoch; Triebe 7 cm ∅, bereift; Stacheln braun, dann graubraun. *T. pachanoi* Br. & R.: Baumförmig, bis 6 m hoch; Triebe bläulichgrün, bereift; 6–8 Rippen, breit, gerundet; 3–7 Stacheln, dunkelgelb bis braun, in Kultur fehlend (deshalb eine ausgezeichnete Pfropfunterlage); Blüten bis 23 cm lang. *T. spachianus* (Lem.) Ricc. ▣: Körper bis über 2 m hoch, später unten sprossend; Triebe aufsteigend, bis über 5–6 cm ∅, glänzend grün; Rippen 10–15, gerundet, niedrig; Areolen gelblich-, dann weißwollig; 8–10 Randstacheln, 6–10 mm lang, nadelig, 1(–3) Mittelstachel, stärker, länger; Stacheln bernsteingelb bis bräunlich; Blüten scheitelständig, groß, ca. 20 cm lang, 15 cm ∅, trichterig, außen grünlich, innen weiß, nachtblühend, nicht duftend. Verbreitung: Argentinien (Mendoza; San Juan; La Rioja; San Luis; Jujuy).

Helianthocereus Backbg.

ist synonym zu *Trichocereus* (Berg.) Ricc.
Aufrecht säulig. Auffallend dicke Triebe. Typisch sind die leuchtendfarbigen (weißen, roten, mehr oder weniger gelben), kurzröhrigen, behaarten Tagblüten. Verbreitung: N-Argentinien (von Catamarca nordwärts) bis Bolivien.

Dicktriebig sind und die Blüten am Triebende haben: *Helianthocereus antezanae* (Card.) Backbg.: Blüten hellgelb; mit braunen und weißen Haaren. *H. atacamensis* (Phil.) Backbg.: Blüten weiß, 14 cm lang. *H. bertramianus* (Backbg.) Backbg.: Blüten gelblich cremeweiß. *H. conaconensis* (Card.) Backbg.: Blüten tief cremefarben. *H. escayachensis* (Card.) Backbg.: Blüten weiß. *H. orurensis* (Card.) Backbg.: Blüten hellpurpurn oder purpurrosa. *H. pasacanus* (Web.) Backbg.: Blüten weiß. *H. poco* (Backbg.) Backbg. ▣: Körper starksäulig, zuerst einzeln, dann seitlich gering verzweigt, 1,5–4,5 m hoch; Triebe bis 35 cm ∅; Rippen ca. 25, später mehr; Areolen grau; Stacheln undeutlich geschieden, bis ca. 50, ungleich, steifborstig oder (zuerst kräftiger) nadelig, verbogen, hellbräunlich bis bräunlich, z.T. dunkelstreifig, 1–8 cm lang; Blüten

Helianthocereus poco

bis 12 cm lang, hell purpur(rosa); Frucht 5 cm lang, hellgrün; Samen glänzend schwarz. Verbreitung: Bolivien. *H. tarijensis* (Vpl.) Backbg.: Blüten hell weinrot.

Strauchige, basal verzweigte, schlanktriebige Körper und seitlich Blüten haben: *H. crassicaulis* Backbg.: Blüten feuerrot. *H. grandiflorus* (Br. & R.) Backbg.: Blüten leuchtendrot, ca. 8 cm lang. *H. huascha* (Web.) Backbg.: Triebe bis ca. 5 cm und mehr ∅; Rippen ca. 17; Randstacheln meist 9–11, Mittelstacheln 1–2, gelblich bis bräunlich; Blüten bis 10 cm lang, bis ca. 7 cm ∅, breittrichterig, goldgelb; Frucht rund, grün, mäßig behaart.

Turbinicarpus
(Backbg.) F. Buxb. & Backbg.

Körper sehr klein, kugelig. Stacheln relativ weich, gebogen, wenige, oft nur im Scheitel vorhanden, z. T. abgeflacht. Blüten schlankröhrig, nackt, nur Röhre oben spärlich beschuppt. Früchte nackt, fleischig, mit winzigem Deckel. Samen glänzend oder matt schwarz. Verbreitung: Mexiko (Tamaulipas, San Luis Potosí).

Turbinicarpus gracilis Glass & Forster: Kleinste Art; 10–15 mm ∅; Mamillen leuchtend graugrün; Stacheln papierartig, 18–23 mm lang, grau; Blüten weiß, rosa Mittelstreifen. *T. klinkerianus* Backbg. & Jacobs.: 3 cm hoch, 4 cm ∅, graubraungrün; Scheitel schwach weißwollig; Rippen warzig aufgelöst, spiralig; Stacheln querrissig; Blüten 1,4 cm lang und ∅, innen weiß, außen dunkler Mittelstreifen. *T. lophophoroides* (Werd.) F. Buxb. & Backbg. ▣: Körper flachkugelig, bis 3,5 cm hoch, 4,5 cm ∅, bläulichgrün; mit kräftiger Rübenwurzel; gepfropft stärker sprossend; Scheitel reich- und weißwollig, mit Stacheln; Rippen spiralig in unten 4–6eckige (bei Pfropfungen oft unten zusammenfließende), ziemlich flachrunde Höcker zerteilt, bis 12 mm breit; Stacheln 2–3(–4), bis 8 mm lang, 1 mittlerer gerade aufgerichtet, bis 1 cm lang, alle zuerst schwarz oder weiß mit schwarzer Spitze; Blüten 3,5 cm ∅, fast weiß, mit zartem, nach innen stärkerem rosa Hauch, außen mit solcher Mitte; Frucht hellgrün. Verbreitung: Mexiko (San Luis Potosí, Las

Linke Seite:
Links: *Turbinicarpus polaskii*
Rechts: *Turbinicarpus lophophoroides*

Oben: *Turbinicarpus pseudomacrochele*
Unten: *Turbinicarpus schmiedickeanus*

Tablas). *T. polaskii* Backbg. ■: Körper wohl meist einzeln, breitrund, bläulichgraugrün, ca. 1 cm hoch, bis 2,7 cm ∅, sehr einer kleinen *Lophophora* ähnlich; Rippen nicht in Höcker zerteilt, sondern um die Areolen verbreitert und durch Schlängellinien getrennt; Stacheln meist nur 1, selten ein kurzer Zusatzstachel, der größere bis 12 mm lang, gelblich-hornfarben, schwach geringelt, weich, über dem Scheitel gebogen, bald abfallend; Blüten 1 cm lang, 1,5 cm ∅, weiß oder mit hellrosa Ton, besonders in der Petalenmitte; Narben rosa, zum Rand heller; Samen schwach glänzend. *T. pseudomacrochele* (Backbg.) F. Buxb. & Backbg. ■: Körper flachkugelig, mit zylindrischem, rübig verlängertem Basalteil, bis 3 cm ∅; Rippen in Warzen aufgelöst, diese unregelmäßig kantig-quadratisch und auch gedrückt; Scheitel gering wollig; Areolen weißwollig; Stacheln ca. 8, borstenfein, elastisch, verschieden lang, abstehend bis verflochten und verkrümmt, anfangs gelblich, später grau; Blüten 3,5 cm ∅, weiß mit rosa Mittelstreifen, dieser außen dunkler; Petalen schmallang, im Hochstand weit umbiegend; Frucht klein. *T. roseiflorus* Backbg.: Blüten rein rosa. *T. schmiedickeanus* (Böd.) F. Buxb. & Backbg. ■: Körper später kurzzylindrisch, bis 5 cm hoch, 3 cm ∅, gepfropft kräftiger, lebhaft mattgrün; Scheitel weißwollig, von Stacheln überragt; Rippen nach Berührungszeilen 8:13 in Warzen aufgelöst, die Warzen abgerundet bis kurzkegelig, unten 5 mm breit, 7 mm lang, gestutzt; Stacheln 3(–4), bis 2,5 cm lang, widderhornartig verbogen, gekrümmt durcheinanderragend, rundlich bis (der oberste) blattartig, bis 1 mm breit, oberseits platt und oft mit feiner Rinne, bräunlich bis schwarz, später alle abfallend; Blüten ca. 2 cm ∅, rosa, mit hellviolettem Mittelstreifen; Frucht mit Spuren von Schuppen oder nackt. Verbreitung: Mexiko (Tamaulipas, bei Miquihuana). *T. schwarzii* (Shurly) Backbg.: Blüten weißlichgrün bis leicht rosa, rötliche Mittellinie.

Oben: *Uebelmannia pectinifera*
Unten: *Vatricania guentheri*

Uebelmannia Buin.

In Form und Farbe (vor allem bei *Uebelmannia pectinifera* Buin.) konvergent mit *Astrophytum;* auch ähnlich *Copiapoa.* 5 Arten (und 1 Varietät). Verbreitung: N-Brasilien.

Uebelmannia buiningii Donald: Einfach, bis 8 cm ∅, grünlich oder bräunlich, rauhe Epidermisschuppen; Rippen ca. 18, gerade, in Warzen aufgelöst; Areolen kaum wollig; Stacheln rotbraun, dann weiß, 4; Blüten bis 2,7 cm lang, 2 cm ∅, gelb; Ovarium weißwollig; Frucht oval, gelb; Samen schwarz. *U. flavispina* Buin. & Bred.: Kugelig bis kurzzylindrisch, grün, weißlich punktiert; bis 27 Rippen, scharf, senkrecht; Areolen rund, grauweiß filzig, zu Band zusammenfließend; Stacheln gelblichbraun, dann grau, z.T. kammförmig gestellt; Blüten hellgelb, beborstet und gelb behaart; Frucht rot. *U. gummifera* (Backbg. & Voll.) Buin.: Ca. 32 Rippen, warzig gehöckert; Stacheln grau, bräunlich gespitzt; Blüten schwefelgelb. *U. meninensis* Buin.: Grün; Rippen bis 40, gehöckert; Stacheln 2, dunkelschwarzgrau; Blüten gelb. *U. pectinifera* Buin. ▣: Kugelig bis zylindrisch, bis 15 cm ∅, bis 50 cm hoch, dunkel-rotbraun mit grauem, wachsartigem Überzug; 15–18 Rippen; Scheitel wollfilzig; Stacheln dunkelbraun bis schwarz; Blüten grünlichgelb; Frucht hell violettrot, weichfleischig. *var. pseudopectinifera* Buin.: Kleiner, grün, schwächer weiß beflockt; Stacheln nicht kammartig stehend, seitwärts gerichtet.

Utahia → *Pediocactus*

Vatricania Backbg.

Körper basal verzweigend, aufrecht, strauchig, bis über 2 m hoch. Triebe bis 10 cm ∅, hellgrün. Ca. 27 Rippen, schwach gehöckert, mit undeutlichen Querfurchen über den Areolen. Areolen gelbweiß filzig. Stacheln schwer trennbar, an jüngeren Pflan-

Weberbauerocereus winterianus

zen ca. 15, später bis ca. 25, 0,5–1,5 cm lang, 1 mittelständiger kräftiger, bis 2,2 cm lang, die nach oben gerichteten zahlreicheren und dünneren borstenförmig, gelblich bis rötlich. Cephalium oberflächlich aus einer Blütenregion entstehend (nicht vertieft aus einer Rinne), einseitig, mit längeren (bis 6 cm), fuchsbraunen bis rötlichgelben Haarborsten, in den Areolen bis 4 mm lange, gelblichweiße Wolle; später oben eine ringsum größer werdende, triebumfassende, gelblichweiße, fellartige Haube bildend, aus der das Cephalium seitlich herabläuft. Blüten in Scheitelnähe, z.T. auch aus noch tieferen Teilen entstehend, mit walzenförmiger Röhre, schwach erweiternd, ca. 8 cm lang, oder mit einer Öffnung von ca. 3 cm ∅, dicht rosaseidig behaart und beborstet, weit öffnend, nur 1 Nacht offen, innen gelblichweiß, außen rötlich. Ovarium rosafarben seidig wollig. Monotypische Gattung: *Vatricania guentheri* (Kupp.) Backbg. ■. Verbreitung: Bolivien (Chuquisaca).

Weberbauerocereus Backbg.

Körper großstrauchig bis baumartig. Triebe im Blühbereich mit modifizierten Stacheln: borstenartig fein, länger, abstehend oder verflochten (»Borstenschöpfe«), sonst Stacheln sehr derb, besonders Mittelstacheln. Blüten S-förmig gebogen und schrägsaumig, rot, auch gestreckt- und derbröhrig, Saum fast regelmäßig und mit der seltenen Blütenfarbe bräunlich, nächtlich. Neuere Arten haben im Gegensatz zu den südperuanischen Spezies rosa bis rosaweiße Blüten. Früchte klein, bis 4 cm ∅, grün bis rot oder orangegelb, dicht beschuppt, teilweise bewollt. Samen klein, glänzend schwarz. 10 Arten und 5 Varietäten. Verbreitung: NO-Peru (andines Hinterland) bis S-Peru.

Weberbauerocereus horridispinus Rauh & Backbg.: Strauchig; Triebe bis 15 cm ∅; Rippen ca. 18; Areolen sehr groß, bis 1,8 cm lang; Stacheln obere stärker, 5–7, bis 8 cm lang, gerade bis krallig, untere Areolenstacheln kürzer, bräunlicher, bis 20 und mehr, später grau und dunkelspitzig; Blüten bis 6 cm lang, grünlichbraun, keine Stachelmodifikation in der Blühzone; größte Triebstärke, wildeste Bestachelung. *W. rauhii* Backbg.: Baumartig, kurzstämmig; Triebe 8–15 cm ∅; 23 Rippen; Stacheln unterhalb der Blühzone zahlreich, weißgrau, ca. 1 cm lang, z.T. borstig; bis 6 Mittelstacheln, 4–7 cm lang, sehr derb, gelblich, dunkelbraun gespitzt; Areolen graufilzig; Blütenzone borstig bestachelt, triebumfassend; Blüten cremebraun; Röhre violettbraun behaart; Narben grün; Frucht bis 3 cm ∅, bräunlichrot, reif orange und weißfilzig; Jungpflanzen weißstachelig wie *Cleistocactus strausii*. *W. seyboldianus* Rauh & Backbg.: Verzweigt, buschig; Triebe bis 8 cm ∅, grün; Rippen 15; Areolen ledergelb; wenig zahlreiche Randstacheln, gelb; 1–3 Mittelstacheln, ebenfalls gelb, bis 7 cm lang; Blüten in Scheitelhöhe, 6–8 cm lang, zygomorph, außen tiefdunkel-karminrot, innen hellweinrot. *W. weberbaueri* (K. Sch.) Backbg.: Buschig; Triebe bis 10 cm ∅, graugrün; 15–22 Rippen; Areolen dick graugelb, lang wollfilzig; ca. 20 Rand-, 6–8 Mittelstacheln, bis 6 cm lang, braun; Blüten blaß bräunlich; Frucht leuchtend orangegelb. W. winterianus Ritt. ▣: Körper bis 6 m hoch, mit kurzem bis mannshohem Stamm, bis auf 2 m über Grund reich verzweigt; Triebe parallel ziemlich dicht aufsteigend, 5–8 cm ∅; Rippen 22–27, bis 5 mm hoch, etwas höckerig, stumpf, Sämlinge mit nur 12–14 Rippen; Areolen dunkel- bis schwarzbraun, bis 4 mm groß; Randstacheln ca. 20–30, fein, anliegend, 0,5–1,5 cm lang, die unteren die längsten und zahlreich, die oberen weniger, kürzer, 2–3mal so dick; Mittelstacheln ca. 12–15, nadelig, etwas stärker als die oberen Randstacheln, bis 1,5 cm lang; Stacheln alle dunkelgoldgelb, bei alten Pflanzen auch hellgelb; Blütenzone mit 30–40 feinen, hell- bis goldgelben, bis 7 cm langen Borstenstacheln, untere kürzer; Areolen-Oberteil stärker als Blütensitz vergrößert, Filz länger, Knospen in der Areolenfarbe bewollt; Blüten 7,5 cm lang, innen weiß oder schwach rosa, außen rosa; Röhre schwarzbraun bewollt; Staubfäden und Griffel weiß; Narben hellgrün; Ovarium mehr braunrot; Frucht bis 4 cm ∅, tonnenförmig, dunkelgrün bis grünlich-rotbraun, dicht schwarzbraun bewollt. Verbreitung: Peru (Dept. La Libertad, Prov. Otusco, bei Samne).

Weingartia → *Gymnocalycium*

Wigginsia (Malacocarpus) → *Notocactus*

Wilcoxia Br. & R.

inclusive *Cullmannia* Distef. und *Neoevansia* Marsh.

Körper klein, zwergig, strauchig. Rüben- oder Knollenwurzeln. Triebe vielrippig, weichfleischig, niedrig. Stacheln kurz, feinhaarig oder borstig. Blüten groß, weiß, rot, purpurrosa, tagblütig, trichterig, borstenbestachelt, scheitelnah. Röhre relativ lang. Frucht rot, wollig, borstig. Samen glänzend schwarz. Ca. 7 Arten. Verbreitung: USA (Texas) bis Mittelmexiko und Niederkalifornien.

Wilcoxia albiflora Backbg.: Sehr kleinstrauchig; Triebe bis 15 cm lang, bis 6 mm ∅, unten holzig, stielrund, grün; Areolen winzig; 9–12 sehr feine Stacheln; Blüten am Triebende, weiß bis weißrosa. *W. poselgeri* (Lem.) Br. & R.: Triebe bis 60 cm lang, 6–15 mm ∅, zylindrisch; 8–10 Rippen; Areolen schwachfilzig; 9–12 dünne Randstacheln, 1 Mittelstachel, weiß bis dunkler, schwarz gespitzt; Blüten 4–5 cm lang, duftend, hellpurpurn mit dunklerer Mitte; Frucht eiförmig. *W. schmollii* (Wgt.) Backbg. ▣: Körper mit rübenförmiger, ca. 7 cm langer Wurzel; Triebe anfangs z. T. sehr dünn, später stärker bis keulig (gepfropft bis ca. 2 cm ∅), weich; Rippen 9–10, in Höcker aufgelöst; Stacheln haarartig, verschieden lang, bis 7 mm lang, weißlich, schwärzlich oder violettschwärzlich; Blüten ca. 3,5 cm lang, purpurrosa; Röhre mit Haarstacheln bedeckt. Verbreitung: Mexiko (Querétaro). *W. striata* (Brand.) Br. & R.: Triebe bis 1 m lang, sehr dünn, glatt, aschgraugrün, 'Mimesekaktus' (Triebe ähneln dürrem Holz von Sträuchern); 9 Rippen; ca. 9 Stacheln, bis 3 mm lang, dünn, weich, angepreßt, braunschwarz; Blüten 10–12 cm lang, purpurn.

Cullmannia Distef.

Die Gattung (sie gehört aber wohl nach Rauh zu *Peniocereus*) wird repräsentiert durch *Wilcoxia viperina* (Web.) Br. & R.: Buschig; Triebe holzig, bis 2 cm ∅, bis 3 m lang, samtig, grau-olivgrün; 8–10 Rippen; Areolen filzig; 8–9 schwarze, anliegende Rand- und bis 3–4 schwärzliche Mittelstacheln, alle später abfallend; Blüten bis 6–8 cm lang, nächtlich, rot, 4 cm ∅; Röhre hart und lang.

Neoevansia Marsh.

Die einzige Art der Gattung, nämlich *N. diguetii* (Web.) Marsh., ist synonym mit *Wilcoxia diguetii* (Web.) Peebles (und mit *Peniocereus diguetii* (Web.) Backbg.): Buschig; Triebe dünn, ca. 8 mm ∅, Spitze behaart, borstenstachelig; 6–9 Rippen; Areolen weiß; 10 weiße borstige Rand- und 2 Mittelstacheln, später abfallend; Blüten bis 9,5 cm lang, 6 cm ∅, duftend, weiß bis zartrosa.

Wilcoxia schmollii

Yungasocereus Ritt.

Ähnlich *Trichocereus* und *Cleistocactus!* Körper ästig baumartig. Triebe (bei Jungpflanzen) schlanksäulig. Rippen 7, gerundet, 3 mm breit und hoch. Areolen rund, weiß, 1 cm entfernt. 5 dünne, 1 bis 2 mm lange Randstacheln und 1 Mittelstachel, 8 mm lang, gelblichweiß, anfangs oben schwach rötlich. Blüten glockig, weiß. Frucht klein. 1 Art: *Yungasocereus microcarpus* Ritt.

Zehntnerella Br. & R.

Körper strauchig bis baumförmig, verzweigt, kurzer säuliger Stamm, bis 20 cm ∅, von unten stark verzweigend. Triebe aufsteigend, sich verjüngend, bis 4 m (und mehr) lang, 5–7 cm ∅, stark bestachelt. 17–20 Rippen, niedrig, dichtstehend. Areolen klein, rund. Stacheln 10–15, bräunlich, bis 3 cm lang, nadelig. Blüten klein, bis ca. 3 cm lang, eng, fast zylindrisch, weiß, innen am Grund der Röhre ein Ring von langen, weißen Haaren. Röhre kurz, sehr beschuppt, weiß behaart, mit Borstenstacheln. Frucht klein, kugelig, ca. 2 cm dick, mit vertrockneten Blütenresten. Samen sehr klein, 1 mm lang, hökkerig, rauh, braunschwarz. Monotypische Gattung: *Zehntnerella squamulosa* Br. & R. Verbreitung: NO-Brasilien.

Literatur

BACKEBERG, C.: Die Cactaceae, Fischer, Jena, 1958–1962
Ders.: Wunderwelt Kakteen, Fischer, Jena, 1961
Ders.: Das Kakteenlexikon, Fischer, 1979
BARTHLOTT, W.: Kakteen, Belser, 1977
BECHTEL, H.: Bunte Welt der Kakteen, Franckh, 1975
BRAVENBOER, S.K.: 200 Kakteen in Farbe, BLV, 1979
BUXBAUM, F.: Kakteen-Pflege biologisch richtig, Franckh, 1959
CULLMANN, W.: Kakteen, Ulmer, 1975
ENCKE, F.: Zimmerpflanzen. Alte und neue Arten, ihre Behandlung und Vermehrung, Ulmer, 1979
Ders., Möhring, H.K.: Die Topfpflanzenkultur in der Erwerbsgärtnerei, Ulmer, 1964
GÄUMANN, E.: Pflanzliche Infektionslehre, Birkhäuser, 1951
GRUNERT, C., VIEDT, G., KAUFMANN, H.G.: Kakteen und andere schöne Sukkulenten, Neumann-Neudamm, 1979
HAAGE, W.: Freude mit Kakteen, Neumann-Neudamm, 1963
Ders.: Schöne Kakteen richtig pflegen, Neumann-Neudamm, 1976
Ders.: Das praktische Kakteenbuch in Farben, Neumann-Neudamm, 1976
HANOW, R.: Gärtnerischer Samenbau, BLV, 1951
HECHT, H.: Fortschritte der Kakteen- und Sukkulentenkunde 1964/65, BLV, 1965
Ders.: Kakteen und andere Sukkulenten, Sonderdruck Nr. 2 der DKG: Fortschritte der Kakteen- und Sukkulentenkultur '72, 1972
Ders.: Kakteen und andere Sukkulenten, Sonderdruck Nr. 3 der DKG: Fortschritte der Kakteen- und Sukkulentenkultur '76, 1976
Ders.: Kakteen und andere Sukkulenten, BLV, 1981
HERBEL, D.: Alles über Kakteen und andere Sukkulenten, Südwest, 1978
KELLER, J., MÖHRING, H.K.: Die Düngung in der gärtnerischen Praxis, Parey, 1966
KNICKMANN, E.: Bodenpflege und Düngung im Gartenbau, Ulmer, 1958
KÖHLEIN, F.: Freilandsukkulenten, Ulmer, 1977
KRAINZ, H.: Die Kakteen, Franckh, 1956
MADDAMS, W.F.: Meritoriois Mammillarias, The Mamm. Soc., 1980
MANN, M., RAUTH, W.: Pflanzenbaulehre der Topfpflanzengärtnerei, Ulmer, 1951, 1952
MENGEL, K.: Ernährung und Stoffwechsel der Pflanze, Fischer, 1979
PAPE, H.: Krankheiten und Schädlinge der Zierpflanzen und ihre Bekämpfung, Parey, 1964
PERL, P.: Kakteen und andere Sukkulenten, Time-Life, 1979
PILBEAM, J.: Mammillaria, a collector's guide, Köpper
PIZETTI, M.: Zauber der Kakteen und anderer Sukkulenten, Müller, 1981
RAUH, W.: Beitrag zur Kenntnis der peruanischen Kakteenvegetation, Springer, 1958
Ders.: Die großartige Welt der Sukkulenten, Parey, 1979
Ders.: Kakteen an ihren Standorten, Parey, 1979
Ders.: Schöne Kakteen und andere Sukkulenten, Winter naturwissenschaftliche TB
RIHA, J., SUBIK, R.: Welt der Kakteen und anderer Sukkulenten in Farbe, Mosaik, 1981
REDOUTÉ, P.-J.: Kakteen und andere Sukkulenten, Harenberg, 1981
REITER, C., BÖHMIG, F.: Die Kulturpraxis der Schnittblumen und Topfpflanzen, Parey, 1958
RITTER, F.: 40 Jahre Abenteuerleben
Ders.: Kakteen in Südamerika, Bd. 1–4
ROITER, F.: Mexiko, Atlantis
ROWLEY, G.: Kosmos Enzyklopädie der Sukkulenten und Kakteen, Franckh, 1979
RÜNGER, W.: Licht und Temperatur im Zierpflanzenbau, Parey, 1976
SALZER, E.H.: Pflanzen wachsen ohne Erde, Franckh, 1967
SANDER-LINDEMANN: Praktische Pflanzenvermehrung, Parey, 1954
SCHILD, K., SCHILD, F.: Faszinierende Formen und Farben – Kakteen, Falken, 1979
SCHUBERT, M.: Mehr Blumenfreude durch Hydrokultur, BLV, 1982
STAHL, M., UMGELTER, H.: Pflanzenschutz im Zierpflanzenbau, Ulmer, 1975
STEFFEN, A.: Handbuch der Marktgärtnerei, Parey, 1953
STRASSBURGER, E., NOLL, F., SCHENCK, H., SCHIMPER, A.: Lehrbuch der Botanik, Fischer, 1978
VOGEL, F.: Leitfaden der Bodenkunde für Gärtner, Ulmer, 1950
WALTER, H.: Die Grundlagen des Pflanzenlebens, Ulmer, 1947
Ders.: Einführung in die Phytologie, Ulmer, 1951
Ders.: Die Vegetation der Erde in öko-physiologischer Betrachtung, Fischer, 1964
ZANDER, R.: Handwörterbuch der Pflanzennamen, Ulmer, 1980

Zeitschriften

Fachzeitschriften Kakteen und andere Sukkulenten

Cactaceas y Succulentas Mexicanas
Cactus (Belgien)
Cactus and Succulent Journal of America
Calandrinia, Succulent Publication of South Australia

Informationsbrief ZAG Mammillaria
Kakteen und andere Sukkulenten
Kaktus – Nordische Kakteen Gesellschaft
Mitteilungsblatt des Arbeitskreises für Mammillarienfreunde
National Cactus and Succulent Society England
Succulenta
Succulentes Association International Amateur Planting of Succulentes
The Cactus and Succulent Journal of Great Britain
The Journal of the Mammillaria Society

Allgemeine Fachzeitschriften

Advances in Horticultural Science and their applications
American Nurseryman
Angewandte Botanik
Annales biologiques (Paris), Ser. 4
Annual Review of Plant Physiology
Archiv Gartenbau
Beiträge zur Entomologie
Berichte Biochemie und Biologie
Berichte der Deutschen Botanischen Gesellschaft
Canadian Journal of Botany
Chemisches Zentralblatt
Deutsche Gärtnerbörse
Deutsche Gärtnerpost
Deutscher Gartenbau
Economic Botany
Flora (Jena)
Gartenbauwissenschaften
Gw + Gb
Gesunde Pflanze
Horticultural Abstracts
Journal of Experimental Botany
Journal of the Royal Horticultural Society
Landwirtschaftliches Zentralblatt I und II
Mededelingen van der Faculteit Landbouwelenschappen, Rijksuniversität Gent
Nachrichtenblatt für den Deutschen Pflanzenschutzdienst (Braunschweig)
Nature (London)
Die Naturwissenschaften
Naturwissenschaftliche Rundschau
New York State Flower Growers
New Zealand Journal of Agricultural Research
New Zealand Journal of Science
Pflanzenarzt (Wien)
Phyton
Phytopathologische Zeitschrift
Phytopathology
Plant and Soil
Plant Pathology
Plant Physiology
Proceedings of the American Society for Horticultural Science
Protoplasma (Wien)
Rheinische Monatsschrift für Gemüse-, Obst- und Gartenbau
Revue horticole (Paris)
Revue horticole (Suisse)
Review of Plant Pathology
Schweizerische Zeitschrift für Obst- und Weinbau
Science (Washington)
Scientia Horticulturae
Soil Science
Süddeutscher Erwerbsgärtner
Taspo
Umschau
Virology
Zeitschrift für Acker- und Pflanzenbau
Zeitschrift für Pflanzenernährung, Düngung und Bodenkunde
Zeitschrift für Pflanzenkrankheiten
Zeitschrift für Pflanzenzüchtung
Zentralblatt Bakteriologie, II. Abteilung
Zierpflanzenbau
und andere.

Stichwortregister

Q

R

Für Zimmerpflanzen-Praktiker und Blumenfreunde

Cynthia Wickham

Mit Zimmerpflanzen schöner wohnen

Dieser Ratgeber gibt Zimmergärtnern und Blumenfreunden Anleitungen zur Raumgestaltung mit Pflanzen und Blumen, von der Planung, Architektur und Farbgestaltung über Gruppen und Einzelpflanzungen bis zu Pflanzen in Wohnräumen und am Arbeitsplatz. Ein »Zimmerpflanzen-Lexikon« stellt alle interessanten und geeigneten Blatt-, Blüten- und Zwiebelpflanzen, Farne, Kakteen und andere Sukkulenten vor und gibt Hinweise und Tips zu Standort und Pflege.

254 Seiten, 501 Farbfotos, 378 farbige Zeichnungen

Rob Herwig

350 Zimmerpflanzen in Farbe

In klarer Zuordnung von Text und Bild wird hier ein großes Pflanzensortiment vorgestellt. Die Auswahl reicht von bekannten, für jeden Anfänger geeigneten Arten bis zu anspruchsvollen Gewächsen für erfahrene Zimmergärtner. Das Buch vermittelt die Grundlagen der Zimmerpflanzenpflege, gibt Anregungen für die Verwendung von Pflanzen im Rahmen der Wohnraum- und Arbeitsplatzgestaltung und befaßt sich auch mit den Kombinationsmöglichkeiten verschiedener Pflanzenarten.

4. Auflage, 190 Seiten, 350 Farbfotos

Karlheinz Jacobi

Das farbige Hausbuch der Zimmerpflanzen

In diesem mit 172 Farbfotos bebilderten Zimmerpflanzen-Ratgeber findet der Blumenfreund über 280 Pflanzenarten wie Blattpflanzen, Blütenpflanzen, Zwiebelpflanzen, Farne und Kakteen. Auch Pflanzen, die für Balkon und Terrasse geeignet sind, wurden berücksichtigt. Tips, Hinweise und genaue Pflegeanleitungen erleichtern es dem Zimmergärtner, die richtige Pflanzenauswahl zu treffen.

192 Seiten, 172 Farbfotos, 14 farbige und 14 Schwarzweißzeichnungen

Wolfgang Rysy

Orchideen

Tropische Orchideen
für Zimmer und Gewächshaus

Heute ist jedem Zimmerpflanzenfreund möglich, was lange Zeit dem Spezialisten vorbehalten war: die Kultivierung tropischer Orchideen. Dieses Buch stellt viele Orchideenarten vor, über 100 in ausgezeichneten Farbfotos. Der Text informiert über Stammesgeschichte, Verbreitung und Lebensweise der Arten, über Pflanzen- und Blütenaufbau, allgemeine Kulturbedingungen und erfolgreiche Pflege.

164 Seiten, 101 Farbfotos, 2 Zeichnungen

In unserem Verlagsprogramm finden Sie Bücher zu folgenden Sachgebieten:

Garten und Zimmerpflanzen · Natur · Haus- und Heimtiere · Angeln, Jagd, Waffen · Sport · Wandern und Alpinismus · Automobile · Bavarica · Essen und Trinken · Basteln und Handarbeiten

Wünschen Sie Informationen, so schreiben Sie bitte eine Karte an: BLV Verlagsgesellschaft, Postfach 40 03 20, 8000 München 40

BLV Verlagsgesellschaft
München

Venezuela
Guayana
Französisch Guayana
Surinam
Kolumbien
Ecuador
Peru
Brasilien
Bolivien
Chile
Paraguay
Argentinien
Uruguay
N
W
O
S